국가안보와 군대윤리

국가안보와 군대윤리

박균열, 박재수, 김신반, 윤영돈
윤경호, 조홍제, 이인재, 김대균 공저

NATIONAL SECURITY & MILITARY ETHICS

한국학술정보㈜

　회자되는 말 중에 "슬픔은 나누면 반이 되고, 기쁨은 나누면 배가 된다."는 말이 있다. 그런데 학문적인 덕은 나누면 백배는 되는 것 같다. 이는 바로 본인이 편저자로서 『국가안보와 군대윤리』 책자의 기획과 편집을 수행하면서 느낀 점이다.

　우리 한국의 학계에서 '군대윤리학'은 잘 알려지지 않은 학문적 개념이다. 전쟁의 문제를 다루는 광의의 군사학이나 국가안보학에서도 이 문제는 잘 다루어지지 않고 있으며, 철학 및 윤리학계에서도 많은 관심을 보이지 않고 있다. 그 원인이야 분분하겠으나 아무래도 과거 군사정권의 아픈 추억이 우리나라의 현대사와 함께 하고 있기 때문으로 보인다. 군대윤리를 연구하는 것은 곧 군부정권에 찬동하는 것으로 오도되기 쉽기 때문에 자연히 학자들도 관심을 많이 가지지 않은 듯하다.

　이에 본인을 포함한 8명의 저자들은 군대윤리학을 학문적으로 조명하기 위해 뜻을 같이하고 그간 관심 있게 다루어 왔던 몇 편의 논문들을 모아 그 첫발을 내딛게 되었다. 8명의 저자들은 주로 국방대학교의 안보학술용역사업을 수행한 경험이 있는 분들과 국방대학교와 사관학교에서 윤리학을 가르쳤거나 현재 가르치고 있는 교수들로 구성되었다. 총 3부로 구성했는데, 제1부는 국가안보와 전통, 제2부는 군대윤리 이론, 제3부는 군대윤리 실천이라고 명명했다.

　우선 본인은 서장과 제7장을 기술했다. 서장은 전쟁에 대한 윤리적 시각을 소개했고, 7장은 핵무기에 대한 윤리적인 문제를 제기했다. 사관학교에서의 교수와 국방대학교에서의 전문연구원으로 재직하는 동안 고민해 보았던 주제를 담은 것이다.

　다음으로 청주교육대학교의 박재주 교수님은 제1장과 제2장을 기술해 주셨다. 이분은 동서철학을 겸전하시고, 무예와 예술에도 관심이 많으시며, 특히 이 모두를 도덕교육의 발전을 위해 수렴하고 있어 도덕교육을 전공하고 있거나 관심 있는 후학들에게 길잡이가 되고 있다.

　1장은 조선시대 선비들의 문무겸비정신에 대해 조명하고 그 현대적 의미를 제시했다. 다룬 인물로는 새 왕조의 설계자인 삼봉 정도전, 문무에 차이를 두지 않은 군사방략가 눌재 양성지, 칼을 찬 선비 남명 조식, 붉은 옷의 장군 망우당 곽재우, 군정개혁을 주장한 선비 율곡 이이, 임진왜란의 전국을 탁월하게 수습한 경세가 서애 류성룡, 무골 기품의 강직한 선비 중봉 조헌, 문을 다스리고 무를 준비할 것을 주장한 실학자 성호 이익, 향토방위를 주장한 선비 다산 정약용 등 총 9명의 선비들이다. 여기서 조선 선비들은 일신의 영달이나 물질적 추구보다는 정신적 가치와 나보다 국가와 민족을 먼저 생각하고 실천에 옮겼다고 평가되었다.

　2장은 묵자의 비공론을 국가안보적 차원에서 다루었다. 묵자의 사상은 유가사상과 대립하면서도 당시 상당한 영향력을 행사했다. 묵자는 침략전쟁을 절대적으로 반대했지만 모든 형태의 전쟁을 반대한 것은 아니었다. 그는 침략전쟁의 약탈성을 반대의 논거로 삼는다. 그는 침략전쟁은 도둑질에 불과하기 때문에 옳지 못한 전쟁이라고 단언했다. 그래서 그는 사유재산을 가진 사회의 보편적인 도덕규범인 '훔치지 말라'는 규범을 가지고 침략반대를 논증했다. 이를 토대로 묵자의 '전투적 평화론'을 원용하여 오늘날 국가안보에서 개인안보를 보장할 수 없는 국가안보는 아무런 의미가 없음을 지적했다. 그와 같은 국가안보는 결국 묵자가 말한 근본 사상인 '두루 사랑함(兼愛)'의 목표와 일치함을 강조했다.

　육군3사관학교의 김진만 교수님은 제3장과 제4장을 기술해 주셨다. 이분은 사관학교에서 윤리학을 가르치고 연구하고 계신다. 정체성에 부합되는 연구를 하고 계시기 때문에, 이분의 전쟁에 대한 윤리학적인 연구성과는 이론적으로나 실제적으로 많은 도움이 되고 있다.

　3장은 국가보훈정신의 이념과 원리를 다루었다. 여기서 보훈정신을 한 나라 국민의 가치관을 올바로 정립하고 정서적·의지적 통합을 지향하는 보편의식이라고 정의하면서, 개념 정의에서부터 세계 각국의 보훈문화에 대해 소개했다. 특히 국가보훈의 윤리학적 근거로서 칸트의 개념을 원용해서, 국가민족공동체를 위한 개인의 헌신과 희생, 그리고 그에 대한 보상이 가장 높은 수준의 도덕성으로 평가되는 원리는 인간이 수단적 존재로서만이 아니라 동시에 목적적 존재로서의 가치를 지닌 존재임을 강조했다. 나아가 보훈정신을 적극적으로 구현하기 위해서는 물질적 보상에 머물러서는 안 되며 정신적 보상에 당국은 더 많은 관심을 가져야 함을 지적했다.

　4장은 전쟁의 본질과 전쟁윤리를 다루었다. 여기서 전쟁은 폭력임이 분명하지만 인간은 그 야만적 행위에서 자유로울 수 없다는 점을 지적했다. 하지만 전쟁이 빚어내는 재앙과 해악은 그 비극에 대한 정서적 표현이지 본질적인 진단이 아니라고 강조했다. 결국 인간은 마치 죽어 가는 환자를 살리기 위해 암세포의 전이나 곪아 터진 상처의 확산을 막기 위해 신체의 일부를 도려내는 수술을 하는 것과 같이 전쟁을 선(good)으로 인식할 수 있음을 제안했다. 이 외에도 전쟁의 정치에 대한 종속성 문제와 도덕적 인식의 문제, 그리고 다양한 측면(사회과학적, 인문학적 측면)에서 심층적인 분석을 하고 있으며, 전쟁윤리의 원리를 제안하고 있다. 결국 인간에게 전쟁에 대한 도덕적 반성이 필요한 이유를 그것이 국가의 존망과 직결되기 때문이라는 점을 강조했다.

해군사관학교의 윤경호 교수님은 제5장과 제11장을 기술해 주셨다. 이분 역시 사관학교에서 윤리학을 가르치고 연구하면서, 주로 서양윤리학을 학문적 기반으로 해서 전쟁윤리를 연구하고 계신다. 최근에는 리더십, 군대문화와의 연계성에 관심을 가지고 전쟁윤리 연구의 외연 확장에 노력하고 계신다.

5장은 전쟁에서의 윤리적 원칙과 갈등을 다루었다. 여기서 전쟁윤리에 대한 예비고찰로서 "가치는 폭력으로 지켜질 수 있는가?"라는 질문을 던지면서 논의를 시작했다. 전통적으로 정당한 전쟁과 부당한 전쟁을 논하는 사람들은 모두 근본적으로 전쟁을 억제하고 평화를 달성하고자 하는 데 목적을 두었음을 강조했다. 무엇보다 중요한 것은 전쟁 자체를 죄악시하는 것보다 정당한 전쟁과 부당한 전쟁을 가늠하는 기준이 무엇인가를 밝히고 나아가 그 기준에 따른 정당한 행위라고 했다는 점이다.

11장은 국가안보의 중대 사명을 가진 직업군인의 리더십에 관해 윤리와 교육적 관점에서 살폈다. 군을 직업으로 삼고 살아가는 것은 다양하고 특별한 능력이 요구되는데, 특별히 사관생도에게는 군인정신으로서의 리더십, 군사적 탁월성으로서의 리더십이 중요함을 강조했다. 특히 사관학교는 그 특수성에 안주하지 말고 사회와의 부단한 교류를 통해서 보편적 토대 위에서 전문성을 길러 가야 함을 제안했다.

국방대학교 조홍제 전문연구원님은 법학박사로서 법률적인 측면에서 제5장의 군인의 책임과 의무에 대해 기술해 주셨다. 조 박사님은 주로 국가안보의 법률적 측면에 대해 연구해 오고 계시며, 특별히 우주법에 대해 학문적 업적을 많이 쌓으셨다.

5장은 인류 역사의 변화 속에 인간의 문명에 대한 개괄적인 기술과 함께 군대와 군인의 기본적인 특성이 무엇인지를 살피면서 군인의 책임과 의무에 대해 상술했다. 우리나라 군인의 행동 준칙은 헌법을 비롯한 성문법에 근거를 두고 있기 때문에 관련된 내용을 소개했다. 특별히 아홉 가지의 실제 또는 가상의 사례를 제시하고 있어 관련 분야 교육을 함에 있어 많은 참고가 될 것으로 사료된다.

서울교육대학교 이인재 교수님은 제9장을 기술해 주셨다. 이 교수님은 서양윤리학에 바탕을 두고 윤리교과교육학의 학문적 발전을 위해 다양한 학술·봉사활동을 해 오고 계신다. 최근에는 연구윤리와 관련하여 학문적인 성과를 높이 이루셔서 그 내용은 많은 교수 및 연구자들의 연구윤리 지침이 되고 있다.

9장은 군인의 죽음과 사생관 정립 방안을 다루고 있는데, 주로 세 가지의 내용을 기술했다. 첫째, 죽음에 대한 인간의 이해와 태도에 대해 종합적으로 살폈다. 둘째, 이러한 죽음에 대한 일반적 이해를 통해 군인의 삶과 죽음은 어떤 의미를 가지는지를 살폈다. 셋째, 군인을 위한 올바른 죽음대비교육의 프로그램을 제시했다. 군인으로서 군인답게 맞이하는 죽음은 군인으로서의 삶을 더욱 빛나게 해 준다고 주장했다. 죽음에 대한 진지한 숙고는 올바른 삶을 제대로 영위하게 해 주므로 군교육에서도 죽음에 대한 교육을 강조해야 함을 제안했다. 특별히 직업군인과 의무복무자를 구분해서 죽음대비 프로그램을 개발·제안했다.

경상대학교 김대군 교수님은 제10장을 기술해 주셨다. 김 교수님은 생활문화윤리, 직업윤리, 공학윤리, 환경윤리, 의료윤리, 통일교육 등 응용윤리학 분야에서 탁월한 연구업적을 쌓고 계신다.

10장은 군간부의 직업윤리의식 제고 방안을 다루었다. 군간부에게 요구되는 직업윤리의식을 추출한 후, 탐구공동체 교수기법을 적용하여 구체적인 실천 방안을 제안했다. 탐구공동체의 핵심 내용은 자리잡기, 자극물 공유하기, 질문 만들기, 토의를 촉진하기, 토의하기, 탐구 확장하기 등 총 여섯 가지로 구성된다. 이러한 틀 속에서 교수자료로서 서사자료를 활용했다. 이 서사자료는 교육생들이 비판적 사고, 창의적 사고, 배려적 사고와 같은 고차적 사고(higher order thinking)를 연습하고 가치화할 수 있는 맥락을 제공해 준다. 특별히 교육학자로서 이러한 고찰을 통해 교수학습을 위한 지도안을 제작해서 제시해 주고 있다.

이상에서와 같이 본 책자는 '국가안보'와 '군대윤리'의 각기 분리해도 방대한 주제를 다양한 측면에서 다루고 있다. 이 분야에 대한 연구를 하는 사람들에게 많은 참고가 될 것으로 사료된다. 인용된 많은 참고문헌도 향후 연구에 좋은 길잡이가 될 것으로 본다. 국내에 소개되지 않은 좋은 책자는 향후 본 책자의 저자그룹을 중심으로 번역해서 출판해야겠다는 성급한 욕심도 가지게 된다. 최초에는 '군대윤리'에 국한하여 기획했으나, 점차 포괄할 수 있는 범위를 확대하다 보니 '국가안보'도 병기하게 되었다. 그래서 주제의 난삽함을 회피하면서도 군대윤리에 더 중점을 두려고 장절을 배치했다.

외람되게도 본 책자에서 다루지 못한 점들에 대해 자평하고자 한다. 고전적 정의전쟁론(Just War Theory)의 개념은 '전쟁의 정의'와 '전쟁에서의 정의'를 주로 다룬다.

그런데 우리는 '전쟁 후의 정의' 문제를 다루지 못했다. 물론 이 주제를 '전쟁에서의 정의' 항목에서 다룰 수도 있겠으나, 아쉽게도 이 점을 구분해서 다루지 못했다. 오늘날 미국의 이라크를 대상으로 한 전쟁에서 볼 수 있듯이, 정규전쟁 이후 민사작전(civil affairs operation) 동안 더 많은 전사자가 발생했으며, 수많은 윤리적인 쟁점들이 발생했다. 다음으로 '전쟁의 정의'·'전쟁에서의 정의'·'전쟁후의 정의' 간의 밀접한 상관성을 탐구해 볼 필요가 있다. 본인은 이를 '상관적 정의(correlational justice)'라고 명명하고 싶다. 정의롭지 못한 전쟁에서 정의롭게 전투를 한 군인의 문제 등은 바로 이러한 측면에서 다루어질 수 있으리라 본다. 그리고 한 나라의 전쟁에 대한 정의 양태를 분석할 때 이러한 자료를 토대로 통시적인 평가를 할 수 있으리라 본다.

아주 사소한 것이었지만 배운 점들도 많았다. 필자에 따라서 'jus'를 '정의'라고 하기도 했고, '정당성'이라고 하기도 했다. 어느 것이든지 문맥상으로나 학문적으로 문제는 없다고 본다. 하지만 대체로 전자로 통일하고자 했다. 또한 본인도 스스로 사용하던 용어를 다른 저자분들의 통례대로 수정한 것이 있는데, '전장(戰場)에서의 정의'이다. 어떤 분들은 이를 '전투 행위에서의 정의'로 사용하기도 했는데, 어떻든 전쟁 자체의 정당성을 말하는 '전쟁의 정의'와 구분하고자 한 데서 비롯된 것으로 본다.

그리고 'discrimination'이라는 단어이다. 민간인과 군인을 구분할 줄 아는 것 등을 말하는데, 기존의 통례는 '차별성'이라는 표현인데 많은 분들이 '구별성'을 선호하기도 했다. 전자는 가진 자의 입장에서 대상을 차별한다는 의미로 이해될 수 있어 적절치 않다는 느낌도 들고, 후자는 구분의 강도 자체가 매우 낮은 느낌이 들어 썩 내키지 않은 것 같기도 하다. 여기서는 통일하지 않고 필자의 취향에 따른 표기를 따랐다. 대체어로는 '판별성'과 '식별성'을 생각해 볼 수 있겠다. 시안(試案)으로서 그 가능성만 열어둔 채 논의는 하지 않는다.

국내의 일반 학계에서 군대윤리학의 지평을 새롭게 개척하고자 하는 저자들의 사뭇 성급한 순수한 열정으로 인해, 이 책은 학문적 허점을 가질 수 있다고 본다. 동도제현의 질정(叱正)을 바란다.

2008. 7.
저자들의 학덕을 받들며
진주 가좌골에서
박균열 사룀

목 차

제2부 군대윤리 이론

서장: 전쟁에 대한 윤리적 시각

박균열*

1. 머리말

독일의 군사전략가인 클라우제비츠(Carl von Clausewitz)는 그의 『전쟁론』에서 전쟁이란 "자기의 의사를 관철하기 위해 적을 굴복시키는 폭력행위"라고 정의하고 있다.[2] 한편 『응용윤리학 백과사전』에 의하면 "전쟁이란 두 나라 간(혹은 동맹국 간), 또는 한 나라에 있는 정당 간 여러 가지 이유로 무력이 동원되어 대립된 상태이다. 그리고 국가의 가장 심각한 안보가 관련된 상황으로서 최대의 긴장이 요구되는 상황으로 간주된다."고 정의하고 있다.[3]

그러나 전쟁이란 그 본질상 사회의 제반 가치를 보호하기 위한 강제적 실천이라고 정의할 수 있다. 왜냐하면 아무리 난폭한 한 국가의 지도자라고 하더라도 맹목적인 전쟁은 일으키지 않기 때문이다. 그는 자국의 제반 가치(국가안보, 인종의 보호, 전통의 보호 등)가 침해받지 않기 위해 이를 사전에 제거하기 위해 적대세력과 일대 전쟁을 벌이든지, 아니면 방어의 입장에서는 이러한 도전에 대해 자국(자기세력)의 제반 가치를 보호하기 위해 강제력을 동원하게 될 것이다. 우리는 이를 전쟁이라고 말할 수 있는 것이다.

역사적으로 전쟁은 인류와 함께 해 왔다. 미국의 사회학자 소로킨(Pitrim A. Sorokin)은 『세계전쟁 연구』라는 책에서 각 국가별로 전쟁에 개입된 기간을 연구해서 밝힌 바 있다. 20세기에 들어와서도 매 4.9년마다 전쟁이 발발하였다고 한다. 1990년

---

* 경상대학교 윤리교육과 교수

2) von Clausewitz, Carl, *On War*, Penguin Classics, 1984, 국방부, 『(교관 교육지도서) 국군정신교육기본교재』, 1998, p.8 재인용.

3) *Encyclopedia of Applied Ethics*, Vol.4, Academic Press, 1998: 507, 조승옥 외, 『군대윤리』, 봉명, 1999, p.29 재인용.

대에 들어서만도 걸프만에서 다국적군과 이라크군이 전쟁을 벌이고 난 뒤, 지금도 완전히 종전되지 않았다. 말할 것도 없이 우리나라도 6·25 한국전쟁과 월남전쟁에 직접적으로 관련이 있었고, 아직도 남북한 간에는 정전상태가 유지되고 있다.

이와 같은 전쟁은 우리 인류를 끊임없이 따라다녔다. 그리고 전쟁이 끝이 나면 으레 전쟁을 치르는 과정에서 일어난 일에 대해 잘잘못을 따지는 전쟁재판을 하기도 했다. 그러나 다 끝이 나고 난 뒤의 재판은 '사후 약방문'과도 같은 느낌이 든다. 이에 전쟁을 예방하고, 또 부득이 진행되는 전쟁에 대한 올바른 평가 기준을 제시해 보고자 한다.

2. 전쟁에 대한 윤리적 담론

미국이 주도하는 대유고 침공은 정당한 것인가 아니면 유고의 코소보 지역주민에 대한 선행된 학살이 정당한가에 대해 논란이 있었다. 우리와 가까이에 있는 북한은 아직도 한국전쟁이 '민족해방전쟁'이라고 운운하며 정의의 전쟁이라고 말하는 것을 주저하지 않고 있다. 이에 우리는 전쟁에 대한 올바른 평가를 할 수 있는 어떤 기준이 필요하지 않을까 하는 필요성이 제기되는 것이다. 그것이 가치판단이든 아니면 사실적인 판단이든 말이다.

한국전쟁만큼이나 월남전쟁에 대해서도 그 평가 기준은 많은 논란이 제기되고 있는 실정이다. 한국전쟁이 국가 이데올로기에 대한 문제이기 때문에 이론적인 담론(discourse)으로 채택하기에는 현실적인 제약이 있었다고는 말할 수 있지만, 월남전에 대해서는 상대적으로 많은 토론이 이루어졌으며, 또한 지금도 끝이 났다고는 단정할 수 없을 듯하다.

어떠한 전쟁이든지 전쟁 그 자체에 대한 합목적적이며, 간주관적인 평가를 확보하기는 그리 쉬운 일은 아니다. 그럼에도 불구하고 우리 인류는 전쟁에 대한 공포에 떨고 있으며, 현대에는 언제 핵전쟁이 일어날지 모르는 또 다른 현대판 실존주의의 '한계상황'에 봉착해 있다고 하겠다. 이러한 전쟁발발 가능성(시기, 장소, 규모 등)에 대해 불안한 인류는 전쟁의 발발과 또 한편으로 정당하게 발발했을 경우라고 할지라도 그 정당한 전쟁에서는 어떠한 전쟁양상은 '좋지 못하다'라고 하는 가치 기준을 설정함으로써 전쟁의 발발 가능성과 수행과정에서의 예측 가능성과 합목적적인 간주관성을 보장받고자 한다.

그러나 전쟁은 그 자체의 속성상 이러한 간주관성이 성립될 수 없는 현실적인 제약을 안고 있다. 예컨대 미국을 중심으로 한 NATO군의 전투기가 유고의 군사기지인 줄 알고 폭격을 했는데, 중국 대사관을 폭격해서 무관한(?) 타국인이 죽고 말았다든지, 아니면 수많은 전쟁에서 볼 수 있듯이 무고한 어린아이가 자기의 의지와는 관계없이 죽어 가야 한다는 사실은 이를 잘 반증해 주고 있다. 즉 인간의 목숨은 어떠한 작전의 목표를 위해 수단화되어서는 안 된다고 하는 전쟁의 규칙을 준수한다고 하더라도 현실적인 많은 제약조건으로 인해 그 전쟁의 수행은 다른 결과를 초래할 수 있다는 것이다.

그럼에도 불구하고 우리는 전쟁에 대한 평가 기준을 정초하고자 함은 이러한 현실직인 피해도 더 최소회시켜 줄 것이라는 작은 기대에서 출발하는 것이다.

여기서 또 한 가지 다른 측면에서 간과해서는 안 될 점이 있다. ‘전쟁영웅’에 대한 문제이다. 아무리 간주관적인 평가 기준에 의해 전쟁을 평가한다고 하더라도 역사적으로는 전쟁영웅이 이러한 기준과는 별개로 종종 있어 왔다. 그들은 한결같이 극한상황 속에서도 합리적인 사고로는 정당화될 수 없는 그 어떤 원리에 따라 전쟁을 보다 다르게 평가하게 해 주었다. 사실은 이 전쟁영웅의 문제는 전쟁에 대한 평가 기준과는 다른 측면이다. 이것은 ‘미학’의 문제이다. 보통 인간이라면 누가 자기가 죽어야 한다는 것을 쉽게 수용할 수 있겠는가.

그러나 전쟁에서는 이러한 상황이 평상시와는 사뭇 다르게 작용될 수가 있다. 이러한 논리로 전쟁은 합리성의 원칙이 지배하는 것이 아니라 意志(volition)의 원리로 이루어지는 인간의 한 행위라고 말할 수 있는 것이다. 하지만 더 나아가서는 의지도 또한 인간의 감정 작용의 하나이기 때문에 그 평가에 있어서도 감정적일 수밖에 없는 한계점이 있다.

3. 전쟁에 대한 윤리적 평가 기준

정확히 1999년 3월 27일 오후 4시 5분, NATO군이 유고 공습을 단행했다. 미군의 전투기 조종사들은 나토사령부로부터 로큰롤(rock'n roll)이라는 발사명령의 암호에 따라 정확히 1분 후, 대유고의 폭격을 위한 미사일 발사 버튼을 누른다. 전쟁의 발발과 전쟁의 결과가 얼마만큼 큰 피해를 가져다주는 것과 관계없이 이 버튼 하나에 유고는 많은 피해를 입어야 했고, 그렇다고 하더라도 알바니아의 코소보 난민들에게 편안한 안식처가 쉽게 제공되지 못했다.

그러나 많은 재앙을 한꺼번에 다 불식시킬 수는 없지만, 최소한 그 피해는 최소화시켜 볼 수 있는 의도에서 이러한 전쟁에 대해 몇 가지 원초적인 평가 기준을 설정해 보고자 한다. 첫째, 전쟁 자체에 대한 평가이다. 어느 쪽이 정당한 전쟁을 하고 있는 것인가에 대한 답은 유보하더라도 그 피해액수는 정작 보호해야 할 코소보 난민들의 후생복지를 몇 년간 해결할 수도 있을 것으로 추정된다. 인권을 유린했다는 이유로 공격받고 있는 유고의 입장은 차치하고, 과연 미국을 비롯한 NATO 가맹 국가들의 전쟁 개시 논리는 무엇인가? 그것은 인권이다. 이는 단순한 하나의 가치가 아니다. 즉 ‘최소수혜자 최대재앙회피 전략’에 따라 이루어진 것이라고 볼 수 있다. 최소한의 혜택을 받고 있는 집단이 최대의 재앙을 맞고 있는 상황은 국제적으로 용납될 수 없다고 하는 논리인 것이다. 적어도 우리는 이러한 접근으로 유고는 부당한 행위(코소보 시민 학살)를 했다고 말할 수 있는 것이고, NATO군의 공습은 정당하다고 말할 수 있을 것이다. 이는 전쟁 또는 파병 자체가 가지고 있는 정당성이 얼마나 잘 갖추어져 있는가 하는 것이다.

원칙에 입각한 위의 논의 외에도 전쟁 자체에 대한 평가를 내릴 수 있는 준거는 또 있다. 그것은 ‘전쟁을 수행하기 위해서 정당한 절차를 준수했는가’이다. 만약 나토군이 국제법상에 규정된 전쟁 개시를 위한 절차와 나토권역내의 국가들 간의 상호 협의도 없이 일방적이고도, 사전 아무런 경고 조치도 없이 미국을 중심으로 한 일부 국가가 공습을 단행했다면 상황은 틀릴 것이다. 적어도 이러한 측면에서 미국을 비롯한 나토 국가들의 사전 조정노력은 그들이 대유고 공습을 단행하면서, 심지어는 지상군을 투입할 수 있다고 하는 전쟁 자체에 대한 명분과 정당성을 제공해 준다고 볼 수 있는 것이다.

둘째, 전투행위에 대한 평가이다. 위의 정당한 전쟁의 조건이라고 할지라도 모든 것이 정당하다고 단정할 수 없다. 그에 걸맞게 정당한 전투행위를 하는지도 우리는 평가의 대상에서 제외해서는 안 될 것이다. 그렇기 때문에 어떻게 그 전투를 잘 수행했는지를 평가해 보는 것도 전쟁 전체를 평가하는 중요한 요소가 될 것이다. 여기에는 다시 두 가지 측면이 있다. 적군에 대한 것과 아군에 대한 것이다.

우선 전투행위 간에 있어서 적군에 대한 행동을 감행할 때, 비윤리적인 무기(화생방 무기 등)를 사용한다든지, 아니면 전쟁포로를 국제법상에 정해진 규정에 따라 행하지 않을 경우 그들의 전투행위에 대한 평가는 좋지 못할 것이다. 일전에 유고는 미군 포로 3명에 대해 소환해 준 적이 있다. 이는 좋은 평가를 얻을 수 있다. 그러나 이러한 행위도 기존에 행한 전쟁 자체의 정의를 희석시키기 위한 하나의 방편으로 활용했다면 원래 추구하고자 했던 전투행위 간의 평가조차도 정당하다고 평가받을 수 없는 결과를 초래하게 된다.

한편 아군 간의 전투행위에 있어서도 인간이 보편적으로 중요하다고 생각하는 가치들을 준수하지 못할 때, 우리는 정당한 전쟁을 하는 것이라고 평가하지 않을 것이다. 예를 들자면 하극상의 문제, 집단 따돌림의 문제 등이 여기에 해당될 것이다.

셋째, 진중활동에 대한 평가이다. 위의 두 가지 요소와 직접, 간접적으로 관련을 가지고 있는 요소이다. 그러나 실제 전투행위와는 차이가 있다. 예를 들어 진중 종교활동을 할 수 있는 지유가 보장된다든지 아니면 전투준비태세와는 직접적으로는 관련이 없으면서 전반적인 진중문화 생활을 할 수 있는지와 같은 비교적 비전투적인 사항들이 여기에 대항된다고 볼 수 있다. 비록 전쟁 중이기는 하지만 병사들 개개인에게 그 나라 법률과 국제법상 기본권은 여전히 보장되어야 한다. 이것이 얼마나 잘 보장되는가에 대한 평가라고 할 수 있다.

넷째, '전쟁을 수행하는 공간 내의 문화재'와 '전쟁과 무관한 주민과의 관계'에 대한 평가이다. 현지 국가와 주민들의 문화적 생활을 저해함이 있는가의 여부에 관한 평가이다. 앞에서 전쟁은 사회의 제반 가치를 보호하는 행위라고 말했다. 그렇다면 그 당사국들뿐만 아니라 제3의 장소에서 일어나는 전쟁이라고 할지라도 이러한 가치들은 보호되어야 할 권리가 있는 것이다. 그러므로 전투 현장의 문화재와 무고한 주민을 보호해야 할 의무가 있다고 보는 것이다.

사무엘 헌팅턴은『문명의 충돌』에서 현대의 전쟁을 거대 문명권이 충돌함으로 인해서 생기는 종교전쟁의 양상을 나타낸다고 했다. 이는 바로 전쟁을 함에 있어서 순수한 전투 환경 이외의 전쟁 관련국들의 문화적 요소, 특히 종교적인 요소까지도 고려해야 된다는 필요성을 제기해 주는 사례라고 볼 수 있다.

다섯째, 전쟁의 승리 여부에 대한 평가이다. 이는 '일단 개시된 전쟁은 승리해야 된다.'는 논리에서 비롯된다. 일견 이해가 쉽게 되지 않을 수도 있다. 독일의 언론인 테오 좀머(Theo Sommer)는 국내의 한 신문사와의 인터뷰에서 막스 베버가『직업으로서의 정치』에서 "윤리의 세계에서는 좋은 목적을 달성하는 데 도덕적으로 정당하지 못한 수단이 사용되는 경우가 자주 있다."고 말했는데, 선은 반드시 선에서, 악은 악에서 나오는 게 아니라, 그 반대의 경우가 많다고 지적했다. 나토의 인도주의적 개입이 도덕적으로는 옳은 것이지만 그로 인해 인종청소가 재연되고, 결과적으로 알바니아계 사람들의 고통이 가중된다면 미국과 유럽 사람들에게는 심각한 도덕적 딜레마가 아닌가라고 하는 질문에, 그는 다음과 같이 말했다.

> 이는 군사행동을 취하는 데서 오는 도덕적 딜레마라고 할 수 있다. 우리가 만약 아무 행동을 취하지 않았다면 또 다른 종류의 도덕적 딜레마에 빠질 것이다. 베버가 지적한 것도 '깨끗한 손(clean hands)'으로는 정치, 특히 국제정치를 할 수 없다는 것이다. 어떤 행동의 성공과 실패는 그 행동의 도덕성과 비도덕성을 사후에 결정하는 경우가 허다하다. 나토의 작전이 성공해 밀로세비치가 굴복하고 알바니아계 주민들이 코소보로 돌아가고, 코소보가 독립국가로 재건된다면 이번 군사행동의 도덕성을 의심하지 않을 것이라고 했다(중앙일보, 1999. 3. 30).

우리는 여기서 하나의 중요한 문구, 즉 '성공한 쿠데타는 정당한가'라고 하는 대목을 떠올리게 된다. 도덕성에 대한 문제와는 별개로 한번 시작한 전쟁은 성공을 해야만 한다고 하는 논리는 바로 성공한 쿠데타는 정당하다고 하는 논리로 발전할 수도 있다는 점을 직시할 수 있다. 더 나아가서는 그러한 논리를 악용해서 일단 쿠데타를 시작해 놓고 보는 경향이 만연될 수도 있다는 점을 간파할 수 있다.

이러한 논리를 전쟁 상황에 놓고 볼 때, 좀머가 말하고 있는 일단 시작된 작전은 성공해야 한다고 하는 논리는 그 정합성이 부족하다고 볼 수 있는 것이다.

그러나 현실적으로 이러한 제약이 있음에도 불구하고 적어도 내부적으로는 전쟁과 관련된 국가와 실제 참전하는 국가들은 통상 정상적인 절차에 의해서 참전을 하고, 또한 전쟁을 수행하는 주체가 된다. 그렇기 때문에 그들은 최소한 그들이 아무렇게나 먼저 전쟁을 제기하지는 않는다고 하는 전제는 충족된다고 볼 수 있는 것이다.

우리는 여기서 전쟁 수행에서 승리를 해야 한다는 논리를 일단 '치료를 목적으로 시작한 수술은 그것의 성공 여부와는 관계없이 끝마무리를 어떤 식으로든지 해내야 한다.'는 명제로 결부시켜서 생각해 볼 수 있지 않을까 한다. 그렇기 때문에 시작된 전쟁은 성공하는 것이 더 좋은 것이라고 보는 것이다. 그러나 우리는 이 전쟁이 비록 정상적인 절차를 밟았다고 하더라도 강도가 칼을 집어 드는 경우와 같은 전제는 받아들일 수는 없다.

4. 맺음말

덴마크의 종교사상가이며 실존철학의 시조인 키에르케고르(Sören Aabye Kierkegaard)는 『죽음에 이르는 병』이라는 책 속에서 "절망은 죽음에 이르는 병이다."라고 말했다. 그의 표현과도 같이 우리 인간은 한 마리의 거미가 맨 처음 그물을 치려고 허공에 매달릴 적에 오직 그 눈앞에는 공허한 공간을 바라볼 뿐이다. 이와 같은 현대 인간에 대한 진단은 오늘날 전쟁으로 인해 절대적인 절망 속에 있는 우리 인류에게 동병상련의 메시지를 던져주고 있다.

키에르케고르는 절망에 대해 역설적인 설명을 하고 있다. 절망은 치명적인 병에 걸려서 누워서 투병하면서도, 죽지 못하는 환자의 그러한 상태와도 흡사한데, 그렇다고 해서 그 사람에게 살아날 수 있는 희망이 있다는 것은 아니다. 오히려 그것은 최후의 희망인 '죽음마저도 상실한 절망'을 의미한다고 말하고 있다.

사실 사람이 죽는다고 하는 것은 그 죽음이 희망이 될 때, 죽음이 있게 되는데 그 죽음마저도 선택할 수 없는 절망이 있다면 죽을 수조차도 없는 것이다. 우리 인류는 최악의 상황인 전쟁 상황 속에서 이를 저주하고, 이제 스스로를 포기할 수도 있는 위기에 놓여 있다. 우리는 이러한 전쟁의 절망조차도 선택할 수 없는 절망을 맞이하고 있는지도 모른다. 여기서 바로 우리 생에 대한 강한 애착을 찾고자 하는 것이다. 우리는 그냥 죽을 수 없기에 말이다.

우리가 살고 있는 오늘은 단순한 과거의 산물이 아니듯이, 또 한편으로는 오늘의 이 현재는 먼 후손들이 우리에게 일정 기간 빌려 준 보물과도 같다. 그래서 우리에게는 후손들에게 이를 물려줄 책임이 있는 것이다. 지금 이 순간 우리는 평화의 사과나무 한 그루를 심어야 하지 않을까? 전쟁에 대한 가치 평가 기준은 바로 미래 우리 후손들에게 물려줄 유산, 즉 평화를 보장해 주는 밑거름이 될 것으로 기대한다.

국가안보와 전통

제1장 조선 선비들의 문무겸비정신과 현대적 의미

박재주 *

1. 머리말

물질문명과 개인주의 정신이 만연하고 있는 현대사회에서는 정신문명과 공동체주의 정신이 설 자리는 점점 더 좁아지고 있다. 자칫 물질이나 금전이면 무엇이나 할 수 있다는 생각과 자기이익에만 연연하는 이기주의적 태도를 가지기 쉬운, 이른바 신세대 장병들에게는 공동체주의적이고 상무적인 정신교육이 절실하게 요구된다고 생각한다. 그러한 군정신교육의 한 내용으로서 국난극복의 민족사에 대한 교육은 매우 중요한 일이 될 것이다. 특히, 조선 선비들의 문무겸비정신과 그들의 강한 국난극복의지와 치열한 구국활동에 대한 교육은 신세대 장병들의 호국정신 함양에 큰 효과를 나타낼 수 있을 것이다.

문치(文治)의 시대로 알려진 유교지배의 조선사회에서 선비들은 오직 문(文)만을 숭상하고 무(武)를 등한시했던 것으로 생각하기 쉽지만, 진정한 선비들은 문과 무를 함께 숭상하였다. 우리 민족이 여러 차례의 국난들을 슬기롭게 극복할 수 있었던 원동력은 바로 그 선비들의 문무겸비정신이었다고 생각한다. 군인복무규율에 규정되어 있는 '군인은 명예를 존중하고 투철한 충성심, 진정한 용기, 필승의 신념, 임전무퇴의 기상을 견지하며, 죽음을 무릅쓰고 책임을 완수하는 숭고한 애국애족의 정신을 바탕으로 삼는다.'는 군인정신은 결국 문무겸비의 선비정신의 다름 아니라고 생각한다.

어원적으로 선비[士]는 지식과 인격을 겸비한 사람을 말한다. 고대 중국에서는 관직의 이름이었던 선비가 유교의 인격체로 그 위상이 정립되었다. 세속의 명리를 추구하고 시류에 영합하기보다는 올바른 도를 추구하고 실천하는 인격자로서의 선비가 유교

---

* 청주교육대학교 윤리교육과 교수. 이 장의 내용은 필자의 다음 원고를 보완·발전시킨 것이다. 박재주, "조선선비들의 문무겸비정신과 현대적 의미", 『정신전력학술논집』 제6집, 국방대학교 안보문제연구소, 2003. 12.

적 의미에서의 선비인 것이다. 유교의 이념이 통치원리가 되었던 조선사회에서의 선비들은 유교이념의 담당자로서 그 사회적 비중이 커지면서 정치의 중심세력으로 등장하였다.

조선의 선비들은 쉼 없이 학문을 연마하고 심신을 수련하며 인간의 마땅한 도리를 체득하여 실천하는 사람들이었다. 그들은 학문적 성향에 따라 유학에 깊이 들어가는 선비들과 문학에 밝은 선비들로 크게 나누어진다. 담헌 홍대용은 경학(經學)에 종사하는 선비와 문장에 종사하는 선비 그리고 과거를 주로 하는 선비로 구분한 바 있다.[1] 과거를 주로 하는 선비는 경학과 문장을 함께 익혀야 하기 때문에 실은 경학과 문장에 종사하는 선비 둘로 크게 나눌 수 있는 것이다. 그리고 그들은 행적에 따라 '나아가 다른 사람을 선하게 하는[進而兼善]' 선비와 '물러나 스스로를 지키는[退而自守]' 선비로 나누어지기도 한다. 율곡 이이는 "선비가 다른 사람을 선하게 함은 진실로 그의 뜻이며 물러나 스스로를 지킴이 어찌 그의 본마음이겠는가. 때를 만나고 만나지 못함일 뿐이다."라고 말한다.[2] 『조선왕조실록』이나 문집 등에는 선비들을 일컫는 여러 가지 명칭들이 등장한다. 대표적인 것으로는 산림처사(山林處士)[3]가 있다. 그는 산림에서 고요함을 지키면서 세상의 어지러움을 끊고 사는 사람을[4] 말한다. 산속 숲에 '머무는 선비[(山林)處士]' 또는 '숨은 선비[逸士]'는 재능과 분별력 그리고 덕 있는 행실이 한 시대가 받들고 우러러보는 바가 되어야 하며,[5] 힘써 옛 도를 행하며 생을 마칠 때까지 곤궁하고 검약하게 생활하여야 하며,[6] 맑고 높은 절개로 오랫동안 존경을 받는 사람이어야 한다.[7] 따라서 처사의 칭호를 듣는 사람들은 매우 드물다.[8] 처사와는 다른 일군의 선비들을 '명류(名流)'[9]라고 부르기도 한다. 그들은 조정에 나아가

---

1) 洪大容, 『湛軒書』 內集 說 卷三 贈洪伯能說, "世俗所謂士者三 經學也文章也 擧業之士也"

2) 李 珥, 『栗谷全書』 卷十五 雜著二 『東湖問答』 論臣道, "士之兼善 固其志也 退而自守 夫豈本心歟"

3) '산림의 선비[山林之士]', '산림에서 큰 덕을 가진 선비[山林碩德之士]', '산림의 선한 선비[山林善士]', '산과 들의 선비[山野之士]', '숨은 사람[逸民]', '숲 속에 숨은 선비[林下逸士]', '숨은 선비[隱逸之士]', '숨은 고매한 인격자[逸士高人]', '귀하고 뛰어난 선비[豪傑之士]', '뛰어난 선비[俊傑之士]', '높은 선비[高尚之士]' 등으로 불리기도 한다.

4) 李 珥, 『栗谷全書』 卷三十 『經筵日記』 三, "處士成運卒 運守靜山林 謝絕世紛"

5) 『明宗實錄』 卷二十六 明宗 十五年, "史臣曰 成守琛今世之逸民也 才識德行實爲一代之推仰"

6) 李 滉, 『退溪全書』 卷四十七 聽松成先生墓碣銘, "積城縣監成守琛 屢以遺逸 授職輒謝病不仕 杜門求志 力行古道 窮約以終身 茲實一國之善士 當代之逸民"

7) 成守琛, 『聽松集』 卷二 趙翼 撰 墓碣陰記, "先生淸風高節 可以起敬百代"

8) 조선 중엽 처사의 칭호를 들었던 사람은 성수침(成守琛), 서경덕(徐敬德), 성혼(成渾), 조식(曺植), 이항(李恒) 등 소수에 지나지 않았다(이장희, 『조선시대 선비 연구』(서울: 박영사, 1990), p.161).

벼슬을 하지만 청렴하고 검소하여 스스로를 지키는[廉簡自守]10) 선비들이다. 선비들은 또한 '바른 선비[正士]'와 '속된 선비[俗士]'로 구분되기도 한다. '바른 선비'는 임금에게 잘못이 있으면 그것을 밝히고 따지며, 다른 사람이 죄를 지으면 마주 대고 그 과실을 힐책하고, 뜻이 커서 세상 사람들과 어울리지 않으며 초연하게 홀로 서서 다른 사람이 평하는 말을 두려워하지 않는 사람을 말한다.11) 반면, '속된 선비'는 자신의 행방을 비밀로 하면서 다른 사람이 알까 두려워하고 많은 사람들 앞에서는 말하지 않고 홀로 임금을 대하여 물이 스며들듯이 조금씩 오랫동안 중상하고 아첨하는 사람이다.12) 이런 '속된 선비'는 진정한 선비라고 여길 수 없다.

'참선비[眞士]'가 된다는 것은 대단히 어려운 일이다. 담헌 홍대용은 '참선비'의 길을 다음과 같이 제시한다. 즉 "사랑과 옳음[仁義]의 마음에 잠기고 예법을 따르며, 세상의 재물도 자신의 뜻을 음란하게 하는 것으로 만족하지 않고, 누추한 곳의 근심도 자신의 즐거움을 고치게 할 수 없으며, 천자가 함부로 신하로 삼을 수 없으며 제후가 제멋대로 벗으로 삼을 수 없으며, 통달하여 그것을 행하면 그 혜택이 온 세상에 더해지고 물러나 감추고 있으면 그 도가 천년에 밝을 수 있고서야 이른바 선비에 미칠 수 있으니, 이런 사람을 참선비라 부를 수 있을 것이다."13) 조선시대 진정한 선비들의 모습은 우선 그 올바른 몸가짐에서 찾을 수 있다. 그들은 반드시 예에 따라 거동하고 옳음을 살펴서 일을 처리한다. 옳지 못한 일을 하면서까지 부귀를 탐하지 않는다. 차라리 옳지 못함에 항거하여 죽을지언정 구차하게 살아서 몸을 욕되게 하지 않는다. 그들은 벼슬을 하지 못해 가난한 삶을 살아도 결코 선비의 본분을 망각하지 않는다. 그들은 말만을 앞세우고 실천에 옮기지 못함을 부끄럽게 여긴다. 그들은 예의와 염치를 숭상한다. 이는 선비들로 하여금 명분과 절개를 닦게 하여 물욕을 방지하고 비위를 억제하게 하는 것이다.

---

9) '도와 의를 지키는 선비[守道守義之士]', '도를 지키는 선비[守道之士]', '곧고 바르고 검소하고 조용한 선비[貞方簡靜之士]', '올곧은 선비[端士]', '맑은 이름의 선비[淸名之士]' 등이 여기에 속한다.

10) 『仁祖實錄』 卷一 仁祖 元年, "以李光庭爲吏曹判書 光庭少廉簡自守 稱以名流"

11) 鄭道傳, 『三峰集』 卷三 上恭讓王疏, "大抵君有過則明爭之 人有罪則面折之 落落不合 矯矯獨立 不畏他人之議者 正士也"

12) 鄭道傳, 『三峰集』 卷三 上恭讓王疏, "秘其縱迹 惟懼人知 在衆不言 獨對浸潤者 讒佞之人也"

13) 洪大容, 『湛軒書』 內集 說 卷三 贈洪伯能說, "沈潛仁義之府 從容禮法之場 天下之富 不足以淫 其志 陋巷之憂 不能以改其樂 天子不敢臣 諸侯不得友 達而行之則澤加於四海 退而藏焉則道明 乎千載 然後及所謂士也 斯可謂之眞士也"

조선의 선비들은 과거시험을 통해 관직에 나아가 자신의 덕과 신념을 실현하는 기회를 갖는다. 임금을 섬기고 백성을 돌보아야 하는 책무가 주어진 것이다. 선비는 신하로서 의당 복종과 충성을 다해야 하지만 의리로써 맺어진 바 본분을 결코 잃지 않는다. 임금의 잘못에 대해 간언도 하며, 바른 도리가 실현될 가능성이 없거나 직책이 도리에 합당치 않다고 판단되면 물러날 수 있는 자세, 이것이 선비 본연의 모습인 것이다. 자신의 학문과 신념을 펴고자 하는 선비는 주로 학문을 전문으로 하는 기관(예문관, 성균관 등)이나 언로(言路)를 통해 임금에게 간언을 하는 직책을 맡는다. 때로는 부모를 모시고 학문연구도 할 수 있는 한직을 자청하기도 한다. 경연관으로서의 선비는 통치이념의 형성에 영향을 준다. 그리고 언관(言官)은 실정을 직간(直諫)하고 공론을 전달하는 임무를 맡는다. 또한 사관(史官)은 어떠한 권력에 관한 불의도 은폐하지 않아 임금의 행동을 규제하는 힘이 되기도 한다. 공직자로서 선비는 결코 부귀 따위의 일신의 영달에 사로잡히지 않고, 옳은 것에 대한 굳은 신념과 부정에 대한 항거로 일관하는 자세를 보였던 것이다. 선비는 벼슬에 나아가지 않더라도 학문과 도리를 연마하고 후진을 가르치는 것을 본연의 자세이자 임무로 삼는다. 특히 조선 후기에는 선비들이 과거시험을 외면하고 도학공부에 전념하는 것을 바람직한 자세로 여기는 경향이 팽배했다. 이렇게 선비로서 과거시험을 보지 않거나 벼슬길에 나가지 않는 처사들은 일종의 공동체를 이루며 사회의 공론을 주도하는 영향력을 지녔다. 이들을 중심으로 선현(先賢)들을 제향(祭享)하기 위한 의례공동체(儀禮共同體)나 함께 학문을 강론하는 강학공동체(講學共同體) 등이 형성되었고, 선비들의 모임인 시회(詩會)가 이루어지기도 하였다.14)

조선의 선비와 선비정신은 다음과 같이 요약할 수 있다. 즉 "손에 돈을 쥐는 법이 없고 쌀값을 물어보는 일이 없어 어쩌다가는 마당에 널어놓은 곡식이 소나기에 떠내려가는 줄도 모르는 사람들, 더워도 버선을 벗지 않고 밥 먹는데 상투바람으로 있는 법이 없어 가끔은 발가락 사이에 때도 후벼 팠어야 할 사람들이 때로는 상상하기 어려운 용기를 발휘하기도 하는 것이다. 이 사람들의 정치상 발언은 때로는 국왕의 노여움을 사서 생명이 달아나기도 한다. 그러나 놀라운 일은 뻔히 그것으로 생명이 없어지는 것을 보면서 똑같은 발언을 뒤이어 하고 나서는 사람들이 나타나는 것이다. 특히 이런 발언을 직책으로 삼는 이른바 대간(臺諫)과 같은 것은 서거정(徐居正)의 말을 빌려, '벼락이 떨어져도 목에 칼이 들어가도 서슴지 않는다.'는 것이었다."15)

---

14) 정옥자 외, 『시대가 선비를 부른다』(서울: 효형출판, 2000), pp.14－15.

15) 千寬宇, 『韓國史의 再發見』(서울: 일조각, 1974), pp.250－251.

그러나 조선 중기 이후, 선비가 정치담당자로서 그 역할을 하는 가운데 비롯된 당파싸움은 '비판·견제세력'이 아닌 '권력 주체'로써 빚어졌던 부정적 측면을 드러내기도 하였다. 또한 중국 중심의 세계관에 기운 나머지 민족문화의 자주성과 동떨어졌던 면도 보였으며, 서민문화의 위축과 반상(班常)의 차별 등으로 사회계층 간의 분열이 심화되는 양상을 초래하기도 했다. 예의범절을 비롯한 의례 또한 형식주의에 치우쳐 여러 가지 폐단을 낳기도 하였다.16)

그럼에도 불구하고 조선의 선비들은 그 사회의 양심이자 지성이며 인격의 기준이었다. 또한 그 시대가 요구하는 이념적 지도자이자 지성인으로서 책임을 감당해 왔다. 그들은 평상시에도 의리[義]와 이해[利]를 분변하는 의리론의 가치관에 따라 불의와 탐욕을 거부하고 의리를 정당성의 기준으로 밝히지만, 국가의 위기를 만나거나 개인으로시 위대로운 상황에 부딪혔을 때 그 자신이 지켜오던 의리의 신념을 관철하여 구현하는 데서 선비정신이 더욱 빛나게 되는 것이다. 선비가 평소에 의리를 가치 기준으로 표방하여 소중히 지키고자 하더라도 위기를 당하여 이해를 살피면서 의리의 실천을 회피한다면, 그것은 공허한 관념 속의 의리에 불과한 것이 되고 만다. 의리는 구체적인 역사적 상황 속에서 확고한 신념과 단호하고 용기 있는 결단을 동반함으로써 비로소 강인한 선비정신으로 구현되는 것이다.17) 선비가 국난을 당하여 자신의 몸을 버리고 나라를 위해 죽는 것은 지극하게 당연한 도리로 여겨졌다. 조정에서 벼슬하는 선비는 벼슬을 하고 녹봉을 받았으니 마땅히 나라와 운명을 함께해야 하지만, 재야의 선비도 마땅히 죽어야 할 의리가 있기 때문에 나라의 위기를 당하여 그대로 앉아 있을 수는 없었다. 그래서 나라를 구하기 위해 한 몸을 버리고 일어나게 마련이었다. 나라가 외침을 당하여 어려움에 처할 때마다 선비들이 의병(義兵)을 일으켜 나라를 구하기 위해 앞장섰던 것도 자신의 한 몸보다는 의리를 앞세운 데서 가능했고 큰 힘이 발휘될 수 있었던 것이다. 특히 임진왜란과 병자호란 그리고 구한말 나라의 위기에 일어난 의병들은 모두 '의(義)'를 내세운 데서 가능한 일이었다. 특히, 임진왜란 중 팔도전역에서 의병이 일어나지 않은 곳이 없었는데, 이들은 무인들보다는 전직관료의 선비들이나 아직 벼슬에 나아가지 않은 재야 선비들이 상당수를 점하였다. 또한 의병을 지휘한 의병장들은 대부분 명망이 두터운 선비들이 차지했다. 이 점은 두 차례의 호란이나 구한말의 의병의 경우에도 마찬가지였다.

---

16) 정옥자 외, 앞의 책, p.15.

17) 금장태, 『한국의 선비와 선비정신』(서울: 서울대학교출판부, 2000), p.193.

2. 새 왕조의 설계자 정도전

새로운 왕조 조선의 건국을 실질적으로 주도했던 삼봉(三峰) 정도전(鄭道傳)은 풍부한 식견[＝文]과 강력한 추진력[＝武]을 가진 선비였기에 그런 막중한 임무를 수행할 수 있었다. 흔히 선비라면 조용한 학자를 떠올리지만 정도전은 최고 학부인 성균관 강학(박사) 출신의 학자이면서도 유약한 선비가 아니었다. '한 손엔 붓을 들고 다른 한 손에는 칼을 쥐었다.'고 스스로 자체하는 영웅호걸형의 선비였다. 그래서 그의 붓은 문명개혁의 고전을 만들어 냈고, 그의 칼은 썩은 왕조를 도려냈다.[18] 그는 실질적인 것[＝武]을 숭상하고 부조리와 부패로 얼룩진 당시의 현실을 과감하게 개선하려는 강한 개혁의지의 소유자였다.

그는 가난과 우울한 환경 속에서도 남다른 학구열을 불태우며 목은(牧隱) 이색(李穡)의 문하에 입문하여 투철한 성리학도의 길을 걸었고, 약관의 나이에 진사시험에 급제하여 관직에 나아갔다. 그는 성균관박사(成均館博士)·태상박사(太常博士)·성균사예(成均司藝)·예문광교(藝文廣教) 및 지제교(知製教) 등을 거쳤으며, 경연관(經筵官)으로서 공민왕(恭愍王)과 우왕(禑王)에게 『대학(大學)』을 강의하였을 정도로 깊은 학문적 성숙과 높은 문관의 관직들을 수행하였다. 그러나 그는 결코 문약하거나 현실에 안주하지 않았고 망국의 조짐을 보이고 있는 상황을 극복하고자 하는 정열적인 개혁의지를 토해 내기 시작했다. 친원(親元)의 물결이 가득하던 당시의 상황에서 친명(親明)을 주장한 그는 중앙정계의 탄압을 받고 34세 패기만만한 나이에 나주목 회진현 거평부곡으로 유배를 당했다.[19] 당시 그의 비장한 각오는 「감흥(感興)」이라는 시에서 잘 나타난다.

　　……
　　조국의 멸망을 차마 볼 수 없고(不忍宗國墜)
　　충의로 마음 속이 찢어지는 것 같아(忠義裂心肝)
　　손으로 대궐문을 밀고 들어가(手排閶闔門)

---

18) 정옥자 외, 앞의 책, p.20.

19) 우왕 원년 1375년 원나라의 사신이 명나라를 협공하기 위해서 입국할 때 정도전이 영접사로 임명되자 사신의 목을 베겠다고 하면서 저항하였던 일로 권신들의 미움을 받았고(한영우, 『왕조의 설계자 정도전』(서울: 지식산업사, 2002) 부록 정도전 연보 참고), 이해 여름 성균사예로서 「감흥(感興)」이라는 시를 지어 시정의 득실을 따진 것이 유배의 직접적인 원인이었던 것 같다(『국역 삼봉집(三峰集) Ⅰ』(민족문화추진회, 1978), p.69 참고).

임금 앞에 언성 높여 간했더라오(抗辭犯主顔)
옛부터 사람은 한 번 죽나니(自古有一死)
구차한 삶은 편안하게 여길 바가 아니다(偸生非所安)
……

나라와 백성을 위한 열정과 이상이 그로 하여금 문무겸비의 건강한 선비가 되게 만들었던 것 같다. 그는 유배생활 동안 진정으로 나라와 겨레를 위한 실천적 방식이 무엇인지 투철하게 생각했고, 그 지역의 백성들과 친교하면서 그들이 새 세상을 갈망하고 있음을 피부로 느꼈던 것이다. 더욱 과격한 개혁의지를 다진 그는 유배생활을 마치고 동지들을 규합하기 시작했다. 무력을 통한 개혁의 실천을 도모하고자 결심하였던 것이다. 1383년(우왕 9년) 가을, 그는 왜구토벌로 이름이 높은 뛰어난 무장 이성계(李成桂)를 찾아 그의 질서정연한 군진(軍陣)을 보고 그의 지휘역량과 군사운용방침을 헤아릴 수 있었다. 그들은 자연스럽게 혁명적 동지로서 연을 맺게 되었다. 마침내 1389년 정도전은 이성계와 모의하여 창왕(昌王)을 폐위하고 공양왕(恭讓王)을 옹립하여 좌명공신(佐命功臣)에 봉해지고, 1391년 삼군도총제부(三軍都摠制府) 우군총제사(右軍摠制使)가 되어 병권을 장악하였다. 수구세력을 몰아낼 수 있는 기틀을 마련한 정도전은 들끓어 오르는 사회개혁의 아우성 소리를 들으며 혁명의 시대가 도래하고 있음을 느꼈다. 마침내 그는 이성계를 비롯한 동지들과 함께 고려를 무너뜨리고 새로운 왕조를 탄생시켰다.

새로운 왕조가 세워지자 최고급 두뇌이자 실질적인 실권자의 위치에서 정도전은 국가체계를 세우는 데 진력하였고, 호구 수에 따른 토지의 재분배와 공전제와 1/10세를 확립하는 등 전제개혁에 진력하였다. 그는 내정안정과는 별도로 강한 군사력을 갖추는 데에도 힘썼다. 남·북으로 들끓던 외적 무리들을 소탕함은 물론 언제나 출병할 수 있는 완벽한 군사력을 확충하기 위해 노력했다. 그는 1품에 해당하는 숭록대부로서, 문하부의 시중(侍中) 다음의 직책인 문하시랑찬성사(門下侍郎贊成事), 최고정책결정기구의 수장인 동판도평의사사사(同判都評議使司事), 국가경제를 총괄하는 판호조사(判戶曹事), 인사행정을 총괄하는 판상서사사(判尙瑞司事), 문한의 책임을 맡은 보문각대학사(寶文閣大學士), 왕을 교육시키고 역사를 편찬하는 지경연예문춘추관사(知經筵藝文春秋館事), 그리고 이성계 친병인 의흥친군위의 두 번째 책임자인 의흥친군위절제사(義興親軍衛節制使)의 직책을 겸임하였으며, 봉화백(奉化伯)이라는 작위를 받았다. 이는 정책결정, 관료인사, 국가재정, 군사지휘권 그리고 왕의 교육과 왕의 교서 작성, 역사편찬 등 국가 경영에 필요한 핵심적인 자리를 그가 겸직한 것을 의미한다. 원래 병법에도 조예가 깊었고 개국 뒤 의흥친군위 절제사로서 병권의 일부를 장악하고 있던 그는 『오행진출기도(五行陣出奇圖)』와 『강무도(講武圖)』라는 병서를 지어 왕에게 바쳤다. 왕은 이 책에 의거하여 군사들을 연습시키도록 하였다. 이는 요동정벌의 준비를 위한 것이었다. 태조 2년 7월 동북면 도안무사(都按撫使)가 되어 멀리 함길도로 나아가 이 지역의 여진족을 회유하고 행정구역을 정리하였으며, 8월 군사훈련에 필요한 병서로서 『사시수수도(四時蒐狩圖)』를 지어 왕에게 바쳤다. 이 책의 내용은 형식상 사냥에 관한 것이지만 실제로는 요동정벌에 필요한 군사훈련의 필요에서 지은 것으로 보인다. 이해 9월 그는 국가재정을 관리하는 판삼사사(判三司事)에 임명되었고, 11월에는 각 절제사들을 거느리고 있는 군인 중에서 무략이 있는 자를 골라 『진도(陣圖)』를 가르칠 것을 왕에게 건의하였으며, 사흘 뒤에는 격구를 하는 구정(毬庭)에 군사들을 모아서 자신이 지은 『진도』를 펴놓고 고각(鼓角)·기휘(旗麾)·좌작(坐作)·진퇴(進退)의 방법을 훈련시켰다. 이는 일종의 제식훈련이지만 그 의도는 각 절제사들이 거느리고 있던 사병적 성격의 군대를 정도전 자신이 직접 장악하기 위한 조치이기도 하다. 그가 53세 되던 태조 3년, 그는 비로소 최고의 병권을 장악하고 군사문제에 주력하면서 다른 한편으로는 문물제도 정비에 참여하였다. 이해 정월 그는 중앙군의 최고책임자인 판의흥삼군부사(判義興三軍府事)가 되었다. 의흥삼군부는 고려 말에 설립된 삼군도총제부를 태조 2년 9월에 개편한 것으로, 새 왕조의 전 군사를 통할하는 기구였다. 이성계의 친병이던 의흥친군위도 이 기구 속에 통합되었다. 형식상 병권을 장악한 그는 여러 가지 강압적인 방법을 동원하여 군대개혁에 나섰다. 먼저 군기를 바로잡기 위해 판의흥삼군부사가 되자마자 여러 장수들과 더불어 갑옷을 입고 군기(軍旗)에 제사를 지내는 제독(祭纛)의 행사를 치렀는데, 제사가 끝난 뒤 천호(千戶)인 유서봉(俞瑞鳳)이 폭사하는 사건이 일어났고, 그다음 날에는 이 행사에 참여하지 않은 여러 절제사와 장무(掌務) 및 진무(鎭撫)들에게 태형(笞刑)을 가하였다. 그만큼 이 행사는 엄격하게 치러졌다. 정도전이 군기를 바로잡기 위해 얼마나 적극적이었는지를 보여준다. 그는 이해 2월 드디어 본격적인 병제개혁에 관한 상소를 올렸다. 그가 올린 8개 조목의 병제개혁안은 그동안 이성계의 왕자나 친척들 그리고 절제사들이 나누어 가지고 있던 군대 통수권과 그들의 사병을 혁파하여 국가의 공병으로 편속시키자는 것이 목적이었다. 일원적인 통수체계를 갖춘 공병이 없는 국가란 매우 위험한 것이다. 따라서 정도전의 병제개혁은 반드시 새로운 국가 건설에 필요한 사업이었지만, 병권을 나누어 가지고 있던 왕자나 종친들의 입장에서 본다면 병권을 잃는 것은 권력투쟁의 마지막 보루를 잃는 것이기 때문에 내심 불만을 가지게 되는 것은 당연한 일이었다. 그는 또한 판삼사사로서 왕에게 매일 이른 아침에 정전에 앉아 장상과 더불어 군국사를 함께 논의할 것을 건의하여 왕의 윤허를 얻었다. 말하자면 국가의 중대한 문제를 협의하기 위한 대책회의를 매일 가지자는 것이었다. 왕이 정전에 나오지 않고 신하들도 병을 핑계로 일을 미루고 있으니 새 나라 건설에 차질이 생기고 민심이 동요할지 모른다는 우려 때문이었다. 여기서 군국의 일이라 함은 요동정벌과 관련된 군사문제를 의미하는 것으로 보인다. 그만큼 군사문제는 당시로서는 비중이 큰 것이었다. 그가 6월 "역대부병시위지제(歷代府兵侍衛之制)"라는 군제개혁안을 지어 왕에게 바친 것도 역시 군사문제에 대한 그의 관심을 보여준다. 이것은 경성과 궁성수비를 맡는 중앙부대인 부위제를 개혁하기 위해 중국과 우리나라 역대 부위제의 폐단과 부병의 역사적 유래를 그림으로 설명한 것이다. 이는 이듬해 실천에 옮겨져 서반관제의 개혁이 이루어졌으며, 정도전은 이를 다시 이론적으로 정리하여 『경제문감』에 위병이라는 항목으로 기술하였다.[20)]

결국 정도전은 선비와 벼슬의 일치[士官一致]를 지향하였다. 즉 도를 깨우친 유학자로서의 선비가 백성들을 가르치는 관리가 되어야 한다는 것이다. 도덕을 몸과 마음에 온축한 사람을 유(儒)라고 하며, 교화를 정치에 베푸는 사람을 이(吏)라고 한다. 그런데 온축은 베푸는 것의 근본이므로 베푸는 것은 온축에서 나오는 것이다. (따라서) 유(儒)와 이(吏)는 한사람인 것이며, 도덕과 교화는 두 가지 이치가 아닌 것이다. 유학과 벼슬의 분리를 유리(儒吏)의 일치로 바꾸고자 하는 것이 정도전의 이상이었던 것이다. 그는 진정한 선비[眞儒]가 되기 위해서는 다음과 같은 여러 가지 소업과 기능을 가져야 한다고 생각하였다. 그 가운데 선비는 과학과 기술에 대한 지식을 가져야 하며, 윤리도덕의 실천가여야 하며, 지조를 지켜야 함을 특히 강조하였다. 선비는 관리가 된 뒤에는 일신이 굶거나 곤경에 허덕이는 한이 있더라도 불의를 범하지 않으며, 의(義)를 위해서는 생명을 바칠 각오가 되어 있어야 한다는 것이다. 죽어야 할 경우에는 죽어야 한다. 의는 육신보다 중요한 것이다. 그래서 군자는 인을 실천하기 위하여 자기 몸을 죽이는 것이다.[21)]

그는 문무겸비의 선비로서 국방의 강화를 주장하였다. 그는 내정개혁과 더불어 잃어버린 한민족의 옛 땅을 수복하여 약소국의 지위를 벗어나려는 강력한 의욕을 품고 있었다. 국가의 자주성을 확립하기 위해서는 무엇보다도 부국강병이 달성되어야 함은

---

20) 한영우, 『왕조의 설계자 정도전』(서울: 지식산업사, 2002), pp.57－60 참고.
21) 위의 책, pp.157－160 참고.

너무나 당연하였던 것이다. 군사제도가 정비되어 국방력이 강화되어야 함은 물론, 이를 뒷받침할 수 있는 국가재정의 확보 또한 절실히 필요한 것이었다.

　　그의 군사제도의 정비를 위한 여러 대책들 가운데 주요한 것들은 다음과 같다. 첫째, 국민개병제, 즉 병농일치의 확립이다. 농민이 평소에 농사를 짓고 농한기를 이용하여 군사훈련을 받기 때문에 양병(養兵)의 비용이 필요 없고, 징병의 번거로움이 없으면서 얼마든지 위급한 사태에 대처할 수 있기 때문이라는 것이다. 그리하여 그는 주나라의 제도를 골간으로 하고 여기에 고려시대의 부병제와 당의 부병제, 그리고 한의 남북군제도 등을 가감·절충하여 특이한 조선의 군제를 형성시켰다. 그는 모든 군사를 중앙군과 지방군으로 이원화하여, 중앙군을 부병(府兵)이라 부르고, 지방군을 육수군(陸守軍, 육군)과 기선군(騎船兵, 수군)으로 나누고자 하였다. 둘째, 요동정벌 사상이다. 그의 국방강화 사상은 기본적으로는 외세의 침략으로부터 국토를 수호하기 위한 목적을 지녔지만 방어는 단기적인 목표일 뿐 장기적 목표는 잃어버린 옛 땅을 되찾는 것이었다. 우선 한반도 북부, 특히 여진족이 들어와 살고 있는 함경도 지방을 확실하게 영토로 편입시키고, 요동의 넓은 땅을 수복하려는 원대한 이상을 가졌다. 그는 태조 2년에 동북면 도안무사로 함경도에 가서 여진족을 회유하였고, 이 지역의 지방행정조직을 정리하고 왔으며, 태조 6년에도 동북면 도선무순찰사로서 두 번째로 함경도에 가서 주군(州郡)을 구획하고, 성보(城堡) 등 방어시설을 수리하였으며, 호구와 군관을 점검하고 돌아왔다. 이성계는 그의 공로를 고려 때 윤관의 9성 건설에 못지않은 업적이라고 칭찬하였다. 그가 옛 땅의 수복에 얼마나 진지한 열의를 가졌던가는 요동정벌계획에서 가장 적나라하게 엿볼 수 있다. 정도전·남은(南誾)·심효생(沈孝生) 등이 군사를 일으켜 요동을 칠 계획을 하고, 5진도(五陣圖)와 수수도(蒐狩圖)를 지어 태조에게 바치고, 훈도관(訓導官)을 두어 각 절제사·군관 및 양반 각 품과 성중애마로하여금 『진도』를 강습하게 하고, 또 사람을 각 도에 보내서 이것을 가르쳤다. 명태조가 정도전을 표전문의 책임자로 부르자 정도전은 병을 칭하여 가지 아니하고, 명태조가 군사를 일으켜 자기의 죄를 물을까 두려워 진도를 지어 군대를 훈련시켰다. 위의기록에 따르면, 마치 정도전이 명의 문책을 두려워하여 개인감정으로 요동정벌계획을 세운 것처럼 되어 있으나, 사실은 개인감정에서 출발한 것이 아니다. 이 계획에는 정도전 이외에도 심효생·남은 등과 같은 개국공신이 참여하였고, 또 태조도 그 계획을 공식적으로 승인한 것을 보면, 이 계획의 주동자는 정도전이라 하더라도 이미 그것은 국가정책으로 채택된 것임을 알 수 있다.[22] 셋째, 군량미의 확보를 주장하였다. 군자(軍資) 전쟁에 대비한 군량미를 의미한다. 국가는 군대의 힘으로써 보존되고, 군대는 군량미로써 살아가기 때문에 국가를 다스리는 자는 병(兵)만을 다스려서도 안 되고 반드시 병식(兵食)을 다스려야 한다는 것이다. 그런데 군량미는 절약·억제하는 것이 중요하기보다는 풍부하게 비축해 두는 것이 급선무라고 본다. 그가 군량미에 각별한 관심을 가진 것은 현실적으로 요동정벌이 준비되고 있는 상황과도 관련이 있다. 군량미의 확보를 위해서는 토지를 개간하고 유민(遊民)들을 농민으로 전환하여 토지생산력을 향상시켜야 하고 국용(제사·빈객 등)을 절약하는 일 등이 중요하지만, 군대 자체가 식량을 스스로 생산하는 것이 중요하다고 그는 생각하였다. 군대 자체가 식량을 스스로 마련함으로써 군자를 확보하고 국가경비의 지출을 간접적으로 절약하며 국부의 달성에 기여할 수 있다고 믿었던 것이다. 군인이 스스로 식량을 생산하는 제도가 바로 둔전법(屯田法)이다. 그에 의하면 둔전법이란 둔수하는 병졸이 차전차경(且戰且耕＝싸우면서 농사지음)함으로써 조운(漕運)이 노력을 생략하고 군량을 조달하는 것이었다.23)

그는 잃어버린 요동 땅을 다시 차지하고 왜구가 넘보지 못하는 강력한 국가를 만들려는 꿈을 가졌다. 그래서 우리나라 현실에 맞는 진법(陣法＝전술)을 개발하여 군사를 훈련하고, 권력투쟁에 이용되고 있던 권세가들의 사병(私兵)을 혁파하여 국가의 공병(公兵)으로 만들려고 하였다. 그는 사병을 혁파하는 과정에서 목숨을 잃었지만 그의 실험정신은 그를 죽인 세조에 의해 받아들여졌다. 56세가 되던 1397년 명나라와의 긴장관계는 계속되었고, 정도전은 요동정벌에 박차를 가하였다. 이해 정도전은 다시 병권의 최고책임자인 판의흥삼군부사로서 자신이 만든 『진도』와 『수수도』를 각 절제사의 군관, 서반각품, 성중애마(成衆愛馬) 등으로 하여금 강습하도록 하고, 각 도에 교관을 파견하여 지방의 군사들도 같은 방식으로 훈련시켰다.24) 이어 요동정벌을 위한 군량미의 비축을 위하여 군수물자를 관리하는 유비고(有備庫)의 책임자인 제조관이 되었다. 유비고 설치 며칠 전에 군량미의 부족을 염려하여 공전과 사전의 전조를 모두 국가에서 받아들이도록 하는 비상조치를 내렸다. 이 모두는 요동정벌을 위한 조치들이었다. 또한 이해 12월 그는 봉화백으로서 동북면도선무순찰사(東北面都宣撫巡察使)가 되어 함경도 지방의 주군을 구획하고, 성보를 수리하고, 호구와 군관을 점검하였다. 함경도 지방의 행정체제를 정비하고, 군사방어시설을 강화한 이 사업은 이듬해 3월까지 계속되었다.

---

22) 위의 책, pp.207－213 참고.
23) 위의 책, pp.207－208 참고.
24) 위의 책, p.81.

그의 군사훈련은 철저하게 시행되었다. 자신이 지은『진도』에 의거하여 양주목장(楊洲牧場)에서의 군사훈련은 계속되었다. 양주는 많은 군마(軍馬)를 기르고 있던 국영목장이 있어서 군사훈련에 적합한 곳이었다. 그는 지방에서 이루어지는 군사훈련의 실태를 철저하게 점검하도록 하였다. 박영문(朴英文)을 전라도와 경상도에 보내『진도』강습의 실태를 점검하고, 김천익(金千益)을 전라도와 경상도의 각 진(鎭)에 보내어『진도』에 통하지 못하는 각 진의 첨절제사를 태형(笞刑)에 처하게 하였다. 이 진도훈련을 게을리 하는 자는 누구를 막론하고 문책하였다. 왕이 사헌부로 하여금『진도』를 배우지 않는 여러 왕자와 남은, 참찬문화부사 이무(李茂), 상장군, 대장군 등을 문책하도록 하였으며, 사헌부에서『진도』를 익히지 않는 삼군절제사(三軍節制使)와 상장군·대장군·군관 등 292명을 대거 탄핵하는 사건이 일어났다. 또한 여러 도의『진도』교훈자(敎訓者)에게 매 100대를 때리고,『진도』에 능통한 자 5명을 선발하여 각 도에 보냈다. 그리하여 서울의 시위군관(侍衛軍官)은『진도』를 강습하지 않는 이가 없었다. 또 다시 대사헌 성석용 등의 상소에 따라 절제사 이하 크고 작은 원장(員將)들로서『진도』를 강습하지 않는 자를 매를 때리거나 직책을 해임하였다. 진도훈련은 전시동원체제에 가까운 긴장과 함께 이루어졌다.25)

그의 군사훈련은 그가 지은 여러 병서들을 토대로 하여 이루어졌다. 그는 문신이면서도 병법에 조예가 깊었다. 그가 지은 병서로서는『진법』,『오행진출기도(五行陣出奇圖)』,『강무도(講武圖는)』등이 있다.『진법』은『삼봉집』에 수록되어 있으나 언제 편찬되었는지는 확실하지 않다. 그러나 그 내용으로 보아서 이미 편찬한 여러 병서들을 통합하여 실제적인 군사훈련의 지침서로 편찬한 것으로 보인다. 이것은 크게 두 가지 내용을 담고 있다. 하나는 북과 깃발을 들고 진퇴와 좌작(坐作)을 하는 방법을 가르치는 것이다. 일종의 제식훈련(制式訓練)에 관한 것이다. 그는 이것이 중심(衆心)을 통일하는 데 도움이 된다고 말하고 있다. 다른 하나는 창검(槍劍)과 궁시(弓矢)를 가지고 직접 공격하는 방법을 설명한 것이다. 말하자면 전투훈련에 해당한다. 그는 이것이 중력(衆力)을 합하는 데 도움이 된다고 한다. 그는 자신의『진법』이 과거의 병법과 다른 점은 군사훈련이 진퇴와 좌작에만 머물지 않고 실제의 전투 기술을 익히도록 하는 데 있다고 스스로 밝히고 있다. 즉 형식적인 군사훈련이 아니라 실전 위주의 군사훈련을 위해서 이 책을 지었다고 할 수 있다.『오행진출기도』와『강무도』는 중국의 여러 병법들을 절충하고 참작하여 만든 독자적인 병서였다. 또한 정도전은 정치이

---

25) 위의 책, pp.88－89 참고.

론서인 동시에 조선 왕조 최초의 헌법에 해당하는 『조선경국전(朝鮮徑國典)』을 지었다. 여기서 그는 군대와 관련된 통치 영역을 병전(兵典)이라고 부르지 않고, 정전(政典)으로 부른 것은 군대를 어디까지나 물리적 장치로 이해하기보다는 도덕적 장치로 이해하고 있었음을 보여준다. 군사제도를 운영하는 이념적인 기초로서 백성과 군사를 아끼고 나라를 바르게 인도한다는 대원칙이 전제되어야 한다는 것이다. 그는 이런 시각에서 군제를 비롯하여 군기(軍器)·교습(敎習)·정점(整點)·상벌·숙위·둔수(屯戍)·공역(功役)·존휼(存恤)·마정(馬政)·둔전(屯田)·역전(驛傳)·추라(騶邏)·전렵(畋獵)을 차례로 논하고 있다. 먼저 『군제』에서는 주나라의 병농일치(兵農一致)와 중앙군 및 지방군의 유기적 지휘체제를, 『군기』에서는 무기의 중요성을, 『교습』에서는 군사훈련의 중요성을 논하면서 자신이 지은 『오행진출기도』를 비롯하여 『강무도』 등을 소개하고 있다. 『정점』에서는 정기적으로 군사와 무기를 점검하여 유사시에 대비할 것을 강조하고, 『상벌』에서는 군사에 대한 상벌을 엄하게 하여 군대의 기강을 잡아야 한다는 것을 강조하였다. 『숙위』에서는 궁성수비의 중요성을 논하고, 『둔수』에서는 국경수비의 중요성을, 『공역』에서는 군대를 적당하게 일을 시켜 나태하지 않도록 할 것을, 『존휼』에서는 군인에 대한 복지의 중요성을, 『마정』에서는 목마(牧馬)의 중요성을 각각 논하였다. 그 다음 『둔전』에서는 병사들이 농사지으면서 싸우는 둔전의 필요성을 강조하고, 『역전』에서는 교통과 통신의 중요성을, 『추라』에서는 대신의 호위와 경성 치안의 중요성을, 『전렵』에서는 왕의 사냥이 백성에게 해를 끼치지 않는 범위에서 해야한다는 것을 각각 강조하고 있다. 뛰어난 전략가이자 요동정벌운동을 추진하던 정도전의 국방에 관한 경륜이 유감없이 잘 나타나 있다.26) 또한 그가 쓴 『경제문감』의 『위병』은 수도경비와 궁성수비에 관한 견해를 제시하고 있다. 그는 문무가 균형을 이루어야 한다는 전제하에 중국과 우리나라 역대의 위병제를 개관하고, 그 장단점을 취사선택하여 조선왕조의 위병제가 성립되는 과정을 설명하고 있다. 즉 한(漢)의 남북군제(南北軍制), 당의 부병제(府兵制), 송의 금군제(禁軍制)를 간략하게 소개하고, 조선 건국 초기의 의흥삼군부(義興三軍府)에 대하여 언급하고 있다. 그가 지향하는 부위(府衛)의 병제는 우선 병권을 재상이 일원적으로 통할해야 한다는 것과, 궁성수비군과 경성수비군을 구별하여 강화하는 것으로 요약된다.27)

---

26) 위의 책, pp.119-120 참고.
27) 위의 책, p.127.

3. 문무에 차이를 두지 않은 군사방략가 양성지

15세기 후반기는 조선왕조의 안정과 융성의 절정기였다. 이런 시기에 6대 왕조를 섬기면서 40여 년 동안 관직생활을 보낸 눌재(訥齋) 양성지(梁誠之)는 15세기 전반기의 정도전에 버금가는 문무겸비의 정신을 지닌 인물이었다. 그는 1441년(세종 23년) 생원과 진사 두 시험에 합격하였고 이어서 문과에 급제하여 집현전 부수찬(集賢殿副修撰)으로 관직생활을 시작하였다. 세종(世宗) 28년에는 춘추관(春秋館) 기사관(記事官)을 겸대하였고, 동 32년에는 집현전 부교리(副校理)로 승진하면서 춘추관 기주관(記注官)을 겸대하였다. 문종(文宗)과 단종(端宗)조를 거치면서 집현전의 관원으로 승진을 계속하였고, 세조(世祖) 3년(1457년) 첨지중추원사(僉知中樞院事)에 제수되었고 동 6년에는 가선대부(嘉善大夫)로 피봉되었으며, 동지중추원사(同知中樞院事)를 거쳐 중추원부사(中樞院副使)가 되었다. 동 9년에는 홍문관(弘文館) 설치와 함께 홍문관 제학(提學)을 겸대하였다. 동 10년에 이조판서(吏曹判書)를 거쳐 다음 해에는 지중추원사(知中樞院事)에 올랐고, 이어서 사헌부(司憲府) 대사헌(大司憲)이 되었으며, 예종(睿宗) 원년(1469년)에는 공조판서(工曹判書)에 제수되었고, 성종(成宗) 7년에는 춘추관사(春秋館事), 홍문관 대제학(大提學)이 되는 등 수많은 관직을 두루 역임했다.

그는 수많은 주요한 관직들을 역임하면서 학문연마를 게을리 하지 않았고, 여러 차례 지리서적을 짓기도 하였고, 실록의 편찬에도 관여하였다. 그러나 그의 진면목은 오히려 독특한 그의 우국정신(憂國精神)에 있었다. 그는 누구보다 자주적인 인물이었다는 점에서 당시의 다른 선비들과는 그 면모를 달리하였다. 그는 우리 민족의 시조인 단군왕검을 중요시하였고, 그에 따라 그의 역사관은 자주적인 주체의식으로 가득했다. 또한 그는 문무(文武)를 겸해야 한다는 학문관을 가지고 있어 문예에 깊이 빠진 나머지 문약한 선비들과는 달랐다. 그는 문묘(文廟)만이 아니라 무묘(武廟)까지 설치해야 한다고 주장하였다. 선인들을 평가할 때도 문무에 차이를 두지 않고 국운개척에 바친 업적을 중시하였다.

그는 합리적이고 과학적인 국방강화책을 강구하였다. 그는 세종조에 이루어진 행성(行城) 축조를 중지하라는 상소를 시작으로, 1450년 세종에게 『비변10책(備邊十策)』을 지어 올렸다. 특별한 신임을 받았던 세조조에 이르러 양계지방의 비변책과 전반적인 군정 운영에 관한 건의를 지속하였다. 세조 원년 『평안도편의18사(平安道便宜十八事)』, 동 10년 『군정10책(軍政十策)』과 이어서 『군국편의10사(軍國便宜十事)』를 건의하였고,

그 후에도 북방비어책(北方備禦策)을 3회 건의하였다. 성종조에 들어와서도 『비변4책 (備邊四策)』, 『군정4책(軍政四策)』, 『병사6책(兵事六策)』 등 군사와 관련된 상소를 지 속하였다.

그의 군사방략의 핵심은 『비변10책』에서 잘 나타난다. 이는 그가 1450년(세종 32 년) 정월에 세종에게 올린 군사방략으로서 변방에서 일어날 변란을 막는 열 가지 계 책이다. 『눌재집』에 실린 『비변10책』의 내용은 다음과 같다.[28] 첫째, 그는 '조정의 시 정방침을 정할 것[定廟謨]'을 강조한다. 여기서 그는 계획 수립의 중요성을 역설하면 서 인접국의 역사를 거론하고 태평한 시기에 외환을 경계하여 대외정책을 튼튼히 할 것을 강조한다. 원나라의 폭압에 신음했던 고려 말의 상황을 예시하면서 국방력 강화 의 중요함을 역설하는 일종의 서문에 해당한다.

둘째, '사졸을 엄선할 것[選士卒]'을 강조한다. 그는 사병을 나라의 발톱과 어금니로 비유하면서 그 중요성을 강조한다. 그는 이웃나라들이 쉽게 침범하지 못했던 사례들을 열거하면서 사병의 중요성을 역설한다. 그리고 군사의 수효는 많지만 실제로 싸울 수 있는 사병들이 많지 않음을 개탄한다. 잡역에 매인 사람들을 전투력이 강한 장졸로 보기는 어렵다고 생각한 그는, 호구법(戶口法)을 정돈할 것을 건의한다. 호구의 법이 밝지 못하여 군사의 수가 예전과 같지 않다고 생각한 것이다. 그리고 잡일을 하는 사 람들은 군사 목록에서 빠져 있으므로 군사조련을 제대로 시키기가 어렵다고 생각한 것이다. 그러나 무작정 일반 민호(民戶)를 모두 병정이 되게 하는 것도 농사를 짓거나 양곡과 물자를 운수하는 등의 일을 할 수 있는 사람들을 모두 징발하는 것이기 때문 에 부당하다고 주장한다. 그가 사병을 선발하는 방법으로 제시하는 것은 십오제호구법 (十五制戶口法)이다. 다섯 집을 '소통(小統)'으로 묶고, 열 집을 '일통(一統)'으로 묶 어 병력자원을 합리적으로 관리할 것을 제안한 것이다. 군사의 수를 늘리지 않으면서 가용할 수 있는 병력자원을 확보할 수 있는 제도적 틀을 마련하자는 의도였던 것이다. 그는 또한 호패법(號牌法)을 실시할 것을 주장한다. 서울과 지방의 15세 이상 된 사 람들은 모두 호패를 차게 하자는 것이다. 서울에서는 사헌부와 한성부, 지방에서는 감 사와 수령에게 조사하고 사찰하게 하여 호패를 위조하거나 사사로이 빌려 주거나 빌 려 쓰는 자는 위조인신률(僞造印信律)의 규정을 적용하여 처벌하게 하고, 호적이 없 거나 호패가 없는 자는 공사천(公私賤)의 경우에는 양계의 없어진 관노비를 보충하게 하고 백성과 양반인 경우에는 양계의 변방에 군인으로 보충시킨다는 것이다. 이 법을

---

28) 梁誠之(南晩星 譯), 『訥齋集』 卷一 奏議 備邊十策(서울: 대양서적, 1973), pp.35-49 참고.

시행하면 양민이 모두 나오게 되어 군사의 수가 넉넉하게 되고 공천이 모두 나오면 공실(公室)이 넉넉하게 될 것이며 사천이 모두 나오면 사대부가 넉넉하게 될 것이라고 주장한다. 그는 호구와 호패의 철저한 관리를 통해 부족한 노동력과 병력자원을 확보하고자 하였던 것이다. 그는 또한 장졸을 제대로 훈련시키는 방법을 제시한다. 각 병영에는 사장(射場)을 만들고, 각 사장에서는 규정에 의한 습사(習射, 활쏘기 훈련)와 습진(習陣, 진형 훈련)을 하도록 하며, 월말과 계절마다 훈련에 대한 시험을 실시하고 감사가 훈련 성적을 가려서 승진이나 강등을 조치하도록 하며, 보병에게는 습장(習丈, 몽둥이질을 통한 타격 훈련)과 습진 훈련을 시키며 당번에 든 군사와 충순위·충의위는 진무소(鎭撫所)에서 습사 훈련을 시키도록 할 것을 제의하였다. 또한 그는 특수군의 중요성을 역설하였다. 용감한 무사 300명을 골라서 내금위에 보충하고, 군사를 동원할 때는 미리 돌격할 기병을 수백 명 뽑아서 선봉을 정비해야 한다고 주장한다. 그리고 사복사(司僕寺, 궁중의 말을 관리하던 관서)의 관원들도 말을 다루는 법뿐만 아니라 격자법(擊刺法, 치고 찌르는 법)을 훈련시켜 경우에 따라서는 유격부대로 활용하자고 하였다.

셋째, 그는 '장수를 가려 뽑을 것[擇將帥]'을 주장한다. 군진에서 중심 역할을 하는 장수의 선발을 중시해야 한다는 것이다. 용맹만으로 장수를 뽑아서도 안 되며, 글을 잘하는 선비가 약간의 무예를 알고 있다고 해서 뽑아서도 안 된다는 점을 강조한다. 그는 장수가 문무를 겸할 것을 요구한다. 그래서 매우 까다롭게 장수를 선발해야 한다고 생각한 것이다.

넷째, '군량을 저축할 것[儲粮餉]'을 강조한다. 그는 비록 10만의 군사가 있더라도 하루의 양식만 있다면 하루의 군사가 될 뿐이라고 하면서 강병과 정예부대 육성의 바탕이 되는 군량미 조달방법을 제시한 것이다. 꼭 필요하지 않은 관원을 없애고 급하지 않은 업무도 중지해서 백성의 힘을 빼앗지 말고 농사에 전력을 다하도록 만드는 일이 첫째이며, 수리사업을 일으키거나 둔전(屯田)을 하는 일이 그 다음이라고 주장한다. 그는 긴축정책을 펴면서 백성들이 본업에 충실할 수 있도록 하여 그 토대가 흔들리지 않게 하는 것을 중요시한 것이다. 그는 군량 확보의 최후수단으로서 '벼슬을 파는 일[鬻爵令]'을 시행하는 일까지 거론한다. 나라가 위기에 처하면 이를 이겨내기 위한 하나의 고육지책으로서 관청에서 벼슬을 파는 것이다. 그는 각 직품에 해당하는 가격(＝곡식의 양)을 거론하면서, 이는 궁하고 급한 경우에 이르지 않으면 시행할 일이 아님을 분명히 하였다.

다섯째, '기계를 정비할 것[備器械]'을 강조한다. 그는 '기계가 예리하지 않으면 그의 군사들을 가져다가 적에게 주는 것이다.'라는 말을 인용하면서 조선의 군용이 광채가 나지 않고 기계도 모두 좋은 것은 아님을 염려한다. 그는 왜인들의 갑옷이 돼지가죽으로 만들어 단단하고 질기고 가벼워 편하다고 하면서 중앙과 지방에 쉽게 구할 수도 있는 돼지가죽으로 갑옷을 만들게 하자고 제의한다. 그리고 그는 지갑(紙甲＝종이로 만들어진 갑옷)은 빨강, 노랑, 파랑색으로 물을 들여 만들거나 초나라 사람과 같이 속에 갑옷을 입고 여러 색의 무늬가 있는 옷을 겉에 껴입도록 할 것을 제의한다. 그리고 투구에는 모두 차양을 달고 말안장의 장식 또한 파랑색이나 빨강색을 금하지 말아서 적군의 눈을 현혹시키도록 만들고 아군의 기세를 드높이게 하자고 주장한다. 이는 적과 유사한 색상을 이용함으로써 적이 아군을 구분하기 어렵게 만들고 투구에 차양을 붙여 병사들의 안전을 도모하고자 한 것이다. 그는 쇠뇌[弩矢]나 운제(雲梯)와 아거(鵝車)의 활용도 주장한다. 그의 이러한 무비강화책들은 실로 과학적 국방강화론에 전혀 손색이 없을 정도이다.

여섯째, 그는 '성보를 수선하고 관방을 정할 것[繕城堡定關防]'을 주장한다. 성곽과 보루를 수리하고 관문의 방어를 철저히 할 것을 주장한 것이다. 그는 우리나라가 산천이 험하고 현과 진이 서로 바라보이는 가까운 곳에 있어서 사변이 없을 때에 미리 연구하여 성곽과 보루를 잘 만들어 두면 적이 비록 한 곳을 그대로 두고 깊숙이 침입해도 그 후방을 걱정하게 될 것이라고 생각했던 것이다. 그래서 그는 각종 지도와 지리에 관련된 서적을 제작하는 데 기여하였고, 성종(成宗) 6년에는 군사지도를 그리기도 하였다. 그는 탁월한 군사지리감각을 바탕으로 산천지세의 장단점을 파악한 후 과학적인 방법으로 도성을 방어할 것을 주장하였던 것이다.

일곱째, '근본을 강하게 할 것[壯根本]'을 강조한다. 여기서 근본이라는 것은 나라의 중심이자 가장 중요한 거점인 서울[京師]을 말한다. 그는 서울에 견고하지 못한 곳이 있으면 사방의 민심을 매어둘 곳이 없어진다고 하면서 성곽이 견고하여야 민심을 안정시키고 죽음으로써 서울을 지킬 것이라고 하였다. 그는 경성(京城)이 서울 뒷산의 암석 사이에 쌓은 것이 옹성(甕城＝큰 성 밖의 작은 성)도 없고 적대(敵臺＝적을 감시하고 침입한 적을 양쪽에서 협공하기 위해 쌓은 것)도 없음을 지적하면서, 백성의 힘이 여유가 있다면 경기와 경성의 인부들을 불러 옹성과 적대를 쌓아야 한다고 주장한다. 그리고 그는 용산에 창성(倉城＝창고를 지키기 위해 쌓는 성)을 새로 쌓아서 서강(西江)에 있는 창고를 한곳에 합하고, 상류에서 운반되는 화물은 두모포(豆毛浦)에 창고를 지어 저장하고 이어 성을 쌓아 수호하게 하여, 하늘처럼 소중하게 여기는 식량이 허술한 곳에 있지 않고 한곳에 모여 있지도 않게 될 것이라고 주장한다. 그의 도성방어책은 그의 지리적 안목에 따른 탁론이며, 전술적으로 군수물자의 망실을 예방하는 의미가 있다. 이는 그의 탁월한 군사관리적 식견을 잘 보여주는 것이다.

여덟째, 그는 민심을 지키는 것이 나라를 지키는 것임을 강조한다. 즉 '먼저 스스로 다스릴 것[先自治]'을 강조한다. 스스로 다스린다는 것은 민심을 잃지 않도록 백성의 입장을 존중하라는 의미이다. 스스로 잘 다스리면 비록 침략이 있더라도 염려될 일이 없다는 것이다. 그래서 민심이 나라의 근본이라는 것이다.

아홉째, '행성에 대한 논의[議行城]'을 강조한다. 그는 나라의 방위에 대단히 중요한 거점인 성곽을 소규모 침입군을 상대할 성곽과 대규모 침입군을 상대할 성곽으로 나눈다. 그리고 그중에서 소규모 방어전에 필요한 진지형태인 행성과 향촌방어전을 펼치는 데 필요한 읍성(邑城) 등의 중요성을 주장한다. 지역방어를 강화하면 규모가 큰 외적이라도 그 힘이 분산되어 방어에 유리하게 될 것이라고 생각한 것이다.

마지막으로, 그는 '왜인들을 적절하게 대우할 것[待倭人]'을 주장한다. 만일 왜인들이 격노하여 한꺼번에 일어나면 바닷가 수천 리에 농부들은 농사를 중지하게 되고 사졸들은 왕명을 받들고 분주해야 할 것이니, 그 대가가 오히려 그들에게 양곡을 주는 것보다 클 것이라고 하였다. 그리고 국가에서 대마도주(對馬島主)를 대우해야 한다고 주장한다. 그러나 그는 왜구들을 유화책으로 회유하기만을 고집하지는 않았다. 왜인들은 언젠가는 필시 환란이 될 것이지만 지금은 북방에 일이 생겼으니 경솔하게 행동하여서는 안 되며 병란이라도 일어난다면 그들을 모두 뽑아서 군사를 만들어야 한다고 주장하면서, 만일 효력이 있으면 국가의 이익이 되며 만약 명령을 따르지 않는다면 그들을 처치하여야 한다고 주장한다. 이는 '왜인들로 오랑캐를 치자'는 것이다.

그는 이 열 가지 방책 이외에도 군정(軍政)과 군제(軍制), 군정(軍丁)과 군보(軍保)와 시취(試取), 군자(軍資)와 군정보호(軍丁保護), 군기수보(軍器修補)와 방어진(防禦陣) 설치 등에 관한 수많은 방책들을 제의하였다.

또한 양성지는 문무를 하나같이 대접해야 함을 강조하였다. 그에게 있어 선비[士]란 사대부·사족(士族)·양반 등과 거의 동등한 의미를 가지는 재야의 독서인, 즉 순수한 유자(儒者)를 의미하기보다는 재조(在朝)의 관리를 의미하였다. 그는 공상(工商)을 제외한 일반서민들은 자신의 희망에 따라 유(儒)·무(武)·천문(天文)·지리(地理)·의약(醫藥)·복서(卜筮) 등 다양한 직업을 선택할 수 있다고 생각했다. 그는 "평범한 사람이 책을 읽으면 유(儒)가 되고 활쏘기를 배우면 무(武)가 되며 천문·지리·의약·복서에 이르기까지 각각의 소업(所業)이 있다."라고 말한다.[29] 유자나 무인이나 그 밖의 기술직은 범인들이 자유롭게 선택하는 것이며 그 직업을 통해 관리가 되면 그 사람이 바로 선비라는 것이다. 그가 문무의 차별 없는 대우를 주장한 것은 고려조의 문신 편중의 폐단이 마침내 무신의 반란과 전권횡포(專權橫暴)를 불러왔음을 생각하고 있었던 것 같다. 즉 그는 "대체로 예전부터 문관과 무관의 사이에는 시기와 혐오가 생기기 쉽다. 문관은 권세가 있고 청관(淸官)·요직(要職)을 차지하는데 무반은 근고(勤苦)할 뿐 권세가 없다. 만일 임금이 치우치게 문신들만을 신뢰하여 언어와 예모(禮貌)에 혹이라도 대우함에 차이를 두게 된다면 전조의 경계(庚癸)의 일을 진실로 염려하게 된다. …… 그런데 병조(兵曹)와 진무소(鎭撫所)는 사령(使令)·영사(令史)들이 별시위(別侍衛)나 갑사(甲士)를 대하는 것이 매우 가혹하고 박하며, 시위패(侍衛牌)에 이르러서는 마치 노예처럼 보고 있다. 임금이 문무를 대우함이 한결같은데 오늘을 잊지 않는다면 종묘사직의 큰 다행일 것이다."라고 하였다.30) 외침이 없고 사회가 안정되면 자연스럽게 무(武)를 천시하는 경향이 생기며 그래서 문리(文吏)들은 세력을 가지게 되고 요직을 가지는 데 비하여 무반들은 힘든 일을 하면서도 권세를 가지지 못하기 쉽다. 실제로 세종·세조·성종의 시대는 문을 숭상하고 무를 가볍게 여기는 풍조가 대세를 이루었다. 그는 이런 풍조 속에서도 임금이 편파적으로 문신을 믿고 무신을 다르게 대하면 안 된다고 주장했던 것이다.

그는 한 걸음 더 나아가 무성묘(武廟)의 설치까지 주장하였다. 그는 "대체로 문과 무의 도는 하늘과 땅의 바른 길[天經地緯]과 같은 것이어서 어느 하나를 폐할 수 없다. 당나라의 숙종(肅宗)이 강태공을 높여 무성왕(武成王)이라고 하고 사당을 세워 제사지내기를 문선왕(文宣王)과 비등하게 하였고 뒤에 역대의 양장(良將) 64인을 배향하였다. 우리나라에서는 선성(先聖)의 제사는 위로 국학(國學)으로부터 아래로 주군(州郡)에 이른다. 그러나 무성왕만은 사당이 없다. 다만 둑신(纛神=군중의 큰 기를 둑이라 하는데 둑의 신) 네 위(位)만을 제사하고 있으니 전례가 미비한 것이다. 지금의 훈련관은 송나라의 무학(武學=무관학교)이다. 둑소를 훈련관에 합병하여 무성묘를 세우고 제례와 배식을 문묘의 제도에 의거하게 하기를 바란다. 또 신라의 김유신, 고구려의 을지문덕, 고려의 유금필·강감찬·양규·윤관·조충·김취려·김경손·박서·김방경·안우·김득배·이방실·최영·정지, 조선의 하경복·최윤덕 등도 배향하게 하여야 한다."라고 건의하였다.31)

그리고 그는 전조와 본조(本朝)의 정승과 장수로서 백성들에게 공덕이 있는 사람의

---

29) 梁誠之(南晩星 譯), 『訥齋集』 卷四 便宜三十二事, p.190.

30) 梁誠之(南晩星 譯) 『訥齋集』 卷一 奏議 論郡道十二事, p.71.

31) 梁誠之(南晩星 譯), 『訥齋集』 卷二 奏議 便宜二十四事, p.90.

자손을 찾아내어 은전을 베풀 것을 건의하였다. 또한 백성들에게 법이 될 일을 베풀었거나 큰 환란을 방어하였다면 그를 제사 지내었다고 하면서 문익점(文益漸)과 최무선(崔武宣)의 사당을 세울 것을 건의하였다. 전조의 말기에 최무선이 처음으로 화포(火砲)의 법을 원나라에서 배워서 돌아와 그 법을 전하여, 지금의 군진에서 화포를 사용하는 이로움은 말할 수 없을 정도이며 그 공은 만세에 걸쳐 백성의 해를 제거하였으니 그의 고향에 관에서 사당을 세우고 봄·가을로 고을 수령으로 하여금 제사를 지내게 하고 그 자손을 공신의 자손으로 일컫고 죄를 용서하고 녹용하게 할 것을 건의하였다.32)

4. 칼을 찬 선비 조식

남명(南冥) 조식(曹植)은 평생토록 과거를 보지 않기로 작정하고, 참된 공부의 길은 결코 명예에 있는 게 아니며 세상에 당당하고 의로울 수만 있다면 그만한 큰 기쁨이 없다고 생각하였다. 그의 학덕과 선비적 기품이 점차 세상에 알려지기 시작하면서 38세 되던 해 헌릉참봉이라는 벼슬이 내려졌으나 관직에 나가지 않았다. 조선조 선비들은 '사(仕)'와 '처(處)'의 삶이 주어졌는데, 사란 닦은 바 학덕으로써 국정에 참여하는 것이며, 처란 은거하며 새로운 사회 건설에 필요한 학덕 연마에 정진하는 것을 말한다. 조식은 바로 처(處)의 삶에 철저하고자 했던 것이다. 명종이 즉위한 1545년에 일어난 을사사화(乙巳士禍)를 거치면서 조식은 처사(處士)의 길을 가고자 한 그의 뜻을 더욱 굳혔다.33) 그는 학문과 도(道)에 더욱 충실하고자 고향인 삼가(三嘉)에 뇌룡정(雷龍亭)이라는 정자를 지었는데, 그 이름은 『장자(莊子)』의 '시동처럼 가만히 있다가 용처럼 나타나고[尸居而龍見] 우레처럼 소리치다가 연못처럼 침묵한다[雷聲而淵黙].'34)는 구절에서 따왔다. 그리고 그의 신언명(慎言銘)에서도 '시동처럼 있으면서 용처럼 나타나고[尸龍] 연못처럼 고요하면서도 우레처럼 큰 소리를 낸다[淵雷].'라고 하였다.35) 나라를 위해 용처럼 우레처럼 돋보이는 어떤 이념을 창출하고 싶다는 그의 큰

---

32) 위와 같은 곳.

33) 그가 세상을 등지기 한 달 전인 1572년(선조 5년) 1월 문병 온 제자들에게 자신이 죽은 후 칭호를 처사로 하라고 일러두었다. 조식(경상대학교 남명학연구소 옮김), 『국역 남명집』(서울: 한길사, 2001), p.604.

34) 『莊子』 卷五 『天運』 第十四

의지가 담겨 있다. 용은 사악함을 물리치는 영물로 인식되었으며, 우레는 하늘의 악에 대한 경고로 간주되었다. 그는 자신이 목격했던 두 번의 사화에서 명리(名利) 때문에 의(義)를 저버린 사람들에게 징계의 일침을 가하고 싶었던 것인지도 모른다. 그래서 벽사(辟邪)의 상징인 용과 우레를 정자의 이름으로 삼은 것은 아닐까. 그러나 그는 오히려 시동처럼 연못처럼 침묵하고자 한다. 그의 좌우명(座右銘)은 그러한 그의 삶의 표현이다.

> 언행(言行)을 신의 있게 하고 삼가며(庸信庸謹)
> 사악함을 막고 정성을 보존하라(閑邪存誠)
> 산처럼 우뚝하고 못처럼 깊으면(岳立淵沖)
> 움 돋는 봄날처럼 빛나고 빛나리라(燁燁春榮)[36]

그의 학문은 '경의(敬義)'로 일관한다. 이는 조선 성리학의 실천적 학풍의 전통을 계승하여 수기(修己)의 차원에서 수양을 중시하는 '경'(敬)의 사상을 이어받고, 그것을 밖으로 실천하는 행위인 '의'(義)를 아울러 강조하는 것이다. 그에게 있어 경과 의는 거의 신념화된 것이었다. 그는 숨을 거두는 순간까지도 경의의 중요성을 제자들에게 이야기하였고 경의에 관계된 옛사람들의 중요한 말을 외웠다고 한다.[37] 그는 인간의 선악이나 심성의 문제에 이론적으로 접근하는 것보다 인간을 중심으로 일어나는 모든 문제를 '안으로는 경하고 밖으로 의한다[內敬外義].'라는 심신수련법을 통해 직접 부딪혀서 스스로 체험 속에서 자득하려고 했던 것이다. 그에게 있어 세계는 단일한 맥락이나 차원으로 이해될 수 있는 것이 아니었다. 복잡한 세상을 이기심성론(理氣心性論)이라는 창을 통해 단순화할 위험이 있는 당시의 학문경향에 통렬한 경고를 보냈다. 그는 복잡한 현실을 그대로 읽되 파악된 세계에 대해 오불관언(吾不關焉)하는 것이 아니라 올바르고 적실한 '중(中)'을 얻은 실천을 통해 유교적 이상사회로 한 걸음씩 전진해 나가야 한다고 생각한 것 같다. 그러한 실천에는 외부의 사물에 대한 객관적 분석뿐만 아니라 한 올의 삿됨도 허용하지 않는 성성(惺惺)한 내명(內明)의 상태를 유지하는 것이 요구된다고 그는 믿었던 것이다.

그의 삶과 학문은 칼의 이미지로 다가온다. 그는 엄격한 무인을 연상하게 한다. 실

---

35) 『국역 남명집』, p.175.
36) 『국역 남명집』, p.161.
37) 『국역 남명집』, p.604.

제로 그는 늘 칼을 차고 다녔다고 한다. 그는 '경의검(敬義劍)'을 허리에 차고 다니면서 경의(敬義)를 향한 자신의 마음이 흐트러지지 않을까 경계하였다고 한다. 그의 검에는 '안을 밝히는 것은 경이며(內明者敬) 밖의 단호한 결단이 의이다(外斷者義).'라는 말이 새겨져 있었다고 한다.38) 안을 밝히는 것이 경이라는 것은 자신의 내적인 본질을 스스로 깨닫는 것이다. 밖의 단호한 결단이 의라는 것은 옳고 그름에 따라 행동을 단호하게 결단해 나간다는 의미이다. '냇물에 목욕하고서[浴川]'라는 시에서는 칼날 같은 그의 수양론이 잘 나타난다.

> 사십 년 동안 더럽혀져온 몸(全身四十年前累)
> 천 섬 되는 맑은 못에 싹 씻어버린다(千斛淸淵洗盡休)
> 오장 속에서 만약 티끌이 생긴다면(塵土倘能生五內)
> 지금 당장 배 쪼개 흐르는 물에 부쳐 보내리(直令剖腹付歸流)39)

여기서 칼날은 자신의 내부를 향해 있다. 『신명사명(神明舍銘)』은 그의 간명하면서 직설적인 실천지침을 잘 요약한다. (만물의 생성과 변화를 주재하는 신명한 마음인) 태일진군(太一眞君)은 안에서는 총재(冢宰)가 관장[存心]하고 밖에서는 백규(百揆)가 살피고(화(和＝절도에 맞음), 항(恒＝언행을 삼가고 미덥게 함), 직(直＝홀로를 삼감), 방(方＝자로 잰 듯이 행동함)이라는) 네 글자의 부절(符節)을 발부하고 백 가지 금지의 깃발을 세워도 귀·눈·입 세 군데 요처에서 사사로운 욕심이 생긴다. 낌새가 있자마자 용감하게 이겨내고 나아가 반드시 완전하게 죽이도록[廝殺] 하고 승리를 보고한다. 조식은 『사기(史記)』『항우본기(項羽本紀)』에 나오는 문장을 약간 변경시켜 인용하면서 항우의 사생결단의 각오와 수양하는 자세를 비유한다. 즉 밥하던 솥도 깨부수고 주둔하던 막사도 불사르고, 타고 왔던 배도 불사른 뒤, 사흘 먹을 식량만 가지고 사졸들에게 죽지 않고는 결코 돌아오지 않으리라는 의지를 보여주어야 하는데, 이와 같이 해야 바야흐로 반드시 섬멸할 수 있다.40)

그의 칼날은 밖을 향하기도 한다. 그의 칼날이 향하는 밖은 크게 두 가지다. 하나는 나라 내부의 적을 처단하는 '기강'이며, 다른 하나는 나라 밖의 적을 막는 '국방'이다. 이 두 가지 모두 칼같이 단호하게 대처해야 함을 강조한다. 그는 56세 되던 을묘년

---

38) 『국역 남명집』, p.161 패검명(佩劍銘).
39) 『국역 남명집』, pp.104 − 105.
40) 『국역 남명집』, pp.162 − 171 神明舍銘 참고.

단성(丹城) 현감에 제수되자 사양하면서 올린 『을묘사직소(乙卯辭職疏)』에서 임금의 실정에 시퍼런 칼날 같은 비판을 가한다. 즉 "전하의 나라 일이 이미 그릇되었고 나라의 근본이 이미 망했으며 하늘의 뜻은 이미 떠나버렸고 민심도 이미 이반되었습니다. 비유하자면 백 년 동안 벌레가 그 속을 갉아먹어 진액이 이미 말라버린 큰 나무가 있는데, 회오리바람과 사나운 비가 어느 때에 닥쳐올지 전혀 알지 못하는 것과 같습니다. …… 자전(慈殿＝임금의 어머니, 곧 문정왕후(文定王后))께서는 궁중의 한 과부에 지나지 않고, 전하께서는 어리시어 다만 선왕의 한 외로운 아드님[孤兒]일 뿐이니 천 가지 백 가지의 천재(天災)와 억만 갈래의 민심을 어떻게 감당하겠습니까? …… "41) 실로 조야를 경동시킬 만큼 시퍼런 칼날을 대하는 것 같은 상소이다. 또한 그는 정묘년에 사직하면서 승정원에 올린 상소문 『정묘사직정승정원장(丁卯辭職呈承政院狀)』에서도 칼날을 들이대듯 임금의 실정을 비판한다. 즉 "나라의 근본은 쪼개지고 무너져서 물이 끓듯 불이 타듯 하고, 여러 신하들은 거칠고 게을러서 시동 같고 허수아비 같습니다. 기강은 씻어버린 듯 없어졌고 형정(刑政)이 온통 어지러워졌습니다. …… 세금과 공물을 멋대로 걷고 국방은 허술할 대로 허술합니다. 뇌물을 주고받음이 극도에 달했고, 백성을 착취하는 풍조가 극에 달했고, 백성들의 원망이 극도에 달했고 사치도 극도에 달했습니다. …… "42) 당시 과세장부인 공안을 작성하는 데 비리가 숱했고, 풍년이든 흉년이든 가리지 않고 무거운 세금을 거둬들이고 있었다. 해당 지역에 맞지 않는 토산물로써 이루어지는 대납과 방납 등은 백성들의 어깨를 더욱 무겁게 하였다. 조식은 『무진년에 올리는 봉사[戊辰封事]』에서 그러한 수취제도의 부패와 백성들의 참혹한 생활상을 밝히고 공물이 주는 폐해를 통렬히 비판하면서 지방 경제를 좀먹고 있는 서리(胥吏)들을 맹렬히 질타하였다.43)

그의 국방에 대한 비판의 칼날도 매섭긴 마찬가지다. 『을묘사직소』에서 그는 변방의 일을 거론한다. 즉 "평소에 조정에서 재물로 사람을 임용하니, 재물만 모이고 백성은 흩어져버렸습니다. 그래서 마침내 장수의 자격에 합당한 사람은 없고 성에는 군졸이 없어서, 외적이 무인지경에 들어오듯 합니다. …… 대마도(對馬島) 왜노(倭奴)가 향도(向導)와 몰래 짜고 만고에 치욕스러운 짓을 하고 있습니다. …… "44) 그는 이 점을 『대책의 문제[策問題]』에서 구체적으로 밝힌다. 즉 "지금 …… 섬 오랑캐가 난

---

41) 『국역 남명집』, pp.311－318 참고.

42) 『국역 남명집』, p.319.

43) 『국역 남명집』, p.324.

44) 『국역 남명집』, p.315.

리를 일으키고 있다. …… 아무런 까닭 없이 남의 나라 장수를 죽이고 나쁜 마음을 품고서 우리 임금의 위엄을 모독하였다. 제포(齊浦＝세종조에 부산포·염포와 함께 삼포의 하나로 개항된 곳)를 자신들에게 돌려달라고 요구하는 것은 그것이 안 되는 일인 줄을 알면서도 우리 조정의 의사를 시험하는 것이고, 대장경(大藏經)을 30부 인출해 가기를 요청하는 것은 이를 반드시 얻고자 함이 아니라 우리를 한 번 우롱해 보자는 것이다. …… 그런데 당당한 우리 조정에서 대책을 마련해야 함에도 불구하고 도리어 저들의 허사에 무서워 벌벌 떨면서 어찌 대처할 바를 모르고서 '상중이어서 정사를 논의하지 못한다.'라고 거짓 핑계만 대고 있는가? …… 적을 제압하는 말이나 적의 공격을 미리 준비하여 막는 계책도 없단 말인가? 그 옛날 (송(宋))의 한기(韓琦)가 반적(叛賊) 조원호(趙元昊)가 보낸 사신의 목을 도성 문 밖에서 베기를 청하던 것과 같은 일을 하지는 못하더라도, 어찌 세상을 어지럽히는 도적에게 예물을 주라는 명을 내린단 말인가. …… 무엇이 두려워서 저들 도적으로부터 몰래 건괵(巾幗)을 받는 치욕(＝건괵은 여자들이 머리에 쓰고 다니는 수건인데, 이것을 남자에게 선물하는 것은 기개 없는 남자를 비웃는 것이다. 촉의 제갈량이 싸움을 걸어도 응하지 않는 사마의(司馬懿)에게 조롱하는 뜻으로 주었다)을 당해야만 하는가? …… 뇌물을 받은 역관과 관리들이 그 뇌물을 …… 내시들에게 나누어 주니 임금 앞에서 조정이 취할 방책을 한창 논의하고 있는데 이미 그 방책이 새나가서 왜인들의 귀에 들어가는 형편이다. …… 우리나라에는 인재가 없는 것이다. 그러니 나라를 어지럽히는 도적이 침범하는 것도 너무 늦은 일이며 침략의 곤욕을 치르는 것도 당연할 것이다. …… "45) 그는 비겁하고 용렬하게, 변방의 오랑캐를 온순하게 대하는 것이 낫다는 조정의 처사를 거칠게 비난하고 있다. 그리고 이에 대한 계책을 촉구하고 있다. 이는 퇴계의 대처와는 선명히 대조된다. 10년 전, 명종(明宗)이 즉위하던 무렵 왜구가 사량진을 침입해 오자, 조정은 대마도와 교류를 단절해 버렸다. 이듬해 그들이 다시 사신을 보내와 통교를 요청했을 때, 퇴계는 왜의 사신을 물리치지 말고 일본과 강화를 도모하자는 상소를 올렸다. 그는 오랑캐를 다루는 중국의 경험과 지혜를 예로 들면서 화친(和親)이 왕도정치의 포용적 원리라고 설득했다.46) 퇴계가 유화와 관용의 문사적(文士的) 대처를 채택했다면, 남명은 왜적의 침략을 단호하게 응징해야 한다는 무사적(武士的) 해법을 강조했다. 그는 '왜구의 사신의 목을 베어' 전쟁을 선포하고 '뇌물을 받은 역사(譯史)의 목을 베어 나라의 기밀을 누설하는 것부터 막아야 한다.'고 역설했다. 퇴계와 남명 사이의 상이는 학

---

45) 『국역 남명집』, pp.350−351.

46) 금장태, 『퇴계의 삶과 철학』, p.37−38.

문과 수양론에만 한정되지 않고, 그들이 사태를 파악하고 행동을 선택하는 대사회적 공적 영역에까지 두루 걸쳐 있다. 요컨대 퇴계가 붓을 들었다면 남명은 칼을 들었다. 남명은 외적에 대한 칼을 동시에 조정의 관료들에게 들이댔다. 그는 타협과 조정을 말하는 데 익숙하지 않았다. 그의 대처는 냉정하고 험준하다. 그는 임금에게 조정의 기강을 바로잡기 위해 칼을 쓰라고 권한다. 그는 이른바 덕에 의한 '온건하고 유화적인 감화'를 말하지 않는다. 남명은 형벌과 위엄에 의한 기강의 확립을 더욱 강조한다. 역시 남명은 인보다 의의 개성이다. 선을 좋아하는 것보다 '악을 미워하는 법을 다해야' 하며, 그리하여 '백성들이 마음속으로 크게 두려워하도록' 해야 한다는 것이다. 이는 조선조 선비들의 일반적인 어투와는 충격적으로 다르다. 조선조는 예교(禮敎)와 덕치(德治)를 축으로 하는 문치적 기풍을 주로 하고 있었다. 여기엔 장점도 있고 단점도 있다. 남명의 무인적 기상은 그 단처를 교정하고 보완하여 건전한 균형을 잡아 줄 수 있는 귀한 자산이었다. 그 실제적 효과는 이어 터진 전쟁에서 나타났다. 망우당(忘憂堂) 곽재우(郭再祐)를 위시한 그의 제자들이 곧바로 의병을 이끌고 왜적을 막음으로써 나라를 지키는 데 큰 힘이 되었던 것이다. 남명이 남긴 유산 가운데 가장 큰 것이 상무적(尚武的) 기질이다.47) 민본의식과 국방의식이 투철한 조식은 자신의 문도(門徒)들에게 성리학에만 매달리지 말고 폭넓은 식견을 갖추라고 하였다. 폭넓은 식견을 갖추면 그만큼 백성들을 위해 더 많은 일을 할 수 있기 때문이었다. 또한 그것은 나라의 환란을 우려한 우국충정에 기인된 것이기도 하였다. 그는 문하의 제자들에게 성리학은 물론 말 타고 활쏘기·진법과 병법 익히기·천문지리 및 음양학·산술과 의학 등 실로 넓은 학문세계를 접하게 하였다.

5. 붉은 옷의 장군 곽재우

조선이 건국된 지 200년 후인 1592년 4월 13일 왜군이 대대적으로 조선을 침입하였다. 조선의 관군은 장렬하게 싸웠지만 왜군을 막기에는 역부족이었다. 패전만 거듭하던 전황도 새로운 돌파구가 만들어지고 있었다. 경상도 의령 지역에서 망우당(忘憂堂) 곽재우(郭再祐)가 의병을 일으켜 거세게 반격을 시작하였기 때문이다.

---

47) 한형조, 『남명, 칼을 찬 유학자』, 박병련 외 저, 『남명 조 식』(경기 화성: 청계출판사, 2001), pp.20－23.

그는 남명 조식의 학통과 그 사상적 기류를 승계하였으며, 조식의 외손녀사위이기도 하였다. 과거에 실패한 후 정치참여를 포기하고 주어진 관직을 거의 모두 포기했다는 점이나 불의(不義)를 대하는 직선적이고 다소 과격하기까지 한 행동과 백성에 대한 생각은 그의 스승과 맥을 함께한다. 그는 스승 조식이 강조했던 경(敬)과 의(義)에 충실하고 학문을 다양하게 연구하고자 애썼다. 조식은 문무겸전(文武兼全)을 강조하여 그의 문도들에게 성리학은 물론 병법과 궁마(弓馬)를 익히게 하였는데, 곽재우야말로 조식이 길러 내고자 하였던 참다운 문무지사(文武之士)였다고 본다.

그는 일찍이 『주역』·『춘추』·『성리』 등의 책을 읽었으며 천문지리·음양·의약·제가서 등에 방통하지 않은 것이 없었다.[48] 또한 널리 병서를 보고 대의를 깨달았으며 활쏘기와 말타기를 익히기도 했다.[49] 그는 학문을 닦는 여가에 활 쏘고 말 몰고 글씨 쓰고 셈하는 재주를 익혔으며, 병법에 관한 책들도 골고루 통달했다.[50]

임진왜란이 일어나자 그는 가산을 털어 최초의 의병을 일으켰다. 그의 의병부대의 핵심인물들은 유학을 공부하던 학자들로서 평소의 생활은 유약하고 비전투적이었지만 충의와 향토애를 명분으로 의병에 가담하였다. 곽재우는 먼저 자신이 자기의 가동(家僮)과 예속된 전호(佃戶)까지 의병에 참여시킨 뒤, 친지나 친구들과 사적인 연관관계를 맺어[51] 지역민들을 규합하여 의병부대를 구성했다. 그들의 신분은 양반에서 평민과 천민에 이르기까지 광범위했다. 곽재우는 그들의 신분을 차별적으로 대우하지 않고 일체감과 동류의식을 가지게 하였다. 그리고 그는 '하늘에서 내려온 붉은 옷을 입은 장군[天降紅衣將軍]'이라는 깃발을 세우고 그 깃발을 중심으로 자신의 의병을 단결시켰다. 여기서 '하늘에서 내려왔다'는 것은 악을 징벌하는 하늘의 사자라는 의미이며, '붉은 옷'은 사악함을 물리치는 붉은 색의 보호장치를 가리키는데, 이는 의병들의 사기를 진작시키고 적에게 두려움을 주어 전의를 상실하게 하려는 심리전의 일환이었다.

그는 싸우기 전에 필승을 위한 대비를 철저하게 하였다. 그의 첫 전투였던 정암진(鼎岩津) 전투는 경상도 의령 지역에 있는 나루터 정암진에서 있었는데, 그곳은 낙동강과 남강이 합류하는 부근에 있으므로 군사적 요충지였다. 왜군의 물자수송을 효과적으로 막을 수 있는 지점이었기 때문이다. 당시 왜군은 낙동강 뱃길로 군수물자를 나르고 있었다. 이들을 치기로 작정한 곽재우 의병부대는 척후 정찰병을 철저하게 배치

---

48) 『忘憂集』 卷五.

49) 『忘憂集』 卷四.

50) 『忘憂集』 忘憂先生年譜.

51) 『宣祖修正實錄』 卷二十六 宣祖二十五年 壬辰 十二月, 義兵則多是鄕里親舊 私相結約.

하여 첩보를 모았고, 강의 특성을 이용하는 기략을 펼쳤다. 예를 들면, 강 속에 나무로 만든 장애물인 목장을 설치하고 왜군의 군수물자를 실은 배가 걸리기를 기다렸다가 요격하여 무찔렀다. 또한 적들이 강을 건너기 위해 얕은 곳을 표시해 놓은 나무를 깊은 곳으로 옮겨놓고는 매복하고 있다가 적들이 물에 빠지면 빗발같이 화살을 날려 대승을 거두었다고 한다. 그는 이처럼 승리를 위한 예비조치를 철저하게 하였다. 그리고 승리에 대한 확신이 생기지 않으면 싸움에 임하지 않았으며, 그러다 보니 전투를 회피한 경우까지 있었다. 제2차 진주성 전투는 찌는 듯한 더위 속에서 무려 10만에 육박하는 규모의 왜군을 상대하는 힘든 전투였다. 항전을 주장하는 일부 장수들과는 달리 곽재우는 제대로 조련되지 않은 오합지졸로 정예의 왜군을 상대한다는 것은 무리라고 생각하였다. 그리고 진주성은 천혜(天惠)의 요새이지만 그 둘레가 그리 길지 않고, 외부지원부대의 협동작전이 없다면 고립저 전투를 펼칠 수밖에 없다는 약점이 있었다. 그래서 곽재우의 부대는 경상우감사(慶尙右監司) 김륵(金玏)의 권유에도 불구하고 진주성에 입성하지 않았고, 다른 의병부대들만이 참전하여 대규모의 왜적과 맞붙게 되었다. 그의 우려대로 제2차 진주성 전투는 참혹한 패배로 끝났다. 이 전투에 참여하지 않은 곽재우를 이로울 때만 싸움을 하려는 기회주의적 장수로 평가하려는 사람들이 있을지 모른다. 그러나 전쟁은 승리에 목적이 있는 것이므로 승리를 위한 준비를 철저히 하지 않은 상태라면 싸움을 피해야 한다. 전쟁은 민족과 겨레를 지켜내기 위해 하는 것인데 철저하게 준비도 하지 않은 상태에서 민족 구성원인 장졸들을 무모하게 죽음으로 내몰아서는 안 되는 것이다.

열악한 조건에서 정예의 왜군을 상대한다는 것은 전과보다는 용맹성 자체에 의미를 부여할 수 있었다. 곽재우의 의병활동은 대체로 소규모의 유격전의 형태를 띠고 있었지만 전투에 임하는 그의 용감한 자세는 높이 평가되어야 한다. 정암진에서 패배한 왜군은 호남으로의 진입을 포기하고 김해와 창원으로부터 창녕, 영산, 현풍 등에서 군정을 실시하고 있었다. 곽재우는 이에 현풍, 창녕, 영산을 공격한다. 그는 군대의 중앙에서 적진으로 돌격하여 조총을 피해 나가는 '총알도 피하는 홍의장군'[52]이라는 말을 듣게 되었다.

그의 전투는 발 빠르게 펼쳐진 유격전의 성격을 띤다. 그는 왜군들의 진로에 관한 정보를 수집하고 이에 따라 부대를 움직임으로써 전투를 승리로 이끌었다. 그는 특히 유격전술에 능했는데, 유격전술 활용이 승전의 주요 요소로 작용했던 것으로 보인다.

---

52) 李炯錫, 『壬辰戰亂史』中(壬辰戰亂史刊行委員會, 1976), p.432.

"전사들에게 피리와 호드기를 불게도 하고, 숲 속에서 피리를 불고 북을 두드리기도 하며, 곳곳에 복병을 숨겨 고요히 인적이 없는 것처럼 했다가 적군이 다가오면 갑작스럽게 활을 쏘아 죽이기도 하며, 왜적들의 배를 추격하여 강가로 몰아 활을 쏘기도 하면서 하루도 전투를 하지 아니한 날이 없고 전투를 벌이면 반드시 승리하여 적의 목을 벰이 많음이 모든 장군들 가운데서 최고이오니 실로 그가 쏘아 죽인 적군은 그 수를 헤아릴 수도 없었다."53) 이 기록에서 보면, 곽재우는 호드기와 피리 그리고 북으로 적을 유인하면서 그들의 후방이나 측면을 공격하였다. 또한 적의 진입로 요처에 의병들을 매복시켰다가 적을 요격하였다. 그리고 때에 따라서는 적의 수군을 한쪽으로 몰아붙여 섬멸시키기도 하였다. 적의 예상 진입로 파악을 위해 곽재우는 척후정찰 활동을 활발히 벌였을 것이며, 매복전술에 필요한 지형지세에도 밝았을 것이다. 또 기동성을 확보하기 위해 기병조를 활용하였을 것이며, 왜군과의 접전에서 승리하기 위해 전투훈련도 부단하게 시켰을 것임을 짐작할 수 있다. 그의 유격전식의 의병활동은 그 순수성과 용감성을 겸비하여 승전할 수 있었지만, 후기 관군의 입장으로 참여한 거제(巨濟) 전투와 화왕산성(火旺山城) 수비에서와 같은 대규모 전투에서는 그 진가를 발휘하지 못하였다.

그는 전투에 능하고 무략에도 뛰어났지만 다른 한편으로는 당대의 경세적 이론가이기도 하였다. 그는 1610년에 나라의 중흥을 위한 세 가지 계책인 '중흥삼책소(中興三策疏)'를 헌책하였다. 그는 그 첫째로 '주승(主勝)의 도(道)'를 말하였는데, 여기에서 나라의 통치책임자인 군주가 맡은 바 할 일을 똑바로 하여야 함을 강조하였다. 그 둘째로는 '병승(兵勝)의 모(謨)'를 말하였는데, 여기에서 국방 군사력 강화를 주장하고 그 주된 방식이 기강 확립에 있음을 밝혔다. 셋째로는 '근보(僅保)의 계(計)'를 말하였는데, 여기에서는 환란에 대비하여 군량을 확보하고, 뜻밖의 수요에 만전을 기울일 것을 주장하였다. 그리고 현명하고 재능 있는 인재를 구하여 백성들을 살필 것을 강조하였다. 그의 중흥삼책소는 '진시폐소(陣時弊疏)'에 이르러 더욱 구체화되었다. 그는 이 헌책에서 민생안정, 인재등용, 언로확장, 형벌의 엄정 등 실로 광범위한 시무(時務)에 관하여 자신의 견해를 밝혔다. 그러나 그의 헌책들은 중앙정계에 수용되지 않았고, 그 때문에 곽재우는 세속에서 벗어나 수행자적 삶을 추구하였다.54)

---

53) 『忘憂集』 忘憂先生年譜.

54) 박선식, 『선인들의 난국 이겨내기』(서울: 풀빛미디어, 1998), pp.200-201.

6. 군정개혁을 주장한 선비 이이

선비가 한 시대 사회에서 취하는 행동의 양상으로 나아가서 아울러 착하게 하는[進而兼善] 태도 내지 물러나서 자신을 지키는[退而自守] 태도로 나누어 볼 수 있다. 여기서 율곡(栗谷) 이이(李珥)는 나아가서 아울러 착하게 하는 적극적 참여의 태도를 선비의 진정한 의지라 하고, 물러나 자신을 지키는 소극적 은둔의 태도를 본심이 아니라 때를 만나지 못하였기 때문이라 지적하고 있다.55) 그는 아홉 번에 걸친 과거에서 모두 장원(壯元)하여 '구도장원공(九度壯元公)'이라 일컬어졌다. 23세에 "천도책(天道策)"이라는 우주에 관한 글을 발표하였다. 그는 문치(文治)에 치우치거나, 문예 중심의 학풍만을 강조하진 않았다. 31세에 사간원(司諫院) 정언의 관료로 있을 무렵 그간의 시폐(時弊)를 논하였고, 34세에는 다시 『시무구사(時務九事)』를 상소하여 역시 어려움에 직면한 온갖 사회적 폐단을 조목조목 지적하였다. 39세에 우부승지(右副承旨)의 몸으로 지어 올린 『만언봉사(萬言封事)』에는 그의 지속적인 개혁의지가 잘 표현되어 있다.

그는 『만언봉사』56)에서 때에 맞는 정치를 강조한다. "대개 때에 맞는다[時宜]고 이르는 것은 때에 따라 변통하여 법을 만들되 백성을 구제하는 것을 말하는 것입니다. …… 공안(貢案)은 연산군 때 백성을 학대하던 법인데 그대로 쓰고 있으며, 인재를 등용하는 데는 권세 있는 간신(奸臣)이 청탁하던 습관을 그대로 따르고 있으며, 문예를 앞으로 삼고 덕행을 뒤로 삼기 때문에 덕행이 높은 이가 마침내 작은 벼슬에서 굽히게 되며, 문벌을 중히 여기고 어진 인재를 업신여기니 …… 이것을 조종이 남긴 법이라 하여 감히 개혁하려는 의논을 펴지 않으니 이는 이른바 때에 맞는다는 것을 알지 못하기 때문이다." 여기서 이이는 어떠한 법도 결코 절대적일 수 없고 그 법이 백성을 위해 제정된 것이라면 언제라도 백성을 위해 바꾸어야 함을 강조하고 있다. 이는 이이가 자신의 당대를 성장의 시기로 파악한 시대의식과도 맞물리는 견해이다. 그는 또한 일을 하는데 정성껏 하여 빈말을 하지 않는다는 실상의 공[實功]을 강조한다. 당시 사회의 게으른 타성과 불성실한 풍조를 비판하면서 위정자들의 성실성을 끝없이 강조한다. 그는 실상의 공이 없는 일곱 가지 근심거리를 지적하면서 예를 들고 상술한다. 그것은 나라와 백성 사이에 서로 믿는 실상이 없음, 신하들이 일을 책임지는 실상이 없음, 경연(經筵)에 임금의 덕을 성취하는 실상이 없음, 현명한 인재를 불러들여 쓰는 실상이

---

55) 琴章泰 著, 『儒教와 韓國思想』(서울: 成均館大學校 出版部, 1993), p.189.

56) 『栗谷集』 疏 萬言封事.

없음, 재화(災禍)를 만나도 하느님의 뜻에 응하는 실상이 없음, 여러 정책에 백성을 구하는 실상이 없음, 인심(人心)이 선으로 향하는 실상이 없음 등이다. 그리고 그는 백성을 편안하게 한다[安民]는 벼리에 다섯 가지 조목이 있음을 거론한다. 성심(誠心)을 베풀어 여러 신하의 뜻을 얻을 것, 공안을 고쳐 세금을 횡포하게 거두어들이는 폐해를 제거할 것, 절제와 검소를 중히 여겨 사치하는 폐풍을 고칠 것, 노비를 뽑아 올리는[選上] 법을 고쳐서 공천(公賤)의 고통을 구할 것, 군정을 고쳐 안팎의 방비를 굳게 할 것 등의 문제들을 상세하게 요청한다.

그는 『문무책(文武策)』[57]에서 안에서의 다스림을 엄하게 하고[文] 밖으로부터의 모욕을 경계하는 것[武]은 병용하여야지 어느 하나도 폐할 수 없음을 강조한다. 안에서의 다스림을 엄하게 함이 곧 문(文)의 날[經]이 되는 까닭이며, 밖으로부터의 모욕을 경계함이 곧 무(武)의 씨[緯]가 되는 까닭이라고 하면서, 문은 기송(記誦)의 행습과 사장(詞章)의 학문에 있지 않고 교화를 밝혀 민풍을 진작하는 데 있으며 무는 병사와 군마의 많음과 기계의 정예로움에 있지 않고 나라의 근본을 굳게 하여 외적을 방위함에 있으니 문과 무를 병용하여 그 도를 다하여야 길이 잘 다스려진다고 주장한다. 그는 문과 무는 마치 사람에게서의 두 손과 같고 새에게 있어서 두 날개와 같아서 그 쓰임[用]은 둘이지만 그 내용[實]은 하나이기 때문에 둘 중 하나가 없다면 나라다운 나라가 될 수 없다고 말한다. 문의 도를 다한다는 것은 교화를 밝혀 도를 실은 문[載道之文]을 말하며 무의 도를 다한다는 것은 견고함과 예리함만을 일삼지 않고 싸움[干戈＝방패와 창]을 그치게 하는 무이다. 지극한 문은 무가 없을 수 없고 지극한 무는 문이 없을 수 없으니 문을 하면서 무를 하지 못하는 사람은 자신은 믿을 수 없다고 하였다.

그는 『만언봉사』에서 군정을 고칠 것을 요청한다. 그는 먼저 당시 군정의 폐단을 지적하고 그 대책을 건의한다. 군정의 폐단을 지적하는 것이 매우 상세하고 그 원인을 함께 지적한다. 오직 병사(兵使)·수사(水使)·첨사(僉使)·만호(萬戶)·권관(權官) 등의 벼슬을 설치하고 그들의 생활을 보장할 준비가 없기 때문에 그것을 병졸에게서 거둬들이려고 하여 변방의 장병들이 어로를 침해하는 폐단이 생기기 시작했으며, 법제가 점점 풀어져서 탐내고 포악한 것은 더욱 성해지고 더욱이 인재를 뽑아 등용하는 것도 불공평하여 채수(債帥＝돈을 주고 장수가 된 사람)가 연달아 생기어 공언하기를 '아무 진의 장수는 그 값이 얼마요, 아무 보(堡)의 벼슬은 그 값이 얼마다.'라고 정하

---

57) 『栗谷集』 策 文武策.

고 있음을 지적한다. 그리고 수자리[戍]를 면한 자들이 집에서 편하게 지내는 것을 모두 부러워하며, 수자리를 면하는 자들이 많아 진·보가 텅 비었는데, 점호를 할 때 이웃의 백성을 꾀어 가명으로 받게 하며, 순찰하는 관리는 오직 그 숫자만 세고 있다고 한탄한다. 뿐만 아니라 채수들은 의기양양하게 물품을 바리에 싣고 집으로 돌아와서 그 처첩에게 자랑하니, 가난한 자는 부자가 되고 권문(權門)에 뇌물을 주고 진급을 도모하는데 이 폐단을 고칠 생각은 하지 않고 군졸의 수가 적음만을 걱정하고 있다고 주장한다. 군사들이 살던 고장을 방비하지 못하고 먼 곳에서 근무하게 되니 풍토에 익지 못하여 발병하는 군사들이 많고, 장수의 학대에 떨고 지방군졸의 깔봄을 당하고 객지의 고생이 심하고 굶주리는데 어찌 적과 대적하려고 할 것인가 염려한다. 지금 군적에 있는 사람은 어린이가 아니면 걸인이고 걸인이 아니면 사족(士族)들이니 실제 군역의 의무지로서 군적에 빠진 사람이 많으니 결국 군적을 만든다 하여두 얼마 가지 않아서 쓸모없는 군적이 될 것도 염려한다. 그리고 군역을 대신하여 베를 납부하게 하는 것도 지불할 능력이 전혀 없어서 지불하지 못하게 되면 그 일가나 친척들에게서 받아내는 폐단을 지적한다.

그는 군정의 폐단들을 개혁할 대책들을 제시한다. 우선 변장(邊將)들에게 식량을 주어 사생활에 부족함이 없게 할 것과 법제를 엄하고 밝게 하여 작은 베 조각도 조금의 쌀도 군졸에게서 거두는 일이 없게 하며 오직 무기를 잘 단련하고 말타기와 활쏘기를 가르쳐 익히게 하고 순찰하는 사람은 그저 점호만 하지 말고 반드시 그 무기를 검열하고 말타기와 활쏘기를 시험하여 성적을 매기게 하며, 채를 거두고 병사를 풀어주는 자는 장률(贓律＝장물을 다루는 법)로써 다스리며 군직에 승진을 엄하게 관리하여 스스로 앞날을 권면하게 할 것을 주장한다. 그리고 방위군이 주둔할 때는 그 조직을 진영의 주변 마을 사람들로 할 것이고 진영의 주변 마을 사람이 부족할 경우에는 바로 그 이웃 마을 사람들로 채워야 하며, 방위군이 주둔하고 있는 모든 마을 사람들은 다른 종류의 군역에서 모두 제외하여 오로지 방위군의 임무에만 열중하도록 함으로써 먼 지역으로 군역을 수행하기 위해 떠나는 불편을 주지 말아야 할 것도 주장한다. 병적을 만들 때는 실군(實軍)을 얻는 데 힘쓸 것이며 한정(閒丁)을 억지로 채워서는 안 된다고 하면서 무술 훈련에 힘쓰도록 그 시험과 상벌에 철저할 것을 제의한다.

그는 또한 『군정책(軍政策)』[58]에서도 군정의 폐단을 지적하고 그 대책을 제시한다. 가호(家戶)가 넉넉하고 인구가 풍족하여 남자는 많고 군사는 강해야 함에도 불구하고

---

58) 『栗谷集』 策 軍政策.

백성들이 흩어져서 열 중의 아홉이 텅 비고 사졸들이 도망하여 텅 빈 명부만 있다고 개탄한다. 백성들이 생업에 안존하지 못하는 것은 수령(守令)의 허물이며, 수령의 횡포는 염사(廉使)의 잘못이며, 군사가 인원수를 채우지 못함은 진장의 잘못이며, 진장이 민가의 재물을 방자하게 약탈하는 것은 절도사가 엄하지 못하기 때문이다. 수령이 횡포하여 세금이 잡다하고 부역은 무거우며, 진장이 백성의 고혈을 약탈하고, 장마와 가뭄으로 곡식이 익지 못해 백성들은 흩어지고 기아로 죽는 자들이 많은데, 군에 편제시킬 때 법을 농락하는 관리가 뇌물로써 면제하고 가난한 자들만 취역하게 되니, 인재를 얻는 것이 시급함을 강조한다. 그래서 청절한 염사와 백성을 자식처럼 사랑하는 수령을 얻는다면 백성들이 번성하고 부유할 것이라고 하였다. 그리고 문무를 겸한 선비로 연수로 삼는다면 모든 진의 장수들이 본받을 것이며 백성을 사랑하는 사람으로 진장을 삼는다면 방비가 저절로 튼튼해질 것이라고 하였다.

그리고 이이는 『육조계(六條啓)』[59]에서 서울과 지방이 공허하고 군사와 식량이 모두 궁핍하여 조그만 오랑캐가 변경을 침입해도 온 나라가 경동(驚動)하니 큰 오랑캐의 침입이 있다면 막아낼 계책이 없을 것을 염려하면서, 여섯 가지 대책을 상세하게 제시한다. 즉 현명하고 유능한 사람의 임용(任賢能), 군사와 백성의 보양(養軍民), 재물의 풍족(足財用), 변방수비의 공고(固蕃屛), 전마의 준비(備戰馬), 교화를 밝힘(明敎化) 등을 제시한 것이다. 이는 그가 얼마나 국방문제를 해결하는 데 적극적이었는가를 잘 보여준다. 특히 기동전을 대비하여 말을 준비할 것을 주장한 점은 탁월한 방책이었다고 생각한다. 그는 당시에 앞으로의 대변란을 예감하고 있었던 것 같다. 만일의 변란에 대비하여 기동적인 전쟁 수행의 필요성을 꿰뚫고 있었던 것이다. 또한 그 근거가 분명하지 않다는 주장도 있지만 10만의 정예병을 양성할 것을 주장하기도 하였다. 그러나 그의 탁월한 예지력과 실천적 난국극복의지는 큰 영향력을 발휘하지 못하였고, 군정이 날로 문란해진 상황에서 임진왜란을 맞이하게 되었다.

7. 임진왜란의 전국을 탁월하게 수습한 경세가 류성룡

서애(西厓) 류성룡(柳成龍)은 나면서부터 총명과 예지가 남달리 뛰어났으며 일찍부터 학문에 매진하였다. 16세에 향시에 합격하였고 20세 이전에 경전을 독파하였다. 21

---

59) 『栗谷集』 啓議 六條啓.

세 때 도산(陶山)에 가서 퇴계(退溪) 이황(李滉)에게서 『근사록(近思錄)』을 수업하였다. 이때부터 성리에 관한 학문에 전념하면서 실천적인 것을 탐구하여 반드시 성현으로 지표를 삼았는데, 이황은 총명박학(聰明博學)한 류성룡을 보고 '이 사람은 하늘이 낳은 인물로 장차 반드시 나라에 크게 쓰일 것이다.'라고 칭찬했다고 한다. 1564년 23세에 생원회시에 1등, 진사에 3등으로 합격하였고, 2년 후에 문과에 급제하여 벼슬길에 올랐다. 그는 홍문관(弘文館) 부수찬(副修撰), 부제학(副提學), 동부승지(同副承旨), 대사간(大司諫), 도승지(都承旨), 대사헌(大司憲), 대사성(大司成), 예조판서(禮曹判書) 겸 홍문관 대제학(大提學), 이조판서(吏曹判書) 겸 우의정(右議政), 좌의정(左議政) 등 실로 다양하였다. 그가 다양한 관직에 순탄하고 빠르게 승진했던 것은 관인으로서의 그의 뛰어난 역량과 학덕 때문이었다.

그는 임진왜란이 일어난 1592년까지 좌의정으로 홍문관 대제하을 겸직하고 있었는데 선조(宣祖)의 특명으로 그해 4월 병조판서(兵曹判書)를 겸하여 군무를 총괄하면서 도체찰사(都體察使)에 제수되어 북상하는 왜군을 저지하는 데 총력을 기울이고 있었다. 충주(忠州)에서 패전하였다는 보고를 받은 선조는 평양으로 옮길 것을 명하였고 류성룡은 어가(御駕)를 모시고 서행(西行)하였다. 임금이 도성을 떠나자 서울의 민심은 흉흉해지고, 선조도 참담한 몽진(蒙塵)의 과정에서 국사를 그르치고 백성을 전화에 빠지게 한 잘못을 문책하여 영의정(領議政) 이산해(李山海)를 파직하고 류성룡을 영의정에 내정하였다. 그러나 그는 국사의 잘못은 정승들의 공동책임이라면서 극구 사양하다가 결국 그날 저녁 파면되고 말았다. 비록 파직되었으나 어가를 모시는 데 정성을 다했기에 6월 평양에 머물던 선조는 다시 류성룡을 서용(敍用)하였다.[60] 왜군이 평양으로 진격하자 평양을 수호할 것을 간절하게 주청한 류성룡의 하소연도 아랑곳없이 영변으로 떠났다. 그해 12월 다시 평안도 도체찰사에 배수(拜受)되고 다음 해 정월 명나라 군대가 평양을 탈환하자 다시 남쪽 3도 도체찰사에 임명되어 전란을 극복하기 위해 동분서주하였다. 그 가운데서도 군량의 확보와 굶주린 백성을 구휼할 대책을 건의하고 실시하기도 하였다. 그의 활약상에 대해 명나라 사신은 선조에게 바친 봉서에서 다음과 같이 말했다. 즉 "류성룡 같은 의정(議政)은 충성스럽고 남달리 곧으며 인의롭고 독실히 도를 믿으므로 천조(天朝)의 문관·무장이 모두 국왕이 제일 좋은 상신(相臣)을 얻은 것을 경하합니다. 참으로 국정을 들어 이 신하에게 맡긴다면 어찌 국위를 떨치지 못하고 병기를 드날리지 못할 것을 걱정하겠습니까?"[61] 그러한 그가 분당

---

60) 『宣祖修正實錄』 卷二十七 二十五年 六月.

61) 『宣祖實錄』 卷四十五 二十六年 閏十一月.

에 휘말리고 각종 모함을 받게 되었다. 정유재란(丁酉再亂)이 일어나자 그런 분위기는 더욱 고조되었고 류성룡 자신도 진심으로 사임할 것을 간청하였으나 선조는 매번 강력하게 만류하였다. 반대파들이 성균관 유생들을 선동하여 유소(儒疏)를 올리자 영의정을 물러났고 이어 모든 관직이 삭탈되자 전진(戰塵)에 시달린 노구(老軀)를 이끌고 미련 없이 낙향했다.

그는 진관(鎭管)체제로의 복귀를 주장하였다. 임진왜란 초기 조선의 일방적 패배 원인은 국방태세의 해이에 있었다. 조선의 군사들은 대개 농민병으로서 전혀 조련이 되어 있지 않았다. 왜군들은 전국시대의 야전 경험은 물론 신병기인 조총(鳥銃)까지 갖추고 있었다. 더욱이 조선군은 제승방략(制勝方略)의 분군법(分軍法)이란 군제상의 허점까지 지니고 있었다. 따라서 전략·전술적 측면에서 왜군을 방어할 수 없었다. 조선 초기의 군제는 세조조에 마련된 진관체제였다. 이는 지역방어의 효과를 극대화하고자 했던 군사지휘체계이론이었다. 진관체제는 수군이 해상으로 침입하는 적을 각 도(道)가 책임 해역을 방어하고 다음으로 육군이 육지를 방어하는 중첩된 방위 개념하에 운영되었다. 그러나 전국의 행정조직 단위인 읍(邑)을 동시에 군조직 단위인 진(鎭)으로 편성하여 각 도의 수령(守令)으로 하여금 그곳 군사지휘관의 임무도 겸임토록 하여 국가방위 지역을 전국으로 확대하였던 것이다. 이 방위체제를 운영하기 위해서는 국방을 담당하는 정병(正兵)과 그들을 재정적으로 지원하는 보인(保人)이 대량으로 확보되어야 했다. 세조는 종래 봉족(奉足)이 부담했던 재정지원을 배로 증가시키는 보법(保法)을 실시하였고, 이 보법을 바탕으로 번상(番上)과 유방(留防)을 강행하였다, 양민들은 군역의 과중한 부담을 안게 되었다. 따라서 납포대역(納布代役) 또는 방군수포(放軍收布)라는 군역부담의 폐단이 생겨났다. 그리고 진관체제는 각 진관이 스스로 싸워 스스로를 지키는[自戰自守] 것을 원칙으로 하였지만 위급지대와 후방지역의 구별이 없는 도식적이고 평면적인 체제로서 실질적인 군사력을 갖추기 힘든 체제였다. 특히 전면전이 아니고 국지적이고 간헐적인 침략에는 병력을 효과적으로 분군(分軍)할 필요가 있었다. 이런 제도상의 허점과 구조적 모순을 해결하지 못하고 있던 중 을묘왜변(乙卯倭變)이 일어나자 응급책으로 대두된 것이 제승방략 분군법이었던 것이다.

류성룡은 『진관의 제도를 보수하기를 청하는 계[請修擧鎭管之制啓]』62)에서 제승방략을 세밀하게 분석한다. 그 내용을 정리하면 다음과 같다. 사전에 각 관의 수령들에게 방어지를 배정하고 적의 침입이 있으면 자신의 진관지역을 떠나 배정된 방어지로

---

62) 『西厓集』 啓辭 請修擧鎭管之制啓 三月.

집결하게 한다. 중앙으로부터 중앙의 병력과 정예무기를 갖춘 경장(京將)[도원수(都元帥), 순변사(巡邊使), 조방장(助防將)]이 파견되며 각 수령들은 반드시 경장과 본 도병·수사(兵·水使)에게 분산 소속되어 그 지휘를 받는다. 진관단위의 지휘권 한계는 문제되지 않는다. 비군사층까지 포함하여 가능한 병력을 모두 동원한다. 수군이 해상의 적을 완전히 제압하거나 그 세력을 약화시켜 육상에서 적을 쉽게 섬멸토록 하는 것이 진관체제의 전략이었는데, 수군의 군액(軍額)이 감소되고 군선(軍船)이 소형화되어 수군이 바다의 방어를 담당할 능력이 상실하자, 그 대안으로 등장한 것이 제승방략이었다. 연산조(燕山朝) 이후 수군의 능력이 현저하게 약화되어 크고 작은 왜변에 그 기능을 전혀 발휘하지 못하였다. 해상에서 적의 기세를 꺾지 못하자 육지에서도 스스로 싸워 스스로를 지키는 것을 원칙으로 삼는 진관체제로써는 적을 제압할 수 없었다. 강한 적을 대적하기 위해서는 강한 방어력이 요구되었고, 육지에서도 연합방위체제를 유지할 필요성이 대두되었다. 군사요새지에 병력을 집결시켜 강화된 군사력으로 대적한다는 전략이 바로 제승방략이었다.

그러나 제승방략은 임진왜란과 같은 전면전에는 취약한 전략이었다. 류성룡은 그 구체적인 결점들을 지적하였다.63) 제1선 방위에 전력을 집중하기 때문에 제2선인 후방지역에는 방어할 병력이 없기 때문에 제1선이 무너지면 그대로 궤멸될 수밖에 없다. 경장의 파견으로 본래의 지휘관인 병·수사의 권한을 위축시키고 지휘관이 중첩 배치되어 지휘체계에 혼란을 가져올 수 있다. 뿐만 아니라 중앙에서 파견되는 경장이 필요한 시기에 접전지역에 도달할 수 없다. 이 경우 집결된 군사들은 지휘관이 없는 상태에서 적을 맞이하게 된다. 그리고 긴급하게 파견된 경장이 아군의 전투태세와 적의 사정을 제대로 파악하지 못하여 승전의 전략을 구사하기 힘들다. 임진왜란이 일어나자 류성룡은 결점이 많은 제승방략으로는 전쟁을 수행할 수 없다는 판단으로 이의 폐기를 주장하며 진관체제의 복구를 강력하게 주장한 것이다. 진관체제는 평상시 훈련이나 유사시의 조발과 징집에 편리할 뿐만 아니라 방어전략상 앞과 뒤가 서로 응할 수 있고 서울과 지방이 서로 의지할 수 있는 장점이 있다고 주장하였다. 진관제를 실시하면 소속 진관의 수령에 의해 군정(軍丁)의 파악과 조련 및 화포 기계 등의 검칙이 가장 효과적으로 이루어질 수 있으며, 진관에서 감·병사(監·兵使)에게까지 연대하여 상벌을 시행하게 하여 지역의 전투력을 향상시킬 수 있다는 것이다. 그는 진관제가 국방을 담당하는 훌륭한 방위체제임을 확신하고 있었던 것이다. 그것은 자신이 일선을

---

63) 『懲毖錄』 卷一.

두루 다니면서 현실을 목격하였고 명나라 군대와 왜군의 전법이나 병기를 아군과 비교하여 그 우열을 충분히 이해하고 있었기 때문에 나온 판단이었다.

  그의 주장이 조정에 받아들여지지 않자 육상·해상·화공 등의 전술을 담은 전략서인 『증손전수방략(增損戰守方略)』을 지어 전라좌수사 이순신에게 급히 발송하였다. 1592년 3월 5일에 이 책을 본 이순신은 다음과 같이 감탄하였다고 한다. 즉 "수륙전(水陸戰)과 화공(火攻)에 관한 것이 낱낱이 적혀 있는 실로 만고에 특이한 저술이로다."[64] 이 책은 전해지지 않아 상세한 내용을 알 수 없으나, 그가 임진왜란이 일어난 지 3년째인 1594년 선조에게 올린 기록인 『전수기의십조(戰守機宜十條)』[65]에 그의 전략전술적 식견이 요약되어 있다. 즉 ①척후(斥候)활동을 강조한다. 그는 임진왜란 초기 순변사 이일의 상주지역에서의 패전과 신립의 충주 탄금대에서의 패전의 원인을 적에 대한 경계책을 세우지 않았음에 둔다. 그리고 조·명 연합군에 의한 평양성탈환에서 승리한 요인을 40여 명에 이르는 적의 첩보대 소탕에 둔다. ②장단(長短)을 강조한다. 장단이란 적과 아군의 군사적 우열을 비교함을 뜻한다. 그는 아군의 장점으로는 활쏘기와 지형지물에 익숙함을 들고 단점으로는 쉽게 노출되어 적의 조총 사격 시 표적이 되므로 넓은 지형에서 불리하다는 점을 든다. 그래서 적의 조총 사격에 대응하기 위해 3, 4대의 궁사(弓射)부대를 운용해야 한다고 주장한다. 또 왜적의 장점으로는 살상력이 강하고 조준이 가능한 조총을 지니고 있으며 도창에 의한 단병접전에 익숙하다는 점을 들고, 그들의 단점으로 지형지세에 어두워 합리적 작전 전개가 용이하지 않고 비가 내릴 때는 조총 사용이 불가능하다는 점을 든다. ③속오(束伍)를 강조한다. 속오란 전투부대의 대열과 전투 시의 병력 전개 등에 관한 것으로, 그는 절제된 군사만이 승전할 수 있음을 강조하면서 시정의 잡된 무리로 구성된 군사라도 훈련을 잘 시키기만 하면 적군과 능히 교전할 수 있음을 역설한다. ④약속(約束)을 강조한다. 그는 약속을 대장이 적의 세력이 강한가 약한가 지형이 험난한가 평탄한가 등을 살피고 승패의 상황을 살펴서 모든 장수들에게 분부해서 각각 통솔하는 바의 군대를 거느리고, 혹은 앞서고 혹은 뒤서며, 혹은 복병이 되고 혹은 후계(後繼)가 되며, 혹은 의병(疑兵＝적을 현혹시키기 위한 거짓된 병사)이 되고, 혹은 유인 부대를 만들고, 감히 어기거나 넘치는 일을 하지 못하게 하고, 한결같이 대장의 명을 좇아 모두 죽을 각오로 싸우는 것으로 규정하고, 엄정한 군기와 군율을 가지고 전투를 펼칠 것을 강조한다. ⑤중호(重濠)의 설치를 주장한다. 중호란 겹으로 이루는 참호를 말한다. 그는 참

---

64) 『亂中日記』 壬辰 三月 五日.

65) 『西厓集』 雜著 戰守機宜十條.

호를 제때에 구축하여야 적들의 공성(攻城) 작전에 대응할 수 있음을 주장하고, 참호를 구축할 때 그 넓이와 깊이를 세심히 헤아려 설치할 것과 그에 따르는 장애기구의 설치 등을 구체적으로 거론한다. ⑥설책(設柵)할 것을 강조한다. 그는 방어진지의 구축을 중시하고 손쉽게 구성할 수 있는 방어와 경계대책으로서 설책이라는 축성공사법을 세심하게 설명한다. 네 모퉁이 꺾어진 곳에 바깥쪽을 향하여 1~2간을 볼록하게 나오도록 만들고 아래쪽에는 구멍을 뚫어서 대포를 쏠 수 있게 한다. 그리고 중간에는 작은 구멍을 만들어서 현황자 및 조총 등을 놓게 하고, 포 윗머리에는 널빤지를 깔아 다락을 만들고 바깥쪽에는 방패(防牌)를 설치해서 적의 탄환을 막는다. 또 한 다락 위로부터 좌우를 돌아보면서 화살을 쏠 수 있고, 겸해서 요망(瞭望＝멀리서 적을 망보는 것)을 할 수 있게 하면 적이 비록 천만의 군사라 할지라도 감히 와서 침범치 못할 것이라고 한다. ⑦수탄(守灘)을 강조한다. 수탄이란 내륙이 하천변 경계책을 말한다. 그는 적을 방어하는 데 큰 내를 지킴이 높은 산보다 낫다고 역설한다. 비록 산이 높다 해도 숱한 전투 병력이 거듭 행군한다면 마침내 그 산을 벗어날 수 있지만, 큰 내에 이르게 되면 결코 얕은 곳이 아니면 건널 수 없고 그에 따라 선박이 있어야 하는 전제조건이 따르기 때문이라고 설명한다. 도하작전이 성공하지 못하면 대병력이라 하여도 더 이상 진군할 수 없으므로 하천경계책이 그만큼 중요하다는 것이다. 그는 여울을 지키는 나름대로의 전투방략을 세운다. 길이 3~4척 혹은 5~6척 또는 10척쯤 되는 잡목에 구멍을 뚫고 그 구멍을 이용하여 쇠가시(마름쇠라고도 함)를 얽어매어 고슴도치처럼 만든 장애물을 하천 곳곳에 매설하면 적들의 도하를 막을 수 있다고 한다. 또 수중 장애물과는 별도로 아군의 복병조를 하천변에 배치하여, 적들이 수중장애물에 걸려 혼란에 빠지기를 기다리게 하자고 제안한다. 적들이 쇠가시에 걸려 오도가도 못하게 될 때를 노려 활을 쏘아대자는 것이다. ⑧수성(守成)을 강조한다. 수성은 성곽을 지키는 것을 말한다. 그는 역대의 전쟁을 간단히 예로 들면서 훌륭했던 수성전의 사실들을 환기시킨다. 그리고 그 같은 뛰어난 수성방략을 다시 활용하거나 응용해야 함을 말한다. 또 성곽의 양타(兩垜＝화살을 쏘거나 관측하는 성의 윗부분)를 적이 넘어 들어오지 못하는 구조로 만들어야 함을 강조하면서 우리의 성은 대개 너무 넓고 크기 때문에 적이 공격하기 쉽다고 지적한다. 또한 성곽에는 옹성(甕城＝일종의 방어보조용의 작은 성벽)과 치(雉＝작은 규모로 돌출된 성벽)를 두어 지키고 막는 데 이롭게 하여야 함을 강조한다. 그는 적의 화공에 따르는 수성대비책도 제안한다. 즉 각 읍의 진보(鎭堡＝진지와 방어용 보루)에 성과 목책이 있는 곳에는, 혹은 흙을 사용하여 만들고 혹은 나무를 사용하여 만들어, 바깥쪽은 흙을 두텁게 발라서 적이 불을 질러도 타지 않게 한다. 그리고 화약과 화포를 많이 마련하며, 구멍을 통하여 대포 쏘는 것을 익혀서, 지세의 굽고 곧음과 대포알 나가는 거리의 멀고 가까움을 보게 해서 바라보는 백성으로 하여금 환히 이 법을 알게 하면 참으로 성을 지키는 묘책이 된다. 그는 손쉽게 구할 수 있는 흙을 성벽에 발라 적의 화공에 대비하자고 하였고, 지역 민중들에게 자연스러운 관람을 가능케 하여 쉽사리 화포사용법을 전파하자고 제안했던 것이다. ⑨질사(迭射)를 주장한다. 질사란 활과 같은 비병(飛兵＝쏘아 날리는 병장기)을 연속하여 발사함을 뜻한다. 그는 질사의 전투방식이 적들의 돌격전을 막아내는 데 효과적임을 강조한다. 그것은 난사(亂射)와는 달리 적의 밀집 대형의 와해를 목적으로 실시되어야 함을 뜻한다. 각 사수들을 체계적인 사격부대로 조직하여 운용함으로써 적의 돌격을 막자는 의도인 것이다. 그는 활을 쏘는 병사들과 조총을 쏘는 병사들을 뒤섞어 사격부대를 운용한다면 더욱 묘책이 될 수 있음을 밝힌다. ⑩형세통론(形勢統論)을 말한다. 이는 군사작전에 관한 총체적 개념을 밝힌 것이다. 그는 마땅히 장책(長策＝최선의 방책)을 세워 적을 무찔러야 함을 말한다. 혹은 산성을 만들고 혹은 목책을 설치하여 반드시 지키겠다는 계획을 삼고, 공사 간의 저축된 물자를 다 거두어들이고 들판을 깨끗하게 치우고서, 기다려서 적으로 하여금 우리에게서 식량을 얻지 못하게 하는 것이다. 적이 이미 성을 공격해서 함락시키지 못하면 들판에서 약탈할 것이 없어 불과 수일 만에 사시가 점점 떨어지고 병사들은 배를 주려 반드시 머뭇거려 후퇴하고자 할 것이니 그때에 용맹스러운 병사(＝정예부대)를 분산하여 매복시켰다가 혹은 그 앞을 치고 혹은 그 뒤를 끊으며, 또 수군으로 하여금 바다를 왕래하게 하여 식량보급로를 요격한다. 그는 이것이 지금의 장책이라고 주장한다. 이 열 가지 병략은 그가 그 어느 무장에 뒤지지 않는 전략전술가였음을 잘 보여준다. 그의 문집인 『서애집』에는 군제개혁과 전략전술과 관련된 수많은 서장(書狀)과 계사(啓辭) 그리고 서(書) 등의 글들이 수록되어 있으며, 『징비록』에는 그의 군사적 식견을 보여주는 많은 내용들이 담겨 있다.

선조 26년 명나라의 절강병(浙江兵)들에 의해 평양이 탈환되고 전세가 부분적으로 반전되면서, 류성룡은 정예병의 양성과 백성들의 구휼을 위한 응급책으로 훈련도감의 설치를 주장하였다. 그는 장계(狀啓)를 통해 체계적인 군사훈련, 절강병기를 모방 응용한 화포의 제작 등을 선조에게 건의했다. 그리고 명나라 장수와 의논하여 남병(南兵)이 철수하기 전에 화포·낭선(筤筅)·창검·조총 등의 기술을 습득하여 군사력을 강화시키려 하였다. 명장 척계광(戚繼光)의 『기효신서(紀效新書)』에 있는 각종 기예들을 모방하여 훈련시키도록 하였다. 당시 3도 도체찰사였던 류성룡이 임금을 모시고 환도

하였을 때 서울은 완전 폐허가 되었고 거듭되는 흉년으로 유랑민들이 운집해 있었다. 이들 유랑민들을 진휼하지 못하면 곧 폭도로 변할 소지가 있었다. 류성룡은 그들을 진휼하면서 국왕의 호위와 서울의 수비를 강화할 군사로 활용하였던 것이다. 도감군의 신분은 유생(儒生)·한량(閑良)·서얼(庶孽)로부터 공사천(公私賤)·승려·아동들뿐만 아니라 난중에서 항복한 왜인들 중 기술을 가진 자와 토적(土賊) 중에서 성실하고 근면한 자에 이르기까지 광범위하게 동원되었다. 지방에서는 속오군(束伍軍)이 설치되었다. 그는 인보(隣保)조직을 군사조직으로 병용하면 그 이점이 백성들에게 귀속될 수 있다고 생각하여 속오법의 실시를 주장했다. 즉 군사훈련을 읍→면→리→촌→개인 단위로 실시하면 징발 왕래의 폐단을 제거할 수 있고 군량을 절약할 수 있으며 토적(土賊)을 방지할 수 있으며 국방도 강화된다는 것이다.

그는 『징비록』에서 전수(戰守)의 대요(大要)를 시량[粮餉]·군사[軍兵]·성과 못[城池]·병기[器械]로 들고 있다. 특히 군량문제는 전국에 직접적인 영향을 미치는 가장 중요한 문제였다. 그것은 군량지급과 기민(飢民)의 진휼은 물론 명군의 지원까지 책임진 그로서는 가장 해결하기 힘든 임무였다. 이 문제의 해결을 위해 전시하에서 실천 가능한 방법으로 전세(田稅), 공물작미(貢物作米), 둔전(屯田), 자염(煮鹽), 중강개시(中江開市)를 통한 무곡(貿穀) 등을 제시하였다. 그는 백성들이 생활에 불안을 느끼면 나라에 대한 충성도 바랄 수 없다고 생각하여 민생안정에도 노력을 기울였다. 백성들의 세금과 부역 등에 대한 부담을 가능한 덜어내고자 하였으며, 신분이 낮은 천인들에게 공적에 따라 면천과 면역은 물론 과거응시와 관료로서의 진출까지 허용하는 파격적인 포상제를 실현코자 애쓰기도 하였다. 더불어 그는 홍해나물이나 황각나물과 같은 구황작물을 살펴 백성들에게 일러주기도 하였고, 군량의 일부를 덜어서 배급하도록 하기도 했다. 굶주림에 시달리는 백성들을 위해 여러 고을의 수령들에게 소금을 생산케 하여 공급하도록 했으며, 국경지방인 중강진에 무역소를 열어 중국 요동지역의 곡식을 들여오도록 하여 보다 적극적으로 민생안정을 꾀하였다. 또한 그는 난중의 어지러운 상황에서도 국가의 기강 확립을 왕에게 주청하였다. 그의 난중 질서회복 노력에 의해 흐트러진 나라의 기강은 유지될 수 있었다. 또한 그는 신중한 외교자세와 합리적인 업무태도를 유지하였다. 당시 미묘하게 형성된 조·명·왜의 관계에서 자칫 국익에 불리한 상황의 발생을 극히 우려했던 까닭이다. 더구나 이후 명과 왜 간의 강화논의를 지켜보면서 그는 사태의 추이를 조선에 유리하게 이끌고자 애를 썼다. 그는 실로 난세에 처한 국가의 위기를 이겨내고자 혼신의 힘을 다했던 문무겸비의 선비였던 것이다.

8. 무골 기품의 강직한 선비 조헌

중봉(重峰) 조헌(趙憲)은 '눈빛이 별과 같은 큰 키에 큰 귀를 가진[長身大耳 目光如星]'[66] 풍채가 당당한 장부였으며 탁월한 식견과 경륜을 가졌으나 시속과 타협을 거절했던 까닭에 불우한 일생을 보낸 강직한 선비였다. 천성이 책읽기를 좋아하여 역사책을 읽으면 침식을 잊을 때도 있었다고 한다. 22세에 태학생이 되었다가 23세에 명경과(明經科)에 급제하여 벼슬길에 나섰다. 그는 토정(土亭) 이지함(李之菡), 우계(牛溪) 성혼(成渾), 율곡(栗谷) 이이(李珥) 등에게 사사하여 학문이 날로 깊어졌다. 교서관박사(校書館博士), 호조좌랑(戶曹佐郎), 예조좌랑(禮曹佐郎), 성균관전적(成均館典籍), 사헌부감찰(司憲府監察) 등을 거쳐 통진현감(通津縣監)에 임명되어 선정에 힘쓰고 스스로 검소였다. 동서분당(東西分黨)이 점차 치열하고 당쟁으로 발전하고 있을 무렵인 1577년 34세에 부평에 유배되었다. 37세에 귀양에서 풀려나 38세에 공조좌랑(工曹佐郎)이 되었고 곧이어 전라도도사(全羅道都事)로 부임하였다. 1582년 39세에 종묘령(宗廟令)에 전임되었으나 계모의 봉양을 위하여 외직을 자청하여 보은현감(報恩縣監)으로 나갔다. 1594년 대간(臺諫)의 모함을 받고 파직되었고 당쟁은 점점 격심하여졌다. 그는 당인들의 질시의 대상이 되었다. 1586년 명나라 제도를 따라 학제를 개편하여 전국에 제독관(提督官)을 설치하자 그는 공주교수 겸제독속교관(公州敎授兼提督屬敎官)으로 임명되어 엄격한 학규와 솔선수범으로 제자들을 가르쳤다. 이해부터 1589년까지 무릇 4년간 연속하여 만언소(萬言疏)를 올려 시정의 득실을 극언하니 삼사(三司)에서 죄를 청하는 상소를 올려 길주(吉州)로 유배되었다. 그는 자신이 편당에 관심이 없음을 분명하게 밝히고 아울러 그의 사우(師友)인 박순(朴淳), 정철(鄭澈), 이이(李珥), 성혼(成渾) 등이 서인의 주모자로 지칭되고 있음이 부당하다고 하였다.[67] 그리고 성학을 밝히며 형벌을 감하고 사치를 삼가고 기욕(嗜慾)을 절제하며 조세를 줄일 것을 청하는 소를 올렸다.[68] 그는 불의를 보고 참지 못하는 청렴강직한 성품으로 인하여 수차례 화를 당하였다. 정여립(鄭汝立) 사건을 계기로 서인들이 다시 세력을 얻게 되자 그도 유배에서 풀려났다.

거친 무인 같은 성품 탓에 좀처럼 사람들은 그의 뜻을 인정하지 않았다. 그러나 그는

---

66) 『重峰集』 附錄 卷二 行狀.

67) 『重峰集』 卷五 辨師誣兼論學政疏.

68) 『重峰集』 卷七 論時弊疏.

좌절하지 않고 사실적인 내용을 토대로 자신의 경세관을 더욱 발전시켰다. 그는 『논시폐소』에서 사민(徙民) 문제를 지적한다. 사민이란 북방방어를 위해 남쪽의 일부 백성들을 북변지역으로 이주시키는 정책이다. 연고도 없는 낯선 타향에서 살아야 하는 이주백성들에게는 적지 않은 고통이 따랐으며, 북변에서 행세하는 무인들의 등쌀 또한 만만치 않았다. 그는 백성들을 한꺼번에 몰아서 데리고 갈 것이 아니라 장정이 있는 호구를 위주로 이주시킬 것을 주장한다. 장정이 없으면 북변지역에서 농사를 짓기 힘들기 때문에 노동력이 있는 호구를 먼저 이동시키고 이들이 생활기반을 갖추고 개간지를 넓히면 개간지의 면적에 따라 부족한 백성을 이주시키자는 것이다. 또한 이주한 호구의 장정들을 대상으로 군사훈련을 실시하면 변방방어에 충실을 기할 수 있으며, 그렇게 하면 남쪽의 강한 병사를 북변으로 옮겨야 할 필요가 없어짐을 설명한다. 그는 남쪽 연해안을 통한 왜침을 우려하고 있었으므로 북변 방어에 주력하다 남방의 군사력이 취약해져서는 안 된다고 생각하여 사민정책의 합리적 운용을 꾀하고자 했던 것이다. 한편 그는 남방지역의 취약화를 우려하여 몇 가지 사회문제에 집중하여 자신의 뜻을 밝혔다. 그가 크게 걱정하던 사항은 역역(力役)의 빈번한 부과와 공부(貢賦)의 가혹성 그리고 무겁고 형평을 잃은 형옥의 문제였다. 당시 조정과 관청은 백성들을 갖은 노역으로 징발하고 있었다. 농삿일하기에도 바쁜 백성들은 왕실의 역사는 물론 대신들의 사택수리에까지 내몰리고 있었다. 여기에 빈번한 공부도 백성들의 생활고를 더욱 어렵게 하였다. 당시의 공안(貢案＝일종의 징세기준)은 연산군 시절에 작성되어 징수근거가 균등하지 못하고, 징세의 조목은 허다하여 백성들의 숨통을 조이고 있었다. 거칠게 시행되는 형벌과 그에 따른 옥살이도 큰 문제였다. 당시 관청은 사회적 지위와 권세에 좌우되어 형옥이 그 형평성을 크게 잃고 있었다. 그는 이처럼 여러 가지 사회문제를 지적하고 그 원인으로 무능한 위정자를 지목하였다. 인재등용에 의해 나라의 기반이 튼튼해지거나 약해진다고 하여 결국 모든 문제의 원인과 해결점이 최고 통치자인 국왕에게 연결돼 있음을 주장하였다. 그만큼 그는 강직하고 당찬 선비였다. 그는 무인과도 같은 기상을 지닌 선비였으며 장차 왜란을 예견하고 자신을 따르는 문도들에게 습보(慴步＝일종의 행군연습)훈련을 시키기도 하였다.

　임진왜란 직전 당쟁의 와중에서 국론이 통일되지 못하고 분분할 때 조헌은 왜적을 방어할 방책을 제시하는 여러 소를 올렸다.[69] 그는 일본과의 통신을 적극 반대하여

---

69) 『重峰集』 卷六 「請絕倭使疏」 「二疏」, 卷七 「請絕倭使三疏」, 卷八 「請斬倭使疏」 「擬致書干琉球國王」 「擬賜諭對馬島豪傑遺民父老等書」 「擬賜日本賊使玄蘇平義智等處斬罪目公事」 「備倭之策」 「請斬倭使二疏」 「勸捕賊使事宜」 「擬賜諭日本諸島豪傑遺民父老等書」

왜의 사신을 죽이자는 것과 일본 내에서의 반대세력을 이용하여 자체 붕괴를 획책하자는 등 거시적인 계획을 제시하고 있다. 그의 왜적을 막는 방책을 정리하면 다음과 같다. ①그는 『비왜지책』에서 먼저 명장(名將)을 요충지에 보내야 함을 주장한다. 왜적이 침공할 때는 정예 병사를 선봉으로 삼으니 우리도 반드시 명장으로 대적하게 하여 선봉을 꺾어야 한다고 주장하는 것이다. ②그는 『청절왜사소』에서 지구전과 청야작전을 건의한다. 우리나라의 지형지세를 잘 활용만 하여도 적의 침입을 꺾을 수 있다는 주장이다. 그 구체적인 방법으로 왜군들의 선봉을 제압하지 못하면 들에 있는 곡식을 깨끗이 치우고 성문을 굳게 닫고 적이 굶주림과 피곤에 지치기를 기다렸다 공격하면 효과를 거둘 수 있다는 주장이다. 그리고 『청절왜사삼소』를 통해 10일간만 버티고 방어한다면 한양의 군사가 내려가 토벌할 수 있으므로 속전속결을 가급적 피하고 지구전을 유도하여 왜적의 북진속도를 늦춰야 한다는 견해를 밝힌다. ③그는 왜군의 북상 예상로를 차단하기를 건의한다. 그는 왜란이 발생할 경우 그들은 영남의 주요 통로를 알고 있으므로 호남보다는 영남을 거쳐 북상할 것으로 예견하고 낙동강 하류에 있는 요새지의 방비 강화를 역설한다. 낙동강 지역에서 왜적을 막지 못하면 상주 이남에 험준한 곳이 없으므로 그들의 대대적인 북상을 막을 수 없음을 우려하였다. ④그는 향도자의 문제를 지적한다. 그는 우리나라를 침입한 무리들 가운데는 늘 우리 사정에 밝은 향도자가 있었음을 지적하고 향도자의 발생을 미연에 막아야 함을 강조한다. 그리고 이를 위해 조정에서 복어의 진상을 금할 것을 요청하였다. 어부들이 복어를 잡으러 바다를 떠돌다 왜적에게 붙들려 적의 안내를 돕는 향도자가 되는 것을 막자는 의도였던 것이다. ⑤그는 복병전과 유격전을 건의한다. 그는 왜군이 단병기예에 강하므로 그들과의 정면충돌을 피하고 가급적 복병을 운용하여 기습하는 전투방식을 제안한다. 각 읍의 유망한 인재들을 책임자로 선정하여, 장정과 각 사찰의 승려들을 모아 매복 기습작전에 편리한 지형을 골라 보루나 목책을 구축할 것을 구상한다. 또한 험난한 낭떠러지나 굽은 돌층계 등지에 돌덩이와 재를 모아 매달아 두었다가 왜군들이 그 밑으로 지나갈 경우 항전에 쓸 수 있게 할 것을 제안한다. 또한 죽령 이남과 황악(黃岳) 이북에 대로, 중로, 소로가 각각 다섯 군데 정도뿐이니 그 지방 출신 무사를 골라 그 지방 백성들을 지키게 하고 무사들에게 필요한 군량은 이웃 고을에서 보급하게 하자고 주장한다. 또한 물의 깊이를 측량할 수 없는 곳은 별도로 다리 어귀나 건널목에 7~8명의 사수(射手)를 매복시켰다가 왜적의 선두 병사를 쏘아 죽이면 적군들이 빨리 건너지 못할 것이며 동시에 날쌘 유격대를 편성하여 적을 추격하면 쉽게 대적할 수 있을 것이라고 주장한다. ⑥그는 전쟁이 일어나면 문관들도 참전할 것을 주장한다. ⑦그는 장수의 자세를 거론한다. 장수를 파견할 때는 지방 관리나 백성을 함부로 죽이지 못하게 하자고 주장한 것이다. 위엄과 사랑으로 백성과 군사를 대하게 한다면 어려운 지경에서도 왕명을 거스르지 않을 것으로 생각한 것이다. ⑧그는 변란에 임한 민중들의 자발적 자세를 중시하고 전란을 당할 경우 그들을 고무시키는 방안으로서 적절한 보상의 실시를 강조한다. 적에게 빼앗길 것을 막은 사람에겐 그 절반을 주고, 적의 목을 20급 이상 벤 사람에겐 천인일 경우 양인이 되게 하고 서얼이면 관직에 나갈 수 있도록 하며, 적의 선봉이나 참모를 죽인 사람에겐 그 수가 적더라도 그 공을 더 많이 인정해 주도록 제안한다. ⑨그는 활과 칼뿐만 아니라 집집마다 긴 낫을 만들어 평상시에는 농기구로 활용하고 전란이 닥치면 남녀 할 것 없이 왜적을 막는 데 활용할 것을 주장한다.

조헌의 국방강회론은 군정(軍丁)학보책과 군비강화채 그리고 군율화립책으로 나누어진다. 그는 군정부족의 원인을 노비의 증가와 승도의 증가에서 찾는다. 삼국시대에 많은 외침을 받아 전망한 사졸들이 많았지만 재기할 수 있었던 것은 노비제도가 확대되지 않아서 군정을 확보할 수 있었기 때문임을 지적하면서, 고려 이후로 점차 노비와 승도의 수효가 증가하면서 군사력이 약화되었다고 그는 생각한 것이다. 그래서 그는 군정확보의 근원으로 인구문제를 언급한다. 조선사회의 엄격한 재가금지법을 위시한 신분제도에 비판적인 입장을 취하면서 그것이 군정 감소의 한 원인이라고 주장한다. 또한 백성들의 경제적 피폐가 한 가지 요인이라고 생각한다. 즉 군역 외의 부역이 너무 잦고 무거워 고통스러운데 진휼하는 시책도 없고 오히려 도망가고 흩어진 친척이나 이웃 때문에 투옥되고, 봉족으로 받은 포마저 관리들에게 착취당하니 결국 역을 피하기 위해 도망을 일삼으니 군정이 줄어들 수밖에 없다는 것이다. 이에 그는 몇 가지 해결책을 제시한다. ①사적인 노비의 수를 제한하자는 주장을 한다. 내수사노(內需私奴)의 수는 천 명으로 한정하고 그중 건장한 사람은 군정에 보충하며, 기타 노비의 수를 한정하고 남은 노비들 중에서 근육의 힘을 가진 사람은 뽑아서 보병으로 정하고, 전지(田地)가 있으나 몸이 약한 사람은 솔정(率丁)으로 정하며, 전지가 없고 몸이 건장한 사람은 빈 땅을 개간하여 세업을 삼게 하고 전업이 성취될 때까지 관에서 의복과 식량을 주고 활과 화살을 주어 10년간 경제력을 키우고 10년간 가르친다면 20년 후에는 백만의 정예병을 얻을 수 있을 것이라고 주장한다. ②호구의 증가를 위해 당시의 신분제에 구속되지 말고 여자의 재가를 허용하여 가정을 이루도록 하고 홀아비도 편안하게 살 수 있도록 하자고 주장한다. 또한 여자가 출가하지 않은 것을 죄로 삼자는 주장까지 펼친다. ③공안을 개정하여 군정들이 경제적인 피폐로 인해 도망가

고 흩어지는 것을 막자고 주장한다. ④관리들의 토색(討索＝물품이나 금전을 강압적
으로 요구함)으로 군정들이 도망하니 녹봉제와 감독제를 병행하여 시정하자고 주장한
다. 관리가 녹봉을 받으면 백성들을 토색하지 않을 것이며 군정이 확보되어 국방이
튼튼해질 것이라는 주장이다.

　그는 군정 확보를 전제로 군비의 보강과 군사훈련을 언급한다. 그는 우선 군장비의
각자 부담을 지적한다. 군정들이 경제적으로 곤궁한데다 군장비까지 스스로 준비하게
하고 있어 강한 군대가 될 수 없다는 것이다. 그리고 신참자의 신고식이 비용이 많이
들 뿐만 아니라 많은 문제들을 발생시킨다고 주장한다. 그는 화살대[箭竹] 문제를 거
론한다. 남도의 화살대를 북의 양계로 운반하여 화살을 만들어야 하는데 대부분의 화
살대로 삿갓을 만들고 있으며, 더욱이 삿갓을 만들기 위해 가는 대[細竹]를 사용해야
하기 때문에 남쪽의 섬들에서 생산되는 소량의 대나무가 상인들에 의해 마구 베어져
결국 화살대는 약한 대로 만들어져 그 성능이 강하지 못하고 그 수도 적어서 군졸들
중에서 화살대 수십 개를 가진 사람이 많지 않으며 양계에는 비치해 놓은 화살이 없
는 실정이라고 주장한다. 그는 군마(軍馬)의 문제도 지적한다. 목장에는 말들이 떼를
지어 놀고 새끼를 번식하지 못하는데도 목장을 관리하는 자들은 말의 수를 허위로 보
고하고 상부의 점검이 있을 때는 다른 목장에서 말을 빌려다가 숫자만 채우고 있다고
지적한다. 또한 그는 우리나라의 성의 모양, 수졸들의 모습, 성 속의 인구 등을 거론
하면서 매우 허술한 모습이기에 변방의 허약하고 내지도 지킬 만한 곳이 없다고 통탄
한다. 군사들이 훈련하는 모습 또한 아이들 놀이와 같다고 지적한다. 그는 이런 문제
들을 개선하기 위한 해결책을 제시한다. ①신참자의 신고식을 속히 폐지하여 거기에
드는 비용으로 군장과 말을 마련한다면 관에서 장비를 지급하지 않아도 크게 부족하
지 않을 것이라고 주장한다. ②삿갓의 사용을 일체 금지시켜 대의 낭비를 막자고 주
장한다. ③번식하지 못하는 말들을 활 쏘는 사졸에게 나누어 주어 기르게 한다면 목
장에서의 폐단도 사라지고 그 사졸 역시 말타기를 익힐 수 있다고 주장한다. ④성을
설치할 때는 반드시 국가에서 비용을 충당해야 한다고 주장한다. 결국 그는 각종 군
폐를 제거하고 난 뒤라야 군장비를 확보할 수 있고 군비가 갖추어져야만 군사를 올바
르게 훈련시켜 국방을 튼튼하게 할 수 있다고 주장하는 것이다.

　그는 군대의 강약은 그 기율에 달려 있다고 생각했다. 또한 그것은 장수의 자질에
크게 영향을 받으며 부수적으로는 명령체계나 장수들의 인사관리 및 녹봉 등에 좌우
되는 것으로 보았다. 그는 당시에 군율이 제대로 확립되지 못하고 있음을 지적했다.
내륙의 군사들은 하나같이 통솔됨이 없고 지나가고 머무는 곳마다 멋대로 백성들의

벼를 빼앗아 말을 먹이곤 한다고 지적한 것이다.70) 그는 '먼저 호령이 없으면 뒤에 절제가 없다.'라고 하면서, 처음에는 청렴하고 근면하나 바탕이 옳지 않기 때문에 고위직에 오르면 사적인 이익만을 생각하고 국가를 위하지 않게 되어 군사도 약해지고 위엄도 서지 않아 변방이 터진 둑과 같이 되며 유사시에는 이를 평정할 인물이 없게 된다고 탄식한다. 그는 장수의 자질을 대단히 중요시한다. 그리고 엄격한 명령체계를 중요시한다. 당시의 관원들은 무능하고 나태하여 상의도 하달되지 못하고 하의도 상달되지 못하니71) 기율이 해이할 수밖에 없다고 생각한 것이다. 동시에 그는 인사문제와 녹봉이 군율에 큰 영향을 미친다고 생각한다. 군의 강약은 장수에 의해 크게 좌우되기 때문에 장수의 적재적소 배치가 무엇보다 중요하다는 것이다. 당시에는 실적이나 성실도 등을 따지는 공정한 인사가 이루어지지 못하고 뇌물의 다과나 권력층과의 친분 등에 의해 인사가 결정되었기 때문에 아무리 청렴하고 근면하고 배성을 아끼며 군사를 양성하는 데 심혈을 기울인다고 하여도 발탁되지 못하니 훌륭한 장수를 얻기가 극히 어렵고, 또한 문교(文敎)가 비록 성행하여도 실지(實地)에 힘쓰는 자가 매우 적어 쓸 만한 인재가 드물다고 인사 난맥을 지적한다.72) 아울러 그는 잦은 장수의 교체에서 오는 각종 폐단과 안정되지 못한 생활에서 오는 문제점을 지적하고 인물을 선정함에 있어서 신분에 구애되어 훌륭한 인재를 구하지 못하고 있음을 지적하고,73) 녹봉이 없어 하급 관리들이 백성들을 침탈할 수밖에 없기 때문에 광범위하게 군율을 엄하게 할 수 없는 요소들을 열거한다. 장수의 자질 향상을 위한 대책으로 그는 장수들이 무학(武學)을 공부하여 덕망을 갖추어야 위엄이 설 것이며 조정에서는 장수가 패배했다고 벌만 줄 것이 아니라 평소에 군대를 조련할 수 있도록 하고 군령을 세울 때는 자식이라도 목을 베는 위엄을 보여야 하고 평소에는 사졸을 자식처럼 보살피는 정성이 있어야 강군을 만들 수 있다고 주장한다. 장수를 배치할 때에도 사사로운 정을 버리고 공정을 기하여 인물됨과 능력을 기준으로 인사를 하며, 군사훈련을 맡긴 1년 후에 그 성과에 따라 인사조치를 정한다면 수령들이 마음을 다하지 않음이 없을 것이라고 주장한다.74) 일단 임명한 사람들은 오래 그 직을 맡겨서 빈번한 교체에서 오는 부조리를 제거하고 부임 시 가족을 데리고 가서 안정된 직무수행을 하게 함으로써 강한

---

70) 『重峰集』 卷三 八條疏 軍師紀律之嚴.

71) 『重峰集』 卷四 十六條疏 命令之嚴.

72) 『重峰集』 卷四 十六條疏 黜陟之明.

73) 『重峰集』 卷四 十六條疏 取人之方.

74) 『重峰集』 卷四 十六條疏 黜陟之明.

군대를 도모하기를 제안하고 있는 것이다. 한편 인재등용에도 신분을 초월하여 능력 위주로 선발할 것과 하급관리들에게 녹봉을 지급하여 민폐를 끼치지 않도록 할 것을 주장하고 있는 것이다.

무골의 기품과 탁월한 전략·전술적 식견을 가진 조헌은, 임진왜란이 일어나자 그는 청주(淸州)에서 의병을 일으키고자 하였으나 여의치 못하여 옥천(沃川)에서 향병(鄕兵) 수백 인을 모집하여 차령을 넘어오는 왜적을 차단하였다. 관군이 충주의 탄금대에서 패하자, 그는 다시 각지에서 의병을 모아 천육백여 명의 장병을 이끌고 영규(靈圭)의 승군과 합세하여 청주성에 주둔하던 왜군을 격퇴시키고 성을 탈환하였다. 국난을 당하고도 사리사욕에 빠진 관원들은 조헌의 의병활동마저 여러 방법으로 방해하였다.[75] 충청도 순찰사 윤선각(尹先覺)의 방해로 대부분의 의병들은 흩어지고 오직 칠백의 의사(義士)가 죽음을 맹세하고 적과 싸웠으나 역부족이었다. 그는 전투에 앞서 의병들에게 '오늘 오로지 한 번의 죽음이 있을 따름이니 죽고 살고 나아가고 물러남은 옳을 의(義) 한 글자에 부끄러움이 없어야 한다[今日只有一死 死生進退 無愧義字].'라고 하여 나라와 민족의 생존을 위해 목숨을 바치는 것이 옳은 일임을 천명한다. 아군의 화살이 다 떨어져 부장(副將)들이 피신을 권하자 '이곳이 내가 순절할 곳이다. 대장부가 죽으면 죽을 뿐이지 구차하게 살기를 도모할 수 없다.'[76]라고 하며 독전하니 군사들이 한 사람도 도망가지 않고 맨주먹으로 끝까지 싸우다가 마침내 한 명도 살아남지 않고 장렬한 최후를 마쳤다. 그는 그 칠백 의사들과 함께 장렬하게 산화(散華)했다. 그러한 그의 모습은 조선 선비들의 의리정신과 문무겸비정신을 잘 보여준다.

9. 문으로 다스리고 무를 준비할 것을 주장한 실학자 이익

성호(星湖) 이익(李瀷)은 1681년(숙종7년) 당쟁이 치열했던 시기에 남인의 가문에서 태어났다. 예송논쟁(禮訟論爭)으로 서인과 남인이 격렬하게 다투면서 많은 사람들이 사약을 받거나 귀양을 가야 했다. 이른바 '경신대출척(庚申大黜陟)'이 일어났다. 남인은 서인에게 밀려 분열되고 점차 정치권에서 배제되어 가고 있었다. 이익의 아버지 이하진(李夏鎭)은 사헌부 대사헌(大司憲)에서 사간부 대사간(大司諫)으로 환임되었다

---

75)『重峰集』附錄卷二 行狀.

76)『重峰集』附錄卷四 碑表.

가 1680년 경신대출척 때 진주목사로 좌천되었다. 이어 평안도 운산에 유배되었다가 이익이 태어난 이듬해에 운산에서 죽었다. 이익은 혼미가 거듭되던 때 불우한 유년기와 소년기를 거쳤다. 그의 나이 25세에 증광시에 응시하였으나 시소(試所)에서 녹명(錄名)이 격식에 맞지 않았던 탓에 응시할 수 없었다. 이듬해 그가 글을 배웠던 둘째 형 잠(潛)이 장희빈을 두둔하는 소를 올렸다가 역적으로 몰려 47세를 일기로 옥사했다. 이를 계기로 이익은 벼슬을 단념하고 평생을 첨성리에 칩거하면서, 정치이념, 붕당론, 과거제, 형정론, 통치체제의 개편 등을 포함하여 국방, 외교, 병제개편에 이르기까지 다양한 분야의 현실적인 문제에 관한 실학 연구에 몰두하였다.

그는 무엇보다도 문치(文治) 중심으로 흘러 나라가 늘 변란에 속수무책이었음을 지적하면서 '문으로 다스리면서 무를 준비해야 함[文治武備]'을 주장한다. 즉 "문치와 무비는 한 기지도 없어서는 안 된다. 무만 있고 문이 없으면 진실로 어지러울 것이나, 오랑캐들은 또한 기강을 바로잡고 나라를 세워 여러 대를 전해 왔다. 문만 있고 무가 없어도 살 수 없다. 지금 온 세상에 선량한 자는 적으나 완악한 자는 수두룩하여 강한 자는 약한 자를 삼키고 번성한 자는 외롭고 혼자 사는[孤單] 자를 업신여겨 은밀히 틈을 엿보았다가 힘으로 빼앗을 수만 있다면 빼앗아버리는데도 작은 나라(조선을 일컬음)는 오히려 태연스레 즐기면서 세월만 보내고 있다. 천하를 소유한 자는 비유하면 물 가운데에 그릇을 띄워 놓은 것과 같아서 틈만 있으면 물이 스며들지 않을 이치가 없는데, 그 틈을 메우고 막는 것은 모두 무비(武備)의 힘이다. 편안할 때 위험을 생각하지 않고 옛날 버릇에 젖어서 그대로 지내다가 하루아침에 변란이 일어나면 목을 늘여서 적의 칼을 받는다는 것은 애석한 일이 아닌가?"77) "문과 무는 동등한 것이다. 붉은 초피(貂皮)와 흰 여우가죽으로는 갖옷을 만들고 관괴(菅蒯)와 창괴(蒼蒯)를 눌러서 도롱이를 만드는데, 좋고 나쁜 것은 비록 다르나 쓰이는 데 적합하기는 같다. 화려한 방에서는 도롱이가 갖옷만 못하나 눈비 내리는 때에는 갖옷이 도롱이만 못하니 문과 무도 이와 같은 것이다."78) 그가 문과 무는 경중의 구별이 있을 수 없다고 주장하는 것은 두 차례의 전쟁을 겪은 후 이어지는 태평 속에서 무비(武備)에 대한 인식이 해이해지고 있는 분위기에 대한 경각심을 일깨우는 것이다.

그는 평화로운 시대에는 문관을 등용하지만 늘 위태로움을 생각하여 언제나 큰 적이 지경에 이른 것처럼 해야만 비로소 창졸의 변을 면할 수 있음을 강조한다. 그는 나라를 방위하지 못하면 문을 베풀 땅이 없어진다고 하면서 문왕(文王)은 방위를 위

---

77) 『星湖僿說』 卷十一 人事門 文治武備.
78) 『星湖僿說』 卷十一 人事門 武臣講經.

하여 무(武)를 가르쳤다고 하였다. 아들을 낳으면 뽕나무 활을 문의 왼쪽에 걸고[懸弧] 어려서는 방패나 창 또는 도끼를 잡고 춤을 추게 하며[像] 장정이 되면 먼저 병적[司馬]에 올린 것은 모두 무를 숭상하는 정신을 기르게 하고자 함이었음을 주장한다.79) 그는 또한 무학(武學＝무술을 가르치는 학교)의 창설을 강조한다. 즉 "군마다 무학을 창설하여 무성왕을 제사하여야 하며 선비는 성묘(聖廟)에 예속하게 하고 무부는 무학에 예속시켜서 해에 따라 학과를 맡기고 그 우열을 비교하여 세 번 합격하지 못한 자는 강등시켜 군역에 충당시키고 합격한 자는 차례에 따라 올려주며, 따로 명칭을 만들어 이목(耳目)을 새롭게 하고, 그중 뛰어난 자는 또 추천하여 경국(京局)의 장관(將官)을 삼고 다시 돈과 베를 징수하는 괴로움이 없게 한다면 사람들이 도피하기를 싫어할 것이며 유사시에 힘입을 수 있을 것이 분명하다."80) 그는 문과 무를 구애함이 없어야 한다고 주장하기도 한다. 즉 "문관으로서 지모와 방략이 있는 자는 병사(兵使)·수사(水使)·대장(大將)에 임명함에 구애됨이 없는데, 무관으로서 단아하고 문학이 있는 자만 문직에 임용할 수 없는 것인가? …… 지금은 마땅히 그 재품(才品)에 따르고 문무에 구애하지 않으면 무신의 원망을 그치게 할 수 있고 추솔하고 사나운 풍습도 조금 그치게 될 것이다. 또 저 무신들이 비록 활쏘기와 말타기의 무예로 몸을 일으켰으나 그 사람을 알아보고 사무를 아는 것이 어찌 꼭 문장의 자구나 다듬는 속유(俗儒)만 못하겠는가? 문관은 표(表)나 부(賦)로 얻는데, 국사를 계획하고 백성을 다스리는 데에는 애당초부터 표나 부에서 나오는 것은 아니니, 무관의 활쏘기나 말타기도 이와 무엇이 다르겠는가? 만약 방도 있게 거느리고 구애 없이 임용하면 왕을 돕는 훌륭한 계책과 국가의 귀중한 책문(策文)이 누구에게서 나올지 알 수 없는 일이다. 말과 소와 같은 가축도 놓아기르면 사나워지고 매나 새매 등의 들새도 얽매어 두면 길들여진다."81)

그는 또한 무성왕묘(武成王廟)를 포함하여 무묘(武廟)의 설치와 배향(配享)을 주장했다. 문과 무를 새의 두 날개와 수레의 두 바퀴에 비유하면서 그중 하나가 없으면 나라가 망할 것이라고 주장한다. 공자의 문교(文敎)는 강상(綱常)을 세웠고 태공(太公)의 병법이 화란을 평정하게 되었는데, 만일 무략(武略)이 갖추어지지 않으면 비록 예악이 찬연할지라도 하루아침도 제대로 존속할 수 없을 것이라고 주장하면서, 무성왕의 사당과 옛 명장들의 사당을 세우고 제사를 지낼 것을 주장한다. 즉 "문교와 무교(武

---

79) 『星湖僿說』 卷十七 人事門 命將.

80) 『星湖僿說』 卷七 人事門 武學.

81) 『星湖僿說』 卷八 文武無拘.

敎)는 아울러 서야 한다. 우리나라는 무교가 너무도 소략하기 때문에 한번 외적의 침략이 있게 되면 항복하고 달라붙어 애걸하여 단공상책(＝병법: 여기서는 육도삼략)을 삼는다. 만일 무교를 권장하고 흥기시키려면 반드시 먼저 무교의 근본을 높여야 하니 무성왕의 사당을 어찌 세우지 않을 것인가? 무성왕의 사당을 …… 먼저 경사(京師)에 세우고 옛 명장 및 우리나라의 김유신(金庾信)·강감찬(姜邯贊)·이순신(李舜臣)을 배향하며, 무경박사(武經博士)를 두어 수시로 익히게 하면 거의 흥기할 것이다. …… 군읍(郡邑)으로 하여금 각각 융경(戎經)과 무기(武技)를 시험하여 매년 감사에게 천거하도록 해야 한다. 그래서 감사는 이를 종합하여 재주를 시험한 다음 나라에 천거하고, 나라에서는 이를 종합하여 무성왕의 사당에서 양성하면서 매년 재주를 시험한 다음 장부를 두고 그 등급을 기록하면 병조는 그 장부에 의거하여 차례대로 그들을 쓰되 정해 놓은 인원수를 감히 어기지 않게 하여, 장차 경(經)을 배송(背誦)하고 활을 쏘게 하면 반드시 명중하는 인재가 나올 것이다."82) 무신들이 경을 강의해야 함을 주장한 것은 그 의의가 매우 크다고 할 것이다. 그는 무경(武經)을 경연(經筵)의 예에 따라서 하기를 주장한다. 즉 "오늘날에 와서는 문신은 활쏘기 시험[試射]이 있으나 무신은 경전의 강독[講經]이 없고, 문신은 장수가 될 수 있으나 무신은 깨끗한 벼슬[淸宦]에 참여할 수 없으니 무슨 까닭인가? 무릇 나라를 운영하는 길은 한 가지를 들어서 백사람을 권장하는 것이니 무변의 우수한 자를 추려 대신이 천거하여 요직에 끌어들여서 비록 이조(吏曹)와 예조(禮曹)와 경연(經筵)의 강관(講官)과 대간(臺諫)일지라도 모두 참여할 수 있게 하고, 또 전강법(殿講法)을 베풀어 지금 유생(儒生)의 규례와 같이 약간명을 선발하여 문신과 함께 등용한다면, 인재가 한편으로 치우치지 않고 탐오(貪汚)의 습속도 달라질 것이며, 무사(武士)가 환심을 얻어서 나라에 변란이 있을 때 그에게 힘입을 수 있을 것이다.83) 그리고 조정에서 3개월에 한 번씩 무경(武經)의 강(講)을 열어 경연관 이외에 무장들도 병·수사(兵·水使) 이상은 모두 불러 돌아가면서 그 내용을 아뢰게 하여 그 성적이 좋지 않은 사람은 파면시킨다면 군사를 다스리는 좋은 방책이 될 것이라고 주장한다.84)

이익은 민생의 안정을 도모하면서 군사물리력을 강화시킬 수 있는 군제에 관해 연구했다. 조선사회는 16세기 이후 지주전호제(地主田戶制)의 확대와 함께 농민들은 더많은 노동력을 농업 경영에 투입하였고 농법의 개량으로 단위면적당 소출량을 증대시

---

82) 『星湖僿說』 卷八 人事門 武成王廟.

83) 『星湖僿說』 卷十一 人事門 武臣講經.

84) 『星湖僿說』 卷十四 詰戎.

키려는 노동집약적인 영농방식이 점차 확대되었다. 따라서 농민들은 노동력의 징발보다는 물납(物納)을 선호하게 되었다. 그리고 상품화폐경제의 성장과 함께 중앙·지방의 재정지출이 증대함에 따라 국가의 재정운용의 측면에서도 화폐의 기능을 수행하던 면포(綿布)의 확보가 중요했다. 그래서 군역의 수포화(收布化)가 진행되었던 것이다. 그러나 수포화가 농민층의 부담능력을 초과하여 강요됨으로써 피역(避役)과 도망(逃亡)으로 저항하는 사태를 초래했다. 이익은 이러한 상황을 다음과 같이 설명한다. 즉 "비록 가난한 자가 베를 낼 수 없어서 역을 가려고 해도 홀로 행할 수 없다. 번(=당직)을 서는 자는 가진 의복과 양식을 서리들에게 몰수당한다. 그 외에도 온갖 침탈과 학대에 시달리니 굶주림을 참고 추위를 견뎌서 죽음을 면하는 것만 해도 다행이다. 사람들이 번을 서는 것[上番]을 베를 내는 것[納布]보다 더욱 싫어한다. 백성들은 더욱 도망가고 면하기를 생각한다. 그래서 중은 사람의 하류이나 되고자 하고 노예는 괴로운 역이지만 근심을 잊고 되고자 하니 그 정상이 애통하다."85) 그는 그 해결책으로 수포제(收布制)를 혁파하고 번상제(番上制)를 실시할 것을 주장하였다.86)

그리고 그는 병농(兵農)의 일치를 주장하였다. 그는 "병과 농이 구별되어 농민에게서 빼앗아 군사를 먹임으로써 군사는 편안하고 농민은 그 폐해를 받게 되니 농민도 향병(鄕兵)인데 군사라는 이름은 있으나 군사로서 공양받는 것은 없다. 그래서 지방의 군사는 한사코 면하려 하고 도성의 군사는 비집고 들어가려 하니 고르지 못하다. 양민에게서 군포를 거두는 것이 그런 것이다."라고 주장한다.87)

그는 "백성의 부모가 되어 모든 사람들을 아들처럼 기르는데 어찌 경중과 원근의 구별을 용납하겠는가? 그러므로 백성 부리기를 마땅히 고르게 하여야 한다. 진실로 한 쪽은 수고롭고 한쪽은 편하다면 백성들의 원망을 금할 수 없을 것이다. 고르게 하려면 먼저 명목이 번다하지 않아야 한다. 명목이 같으면 일을 부림[役使]이 고르게 되고 그런 후에야 원망이 사라질 것이다."라고 말하면서, 다섯 가지 고르지 못한 군역의 문제점을 지적하였다.88) 즉 "오늘날의 군졸은 명색(名色)이 너무 많아서 향병(鄕兵)이 어영(禦營)과 금위(禁衛) 등에 소속되어 장수는 서울에 있고 군졸은 지방에 있어서 고을마다 몇 명씩 남도에 두루 산재하여 있으므로 군졸이 장수를 모를 뿐만 아니라 같은 부대에서 같이 보초를 서는 자들끼리도 서로 얼굴을 익히지 못하고 있으니, 급한 때를

---

85) 『星湖文集』卷三十 雜著 論兵制.

86) 위와 같은 곳.

87) 『星湖僿說』卷七 人事門 養兵.

88) 『星湖僿說』卷七 人事門 五不均.

당하면 어떻게 그들의 힘을 얻을 수 있겠는가? 그들이 번을 서는 것이 3년에 한 번이며 번을 설 때마다 세 사람이 힘을 모아 한 사람의 군장(軍裝)을 갖추어 보내는데 3개월이 되면 파하기 때문에 번을 드는 사람은 매우 편하고 보내는 사람은 매우 고통스러우니, 이것이 한 가지 고르지 못한 일이다. 육지에는 병영이 있고 바다에는 수영이 있다. 이제 병마사(兵馬使)가 통제하는 것은 기수(旗手)와 나팔수[吹手] 등에 불과하고 그 나머지 사천(私賤)과 속오(束伍)는 모두 본 고을에서 통제하기 때문에 기수와 나팔수 등에게서 돈과 베를 받아들여 영중(營中)의 경비에 충당한다. 이미 받아들였으니 거듭 군역을 시킬 수 없으므로 모든 조련에 다시 참여시키지 않는다. 그래서 깃발과 나팔이 어떻게 생겼는지도 모르고 있으며, 이른바 조련을 할 때는 각 고을의 속오들에 불과하니 명실이 상반되어 이미 옳지 않은 일이다. 수군에 이르러서도 돈과 베를 바치기는 저들과 같지만 수군의 조련에는 다른 현병(見兵)이 없어서 부득이 거듭 군역을 시키고 있으니 수군은 더욱 살기 힘들다. 이것은 두 가지 고르지 못한 일이다. 나라의 법이 문벌을 중히 여기므로 그 흘러온 폐단이 고질이 되어, 증조와 고조의 벼슬도 없고 글도 못 하고 무예도 없으면서 편안히 앉아서 안락을 누리고 백성과 구별된다. 또 이를 모방하여 재산이 있는 호민(豪民)이 도포를 입고 관을 쓰고서 함부로 선비라 칭하면서 죽을 때까지 부역에 나가지 않으니, 이것이 세 가지 고르지 못한 일이다. 이제 양역(良役)은 양민을 뽑아서 군대를 만드는 것인데, 실상은 군장(軍裝)이 전혀 없고 병사(兵事)에 참여하지도 않으며 돈과 베만 바친다. 따라서 본인이 못 낼 경우에는 인족(隣族)에게 내게 하고, 수량이 모자랄 경우에는 죽은 사람과 어린아이의 명목[白骨徵布·黃口簽丁]으로 거두어들이는 폐단이 있다. 경병(京兵)은 베와 쌀을 주어서 잘 기르느라 겨를이 없는데, 향병은 지쳐서 떠돌게 되어도 구휼하지 않으니, 난을 만나면 적과 싸울 임무를 다 같이 지녔거늘 고통과 즐거움이 현격하게 다르다. 이것이 네 가지 고르지 못한 일이다. 속오는 개인의 노예이므로 비록 관에서 군포를 거두어들이지 않고 주인에게 맡긴다고 하지만 한 집의 부부를 두 주인이 교대로 침탈하니 반드시 재산이 탕진될 것이다. 천하의 궁한 백성 중에 이보다 더한 자가 없는 것은 법이 그렇게 만든 것이다. 이것이 다섯 가지 고르지 못한 일이다.” 그래서 그는 중앙에는 친병(親兵)으로서의 경병(京兵)을 두어 유사시에 대비하게 하고 지방군으로서의 향병은 농사를 짓게 하여 도성의 방위에 관여하지 않게 해야 한다고 주장하였다.[89] 또한 그 구체적인 방안을 제시한다. 즉 “보(保)란 군용에 쓸 쌀과 베를 바치는 자들이다. 옛날에는

---

89) 『星湖僿說』 卷七 人事門 養兵.

양병(養兵)에 대해 해마다 일정하게 받아들이는 전부(田賦)만을 이용했고 별도로 군량을 바쳤다는 말을 듣지 못했다. 그러나 지금 오랫동안 종군하는 자를 위해 먹이고 입힐 것을 대비함은 타당한 일인 것 같다. 그러나 금영과 어영에서 번갈아 가면서 쉬는 군사들에게도 모두 보를 바치게 하니 무슨 까닭인가? 만약 그만둘 수 없다면 차라리 다 몰아다가 군사를 만들어 서로 보가 되도록 하는 것이 나을 것이다. 이렇게 하면 국가에도 손실이 없고 백성들도 원망하지 않을 것이며 군사의 숫자도 불어날 것이다.”90) 중앙 군영 가운데 어영청과 금위영의 폐단을 말하면서, 이들의 군병에 대한 보포(保布)는 자체적으로 해결하도록 주장하고 있는 것이다.

그는 군사시설과 전투장비의 문제점도 지적했다. 성곽과 보루를 수축하고 군량을 비축할 것, 병장기를 제조하여 공급할 것, 군사용 도로를 개수하고 전투용 수레[兵車]를 제조하고 이용할 것, 목장을 복구하고 군마관리행정[馬政]을 확립할 것 등을 주장하였다.

10. 향토방위를 주장한 선비 정약용

다산(茶山) 정약용(丁若鏞)은 어린 시절 경서(經書)와 사서(史書)를 익힌 후 22세(1783년)에 세자책봉을 경축하기 위한 증광감시(增廣監試)의 경의초시(經義初試)에 합격한 후 회시(會試)에서 생원(生員)으로 합격하여 선정전에 들어가 정조(正祖)를 만나면서 정조의 지극한 사랑을 받게 되었다. 29세에 예문관 검열(檢閱)이 되었고 서학(＝천주교)을 믿는다는 탄원서로 인해 서산군(瑞山君) 해미현(海美縣)에 11일간 귀양살이를 하게 되었다. 이어 사헌부 지평(持平), 홍문관 수찬(修撰), 경기 암행어사, 동부승지(同副承旨), 병조참의(兵曹參議), 황해도 곡산 도호부사(都護府使), 형조참의(刑曹參議) 등의 공직을 두루 역임하다가, 1800년 그의 나이 39세에 정조가 급서하면서 정적들로부터 수많은 모함과 공격을 받게 되었다. 이듬해 옥에 갇히고 다시 경상도 장기(長鬐)에 유배되었다가 황사영 백서사건(黃嗣永 帛書事件)으로 다시 체포되어 전남 강진현(康津縣)으로 귀양 가게 되었다. 그리고 18년 후 1818년 귀양이 풀려 향리인 경기도 광주군(廣州郡) 초부면(草阜面) 마재(馬材)로 돌아와 18년 후 1836년 75세를 일기로 죽었다. 그는 『시경의(詩經義)』, 『맹자요의(孟子要義)』, 『경세유표(經世遺

---

90) 『星湖僿說』 卷十 人事門 軍兵保.

表)』, 『목민심서(牧民心書)』, 『흠흠신서(欽欽新書)』, 『상서고훈(尙書古訓)』 등 500여 권의 책을 저술하였다고 한다.

그가 살았던 시대는 임진왜란과 병자호란의 양대 전란을 겪은 후 거의 200년 동안 외침이 없었기에 표면적으로는 평화가 유지되는 것으로 보였으나 일본을 중심으로 하는 제국주의적 열강들의 관심이 한반도에 쏠리기 시작했다. 외침의 위협이 사라지고 평화가 계속되자 당시 조선의 지도자들은 물론 일반 백성들도 안보의식이 희박해졌으며, 조정에서는 멈추지 않는 당쟁과 각종 부정부패의 만연으로 나라의 전반적인 기강이 문란하였다. 경제적으로는 자주 가뭄이 들어 백성들은 기본적인 생활마저 위협받고 있었다. 기강이 해이해진 지방의 관리들은 백성들을 착취하는 것으로 자신들의 생활을 해결하고 있었다. 가난과 부정부패 그리고 무질서와 무기력 현상은 나라의 방위를 위태롭게 만들었다.

정약용은 당시의 군제와 국방의 허실을 신랄하게 지적하면서 개혁안을 제시하고 있다. 그것은 기존의 제도를 보완하는 수준이 아니라 전혀 다른 제도적 변경을 요구하고 있다. 조선 초기 통신망과 교통수단이 발달하지 못한 상태에서 운용되었던 진관체제가 그 약점을 드러내자 국지전적 전술 개념인 제승방략이 도입되었으나 전면전이었던 임진왜란을 맞이하여 속수무책의 전술이 되고 말았다. 임진왜란 직후 국방체제는 대폭적으로 수정될 수밖에 없었다. 그것 5군영과 지방의 속오군이었다. 조선 후기에 이르러 5군영과 속오군의 국방체제는 운영 면에서 변질되어 정약용이 살았던 시대에 이르면 군사정책 자체가 백성들에 대한 수탈체제로 변모하였다. 5군영의 설립 후 각 영에 입영하는 일부 번을 서는 의무병과 불러서 모집한 급과병(給科兵) 그리고 대부분의 양정수포군(良丁收布軍)으로 구성된 특이한 군역의 운용으로 양인들이 전담했던 군역은 양역화(良役化)되었다. 군역의무자로서 그 복무를 원하지 않을 경우 일정액의 베를 바침으로써 군역을 대신하는 것이 제도화되었던 것이다. 그들은 보인(保人)으로서 군역을 부담하는 대신 수포군이 되어 군역은 실제 국방상의 목적보다는 국가재정 확보라는 점에 더 중점을 둠으로써 백성들을 더욱 가혹하게 수탈하는 근거로 작용하였다. 그래서 양인들은 과중한 역의 부담으로 도탄에 빠졌고 그 폐단은 여러 현상들로 나타났다.

그는 신포(身布＝군포) 징수의 폐단을 지적하고 그것을 고칠 것을 다음과 같이 건의한다. 즉 "양역의 부담이 너무나 과중하고 고통스러워 백성들은 양민의 지위를 도리어 노예와 다름없이 천시하게 되었다. …… 자기의 양민 출신을 속이기 위하여 족보를 위조하여 자기 조상의 성까지 갈면서도 조금도 수치로 여기지 않을 정도가 되었다.

나라에서 신포를 구태여 징수하려면 …… 15세부터 60세에 이르기까지 대상자들에 한해서 균등하게 징수해야 할 것이다. …… 우리나라의 제도가 양반 출신에게는 무조건 신포를 면제하여 주는 까닭에 백성들이 밤낮으로 생각하는 것은 오직 양반의 신분이 되는 것뿐이다. 향안(鄕案＝고을 선비들의 명단)에 한번 등록만 되면 양반이 되며, 자기 족보를 위조하여 양반의 자손으로 가장하여도 양반이 되며, 고향을 버리고 먼 곳으로 이주하여 자기 출신을 속이면 양반이 될 수 있으며, 유생의 갓을 쓰고 과거 시험장에 드나들면 양반이 될 수 있다. …… 장차 나라의 모든 백성들이 양반이 될 것이다. …… 양반이 많아지면 노력자가 줄어들고 노력자가 줄어들면 토지가 황폐해지고 토지가 황폐해지면 국가의 재정은 말라갈 것이다. 정치는 문란해지고 백성들의 생활은 더욱 곤궁하게 될 것이다. 이 모든 것의 원인은 바로 신포의 징수가 공정하지 못하기 때문이다."91) 그는 군포를 징수하는 것 자체를 문제 삼는다. 즉 "대저 군포라는 것은 이름 그 자체가 바르지 못한 것이다. 황제가 군사를 조련한 이래로 양병을 하였다는 것은 들었어도 군포를 거두었다는 말은 듣지 못하였다. 당우삼대(唐虞三代)의 제도에는 백성을 뽑아서 군인을 삼고 전지(田地)를 주었으니 이른바 정전(井田)이란 것은 하나도 군전(軍田)이 아닌 것이 없다. 한(漢)나라도 위(魏)나라 이후로는 둔전(屯田)을 주어서 군사를 길렀으며 그중에 무법(無法)한 자는 차라리 온 천하의 재물을 다 가져다가 군사를 기른 일은 있었을지언정 그들에게서 군포를 거두었다는 것은 듣지 못했다. 집에서 살고 있는 자는 재물을 바치고 군인 된 자는 목숨을 바치는 것이 옛날의 법이었다. 장차 목숨을 바치고자 하는데 먼저 재물을 바치기를 요구하니 이런 사리가 어디에 있는가?"92) 이어서 그는 당시의 군정 문란과 백성들의 곤궁을 다음과 같이 묘사한다. 즉 "지금 잔약한 마을의 가난한 집에서 어린애가 태어나서 한 번 울면 홍건(紅巾＝병적신고서)이 이미 도착하게 된다. 어린애를 낳기만 하면 당장에 반드시 첨정(簽丁)을 하게 되니 나라 안의 모든 부모들이 자식을 낳는 이치를 원망하면서 집집마다 슬퍼하고 울고 있다. 심한 경우에는 배 속의 아이를 지적하여 이름을 지어 놓거나 여자를 남자로 바꾸거나 심하면 강아지의 이름을 군안(軍案)에 수록하기도 한다. …… 국법에는 황구(黃口＝어린아이)를 병적에 올리면 수령을 처벌하게 되어 있으나 실정은 적어도 몸만 있으면 비록 생후 3일 안에 첨정을 하여도 감히 원망하지 못한다. 법에는 백골(白骨＝죽은 사람)에게 군포를 징수하면 수령을 처벌하게 하였으나 백성의 실정은 모든 백골징포를 지극한 소원으로 여기고 기뻐한다. 아비가 죽고

---

91)『與猶堂全書』Ⅰ,『詩文集』身布議.

92) 위와 같은 곳.

아들이 아버지를 대신하려면 물고채(物故債)니, 부표채(付標債)니, 사정채(査正債)니, 도안채(都案債)니 하여 납포는 이미 같은데 따로 거두어 가는 것이 이와 같으니 어찌 백골징포를 편리하다고 하지 않겠는가? 이 법을 고치지 않으면 백성은 반드시 모두 죽고 말 것이다.”[93] 정약용은 군대가 이미 이름뿐이고 쌀과 베를 거두어들이는 것을 목적으로 삼는 집단임을 지적하면서 새삼 대오(隊伍)를 바로잡는다고 허록(虛錄)을 조사하고 도망가거나 늙고 물고(物故)된 자를 밝혀내어 군정을 정돈하겠다는 생각을 하는 것 자체가 문제임을 지적한다.[94] 그리고 그는 문제점들을 개선하기 위한 방책을 제시한다. 즉 “한 사람의 병역을 근거로 하여 5, 6명을 첨정하여 두고 모두 쌀과 베를 거두어서 아전의 주머니를 채우는 것을 단속해야 한다. 군안(軍案)과 군 관계의 장부는 모두 정당(政堂)에 비치하고 자물쇠를 잠가 아전의 손에 들어가지 않게 한다. 또한 군안을 식년(式年)마다 개수할 것과 군안을 닦기 위해서는 먼저 계방(契房＝공역의 면제를 받거나 다른 이익을 얻기 위하여 미리 관아의 하급 관리에게 돈이나 곡식을 바치는 일)을 혁파하고 서원·역촌·호호(豪戶)·대묘(大墓) 등 모든 병역을 도피하는 소굴을 검사해야 한다. 그리고 군포를 수납할 때는 아전들에게 맡기지 말고 수령들이 친히 하여야 한다.”[95] 그는 군역개혁의 필요성을 가장 절실하게 느낀 것 같다. 그는 군포제의 폐지나 병농일치제와 같은 이상적인 군제를 주장하기보다는 현실적인 대안을 제시하였다. 토지에 대한 공전제(公田制) 원칙을 확립하고 그 기초 위에 여전제(閭田制)를 실시하면서 호포법을 실행하자고 주장하는 것이다. 즉 “옛날에는 군사조직의 근거를 농촌에 두었다. 이제 여전제를 실행하면 군사조직을 실행하기가 더욱 좋을 것이다. 우리나라 제도에 군사의 쓰임이 두 가지가 있으니, 하나는 대오를 편성하여 국경지방의 변란에 대비하는 것이며, 다른 하나는 베를 거두어서 서울의 군대를 양성하는 것이다. 이 두 가지는 없앨 수 없다.”[96] 여전제란 주나라의 제도로서, 산과 골짜기와 내와 언덕의 지형에 따라 일정한 구획을 갈라 경계를 만들고 그 경계 안에 포함된 곳을 여(閭)라 하고 여 셋이 리(里)가 되고 리 다섯이 방(坊)이 되며 방 다섯이 읍(邑)이 되며, 각각 여장(閭長)·리장(里長)·방장(坊長)·현령(縣令)의 두고 여에 속한 백성은 평시나 전시나 오직 여장의 지휘를 받게 하는 제도이다. 여에는 여장(閭長)을 두고 여 안의 농토를 여민들로 하여금 함께 다스리고 같이 농사짓게 하되 땅의 소유를 허

---

93)『與猶堂全書』Ⅴ, 『牧民心書』(이하 『牧民心書』로 약칭) 第二十六卷 兵典六條 簽丁.

94) 위와 같은 곳.

95) 위와 같은 곳.

96)『與猶堂全書』Ⅰ, 『詩文集』田論七.

락하지 않고 오직 여장의 명령을 받게 한다. 그들이 매일 일을 하면 여장은 그들의 노력을 장부에 매일 기록하여 두었다가 추수할 때 나라에 바치는 세금과 여장을 녹을 떼어놓고 나머지를 일역부에 따라 분배한다. 그래서 사람들은 모두 그 힘을 다할 것이며 토지도 모두 잘 이용될 것이다. 정약용은 이 여전제를 백성을 잘살게 하고 풍속을 순하게 만들며 효도와 우애의 기풍을 진작시키는 최선의 토지제라고 주장한다.97) 그는 여전제가 시행되면 기강이 바로 서고 여민의 교습(敎習)도 저절로 이루어져 병정을 양성하게 될 것으로 본 것이다. 우선 백성의 생활을 안정시키고 군사제도를 개혁하여 군비를 갖추고 일상적인 군사훈련을 하게 하자는 것이다. 그는 도탄에 빠진 백성들의 생활문제를 해결하는 것이 바로 국방문제를 해결하는 선결조건임을 강조한 것이다. 그래서 군역의 각종 폐단을 없애고 백성들이 군역을 즐겨 할 수 있도록 해야 한다고 주장한다. 즉 "장차 목숨을 바칠 것을 요구하려면 반드시 먼저 잘살게 하여 백성들로 하여금 병적에 오르는 것을 관원의 명부에 오르는 것처럼 머리를 동이고 팔을 걷어붙이며 앞을 다투어 불합격될 것을 두려워하게 해야 한다. 그렇게 한 뒤라야 그 군대를 쓸 수 있을 것이다."98) 중앙군의 양병은 그 양역을 도성의 영문(營門)에 예속시키지 말고 그 고을에 맡겨야 한다고 주장한다.

또한 정약용은 당시의 군비상황을 언급하면서 그 대비책을 제시한다. 그는 "군사들을 훈련한다[練卒]는 것은 헛된 일이다. 속오(束伍)니 별대(別隊)니 이노대(吏奴隊)니 수군(水軍)이니 하는 것의 법(=훈련법)이 이미 불비하니 훈련하여도 유익할 것이 없다. 공문에 회답이나 할 뿐 반드시 요란하게 할 까닭은 없다."라고 단정하여 말한다.99) 또 "속오군은 노비들로 구차하게 그 수를 채웠으니 어린애와 노인들을 뒤섞어 대오를 편성하였으며 전립(氈笠)은 찌그러지고 우그러졌으며 전복(戰服)은 갈가리 찢어져서 어지러운 칡덩굴로 감아놓은 꼴들이다. 백 년 묵은 옛 칼은 자루는 있으나 날이 없고, 삼대를 내려오는 깨진 총은 불을 질러도 소리가 나지 않는다. 대오를 오래 비워두었기에 명부에는 산 사람과 죽은 사람이 뒤섞여 있다. …… 남쪽에는 별대, 서쪽에는 무학(武學)이라는 기병들이 있다. 처음에는 말 한 필씩을 주었으나 오랫동안 흩어져 없어지고 지금은 백에 하나도 남지 않았다. 조련할 날을 당하면 번번이 말을 세내려고 사방을 헤매어 빠른 자가 먼저 구하게 되는 상황이다. 그렇게 모아온 말들이기에 큰 것은 트기 같고 작은 것은 쥐만 하다. …… 수군은 바닷가의 고을에 두어

---

97) 『與猶堂全書』 I, 『詩文集』 田論三.
98) 『牧民心書』 第二十七卷 兵典六條 練卒.
99) 위와 같은 곳.

야 할 것인데 산중 고을에 많이 두고 있다.”라고 말한다.100) 그는 군비강화를 주장하
면서 군사훈련과 군장비의 준비를 강조한다. 즉 “대저 군대란 손에 무기를 잡고 적을
막는 집단이다. 그러므로 군대에 비록 수천수만 명의 군인이 있더라도 빈손이라면 그
군대는 없는 것과 같으며, 손에 낡고 파괴된 무기만 잡고 있다면 역시 그 군대도 없
는 것과 같다.”101) 그는 또한 장기적인 안목에서 군비를 강화할 것을 주장한다. 즉
“활은 그만두더라도 서각과 산뽕나무 가지와 소 힘줄은 저장해야 한다. 제련한 구리와
강철을 저장하고 단단한 재목과 질긴 가죽과 짐승의 이빨·뼈 등도 저장하여 소용될
때를 기다림이 옳을 것이다.”102) 그는 군기의 개선이 기예의 발전임을 믿었다.103) 뿐
만 아니라 그는 3면이 바다인 조선에서 조선법의 연구는 중요한 과제라고 하였고,104)
배구조를 개선하여 더 빠른 속력으로 갈 수 있는 배의 설계안을 제시하거나 윤선(輪
船)의 구조와 관련하여 물을 저으면서 굴러가는 바퀴의 형태와 크기 등을 설계하기도
하였다.105)

정약용의 국방사상에서 가장 중요한 것은 민(＝백성)이 주가 되는 민보방위안(民堡
防衛案)인 것 같다. 그는 『민보의(民堡議)』를 통해, 전국을 부락단위로 지역 내의 중
요한 지형(주로 산)을 선정하여 보(堡＝산성)를 쌓아두었다가 일단 유사시에 모두가
가족과 생필품을 가지고 그 속에 대피하여 조직적으로 항전하자는 것을 주장하였다.
이는 전국을 전투거점화하여 지역 내에 들어온 적을 보끼리의 협동과 정규군과의 합
동작전으로 타격·섬멸하자는 이른바 ‘전국민에 의한 총력방위체제’로 간주될 수 있는
방위개념이다. 『민보의』는 명나라의 모원의(茅元儀)가 편찬한 『무비지(武備志)』에 수
록된 윤경(尹耕)의 『보약(堡約)』을 참고하여 우리나라의 실정에 부합하도록 변형시킨
우리나라 최초의 민간방어론이다. 민보방위에서의 전술은 일종의 청야전과 유격전이
다. 즉 전쟁의 경보가 전달되면 관에서의 징병령이 없어도 각 촌락의 촌민들은 자신
들의 재물을 모두 가지고 각 지역의 요새지에 구축된 보에 집결한다. 그리고 나서 인
명과 재산 그리고 전술거점에 대한 안보부터 우선적으로 확보한 다음 적의 수중에 들
어갈 지역에 있는 모든 주요 물자들을 적이 이용하지 못하게 깨끗하게 없애버리고 현

---

100) 위와 같은 곳.

101) 『與猶堂全書』 I, 『詩文集』 軍器論.

102) 위와 같은 곳.

103) 『與猶堂全書』 I, 『詩文集』 技藝論 二.

104) 『與猶堂全書』 I, 『詩文集』 漕運策.

105) 『與猶堂全書』 I, 『詩文集』 答李節度民秀.

지 보급원을 봉쇄당한 적에게 민보에 집결된 향토의병을 기반으로 유격전을 펼친다는 것이다. 우선『민보의』의 주요 내용을 살펴보자.

① 민보의 대오를 편성하는 법[民堡編伍之法]: 모든 주민들이 신분·재산·권력의 차이에 관계없이 자기 힘으로 자기 고을과 마을에 보루를 쌓고 전쟁이 일어나면 모두 보 안으로 들어간다. 보 안에 들어간 주민들 가운데 16세 이상 55세까지의 남자로서 정군(丁軍)을 조직하여 부대를 편성한다.

② 민보의 식량을 지원하는 법[民堡支糧之法]: 부녀자들과 노인과 어린이들도 방(坊)·대(隊)·군(郡)을 두어 식사공급, 군복제작 등의 일을 맡아서 하게 하여 자체 내의 엄격한 법규에 입각하여 운영된다.

③ 민보의 농사짓는 법[民堡農作之法]: 적이 보 밑까지 오면 보를 지켜 싸우고 적이 몇 리 밖으로 물러서면 나가서 농사를 짓는다.

④ 민보의 상법주는 법[民堡賞罰之法]: 민보의 보장(堡將)·보총(堡摠)으로는 토호(土豪)·부자 또는 용맹하고 권위 있는 자들이 임명되며 민보는 절도사 통제 밑에서 관군과 협동하여 대적한다. 섬의 민보는 수도 절도사 영(營)에 소속되어 수사(首師)의 통제를 받는다. 또한 전시에 양인 1호당 1명의 군인을 선출하여 병영에 보낸다.

민보의 조직은 전시의 임시방어조직이다. 그것은 임시적인 계책으로서 적이 퇴각하면 보는 해산하고 각자는 분산된다. 그리고 민보의 조직은 여전제와 마찬가지로 국가의 통제를 전제하는 조직이다. 민보를 운영하는 간부인 보장과 보총은 깃발을 가지고 표시하는데 깃발은 모두 병마절도사 본부에서 받아오며, 상호간 원조하지 않은 경우 보장과 보총이 관군본부에서 처벌을 받는다. 또한 민보에서 공을 세우거나 국가에 양곡·무기 또는 장정을 바치는 경우 보장이 상을 받으며 군사에 대해서는 보총이 상을 받는다. 공로자 및 국가 직위를 받는 자나 공사노비를 면천시키는 일, 상번하는 군인, 베를 내는 군인의 면역 등은 모두 관군본부의 통제를 받게 되어 있다. 유배나 사형의 죄를 범한 자도 민보에서 처리하지 못하고 본부로 호송하게 되어 있다. 민보의는 관군과 배합하는 자기보위조직인 동시에 관군과 의병의 원천이 된다. 그는 관군은 상번하는 군대로 조직하되 정규군으로서 전투를 수행하며 조직된 각 민보에서 바치는 장정들로 부대를 보충할 것을 제시한다. 그는 당시의 군조직 중 정규군은 차치하고서라도 예비역인 속오군, 별대, 이노대(吏奴隊), 수군 등이 유명무실하다고 보고 그 대체수단으로 민보조직을 활용할 것을 제시한 것이다. 이는 관과 민의 유대 속에 외침에 대비하고자 했던 체제의 존속에 기반을 둔 개혁안이었다.

정약용의 민보의는 국민들로 하여금 국가의 변란 시 스스로를 방위해야 한다는 책임감과 자주성을 일깨워 주는 국민 안보의식을 고취시키는 매우 선구적인 제도이다. 이는 바로 오늘날의 민방위조직과 그 맥락을 함께한다고 볼 수 있다. 그것은 정약용의 다음과 같은 선구자적인 국방의식의 산물이라고 평가할 수 있을 것이다. 그는 당시의 부패하고 불합리한 군사조직으로써는 변란을 이겨낼 수 없다는 현실인식을 가졌다. 그는 또한 역사적 경험에 비추어 볼 때 튼튼한 성[民堡]을 구축하여 방비했던 국가나 지역은 적의 침공을 막아낼 수 있었다고 생각했다. 그리고 백성의 생업의 근간인 농(農)과 병(兵)(=군과 민)이 일치하였을 때는 국가가 흥하고 국방이 튼튼할 수 있으며, 국민들의 생업이 보장되는 가운데 국방이 이루어질 수 있음을 그는 강조했다. 외적은 근거지에서 멀리 떨어져 있기 때문에 우리의 항전의 기간이 길수록 적은 쇠퇴할 것이기 때문에 항전의 기간을 연장해야 하며, 각종 부패와 불신을 제거하여 백성들의 불만이 제기되고 가족들의 안위가 보장되는 가운데에서 군사들의 충성심이 생겨날 수 있다는 인식 등이 민보의를 창안하게 된 배경인 것 같다. 이는 정약용의 투철한 문무겸비정신의 발로로 해석할 수 있을 것이다.

11. 맺음말: 문무겸비정신의 현대적 의미

역사적으로 우리민족은 문과 무를 동시에 숭상하는 기풍의 민족이었다. 고구려·백제·신라가 그랬고 고려가 그랬다. 조선의 선비들은 종주국 중국에서보다 더욱 심화된 성리학을 발전시켰고 일부의 선비들에 의해 문만을 숭상하고 무를 천박한 것으로 여기는 풍조가 있기도 하였지만, 대체적으로 본다면 조선의 선비들은 문무겸비의 정신을 투철하게 가지고 있었다고 할 수 있다. 그러한 정신은 평상시에는 군정을 포함한 현실 개혁의 의지와 유비무환의 정신으로 나타났으며, 변란의 시기에는 의병의 기개로 나타나기도 하였다.

조선의 선비들은 세상을 보는 안목을 기르고 진리를 갈구하는 집요한 의지를 가진 학자들이었다. 그들은 세속적인 삶에 연연하지 않는 대범함과 원칙을 포기하지 않는 올곧은 정신을 가진 지사들이었다. 그러면서도 그들은 자연과 시를 즐길 줄 아는 여유와 낭만을 가지고 있었고, 숱한 고난에서도 끝까지 백성을 사랑하였고 국가에 충성을 바쳤던 뜨거운 가슴을 지녔던 사람들이었다. 그들이 바로 백성을 사랑하고 국가에 충성했던 문무겸비정신을 가진 통합(=균형)적 인격의 소유자들이었다. 그들의 정신세계는 유교이념 자체가 그 핵심을 이룬다. 그것은 세속적 가치가 아닌, 인간의 성품에 내재된 '의'를 추구하는 정신이며, 이 가치를 위해서는 죽음도 불사하는 그런 정신이다. 이 의리정신은 그들의 상무의식과 통하고, 그들의 무와 무를 바라보는 관점과도 통한다. 그리고 국난을 대비하는 그들의 대비책들과 국난을 당하여 직접 몸으로 항거했던 그들의 국난극복활동의 원동력 역시 그들의 문무겸비정신이었다.

조선 선비들의 문무겸비정신은 조선 후기에 이르러 실학(實學)의 전통으로 요약되어 나타났다. 당시의 실학이란 공론적 담론을 넘어서 학문의 실용성을 현실에 접목시키고 있었다. 양 난(兩亂)의 역사적 상처를 되새기며 관념적인 자존을 유지했던 일부 조선인들과 달리 그들은 변화하는 시대에 민족의 진로를 고심한 선각자들이었다. 그들은 냉정하게 국제적 현실을 직시하고 한민족의 갈 길을 제시하였다.

조선 선비들의 문무겸비정신이 조금도 식지 않았지만 우리 민족이 근대에 와서는 급기야 일제의 식민지로 전락하고 말았던 것은 무슨 까닭일까? 임진왜란과 병자호란 등을 겪으면서 국력이 쇠진해지고 백성들이 초근목피로 연명하고 있던 시절 조정은 새로운 국가적 과제를 설정하지 못하고 당파적 이익의 추구에 몰두하고 타성과 안일에 젖고 옹졸하고 값싼 권위와 배타적 속성 때문에 외부 세계에 대한 변화에 능동적으로 대처하지 못하고 비참하게 일본에 속박당하는 결과를 초래하고 말았다. 그 치욕의 역사는 우리에게 문무겸비정신은 조금도 소홀하게 여겨져서는 안 된다는 점을 뼈아픈 교훈으로 전해준다. 실학자 정약용은 병(兵)이란 백 년 동안 쓰지 않아도 좋으나 하루라도 준비하지 않으면 안 된다고 하면서 유비무환(有備無患)의 정신을 역설했다. 평화 시에 전쟁을 준비하지 않으면 후회하게 된다는 교훈을 우리는 조선 선비들의 문무겸비정신 속에서 배울 수 있을 것이다.

우리 민족이 백의민족으로서 평화를 사랑한다는 것은 자랑일 수 있지만 평화를 지킬 수 있는 힘을 가지고 있는 문무겸비의 민족임을 더 자랑할 수 있어야 한다. 백의민족답게 자연을 벗 삼아 풍류를 즐기며 여유와 평화를 구가할 수 있다면 얼마나 다행스럽겠는가? 그러나 평화란 여유와 안락과 풍류 속에서 찾아지는 것이 아니다. 조금만 속을 들여다보면 허약하기 짝이 없는 허풍선이 논리이자 자가당착인 것이다. 힘이 있을 때 평화는 지켜지고 자유 정의도 보장되는 것이다. 백의민족이 자랑이던 시대는 지났다. 그것이 미덕이라는 주장은 수정되어야 한다. 민족이 강한 에너지를 가지지 못하면 주저앉고 마는 것이 역사적 사실이자 현실이다. 동적이며 적극적이며 진취적인 기질과 성향으로 재무장하지 않고는 생존할 수가 없다. 단 한 방의 주먹으로 적장을 때려눕힌다는 기상을 가질 때 진정한 평화와 자유는 지켜지는 것이다. 그러한 기상이 바로 칼을 찬 조선 선비들의 모습 속에서 보인다.

조선 선비들의 문무겸비정신은 평화로운 때일수록 강군의 전투역량을 강화해야 한다는 정신과 다르지 않다. 우리는 자칫 남북 대화와 화해 협력과 우호증진이 가속화되고 있다고 해서 국방력도 느슨해지거나 이완되어도 된다는 사고방식을 가질 수 있다. 그러나 이는 철저한 자기기만이며 현대전의 의미를 몰각한 태도라고 보지 않을 수 없다. 상대방이 이런 점을 노리고 협상에 나온다고 예상을 한다면 우리는 벌써 심리전에서 패배하고 있다고 보아야 한다. 남북이 화해하고 우호를 증진시키고 협력해 나가는 것은 민족의 장래에 너무나 중요하다. 그래서 남과 북이 평화적으로 통일할 수 있다면 더 이상 바랄 것이 없을 것이다. 그러나 인류의 역사에서 싸움 없는 평화, 준비 없는 평화는 존재한 바가 없다. 진정한 평화와 통일은 실력과 정신력으로 무장되고 준비될 때 기능한 것이다. 내가 힘이 없으면 상대방이 나를 배려하고 동정하지 않는다. 특히 국가 사이의 협상 때 이쪽이 힘이 없다고 여겨지면 결렬을 전제로 나올 것은 자명하다. 무성의하게 협상에 임하거나 허점을 파악한 뒤 돌연 공격의 빌미를 잡고 협상을 안 한 것만도 못하게 사태를 그르치는 경우를 우리는 역사를 통해 얼마든지 보아 오지 않았던가? 내가 힘이 있어야 상대방과의 협상에서 당당해진다. 우리의 조선조 말의 비참한 외교사를 통해 우리가 힘이 없을 때 어떤 결과를 가져왔는가 충분히 알 수 있는 것이 아닌가? 힘이 없는 가운데 외교적 줄타기를 해 본대야 결국에는 국제 미아가 되거나 비참하게 국가와 민족이 쓰러지는 역사적 현실을 목격할 것이다.

여기에 대비하기 위해서는 군의 강한 군인정신이 무엇보다 중요하다. 군은 국민의 4대 의무 중 하나인 국방의무를 수행하는 맨 선두에 서 있다. 현대전에 있어서 전방과 후방, 군과 민이 따로일 수 없지만 군이란 나라를 지키는 일을 주 임무로 하는 조직체이다. 여기서부터 단단해야만 국가방위의 기본이 선다고 본다. 군대가 강하지 않으면 민이 부국강병의 선두에 설 수 없는 것이다. 군이 강한 국방의식을 선도해야만 민이 더 자신감을 가지고 따를 수 있는 것이다. 요즘 신세대 장병의 정서를 지적하는 경우가 많다. 신세대 장병의 정서란 정신력이 해이되고 한 가정 한 아들이란 희소성 때문에 체격은 크되 정신과 마음은 무척 나약해진 것으로 요약된다. 물론 모두가 그렇다는 것은 아니지만 상대적으로 전보다 그런 병사들의 숫자가 많아진 것은 사실로 여겨진다. 따라서 군은 나약한 심성의 젊은이를 교육시키는 훈련장으로도 활용되어야 한다고 생각한다. 사실 요즘 가정에서나 학교에서나 사회에서 젊은이 교육은 실패한 것이나 다름이 없다. 전통적 가치관을 주입시키자는 것은 아니지만 요즘 젊은이일수록 버릇없고 자기본위이며 그래서 극단의 이기주의와 개인주의에 젖어 있는 경우가 많다.

그들로 하여금 사회구성원으로서 최소한 지켜야 할 덕목을 가지게 하고 최소한 남을 배려하고 봉사하며 예의를 지켜야 하는 당위성을 현실적으로 지도하는 일을 군이 해내야 한다고 생각하는 것이다. 군의 통제하에서 우리의 전통적 가치관이 무엇이고, 부모에 대해, 사회에 대해, 국가와 민족에 대해 어떤 이념적 정체성과 가치관을 가져야 하는가를 교육해야 할 것이다. 그러한 교육을 통한 공동체의식과 국방의식만이 부국강병의 지름길이 될 것이다. 그러한 교육프로그램의 핵심이 바로 조선 선비들의 문무겸비정신이라고 본다.

마지막으로 『예기(禮記)』에 수록된 선비의 자세를 몇 가지 소개하고자 한다. 선비는 돈보다는 인격을 중히 여기고, 땅보다는 명예를 숭상하며, 물질을 많이 점유하기보다는 학식의 부유함을 추구하며, 의가 아니면 머물지 아니하며, 대가보다는 먼저 노력한다. 선비는 널리 배워 모르는 것이 없고, 독실하게 행하여 게으름이 없으며, 산림에 묻혀서도 음란하지 아니하고, 벼슬에 나가서는 모자람이 없다. 대인관계가 화목하고, 아름다운 행실과 너그러운 도량은 어진 이를 추대하여 무리를 포용하고, 자기의 인격을 낮추어 어리석은 이들과 고락을 함께한다. 선비는 사랑할 수는 있으되 겁탈할 수는 없고, 가까이할 수는 있되 핍박할 수는 없으며, 죽일 수는 있으나 정조를 뺏을 수는 없다. 거처는 단정하고 음식은 소박하게, 잘못을 암시하되 직접 면박하진 않는다. 선비는 빈천해도 뜻을 버리지 않고 부귀해도 교만하지 않는다. 군왕을 욕되게 아니하고 웃어른에게 누를 끼치지 않는다. 어떤 어려움이 있더라도 자기 일은 자기가 책임지지 남에게 돌리지 않는다. 하늘과 땅 사이에 조금도 비굴함이 없이 당당하게 서 있는 자, 이를 선비라 한다. 선비는 현실 속에 살면서도 옛사람의 행실에 맞게 한다. 오늘의 행위는 후세의 모범이 된다. 세상을 못 만나도 누구를 원망하는 법이 없으며, 몸에 고통을 당할지라도 뜻을 뺏을 수 없으며, 비록 삶에 괴로움을 겪더라도 끝내는 뜻을 펴며, 자신은 고난 속에 있더라도 백성의 괴로움을 잊지 않는다.

이처럼 선비는 일신의 영달이나 물질적 추구보다는 정신적 가치와 나보다 국가와 민족을 먼저 생각하고 실천에 옮겼다. 현대의 물질만능적이고 개인의 이기심이 앞서는 시대에 전통의 선비정신을 일깨우고 본받아 실천할 필요성이 절박하다 하겠다. 물론 현대와 조화를 이루기는 어려운 면도 없지는 않지만 시대상황을 고려해서 판단하면 되고, 시대를 떠나 삶의 모범과 지표가 될 수 있는 정신일 수도 있다.

참고문헌

『莊子』

『仁祖實錄』

『明宗實錄』

『宣祖實錄』

『宣祖修正實錄』

鄭道傳, 『三峰集』

『국역 삼봉집(三峰集) Ⅰ』(민족문화추진회, 1978)

梁誠之(南晚星 譯), 『訥齋集』(서울: 대양서적, 1973)

조식(경상대학교 남명학연구소 옮김), 『국역 남명집』(서울: 한길사, 2001)

郭再祐, 『忘憂集』

李滉, 『退溪全書』

李珥, 『栗谷集』

李珥, 『栗谷全書』

柳成龍, 『西厓集』

柳成龍, 『懲毖錄』

李舜臣, 『亂中日記』

成守琛, 『聽松集』

趙憲, 『重峰集』

李瀷, 『星湖僿說』

洪大容, 『湛軒書』

丁若鏞, 『與猶堂全書』Ⅰ, 『詩文集』

丁若鏞, 『與猶堂全書』Ⅴ, 『牧民心書』

琴章泰 著, 『儒教와 韓國思想』(서울: 成均館大學校 出版部, 1993)

금장태, 『한국의 선비와 선비정신』(서울: 서울대학교출판부, 2000)

박병련 외 저, 『남명 조 식』(경기 화성: 청계출판사, 2001)

박선식, 『선인들의 난국 이겨내기』(서울: 풀빛미디어, 1998)

李炯錫, 『壬辰戰亂史』中(壬辰戰亂史刊行委員會, 1976)

이장희, 『조선시대 선비 연구』(서울: 박영사, 1990)

정옥자 외, 『시대가 선비를 부른다』(서울: 효형출판, 2000)

千寬宇, 『韓國史의 再發見』(서울: 일조각, 1974)

한영우, 『왕조의 설계자 정도전』(서울: 지식산업사, 2002)

제2장 묵자의 비공론과 국가안보적 함의

박재주*

1. 머리말

묵자(墨子, 본명은 墨翟)의 사상은 유가(儒家)의 사상과 대립하면서 당시 상당한 영향력을 행사했던 것 같다. 맹자(孟子)는 "양주와 묵적의 말이 천하에 가득하여 천하의 말이 양주에게로 돌아가지 않으면 묵적에게로 돌아간다."[1]라고 말했고, 한비자(韓非子)는 "세상의 두드러진 학문은 유학과 묵학이다. 유학은 공자에게서 나왔고 묵학은 묵적에게서 나왔다."[2]라고 말했다. 『여씨춘추』에도 "공자와 묵자의 제자 무리들이 세상에 가득하다."[3]라거나 "공자와 묵자 이후에는 학문이 세상에 드러나서 꽃이 핀 사람들이 많아서 이루 헤아릴 수 없었다."[4]라고 말했다. 그러나 기원전 3세기 진한(秦漢)시대의 중앙집권적 관료체제가 등장하고 유가사상이 정통적인 국가이념으로 확립되면서부터 묵가사상은 거의 그 자취를 찾아보기 어렵게 되었다.

묵자가 살았던 춘추(春秋) 말기 전국(戰國) 초기의 시대는 중국 역사상 가장 혼란한 시대였다. 정치는 문란하였고 사회적 기강은 무너졌으며 제후국들 간의 전쟁은 멈출 줄 몰랐다. 백성들의 삶은 도탄에 빠져 있었다. 묵자는 이 참혹한 현실의 근본적인 원인을 '서로 사랑하지 않음[不相愛]'에서 찾는다.[5] 제후들이 서로 사랑하지 않으면 반드

---

* 청주교육대학교 윤리교육과 교수. 이 장의 내용은 필자의 다음 원고를 보완·발전시킨 것이다. 박재주, "묵자의 비공론과 국가안보적 함의", 『초등도덕과교육』, 한국초등도덕과교육학회, 2004. 3, pp.1－33.

1) 『孟子』『滕文公 下』, 楊朱墨翟之言 盈天下 天下之言 不歸楊則歸墨.

2) 『韓非子』『顯學』, 世之顯學 儒墨也 儒之所至 孔丘也 墨之所至 墨翟也.

3) 『呂氏春秋』『有度』, 孔墨之弟子徒屬 滿天下.

4) 『呂氏春秋』『當染』, 孔墨之後 學顯榮於天下者衆矣 不可勝數也.

5) 『墨子』『兼愛 上』, 臣子之不孝君父 所謂亂也 子自愛不愛父 故虧父而自利 …… 君自愛也 不愛臣 故虧臣而自利 是何也 皆起不相愛.

시 들에서 전쟁을 하게 되고, 쉼 없이 이어지는 약탈전쟁이 백성들의 삶을 파괴한다고 그는 생각했다. 당시의 세상이 전쟁과 찬탈과 도둑질로 서로 뺏고 해치며 권력과 부와 지식을 가진 계층이 그렇지 못한 계층을 억누르고 기만하는 등 비인간적인 현상이 일어나는 원인은 개인이나 사회나 국가가 자신들이나 자신이 속한 집단과 계층만을 사랑하고 이롭게 하려 들지 다른 사람들이나 다른 사람들의 집단이나 계층을 차별하고 멸시하고 해치려 하는 이기심을 가지고 있기 때문이라고 그는 진단했던 것이다.

그의 근본적인 해결책은 당연히 '서로 사랑함[兼相愛]'이다. 그는 사람들이 서로 사랑한다면 혼란이 없어지고 세상이 안정될 것이라고 생각했다. 그래서 그는 "만약 온 세상으로 하여금 서로 사랑하게 한다면 나라와 나라는 서로 공격하지 않을 것이며, 집안과 집안은 서로 어지럽히지 않을 것이며, 도둑들은 없어지고 임금과 신하와 아버지와 자식들은 모두 효도하고 자애로울 수 있을 것이다. 이와 같다면 세상은 다스려질 것이다."6)라고 말했다. 그는 세상의 혼란을 수습하고 안정된 사회를 만드는 최선의 방안은 사람들이 서로 사랑하는 것이라고 확신하면서 "남을 사랑하라고 권하지 않을 수 없다."7)라고 말했다.

그의 시대는 전쟁이 일상사처럼 빈번하였다. 따라서 당시의 지식인들은 전쟁현실에 대한 강한 문제의식을 가지고 그 해결을 도모하였다. 그 해결의 입장은 두 부류로 나눌 수 있다. 하나는 전쟁을 불가피한 정치적 해결수단으로 인정하고 효율적인 전쟁 수행을 능동적으로 모색하고자 하는 주전론(主戰論)의 입장인데, 법가(法家)나 병가(兵家)가 여기에 속한다. 다른 하나는 전쟁의 역기능인 파괴와 살상 그리고 경제적 피폐와 민생의 파탄 등에 주목하여 전쟁과 군비 확충을 비판하는 반전론(反戰論)의 입장인데, 묵가(墨家)가 대표적이다. 대표적인 반전론을 제시한 묵자의 침략반대론은 전쟁의 구렁텅이 속에서 고난받는 민중의 시각에서 형성된 반전·평화론이다. 사회생산(=경제)의 확대와 보호를 위한 '만민박애(=兼愛)'와 '상호이익의 증진(=交相利)'의 실현을 위한 그의 이타정신(利他精神)에서 이성적 도덕주의의 이상과 실천이 통일된 위대한 모습을 볼 수 있다.8) 그의 '침략반대론[非攻論]'은 서로 사랑하자는[兼愛] 사상에서 나오는 당연한 귀결이다. 그의 침략반대론은 실제 '서로 사랑하고 서로 이롭게

---

6) 『墨子』『兼愛 上』, 若使天下兼相愛 國與國不相攻 家與家不相亂 盜賊無有 君臣父子皆能孝慈 若此則天下治.

7) 『墨子』『兼愛 上』, 不可以不勸愛人.

8) 宋榮培, "제자백가의 다양한 전쟁론과 그 철학적 문제의식(Ⅱ)", 檀國大學校 東洋學硏究所, 『東洋學』 第29輯(1999. 6), p.215.

하자[兼相愛 交相利].’는 평범한 윤리규범을 확대한 것이다. 그는 세상의 모든 사람들이 서로 사랑한다면 큰 나라가 작은 나라를 침략하고 정벌하는 일은 일어나지 않을 것이라고 생각했던 것이다.

묵자는 침략전쟁을 절대적으로 반대하였지만 모든 형태의 전쟁을 반대한 것은 결코 아니었다. 그는 불의의 전쟁과 정의의 전쟁을 구분하고, 나라의 영토와 노동력의 지속적인 확대를 목적으로 타국에 대한 침략과 약탈을 감행하는 ‘공격전쟁’은 불의의 전쟁이기 때문에 절대적으로 금지되어야 한다고 주장했던 것이다. 그리고 묵자의 침략반대론에서 중요한 것은 그가 이론적으로만 침략전쟁을 반대하고 있지 않다는 점이다. 상대적으로 보다 우수한 방어무기의 개발과 수성(守城)기술의 향상만이 침공을 제어할 수 있다고 본 것이다. 그의 사상을 이은 집단들은 실제로 침략전쟁의 의지를 억제·해소시키는 적극적인 평화실현의 실천활동을 벌였다. 그의 평화주의는 이론적인 주장에 불과한 것이 아니었고 무력으로 방패를 삼는 실제행동이었다. 그는 방어역량의 강화로 강국의 야심을 제지해야 함을 역설하는 동시에 적극적인 외교활동으로 사회평화를 이루어야 함을 주장하였다. 나라 간의 선린우호(善隣友好)를 증진시키고, 약소국들 간의 연합을 구성하여 공동으로 침략에 대항하자고 주장했다.

현대사회라고 하여 전쟁의 위협이 사라진 것은 결코 아니다. 오히려 전쟁은 지금도 세계 곳곳에서 일어나고 있으며 그 피해는 우리의 상상을 초월할 정도로 끔찍하고 가공할 만하다. 불가피한 전쟁의 현실을 인정하면서 그것의 빈발과 잔혹성을 규제하려고 했던 묵자의 전쟁도덕론(戰爭道德論)은 여전히 오늘날에도 그 의미를 잃지 않는다. 그것은 전쟁에 대한 올바른 이해를 가지게 할 뿐만 아니라 전쟁은 전쟁에 대한 철저한 준비를 통해 예방될 수 있으며 평화는 그것을 지킬 충분한 힘이 있을 때에만 지켜질 수 있다는 점을 분명하게 확인시켜 준다.

2. 침략전쟁반대론과 반전평화활동

가. 침략전쟁반대의 논거

묵자는 침략전쟁을 결단코 반대한다. 우선, 그것의 약탈성을 반대의 논거로 삼는다. 그는 침략전쟁은 도둑질이기 때문에 옳지 못한[不義] 전쟁이라고 단언한다. 그는 사유

재산 사회의 보편적인 도덕규범인 '훔치지 말라[勿偸盜]'는 규범을 가지고 침략반대를 논증하고 있다.9) 즉 그는 모든 인간이 자신의 노동을 통하여 그 노동의 결실을 자신의 소유로 하여야 함에도 불구하고, 현실에서는 노동에 참여하지 않으면서 그 결실을 약탈하고 도적질하는 일이 자행되고 있다고 본다. 사회적 정의[義]를 노동하는 존재로서의 인간이 자신의 노동성과를 소유하는 것으로 규정하고, 노동을 하지 않으면서 노동의 결실을 약탈하고 도둑질하는 것이 바로 사회적 불의(不義)라고 규정했다. 그에게 있어 침략전쟁은 가장 큰 사회적 불의인 동시에 사회적 범죄였다. 그는 침략전쟁의 본질을 도둑질로 설명한다.

"이제 한 사람이 있어서 남의 과수원에 들어가 복숭아와 오얏을 훔쳤다고 하자. 사람들은 그 소문을 듣고 비난할 것이며, 위에서 통치하는 관리는 분명히 그를 체포하여 처벌할 것이다. 남에게 손해를 끼침으로써 자기의 이익이 되게 했기 때문이다. 남의 개나 돼지나 닭을 훔친 자에 이르러서는 그것이 불의라는 점에서 볼 때 남의 과수원에 들어가 과일을 훔친 것보다 더 심하다고 해야 한다. 남에게 끼친 손실이 더욱 많기 때문이다. 남에게 끼친 손실이 더욱 많으면 그 불인(不仁)한 정도도 더욱 심하고 죄도 더욱 커질 수밖에 없다. …… 또 죄 없는 사람을 죽인 다음 남을 옷을 빼앗고 무기를 약탈하는 자에 이르러서는 그 불의(不義)함이 남의 울이나 외양간에 들어가 말이나 소를 훔친 것보다 훨씬 심하다. …… 이런 일들은 천하의 군자면 누구나 비난할 줄을 알아서 불의라고 말한다. 그러나 크게 다른 나라를 공격하는 경우에 이르러서는 비난할 줄을 모르고 오히려 칭찬하여 의롭다고 하기 예사이니, 이를 의와 불의를 구별할 줄 아는 태도라고 하겠는가?"10)

그는 또한 침략전쟁의 약탈성을 적나라하게 다음과 같이 표현한다.

"초나라는 이미 여유 있는 땅을 가지고 있으며 다만 백성이 부족합니다. 그런데 부족한 인민을 죽여 남아도는 토지를 쟁탈하는 것은 지혜롭다 할 수 없습니다. …… 지금 여기 한 사람이 있는데 그는 화려한 초헌(=대부가 타는 수레)을 버려두고 이웃집의 낡은 짐수레를 훔치려 하고, 수놓은 비단옷을 버려두고 이웃집의 천한 갈옷을 훔치려 하고, 기장과 고기는 버려두고 이웃집의 술지게미와 겨를 훔치려 합니다."11)

---

9) 孫中原 主編, 『墨學與現代文化』(中國廣播電視出版社, 1977), p.261.

10) 『墨子』 『非攻 上』, 今有一人 入人園圃 竊其桃李 衆聞則非之 上爲政者得則罰之 此何也 以 虧人自利也 至攘人犬豕鷄豚者 其不義又甚入人園圃竊桃李 是何故也 其不仁茲甚 罪益厚 … 至殺不辜人也 扡其衣裘 取戈劍者 其不義又甚入人欄廐取人馬牛 此何故也 以其虧人愈多 …… 當此天下之君子 皆知而非之 謂之不義 今至大爲攻國 則弗知非 從而譽之 謂之義 此可謂知義與不義之別乎.

그리고 묵자는 이런 사람을 '도둑질하는 버릇[竊疾]'이 있는 사람이라고 말한다. 전쟁을 일으키는 지도자는 바로 도둑질하는 버릇을 가진 사람이라는 것이다. 침략전쟁을 일으키는 통치자는 먼저 다른 나라의 인민들을 공격하여, 전쟁을 준비하기 위한 더 많은 재물을 반드시 착취하고, 그것으로 병마(兵馬)를 징집하고 무기를 준비한다. 그는 통치자가 침략전쟁을 일으키는 것은 반드시 다른 나라의 죄 없는 백성들에게서 재물을 많이 거두어들이고 그들이 입고 먹을 재물을 탈취하고자 함임을 폭로한다. 그리고 그는 백성의 물건을 빼앗고 백성의 이익을 해치는 그 점을 단호하게 반대했던 것이다. 그리고 그는 백성들이 굶주리면서 먹지 못하고 추워도 입지 못하고 수고해도 쉬지 못함을 가장 걱정했던 것이다.

그리고 묵자는 침략전쟁의 잔혹성을 고발하면서 그것을 반대한다. 전쟁은 사람을 죽이는 일이며, 전쟁 속에서 부녀자와 어린이와 노인과 약한 자는 모두 그 화를 면하기 어렵다. 그는 전쟁은 반드시 수많은 인명의 손실을 가져올 수밖에 없음을 폭로한다.

"지금 3리 넓이의 성(城)과 7리 넓이의 외성[郭]이 있는 도읍을 공격한다고 하자. 이것을 공격하는 데 정예부대를 쓰지 않고 사상자를 내지 않으며 점령한다는 것은 있을 수 없고, 많으면 수만 명, 적어도 수천 명의 병사를 죽이지 않고는 점령이 불가능하다고 보아야 한다."12)

그는 여덟 가지의 '이루 헤아릴 수 없음[不可勝數]'을 지적하면서 전쟁의 직접살인과 간접살인의 잔혹성을 폭로한다.

"지금 군사를 일으키려 한다면 겨울에는 추위가 무섭고, 여름에는 더위가 두렵다. 그래서 겨울과 여름에는 군사를 일으키지 않는다. 그렇다고 봄에 군사를 동원하면 백성들이 밭 갈고 씨 뿌리는 농사를 망치고, 가을에 동원하자니 백성들의 추수를 망친다. 만약 백성들이 한철을 망치면 굶주리고 헐벗어 얼어 죽고 굶어죽는 자가 이루 헤아릴 수 없을 것이다. 시험 삼아 군사동원의 손실을 계산해 보자. 화살, 깃발, 장막, 갑옷, 방패, 큰 방패, 수레, 칼집 등 가지고 가서 망가지고 썩어버리는 손실을 이루 헤아릴 수 없을 것이다. 또 창, 칼, 전차 등의 병기들은 줄지어 나갔다가 망가져 버리는 손실이 이루 헤아릴 수 없을 것이다. 또 동원되는 소와 말 등이 야위고 죽는 손실도 이루 헤아릴 수 없을 것이

---

11) 『墨子』『公輸』, 荊國有餘於地 而不足於民 殺所不足而爭所有餘 不可謂智 …… 今有人於此 舍其文軒 隣有敝輿而欲竊之 舍其錦繡 隣有短褐而欲竊之 舍其粱肉 隣有糠糟而欲竊之.

12) 『墨子』『非攻 中』, 今攻三里之城 七里之郭 攻此不用銳且無殺而徒得此然也 殺人多必數於萬 寡必數於千.

며, 원정길이 멀어 식량보급이 끊어져 길에서 굶어죽는 백성은 이루 헤아릴 수 없을 것이
다. 또한 거처가 불편하고 식사가 불규칙하여 굶었다가 포식하는 등 조섭을 못 하여 백성
들이 병들고 죽는 자가 이루 헤아릴 수 없을 것이다. 또 싸우다가 잃은 병사들이 이루 헤
아릴 수 없을 것이며, 전멸에 가깝게 잃은 병사들도 이루 셈할 수 없을 것이다. 그래서
귀신들 중 제사할 자손을 잃게 된 것 또한 이루 헤아릴 수 없을 것이다.”13)

매년 이어지는 전쟁에 백성들은 살고자 해도 살 수 없는 현실이 너무나 잔혹한 것
이다. 그런데도 당시의 통치자들은 죄 없는 나라를 끝없이 공격하고 정벌하고자 진격
한다. 묵자는 그 참담한 현실을 한 폭의 그림처럼 다음과 같이 묘사하기도 한다.

“남의 나라 변경을 침략하여 농사지은 곡식을 짓밟고, 나무를 베고, 성곽을 무너뜨리
고, 도랑과 못을 메우며, 가축을 빼앗고 죽이니, 종묘와 사당을 불 지르고 허물며, 인민을
쳐 죽이고, 어린이와 노인을 밟고 죽이며, 그들의 귀중한 보물들을 빼앗는다. 그리고 다시
나아가 있는 힘을 다해 싸운다.”14)

묵자는 끝없이 이어지는 침략전쟁으로 인해 도탄에 빠진 백성들의 참혹성을 ‘일곱
가지 환난[七患]’으로 표현하기도 한다.

“(일곱 가지 환난은) 성곽과 해자는 보살피지 않으면서 궁궐을 짓고 치장하는 것, 적군
이 국경을 침범해 와도 사방 이웃나라들이 구원해 주지 않는 것, 인민들의 노동력을 인민
의 이용후생에 도움이 되지 않는 생산활동에 고갈시키고, 인민에게 이롭지 않은 무능한
자들에게 상을 주어 부하게 하며, 손님을 접대하며 재물을 헛되게 탕진하는 것, 벼슬아치
들은 제 녹만을 지키려 하고, 벼슬하지 않은 선비들은 파당을 지어 사욕을 차리며, 임금
은 법을 앞세워 신하를 다스리고, 신하는 무서워 임금을 거슬려 간하지 못하고 아첨하는
것, 임금이 스스로를 성스럽고 지혜롭다 생각하여 신하들에게 일을 물어보지 않고, 스스
로를 안전하고 강하다고 생각하여 지키고 대비하지 않으며 이웃나라들의 음모를 경계하
지 않는 것, 신임하는 자들은 충성스럽지 못하고, 충성스러운 자들은 신임하지 않는 것,

---

13) 『墨子』 『非攻 中』, 今師徒唯毋興起 冬行恐寒 夏行恐暑 此不可以冬夏爲者也 春則廢民耕稼樹
藝 秋則廢民穫斂 今唯毋廢一時 則百姓飢寒凍餒而死者 不可勝數 今嘗計軍上 竹箭羽旄幄幕 甲
盾撥劫 往而靡弊腑 冷不反者 不可勝數 又與矛戟戈劍乘車 其列住 碎折靡弊而不反者 不可勝數
與其牛馬 肥而往 瘠而反 往死亡而反者 不可勝數 與其涂道之脩遠 粮食輟絕而不繼 百姓之道死
者 不可勝數也 與其居處之不安 食飯之不時 飢飽之不節 百姓疾病而死者不可勝數 喪師多不可
勝數 喪師盡不可勝計 則是鬼神之喪其主后 亦不可勝數.
14) 『墨子』 『非攻 下』, 入其國家邊境 艾刈其禾稼 斬其樹木 墮其城郭 以煙其溝池 攘殺其牲牷 燔
潰其祖廟 勁殺其萬民 覆其老弱 遷其重器 卒進而極乎鬪.

가축과 곡식은 인민을 먹이기에 부족하고, 대신들은 나라를 경영하기에 부족하며, 인민의 뜻과 상벌이 맞지 않아 상을 내려도 기쁘게 할 수 없고, 벌을 주어도 두렵게 할 수 없는 것 등이다. 이 같은 일곱 가지 환난이 나라에 있으면 사직은 반드시 존재할 수 없고, 아무리 성을 쌓고 지킨다 해도 적이 쳐들어오면 나라는 그만 무너질 것이다. 그러므로 이런 일곱 가지 환난이 있으면 나라는 반드시 재앙을 당할 것이다."15)

이러한 국가적 재난 속에서 백성들은 기본적 생활수단을 빼앗기고 생명마저 위협받는 처지에 빠질 수밖에 없게 된다. 묵자는 백성들의 곤궁한 사정을 '세 가지 환난[三患]'으로 표현하기도 한다.

> "백성들에게는 세 가지 환난이 있으니, 굶주린 자가 먹을 수 없고, 헐벗어 추운 자가 입을 수 없고, 고달픈 자가 쉴 수 없는 것이다. 이 세 가지 환난은 백성의 큰 환난이다."16)

그는 침략전쟁의 기만성을 폭로한다. 죄 없는 나라의 인민들을 공격하고 정벌하는 것은 종종 미명하에 감행되고 있으며, 힘을 다하여 그 침략의 진상을 덮으려 한다고 주장한다. 그리고 그것이 정의의 이름으로 자행되고 있는 당시의 현실을 비판한다. 묵자는 정복자의 승리의 명성 그리고 그에 따른 전리품을 얻기 위하여 전쟁을 감행하게 된다는 논조를 반박한다. 그는 "그 승리의 명성을 생각해 보면 참으로 쓸모없는 것이며 소득을 계산해 보면 도리어 손실이 많을 것이다."17)라고 말한다.

정복자의 명성을 얻기를 원한다면 그것은 사람을 속이는 간판일 따름이다. 전쟁을 일으키기를 좋아하는 군주는 재물이나 토지를 뺏기 위해서가 아니라 '정의[義]'와 '덕(德)의'의 이름으로 전쟁을 한다고 할 것이다. 묵자는 이런 논조를 인정하지 않는다. 세상에 침략전쟁의 시대가 이미 오래 지나왔지만 침략자가 정의와 덕을 얻은 적이 있는가? 도리어 만약 전쟁의 비용을 나라를 다스리는 데 사용한다면 반드시 그 공효가 배가될 것이며 군대도 장차 무적의 군대로 성장할 것이며, 민심은 자연히 돌아올 것

---

15) 『墨子』 『七患』, 城郭溝池不可守而治宮室一患也 邊國至境 四隣莫救 二患也 先盡民力無用之功 賞賜無能之人 民力盡於無用 財寶虛於待客 三患也 仕者持祿 游者愛佼 君修法討臣 臣懾而不敢 拂 四患也 君自以爲聖智而不問事 自以爲安彊而無守備 四隣謀之不知戒 五患也 所信者不忠 所 忠者不信 六患也 畜種菽栗不足以食之 大臣不足以事之 賞賜不能喜 誅罰不能威 七患也 以七患 居國 必無社稷 以七患守城 敵至國傾 七患之所當 國必有殃.

16) 『墨子』 『非樂 上』, 民有三患 飢者不得食 寒者不得衣 勞者不得息 三者民之巨患也.

17) 『墨子』 『非攻 中』, 計其所自勝 無所可用也 計其所得 反不如所喪者之多.

이다. 이것이 바로 천하의 이로움에 합당할 것이다. 병사들을 속이고 공격과 정벌에서 죽어 가게 하여 일시적으로는 이길 수 있겠지만 그 승리는 오래가지 못할 것이라고 묵자는 생각한다. 그래서 그는 전쟁을 반대하는 평화주의가 오히려 의롭고 이로운 것임을 역설한다.

"지금 만약 그들이 능히 믿음으로 교류하여 먼저 천하 제후들을 이롭게 하려 한다면, 큰 나라가 의롭지 않으면 협동하여 그것을 걱정해 주고, 큰 나라가 작은 나라를 공격하면 협동하여 작은 나라를 구원해 주며, 작은 나라의 성곽이 온전하지 못하면 그것을 보수해 주고, 옷감과 곡식이 모자라면 그것을 나누어주어야 할 것이다. 이와 같이 작은 나라와 교류한다면 작은 나라들의 군주는 기뻐할 것이며, 남들이 전쟁으로 피로할 때 나는 편안할 것이니 나의 군비와 병력은 더욱 강하게 될 것이며, 관대하게 은혜를 베풀고 급박한 사를 평안게 해 주면 백성들은 반드시 귀의할 것이다. 공격과 전쟁을 하는 노력과 비용을 바꾸어 내 나라를 다스린다면 생산은 배로 커질 것이며, 내가 군대를 동원하는 막대한 비용으로 제후들의 곤란을 구해 안정시켜 주면 이로써 얻어지는 이익은 참으로 클 것이다. 그리고 올바름으로 독려하고, 명성을 의로써 세우며, 인민들에게 힘써 관대하게 하고, 우리의 군사들의 신뢰를 구축하여 이로써 제후들의 군사를 대한다면 천하에 적수가 없을 것이니 그러한 평화주의는 천하를 이롭게 함이 헤아릴 수 없이 큰 것이다. 이것이야말로 천하에 이로운 것인데도 왕공대인들은 그것을 쓸 줄 모르고 있으니 곧 이것은 천하를 이롭게 하는 위대한 임무를 모른다고 해야 할 것이다."18)

묵자는 이어서 "오늘날 천하의 왕공대인과 군자들이 충심으로 천하의 이로움을 일으키고 폐해를 제거하려 한다면 마땅히 잦은 침략전쟁은 커다란 해독임을 알아야 한다. 이제 어짊과 의로움을 행하고 훌륭한 선비가 되고자 하며, 위로는 성왕의 도에 맞고 아래로는 나라와 백성의 이익에 맞도록 하고자 한다면, 마땅히 전쟁을 반대하는 평화주의를 살피지 않으면 안 된다는 소이가 여기에 있다."19)라고 말한다. 그는 침략전쟁을 일삼는 왕공대신의 기만적인 베일[面紗]을 벗긴다. 지금 천하에 인정받는 정의

---

18) 『墨子』『非攻 下』, 今若有能信効先利天下諸侯者 大國之不義也 則同憂之 大國之攻小國也則同救之 小國城郭之不全也必使修之 布粟之絶則委之 幣帛不足則共之 以此效大國 則小國之君說 人勞我逸則我甲兵强 寬以惠 緩易急 民必移 易攻伐以治我國 功必培 量我師擧之費 以諍諸侯之 斃 則必可得而序利焉 督以正 義其名 必務寬吾衆 信吾師 以此授諸侯之師 則天下無敵矣 其爲利天下 不可勝數也 此天下之利 而王公大人不知而用 則此可謂不知天下之巨務也.

19) 『墨子』『非攻 下』, 今且天下之王公大人士君子 中情將欲求興天下之利 除天下之害 當若繁爲攻伐 此實天下之巨害也 今欲爲仁義 求爲上士 尙欲中聖王之道 下欲中國家百姓之利 故當若非攻之爲說 而不可不察者 此也.

는 성인의 법칙이다. 지금 제후들의 대부분이 모두 강한 힘으로 침략전쟁을 일삼는 것은 거짓으로 정의를 꾸민 것이다. 그 진면목을 보지 못하는 것은 '보는 눈이 혼란스러워 흑백의 분별을 깨닫지 못하는 자[目亂不知黑白之別]'20)이다.

그는 침략전쟁이 결코 의로운 것이 아닐 뿐만 아니라 결단코 이로운 것도 아님을 폭로한다. 전쟁에서 잃은 손실이 얻은 이득보다 클 것이기 때문에 이득을 얻기 위해 전쟁을 한다는 것은 논리에도 어긋나는 일종의 사기극이라는 것이다. 당시의 침략전쟁은 많이 남은 땅을 더 뺏기 위하여 병사와 백성을 죽이며, 대량의 돈과 재물을 없애면서 하나의 빈 성을 다투는 기만적인 전쟁이라는 것이다.

> "오늘날 실정을 보면 만승(萬乘)의 나라 정도면 비어 있는 성이 수천이 넘으며, 들어가 살 사람이 부족하고, 수만의 넓은 땅은 개척하여 이용할 사람이 없는 실정이다. 그러므로 토지는 남고 인민은 부족한 형편이다. 그런데도 오늘날 인민들을 다 죽여 가며 상하 인민들에게 혹독한 고통을 시키면서 빈 땅과 성을 쟁탈하는 것은 부족한 것을 버리고 남는 것을 더 보태자는 것이니, 이 같은 정치는 나라가 힘쓸 일이 아니다."21)

당시 강대국이었던 초(楚)·월(越)·제(齊)·진(晋) 네 나라는 남는 것이 토지이며 모자라는 것이 인민인데 그들은 도리어 인민의 죽음을 다하려고 빈 성[虛城]을 다툰다는 것이다. 이는 부족한 것을 덜어서 남는 것에 보태는 것이다. 묵자는 이 대국들은 모두 광대한 영토를 점유하고 부족한 것은 오히려 인민들이라고 생각한다. 그러나 그들이 진행하는 공벌전쟁은 부족한 것을 죽이고 남는 것을 다투는 이치에 어긋나는 전쟁이었던 것이다. 이 점을 묵자는 폭로한다.

> "지금 천하에 호전적인 나라로 제나라, 진나라, 초나라, 월나라가 있는데, 만약 이 네 나라들이 야망을 달성한다면, 이들은 모두 백성이 열 배로 늘어날 것이다. 그래도 그들의 땅을 모두 경작하지 못할 것이다. 인민은 부족하고 땅은 남아돌기 때문이다. 그런데도 지금 또 남는 땅을 차지하기 위해 귀중한 인명을 서로 죽이는 것은 곧 부족한 것을 덜어 없애고 남는 것을 더욱 보태는 것이다."22)

---

20) 『墨子』『天志 下』.

21) 『墨子』『非攻 中』, 今萬乘之國 虛城數於千 不勝而入 廣衍數於萬 不勝而辟 然則土地者所有餘也 王民者所不足也 今盡王民之死 嚴下上之患 以爭虛城 則是棄所不足 而重所有餘也 爲政若此 非國之務者也.

22) 『墨子』『非攻 下』, 今天下好戰之國 齊晉楚越 若使此四國者 得意於天下 此皆十倍其國之衆 而未能食其地也 是人不足而地有餘也 今又以爭地之故 而反相賊也 然則是虧不足 而重有餘也.

묵자는 전쟁을 일으키는 쪽도 당하는 쪽 못지않게 피해를 볼 수 있으며, 국가의 근본이 흔들리고 백성들의 생업이 뒤바뀌는 혼란을 초래할 수 있다는 점을 역설한다.

"대저 군대라는 것은 서로에게 이롭지 않다. 군대란 그 본질이 장수가 용맹치 않고, 군사가 분격하지 않고, 병기가 예리하지 않고, 교련이 익숙하지 않고, 군사가 통솔되지 않고, 백성들이 화합하지 않고, 위세가 서지 않고, 포위가 오래가지 않고, 전투가 신속하지 않고, 결속이 강하지 않고, 결심이 견고하지 않으면 우방국의 제후들이 의심하고 머뭇거린다. 우방 제후들이 머뭇거리면 곧 적은 도모할 생각을 일으키고 아군의 의기는 소침케 된다. 그렇다고 이러한 조건들을 모두 갖추어 전쟁을 하려 한다면 국가는 그 본업을 잃게 되고 백성들은 힘쓰던 생업을 바꾸어야 한다. 지금 이런 말을 듣지 않고 공격전쟁을 좋아하는 나라가 만약 조그맣게 군사를 일으킨다 해도 군자는 수백 명, 서인은 수천 명, 졸개는 수십만 명을 동원해야만 출정을 할 수 있으며 전쟁기간은 많으면 수년이 걸리고 빨라야 수개월이 걸린다. 이 동안에 임금은 정치를 돌볼 겨를이 없고, 관리들은 관부를 다스릴 겨를이 없으며, 농부들은 농사지을 겨를이 없고, 부인들은 길쌈할 겨를이 없을 것인즉, 국가는 근본을 잃고 백성은 생업을 바꾸어야 한다. 그리고 또한 수레와 말은 부서지거나 죽고, 장막과 포장 등 삼군의 용품과 갑옷, 무기 등의 군수품들은 5분의 1만 남아도 많이 남는 셈일 것이며 또 길에서 망실되는 것도 셀 수 없이 많을 것이다. 그리고 또 멀리 행군해야 되므로 양식의 보급이 이어지지 않고 음식을 제때에 먹지 못해서 부역자들은 굶주리고 추위에 떨다가 얼어 죽고 병들어 죽어 도랑에 뒹구는 자도 셀 수 없이 많을 것이다. 이러한 전쟁이야말로 인민에게 이로울 것이 없으며 천하에 끼치는 해독은 너무나 큰 것이다."23)

묵자는 진나라의 지백(智伯)이 최종적으로 실패했던 점을 들어 전쟁이 길한 것이 아니고 흉한 것임을 논증한다. 즉 진나라의 맹장 지백이 영토가 넓고 인구가 많은 것을 계산하고 다른 가문들을 공격하여 신속함을 보이고 영웅적인 명성을 얻고자 하였다. 그래서 용맹스런 군사를 뽑아 조직하고 수군과 전차부대를 편성하여 일차로 중행씨(中行氏)를 공격하여 점령했고, 자기 계획대로 된 것을 만족하게 여기고 또 자범씨(茲范氏)를 공격하여 세 가문을 합병하고서도 그치지 않고 조씨 가문[趙襄子]을 진양

---

23) 『墨子』 「非攻 下」, 今夫師者之相爲不利者也 曰將不勇 士不分 兵不利 教不習 師不衆 率不知 威不圍 害之不久 爭之不疾 孫之不强 植心不堅 與國諸侯疑 與國諸侯疑 則敵生慮而意贏 偏具此物 而致從事焉 則是國家失卒 而百姓易務也 今不嘗觀其說好攻伐之國 若使中興師 君子數百 庶人也必且數千 徒倍十萬 然後足以師而動矣 久者數歲 速者數月 是上不暇聽治 士不暇治官府 農夫不暇稼穡 婦人不暇紡績織 紝則是國家失卒 而百姓易務也 然而又與其車馬之罷弊也 幔幕帷蓋 三軍之用 甲兵之備 五分而得其一 則猶爲序疏矣 然而又與其散亡道路 道路遼遠 粮食不繼傺 食飮不時 厮役以此飢寒 凍餒疾病而轉死溝壑中者 不可勝計也 此其爲不利於人也 天下之害厚矣.

에서 포위했다. 이 지경에 이르자 한(韓)씨 가문과 위(魏)씨 가문이 서로 만나 대책을 강구하게 되었다. 서로 말하기를 '옛말에 입술이 없으면 이가 시리다[脣亡齒寒].'라고 했다. 지금 조씨 가문이 아침에 망하면 우리는 저녁에 망할 것이요, 조씨 가문이 저녁에 망하면 우리는 아침에 망할 것이다. …… 이렇게 상의하고 두 나라가 연합하여 조씨 가문이 멸망하기 전에 지백을 공격하기로 했다. 세 가문은 한마음으로 힘을 합쳐 대문을 열고 길을 청소하듯 반격군을 일으켜 밖에서는 원군인 위씨 가문이, 안에서는 조씨 가문이 일어나니 지백은 패퇴하였다.24)

나. 반전평화활동

묵자에게 있어, 평화의 길은 두 가지 길이다. 하나는 이론적인 길이며 다른 하나는 실천적인 길이다. 이론적인 평화의 길은 '서로 사랑하고[兼相愛]' '서로 이롭게 하자[交相利]'는 원칙에서 출발한다. 남의 나라 보기를 자신의 나라 보듯 하고, 남의 집 보기를 자신의 집 보듯 하며, 남의 몸 보기를 자신의 몸 보듯 해야 한다는 것이다. 전쟁을 피하고 평화를 확대시키기 위하여 묵자는 겸애를 근거로 삼아 '일곱 가지 하지 말라[七不]'는 원칙을 제시한다.

> "지금 천하의 선비와 군자로서 의롭게 되고자 한다면 반드시 하늘의 뜻을 따르지 않으면 안 된다. 하늘의 뜻을 순종하는 자는 두루 평등[兼]하고 하늘의 뜻을 배반하는 자는 차별[別]한다. 평등을 도로 하는 것은 의로운 정치[義正]요, 차별을 도로 하는 것은 힘의 정치[力正]이다. 그러면 의로운 정치는 어떻게 하는가? 큰 나라는 작은 나라를 공격하지 않고, 강자는 약자를 모욕하지 않으며, 다수는 소수를 해치지 않고, 지혜로운 자는 어리석은 자를 속이지 않으며, 귀한 자는 천한 자를 업신여기지 않고, 부한 자는 가난한 자에게 교만하지 않으며, 젊은 사람은 노약자를 약탈하지 않는 것이다."25)

---

24) 『墨子』 『非攻 中』, 昔者晉有六將軍 而智伯莫爲强焉 計其土地六博 人徒之衆 欲以抗諸侯 以爲英名 攻戰之速 故差論其瓜牙之士 皆列其舟車之衆 以攻中行氏而有之 以其謀爲旣已足矣 又攻茲范氏而大敗之 并三家以爲一家而不止 又圍趙襄子於晉陽 及若此 則韓魏亦相從而謀曰 古者有語 脣亡則齒寒 趙氏朝亡 我夕從之 趙氏夕亡 我朝從之 …… 是以三主之君 一心戮力辟門除道 奉甲興士 韓魏自外 趙氏自內 擊智伯大敗之.

25) 『墨子』 『天志 下』, 今天下之士君子 欲爲義者 則不可不順天之意矣 曰 順天之意者 兼也 反天之意者 別也 兼之爲道也 義正 別之謂道也 力正 曰 義正者何若 曰 大不攻小也 强不侮弱也 衆不賊寡也 詐不欺愚也 貴不傲賤也 富不驕貧也 壯不奪老也 是以天下之庶國 莫以水火毒藥兵刃 以相害也.

이는 세계 최초의 나라와 나라 간의 관계에 대한 원칙인 것 같다. 이 원칙은 인간 간의 정의를 신장시키고 인류의 이익을 보장하고 사회의 바른길을 지키고 세계평화를 추진하는 위대한 사상이라고 본다. 이 사상은 오늘날에도 현실적인 의의를 지닌다고 생각된다.26)

묵자는 인민을 사랑하고 이롭게 하여 물산을 풍부하게 하는 것이 침공을 막는 유일한 길이라고 주장한다. 노(魯)나라 도공(悼公)이 제나라의 공격이 걱정인데 그것을 막을 방도를 묻자, 묵자는 위로 하느님을 존숭하고 귀신을 섬기며 아래로는 인민을 사랑하고 이롭게 하여 물산을 풍부하게 하며, 외교사령을 겸손하게 하여 사방의 제후들과 예로써 두루 사귀면, 온 인민들이 일어나 제나라의 침략기도를 방어할 것이니 침략의 걱정은 구제될 수 있다고 답한다.27) 또한 제나라가 노(魯)나라를 공격하려 하자 묵지는 제나라 장군 항자우에게 노나라를 공격하는 것은 제나라의 큰 실수가 될 것이라고 말한다. 그리고 옛날 오(吳)나라 왕 부차(夫差)가 사방의 나라들을 공격하다가 결국 자신이 망하게 되었음을 상기시킨다. 공격을 받은 제후들이 원수를 갚으려 하였고 인민들은 전쟁에 지치고 재화를 생산할 수 없었으므로 결국 나라는 망하고 몸은 형벌을 받게 되었다는 것이다. 또한 진나라의 지백 씨가 결국 망하게 되었음을 지적하면서 큰 나라가 작은 나라를 공격하는 것은 서로서로 원수가 되어 해치는 것이므로 그 재앙이 반드시 자기 나라로 되돌아올 것이라고 설득한다.”28)

실천적인 평화의 길을 위해 묵자는 직접 침략전쟁을 펼치려는 제후를 설득하기도 했다. 그 대표적인 사례는 초나라의 송나라 공격을 멈추게 한 것인데, 이는 잠시 뒤에서 소개될 것이다.

묵자는 훌륭한 전쟁무기보다는 정의의 무기가 더 훌륭함을 설득하기도 하였다. 수전(水戰)에 약했던 초(楚)나라에 노나라에서 온 공수자가 배 싸움의 병기로 구양(鉤强＝갈고리)을 만들기 시작했다. 이것으로 퇴각하는 적의 배를 끌어 잡고 또는 후퇴하는 아군의 배를 향해 진격해 오는 적의 배를 밀어낸다. 그것은 갈고리의 장점을 이용하여 병기로 만든 것이다. 초나라는 이 병기를 잘 이용하였고 월나라 군사는 이 병기를 쓰

---

26) 王裕安, 『對墨子 '非攻'之管見』, 王裕安 主編, 『墨子硏究論叢(五)』(齊魯書社, 2001), p.103.

27) 『墨子』『魯問』, 吾願主君之上者尊天事鬼 下者愛利百姓 厚爲皮幣 卑辭令 亟徧禮四隣諸侯 驅國而以事齊 患可救也 非此顧無可爲者.

28) 『墨子』『魯問』, 昔者吳王東伐越 棲諸會稽 西伐楚 葆昭王于隨 北伐齊 取國子以歸於吳 諸侯報其讐 百姓苦其勞而弗爲用 是以國爲虛戾 身爲刑戮也 昔者智伯伐范氏與中行氏 兼三晉之地 諸侯報其讐 百姓苦其勞而弗爲用 是以國爲虛戾 身爲刑戮也 故大國之攻小國也 是交相賊也 禍必反於國.

지 못하였으므로 초나라 군사는 이 갈고리로 인하여 여러 번 월나라 군사를 패퇴시켰다. 공수자는 이 무기의 훌륭함을 칭찬하며 묵자에게 자신은 배 싸움에서 구양을 쓰는데 당신의 의로움에도 무기가 있는가를 묻는다. 묵자는 이에 다음과 같이 답한다.

> "나의 정의의 갈고리는 그대의 배 싸움의 갈고리보다 낫다. 나는 정의로써 갈고리로 삼는다. 사랑으로써 끌고 공경으로써 서로 떨어진다. 사랑으로 끌지 않으면 서로 친애하지 않고, 공경으로 떨어지지 않으면 경망스런 교제가 된다. 너무 허물없거나 친애가 없으면 둘 사이는 빨리 사이가 멀어질 것이다. 그러므로 의를 무기로 쓰면 서로서로 사랑하게 되며 서로서로 공경하게 되므로 서로에게 이로운 것이다. 그러나 그대의 갈고리는 남을 멈추게 하므로 남들도 갈고리로 그대를 멈추게 할 것이며, 그대의 밀대[鑲]는 남들을 밀어내므로 남들도 밀대로 그대를 밀어낼 것이다. 그러므로 서로 갈고리로 끌어당기고 서로 밀대로써 밀어내므로 서로를 해치게 되는 것이다. 그래서 나의 정의의 무기는 그대의 배 싸움의 무기보다 좋은 것이다."[29]

초나라 노양(魯陽)의 문군(文君)이 정(鄭)나라를 공격하려 할 때 묵자는 그 소식을 듣고 전쟁을 중지시켰다. 묵자는 노양문군에게 지금 노양 땅의 경계 안에서 큰 도읍이 작은 도읍을 공격하고 큰 가문이 작은 가문을 공격하여 인민을 죽이고 약탈한다면 어떻게 할 것인지를 묻는다. 문군은 노양 땅 사방 경계 안의 모든 도읍과 가문들이 자신의 신하인데 그들이 서로 공격하고 약탈하였다면 나는 반드시 그들에게 무거운 벌을 내릴 것이라고 답한다. 묵자는 하늘이 천하를 두루 소유하고 있는 것은 임금이 자기 나라 사방을 소유한 것과 같으니 지금 군사를 일으켜 정나라를 공격한다면 하늘의 주벌이 내리지 않겠느냐고 묻는다. 문군은 이에 자신이 정나라를 공격하는 것은 하늘의 뜻을 따르려는 것이라고 주장한다. 정나라 사람들은 3대에 걸쳐 그들의 군주를 죽였으므로 하늘이 주벌을 내려 3년 동안 흉년이 들게 하였으니 자신이 나서서 하늘의 주벌을 도우려 한다는 것이다. 묵자는 3년 동안의 하늘의 주벌로 충분하다고 말하면서, 다시 군사를 일으켜 정나라를 공격하면서 하늘의 뜻을 따르는 것이라고 말하는 것을 비유하여 말한다. 즉 "어떤 사람의 아들이 제멋대로 날뛰며 사람노릇을 못하므로 제 아비가 회초리를 들고 아들놈의 볼기를 매질하는데, 이웃집 사람이 이것을 보고 큰 몽둥이를 들고 덩달아 덤벼들어 때리면서 말하기를 '내가 당신 아들을 때리

---

29) 『墨子』「魯問」, 公輸子善其巧以語子墨子曰 我舟戰有鉤强 不知子之義亦有鉤强乎 子墨子曰 我義之鉤强 賢於子舟戰之鉤强 我鉤强義 鉤之以愛 强之以恭 弗鉤以愛則不親 弗强以恭則速狎 狎而不親則速離 故交相愛 交相恭 猶若相害也 故我義之鉤强 賢於子舟戰之鉤强.

는 것은 당신의 뜻을 따르려는 것이오.'라고 말하는 것과 다를 바가 없다. 도리에 어긋나는 일이다."30)

3. 총력방어론

묵자는 전쟁을 '공벌(攻伐＝침략정벌)'과 '주벌(誅罰＝처벌)'의 두 가지로 구분한다. '공벌'은 한 나라의 영토와 노동력의 지속적인 확대를 목적으로 타국에 대한 침략과 약탈을 감행하는 '공격전쟁'을 말한다. 그것은 불의한 것이니 마땅히 금지되어야 한다. 그러나 '주벌'은 '성인과 같은 군주[聖君]'가 포악한 통치자로부터 민중을 구출하기 위해 불가피하게 취할 수밖에 없는 '처벌'을 말한다. 우(禹)가 유묘(有苗)를 성벌하고, 탕(湯)이 걸(桀)을 정벌하고, 또 무왕(武王)이 주(紂)를 벌한 것 등이 대표적인 사례이다.31) 뿐만 아니라 묵자는 소국(小國)과 소성(小城)을 침략으로부터 지키는 방어전의 철저한 대비를 무엇보다도 강조한다. 그는 당시의 특정한 역사적 조건하에서 군사성을 띠는 학술단체를 만들었다. 묵자는 문도(門徒)들에게 평시에는 일종의 반군사화(半軍士化)된 생활을 하도록 규정하고, 의식주 행동 모두를 엄격하게 제도화했고, 엄밀한 조직기율의 약속을 받았다. 묵자들은 평시에는 학문을 연구하고 각종 사업을 하였으며 일단 전쟁이 일어나면 수시로 수백 인을 모아서 지휘하고 소국 소성의 방어전투에 참여하게 했다. 이러한 전투참여활동이 당시 제자백가들 가운데 묵가만이 가졌던 특색이었다.32) 묵자는 문과 무 양손을 사용하여 대국이 소국을 침입하고 공벌하는 것을 반대하고 소국인민들의 노동성과와 생명재산을 보호하려고 힘썼다. 이 방면의 최고의 전형적인 사례가 초나라의 송나라 공격을 멈추게 한 고사이다.33)

---

30) 『墨子』『魯問』, 魯陽文君將攻鄭 子墨子聞而止之 謂魯陽文君曰 今使魯四境之內 大都攻其小都 大家伐其小家 殺其人民 取其牛馬狗豕布帛米粟貨財 則何若 魯陽文君曰 魯四境之內 皆寡人之 臣也 今大都攻其小都 大家伐其小家 奪之貨財 則寡人必將厚罰之 子墨子曰 夫天之兼有天下也 亦猶君之有四境之內也 今舉兵將以攻鄭 天誅其不至乎 魯陽文君曰 先生何止我攻鄭也 我攻鄭 順於天之志 鄭人三世殺其君 天加誅焉 使三年不全 我將助天誅也 子墨子曰 鄭人三世殺其父 而 天加誅焉 使三年不全 天誅足矣 今又舉兵 將以攻鄭 曰 吾攻鄭也 順於天之志 譬之有人於此 其 子强梁不材 故其父笞之 其隣家之父 舉木而擊之 曰 吾擊之也 順於其父之志 則其不悖哉.

31) 『墨子』『非攻 下』 참고.

32) 孫中原 主編, 『墨學與現代文化』(中國廣播電視出版社, 1977), p.265.

33) 이 고사는 『墨子』『公輸』, 『呂氏春秋』『愛類』, 『戰國策』『宋策』, 『淮南子』『修務訓』 등에

공수반(公輸盤)이 초나라를 위하여 성을 공격할 수 있는 무기인 운제(雲梯)를 만들었는데 그것이 완성되자 송나라를 공격하려고 한다. 묵자가 그 소식을 듣고 제나라를 출발하여 열흘 낮, 열흘 밤을 달려서 초나라 도읍인 영(郢)에 도착하여 공수반을 만난다. 온 목적을 묻는 공수반에게 묵자는 북방에 자신을 업신여기는 사람을 죽여 달라는 부탁을 하러 왔다고 대답한다. 그러나 공수반은 기쁜 얼굴이 아니다. 그러자 묵자는 천금을 주겠다고 약속한다. 공수반은 자신의 의로움은 결코 사람을 죽이는 것이 아니라고 말한다. 묵자는 일어나서 공수반에게 두 번 절하고 말한다. "청컨대 선생의 의에 대해 말씀해 주십시오. 나는 북방에서 선생께서 성을 공격하는 운제를 만들어 송나라를 공격하려 한다는 소문을 들었습니다. 송나라가 무슨 죄가 있습니까? 초나라는 이미 여유 있는 땅을 보유하고 있으며 다만 백성이 부족합니다. 그런데 부족한 인민을 죽여 남아도는 토지를 쟁탈하는 것은 지혜롭다 할 수 없습니다. 또한 송나라는 아무 죄도 없는데 공격한다는 것은 어진 일이라고 할 수 없습니다. 그것을 알고 있으면서 간하지 않는 것 또한 충성이라고 말할 수 없습니다. 간하여 뜻을 이루지 못하는 것은 최선을 다했다고 할 수 없습니다. 적은 사람은 죽이지 않지만 많은 사람을 죽이는 것이 그대의 의로움이라면 사리분별을 안다고 할 수 없습니다." 이에 공수반은 설복된다. 전쟁을 중지하라는 묵자의 청을 받고 공수반은 이미 임금에게 운제로 공격을 하도록 말했다는 이유로 거절한다. 묵자는 공수반의 주선으로 초나라 왕을 뵙고 말한다. "여기 한 사람이 있는데 그는 화려한 초헌을 버려두고 이웃집의 낡은 짐수레를 훔치려 하고, 수놓은 비단옷을 버려두고 이웃집의 천한 갈옷을 훔치려 하고, 기장과 고기는 버려두고 이웃집의 술지게미와 겨를 훔치려 합니다. 이런 사람들은 어떤 사람들입니까?" 초왕은 말한다. "그런 자들은 도둑질하는 버릇이 있는 자들입니다." 묵자가 다시 말한다. "초나라의 땅은 사방 5천 리나 되지만 송나라는 사방 5백 리에 불과합니다. 이것은 화려한 수레와 낡은 짐수레를 비교하는 것과 같습니다. 초나라의 운몽 지방에는 물소나 고라니와 사슴이 가득하고, 강수와 한수에는 물고기, 자라, 악어들이 천하의 부를 이루고 있습니다. 그러나 송나라에는 꿩과 토끼, 살쾡이와 여우 정도로 자원이 없는 가난한 나라입니다. 이것은 기장과 고기를 겨와 술지게미와 비교하는 것과 같습니다. 초나라에는 장송과 무늬 좋은 재나무와 편남나무, 예장나무가 있습니다. 그러나 송나라에는 건축에 쓸 큰 나무조차 없습니다. 이것은 수놓은 비단옷과 천한 갈옷을 비교하는 것과 같습니다. 나로서는 초나라 삼공들이 송나라를 공격하려는 것도

기록되어 있다.

이것과 똑같은 도리라고 생각됩니다. 또 저는 대왕께서 송나라를 공격한다고 해도 대왕의 의로움만 손상시킬 뿐 송나라를 차지할 수 없다는 것을 보여드릴 수 있습니다." 그러나 초나라 왕은 "그러나 공수반이 이미 나를 위해 운제를 만들었으니 반드시 송나라를 취하고 말 것이오."라고 말한다. 그래서 묵자는 공수반을 다시 만난다. 묵자는 그의 수행원들을 풀어 성을 만들게 하고, 통첩을 띄워 성을 방어하는 기계를 만들게 한다. 그런 다음 초나라 왕이 보는 앞에서 묵자는 성을 방어하고 공수반은 운제 등으로 이를 공격하게 한다. 공수반은 공격무기를 바꾸어 가면서 아홉 번이나 공격하였으나 묵자는 아홉 번 모두 그것을 막아낸다. 공수반의 공격용 기계는 다하였으나 묵자의 방어는 여유가 있다. 드디어 공수반은 굴복하고 만다. 공수반은 말한다. "나는 선생께 대항할 수 있는 방법을 알고 있지만 말하지 않겠습니다." 묵자는 응수한다. "나역시 지금 그대의 숨은 계책을 알고 있지만 얘기하지 않겠소." 초나라 왕은 궁금하여 그 까닭을 묻는다. 묵자는 답한다. "공수반의 숨은 계책은 나를 죽이려는 것입니다. 나를 죽여 버리면 송나라를 지킬 사람이 없을 것이니 그때 공격할 수 있다는 속셈입니다. 그러나 나의 제자인 금골리(禽滑釐) 등 삼백 명이 이미 나의 방어무기를 가지고 송나라 성 위에서 초나라의 침략을 기다리고 있습니다. 비록 나를 죽인다 해도 저들을 다 없앨 수는 없습니다." 초나라 왕은 드디어 굴복하고 송나라를 공격하려는 마음을 포기한다.[34]

이 고사는 침략전쟁반대[非攻]와 방어하여 지킴[救守]이 다르지 않음을 보여준다. 침략전쟁을 반대하였지만 이미 그것이 일어났다면 구원하여 지키는 실제행동을 해야 한다. 불의의 전쟁을 제지하기 위해서는 여러 가지 조건들이 요구된다. 우선, 도의상의 우세이다. 전쟁이 일어나기 전이나 진행 중에 더불어 외교방면의 투쟁이 진행된다. 전투가 군사력에 의지한다면 외교전은 도의에 의지한다. 묵자가 공수반과 더불어 초나라 왕과 대화할 때 도의상의 우세를 점했기 때문에 기세상 상대를 압도할 수 있었다. 그 다음으로는, 군사지식과 전술을 숙지해야 한다. 전쟁 시의 외교전은 평상시의 일반적 외교담판과는 다르다. 그 가운데는 군사이론과 군사지식으로 가득하다. 침략전쟁은 종종 군사상의 우세를 이용하여 무서워 떨게 하고, 트집을 잡아 강탈하고, 담판에서도 전투에서 얻을 것으로 생각하는 것을 얻고자 한다. 당하지 않으려면 상대의 군사적 실력을 이해하고 상대의 얼굴을 꿰뚫어 보아야 한다. 이 외에, 구체적인 전술과 전략 그리고 무기장비 방면에서 상대를 대응할 수단이 있어야 한다. 이른바 '전략상으로 적

---

34) 『墨子』 『公輸』 참고.

군을 멸시하고 전술상으로는 적군을 중시한다.'는 원칙이 이런 도리이다. 묵자가 만약 공수반과 더불어 '모형전투(沙盤戰鬪)'에서 승리하지 않았다면 초나라 왕은 송나라를 공격하겠다는 의도를 버리지 않았을 것이다. 다음으로는 가장 중요한 것인데, 물질적인 실력이 억지전의 후방원조(後盾)이다. 도의상 그리고 전술·전략상의 우세도 중요하다. 그러나 이것으로 전쟁광을 냉정하게 만드는 데 부족하다. 약육강식의 세계에서 도의 자체의 역량은 미약하다. 도의적 승리는 항상 정의전의 승리를 통하여 실현되는 것이다. 따라서 정의역량의 강대함이 전제되어야 한다. 묵자가 모형의 공방전에서 승리한 후 상대방은 불의의 거동(＝묵자를 살해하려 함)을 통하여 송나라를 공격하는 전쟁을 하려고 했다. 묵자의 문도들이 이미 성을 지키는 무기들을 가지고 송나라의 성에서 진을 치고 기다리고 있다는 말을 듣고 진정으로 패배를 인정했다. 나라가 약하면 얕봄을 당하는 것이 역사가 반복적으로 입증해 준 사실이다.

묵자는 항상 물질적 역량이 열세인 작은 나라들이 강하고 큰 나라들의 침략에 어떤 방어전을 펼쳐야 하는지를 논의한다. 그는 전쟁이 단순한 물질적인 군사력과 경제력의 싸움이 아니라 더욱 중요한 것은 인력과 인심(人心)의 대결임을 강조한다. 침략전쟁은 침략국의 통치자가 본국의 인민들의 의지에 반하여 일으킨 불의의 전쟁이며 본국 인민들의 피해도 무시할 수 없다. 따라서 인민들은 이런 전쟁에 지구전의 적극성을 가질 수 없다. 반면, 침략을 당한 나라의 인민들은 침략의 최대 피해를 보는 사람들이기 때문에 지속적으로 적극적인 방어를 하게 된다. 그리고 침략국의 군대는 집과 고향에서 멀리 떨어져 있고 모든 것이 익숙하지 않고 환경에 적용하지 못한 상태에서 작전을 한다. 그리고 침략을 당한 국가의 인민들은 침략자에게 반항하는 것은 자기의 고향이며 자기에게 극히 익숙하고 충분하게 적응하는 환경 속에서 작전한다. 이러한 인력과 인심의 강점들이 약소국 침략전쟁을 방어할 때 의지해야 하는 중요한 우세점이다. 묵자는 약소국의 이러한 인력·인심상의 우세점을 충분하게 발굴하여 총력전을 펼친다면 방어전에서 승리할 것이라고 주장한다. 그래서 묵자는 유가(儒家)들의 명정론(命定論)을 반대하고 인민들의 분투노력을 강조한다.

> "옛날 우·탕·문·무께서 천하를 다스릴 때는 반드시 굶주린 자는 먹여 주고, 헐벗은 자는 입혀 주고, 수고로운 자는 쉴 곳을 주고, 어지러운 것은 다스렸으므로 드디어 천하에 빛나는 명예와 훌륭한 명성을 얻었으니, 이를 어찌 운명이라고 말하겠는가? 이것은 그의 노력의 결과인 것이다."35)

---

35) 『墨子』 『非命 下』, 昔者禹湯文武 方爲政乎天下之時 曰必使飢者得食 寒者得衣 勞者得息 亂者

묵자의 방어전 형세는 적군이 많고 아군은 적고, 적군은 강하고 아군은 약하다. 그는 지키는 바의 성의 규모는 '만가를 이끌고 성은 사방 3리이다.'36) '지금 3리의 성과 7리의 외성을 공격한다.'37) 만호(萬戶)는 수만의 인구를 가진다. 적의 공격하는 역량의 규모는 '10만의 무리'이다. "지금 침략전쟁을 하기 좋아하는 나라를 보면 무리가 10만이 된 후에 군대로서 움직인다."38) 묵자는 이런 열세의 상황에서 적의 공격으로부터 성을 수비하기 어려운 조건으로 다음 다섯 가지를 든다.

> "성을 지키지 못하게 되는 다섯 가지 조건이 있다. 성은 큰데 사람은 적은 것이 첫째 지키지 못하는 조건이다. 성은 작은데 사람은 많은 것이 지키지 못하는 둘째 조건이다. 사람은 많은데 식량이 적은 것이 지키지 못하는 셋째 조건이다. 도시가 성으로부터 멀리 떨어져 있는 것이 넷째 지키지 못하는 조건이며, 재물의 축적이 성 밖에 있고 부자들이 성 밖 시골에 있는 것이 다섯째 지키지 못하는 조건이다. 성안에 만 집을 거느리고 있다면 성은 사방 3리는 되어야 한다."39)

이 조건들은 모두 상식적인 것들이지만 소홀하게 여기기 쉬운 것을 강조하고 있다는 점이 중요하다. 묵자는 평상시에 충분한 방어를 준비할 것을 강조한다. 그에게 있어 국방의 대비는 나라에서 가장 중요한 것이다. 그래서 그는 "대비하는 것은 나라의 무거움(=신위)이요, 식량은 나라의 보물이요, 병장기는 나라의 발톱이요, 성곽은 스스로를 지킴이다. 이 세 가지는 나라가 갖추어야 할 조건들이다."40)라고 말한다. 그는 주로 작은 성을 중심으로 펼칠 방어전을 염두에 두고 있다. 그는 수성(守城)의 방법을 말한다.

> "무릇 수비하는 방법은 성은 두텁고 높아야 하며 해자나 못은 깊고도 넓어야 하며 망루가 잘 수리되고 지킬 기구들이 잘 수리되어 있고 연료와 식량은 석 달 이상을 지탱하기에 충분하며 인원은 많고도 잘 갖추어져 있고 관리와 백성들이 잘 어울리고 대신에는 임금에게 공로가 있는 사람들이 많으며, 임금은 믿음과 의로움을 지니고 있고 만민들은 무한히 즐기고 있어야 한다. 그렇지 않으면 부모의 무덤이 있으면 좋다. 그렇지 않으면

得治 遂得光譽令問於天下 夫豈可以爲命哉 故以爲其力也.

36) 『墨子』 『雜守』, 率万家而城方三里.

37) 『墨子』 『非攻 中』, 今攻三里之城 七里之郭.

38) 『墨子』 『非攻 下』, 今觀好攻伐之國 徒十萬 然後足以師而動也.

39) 『墨子』 『雜守』, 凡不守者有五 城大人少 一不守也 城小人衆 二不守也 人衆食寡 三不守也 市去城遠 四不守也 蓄積在外 富人在虛 五不守也 率萬家而城方三里.

40) 『墨子』 『七患』, 備者國之重也 食者國之寶也 兵者國之爪也 城者所以自守也 此三者國之具也.

산과 들과 숲과 못에서 풍부한 산물이 나면 좋다. 그렇지 않으면 지형이 공격하기는 어렵고 지키기는 쉽게 되어 있으면 좋다. 그렇지 않으면 곧 적에게 깊은 원한이 있거나 임금에게 큰 공이 있으면 좋다. 그렇지 않으면 곧 시상이 분명하여 신용이 있고 형벌이 엄하여 두려워하기에 족하면 좋다. 이상 열네 가지가 갖추어져 있으면 곧 백성들도 윗사람들을 의심하지 않으며 그런 다음에는 성을 지킬 수 있다."41)

그런데 성을 지키는 조건으로서 여러 가지 방비할 준비가 잘되어 있어야 하지만 수비를 담당할 인재의 등용도 무엇보다 중요하다고 주장한다.

"우리 성과 해자가 잘 수리되었고 수비하는 기구들이 다 갖추어졌고 땔감과 식량이 충분하고 위·아래가 서로 친하게 지내며 또 사방 이웃 제후들의 구원을 받는 것, 이것이 성을 지키는 조건이다. …… 지키는 사람이 반드시 훌륭하고 임금은 그를 존중하여 등용해야 한다."42)

그리고 묵자는 성안의 모든 인민들의 잠재적인 역량을 총동원하여 방어전에 임할 것을 강조한다. 우선, 그는 남녀노소를 막론하고 인력을 총동원할 것을 주장한다. 그는 만 호가 거주하는 작은 성에서 10만의 적군을 방어하는 군사조직을 다음과 같이 설명한다.

"적이 10만 명의 무리로 대오를 이루어 공격하는데 공격은 네 가지 부대를 넘지 못한다. 상 부대는 넓이가 5백 보이며, 중 부대는 3백 보이며 하 부대는 150보이다. 모두 150보에 부족하다. 그래서 지키는 쪽은 이롭고 적은 해롭다. 넓이 5백 보의 부대에는 젊은 남자가 천 명, 젊은 여자가 2천 명, 노인과 어린이가 천 명, 무릇 4천 명으로써 충분히 대응할 수 있다. 이것은 수비대의 숫자이다. 노인과 어린이 등 일하지 않는 자로 하여금 성 위에서 지키고 공격부대를 상대하지 않게 한다."43)

---

41) 『墨子』『備城門』, 凡守圍之法 城厚以高 壕池深以廣 樓棲修 守備繕利 薪食足以支三月以上 人衆以選 吏民和 大臣有功勞於上者多 主信以義 萬民樂之無窮 不然父母墳墓在焉 不然山林草澤之饒足利 不然地形難攻而易守也 不然則有深怨於敵而有大功於上 不然則賞明可信而罰嚴足畏也 此十四者具 則民亦不疑上矣 然後城可守.

42) 『墨子』『備城門』, 我城池修 守器具 樵粟足 上下相親 又得四隣諸侯之救 此所以持也 …… 守者必善而君尊用之 然後可以守也.

43) 『墨子』『備城門』, 客攻以遂(＝隊) 十萬之衆 攻無過四隊者 上術(＝隊)廣五百步 中術三百步 下術百五十步 諸不盡百五十步者 人利而客病 廣五百步之隊 丈夫千人 丁女二千人 老小千人 凡四千人而足以應之 此守術之數也 使老小不事者 守于城上不當術者.

여기서 소개되는 하나의 방어전투부대는 4천 명으로 구성된다. 이 4천 명의 부대 중 젊은 남자는 젊은 여자에 비해 천 명이 적다. 이는 따로 예비대, 돌격대, 자살특공대, 각급 부대장 호위대, 각종 기술부대 등을 남자 장정들이 담당하기 때문이다. 이 4천 명의 수비군 외에 기타 조직들이 있다.

> "(성 아래에서의) 지키는 법으로는 5십 보에 장부 10명 정녀 20명, 노소 10인, 계산하면 5십 보에 40명이 있다. 성 위에는 누를 지키는 병사가 1보에 1인이 있고 20보에 20인이 있다. 성이 작고 큼에 따라 같은 비율로 배속된다. 이에 충분히 지키고 방어할 수 있다."44)

이렇게 계산한다면 하나의 '만가(萬家)의 읍, 천 길의 성'에는 수비군 3천여 명이 요구된다. 이 외에 또한 성안에는 각 곳에 수비와 순찰과 각종 후방활동의 인원들을 고려한다면 성에 거주하는 인민들 모두를 총동원하여 전 성의 백성들 모두 병사가 되지 않는다면 감당할 수 없을 것이다. 광범하게 조직된 부녀자들의 전쟁 참여가 묵자 조직의 적극적 방어전의 하나의 특색이다. 무릇 천 명의 젊은 여자들이 집합의 북소리를 듣고 일제히 자기 수중의 살림살이를 벗어놓고 각 집과 호를 따라 성 위의 보초서는 곳으로 모여든다. 속도도 빨라야 하고 질서도 있어야 한다. 그래서 남자는 좌측 여자는 우측 길을 나누어 행하도록 요구한 것이다.45) 그리고 "젊은 여자들과 노인과 어린이 각각 하나의 창을 지닌다."46) 여자 병사와 남자 병사는 똑같이 무기를 직접 들고 전투에 참여한다. 여군단은 특별한 군기표지를 가진다. "성을 지키는 법에 여자는 자매의 군기를 가진다."47) "남녀는 모두 옷과 휘장을 달리하여 남녀를 알아볼 수 있다."48) 남녀 병사는 각각 같지 않은 군복을 입고 같지 않은 휘장을 달아서 남녀 병사로 하여금 쉽게 분별되게 하며, 관리를 편리하게 하고 엄숙한 군풍기를 지니게 하기 위함이다. 여자 병사들이 용감하게 전투에 참여하면 남자 병사와 마찬가지로 상을 받는다.

전국시대 남자의 병역은 15세부터 60세까지 부과되었다. 앞에서의 4천 명 중 노인과 어린이 1천 명에서 노인은 60세 이상의 노인이며 어린이는 15세 이하의 아동을 가리킨다. "5척의 어린이는 어린이 부대가 된다."49) 어린이들도 전용의 군기를 가진

---

44) 『墨子』『備城門』, 守法 五十步丈夫十人 丁女二十人 老小十人 計之五十步四十人 城上樓卒率 一步一人 二十步二十人 城小大以此率之 乃足以守御.

45) 『墨子』『號令』, 女子到大軍 男子行左 女子行右.

46) 『墨子』『號令』, 丁女子 老少 各一矛.

47) 『墨子』『旗幟』, 守城之法 女子爲姉妹之旗.

48) 『墨子』『旗幟』, 男女皆辨異衣章徽 令男女可知.

다. 위에 아동의 형상을 그린다. 노인들의 군기도 대개 위에 노인의 형상을 그린 것으로 추측된다.

다음에는, 모든 백성들의 기술들을 총동원할 것을 주장한다. 각종 직업을 가진 사람들과 각종 장기를 가진 사람들을 모두 철저하게 동원하여 그 장점을 사용하고 각각에게 직책을 나누어주어 총력으로 투쟁할 수 있는 군대조직을 만들어야 한다고 주장한 것이다.

> "현명한 대부와 의술이나 복술(卜術)이 있는 사람과 공인(工人)들은 관에서 급양한다. 모든 백정들과 술장수들도 요리장에 두고 일을 시키면서 관에서 급양한다. 성을 지키는 방법으로는 현사(縣師＝군대 안에서 대장군의 명령을 받아 군사들을 단속하고 여러 장비들을 관리하는 지방관)가 일을 도맡아 본부를 나가 해자와 방축을 돌아보고 사방으로 통하는 길을 막는다. 성을 수리함에 있어서는 모든 관청에서 재물을 함께 부담하고 모든 공인들이 일을 하게 한다. 대장군인 사마(司馬)는 성을 시찰하며 군사의 대열을 정리한다."50)

지식인들에게 일정한 직분을 배분할 뿐만 아니라 백정이나 술장수까지 군대에 종사하게 한다. 그리고 특정한 기술을 가진 사람들은 그 장기를 사용할 수 있도록 철저하게 준비시킬 것을 강조한다.

> "적군이 구멍을 파고서 공격해 오면 우리 편은 급히 혈사(穴師)로 하여금 군사들을 선택하여 적을 맞아 구멍을 파게 하며 이런 일에 대비하여 짧은 쇠뇌를 준비하였다가 이들에게 응전해야 한다."51)

여기서 '혈사'란 동굴을 파는 기술자이다. 이 밖에도 '옹기장이'나 '풀무질을 익힌 자' 등 각종 기술자들의 장기를 사용하게 하여 군사시설의 설치나 각 특수전투방식의 수행을 돕게 한다. 그는 아울러 사람들로 하여금 자기가 잘하는 일을 맡게 하면 천하의 모든 일이 합당해지고, 사람들의 나누어 맡은 직분이 고르면 천하의 모든 일이 뜻대로 되며, 사람들이 좋아하는 일을 모두가 하게 한다면 천하의 모든 일이 갖추어질 것이며, 강하고 약한 사람들이 분수에 따라 일을 하게 되면 천하의 모든 일이 이루어질 것이라고 주장한다.52)

---

49) 『墨子』『旗幟』, 五尺童子爲童旗.

50) 『墨子』『迎敵祠』, 收賢大夫及有方技者與工 第之 舉屠酤者 置廚給事 第之 凡守城之法 縣師受事 出葆循溝防築 薦通塗 脩城 百官共財 百工卽事 司馬視城 脩卒伍.

51) 『墨子』『備城門』, 敵人爲穴而來 我急使穴師選士 迎而穴之 爲之具內弩以應之.

실로 묵자의 일생은 억압과 착취에 시달리는 백성들을 위한 삶이었으며, 스스로 평생을 목수로서 노동을 하면서 지배계급의 절검(節儉)과 반전운동을 조직적으로 전개한 삶이었다. 그는 침략전쟁을 반대하면서도 방어전을 철저하게 준비할 것을 주장하였으며, 몸소 그런 주장을 실천에 옮겼다. 특히 '묵자의 지킴[墨守]'이라는 말이 있을 정도로 그의 방어전의 준비는 철저했다. 그는 한마디로 '전투적 평화주의자'53)였다고 볼 수 있다.

4. 맺음말: 국가안보적 함의

이라크전쟁과 우리나라의 이라크 파병을 둘러싸고 전쟁의 정의에 관한 논의들이 활발하게 진행되고 있다. 이 전쟁이 침략전쟁이냐 아니냐의 문제가 그 논의의 중심이 되고 있는 것 같다. 여기서 간단하게 그 판단을 내릴 수는 없는 일이지만, 적어도 약 2천5백 년 전의 침략전쟁에 대한 묵자의 관점이 이라크전쟁의 실상을 이해하는 데 도움을 줄 수 있을 것이라고 생각한다. 전쟁은 그것을 일으킨 나라나 그것을 당한 나라나 엄청나게 참혹한 피해를 가져다준다는 점은 당시나 지금의 이라크전쟁에서나 여실히 드러난다. 군사적 강대국이 반드시 약소국을 쉽게 이길 수 있는 것은 아니라는 묵자의 교훈은 베트남전쟁에 이어 이라크전쟁에서도 실증해 보이고 있다. 그리고 전쟁은 반드시 도덕적 우세 속에서만 승리할 수 있다는 사실 역시 이라크전쟁에서 전쟁의 명분을 찾기 위한 미국의 노력들이 잘 설명해 준다. 또한 전쟁이 단순한 군사력이나 물질력의 대결만이 아니라 인력과 인심의 대결이라는 묵자의 주장은 지금에도 사실로 확인되고 있다. 뿐만 아니라 전쟁은 고도의 기만적인 전술들이 난무한다는 사실도 이라크전쟁을 전후하여 보도된 각종 뉴스들을 통해 입증할 수 있다. 전쟁의 참혹성과 기만성은 오히려 현대전의 경우 더 심하다고 볼 수 있을 것이다.

또한 지금 세계 각 곳에서는 반전운동의 물결이 거세게 일고 있다. 우리의 경우에도 예외가 아니다. 우리나라에서 반전론이 확산되고 있다는 사실 자체는 상당한 주목을 받을 만하다. 왜냐하면 지금까지 우리나라에서는 전쟁에 대해 국민들의 광범위한 의견이 제기되었던 적이 없기 때문이다. 전쟁을 반대한다는 의견의 집단적 분출은 우리가 이제 냉전적 이데올로기에서 차츰 벗어나고 있음을 의미할 수 있다고 생각한다.

---

52) 『墨子』「雜守」, 使人各得其所長 天下事當 鈞其分職 天下事得 皆其所喜 天下事備 强弱有數 天下事具矣.

53) 秦彦士, 『墨子考論』(巴蜀書社, 2001), p.243.

물론 침략전쟁은 어떤 명분이나 논리를 가지고서도 옹호될 수 없다. 그것을 결단코 반대해야 한다. 오늘날의 반전운동의 논거 역시 약 2천5백 년 전의 묵자의 그것과 별 다른 점은 없다고 본다. 그런데 지금 우리나라에서 전개되고 있는 반전론은 인도주의 적인 입장에서 모든 전쟁을 반대하는 원칙적 반전론이 있는가 하면, 국익의 차원에서 반대하는 전략적 반전론까지 실로 그 범위는 넓다. 문제는 모든 전쟁을 반대하려는 이상주의적 반전론이라고 본다. 그들의 주장처럼 모든 전쟁이 사라질 수 있다면 얼마 나 좋을까? 그것은 너무 이상주의적 발상이다. 전쟁이 일어나지 않은 세계의 모습은 여태까지 본 적이 없었고, 앞으로도 보기 힘들 것이다. 자칫 이상주의적 반전론이 전 쟁에 대한 경각심을 불식시켜, 그것이 다른 침략전쟁의 빌미를 제공한다면 얼마나 큰 불행일까? 평화는 그것을 지킬 힘을 가질 때에만 주어진다는 점을 잊어서는 안 될 것 이다. 국익 차원에서의 전략적 반전론 역시 문제는 있다. 묵자의 지적대로 전쟁을 하 면서 이익을 얻는다는 것은 기만에 불과하다. 전쟁의 양 당사자는 전쟁을 통해 너무 나 많은 것을 잃게 될 것은 자명하다. 베트남전쟁도 이라크전쟁도 이 점을 잘 보여주 고 있지 않는가?

필자는 반전평화론이 아니라 묵자의 '전투적 평화론'을 옹호하고자 한다. 철저하고 총력적인 준비를 통한 평화의 구축을 주장하고자 한다. 우리는 외국에서 직수입된 이 념으로서의 반전론을 대중의 지지를 넓게 받지 못할 것으로 본다. 어느 나라든 자신 의 역사를 가진다. 우리의 역사적 경험을 통해 우리 민중들의 마음속에서 우러나오는 현실적 반전론이어야 할 것이다. 우리는 일제 제국주의의 침략을 당한 뼈아픈 역사를 가졌던 바 있으며, 한국전쟁을 통해 전쟁의 잔혹성을 누구보다도 뼈저리게 경험했으 며, 남북이 이데올로기적으로 분단된 채 군사적으로 대치한 상태에서 전쟁의 위협이 가장 높은 곳에서 살고 있으며, 월남전에 참전했던 경험도 가지고 있다. 이 모든 우리 의 역사적 경험들을 바탕으로 전쟁의 의미를 되새겨 보는 작업이 반드시 선행되어야 할 것이다. 그러한 작업 위에 세워질 우리의 관점은 아마 묵자의 '전투적 평화론'이 아닐까 생각한다. 지금의 반전론 특히 젊은이들 사이에서의 반전론 확산은 국가안보나 국방의식의 해이를 가져올 가능성이 너무 높다. 총력안보태세의 확립이 다시 강조되어 야 할 것으로 생각한다.

묵자의 '전투적 평화론'과 관련하여 또 한 가지 중요한 점은 국가안보 중심의 안보 개념을 바꾸어야 한다는 것이다. 오늘날의 국가안보는 개인안보와 국제안보와 절대로 무관하게 생각할 수 없다. 국민 개개인의 안보를 보장할 수 없는 국가안보는 아무런 의미가 없기 때문이다. 국가안보를 빙자하여 인간의 존엄성, 생존권, 기본권 그리고 행복추구권이 무시된다면 이러한 국가안보에 대하여 국민들은 심각한 회의를 느끼게 될 것이다. 백성들이 전쟁에 일상적으로 동원되었던 묵자의 시대에는 누구를 위해서, 무엇을 위해서, 자신들의 귀중한 생명을 회생해야 하는지도 모르면서 전쟁터에서 희생되어 갔다. 월남전에서나 지금의 이라크전쟁에서나 국가안보의 이름으로 미국의 젊은 이들은 희생되고 있다고 보아야 한다. 그리고 미국 국민들이 수많은 경제적 부담을 지고 있다고 보아야 한다. 미국에서의 반전물결은 국민들 개인안보와 부합하지 못하는 국가안보는 국민들이 용납하지 않음을 보여주는 것이라고 생각한다. 묵자는 2천5백년 전에 이미 국가나 정권의 안보보다는 인민의 안보가 중요함을 역설했던 것이다. 그는 백성을 두루 사랑하고[兼相愛] 백성을 이롭게 하는 것[交相利]을 모든 것의 출발점으로 삼았던 것이다.

참고문헌

[1]

『墨子』
『孟子』
『韓非子』
『呂氏春秋』

[2]

孫中原 主編, 『墨學與現代文化』(中國廣播電視出版社, 1977)
宋榮培, "제자백가의 다양한 전쟁론과 그 철학적 문제의식(Ⅱ)", 檀國大學校 東洋學研究所,
　　　『東洋學』 第29輯(1999. 6.)
王裕安, "對墨子 '非攻'之管見", 王裕安 主編, 『墨子研究論叢(五)』(齊魯書社, 2001)
秦彦士, 『墨子·考論』(巴蜀書社, 2001)

제3장 국가보훈정신의 이념과 원리

김진만*

1. 머리말

세계 대다수의 국가는 보훈정신(報勳精神)을 통하여 그 나라 국민의 가치관(價値觀)을 올바로 정립하고 정서적(情緒的)·의지적(意志的) 통합을 지향한다. 그러한 점에서 보훈정신은 보편적으로 수용되는 의식 혹은 관념이라고 할 수 있다. 우리나라도 여기서 예외가 아닐 수 없다. 하나의 국가가 주권국가로 존립하면서 민족문화(民族文化)를 꽃피우고, 번영과 발전을 누리고 있다는 것은 한 역사의 과정에서 국가를 위해 헌신한 순국선열(殉國先烈)과 국가유공자(國家有功者)의 고귀한 희생(犧牲)과 공훈(功勳)이 있었기 때문이다. 보훈은 그 자체로 국민적·민족적 정체성을 공유하고 발전시키기 위한 고도의 기능을 수행하게 된다. 국민적·민족적 정체성이란 개인이 국민적 의지를 대표하는 국가와 혈연적·문화적 공동체인 민족에 대하여 충성을 바치고, 유사시에 기꺼이 희생할 수 있는 정신적 토대이다. 이러한 정신적 토대를 굳건히 하기 위해 세계 각국은 국가와 민족을 위해 헌신(獻身)한 희생자의 명예와 경제적 지원, 사회적 예우에 대한 문제를 책임지고 있다. 보훈은 국가·민족공동체를 위하여 헌신한 유공자의 그 희생정신을 계승 발전시켜 그것을 국민적 통합과 국가 발전의 정신적 토대로 삼는다는 점에서 국가의 백년지대계로서 무엇보다도 막중한 국가사업이다. 그러나 이러한 인식에 비해 우리나라에서는 아직도 보훈정책이나 제도는 여전히 미숙한 실정이다.

최근의 한 연구조사에서 우리나라의 현 초등학생들이 전쟁과 같은 국가 위기 시 국가의 안위보다는 자신의 안위를 먼저 생각하는 경향이 있는 것으로 조사1)된 사실을

---

* 육군3사관학교 윤리학과 교수. 이 장의 내용은 필자의 다음 원고를 보완·발전시킨 것이다. 김진만, "국가보훈정신의 이론적 기반 탐색", 2004년도 보훈학회('04. 6. 4.) 발표
1) 홍성현, "초등학생의 호국·보훈의식 확산을 위한 실증적 방안 연구 — 나라사랑 도우미 제도

비롯하여, 젊은 계층은 보훈대상자를 존경·감사의 대상으로 인식하지 않는 경향이 이를 잘 뒷받침해 주고 있다. 뿐만 아니라 국가 위기 시 본인참여 및 가족참여 권유의 향을 묻는 설문에 젊은층, 고학력일수록 참여의사가 별로 없거나 전혀 없다고 응답했다[2]는 사실은 우리 국민들의 정신세계에 심각할 정도로 이기주의적이고 비이성적인 세태가 만연되어 있는 것이 아닌가 하는 의구심마저 들게 한다. 무릇 국민들의 건전한 가치관이 국가의 장래를 보장하고 후대의 번영을 약속한다. 이기주의적 가치만을 추종하는 현실에서 국가와 민족을 위한 희생과 헌신은 기대하기 어렵다. 개인의 희생과 헌신이 있을 수 없다면 유구한 역사 속에 이어져 오던 국가·민족공동체는 그 발전은커녕 그 존속조차도 보장하기 어려울 것이다. 국가와 민족의 존속과 나아가 번영을 위하여 개인의 자발적 희생과 헌신은 당연히 요구되는 것이며, 이를 위한 국민의 정신적 결집 및 교육의 기제로 국가보훈정책이 집행된다.

보훈정책에 관한 제도의 수립과 집행 시 우리가 유념해야 할 것은 그 정책과 제도가 궁극적으로 지향하는 목적에 대해 고려해야 한다는 사실이다. 만약 보훈정책 등을 통해 어떤 가치의 실현을 바란다면 이는 가시적 측면의 정책 자체에 의미가 있는 것이 아니기 때문에 가시적인 정책보다는 그 내면의 정신에 더 관심을 가져야 할 것이다.

국가와 민족, 사회를 위해 헌신한 업적에 대해 인정하고 보답하는 일에 최고의 가치를 부여하는 것이 보훈정신으로 가정한다면, 그 보훈정신에서 추출할 수 있는 도덕적 가치 기준은 정의(正義)나 의무(義務) 등의 덕목이 아닐까 한다. 그럼에도 불구하고 국가·민족공동체를 위한 헌신 자체가 도덕적으로 선(善)임은 두말할 나위 없으나 그에 대한 보은(報恩)하는 정신은 사실 도덕적 가치인지 아니면 응당한 조처(措處)에 불과한지는 보는 시각에 따라 다르게 평가될 수 있다. 기존의 연구에서도 '국가보훈적인 어떤 것'에 대한 개념 접근은 각 학문의 영역에 따라 보는 학자들마다 다양하게 나올 수 있다고 보았다. 예를 들어 그것이 도덕적인가 혹은 비도덕적인가, 효율적인가 혹은 비효율적인가, 정당한가 혹은 부당한가, 많으면 좋은가 혹은 적으면 좋은가, 국가만이 가지는가 혹은 국가 이외 것도 가지는가, 제도적인 것만 보는가 혹은 비제도적인 것도 보는가 등은 다양한 생각과 접근법이 제시될 수 있다. 한 걸음 더 나아가 생각해서 보훈에 대해 보다 더 근본적인 차원에서 인식할 경우 그 정당성(正當性)이

를 중심으로 - ", 『報勳學術論文集』, 국가보훈처, 2003, p.33.

2) 배경화, "상징정책으로서 국가보훈정책의 실질정책화를 위한 효율적인 운영 방안에 관한 연구", 『報勳學術論文集』, 국가보훈처, 2003, p.354, 리서치&리서치 실시, 『국민보훈의식 여론조사』 결과 인용에서 발췌.

나 효과성(效果性)에 대해 이의나 의문을 제기한 사례는 매우 찾기 힘들다. 그 이유는 보훈적 활동 자체가 지극히 당연한 선(善)으로 승인되어 왔고 동시에 자명(自明)한 원리로 누구에게나 받아들여졌기 때문이다. 어쩌면 이와 같은 사실 때문에 그 정당성과 효과성은 아예 처음부터 논의 자체가 무익한 것으로 판단되어 연구대상에서 제외되어 왔는지도 모른다. 그러나 어느 분야이든 그 분야의 본격적인 발전은 철저한 이론적 분석을 토대로 하지 않으면 기대하기 어렵다.

물론 그간 국가보훈에 관한 학술적·이론적 연구가 없었던 것은 아니다. 비록 보훈에 관한 학문체계가 맹아(萌芽) 단계라고 할 수 있겠지만 그동안의 선학(先學)들의 연구도 괄목할 만하다는 데는 이론의 여지가 없다. 그간의 보훈 관련 연구는 주로 행정학, 정책학 분야에서 접근이 이루어져 왔다. 보훈정책 자체가 국가의 사회복지정책의 일환으로, 또한 국가보훈제도는 사회복지제도의 일환으로 간주되어 보훈의 학제적(學際的) 논의는 주로 사회복지학의 기능주의(機能主義)와 갈등이론(葛藤理論) 차원에서 연구·논의되어 왔다.3) 그러나 앞서 지적한 바와 같이 보훈이 어떤 가치를 지향하는 이념적인 것이라면 그 외형적인 제도나 정책에 관한 연구보다는 보다 관념적이고 본질적인 접근이 필요하다. 다시 말해서 그동안의 보훈학(報勳學) 관련 연구는 보훈정책이나 제도가 국가 운영의 주요 시책임을 인정하면서도 그 본질적 측면에서의 보훈정신에 대한 연구는 상당히 미흡한 편이라 하겠다.

따라서 본 연구는 보훈정책이나 제도 그리고 보훈문화의 연구에 있어서 초석(礎石)이 되어야 할 보훈정신 연구의 지평을 여는 계기를 마련하고자 한다. 이는 보훈정신의 완전한 모습을 본 연구에서 담아내겠다는 의미가 아니라 보훈정신과 연계시켜 볼 수 있는 학계의 제 이론들을 발췌하고 분석·정리함으로써 향후 이 분야의 보다 심도 깊은 연구와 논의의 장을 여는 발의의 기회로 삼겠다는 의미이다. 보훈정신은 관념적·심리적 현상이며 가치를 지향한다는 점에서 심리학적·윤리학적 접근을 통해 그 이론적 근거를 모색해야 할 것으로 보이며, 그에 앞서 논의에 관련된 이론의 발췌를 위한 단서는 보훈·보훈정신의 개념을 분석하고 통찰하는 단계를 통해 찾고자 한다.

기존의 보훈 관련 연구는 크게 경험적·실증적 접근방법과 규범적·처방적 접근방법이라는 두 개의 기본적인 경향을 보여주고 있다. 경험적·실증적 접근방법(經驗的·實證的 接近方法, empirical－positive approach)이란 존재(sein)에 관한 연구로서 있는 그대로의 사실(fact)의 파악을 주요 목적으로 삼아 가설을 설정한 후, 어느 정도 통제

---

3) 유영옥, "보훈이념의 체계화: '보훈학'의 개념정립과 '연구방법론'", 한국보훈학회 창립기념 학술세미나, 한국보훈학회, 2002. pp.24－27.

된 실험이나 관찰을 거쳐 가설을 검증하는 과학적인 방법을 사용하여 법칙이나 이론을 발견하는 것을 중시하는 접근방법이다. 이에 비해 규범적·처방적 접근방법(規範的·處方的 接近方法, normative－prescriptive approach)이란 당위(sollen)에 관한 연구로서, 사실(fact)보다는 가치(value)와 규범(norm)의 문제를 대상으로 삼아 어떻게 하는 것이 옳은 것인지 어떤 것을 정책의 목표로 삼아야 하는지 등을 결정하는 것들이 이에 속하는데, 이 방법은 많은 경우에 있어서 경험적·실증적 접근방법에서 사용하는 과학적 방법에 의한 연구결과를 수단이나 바탕으로 삼아 연구하게 된다. 이와 같은 두 개의 접근방법 중 규범적·처방적 접근방법이 주로 그동안 보훈과 관련된 연구에서 주로 활용되는 연구경향을 보여주고 있다.4) 본 연구에서도 보훈정신을 윤리학적 측면에서 어프로치한다면 그것이 당위적 가치와 규범적인 요소를 지향한다는 점에서 규범학적 접근법을 적용해야 하나, 심리적 과정에서 보훈정신을 이해한다면 경험적·실증적 연구결과를 토대로 기술해야 할 것이다.

2. 보훈·보훈정신의 본질과 이념적 지향

보훈정신 자체가 분명히 정의적(情意的, affective) 태도 형성에 영향을 미치기는 하지만 인지적(認知的, cognitive) 측면에서 어프로치되어야 하는 이유는 보훈정신의 기저에 흐르는 이성적 논리가 무엇인가에 대한 규명이 보훈학의 체계 정립의 관건이기 때문이다. 보훈정신 안에 내재된 관념은 도덕적 가치를 추구하고 교육적 효과를 의도하여 때로는 인간의 정서적 측면에 더 의존하고 있기도 하지만 그것이 '왜 그렇게 해야 하는가?'의 문제를 논하게 될 때는 철저히 현실에 대한 기술(description)과 분석(analysis)이 선행되어야 할 것이다.

가. 보훈·보훈정신의 개념적 정의와 본질적 성격

우리가 '보훈(報勳)' 혹은 '보훈정신'을 논하기 위해서 가장 먼저 해야 할 일은 아무래도 그 개념을 정의하는 일이어야 할 듯하다. '보훈'이라는 말 안에 담겨진 의미 속에서 그 다양한 정책적 행위의 근거와 당위성의 단서를 찾아낼 수(getting a clue)

---

4) 위의 글, pp.40－41.

있을 것으로 기대하기 때문이다. 사물의 명확한 정의는 그 사물의 본질에 대한 파악에 있어서 애매성과 모호성을 제거하여 올바른 논증을 유도하는 첩경이기도 하다. 우선 사전적 의미 파악에서부터 목적과 기능을 통한 본질에의 접근까지 그 정의에 대한 분석적 탐색을 통해 본 연구에서 논의하고자 하는 방향이 분명해질 것으로 기대한다.

'보훈'은 한자어의 뜻만으로는 단순히 '공훈(功勳)을 되갚다'는 의미이고, 일반 국어사전에서도 '공훈에 대한 보답'의 의미로 설명되고 있는데, 그것의 보다 상세한 사전적 정의는 현재 우리나라 보훈업무의 주관부서라고 할 수 있는 국가보훈처에서 내린 정의라고 할 수 있을 것이다. 국가보훈처에서는 보훈을 "자신의 몸을 던져 부모형제와 이웃 그리고 조국을 지키고 빛낸 분들의 영광을 국민의 이름으로 더욱 높이고 그 은혜에 보답하는 것"으로 정의하고 있다. 유영옥은 보훈을 국가란 단어와 결합시켜 '국가보훈'이란 조어(造語, coined word)를 사용하고 있는데, 그는 국가보훈에 대하여 "국가 기능의 차원에서 국가와 민족, 사회를 위해 공헌하거나 희생한 분들에 대한 보답과 예우를 통해 국가의 정체성 확립, 국민공동체의 유지·발전, 안보역량의 강화, 국가사회 발전의 추동 등에 대한 정신적·물질적 토대를 구축하는 기반"이라고 그 의미를 부여하였다. 이러한 의미에서 볼 때 국가보훈이란 '국가를 위한 헌신적 공헌에 대한 보답'이라 한 뜻과 행정의 기능적 어의를 내포한 말로 영문으로는 'National Merit Reward'로 표기하고 있다. 개인과 개인 간의 관계에서의 보은(報恩) 혹은 보답(報答)의 관념이 나라와 민족, 사회를 위해 큰 공을 세우거나 스스로를 희생한 사람들에 대한 보은, 보답으로 연장된 개념이다.

보훈의 의미는 시공의 변화에 따라 동태적으로 파악되기도 한다. 보훈제도와 관련된 우리의 역사에서 보더라도 국가보훈의 개념은 삼국시대, 고려시대, 조선시대, 해방 이후 오늘에 이르기까지 각각 다르게 사용되어 왔다. 신라시대에는 호국정신과 효성(孝誠)의 고취, 고려시대에는 국가 개창 및 삼국통일의 기여와 국왕에 대한 충성, 조선시대에는 호국과 충성으로 그 상징적 의미가 조금씩 변모되어 왔다. 또한 외국의 경우와 비교해도 국가보훈의 개념은 각국의 입장에 따라 국민의 충성심 유도, 국가의 명예심 고취, 국민의 애국심 함양, 국민의 단합 호소, 전쟁의 참전 유도 등 다양한 의미로 상징화시켰다.5) 이러한 동태적인 파악에서도 보훈의 본질적 의미는 압축하여 설명될 수 있을 것으로 보이지만, 사물의 본질은 결국 그 사물의 존재목적과 기능 등을 통해서 추정이 가능하다는 점에서 우선 보훈의 목적과 기능을 규명하는 것이 본 논의

---

5) 위의 글, pp.12-14.

에서 우선해야 할 것으로 보인다.

보훈 관련 한 연구에서는 보훈을 크게 두 가지 목적을 가지고 수행되는 정책으로 보고 있다. 그 하나는 국가유공자들에 대하여 국가가 응분의 물질적 보상을 제공하여 안정된 생활을 할 수 있도록 보장하는 일이고, 다른 하나는 그 국가유공자들의 공헌과 희생정신을 숭고한 애국정신의 귀감(龜鑑)으로 삼아 국민 모두에게 민족정기를 선양하는 일이다. 따라서 보훈정책은 보훈대상자에 대한 생활안정과 복지향상이라는 일차적인 목적과 함께 국가유공자의 공훈과 희생정신(犧牲精神)을 계승·발전시킴으로써 국민적 통합과 국가 발전의 정신적 토대를 마련한다는 매우 중요한 추가적 목적을 가지고 있는 것이다.6)

보훈의 정의를 기능적 관점에서 조명한다면 우선 그 기능의 본질적 측면에서의 어프로치를 시도할 수 있다. 첫째로, 보훈은 국가관 확립과 국가발전을 뒷받침하는 정신세계를 확립하는 기능을 가진다. 이는 조국의 광복과 국가수호를 위해 신명을 바친 국가유공자의 예우와 지원을 통해 국민의 애국·애족심 및 안보의식을 고취하고, 위국헌신의 숭고한 희생정신을 승화시켜 올바른 가치관 창조와 국민통합의 정신적 바탕을 마련하는 것이다.

두 번째로 보훈은 안보체계를 강화하는 초석 역할을 한다. 특히 우리나라와 같은 남북대치 안보여건하에서 현역 및 제대군인의 지원과 명예선양을 통한 정신전력 강화 등 안보역량 제고에 중추적인 기능을 수행하게 된다. 마지막으로 보훈은 민족정기 선양으로 국가의 정체성을 확립하는 기능을 한다. 이는 보훈이 국민들로 하여금 국권회복과 자유수호 및 민주발전을 이룩한 민족의 자긍심을 함양시키고 정체성을 인식시킨다는 것이며, 아울러 민족의 공동체의식을 고양시켜 민족의 동질성 회복 및 의지적 통일을 가능케 한다는 것이다.7)

참고적으로 언급하자면 우리나라 국가보훈처의 주요 기능은 아래의 표와 같이 첫째, 보훈심사정책, 보상금급여지원, 교육지원, 단체지원 등의 보훈관리기능, 둘째, 기념사업, 공적심사 및 자료관리, 현충시설물관리 등의 보훈선양기능, 셋째, 복지기획·집행 및 운용, 복지사업, 의료지원, 취업지원, 대부지원 등의 복지사업기능, 그리고 넷째, 제대군인 지원, 참전군인 지원, 재향군인회 지원 등의 참전·제대군인 지원기능으로 대별할 수 있다.8) 이와 같은 보훈처의 기능들의 본질적 측면을 성찰하여 한마디로 요약한

---

6) 박성수, 『국민적 정신가치 체계확립을 위한 민족정기 선양사업 방안: 독립유공자 공훈선양을 통한 정신가치체계 확립방안』, 한국정신문화연구원, 1997. 12, pp.28－31.

7) 유영옥, 앞의 글, p.36.

다면 국가유공자에 대한 보상기능으로 귀착된다. 보훈처는 이 보상기능을 수행함으로써 국민의 가치관 확립, 안보역량 강화, 국가의 정체성 확립 및 공동체의식의 고취 등의 보훈의 부가적 기능을 견인하게 된다. 사실 보훈정책의 수행에서 이 부가적 기능이 더 중요하게 인식될 수 있지만 보훈 그 자체의 본질적 기능이라고 하기는 어렵다.

[표 1] 국가보훈처의 주요 기능

항 목	내 역
보훈관리기능	보훈심사정책, 보상금급여지원, 교육지원, 단체지원 등
선양기능	기념사업, 공적심사 및 자료관리, 현충시설물관리 등
복지사업기능	복지기획·집행 및 운용, 복지사업, 의료지원, 취업지원, 대부지원 등
참전·제대군인 지원기능	제대군인 지원, 참전군인 지원, 재향군인회 지원 등

출처: 국가보훈처 인터넷 사이트(http://bohun.go.kr), 2003.

보훈에 대한 정의를 무엇에 주안점을 두고 내리느냐에 따라 다소 차이는 있다손 치더라도 결국 그것은 본질적인 면에서 사전적 정의와 큰 편차가 없어 보인다. 그런데 사전적 정의만 가지고는 보훈이라는 말의 모호성을 제거하는 데 충분하지 않다. 이러한 사전적 정의를 통해서 우리는 '공훈'의 원인이 되는 희생과 헌신의 범위가 어디까지인지, 그에 대한 보답은 어떤 형태나 방법으로 이루어져야 하는지 그리고 그 보답의 목적과 의도는 동일한 것인지 등에 대해서 가늠할 수 없다. 이를테면 헌신이나 희생의 범위가 하나뿐인 자신의 생명을 바친 정도라든가 혹은 그 대상이 국가나 민족단위의 공동체에 대한 헌신과 희생이어야 한다든가 등등은 보다 디테일한 법규조항이 따라야만 알 수 있는 것이다. 보답과 예우의 의미도 단순히 개인적 차원의 보은(報恩), 보상(報償)의 관념이 공동체 차원으로 확대된 개념인지 아니면 전혀 다른 관점에서 ― 전체론적(holistic) 혹은 국가주의적 관점 ― 접근해야 하는 개념인지를 고려해 보아야 할 것이다.[9]

보훈을 정의하면서 보훈정신이나 보훈문화가 국민공동체의 유지와 발전 등에 대한 정신적 토대를 구축한다고 의미를 부여하는 것은 상징조작을 통한 소위 '기억의 정치'

---

8) 황윤원·김신, "국가보훈기능 활성화를 위한 조직 합리화 방안", 국가보훈처, 2002, p.124.

9) 여기에 대해서는 4장에서 다시 언급하겠지만 만약 후자의 경우라면 유기체와 세포라는 공동체와 개체의 상호관계에서 개인의 공동체에 대한 헌신이나 희생에 대한 보답을 반드시 상호 쌍무적인 관점으로 해석할 필요는 없을 것 같다.

를 활용하여 국민의 통일된 정신적 유대와 통합을 의도하고 있다고 보아야 한다.[10) 이는 국가적 차원에서 당국이 국가공동체의 구성원들에게 일정한 방향으로 태도를 지향시키려는 목적이 내포되어 있다. 여기서 우리는 보훈정신의 이데올로기적 속성을 일견할 수 있다. 그러한 의미에서 보훈의 개념은 태도에 영향을 미치는 것을 목적으로 한다는 점에서 설득적 정의(persuasive definition)의 유형에 가깝다고 보아도 무방할 것으로 판단된다.

여하간 보훈·보훈정신이란 용어가 그 외연의 적용범위가 분명치 못한 문제점을 지니고 있음은 부인할 수 없는 사실이며, 이를 무시하고 넘어간다면 보훈·보훈정신에 대한 논의가 단지 감상적이고 선동적인 언어의 나열에 그칠 가능성이 농후하고, 이는 결국 이성적이고 과학적인 어프로치의 장애요인이 될 수 있기 때문에 외연(外延)의 적용범위를 정확하게 하는 정의(precising definition)가 필요하다. 이러한 한계가 분명한 정의의 필요성에 공감하여 우리가 구분에 의한 정의(definition by division)를 시도한다 하더라도 보훈·보훈정신이라는 대상의 속성이 명료하게 분해될 수 있는 복합적인 것이 아니라는 점 때문에 역시 모호한 점이 많을 것으로 예견된다. 사실 여기에서 정의를 내리는 일은 이 글의 범위를 벗어나는 일이고 또 필자의 역량으로도 감당키 어려운 일이다. 기존의 정의를 보다 엄밀히 해석하여 이후 논의해야 할 과제의 단서를 찾는 일이 합리적일 것으로 판단된다.

앞서 유영옥은 행동주의적 입장에서 조작적 정의(operational definition)를 내린 개념으로 국가보훈을 설명하였다. 그 정의는 적어도 그러한 행위 결과가 필요충분적으로 산출되도록 조작되어 있다. 우리가 일반적으로 보훈제도(報勳制度)를 정의할 때도 그것이 "국가유공자의 생활이 보장되도록 실질적인 보상을 행함으로써 생활안정과 복지향상을 도모하고, 그들이 국민으로부터 예우를 받을 수 있도록 하며, 국민의 애국정신 함양에 이바지하는 제도"라고 정의한다면 적어도 결과적으로 그러한 행위가 이루어지도록 조작적으로 정의되고 있다고 보아야 한다. 국가유공자 등 예우 및 지원에 관한 법률(1984. 8. 2, 법률 3742호)[11)은 말 그대로 '국가를 위하여 공헌하거나 희생한 국

---

10) 기억의 정치란 정부 당국이 사회적 기억을 유지하고 관리하는 것을 의미한다. 많은 국가들은 기억을 체계적으로 관리하기 위하여 박물관·기념관의 건립, 조형물의 설치, 중요 지점의 보관·유지, 명칭의 관리, 문화행사, 연구의 장려 및 지원, 상징의 재생산, 교육 등의 노력을 하고 있다. 박성수 외, 앞의 글, pp.31-33.

11) 제1장은 국가유공자와 유족에 대한 예우의 기본이념, 국가의 시책, 적용대상 국가유공자의 범위, 유족의 범위 등을 규정하고, 제2장은 보상금의 종류, 보상금을 받을 권리의 보호, 보상금의 지급정지 등을 규정하고 있다. 제3장은 교육보호로서 교육법에 의한 교육을 받을 수

가유공자와 그 유족의 범위와 보상 및 보호 등에 관한 사항을 규정한 법률'이다. 이 법률을 통해서도 보훈정신이 무엇을 지향하는가를 유추할 수 있다. 이 법은 종래의 물질적 지원이나 생계안정 위주에서 벗어나 정신적 예우와 존경이라는 보훈시책의 방향 전환에서 그 입법취지를 찾을 수 있다.

이미 앞에서도 국가보훈을 'National Merit Reward'로 표기한다고 언급한 데서 추측할 수 있듯이 우리가 보훈·보훈정신을 정의하면서 그 기저에 흐르는 키워드가 '보상(報償)'이라는 용어임은 쉽게 간파할 수 있을 것이다. 다시 말해 본 연구에서 논의해야 할 과제의 단서는 '보상'의 관념이며 앞으로의 논의에서도 이 관념은 보훈정신의 이론적 기반을 탐색하는 출발점이 될 것이다.

보훈이란 말이 보상의 관념에서 출발한다면 그것은 헌신적으로 이타적(利他的) 행위를 한 사람에게 공(功)을 갚는다는 사려에서 비롯된 것이고, 공을 갚는 것이 의무라고 생각한다면 공을 이룬 사람에게 우리는 빚을 지고 있는 셈이다. 왜냐하면 현재의 우리의 행복과 안전이 그 공의 원인이 되는 행위에서 기인하기 때문이다. 국민은 누구라도 이 공에 대하여 부채를 지고 있다는 사실에 대해 부정할 근거를 찾지 못할 것이다. 정신이란 광의로는 육체에 대비되는 개념이지만 보다 한정된 의미로 사용할 때 이는 어떠한 존재를 그 존재론적 가치에 걸맞게 하는 심적(心的) 태도라고 할 수 있다. 그러므로 보훈정신이란 보훈의 존재론적인 가치를 긍정하는 심적 태도라고 정의할 수 있다. 다시 말해 국가·민족공동체를 위해 바친 개인의 희생과 헌신을 공훈으로 생각하고 그 공훈에 대하여 부채를 지고 있다는 생각을 가지게 하는 심적 태도 이것이 보훈정신이다. 그러한 점에서 보훈정신은 보편성(普遍性)을 띠고 있다. 이는 국민국가를 형성하는 집단이라면 누구나 가지고 있고 또한 가져야 할 그러한 정신이라는 의미이다.12)

여하튼 우리는 보훈·보훈정신의 개념을 정의하면서 그 정의의 외연에 나타난 기저

있도록 한다는 내용이며, 제4장은 생활안정을 위한 취업보호, 제5장은 국가유공자와 그 유족의 건강 유지를 위하여 필요한 의료보호를 규정하고, 제6장은 자립과 생활안정을 위한 장기 저리대부에 관하여, 제7장은 양로보호·양육보호와 기타 보호사항을 규정하고 있다. 이 밖에 제8장에서는 제대군인에 대한 각종 보호규정을 두었고, 제9장은 보칙, 제10장은 벌칙을 규정하고 있다. 이 법은 전문 87조와 부칙으로 되어 있다. 이 법은 국가유공자와 그 유족의 생활안정과 복지향상을 도모하고 국민의 애국정신을 함양하기 위하여 기존의 군사원호보상법·국가유공자 등 특별원호법·군사원호보상급여금법·군사원호대상자 자녀교육보호법·원호대상자 정착대부법 등 7개 법률을 통폐합하여 제정되었다.

12) 박성수 외, 앞의 글, pp.28-31.

관념이 '보상(報償)'이라는 관념으로 압축됨을 알 수 있다. 통념으로 본다면 보상이라는 관념을 일종의 가치 덕목(德目)으로 인식한다고 해서 문제될 것은 없을 것 같다. 전통적인 윤리 관념에서 '신세진 것에 대한 보답'을 선(善)으로 간주하지 않는 경우는 찾아보기 어렵기 때문이다. 이에 대한 논급은 다음 4장에서 다루어야 할 사항이므로 여기에서는 더 이상의 논급을 자제할 것이다.

한편 보훈이라는 용어에서 그 핵심적이고 본질적인 관념이 보상이라고 하였지만 그 목적적 측면과 기능적 측면을 유심히 관찰한다면 그 정의 속에서 파생되는 두 가지의 또 다른 면모가 내포되어 있다. 그 하나는 보상과 동시에 국가유공자의 행위와 업적에 대한 기억(기념)이고, 다른 하나는 헌신적 행위를 재창출시킬 수 있는 교육·학습 등의 메커니즘을 통하여 애국심 고취와 같은 공동체의 존속과 발전을 위한 개인 도덕성의 확대재생산이다. 그런데 보상의 의미 자체가 '행위를 촉진하거나 학습 분위기를 조성하기 위하여 주어지는 물질이나 칭찬'이라는 점에서 결국 후자의 경우도 보상의 의미에서 이해될 수 있는 내용이다. 통상적으로 시행되는 국가보훈정책의 과정은, 첫째, 국가나 민족공동체에 위기가 닥쳤을 때 희생을 무릅쓴 국가유공자의 존재와 그것이 국가 존립을 가능케 했다는 인정, 둘째, 국가와 민족공동체를 위해 헌신한 이들의 명예로운 삶을 살아갈 수 있도록 해야 한다는 보상, 셋째, 국가·민족을 위한 희생정신과 활동들을 기념(기억)하고 이를 후대에 지속적으로 발전시켜 국가·민족공동체의 항구적 존속과 가치의 재생산을 위한 노력 등으로 단순화시킬 수 있다.

사실 앞의 두 과정은 도덕적·윤리적 측면에서 의의가 있는 것이라면 정책으로서의 보훈정책의 근본적 의의는 세 번째 과정에 초점이 맞추어져 있다고 보아야 할 것이다. 세 번째 과정은 보다 정치적 의도가 담겨져 있어서 일반국민과 보훈정책 대상 집단들로 하여금 국가 존재의 가치를 인정하도록 하여 필요시 국가에의 헌신을 유도함으로써 궁극적으로 국가 존립에 대한 대내적 정당성 확보 및 국민통합을 도모하는 데 기여하고 있다. 이러한 면에서 국가보훈정책은 정책대상 집단인 국가유공자뿐만 아니라 일반국민들의 집단 응집력을 강화하여 국민으로서의 일체감을 형성하여 국가에 대한 헌신의 정당성을 제공하고 필요시 적절한 상징을 통한 정치적 동원의 명분을 제공하는 기능을 수행하게 된다.13) 즉 보훈정책 및 제도를 통해 일반국민과 보훈정책 대상 집단들로 하여금 국가 존재의 가치를 인정하도록 하여 필요시 국가에의 헌신을 유도함으로써 궁극적으로 국가 존립에 대한 대내적 정당성 확보 및 국민통합을 도모하는

---

13) 배경화, 앞의 글, pp.347－348, 354.

데 보훈정책의 의도가 담겨 있는 것이다. 보훈정책을 단지 복지적인 차원에서가 아니라 국가 이데올로기를 재생산하고 통치하는 측면에서 보아야 하는 이유가 여기에 있다.[14] 국민들은 보훈대상자들이 국가에 의하여 충분한 배려를 받고 사회에서 존경의 대상이 된다는 것을 인지하게 되면 민주주의적 가치에 기반을 둔 국가관을 정립할 수 있게 되고, 그러한 국가관은 유사시에 애국심·충성심 등으로 발휘하게 될 것이다.

[그림 1] 보훈과 보상의 개념도

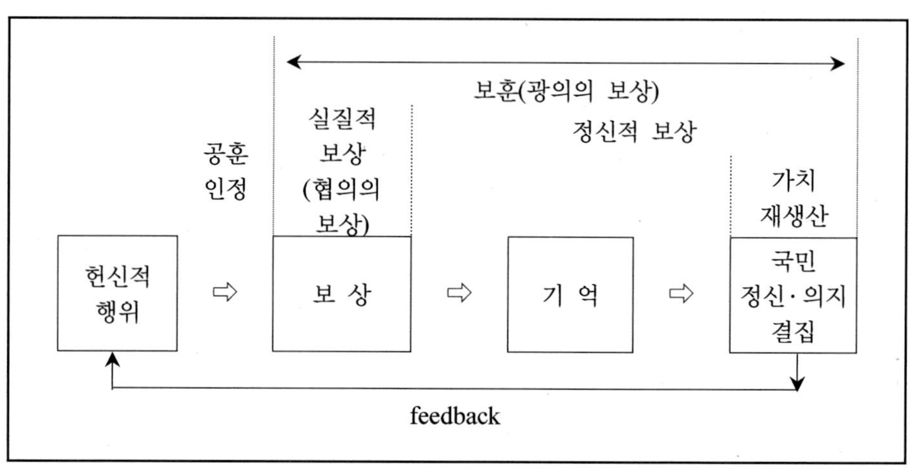

보상의 관념이 상대적으로 소극적 도덕가치를 추구하는 것이라면 기억(기념)과 이를 통한 학습효과의 기대는 비교적 적극적인 도덕교육이며, 특정한 방향으로 국민의 정신적·의지적 결집을 꾀하려는 정치적 의도에서 비롯된 것이다. 비록 소극적 도덕가치라고는 하나 개인의 헌신적 행위에 대한 보상은 보훈·보훈정신의 정수(精髓)이고 기억(기념)과 국민적 정신교육에의 활용 등은 부수적이라고 할 수 있다. 따지고 보면 헌신적 행위에 대한 추도 혹은 추모의 형태로 나타나는 기억(기념)이나 귀감 혹은 모범을 삼아 이러한 가치 있는 행동을 확산시키려는 노력은 모두 보상으로 귀결시킬 수 있다. 왜냐하면 그러한 보훈활동을 통하여 국가와 민족을 위해 헌신한 사람들의 명예를 드높이는 일 역시 그들에 대한 정신적 보상의 범주에서 이해될 수 있기 때문이다. 결국 실질적 보상(물질적 보상)－정신적 보상(기념·추모 등)－가치(상징)의 확대재생산이라는 일련의 보훈 과정에서 모든 과정은 궁극적으로 희생 당사자에게 귀속되는 보상이라고 하겠다.

---

14) 박성수 외, 앞의 글, p.204.

나. 보훈정신의 이념적 지향과 구현

1) 보훈정신의 문화적 배경

(1) 보훈문화의 배경

보훈정신은 문화적 맥락에서 접근한다면 국가나 민족 단위의 공동체에서 자연스럽게 형성된 인간 간의 상호작용의 소산으로 이해할 수 있다. 원래 문화(culture)의 개념은 광의의 의미로는 '사회적·이성적·도구적 존재로서의 인간이 사회적 삶을 영위하면서 개발·생성·발전시킨 것의 총화'로서, 이는 타인과의 인간관계, 상호작용을 규정해 주는 상징체계와 사회적 규범·관습·도덕·법률·종교 등과 자연환경과의 상호작용 결과로 발전되어 나온 도구·기술·지식·이론 등을 포괄하고 있다. 그리고 협의의 의미로는 '사회의 공통적·주도적 생활양식'으로서 '사고방식과 행동양식을 지도하고 규제해 주는 가치관·도덕·법률·종교 등의 총화'로 규정하고 있다.

그러한 점에서 보훈·보훈정신은 국가와 사회 혹은 민족공동체의 도덕적 가치 기준과 무관할 수 없으며, 그 국가 그 시대의 보훈정책이나 보훈제도는 따지고 보면 그러한 도덕적 가치의 구현이라고 할 것이다. 그렇기 때문에 보훈정신에 대한 이념적 토양 못지않게 보훈정신이 발생·유지할 수 있는 주변 조건 – 이를 생물학적으로 비유한다면 보훈정신이라는 유기체가 생존할 수 있는 환경조건으로 비유할 수 있을 듯하다 – 으로서 문화적 기반을 먼저 논의하는 것이 본 연구의 우선 과제라고 판단된다. 그런데 문화는 결국 공동체를 전제하는 개념인고로 국가·민족공동체와의 관련성 속에서의 보훈정신 조명이 논의의 출발점이 되어야 할 것 같다.

보훈이라는 용어 자체는 국가나 민족공동체와 결부될 때 그 의의가 살아난다고 할 수 있다. 왜냐하면 국가나 민족공동체를 위한 희생과 헌신에 대한 보답으로 보훈의 관념이 싹트기 때문이다. 유영옥은 국가보훈제도의 성립요건으로 민족적 요건을 우선시해야 한다고 지적하면서, 보훈의 당위성을 민족이란 용어와 결부지어 이끌어 내려고 시도하고 있다. 그가 인용한 대로 민족은 '상상된 공동체(imagined community)'로서 그것이 존재한다는 믿음 아래 유지된다. '발명된 전통(inventing tradition)'으로서 민족성은 사람들의 공통성에서 찾으며 공유된 역사에 바탕을 둔다. 민족이란 용어는 개인으로 하여금 정신적 결집을 가능토록 하는 한 요소가 된다. 보훈정신은 민족의 관념을 개인에게 주입함으로써 정신적인 차원에서의 민족과 국가수호의 의지를 견결히 만드는 토대가 된다. 국가보훈처에서도 민족정신과의 연결을 통하여 보훈문화를 건립하려는 노력을 시도해 왔다.[15]

  개인의 실존적 삶의 터전은 국가이다. 개인의 존재는 국가를 통해서 그 가치가 발하게 되기도 하고 보호도 받는다. 그것은 국가의 본질적 기능에서 기인한 결과이다. 물론 국가의 관념에 대한 논의는 여러 가지 관점에서 달라지기도 한다. 그러나 여기서는 그 기능적 측면만을 들여다보고자 한다. 현대사회에서 국가의 기능은 제1차적인 보호기능과 제2차적인 공동복지기능을 가지고 있다. 국가의 1차적 보호기능은 개인의 자유와 안전을 동시에 보장해 주기 위해 대외적인 외침으로부터 국가를 보호하는 안보기능과 대내적인 법과 질서 속에서 평화와 안전을 보장해 주는 치안 유지기능을 가지고 있다. 이것은 국가의 생존권과도 결부되는 기능이다. 국가의 2차적 기능은 경제·사회·문화적 분야에서의 공동복지사업을 증진시켜 주는 국가의 기능을 말한다. 보훈문화는 위의 두 기능이 작동되도록 하는 주체의 관점에서 볼 때 순차적으로 연결되는 과정과 관련이 있게 된다. 즉 1차적 기능은 보훈의 원인을 초래하게 만드는 기능으로서 '전체적 의미로서의' 국민은—실제의 측면에서는 국민의 위임을 받아 공식적으로 승인된 국가기구나 당국을 의미—다양한 형태의 외부적 위협으로부터 구성원 각 개인의 생존 보호를 위해 자율적 의사(때로는 강제적 성격을 띨 수 있지만)로 참여하는 다른 개인의 희생(犧牲)과 헌신(獻身)을 요구함으로써 수행된다. 그리고 2차적 기능은 그 초래된 결과에 대한 책임을 지는 기능으로서 타인의 희생과 헌신으로 생존하게 된 개인들이 그 희생자들에게 보상·보답을 함으로써 정의를 실현하고 미래의 또 다른 위협에 대처할 수 있는 잠재력을 형성하는 기능이라고 하겠다. 또한 1차적 기능은 국가라는 대상의 기능을 사실적으로 표현한 것이라면, 2차적 기능은 국가가 개인에게 책임을 져야 할 당위적 가치를 주장하는 것이다.

  사실 세계 각 국가에 있어서 시행되고 있는 국가보훈제도는 현대에 와서 생긴 제도가 아니라, 일찍이 국가가 형성되면서부터 필연적으로 발생한 것이다. 그런데 국가가 형성되었어도 인류사회에 전쟁이 없는 평화의 시간만 지속되었다면 과연 보훈이란 관념이 나올 수 있었을까? 그렇지는 않았을 것이다. 인류 역사가 지속되는 동안 전쟁은

---

15) 우리나라의 국가보훈처도 보훈정신을 민족의 관념과 연결시키고자 노력해 왔다. 보훈처는 민족정기 선양을 통한 보훈문화 확산을 위해 현충시설, 국립묘지의 효율적 관리와 민족정기 선양 교육 문화활동 활성화, 보훈행사를 국민과 함께 하는 행사로 전환하기 위해서 많은 노력을 기울여 왔다. 유재왕, "생활 환경변화에 대응한 보훈문화 확산에 관한 연구 —『가족보훈문화 체험단』을 중심으로 —", 『報勳學術論文集』, 국가보훈처, 2003, pp.392-394.

끊임없이 있어 왔었고, 그 전쟁에서 조국과 민족을 수호하기 위한 거룩한 희생이 비롯된 것이다. 인류가 존재하는 한 전쟁은 앞으로도 없어지지 않을 가능성이 크다. 오히려 사상가와 철학자들의 경우 오히려 전쟁은 필연적인 것으로 단언하고 있다. T. Hobbes가 그의 저서『Leviathan』에서 주장한 바와 같이 겁쟁이인 인간은 내면적으로 사욕(私慾)과 공포(恐怖)에 의해 지배받는다. 그에게 있어서 전쟁은 인간의 기질(disposition) 안에서뿐만 아니라 감정의 확장으로 결정되며, 그것은 평화를 보장받기 위한 수단이 아니라 단순히 인간과 사회의 본성에 불과하다.16) F. Nietzche는 타인을 지배하려는 생득적 의지(innate will)가 인간으로 하여금 혼돈에 이르는 상황을 피하기 위하여 '전쟁으로의' 용기를 촉구한다면서, 전쟁을 인간관계에서의 규범(the norm)으로 주장하고 있다. S. Freud는 증오와 폭력을 향한 인간의 공격본능(aggressive instinct)은 불변으로 간파한 바 있다. 물론 침략을 어떤 유해하지 않은 활동으로 길을 엶으로써 사회가 생존과 이익에 있어서 폭력을 일시적으로 포기하는 일은 가능하다. 그러나 이것도 영구적인 것은 아니며 인간의 본성은 권력을 추구하도록 강요되고 있고 폭력은 그것을 유지하기 위하여 필요로 하게 되는 것이다.17) 전쟁의 원인이 비단 이러한 인간의 본성에 국한하여 규명되는 것도 아니지만 적어도 인류와 전쟁은 동전의 양면과도 같은 것으로 비유될 수 있다. 바로 이러한 전쟁과 같은 국가적·민족적 위기상황에서 자신을 희생하며 공훈을 세운 사람들의 업적을 간과할 수 없는 것이고, 또 이를 모범 삼아 장차 예상되는 위기상황에 대처할 수 있는 국민적 의지를 견결히 하기 위해서도 자국의 국가유공자를 예우하는 것은 국가의 존립·유지에 반드시 필요한 요소이다. 보훈의 기원을 고대 희랍의 플라톤까지 소급한 주장이 있는데, 플라톤의 저서『국가론(Politeia)』에서 군인계급이 국가를 위해 전쟁이나 그 밖의 다른 임무를 훌륭하게 할 때 국가에서는 철저한 보상(報償)을 하도록 규정하고 있는 데서 그 기원을 찾고 있다.

우리나라에서도 보훈문화는 그 유래가 깊다고 하겠다. 우리나라의 경우 옛날부터 국가유공자를 지원하고 예우하는 관서가 있었는데, 신라 때 상사서(賞賜署), 고려시대 고공사(考功司), 조선시대 충훈부(忠勳府)라는 관청을 두어 국가를 위해 공훈을 세운 사람을 예우하였다.18) 특히 고려 경종 원년 토지제도상의 전시과와 조선시대의 공신

---

16) Abbott A. Brayton, Stephana J. Landwehr, *The Politics of War and Peace: A Survey of Thought*, Washington. D.C.: University Press of America, Inc, 1981, pp.27－28.

17) ibid. pp.30－33, 37－41.

18) 그러나 체계적인 한국의 보훈제도의 효시는 1950년 공포된 군사원호법이라 할 수 있는데,

전이나 별사전 등 토지제도에서도 우리 보훈문화의 발자취를 찾을 수 있다. 조선시대의 충훈부는 의정부나 육조 등 일반 정무기구와는 독립된 부서를 설치하여 보훈제도의 중요성을 강조하였는바, 국가유공자에 대한 예우는 물질적인 보상의 측면과도 긴밀한 관계가 있음을 시사하고 있다. 물론 이러한 제도는 그때 당시의 사회조직이나 통치체제가 엄격한 신분사회이고 전제군주제였기 때문에 오늘날의 보훈제도와는 많은 차이가 있었다.19) 고래로부터의 보훈문화 역사를 돌이켜 볼 때 보훈·보훈정신은 결국 국가사회와 개인 간의 관계에서 국가 혹은 민족이라는 보다 큰 보편적 가치를 지닌 대상에 소아적 개인을 희생·헌신함으로써 그 공동체를 존속시키는 과정에서 필연적으로 나타난 문화적 현상으로 이해할 수 있을 것이다.

(2) 세계 보훈문화의 양상

우리나라와 세계 각국의 보훈문화에 대한 탐색은 향후 논의의 진일보를 위하여 필요한 절차임이 분명하다. 여기서는 우리나라의 보훈정책과 제도가 구현되고 있는 양상과 더불어 현재 국내 보훈학회 등의 공개 자료에서 나타난 몇 개국의 보훈정책이나 제도 등을 검토한 후 그 이념적·문화적 배경을 상정(想定)하고자 한다.

가) 우리나라의 보훈 실태

우리나라에 있어서 근대적 의미의 보훈정신은 '독립운동'을 그 시발점으로 하여 자유민주주의 체제를 존중하는 주된 가치로 전환되는 과정을 겪으면서 그 맹아가 싹터 왔다. 이런 맥락에서 보훈정신의 이념적 가치는 상해임시정부를 중심으로 한 민족주의

이 법이 시행됨에 따라 당시 사회부 사회국에 군사원호과가 설치되어 공비토벌 중 전사한 자, 또는 군복무 중 순직한 자의 유족에 대한 원호업무가 실시되었다. 그 후 1961년 군사원호청이 설치되었고, 1984년 그동안 시행되어 오던 군사원호보상법, 국가유공자 등 특별보호법, 군사원호보상급여금법, 군사원호대상자녀의 교육보호법, 군사원호대상자임용법, 군사원호대상자고용법, 원호대상자정착대부법 등 7개 법령을 통합·일원화하여 법률 제3742호 '국가유공자 예우 등에 관한 법률'을 제정·공포하여 1985년 1월 1일부터 시행하기에 이르렀다. 현재 보훈제도의 대상자는 순국선열, 애국지사, 전몰·전상·순직·공상군경, 무공보국수훈자, 6·25참전 재일학도의용군인, 4·19혁명 사망·상이자, 순직·공상공무원, 국가사회발전특별공로순직·상이자 등이다. 보훈제도의 시책에는 ①생계를 위한 생활보장시책: 보상금지급제도, 직업보도, 대부지원사업, 의료시책, 교육보호 및 양로·양육보호, 단체지원사업 등 ②사회적 예우를 위한 시책: 민족정기 선양사업과 기타 예우시책 등이 있다. 또한 제대군인관리 개선 시책이 있다.

19) 유영옥, 앞의 글, pp.16-17, 20-21.

계열의 독립운동에 기반을 두고 있다고 할 수 있다. 물론 실제로는 보훈제도가 정착되기 이전까지는 광복과 6·25전쟁에서 희생한 애국선열 등 국가유공자들의 숭고한 국난극복정신이 사회 전반에 걸쳐 그 가치를 제대로 평가받지 못하고 있었던 것도 사실이지만, 우리 보훈정신의 이념적 기반이 민족주의 독립운동에 있다는 것은 보훈문화가 꽃필 수 있는 토양이 이미 마련되었던 것이라고 하겠다. 민족주의적 독립운동에 기반을 둔 우리나라 국가보훈의 기조는 "대한민국을 위해 헌신한 국민을 끝까지 보호하는 응분의 책임을 국가가 이행함으로써 정직하고 성실한 사람이 대접받는 정의로운 사회를 실현하고, 국민들의 정신적 가치를 제고시켜 대한민국의 정통성을 유지·발전"시키는 것이다.[20]

제도적 측면에서 우리나라의 보훈제도는 '원호'라는 용어에서 그 유래가 시작된다. 현재 우리나라 보훈제도의 실질적 집행기구인 국가보훈처의 연혁을 보면, 1961년 군사원호청이 창설된 후 1962년 내각의 하나인 장관급의 원호처로 승격되었으며, 1985년 보훈이념 구현과 연계하여 국가보훈처로 변경·발전하였으나, 1998년 정부조직 개편 시 국무총리소속의 차관급 부처로 격하되어 오늘에 이르고 있다.[21] 초창기 1950년대 이후부터 6·25전쟁 관련 전·공상군경을 대상으로 한 원호사업은 물질적 지원에 치중해 왔으나, 이후 국가유공자에 대한 공훈과 명예선양 등 정신적인 예우측면이 미흡하다 하여 1984년 원호관계법령이 '국가유공자등 예우 및 지원에 관한 법률'로 개정되고 행정기관 명칭과 행정대상자의 명칭을 '원호'에서 '국가보훈'으로 바꾸게 되면서부터 보훈이라는 용어로 대체하게 된다.[22] 이 법률에서 국가보훈, 국가유공자, 국가보훈처가 생겼고, 국가보훈제도는 국가의 존립과 유지를 위해 공헌하거나 희생한 국가유공자의 영예로운 생활이 보장되도록 실질적인 보상을 행함으로써 생활안정을 도모하는 제도로 정착하게 되었다.

---

20) 국가보훈처, 『주요현안업무보고』, 2003. 6. 25.

21) 우종현, "참여세대의 호국·보훈의식 활성화 방안", 『報勳學術論文集』, 국가보훈처, 2003, pp.285 − 286.

22) 우리나라는 헌법 제32조6항에서 "국가유공자·상이군경 및 전몰군경의 유가족은 법률이 정하는 바에 의하여 우선적으로 근로의 기회를 부여받는다."라고 포괄적으로 규정하고 있으며, 개별 법률로는 '독립유공자 예우에 관한 법률', '제대군인 지원에 관한 법률', '참전용사군인 등 지원에 관한 법률' 등에 의해서 보훈대상자를 지원하고 있다. 배경화, 앞의 글, p.366.

[그림 2] 보훈적용대상자별 시대적 현황

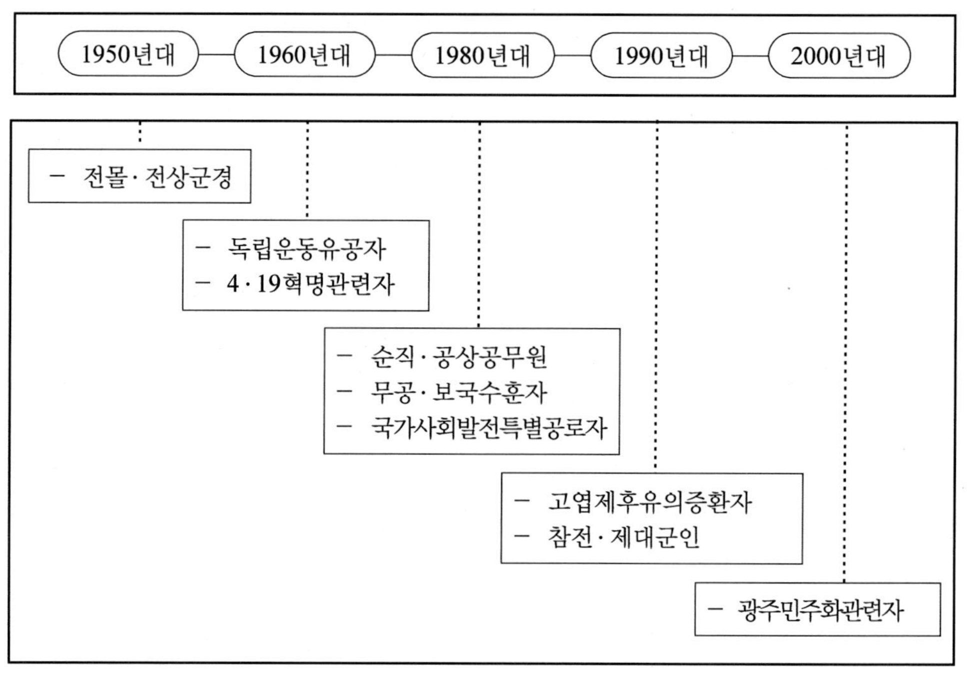

출처: 국가보훈처, 『호국보훈정책 중장기 발전계획』, 2003.

나) 세계의 보훈문화

(1) 미국 보훈문화

미국의 보훈문화의 특징은 한마디로 국가는 보훈대상자에게 최대의 예우를, 국민은 국가에 최고의 신뢰를 보여주는 관계를 유지하고 있다. 미국의 보훈제도는 독립전쟁과 남북전쟁 직후 참전 제대군인 및 그 유족 지원을 시작으로 1, 2차 세계대전, 한국전쟁, 베트남전쟁, 걸프전쟁 등 국제평화유지군으로서 미국의 국익과 관련된 전쟁에 참전한 제대군인에 대한 국가적 지원을 실시하면서 성장과 발전을 거듭하게 된다. 미국 보훈문화의 중추 역할을 담당하는 미국의 제대군인부(The Department of Veterans Affairs)는 1636년, Pilgrams of Plymouth Colony에서 인디언과의 전투에서 부상을 당한 상이군인들을 지원하는 제도로 최초 시행되었다. 이후 1776년, 독립전쟁에서 부상을 당한 군인들에게 연금(Pension)을 지급하기 위한 제도 및 법률이 제정되었다. 1921년에는 제대군인 지원업무를 통합, 효율성을 기하기 위해 내무부에 제대군인지원국(The Veterans Bureau)을 창설하여 모든 업무를 통괄하였고, 1930년 정부조직 정비 시 제대군인처(The Veterans Administration)가 신설되었다. 그리고 1989년에 이르러 제대군인처가 내각(Cabinet)의 하나인 제대군인부로 확대되어 오늘에 이른다.[23]

미국 제대군인부는 제대군인에게 최상의 서비스를 제공하기 위해서 특별사업 및 장기전략을 구상·실시하고 있다. 1993년 제대군인부의 Acting Secretary인 Hershel Gober가 제대군인부 내의 사명·목표·의사의 일치를 위하여 One-VA라는 개념을 제기하였는데, 이 제도의 내용은 하나의 사명, 하나의 목표, 하나의 목소리(One Mission, One Vision, One Voice)를 표방하며 범세계적 고객서비스를 제공한다는 것이다. 이 사업에 나타난 전략목표 가운데 하나는 "제대군인의 나라를 위한 희생을 인정하여, 생존해 있는 동안 예우하고 봉사하며, 죽은 뒤에는 기념하라."[24]는 것으로 이를 통해 제대군인부에 반영된 이념적 가치를 짐작게 한다. 다시 말해 미국 보훈문화의 이념은 "자유를 위해 헌신·봉사한 제대군인의 존엄성을 영원한 상징이 되게 하고 가장 명예로운 대상으로 국민이 존경 및 예우한다."는 내용으로 압축된다. 미국 보훈문화를 단적인 예가 제대군인부의 유해봉환 노력이다. 각종 전쟁에 참여하여 실종된 유해를 끝까지 추적하여 가족의 품에 돌려보내는 노력의 밑바탕에는 국가를 위해 희생한 자를 영원히 국가가 책임을 진다는 보훈의식이 자리잡고 있는 것이다.[25]

(2) 영국의 보훈문화

일찍이 영국의 지도층은 국가가 위기에 처했을 때 자신들의 목숨을 걸고 일반국민들의 앞에 섬으로써 과거부터 지금까지 영국이라는 국가를 지탱해 온 애국정신을 솔선수범해 실천해 왔다. 영국에서 보훈문화의 창달은 정부 차원에서보다는 민간차원에

---

23) 미국의 보훈부는 제대군인건강관리처(Veterans Health Administration), 제대군인원호보상처(Veterans Benefits Administration), 국립묘지관리처(National Cemetery Administration)로 본부 산하에 3개의 처로 구성되어 있다. 제대군인건강관리처(VHA)는 미국에서 가장 큰 21개의 통합관리망(VISN)을 갖추고 있으며 163개의 메디컬센터와 360개의 외래진료소가 있다. 또한 120여 개의 의과대학과 교류협정으로 미국 내 전문의의 약 절반이 제대군인건강관리처에서 교육을 받고 있고, 국가원수나 지도급인사의 이용, 고령환자를 위한 노인병치료와 장기요양치료 분야 선두에 이르는 세계에서 가장 훌륭한 의료복지시스템을 운영함으로써 보훈대상자의 자긍심과 국민의 보훈의식 제고 효과를 나타내고 있다. 김엽·박운제, "보훈의료복지시스템 개선방안 — 보훈병원 운영체계를 선진 보훈의료복지 서비스 시스템으로 개선하기 위한 방안 —", 『報勳學術論文集』, 국가보훈처, 2003, pp.260-261.

24) www.pvaa.go.kr/data/open-info, "미국의 보훈제도", p.90.

25) 손수태, "제대군인 지원정책의 현안과 정책과제", 『報勳學術論文集』, 국가보훈처, 2003, p.334.

서 더 활발하게 이루어지고 있다. 영국의 보훈문화 창달을 주도해 오고 있는 재향군인회는 정부로부터 공식적인 보조를 받고 있지 않을 뿐만 아니라 민간단체로서 군대를 갔다 오지 않아도 회원으로 가입할 수 있도록 일반국민에게 그 문이 열려 있다. 재향군인회는 매년 재정의 절반을 국민적 행사로 개최되는 '포피데이(Poppy Day)' 행사의 모금으로 충당하고 있다.[26] 1921년 11월 11일 첫 번째 포피데이가 영국에서 열렸는데 전국적인 대성공을 거두었다. 이때부터 국민들이 돈을 주고 모조 양귀비꽃을 사서 국가를 위해 몸을 던진 선열들을 기리고 도움을 필요로 하는 상이용사들을 돕는 자발적이고 국민적인 보훈행사로 자리잡았다. 이후 포피데이는 전쟁의 참담함 속에서 자유를 찾아 희생당한 사람들을 기억하는 상징으로 등장하게 된 것이다. 영국의 보훈문화는 보훈정신의 계승과 발전에 있어서 관 주도가 아닌 민간 주도의 활동은 위국헌신의 정신을 국민들이 자발적으로 이어 가고 있다는 점에서 그 의의가 있다고 하겠다.

(3) 프랑스의 보훈문화

프랑스는 유럽에서 가장 앞선 보훈제도의 전통을 가지고 있다. 이미 1670년대 루이 14세 때 늙고 불구가 된 군인들을 위하여 대규모의 보훈병원이 개설되었다. 이후 1871년 독일과의 전쟁 시 희생자 지원의 필요성에서 비롯되어 제1·2차 세계대전을 겪으면서 본격적인 보훈제도가 마련되었다. 프랑스 보훈문화의 특징은 '기억의 정치'라고 할 수 있다. 만일 어떠한 전투가 있었고 어떠한 희생이 있었는지 사회적으로 기억되지 않는다면 이에 대한 구체적인 사회적 에너지와 관심을 받게 할 수 없다. 따라서 기억에 대한 요청은 보훈업무의 정당성을 확보하고 유지시키기 위하여 결정적으로 필요한 개념이라고 할 수 있다. 또한 승리한 전쟁이건 패배한 전쟁이건 프랑스가 관여한 모든 전쟁은 기억의 대상이 되고 있다. 왜냐하면 이는 국가가 수행한 주권적 행위이며, 국민들은 승리를 통해서뿐만 아니라 실패를 통해서도 배워야 하기 때문이다. 이처럼 프랑스는 다양하고 자연스러운 방법으로 국민들에게 보훈문화를 정착시켜 오고 있다.[27]

---

26) '포피데이'란 제1차 세계대전의 격전지였던 프랑스 북부지역에서 전쟁의 참화에도 불구하고 무수히 돋아난 붉은 양귀비꽃을 보고 존 맥크리어라는 대령이 쓴 시가 사람들의 입에서 입으로 전해지게 됐다. 제1차 대전 때 영국은 거의 1백만 명이 죽고, 약 300만 명이 부상당했다. 당시 이 시에 감명을 받은 한 미국인이 붉은 양귀비꽃을 사서 자신의 옷에다 꽂고 나머지는 친구들에게 팔아 그 돈으로 기금을 마련하여 재정적인 도움을 필요로 하는 제대군인을 도왔다.

27) 유영옥, 앞의 글, p.10.

(4) 호주의 보훈문화

호주 보훈정신의 근간은 동료애(Mateship)다. 동료애란 다민족 간의 인종분쟁, 문화적 갈등 등을 녹이는 용광로와 같은 호주인의 연대의식이다. 애국심을 함양하는 호주의 각종 기념행사는 주로 국립묘지보다는 전쟁기념관 앞에서 이루어진다. 호주의 현충일은 11월 11일이지만 1차 대전 중 터키군과 싸워 큰 희생을 남긴 안작(ANZAC)[28] 전투를 기념하는 4월 25일 행사를 더 큰 행사로 치르고 있다. 이날 행사는 전국적으로 각 집회 장소에서 새벽 7시부터 시작하여 9시까지 엄숙한 기도회를 가지고 각종행사와 가두행진을 한다. 호주 국민의 정의·자유·평등이념의 실현을 위한 중심체는 보훈부의 심장격인 전쟁기념관이며, 이는 모든 보훈시설의 실질적인 중심으로서 호주 국민들의 동료애와 애국심을 일깨우고 보훈문화를 전파하는 발원지가 되고 있다.

호주 연방정부의 선양사업의 주요 요소인 '참전용사의 명예선양'은 호주의 참전군인이 사회의 발전을 위하여 이룩한 공헌과 이룩하려는 공헌을 국가적인 관심으로 표현하고 있다. 참전군인의 경험은 같이 나누고, 이어받고, 기록되고, 미래세대를 위하여 안전하게 지켜져야 한다는 것이다. 세대 간의 접촉을 통하여 그리고 참전군인의 개인적인 이야기를 들음으로써 젊은 사람들은 지난날 역사적인 사건의 인간적인 양상을 알게 된다. 전쟁사의 경청은 학생들이 과거를 이해하게 되고 현재에 감사하게 하는 것임과 더불어 국가를 위한 참전용사들의 공헌을 명예롭게 인정하는 것이다. 또한 이를 통하여 노인과 젊은 세대 간의 일체감이 증진되고 국민의 단결과 화합이 자연스럽게 이루어지고 있다.[29]

(5) 캐나다 보훈문화

캐나다는 오래도록 제대군인, 특정 민간인 및 그 가족들이 이 나라의 전쟁과 평화유지활동 중 겪었던 고난, 고통과 희생을 기려 왔다. 제대군인부 정책은 그들을 돕기 위해 존재한다. 캐나다 제대군인부의 이념적 가치는 그 임무선언(VA Mission Statement)에 나타나 있다. 그 임무선언의 내용은 "등록된 제대군인, 제대군인, 자격 있는 민간인 및 그 가족들로부터 등록을 받아 시혜와 서비스(Benefits & Services)를 제공하고, 그들

---

28) 안작(ANZAC: Australian and New Zealand Army Corps): 제1차 세계대전 기간인 1915년 4월 25일 갈리폴리 반도전투에서 7,600여 명의 오스트레일리아 군인과 2,500명의 뉴질랜드 군인이 죽거나 치명적으로 부상을 입었다. 19,000명의 오스트레일리아인과 5,000명의 뉴질랜드인이 부상을 입고 100명이 전쟁포로가 되었다. 이후 안작은 용기와 인내, 전우애를 상징하는 낱말이 되었다.

29) www.pvaa.go.kr/data/open-info, "호주의 보훈제도", pp.214-218, 223.

이 공동사회의 일원으로서 복지(Well-Being)와 자활능력(Self-Sufficiency)을 증진하는 한편, 그들의 공헌과 희생이 모든 캐나다인에게 살아 있도록 기억을 유지해 나가는 일”이다. 한편 캐나다 제대군인부 사명(Mandate)은 “전쟁 및 평화유지활동시기 동안 나라를 위해 봉사한 적격의 캐나다인들에게 시혜(Benefits)와 서비스(Services)를 제공하고, 자유 수호를 위한 그들의 희생과 공헌을 기리는 일”로 명시되어 있다.[30]

(6) 독일 보훈문화

독일의 보훈제도는 전쟁피해자와 그 유가족을 금전적으로 원호하는 제도로서 병역의무제 도입과 함께 실시되었는데, 부상이나 사망으로 인한 신체적·정신적·경제적 불이익을 보상하는 사회보장적 성격을 가지고 있다. 독일 보훈제도의 특성은 복무 관련 범위를 민간인까지 폭넓게 인정하고 있는 가운데 불법폭력희생자들에 대한 보상도 국가적 차원의 범주에서 이루어지고 있다는 점을 들 수 있다.[31] 독일 보훈제도의 이념적 가치는 공헌과 희생에 대한 기념·기억보다는 보상에 상대적으로 비중이 큰 것으로 보인다.

(7) 중국 보훈문화

중국은 사회주의 국가로 보훈정책 및 지원제도의 주요 시책이 사회주의 혁명에 참가한 혁명열사 및 그 유족을 중점대상으로 하여 선양사업 및 보상정책 등을 시행하고 있다. 중국의 보훈문화는 군인의 위무와 우대에 대한 국가보장, 조국수호, 조국건설의 희생정신, 군대건설을 강화하기 위한 것으로 정치적 기제로서의 성격이 강하다. 중국 보훈문화의 이념적 가치는 1988년 7월 18일 국무원 제8호에 의해 공포된 ‘軍人慰撫優待規則’의 조항을 참조로 가늠해 볼 수 있다. 총칙 제1조는 “군인의 위무와 우대에 대한 국가의 보장, 조국수호, 조국건설의 희생정신, 군대건설을 강화하기 위하여 본 규칙을 제정한다.”고 명시되어 보훈정책이 추구하는 이념적 목적을 분명히 하고 있다. 그리고 1980년 6월 4일 국무원이 공포한 ‘革命烈士褒揚條例’ 제1조는 “혁명열사의 자기희생정신을 발양하고 인민의 조국보위와 조국건설을 위한 분투정신을 교육하기 위하여 이 조례를 제정한다.”고 명시하고 있다. 그리고 제7조는 각급인민정부가 “저명한 혁명열사의 유물과 투쟁사료를 수집, 정리 및 진열하고 『혁명열사명부』를 편찬하여 혁명열사의 뜻을 높이 선양하여야 한다.”고 하여 기억·기념사업이 보훈정책의 핵

---

30) www.pvaa.go.kr/data/open-info, “캐나다의 보훈제도”, pp.121, 151-152, 155.

31) 유영옥, 앞의 글, pp.11-12.

심임을 암시하고 있다. 1981년 11월 13일 국무원이 공포한 '軍隊退職幹部關聯規則'
은 장기혁명투쟁 중 중요한 공헌을 한 군대퇴직간부에 대하여 당과 정부가 관심과 사
랑을 가지는 것이 그들의 중요한 임무로 규정하고 있다.[32]

(8) 일본의 보훈문화

일본의 보훈문화는 은급(恩給)으로 구체화된다. 은급은 공무원과 기타 유족을 대상
으로 한 연금제도이지만 공제조합제도로 전환된 이후에 퇴직자들은 공제조합에서 연
금을 받게 되었기 때문에 현재 은급을 받고 있는 것은 공제조합으로 옮기기 전에 공
무원을 퇴직한 자들이나 그의 유족, 구(旧)군인이나 그 유족 등이다. 일본 보훈문화의
이념적 가치는 2000년 3월 31일에 제정된 '전상병자전몰자유족등보상법'[33]에서 발췌
할 수 있다. 이 법의 총칙 제1조에는 군인군속등 공무상의 부상이나 질병 또는 사망
에 관해 국가보상의 정신에 따라 군인군속 등이었던 자 또는 이들 유족에 대한 보상
을 그 법률의 제정 목적으로 한다고 명시되어 있다.[34]

이상 세계 각국의 보훈문화가 실제로 반영된 모습을 개략적으로 탐색해 보았는데,
보훈의 기준이나 주관부서 등을 국가마다 달리하고 있는 것과 마찬가지로 보훈의 추
구하는 이념적 가치가 다소나마 차이가 보인다는 것은 나름대로 시사하는 바가 있다.
어느 나라의 경우라도 한 지역주민을 대상으로 한 국한적 행사가 아니라 전 국민이
참여할 수 있는 행사가 될 수 있도록 전국 단위로 보훈행사를 실시하고 있으며 참여
도를 높이기 위해 교육과정을 적절히 사용하고 있다. 세계 여러 국가의 보훈문화에서
공통적으로 존재하는 요소는 이타주의(altruism)적 희생과 헌신에 대한 보상·보답과
기억, 추도 그리고 이를 통한 국민적 의지의 결속과 통합 등이다. 이러한 공통요소들
은 보훈문화의 보편적인 근본 취지이자 보훈제도 및 사업의 본질적 목표가 아닌가 한
다. 특히 국민적 의지의 결속과 통합이라는 요소는 보훈문화를 교육·학습체계와 같은
유기적 피드백 시스템과 결합하여 애국선열들의 행동을 일반국민들이 본받아야 할 귀
감으로 삼음으로써 애국적 희생과 헌신의 확대재생산을 추구하는 일이라고 하겠다.

---

32) www.pvaa.go.kr/data/open-info, "중국의 보훈제도", pp.408-428.
33) 이 법은 기존의 『外國의 報勳制度의 紹介』(日本·英國, 1987)에 수록된 부록을 토대로 하여
　　인터넷(www.mbw.go.jp) 후생성 관련 자료(2000. 3.)를 보완해서 재작성한 것임.
34) www.pvaa.go.kr/data/open-info, "일본의 보훈제도", pp.280-357.

다. 보훈정신의 이념적 지향과 그 구현

국가유공자의 희생에 대한 국가보훈이야말로 국민 정체성을 구체화하는 사업이라는 주장에 이의를 제기할 사람은 별로 없을 것이다. 보훈·보훈정신을 통하여 국민들의 연대감은 강화될 것이며, 국가유공자들의 고귀한 희생정신은 국민들의 애국심을 배양시키게 된다. 그러한 차원에서 보훈사업이나 정책은 추상적이고 소모적인 사업·정책이 아니라, 국가의 역량을 결집·강화하는 가장 중요한 기능을 담당하는 생산적인 사업·정책이다. 본 연구에서 보훈정신의 이론적 기반을 포괄적으로 논의하기 위하여 그 전 단계로서 이념적 기조를 논하지 않을 수 없다. 그런데 보훈이라는 관념이 하나의 국가사업 정책으로 출발했다는 점에서 어떻게 보면 이념과 그리 큰 관련이 없어 보이고 따라서 보훈정신의 이념적 토양에 대해서는 섣불리 말하기 곤란하다. 그러나 어떤 꽃을 피우기 위해서는 메마른 토양보다 비옥한 토양이 낫듯이 보훈정신이 올바르게 자리매김하려면 그 이념적 토양도 훌륭한 조건을 갖추어야 할 것이다. 상대적으로 어떤 식물이 더 잘 자랄 수 있는 토양은 분명히 있을 것이다. 보훈정신이나 보훈문화가 더욱 잘 생장하고 꽃필 수 있는 그 이념적 토양을 찾기 위해서는 먼저 보훈정책의 정책적 특징을 분석한 후 그에 맞는 이념적 토양이 어때야 되는가를 도출해야 할 것이다. 즉 그릇에 담길 내용물의 성격에 따라 담을 그릇이 결정된다는 것이다. 이때 그릇은 그 내용물의 고유 성질 — 본질적 성질로서 추구하는 도덕적 가치 등 — 을 잘 보존할 수 있는가의 여부가 그릇 선택의 관건이 된다.

보훈·보훈정신은 그 정의에서 나타나 있듯이 국가나 민족을 위하여 공헌하거나 희생한 국가유공자와 그 유족들에게 국가가 응분의 보상을 함으로써 이들의 안정된 생활을 보장하고, 그들의 공헌과 희생정신을 기림으로써 그 국가나 민족을 위해 헌신하는 기풍을 조성하고 이를 통하여 국가 및 민족공동체를 유지·발전시키도록 하는 데 그 정책적 지향성이 있다. 그러한 의미에서 보훈정책은 우선 보상에 의해 실현되는 사회보장정책의 하나로 그 정책적 특징으로 규정될 수 있다. 그러나 일반적으로 사회보장은 사회복지 측면에서 사회보험, 공적부조, 사회복지 서비스를 주요 내용으로 하는 물질적 구빈시책인 반면에 국가보훈은 국가와 민족을 위해 공헌하거나 희생당한 국가유공자에 대한 국가공동체의 보상의 의무이며, 물질적·정신적 예우를 동시에 시행한다는 점에서 국가보훈과 사회보장제도는 근본적인 차이를 가지고 있다.

보훈정책은 제도적 측면에서 궁극적으로 보상의 실현으로 대상자의 복지를 구현하는 광의의 사회보장으로서의 성격을 지니고 있지만 일반적인 사회복지와는 구분된다.

우리나라는 국가유공자 예우 및 보상을 사회복지의 일환으로 잘못 인식하여 국가재정의 비생산적 요인으로 평가 절하되는 경향도 있다. 사실 그동안 국가보훈학의 연구영역은 거의 대부분이 사회복지학의 영역에서 주로 다루어졌다. 보훈정책을 복지정책으로만 여겨 온 것은 보훈정책이 보이는 것만을 대상으로 하였기 때문이며, 보이지 않는 무형의 정신적 자산을 통한 국가적 상징의 재생산이라는 정책적 기능을 고려하지 않아 왔기 때문이다.

정신적 자원 관리라는 측면에서 보훈·보훈정신의 정책적 성격을 가장 명료하게 규정할 수 있는 것은 G. A. Almond와 G. B. Powell이 제시한 상징정책(symbolic performance)으로의 분류가 가장 적합하다. Almond와 Powell은 "정치체제의 산출을 업적(Performance) 또는 성과라는 이름으로 부르면서 이를 배분·규제·추출·상징 정책"[35] 등의 네 가지로 분류하였는데, 특히 상징정책(Symbol Policy)은 "정치지도자가 역사, 용기, 과감성, 지혜 등이나 평등, 자유, 민주주의, 공산주의 등의 이념에 대해 호소를 하거나 미래의 업적 또는 보상을 약속하는 것 등을 의미"하며, "특정의 사건, 현상, 행위, 언어 또는 추상적 개념 등을 이용해 정책대상 집단에 유형적·물질적·직접적 혜택보다는 무형적·정신적·간접적 혜택을 제공함으로써 정책대상 집단의 정책순응도 내지는 심리적 만족감을 제공하는 정책"으로 정의할 수 있다. 이러한 상징적 산출물은 다른 정책의 성공적 추진을 위해서 이용되며, 국민들 사이에 정치체제 및 정부의 정통성(legitimacy)에 대한 인식을 좋게 하고, 다른 정책에 대한 순응(compliance)을 확보하는 등의 목적에 이용된다.

정치적 '권력'에서의 상징주의는 곧 상징화(symbolization)와 직결된다. 일반적으로 상징(Symbol)[36]이란 "사물이나 현상에 대한 이해, 공감, 동의 또는 해석을 위해 인간의 인지능력을 활용하는 개념작용의 도구로서 특정의 사건, 현상, 행위, 언어 또는 추상적 개념 등을 이용해 사람들에게 특정한 감정과 정서를 불러일으켜 일정한 행동양식을 유도하는 것"을 의미한다. 이러한 상징은 실재를 창조하고 유지하며 변형시키는

---

35) Almond와 Powell은 배분정책과 규제정책 외에 추출정책(Extractive Performance)과 상징정책(Symolic Performance)을 제시하였다. Gabrial A. Almond and G. Bingham Powell Jr., *Comparative Politics: A Development Approach*(Boston: Little Brown & Co., 1996), pp.195-201. 배경화, 앞의 글, p.354에서 재인용

36) '상징'의 어원은 고대 희랍사회에서 친숙한 두 사람이 서로 헤어질 때 한 물체를 둘로 쪼개 나눠 가지고 떠난 후 뒷날 다시 만날 때 그 짝을 맞추어 봄으로써 서로 확인하는 습속에서 '짝을 맞춘다'는 뜻의 'symballen'으로부터 유래되었다고 한다. 이때 그 두 조각은 두 사람이 본인임을 확인하는 인지표시가 되고, 나아가 그들의 실체를 대행하는 표징이 됨으로써 의미를 지니게 되는 것이다. 유영옥, 앞의 글, p.49.

실재구성능력을 가진다는 점에서 정책의 전략적 수단의 하나로서 유용성을 가진다. 개인이나 조직은 상징을 통해서 다른 개인 및 조직이나 사회를 이해하고, 심리적 만족을 얻으며, 다른 사람이나 집단에 일체감을 느끼도록 하며, 상징은 그들로 하여금 전체 속에 통합되도록 유도할 뿐만 아니라 개인 또는 집단적 행동을 유도한다. 이와 같은 상징의 개념은 그 자체만으로도 이데올로기적 기능을 충실히 수행하는 것으로 유비추리 가능하다.

상징을 분류하는 데 가장 전형적으로 이용되는 Sapir의 견해에 의하면 상징을 준거적 상징(referential symbols)과 함축적 상징(condensational symbols)으로 나누고 있다. 이곳에서의 준거적 상징이란 사실적 토대를 가지고 있는 것으로서 언어적 표현, 쓰는 것, 부호, 국기 등과 같이 우리가 감각적으로 느낄 수 있는 대상과 경험을 나타낸다. 반면에 함축적 상징이란 정서적 토대를 가지고 있는 것으로서 종교의식, 국민의례, 국경일 등과 같이 우리가 경험적으로 접할 수 없는 감정(感情)·신념(信念) 등이 부여된 것을 나타낸다. 상징주의적 시각(symbolic perspective)이란 어떤 대상이나 현상을 상징의 관점에서 파악한다는 것이다. 언어, 의식, 신화 등은 상징수단(symbolic perspective)이라 할 수 있으며, 은유성, 한계성 및 모호성은 상징의 특성이며 효과는 상징적 효과를 말한다.

상징체계가 이데올로기적 기능을 가지고 있다는 것은 그것이 집단 성원들의 신념을 강화시키는 동시에 집단 결속과 사회통합의 기능을 한다는 점에서 논증이 가능하다. 따라서 상징은 집단 내부 개인들을 결합시키며 내부적 단결의 수단으로서 그래서 궁극적으로 단합된 행위의 대의명분으로서 이용된다. 상징은 사람들의 감정과 정서에 영향을 미쳐 개인들에게 동기를 부여하고 행위를 유발시키며 집단적으로 사람들을 동원시키는 기능을 하게 되며 상징적 행위는 집단에 불만을 가진 사람들을 회유하고 집단에 대한 지속적 지지를 보장하고 반대와 갈등을 감소시킨다.[37]

상징정책에서 정책대상 집단이나 일반국민들에게 특정한 감정과 정서를 불러일으켜 일정한 행동양식을 유도하기 위해 주로 사용하는 정책수단으로는 정치적 언어, 의례와 의식, 정치적 신화 및 이데올로기, 상징적 인물이나 사물, 상징적 사건이나 제도 등과 같이 다양하다. 그러나 이러한 상징정책을 수행하는 데 있어서는 역기능적 측면이 있음을 고려할 필요가 있다. 그것은 정치체제의 성격에 따라서는 특정한 체제나 정당에 대한 국민의 순응과 지지 확보를 위한 조작적 활동으로 잘못 활용되는 측면이 있고,

---

37) 박성수 외, 앞의 글, pp.131-132.

또 하나는 정책분석에 있어서 정책목표의 내용이 추상적이거나 모호함으로 인하여 합리적인 정책대안의 채택을 어렵게 할 뿐만 아니라 목표와 수단 간의 인과관계 결여로 정책손실을 초래하기 쉬운 측면이 있다.

상징정책으로서의 보훈정책에서 특히 강조되는 기능은 국민적 일체감 형성기능, 정치적 동원 및 정당성 제고기능, 집단응집력 강화기능 등이라 하겠다. 그리고 이를 위해 보훈정책에 많이 사용되는 상징수단으로는 의례와 의식, 상징적 인물이나 사물, 상징적 사건 또는 제도 등인바 이러한 상징수단들은 독자적으로 이용되기도 하지만 많은 경우 중복적으로 활용하여 그 상징효과를 극대화하기도 한다.

상징정책으로서의 보훈정책은 국가 정체성 확립과 국가관의 정립에 도구적 역할을 한다는 점에서 분명히 이념적이라고 할 수 있다. 보훈정신은 보훈정책의 사회보장적 기능에서부디 상징정책으로서 민족정기 선양의 기능으로까지 그 정책적 스펙트럼이 넓어지면서 그 지향해야 할 이념적 성격의 윤곽을 드러내고 있다. 보훈학의 학문적 성격을 인간의 자유, 정의, 평등, 평화, 행복을 구현하려는 인간의 학문이라는 성격을 가진다고 제시한 연구 관점38)을 통해서도 그리고 앞서 설명한 바와 같이 사회보장정책과 상징정책으로서의 특징을 고려해도 보훈정신은 복지지향적인 자유민주주의와 민족주의의 토양 위로 자라나야 할 당위성을 지니게 된다. 국가와 민족공동체의 가치가 폄하될 수밖에 없는 구조를 지닌 공산주의 이데올로기 체제에서는 그 변증법적 유물론의 한계로 진정한 의미의 보훈정신이나 보훈문화의 이념적 기반이 취약할 수밖에 없다.

민족주의 자체가 자유와 평등 그리고 자율 등의 이데올로기적 성격을 지향하고 있다는 점에서 자유민주주의적 이데올로기와 중첩되는 양상이지만 자유민주주의 이념에서 특히 강조되는 인간존엄의 사상이 보훈정신에는 담겨야 된다고 보기에 보훈정신은 두 이데올로기의 토양에서 자라야 하는 것이다. 그리고 그러한 그릇(형식적)으로서의 이념의 토대 위에 내용물(질료적)로서의 보훈정신은 보상을 매개로 인간사회에 선(善)과 정의(正義) 등의 도덕적 가치 구현을 추구해야 한다.

지금까지 보훈정신의 정의와 이념적 기조, 그리고 문화적 배경 등에 대하여 분석적 고찰을 통해서 보훈정신의 본질적 가치와 문화적 측면에서의 기본 경향 등을 도출하였는데, 이제는 과연 그러한 가치와 인식의 기조가 정당성과 합리성을 가지고 있는가에 대해 논의해야 할 차례이다. 보훈정신이 말 그대로 의식세계의 한 양태(樣態)로 볼

---

38) 유영옥, 앞의 글, pp.15 – 16, 19.

수 있기 때문에 심리학적 관찰이 요구될 것으로, 그리고 어떤 가치를 지향한다는 점에서 윤리학적 논거가 토대로 작용해야 될 것으로 판단된다.

3. 보훈정신의 심리학적 기반

가. 보상의 심리학적 근거

1) 인고(忍苦) 행위와 보상

보훈정신이 현실로 반영되었을 때 보훈정책(報勳政策)으로 구체화(具體化)된다. 보훈정책은 통상 직접적·금전적 혜택을 제공하는 물질적 정책과 간접적·정신적 혜택을 제공하는 상징적 정책으로 나뉜다. 물질적 정책이 정책 수혜자들에게 가시적이고 실질적인 자원들을 제공하는 정책이라면, 상징적(象徵的) 정책이란 특정의 사건, 현상, 행위, 언어 또는 추상적 개념 등을 이용해 정책대상 집단에 무형적·정신적·간접적 혜택을 제공함으로써 정책대상 집단의 정책순응도 내지는 심리적 만족감을 제공하는 정책으로 정의된다.39) 보훈정신을 정의하는 과정에서 논급한 바와 같이 보훈정신의 핵심적 관념은 결국 '보상'으로 귀결된다. 보훈정책의 가시적 측면이든 정신적 측면이든 본질적으로 그것은 공훈 대상자에게 되돌려지는 보답이다. 보훈정책을 상징정책으로 규정하며 그것을 통해 국가발전을 위한 정신적 토대를 마련한다는 것은 국가 차원에서 추진되는 미래지향적 가치의 확대재생산이라고는 할 수 있지만 그것이 개인에게 명예를 안겨준다는 점에서 역시 개인에게 보상의 의미를 가진다.

통념상 국가·민족공동체를 위한 개인의 헌신(獻身)과 희생(犧牲)은 그 개인에게 현실적인 이익이나 혹은 즉각적인 만족과 행복을 가져다주는 일이 아님은 명약관화한 사실이다. 만약 그것이 개인에게 이기적인 욕구를 충족시켜 주거나 어떤 이익을 기대한 일이었다면 훗날 보상을 받을 이유는 전혀 없기 때문이다. 적어도 그 일은 남들이 쉽게 하지 못할 일이었거나 희생만큼의 즉각적인 혜택이 보장되지 않는 일 혹은 개인이 육체적으로나 물질적으로 손해를 감수해야 하는 일이었기에 그 희생으로 수혜를 누린 다른 모든 이들이 보상을 합리적이고 당연한 의무로 생각하게 되는 것이다. 이

---

39) 정원섭, "상징적 국가보훈정책의 국민통합 기능제고 방안", 보훈정책발전세미나 자료, 2002, p.4.

는 심리학적으로 인고(忍苦)에 대한 보상을 사필귀정(事必歸正)으로 여기는 인간 내면의 보편적 심리 기준에 근거한다. 한 연구보고서에 따르면 한국인들은 인고 자체를 상당히 긍정적으로 인식하고 있으며, 단순히 운명처럼 인고하는 것만으로도 어떤 보상을 받아야 한다는 그들의 인고보상심리를 잘 보여준다. 특히 대인관계에서의 인고는 '진심으로 남이 하기 어렵고 하기 싫어하는 것을 하는 것'을 뜻하는 것으로 이러한 인고가 대인관계를 형성하고 유지하는 데에서도 중요하게 관여하고 있다.[40] 이러한 연구결과는 고통을 감내하고 자신을 헌신했다는 사실만으로도 국가유공자에게 많은 사람들이 찬사와 존경을 보내는 것과 맥을 같이한다.

이 연구에서는 인고의 유형을 정성·인고유형, 노력·인고유형, 순명·인고유형, 과실·인고유형의 네 유형으로 분류하여 설명하고 있다. 우선 정성·인고유형은 고통의 발생이 의도적이거나 상황 때문에 비외도적으로 발생한 경우, 당사자가 자신이나 타인을 위해 능동적으로 인고하지만, 이 당사자의 인고행위가 그러한 목적을 달성하는 데 직접적으로 영향을 준다고 보기 어려운 경우이다. 이를테면 자식 성공을 위해 새벽기도를 하는 어머니, 여러 사회적 상황에서 삭발하기, 사업하는 사람의 고사지내기 등이다. 이것은 주어진 목표를 달성하는 데 직접적으로 도움을 줄 수 있는 행위는 아니지만, 행위자들은 지성이면 감천이라는 말에서처럼 어떤 효과가 나타날 것으로 믿기도 하며, 적어도 행위자에게 자기위안을 가지게 해 준다.

두 번째로 노력·인고 유형은 고통의 발생이 의도적이거나 상황 때문에 비의도적으로 발생한 경우 모두에 해당될 수 있다. 이 유형은 스스로 만든 인고해야 할 상황에서나 외부적 요인에 의해 고통이 주어지는 상황에서 인고 당사자가 자신이나 타인을 위해 이러한 상황을 극복하는 데 직접적으로 도움이 될 수 있어 보이는 행동을 능동적으로 하는 경우이다. 이때 인고는 곧 노력하는 마음으로서, 한국인은 고진감래에서와 같이 노력이 긍정적 결과를 가져올 것이라고 기대하며 그러한 노력을 찬미한다.

세 번째로 순명·인고 유형은 고통이 자신의 의지와는 상관없이 상황 때문에 비의도적으로 발생한 상황에서 당사자가 자신이나 타인을 위해 이 고통을 극복하는 데 도움이 될 수 있는 구체적인 행동을 실행하지 못하고 단지 그 고통을 수동적으로 감내함으로써 간접적인 효과를 얻는 경우이다. 이런 맥락에서 인고는 고통을 극복할 수 있는 대안 없이 그것을 운명처럼 여기고 받아들인다는 의미에서 외부적 요인에 의해 발

---

40) 최상진·정태연, "인고(忍苦)에 대한 한국인의 심리: 긍정적 보상기대와 부정적 과실상계를 중심으로", 『한국심리학회지: 사회문제』, Korean Journal of Psychological and Social Issues, 2001. Vol.7, No.2, pp.33-34.

생한 고생과 밀접하게 연결되는 개념이다. 또한 당사자가 특정 보상을 얻기 위한 구체적 행동을 하지 않는다는 점에서 보상 역시 이 사람의 통제하에 있지 않아 보인다. 마지막으로 과실·인고 유형은 개인이 사회적으로 부적절한 행동을 함으로써 자신에게 닥친 고통을 인고하는 경우이다. 위의 4가지 유형 가운데 처음의 3가지 유형은 인고가 보상을 가져올 것이라는 기대 및 당위성과 관련된다.

　　보상과 관련된 정성·인고, 노력·인고, 순명·인고 유형에서 우리나라 사람들은 전반적으로 인고를 가치 있고 이를 통해 얻은 긍정적 결과를 더 정당하며 인고가 부정적 결과를 가져올 때 이것을 부당한 것으로 지각하였다. 이 연구에서 우리나라 사람들은 인고보상수반심정논리(忍苦報償隨伴心情論理)를 가지고 있어 인고가 긍정적 보상을 가져오며 그것이 정당하고 당위적이라고 인식하는 판단체계를 가지고 있다고 결론을 내리고 있는데,41) 하물며 그 인고로 자신들이 수혜를 입고 있음을 인정한다면 더 말할 나위 없다. 이와 같은 인고보상수반심정논리는 인간 심리의 보편적 측면을 고려한다면 한국인에게 국한된 결과라기보다는 모든 사람들에게도 적용될 수 있는 이론으로 추정된다.

2) 보상이 내재적 동기에 미치는 영향

　　대다수의 모든 사람들은 고통을 감수하고 더 큰 대의(大義)를 위하여 자신을 헌신한 사람들에게 보상해야 하는 당위성을 심리적으로 인정하고 있음이 입증되었다. 그렇다면 보훈정책의 수행에 있어서 보상이 보상 대상자들(국가유공자와 같은 공훈 대상자)에게 긍정적으로 작용하는가? 혹은 보상이 다른 사람들에게도 국가·민족을 위한 희생과 헌신에 내적 동기를 부여하는 데 기여하는가? 이러한 물음들은 매우 우매한 물음 같기도 하다. 심리학적 의미에서도 보상은 어떤 행위를 촉진하거나 학습 분위기를 조성하기 위하여 사람들이나 동물들에게 주는 물질이나 칭찬이다. 그러므로 보상이 행위를 강화시키는 조건임은 일반인들의 관점에서도 지당한 이야기다. 그런데 아이러니하게도 그러한 일반적인 견해와는 달리 보상이 오히려 행위의 내적 동기를 감소시키는 경우도 있다는 연구결과가 나와 흥미롭다.

　　이전의 고전적 행동주의자들은 강화가 행동통제의 핵심이라고 간주하고, 바람직한 행동이 강화를 받으면 그러한 행동의 가능성은 증가한다고 보았었다. 행동주의적 해석에서는 학습된 근면성 이론으로 반복적으로 지급되는 보상이 내재적 동기와 창의성을

---

41) 위의 글, pp.28－29, 34.

증진시키는 조건들을 설명하고 있다. 만일 어떤 활동에 많은 양의 노력을 기울인 것에 대하여 보상을 받았다면, 이러한 보상이 노력의 불유쾌성을 감소시키는 역할을 하게 된다. 노력의 불유쾌성이 감소됨에 따라 그 개인은 이후의 목표지향적인 과제에서도 노력을 기울일 경향성이 증가하게 된다. 이에 대해 보상이 항상 모든 행동을 증가 또는 유지시킨다는 시각에 제동을 걸면서 내재적 동기이론가들은 보상이 특정 조건하에서 특정 행동을 저해한다는 주장을 하였다.

외적 보상(extrinsic reward)이 내재적 동기(intrinsic motivation)에 부적(負的) 효과를 미친다는 내재적 동기이론가들의 관점은 Deci와 Lepper, Greene, Nisbett의 연구에서 보상이 과제에 대한 내재적 흥미를 감소시킨다는 실험 결과들을 제시하며 시작되었다.42) 보상의 내재적 동기 감소효과는 과정당화 가설(overjustification hypothesis)과 관련된 연구들에서도 지지되었다. 여기서 과정당화 가설은 자신의 행동을 정당하게 인식하는 경우를 포함할 수 있다는 점에서 보훈정신의 기점이 되는 국가·민족공동체를 위한 헌신과 같은 행동에 대한 행위자의 인식에도 부합될 것으로 생각된다. 물론 행위자의 희생과 헌신이 과정당화되었다는 의미는 결코 아니며, 다만 정당한 행동으로 스스로 판단할 때 그에 대한 보상을 어떻게 인식하게 되는가와 보상이 상징정책으로 활용될 때 그 정치적 의도에 따라 동기를 유발하려는 노력이 오히려 부적 효과를 가져오게 된다면 그 이유를 어떻게 설명해야 하는지를 규명하려는 것이다.

Lepper의 연구결과는 외적 보상을 기대한 집단이 그렇지 않은 다른 집단보다 그 과제에 보내는 시간이 유의미하게 적었음을 나타내고 있다. 이러한 보상의 부적 효과를 설명하는 이론들 중 가장 널리 알려진 것이 인지평가이론(cognitive evaluation theory)과 자기지각이론(self-perception theory)이다. 인지평가이론은 자기결정감(self-determination)과 역능감(competence)의 욕구가 중요하다고 강조하는 점에서 귀인과 같은 인지적 과정을 중요시하는 자기지각이론에 기초한 설명과는 차이가 있다.

Deci는 내재적으로 동기화된 행동이란 자기결정감과 역능감의 욕구에 의해 동기화된 행동이라고 보고 이러한 행동은 최적의 도전적 상황(optimal challenging situations)을 추구하는 행동과 그러한 도전을 정복하려는 행동이라는 두 부류로 구분된다. 따라서 인간은 끊임없이 도전을 추구하고 그것을 정복하려 한다. 외적 보상이 내재적 동기에 영향을 주는 두 과정이 제시되는데, 첫 번째 과정은 지각된 인과위치(perceived locus of casualty)의 변화를 통해서이다. 행동이 그 활동 자체가 목적이기 때문에 자신이 그

---

42) Deci, E. L., "The effects of externally mediated rewards on intrinsic motivation", *Journal of Personality and Social Psychology*, 1971, pp.18, 105-115.

활동을 했다고 내재적으로 동기화되면 지각된 인과위치는 내부로 간주되고 내재적 보상으로 활동에 참여한다. 그러나 외적 보상이 제공되면 그것 때문에 활동을 하였다고 보게 되어 지각된 인과위치는 외부가 되고 외적 보상이 기대될 때만 그 행동을 하게 된다. 즉 특정 행동과 그에 대응하는 외적 보상 간의 연결이 발달하게 된다.

내재적 동기가 영향받는 두 번째 과정은 역능감과 자기결정감의 변화를 통해서이다. 즉 자신이 능력 있고(competent) 외부 제약에 의해 통제되지 않고 자기 스스로 결정하는 느낌을 제공해 주는 보상은 내재적 동기를 증가시키며, 이러한 정보는 피드백을 통해 동기구조에 영향을 준다. 따라서 Deci는 역능감과 자기결정감을 증가시키는 사건은 내재적 동기를 증가시키며, 이들을 감소시키는 사건은 내재적 동기도 감소시키는 것으로 가정한다.[43]

Deci와 Ryan은 지각된 인과위치를 자신의 행동에 대한 자기결정 정도를 나타내는 인지적 구성개념으로 보고, 지각된 인과 위치가 외부이면 내재적 동기가 감소하고 자기결정감을 낮춘다. 반면에 지각된 인과위치가 내부이면 내재적 동기가 상승하고 자기결정감도 촉진한다. 전자는 행동을 통제하는 것이고 후자는 자율성(自律性, autonomy)을 높이는 것이다. 또한 어느 정도 자기결정감을 느낄 수 있는 맥락에서 역능감을 높여주는 사상은 내재적 동기를 높인다.

이들은 보상이 수혜자에게 어떤 의미를 가지는가에 따라 그 효과가 달라질 수 있다고 보고, 보상의 통제적 기능(자율성 저해)과 정보적 기능(역능감 또는 자존감 정보 제공)을 구분하였다. 모든 외적 보상에는 통제적 측면과 정보적 측면이 있다는 것인데, 이때 보상의 통제적 측면은 지각된 인과위치의 변화를 통해 내재적 동기를 감소시키며, 보상의 정보적 측면은 자신의 행동의 효과성에 대한 정보를 제공함으로써 역능감과 자기결정감에 영향을 미치는데 그 정보가 역능감을 높이느냐 낮추느냐에 따라 내재적 동기가 영향을 받는다고 보았다.

인지주의적 해석에서 보면, 보상이 옳은 행동이나 바람직한 행동에 대한 정보를 제공해 주는 역할을 할 때에는 내재적인 동기에 정적인 영향을 미칠 수 있지만, 행동을 통제하려고 하고 변화시키려는 시도로서 사용되면 내재적인 동기를 감소시키게 된다. 보상은 자신의 행동에 대한 자기결정감 혹은 자율성을 저해하지 않도록 하면서 자신의 역능감 혹은 자존감에 정적인 피드백을 제공하여 내재적인 동기를 유발시키는 방향으로 작용하여야 한다. 또한 자신이 어떤 과제나 행동을 왜 하고 있는지 잘 인식하

---

43) Deci, E. L., "Notes on the theory and metatheory of intrinsic motivation" *Organizational Behavior and Human Performance*, 1975, pp.15, 130－145.

고 있지 못할 때 보상이 주어지면, 자신의 행동의 원인을 내적인 원인에서 보상이라는 외적인 통제로 돌려버리게 된다. 가장 최악의 상황은 개인들이 외적인 원인(보상) 때문에 그 과제를 한다고 인식하는 경우이다.

또한 그들은 외적 보상이 주어지는 방식에 따라 내재적 동기에 미치는 영향이 다를 수 있다고 보았다. 먼저 단순히 활동에 참여하는 것에 대해 보상이 주어지는 과제·비연계된 보상은 과제수행과 연계되어 보상이 주어지지 않기에 보상의 도구성 지각이 나타나지 않고 통제되는 느낌을 주어 내재적 동기 수준에 아무런 영향을 미치지 않는다. 다음으로 과제·연계된 보상의 경우에도 과제수행과 보상에 대한 구체적인 피드백 정보가 제공되지 않는다면, 이러한 보상방식은 과제 자체가 보상에 도구적인 것으로 지각되어 자신이 보상에 의해 통제되는 느낌을 강하게 줌으로 인해, 보상을 받지 않는 조건보다 내재적 동기 수준이 저하된다. 그러나 과제·연계된 보상과 함께 긍정적인 피드백이 함께 주어진 경우에는 내재적 동기 감소효과가 사라졌다.44) 그러나 긍정적인 수행에 대한 내재된 피드백이 없는 과제·연계된 보상은 내재적 동기를 낮추는 것 같다. 따라서 보상이 수행수준을 알려주는 정보적 측면을 가진다면 보상의 획득 자체는 자신이 수행한 활동에서의 성공을 나타내 주는 기능을 하기 때문에 역능감(자존감) 및 내재적 동기를 높일 수 있다. 이 경우 전적으로 자신이 외적 보상으로 과제에 종사했다고 보지는 않을 것이다.

한마디로 보상이 어떤 사람의 행동을 다만 외적인 보상을 얻기 위한 수단으로 전락시킨다면 보상은 내재적인 동기에 치명적인 부적 효과를 미치는 반면, 보상에 의해 행동이 이차적인 보상의 성격을 획득한다면 보상은 내재적인 동기에 긍정적인 효과를 미친다는 것이다. 그러므로 관건은 역시 보상을 어떻게 사용해야 하는가이다. 연구결과에 의하면 큰 보상을 제공할 때에는 눈에 잘 띄지 않게 제공을 하는 것이 안전하고, 큰 보상을 눈에 잘 띄게 제공할 경우에도 어떠한 행동이 보상을 받을 수 있는 것인지 구체적으로 지시를 해 주는 것이 효과를 나타낼 수 있다. 보훈정책에서도 이러한 연구결과가 반영되어 정책을 입안하고, 아울러 보훈정신이나 보훈문화도 마찬가지의 관점에서 확산시켜야 할 것이다. 이는 보훈정신이 인간의 자율성을 인정하고 존중해 주는 것이 보상의 가장 중요한 철칙이 되어야 한다는 것과 동시에 보상정책의 집행이 임시방편식으로 운영되어서는 안 되고 반드시 제도화된 시스템 안에서 이루어져야 함을 시사하는 것이다.

---

44) Deci, E. L., "The effects of contingent and noncontingent rewards and controls on intrinsic motivation", *Organizational Behavior and Human Performance*, 1972b, pp.217－229.

결국 보상 자체가 동기유발에 문제가 되는 것이 아니고 문제는 보상 속에 담겨 있는 인간에 대한 관점과 보상의 예측 가능한 규칙성인 것이다. 비록 보상의 부적 효과를 주장하는 연구에서도 보상이 적절히 주어지기만 한다면 내재적 동기가 오히려 증가된다는 주장들은 계속 제기되어 왔다. Cameron과 Pierce는 실험을 통해 대체적으로 "보상은 내재적 동기를 감소시키지 않으며 보상의 부정적인 효과가 나타나는 경우는, 예측된 유형적 보상이 단순히 과제를 수행하는 것에 대하여 주어질 때라는 제한적인 상황하에서만"이라는 결론에 이르렀으며, "보상은 적절히 사용되면 오히려 내재적 동기와 수행을 증진시킬 수도 있다."고 주장한다.[45]

물론 외적 보상효과에서 개인차 변인은 고려되어야 한다. 어떤 사람은 외적 보상에 의해 주로 동기화되는 특성을 가진 반면, 다른 사람은 내적으로 동기화되는 특성을 가질 수 있다. 내적으로 동기화되는 사람들은 자기결정감, 역능감, 호기심, 과제에 대한 몰입, 즐거움과 흥미 등의 요소에 영향을 받으며, 반면에 외적으로 동기화되는 사람들은 경쟁에 대한 관심, 평가, 인정, 금전 및 유형의 인센티브, 타인의 통제 및 제약 등에 의해 영향을 받는다. 결국 외적으로 동기화되는 유형의 사람은 외적 보상의 도입이 정적 효과를 가질 수 있으나, 주로 내적으로 동기화되는 사람은 외적 보상의 도입이 부적 영향을 미칠 수 있다. 그러므로 우리가 보훈정책을 기안할 때 모든 사람이 동일한 내적 동기화 특성을 가졌을 것이라는 편견은 접어두어야 할 것 같다.

집단주의 문화에서는 보상이 내재적 동기를 더욱 강화시킬 수도 있다. Eisenberg는 보상의 또 다른 조절변인으로 문화변인을 상정하고 조직 내 인센티브의 효과가 문화권마다 어떻게 달라질 것인지를 예측하였다. 그는 집단주의 문화에서는 개인주의 문화에서처럼 자기결정감이 그리 중요하지 않기 때문에 외적 동기요인(보상)에 기인된 통제감의 상실이 반드시 내재적 동기의 감소로 이어지지는 않을 것이라고 보았다. 집단주의 문화에서 보상이 내집단 성원과의 경쟁보다는 외집단 성원과의 경쟁과 연결되었을 때 창의적인 수행이 보다 높은 수준에 이를 것으로 보았다.[46] 보훈정신은 보다 큰 대의(국가·민족으로 표현되는 전체 혹은 집단)를 위한 개인의 희생을 그 기점으로 한다는 점에서 개인주의 문화보다는 집단주의 문화에 상대적으로 친숙할 것으로 사료된다.

보상의 부적 효과를 설명하는 또 다른 입장은 자기지각이론에 의한 것이다. Lepper

---

45) Cameron, J. & Pierce, W. D., "Reinforcement, reward and intrinsic motivation: A meta-analysis", *Review of Educational Research,* 1994, pp.363−423.

46) Eisenberg, R., & Cameron, J., *Reward, intrinsic interest and creativity: New findings.* American Psychologist, 1998, pp.676−679.

등의 과정당화 연구 피험자들은 자신의 과제에 대한 내재적 동기에 대한 분명한 인식 없이 시작하였다가 과제 활동에 대해 보상을 받게 되면 자신의 행동을 외부 보상에 의한 것으로 추론하게 되는데, 외적 보상은 과제수행에 대한 강한 정당화 요인이므로 또 다른 행동의 원인 요인인 내재적 동기의 역할이 절감된다. 즉 자기 스스로 주도한 행동(self-initiated behavior)이 아니라 외적 보상에 의한 행동으로 지각하는 것이다. 이는 보훈정책의 집행 시에도 보상의 성격이 행동을 유인하는 요인으로 인식되지 않도록 사람들에게 각인시키는 일이 중요함을 일깨우고 있으며, 더불어 외적 보상에 의한 행동으로 지각하게 된다면 그 사람에게 있어서 보훈정신의 핵심 요소인 애국심이나 동포애 등의 가치관은 퇴색하기 마련이라는 것이다.

자기지각이론에 근거한 이러한 견해는 주로 인지적 과정을 통해 내재적 동기 감소 효과를 설명하는데, 이에 대해 Lepper와 Greene 및 Amabile는 보상과 같은 외부 제약이 과제에 대한 흥미도와 창의성에 미치는 심리적 기제가 반드시 인지적인 과정에 의해서만 일어나지는 않을 수 있다고 보았다. 외적 보상의 부적 효과가 나타나는 것은 인지적 기제 이외의 정서적 기제에 의해 내재적 동기감소 효과가 나타날 수도 있다. 사람들은 사회적으로 부과된 요인에 의해 통제되고 있다고 느끼면, 그 과제를 일(work)로 보고 부정적으로 반응한다. 이러한 부정적 감정은 일반적으로 즐겁지 않기 때문에 강제되어야 하는 것으로의 ‘일’에 대한 사회적으로 학습된 고정관념에 의해 생성된다. 과제 수행에 대해 외적 제약(예를 들어 보상)이 가해지면, 그 과제에 대한 만족이나 즐거움의 수준이 저하될 뿐만 아니라 과제활동을 어떤 목적(end)에 대한 수단(means)으로 보게 되어, 그 과제를 ‘놀이(play)’가 아닌 단순히 ‘일’로 생각하게 된다. 무엇이든 다른 것을 위한 전제(수단)로 주어지는 것은 그 수단을 덜 매력적인 것으로 보이게 하므로, 보상을 받는 사람은 ‘만일 그것이 나에게 그것을 하도록 유도하는 것이라면, 그것은 아마 내가 원하지 않는 것’이라는 가정을 하게 된다. 실제 Freedman, Cunningham 및 Krismer는 제공되는 보상이 클수록 그러한 보상을 받게 해 주는 과제활동을 더욱 부정적으로 보게 됨을 실험적으로 보여주었다.[47] 이에 대한 반론으로 Calder와 Staw는 보상이 제공됨으로 해서 자기지각의 변화가 나타나 내재적 동기가 감소했다기보다는 보상 자체가 하나의 ‘뇌물(bribe)’로 보였거나, 과제가 보상 없이는 수행될 수 없을 정도로 즐겁지 않은 것이라는 인상을 주었기 때문일 수도 있다고 보

---

47) Freedman, J. L., Cunningham, J. A., & Krismer, K., "Inferred values and the reverse-incentive effect in induced compliance" *Journal of Personality and Social Psychology,* 1992, pp.357-368.

았다.48) 어느 경우이든 보상이 정서적으로 혐오를 주는 경우로 받아들여져도 부적 효과가 나타난다는 것이다. 물론 이 경우는 보훈정책에서의 보상과 그리 큰 관련성을 찾기 어려워 보인다.

한편 Deming 등은 사람들로 하여금 보상이나 인정을 받기 위해 경쟁하도록 내몰거나 등수를 매기는 것이 협력과 팀워크를 깨뜨리는 가장 확실한 방법이라고 본다. 오히려 인센티브제도는 사람들 간의 팀워크 또는 상호간의 협력을 감소시킨다는 것이다.49) 또한 Reiss와 Sushinsky에 의해 제기된 경쟁반응(competing response) 가설에서는, 눈에 띄는(salient) 외적 보상을 약속받은 피험자들은 과제수행기간 동안 보상에의 기대(reward expectancy) 때문에 높은 수준의 내재적 동기 활동이나 활동 자체에서의 즐거움을 방해 또는 간섭하는 반응들이 유발된다고 해석하였다. Ross의 실험에서는 보상 자체가 매우 눈에 띌 정도의 특출한 경우에는 내재적 동기가 감소하지만 보상이 아닌 다른 것을 생각하도록 했을 때는 내재적 동기 감소 효과가 나타나지 않았다. 이 경우는 보훈정책 수립 시 애국심이나 호국정신을 확대재생산을 목표로 하는 정치적 의도로 지나치게 보상을 강조하는 일이 국가·민족을 위한 희생과 헌신의 숭고한 가치를 희석시킬 가능성이 있음을 우려하지 않을 수 없다. 더불어 우리가 사람들은 구체적으로 보상되는 경우에만 열심히 일한다고 믿게 되면, 우리는 그에 연계된 보상을 제공하게 될 것이며, 그래서 사람들로 하여금 보상이 주어질 때만 일하도록 조건화시키는 우를 범할 수 있게 된다. 행위와 보상의 기계적인 연결이 능사가 아님은 보훈정책의 수립 시 심각하게 고려해 볼 일이다.

나. 보상의 유형(類型)과 실효성(實效性)

보상 자체의 실효성에 의문을 제기하는 연구결과가 있는데, 예를 들면 Kohn은 보상이 단순히 일시적인 순응(temporary compliance)만을 유도할 뿐이며, 만약 태도와 행동의 지속적인 변화를 낳고자 한다면, 처벌과 마찬가지로, 보상도 아무런 효과를 발휘하지 못한다고 보았다. 그러나 앞에서 본 바와 같이 적절한 보상체계는 내재적 동기 유발에 몇 가지의 부적 효과를 내는 경우가 아니라면 대부분 긍정적으로 볼 수 있

---

48) Calder, B. J. & Staw, B. M. "Interaction of intrinsic and extrinsic motivation: Some methodological notes", *Journal of Personality and Social Psychology*, 1975, pp.76－80.

49) 장재윤·구자숙, "보상이 내재적 동기 및 창의성에 미치는 효과: 개관과 적용", 『한국심리학회지: 사회 및 성격』, 1998, Vol.12, No.2, pp.40－41, 44－46, 61－64, 66－70.

다. 그런데 앞서 얘기했듯이 보상을 실질적 보상(물질적 보상정책)과 정신적 보상(상징적 보상정책)의 두 유형으로 분류할 때, 어느 보상이 더 보상으로서 가치가 있거나 혹은 그 대상에게 만족도를 더 높여 주는가?

Tang과 Hall 연구에서 유형적(물질적) 보상은 내재적 동기를 감소시키는 반면, 언어적(정신적) 보상은 내재적 동기를 증가시키거나 적어도 감소시키지는 않는 효과를 가진다는 가설과 실제로 이를 지지하는 결과를 얻었다.[50] 외적 보상보다는 내재적 동기가 더욱 중요함을 시사하는 간접적인 증거로, 일본의 개선제안제도에 대한 조사결과가 있다. 일본의 개선제안제도는 외적 동기가 아닌 내재적 동기를 자극하는 방식으로 설계되어 있으며, 보다 적은 금전적 보상으로 종업원들의 자발적인 참여를 통해 창의적인 제안을 유도해 내고 있다. 보훈정책이 정신적 보상으로서 명예선양과 같은 활동이 선행되지 않고 물질적 보상에만 치우치지 말아야 함을 암시하는 구절이다.

Deci의 연구에서도 수행에 대하여 긍정적인 언어적 피드백을 제공하면 역능감을 높여 내재적 동기를 증가시켰으나, 과제수행과 연계된 금전적 보상은 자기결정감의 저하를 초래하여 내재적 동기를 낮추었다. 그러므로 보훈정신의 본질적 요소로서의 보상은 그 효과 — 애국심 등의 국가적 가치관의 재생산이라는 정치적 의도에 비중을 둔 — 만을 고려한다면 물질적 보상보다 언어적 피드백을 이용한 정신적 보상이 나을 수 있다는 가정이 성립된다. 그것은 자율적 존재로서 인간의 특성에 기인하는 것으로 추정되는데 이에 대한 논의는 다음 4장에서 다루도록 하겠다. 아무튼 기존의 보훈과 관련된 연구 경향을 보면 정신적 보상에 역점을 둔 상징적 정책(symbolic policy)보다는 물질적 보상에 역점을 둔 실질적 정책(substantive policy)의 분석에 집중해 온 것은 사실이다. 실제로 정책의 집행 면에서 볼 때도 물질적인 보상에 치우친 까닭에 정신적 보상은 소홀했다. 그나마 이념적 기반 구축을 통한 정신적 예우의 강화가 중심이 되기 시작한 것은 1980년대에 들어오면서 국민의 전반적 생활수준의 향상과 복지시책의 확대가 중심이 되면서부터이다. 특히 1990년대에 들어서면서부터는 순국선열 및 독립유공자들의 애국충정을 기리는 민족정기 선양기능을 수행하기 시작하여 상징정책 차원에서의 정신적 보상의 기능을 수행하기 시작하였다.[51] 국가유공자들의 영웅적 행위에 대한 상징화는 기억과 가치의 재생산으로 이어지는 일련의 보훈 과정에서 당사자들에게 최상의 정신적 보상을 제공하게 된다. 이때 중요한 것은 후손들의 지속적 방문으

---

50) Tang, S. & Hall, V. C. "The Overjustification Effect: A meta — analysis", *Applied Cognitive Psychology*, 1995, pp.365 — 404.

51) 유영옥, 앞의 글, p.21.

로 그 정책적 의도가 실현되도록 당국이 관심을 가지는 것이며,[52] 이럴 때 정신적 보상으로서의 의의가 실현되는 것이다.

보훈정책에 관한 한 연구에서 앞으로 추구해야 할 보훈정책이 국가유공자에게 실질적 혜택을 주는 물질적 정책과 자부심과 같은 심리적 만족에 중점을 두는 상징적 정책 간의 상호보완을 추구하는 방향으로 진행되는 것이 바람직할 것[53]이라고 제시한 주장은 나름대로 탁견이라고 하지 않을 수 없다. 따라서 인간의 보상기대와 그에 대한 정책의 효과를 앞에서 검토한 심리학의 연구결과를 참조하여 유형적이고 물질적인 보상효과에 의존하는 실질적 정책의 개발도 중요하지만 그에 앞서 무형적이고 심리적인 보상효과를 기대하는 상징적 정책의 개발이 합리적이고 발전적인 보훈정신과 보훈문화를 확립하는 데 더 필요한 조건이라고 판단된다.

그렇다고 해서 이와 같은 제안이 물질적 보상의 비중을 낮추거나 그 중요성을 무시하는 말은 결코 아니다. 이상의 심리학적 연구결과는 인간의 특성상 물질적 요인에 의해서만 행동이 조건화되는 것이 아니기 때문에, 자율적 의지나 자존감과 같은 정신적 요인이 행동의 주요 변인이 된다는 사실을 감안하여, 정신적 보상과 물질적 보상의 적절한 배합과 조화로 보상의 효과가 극대화될 수 있음을 우리에게 암시해 줄 뿐이다. 오히려 보훈정책의 계획 수립이나 집행 과정에서 물질적 보상을 도외시하거나 경원시하는 일은 현실을 무시한 처사가 될 수 있다. 아직까지도 우리나라에는 생계곤란을 겪는 국가유공자가 존재하고 있다는 사실은 충격적인 일이 아닐 수 없다. 비록 생계곤란을 겪는 보훈대상자가 다소 적은 편이라 그나마 다행스러운 일이라고 할 수는 있지만 생계곤란층이 1.9%나 존재하고 있다는 것은 여전히 물질적 보상을 가벼이 여길 수 없게 만든다. 특히 신체적 장애를 가지게 된 참전(參戰) 군인들처럼 물질적 보상이 충분치 않을 경우 생계유지 자체가 힘들게 되는 경우는 정신적 보상 이상으로 물질적 보상이 절실한 형편이다.[54]

국가보훈처의 통계연보에 의하면 우리나라의 경우 베트남 참전자 중에서 고엽제로 인해 신체적으로 고통받고 있는 환자는 2002년 12월 말 후유증 환자 16,865명, 후유의증 환자 43,615명으로 전체 60,480명이 등록되어 있다.[55] 만약 이들에게 물질적 보상이 충

---

52) 문성민, "관광객 시선에 의한 현충시설의 관광자원화 가능성 모색", 『報勳學術論文集』, 국가보훈처, 2003, p.69.

53) 홍성현, 앞의 글, p.9.

54) 이하전, "보훈보상의 실태와 문제해결 방안: 보훈복지정책의 방향으로 대안 모색", 『報勳學術論文集』, 국가보훈처, 2003, p.413.

분히 돌아가지 않는다면 그것은 결국 당국에서 정신적 보상은 공염불에 불과한 것이다. 앞의 연구결과에서도 정신적 보상에 비중을 두는 것은 자유의지를 지닌 존재로서의 인간의 특성—자율성을 지닌 자기 결정적 존재로서의 존엄성—을 반영한 보상이 되어야 함을 의미하는 것이지 물질적 보상이 필요 없다거나 중요치 않다는 말이 아니다. 특히 참전군인 등의 국가유공자들은 자신들의 행위에 대한 정당성에 대한 자긍심을 지닌 사람들이고 명예를 가장 이상적 가치로 여기기 때문에 물질적 보상보다 정신적 보상이 우선되어야 함은 말할 나위 없다.56) 그러나 극빈의 생활고와 제대로 된 치료조차 받지 못할 정도의 처참한 생활을 하게 되는 국가유공자나 참전 용사가 있다면 거기에 어떤 언어적 보상이나 심리적 보상이 가해진다 해도 그 의미는 퇴색될 수밖에 없다.

과거에 우리나라의 순국열사에 대한 국가의 보훈은 단순한 명예로 끝났었다. 임진왜란 때에도 수많은 병사들이 순국하였으나 돈이 없어 보상하지 못하였다. 그래서 유형원의 『지봉유설』에 보면 "우리나라는 천하의 가난한 나라이다. 도대체 전쟁에서 세운 공로에 대해 나라가 상을 주지 못하고 있다. 장수가 맨손으로 나가 적의 머리를 베어와도 상을 줄 재원이 없어 다만 명예와 승진의 특전을 해 주는 데 불과하다. 금군(禁軍)은 면천(免賤)하든가 세금을 면해 줄 따름이다. 옛사람이 말하기를 '상을 중하게 주면 반드시 죽기를 맹서하고 싸우는 선비가 나온다(重賞之下 必有死士).'고 하였는데 지금은 공명(功名)을 위주로 하고 아무런 혜택도 없는 헛된 이름의 상(虛賞)만 주고 죽기를 맹세하는 군사가 나오기를 바라고 있으니 어려운 일이 아니겠는가."라고 말하고 있다.57) 이 말은 정신적 보상 못지않게 물질적 보상이 중요함을 잘 나타낸 말이다.

한 가지 더 우리가 유념해야 할 사실은 보훈정신의 효과가 극대화되기 위해서 보상

---

55) 미국의 경우 베트남 참전 고엽제 환자의 정신과 질환의 보상 범위는 전쟁 수행 중 정신질환의 진단만 받은 사실만 인정되면 국가유공자로 인정하여 국가 연금 및 포괄적인 의료지원을 받고 있다. 우리나라에서는 이 문제를 해결하기 위한 대책으로 우울증을 고엽제 후유(의)증 질환으로 인정하고 고엽제 환자의 삶의 질 개선을 위한 재활·보건의료 프로그램이 체계적으로 제공되어야 할 것이다. 김태열, "고엽제 후유(의)증 환자의 우울 및 삶의 질에 관한 연구", 『報勳學術論文集』, 국가보훈처, 2003, pp.78, 110.

56) 직업군인은 국가·명예·사명의 직업적 동기를 가지는 천직의식을 가져왔다. 따라서 군인들은 일반사회와 격리된 사람으로 생각하고, 또한 자신의 물질적·정신적 욕구를 추구하기 위해 어떤 결사체를 조직하기보다는 국가가 자신들을 돌봐주는 온정주의인 은전제도를 신뢰하는 전통적인 직업관을 가져왔다. Charles C. Moskos, Institutional/Occupationnal Trends in Armed Forces: an Update, Armed Forces & Society, 1996, pp.377－382. 최종보, "전역 직업군인의 지원정책에 관한 연구", 『報勳學術論文集』, 국가보훈처, 2003, pp.217－218.

57) 박성수, 앞의 글, pp.10－11.

정책은 반드시 이행되어야 한다는 것이다. Flora가 지적하였듯이 보상이 강화가 아닌 변별자극으로 작용한다면 이는 오히려 관련 행동을 하지 않게끔 하는 역할을 할 것이다. 다시 말해 어떤 행동을 하면 보상이 주어질 것이라고 약속하는 경우에는 그것이 변별자극으로 작용하여, 만일 그러한 약속이 주어지지 않을 경우에는 그 행동을 나타내지 않게끔 된다.[58] 그러므로 바람직한 보훈정신과 보상문화의 확산을 위해서 제기되는 선결조건은 약속된 정책의 이행이다. 이는 '정의(正義)'의 문제와 관련되기 때문에 역시 다음 4장에서 다루어질 문제이긴 하지만, 그것이 당사자들에게 미칠 영향은 심리적인 측면에서 이해되어야 하므로 여기에서 짚고 넘어가지 않을 수 없다.[59]

일반적으로 사회현실 속에서의 분배상황은 분배를 하는 경우와 분배를 받는 경우로 대분될 수 있다. 그런데 분배를 하는 자와 분배를 받는 자가 분배된 보상에 대한 공정성, 만족 및 불만족을 달리 느낄 수 있다. 이는 우리 사회에서 주는 자와 받는 자 간의 수많은 갈등 원인 중에 하나가 될 것임을 의미한다. 보상이 그 목적과 기능을 다하려면 보상의 공정한 이행 여부가 관건이 됨을 암시하는 대목이다. 아담스(J. S. Adams)의 초기 불형평 이론의 핵심은 자신의 투입(input)과 성과(outcom)의 비율이, 비교대상이 되는 타인의 투입과 성과의 비율과 다를 때 불형평을 초래한다는 것이다. 불형평은 개인의 심리적 긴장을 유발하며, 이때 긴장의 크기는 불형평의 크기에 비례하며 개인에게 이러한 긴장은 불쾌한 상태이므로 개인은 이러한 긴장을 제거하도록 동기화된다는 것이다.[60]

보훈정책의 수행 시 또 하나 고려해야 될 심리적 사실은 보상이 받는 사람의 입장과 주변 여건과의 관계 속에서 상대적일 수 있다는 것을 항상 전제해야 한다는 것이다. 보상에 대한 공정감 및 만족, 불만족은 주어진 보상 분배형태에 의해서만 결정되는 것이 아니라 분배형태의 결정요인들(상대방과의 관계성질 및 상대방의 욕구상태 등)과의 상호작용으로 결정된다고 보아야 할 것이다. 사회적 관계를 친숙세계와 소원세계, 이기적 관계와 이타적 관계로 대분해 볼 때 보상만족의 결정요인이 달라지는바,

---

58) 장재윤·구자숙, 앞의 글, p.67.

59) 심리학에서는 분배 정의의 개념이 1960년도 초기에 와서야 Homans에 의해 도입되었다. 분배 정의에 대한 심리학적 연구는 "어떻게 분배하여야만 정의로운가?"를 묻는 것이 아니라 공정분배에 관련된 일체의 심리적 과정을 이해하려는 것이다. Homans, G. *Social behavior: Its elementary forms*, New York: Harcourt Brace & World, 1961. 장성수, "분배정의와 절차정의가 보상의 불만족에 미치는 효과", 『사회심리학연구』, 1984. Vol.2, No.1, p.194에서 재인용.

60) Adams, J. S. Inequity in social exchange. In. L. Berkowiz(Ed.) *Advances in experimental social psychology*(vol.2), New York: Academic Press, 1965, pp.267 – 269.

형평 여부는 주로 소원관계 혹은 이기적 상황에서 중요요인이 되나 친숙관계 혹은 이타적 상황에서는 그렇지 않을 수도 있음을 보여준다.61) 공정성에 따른 주관적 인식에 따라 보상에 대한 만족도가 상대적일 수 있다는 연구결과는 보훈정책의 집행 시 헌신·희생의 공헌도에 따라 보편적인 보상의 기준이 정해지되 그 기준 설정에 신중을 기해야 함을 시사하고 있다. 그리고 사회적 관계에 따라 보상만족이 틀리다는 사실은 국민과 국가의 관계가 어떻게 정립되어야 하는가를 시사하고 있다.

4. 보훈정신의 윤리학적 기반

가. 보훈정신에서 투영되는 인간관(人間觀)

국가를 메커니즘이 아닌 유기체(有機體, organism)로 파악하는 유기체적 국가관(國家觀)에 따르면 국가라는 사회유기체의 한 분지(分肢)로 역할을 하는 개인보다는 국가가 지상적 가치이므로, 그러한 유형의 이데올로기에 기반을 둔 국가가 국가를 위한 개인의 희생에 대해서 그 개인에게 보상의 의무를 다해야 한다는 당위성(當爲性)을 찾기는 쉽지 않다. 또한 계급투쟁의 도구적 기능만이 부각되는 국가관과 더불어 민족공동체의 가치가 폄하될 수밖에 없는 구조를 지닌 공산주의 이데올로기 체제에서는 그 유물사관의 한계로 진정한 의미의 보훈정신이나 보훈문화의 이념적 기반이 약할 수밖에 없다. 그것은 계급억압을 유지하기 위한 도구로 국가의 본질을 규정하는 계급국가론의 논리구조에서도 기인하거니와 보훈정신이나 문화는 한 인간의 자발적 의지를 근간으로 한다는 점에서 개인의 자유의지가 말살되고 오직 역사발전의 필연성만을 강조하는 논리하에서는 존립 근거가 사라지게 된다. 만약 그러한 이데올로기가 통치이념으로 작동하는 체제에서 국가유공자에 대한 보상제도가 있다면, 그것은 철저히 앞의 희생을 모범삼아 다음 희생을 독려하는 차원으로, 즉 철저히 인간을 수단적 존재로만 간주하는 논리체계에 근거한 것으로 해석할 수밖에 없다.

개인 존엄의 원리에 기초한 자유민주주의 체제에서는 국가·민족공동체를 위한 개인의 헌신과 희생, 그리고 그에 대한 보상(보답)은 그야말로 가장 높은 수준의 도덕성으로 평가받을 수 있게 된다. 여기에는 두 가지의 원리가 개재된다. 하나는 인간의 의지

---

61) 장성수, 앞의 글, pp.213－214.

(意志)가 자유롭다는 전제와 다른 하나는 인간은 수단적(手段的) 존재로서의 가치만이 아니라 목적적 존재로서의 가치를 지니고 있다는 사실이다. 자연의 한 일부인 인간은 자연법칙에 지배받는 존재이지만 의지의 자유로 모든 생명체 가운데 유일한 도덕적 존재로 자리매김하게 된다. 자연은 동물의 한 류로서의 인류의 보존을 위하여 자신의 법칙을 완강히 고집하게 되고, 이런 연유로 자연의 목적과 도덕은 불가피하게 서로를 방해하게 된다. 자연인으로서의 인간은 어떤 시기에 이르면 이미 성인이 되지만 시민적 인간으로서는 성숙된 것이 아니다. 이는 자연이 우리 인간에게 동물로서의 인류를 위한 소질과 도덕적 존재로서의 인류를 위한 소질 두 개의 상이한 목적을 위한 두 가지의 소질을 주었음을 증명하는 것이다.62)

도덕적 존재로서의 소질은 인간의 의지가 자유로울 수 있다는 사실에 근거한다. 인간의 자유의지(自由意志, freie Willkür)는 행위적 주관이 자신의 행위를 임의(任意)로 선택할 수 있는 의지이다. 인간에게 감성적 충동에 의한 강제로부터 독립하여 스스로 자기 자신을 규정하는 능력이 있다는 것은 '자연에 따르는 인과성(因果性)'이 아닌 '자유로부터의 인과성(Kansalität aus Freiheit)'이 있음을 말해준다. 감성적(感性的) 충동에 관계없이 이성(理性)이 지시하는 동인(動因)에 의해서만 규정되는 의지가 자유의지(freie Willkür, arbitrium liberum)이다. 칸트에게 있어서 경험적 의지는 경험적인 감정에 의한 쾌 혹은 불쾌와 같은 자기만족을 충족시키는 자기행복의 원리인 반면에 선험적(先驗的) 의지, 즉 순수의지는 오직 보편적인 법칙 수립의 형식이며, 이러한 순수의지를 그는 선의지라고 하였다.63) 그에게 있어서 도덕적 인간은 그의 행위 동기가 전적으로 개인의 성향과 자기이익으로부터 분리되어야 하며, '의무에 맞는 행위'라기보다는 '의무로 말미암은', 즉 의무 자체를 위해 행위하는 사람이다. 그리고 그러한 행위는 선의지(善意志)에 의한 행위인 것이다. 따라서 선의지는 도덕적 인간이 되기 위한 필요조건(必要條件)임과 동시에 충분조건(充分條件)인 것이다.64)

국가·민족공동체에 대한 헌신적·희생적 행위에 있어서 그 행위 주체의 행위 동기는 개인의 성향과 자기이익이 아니라 이성의 지시에 따른 선의지에서 발로(發露)된 것이다. 만약 개인의 부귀영달을 위하여 국가·민족공동체를 위해 일했다면 그것은 감

---

62) Immanuel Kant, 이한구 편역, 『Kant의 역사철학』(서울: 서광사, 1992), pp.85－86.

63) Immanuel Kant, 姜泰鼎 譯, 『實踐理性批判 Kritik der praktischen Vernunft』(서울: 일신서적 출판사, 1991), p.38, 51.

64) Paul W. Taylor, *Principles of Ethics: An Introduction*, California: Dickenson Publishing Co. Inc., 1975, p.86.

성적 충동에 따른 행동으로 '자연 인과성'의 결과일 뿐이다. 따라서 보훈정신의 기점(起點)이 되는 국가·민족에 대한 헌신이나 희생은 행위 주체가 이성이 지시하는 '의무에 말미암아' 선택한 행위여야 하며, 적어도 개인 존엄과 자유의지를 근간으로 하고 있는 자유민주주의 체제는 그러한 의지의 자유에 따라 행위가 이루어질 수 있는 토양(土壤)이 되어 주고 있다.

한편 도덕적 행위란 도덕법칙(道德法則)에 대한 순수한 존경(尊敬)에서 나오는 행위이지만, 유한적 존재자인 인간은 도덕률에 반하는 행위를 할 수도 있으므로, 도덕률(道德律)은 적어도 인간에 대해서는 언제나 당위, 즉 명령(命令)의 형태를 취하게 되는데, 이때의 명령은 가언명령(假言命令, hypothetischer imperative)이 아닌 정언명령(定言命令, kategorischer imperative)이다.65) 도덕률이 정언명령이어야 하는 이유는 그것이 우리가 추구하는 목적에 결코 의존하지 않고 목적과는 독립적으로 규정되기 위해서이다.66) 켐프(J. Kemp)는 이러한 정언명령에 따르는 순수의지, 선의지를 합리적 의지(rational will)라고 부르면서, "도덕법칙의 본질이나 내용은 …… 합리적 의지의 형식적 성격과 연결된다."고 하였다.67) 정언명령은 '해야 한다(sollen).'에 의해서 표현되지만, 이 '해야 한다.'는 인간의 순수의지에 있어서의 '자유'라는 근본적인 사실이다. 한마디로 인간은 자연에 있어서 자유를 실현해야 할 사명을 지니고 태어났으며, 인간의 존재목적은 이상의 실천적 실현 및 문화 창조에 있다. 국가와 민족에 헌신·희생하는 인간의 행위에는 도덕적 의무에 따르려는 의지가 전제되지 않으면 안 된다. 정언명령에 따르는 선의지로 말미암아 인간은 자유를 실천하게 된다. 여기에서 칸트는 정언명령이 순수하게 형식적이어야 함을 강조한다. 의지가 절대적으로 그리고 무제한적으로 선하다고 불리려면 한 법칙의 표상이 그로부터 기피되는 결과를 고려함이 없이 의지를 규정해야 하는데, 그것은 '나의 격률이 마땅히 보편적 법칙이 되도록 스스로 원하는 방식으로 하는 행위'와 같은 형식으로 나타날 수밖에 없다는 것이다.

인간이 그의 자유의지에 의하여 행위의 기준으로 삼아야 할 형식화된 도덕법칙인 정언명령은 모든 인간에게 예외 없이 적용되는 보편적 성격을 가져야 한다. 왜냐하면 칸트에게 있어서 모든 이성적 존재자는 그들이 선택할 수 있는 행동에 관해 심사숙고할 때 스스로를 자유로운 존재라고 생각해야만 하며, 만약 그들 자신을 자유롭다고 생각한다면 그들은 자유롭다. 그리고 자유롭다는 것은 도덕법칙의 형식으로서의 정언

---

65) 朴先穆, "Kant의 도덕형이상학에 관한 연구", 東亞大學校 東亞論叢 제18집, 1981, p.55.

66) Paul W. Taylor, op. cit., p.87.

67) J. Kemp, The Philosophy of Kant, p.65, 朴先穆, 앞의 책, pp.52－53에서 재인용.

명령에 예속(隷屬)된다는 것이다.

우리가 앞에서 보훈정신을 논급할 때 그것은 "국가가 위기에 처했을 때 자신의 희생을 무릅쓰고 국가의 위기 극복에 공헌한 자를 정책적으로 특별대우를 해 줌으로써 국가를 위해서는 희생을 할 가치가 있다는 믿음을 국민들에게 심어 주고 아울러 현재 국가를 위해 헌신하고 있는 사람들의 근무의욕과 사기(명예심, 자부심)를 고취"하는 데 의의가 있다고 하였다. 그런데 이 말에는 자칫하면 국가를 위한 희생·헌신과 그에 대한 보훈이 국가와 개인 간의 상호 계약적 관계에서 성립되는 이해타산적 행위로 치부될 소지와 동시에 도덕과는 유리되는 위험성이 내포되어 있다. 개인에게 보상을 호이(好餌, decoy)로 하여 어떤 의도된 행동을 추동시키겠다는 의도는 마치 파브로프 조건화(Pavlovian conditioning)와 진배없는 자유로운 인간의 이성적 존재로서의 특성을 도외시한 비이성적 판단에서 근거한 것이라고 할 수 있다. 도덕률이 국가와 민족을 위한 헌신으로 표상될 때 그것에 따르는 의지가 어떤 보상이나 대가를 의도하게 된다면 이미 그것은 자연적 인과성의 법칙, 즉 필연에 근거한 것이라는 점 때문에 자유를 이탈하게 되는 것이다. 그러나 오직 자유의지에 의해 그것을 도덕률로 인식하고 행위했다면 그 자유는 도덕률에 따르려는 선의지에 부합되는 자유이기에 보상·보답의 충분한 근거가 된다. 그리고 앞서 논급한 바와 같이 자율적 존재로서의 인간존엄에 바탕을 둔 보상이 될 때 그 긍정적 효과를 기대할 수 있는 것이지 보상과 행위를 조건화시켜 인간이 주변 환경조건에 예속된 타율적 존재에 불과한 것으로 대한다면 오히려 보상이 부적 효과를 보인다는 연구결과는 윤리학적으로도 매우 의미 있는 사실이다.

국가·민족공동체를 위한 개인의 헌신과 희생, 그리고 그에 대한 보상이 가장 높은 수준의 도덕성으로 평가되는 또 하나의 원리는, 인간은 수단적 존재로서만이 아니라 동시에 목적적 존재로서의 가치를 지닌 존재라는 사실이다. 인간의 현존재는 최고의 목적 그 자체를 자신 속에 가지고 있어서, 인간은 가능한 한 이 최고의 목적에 전 자연을 예속시킬 수 있으며, 적어도 이 최고의 목적에 반(反)해서는 자연의 어떠한 영향에도 복종해서는 안 된다.[68]

칸트에 의하면 의지의 자율(the autonomy of the will)이란 이성적 행위자가 자신이 해야 할 바를 스스로 규정할 수 있는 능력이다. 자율적 의지는 자기 통제적인 의지이다. 의지의 자율과 목적 자체로서의 인간에 관한 이론 사이에 밀접한 연관성이 있다.

---

68) Kant 도덕철학에서의 인간 존재는 자유를 전제하며 자유는 실존철학의 근본개념으로 전개되어 결국 Kant의 비판철학은 存在論, 人間學 등 現代哲學으로 이어진다. Immanuel Kant, 『判斷力批判 Kritik der Urteilskraft』, 李錫潤 譯(서울: 博英社, 1974), pp.336-344.

인간을 목적으로 대함은 그를 무조건적·절대적 가치를 지닌 존재로 인식하는 것이다. 이러한 인식은 우리가 그 존재에 대하여 자기통제적 행위자, 판단자로서 그의 자율을 항상 존중해 주는 방식으로 행위함을 의미한다. 형식주의적 윤리체계에 의하면 인간들 사이의 도덕적 관계는 각 개인의 자율이 존중되는 관계이다. 따라서 그것은 필연적으로 어떤 사람이든 다른 사람의 목적을 위한 단순히 수단으로 이용되는 것을 금한다.69) 정언명령은 "너의 인격에 있어서나 모든 사람의 인격 중에 있어서나 인간성을 언제나 동시에 목적으로 취급해야지 결코 수단으로만 취급하지 않도록 행위하라."고 우리에게 지시한다. 이는 인격이 수단이 될 수 없고 목적임을 알아 그것을 도덕률의 근거로 삼으라는 것이다. 즉 인격은 자연적 조직과는 완전히 독립된 것으로서 자유의 영역이며, 이성에 주어진 아프리오리(a priori)한 것이다.

앞에서 언급한 바 있는 보훈정책의 세 번째 과정은 일반국민들이 집단 응집력(凝集力)을 강화하고 국민으로서의 일체감을 형성하여 국가에 대한 헌신의 정당성을 제공하고 필요시 적절한 상징을 통한 정치적 동원의 명분을 제공하는 기능을 수행하는 과정으로 정치적 의도가 깔려 있다. 그런데 이 과정이 앞의 두 과정(보상·기억)을 능가하는 비중으로 다루어진다면 보훈정신을 통한 인간의 수단화가 정당화되는 모순을 범하게 된다. 보상의 이유가 단지 다음에 유사한 상황에서 더 적극적으로 행동하도록 만들려는 의도가 담겨 있다는 것은 궁극의 목적으로 대우받아야 할 인간이 수단으로서만 취급되는 상황을 초래하게 되고 동시에 자유가 말살된 존재로 인간을 전락시키는 것이다. 따라서 그러한 정치적 의도는 부가적(附加的)·파생적(派生的) 기능으로 다루어져야지 그 자체가 목적이 된다면 결국 인간이 그 목적을 위한 수단이 되는 것이다.

나. 보상과 정의(正義)

국가와 민족이라는 공동체를 향한 헌신과 희생이 존경받지 못하는 사회는 결코 정의로운 사회일 수 없을 뿐만 아니라 지속적인 발전을 기대할 수 없다. 헌신과 희생에 대한 존경은 곧 합당한 보상을 의미하며, 우리는 곧 이것을 정의(正義)라는 도덕적 가치 안에서 논하게 된다. 일찍이 Pythagoras학파의 사람들은 정의(正義)란 곧 보상(報償)이라고 정의(定義)하였으며, 근대에 들어와서 J. S. Mill도 불의(不義), 부정(不正)의 두드러진 경우의 예로 어떤 사람에게 그 사람 몫을 주지 않는 그릇된 행위들이라

---

69) Paul W. Taylor, op. cit., p.109.

고 하였다.[70] "진리가 사상체계의 제1덕목이라면 정의(justice)는 사회제도의 제1덕목이다."라고 표현될 정도로 정의의 문제는 인간의 역사를 통하여 가장 중시해 온 문제 중의 하나이다.

정의란 원래 사상가에 의하여 입법자나 위정자(爲政者)가 그 사회에서 궁극적으로 실현해야 할 규범 및 가치로 여겨 온 개념이다. 이념과 가치는 인간에 의하여 필연적으로 의지하는 것이다. 사람들은 그 자신에게 기초를 두고, 다른 어떠한 고차적(高次的) 이념이나 가치로부터도 흔들리지 않는 것으로 진리(眞理)·선(善)·정의(正義)에 관하여 말한다. 진리는 인간생활의 순수한 이론적 측면으로 나타나며 이에 대하여 선·정의는 인간생활의 실천적 측면으로 나타난다. 또한 실천적 측면 가운데 내적 측면으로 나타나는 것이 선(善), 외적 측면으로 나타나는 것이 정의(正義)이다. 물론 인간의 현실생활에서 이론과 실천, 내면과 외면이 불가분의 관련이 있는 것과 같이, 진리·선·정의도 서로 관련되어 있다.

플라톤은 사람마다 서로 다른 직업을 가지게 되는 타고난 재질의 차이가 있다고 생각하였다.[71] 플라톤에 의하면 혼의 각 부분은 각각 일정한 임무를 다하고 그 완전성을 얻지 않으면 안 된다. 즉 이성적 부분은 지혜(sophia)에 있어서, 기력적 부분은 용기(andria)에 있어서, 욕정적 부분은 절제(sophrosyne)에 있어서 각각 완전성을 얻으나, 다시 그 위에 혼 전체의 덕으로서 이들 여러 부분의 정당한 관계, 즉 완전한 공정(정의, dikaiosyne)이 부가되지 않으면 안 된다. 이들 네 가지의 주요한 덕은 정치의 영역에 있어서 그 참된 의미가 명백해진다. 즉 애지자(philosophoi)와 관리자(phylakes), 민중(georgoi와 demiourgoi)이 각각 지혜, 과감 자제의 덕을 행하며 의무를 다하고 본분을 지킬 때 비로소 국가생활은 전체의 완전한 조화에 있어서 정의의 이상에 합치한다. 결국 플라톤에게 있어서 정의란 자기 자신의 일에 머리를 쓰고 다른 사람들의 일에 간섭하지 않음을 의미한다.[72]

플라톤의 『Gorgias』에서는 질서, 절제, 정의, 기하학적 균형이 거의 같은 것으로,

---

70) John Stuart Mill, *Utilitarianism Liberty—Representative Government*(Evertman's Library), p.56. 崔明官, "正義의 意味", 『철학』, vol.8, 한국철학회, 1974, p.25에서 재인용.

71) Platon, *Lesser Hippias*, Trans. by Lane Cooper, F. M. Cornford, W. K. C. Gughrie, R. Hackforth, Michael Joyce, Benjamin Jowett, L. A. Post, W. H. D. Rouse, Paul Shorey, J. B. Skemp, A. E. Taylor, Hugh Tredennick, w. D. Woodhead, J. Wright, Edited by Edith Hamilton & Huntington Cairns, *The Collected Dialogues of Plato including Letters,* New Jersy: Princeton Univ. 1973, pp.209—210.

72) Platon, *Republic IV*, pp.674—675.

혹은 깊은 상관성이 있는 것으로 이야기되고 있다.[73] 그에게 있어서 정의는 질서, 규칙성, 통일 및 합법성의 일반적 원리다. 개인의 생활 속에서는 이 합법성이 인간 영혼의 서로 다른 모든 힘의 조화에 나타난다. 국가 안에서는 그것이 서로 다른 계급들 간의 '기하학적 균형'으로 나타나며, 이것을 따라 사회집단의 각 부분이 그 응당 받아야 할 것을 받으며 또 협동하여 일반적 질서를 유지한다.[74]

아리스토텔레스는 가장 보편적인 의미로서의 정의(正義)란 모든 덕(德)을 포괄한 중정원만(中正圓滿)한 덕이라 하면서, 현실의 사회질서를 검토하고 정의의 개념을 분석하여 전반적 정의와 부분적 정의로 나누었다. 그리고 후자를 다시 배분적(配分的) 정의(distributive justice)와 시정적(是正的) 정의로 구분하였다. 전반적 정의는 사람들이 행하는 것을 올바르게 하게 할 뿐만 아니라 사람들로 하여금 올바른 일을 바라게 하는 성질의 상태(hexis), 즉 궁극적인 덕이며, 덕의 전반적인 것이다.[75] 부분적 정의는 여러 가지 덕 가운데 하나의 정의로서 명예나 재화 등의 배분에 있어서의 정의와 여러 가지 형태의 상호 교섭에 있어서 조정의 역할을 하여야 하는 정의로 나눈다. 배분에 있어서의 정의의 문제는 배분할 만한 명예나 보수를 관련 있는 사람들의 공적 내지 가치를 따라 나누어주는 것으로 공동체의 성원에 대하여 그 지위와 능력에 알맞은 부담과 의무, 그리고 명예와 이익의 분배가 지켜져야 하는 것이다. 그러한 점에서 배분적 정의는 개인의 공적(merit)에 비례하여 분배하여야 한다는 비율적 분배(proportionate distribution)를 의미한다.

시정적 정의의 문제는 형벌과는 아무 상관이 없고, 다만 이미 행한 부당한 행위에 대하여 배상하게 함으로써 시정하는 일에만 관계하는 것으로 공동체 성원은 상호간에 법에 의하여 각인에게 귀속하는 것을 인정하고 부여하도록 하지 않으면 안 된다. 배분적 정의는 인간적 가치의 차별성에 바탕을 둔 평등을 의미하고, 시정적 정의는 인간의 등가성(等價性)에 바탕을 둔 평등을 의미한다고 하였다. 복리(福利) 분배의 공정(公正)은 전자에 속하여, 입법자의 임무가 되는 사항이고, 개인 간의 합의적 및 비합의적 관계에서의 보상의 공정은 후자에 속하여, 오로지 재판관의 임무가 되는 사항이다. 그러므로 정치적 권리와 복리는 배분적 정의에 의하여 주어지며, 형벌을 과하고 손해를 배상(賠償)하는 것은 시정적 정의에 의한 것이다. 시정적 정의는 급부(給付)와

---

73) Platon, *Gorgias,* pp.288－291.

74) Earnest Cassirer, *The Myth of the State*(Doubleday Anchor Book), 1946, p.81, 최명관, 앞의 글, p.19에서 재인용.

75) Aristoteles, *Ethica Nicomachea*, 1129a.

반대급부의 등가(等價), 배상의 공정을 뜻한다는 점에서 교환적 또는 보상적 정의(retributive justice)라고도 한다.

보훈정책은 정책유형 중 분배정책(distributive policy)과 재분배정책(redistributory policy)에 관련된다는 점에서76) 배분적 정의의 실천의 측면에서 이해될 수 있으나 희생·헌신에 대한 반대급부의 시각에서 본다면 시정적 정의와 무관하다고 볼 수 없다. 한 민족의 독립정신이 정의에 바탕을 두어야 한다는 주장77) 역시 국가들 간에도 힘의 논리에 의한 불평등한 관계를 지양하고 등가적 차원에서 관계가 설정되어야 한다는 말이므로 시정적 정의의 논리로 설명된다고 하겠다.

분배적 정의이든 시정적 정의이든 보상을 정의라는 덕목의 범주 안에서 설명할 수 있으려면 더 진전된 논의가 있어야 할 것 같다. 배분된 보상에 대한 공정성 및 만족 또는 불만족에 초점을 둘 때 이는 배분적 정의 이외에 절차적 정의(procedual justice)와도 밀접한 관계가 있다. 배분적 정의가 보상분배의 기준에 관한 것이라면 절차의 정의는 보상분배를 결정하는 과정 내지는 절차, 즉 누가 분배를 하였는가? 왜 그러한 분배를 하였으며 어떻게 분배가 결정되었는가? 등에 대한 공정성을 의미한다. 대체로 배분의 결정에 자신의 관여도가 높을수록 분배절차를 공정하게 지각하여 그 결과 분배된 보상도 공정하고 만족스럽게 생각한다.78) 이에 대한 논의에서 우리는 롤즈(J. Rawls)를 빼놓을 수 없다. 롤즈는 그의 저서 『정의론(正義論, A Theory of Justice)』에서 공리주의(功利主義)를 대신할 실질적인 사회정의 원리를 '공정(公正)으로서의 정의론'으로 체계 있게 전개하여 사회제도의 제1덕목이 정의임을 논증하고 있다.

'원초적 입장(original position)'이라는 가설적 상황에서 자유·평등한 도덕적 인격자들이 전원일치로 합의한다는 데서 정의원리가 도출·정당화된다는 사회계약설적 구성이 채택되었으며, 이와 같은 방법론은 자율성과 정언명령에 관한 칸트의 사고방식을 절차적으로 해석한 '칸트적 구성주의'라고 불린다. 그의 정의의 이론에서 핵심적인 위치를 차지하는 '원초적 입장'은 칸트의 자율의 개념과 정언명령에 대한 절차적 해석이다.

롤즈는 가상적 시민들이 그들의 정치사회적 제도의 정의의 원칙에 합의하게 되는 전제로서 '원초적 입장'을 규정하면서 그의 논지를 펴 나간다. 여기에서 중요한 것은

---

76) 유영옥, 앞의 글, pp.29, 31 - 32.

77) 이호찬, "전조선학생항일독립운동의 전개와 의의: 독립정신은 통일정신", 『報勳學術論文集』, 국가보훈처, 2003, p.163.

78) Adams, J. S., Inequity in Social Exchange. In. L. Berkowiz(Ed.) *Advances in experimental social psychology*(vol.2), New York: Academic Press, 1965, pp.267-269, 장성수, 앞의 글, p.198에서 재인용.

가상적 시민들이 어떤 '무지의 베일(veil of ignorance)'을 쓴다고 가정하는 것인데, 이는 사회정의의 기준을 선택하는 자가 자기 개인의 우연적인 지적, 체력적, 배경적 조건을 모를 뿐 인간사회에 대한 일반적 사실(정치·경제 이론 등)은 숙지하고 있다는 가정이다. 이 무지(無知)의 베일이라는 가설을 통해서 합의의 문제를 단순화하고 동시에 정의의 실질적 내용으로부터 우연성(偶然性)을 배제하고자 한다. 그리고 이런 무지의 베일을 쓴 계약 당사자는 또한 타인의 이해관계에 대해 동정도 시기도 없고 당사자들이 상대방에게는 무관심하고 자신의 이익만 추구하는 합리성을 소유하고 있다는 냉담한 합리적 존재들임이 가정된다. 무지의 베일이 원초적 입장의 인지상 조건이라면 '상호 무관심적 합리성'은 동기상의 조건이다. 이 조건과 무지의 베일 조건이 결합하여 결국 원초적 입장에 있는 자들은 타인의 선(善)까지 고려하게 된다.

무지의 베일과 상호 무관심이 결합하면 단순성 및 명료성과 이타심까지 보장하게 되며, 이로써 도덕 판단을 사려 판단, 타산 판단으로 옮길 수 있기 때문에 직관에 대한 의존도를 줄일 수 있다. 이와 같은 합리적 타산의 사려가 바로 정의이다. 원초적 입장에 있는 당사자들의 관점에서 볼 때 그들은 무지의 베일로 인해서 자신만을 위한 어떤 특정 이익을 취할 길이 없다. 또한 그들은 타산적 합리성으로 인해 자신에게 주어질 특정한 손해를 그대로 묵과할 이유도 없는 것이다. 따라서 그가 사회적 분배에 있어서 동등한 몫 이상을 기대한다는 것은 부당하며 동등한 몫보다 적은 것에 동의한다는 것도 불합리한 까닭에 그가 취할 수 있는 현명한 길은 평등한 분배를 요구하는 원칙을 정의의 제1원칙으로 인정하는 일이다. 그러나 당사자들은 보다 평등한 분배가 주는 당장의 이익을, 미래에 돌아올 보다 큰 보상을 생각하여 투자할 수 있는 사려 깊은 합리인들이기 때문에 차등의 원칙도 오히려 정의로운 것으로 간주하게 된다.[79] 롤즈가 말한 공정으로서의 정의 개념은 당사자들의 토론을 자유롭고 평등한 인격을 대변하는 것으로 특징짓기 위해서 합당한(실천이성적인 reasonable) 조건에 종속되어 있는 합리적(이익계산적인 rational) 선택의 견해를 이용하게 되는 것이다.[80]

한 개인의 헌신·희생으로 이루어진 공적에 대한 국가적·사회적 보상은 이성적 존재자들의 합리적 타산의 사려라는 관점에서 정의의 카테고리에 포함된다고 볼 수 있다. 원초적 입장에서 고려하게 되는 선(善)으로서의 정의 ─ 원초적 상태에서 각인이 가지는 평등한 분배의 관념이 결국 정의라고 할 수 있기 때문에 ─ 는 미래지향적이고

---

79) 황경식, "J. 롤즈의 정의론", 『한국논단』, 한국논단, vol.2. 1989, pp.97─99.

80) J. Rawls, "Justice as Fairness: Political not Metaphysical", *Philosophy and Public Affairs*, vol.14, Summer, 1985, p.237.

균형적 감각에 의거한 합리적 타산의 결과이다. 희생과 헌신에 대한 현재의 보상이 정당하다는 판단은 그러한 보상으로 가져오게 될 사회적 선(善)의 실현을 충분히 계산할 수 있는 이성적 존재자들의 인식에서 비롯된다. 이는 마치 대수식에서 등호를 사이에 두고 좌우 동등한 대칭을 이루게 함으로써 해(解)를 찾는 것과 같다고 하겠다. 한쪽의 미지수는 등호를 사이에 둔 등가의 원리에 따라 해를 구하듯이 사회제도에서의 정의도 그러한 합리성을 바탕으로 해야 할 것이다. 정의의 여신 디케(Dike)가 들고 있는 저울은 양편의 등가의 균형으로 정의를 상징하는데, 그것은 삶에서 불균형하거나 부정한 부분이 있다면 냉정하고 공평하게, 과감히 그것을 잘라내어 균형을 이루는 정의(justice: 디케의 로마 이름 Justitia에서 유래)를 의미한다.

한 개인의 희생과 헌신도 그로 인해 발생된 그 개인의 물리적·정신적 결여나 공백을 그 헌신적 행위의 수혜자들에 의해 그만큼의 보답(보상)으로 채워질 때 사회정의가 실현되는 것이다. 앞서 기술한 아리스토텔레스의 정의관에 있어서도 옳은 것이란 비례적인 것이며, 부정(不正) 내지 옳지 않은 것이란 비례를 깨뜨리는 것이다. 정의에 관계되는 비례는 사람과 사람, 그리고 그 사람들 간에 문제되는 재물 같은 것으로 구성된다. 아리스토텔레스는 분배적 정의도 아니요 시정적 정의도 아닌 것으로서 보상(報償)을 문제 삼고 있는데, 오히려 보상이 롤즈가 제시한 합리적 타산의 맥락에서 본다면 등가성의 원리에 기반하고 있고, 따라서 시정적 정의의 관점에서 이해하는 것이 타당할 것으로 보인다.

일반적인 의미에서 '보상(報償)'은 '갚다(reward)'는 말이지만 여기서 필자는 그것을 '손해나 부족을 보수 혹은 벌충하다.'는 의미의 '보상(補償)'이라는 말과 같은 맥락에서 접근하고 싶다. 두 용어가 모두 'compensation'으로 병행 표기도 되는데 이에 대한 차이는 언어학적으로 분석해야겠지만 심리학적으로는 분명히 다른 개념이다. 후자의 경우는 심리학에서 인간의 적응을 위한 심적(心的) 메커니즘의 하나로 파악되는데, A. Adler는 인간이란 모두 열등감 콤플렉스를 가지고 있으며, 그것을 극복하는 데서 보상의 심적 메커니즘이 작용한다고 주장하였으며,[81] C. G. Jung은 인간의 무의식이 의식의 일면성을 늘 보상하는 경향을 지니는 데 주목하였다. 예컨대 의식(意識)의 태도가 외향적인 사람은 무의식적으로는 내향적이라고 한다. 이와 같은 의식과 무의식의 보상작용에 의해 인간의 마음은 전체적인 조화와 균형을 유지한다고 하였다.[82] 여기서 보상(補償)의 의미는 배상(賠償)과 같이 손해·부족에 대한 보완으로 균형을 잡아주는

---

81) Alfred Adler의 개인심리학 참조, http://kin.naver.com/browse/db_detail.php?dir_id
82) http://100.daum.net/DIC/detail?id=1405590&sname=%BA%B8%BB%F3

메커니즘적 해석이 가능하다. 보훈의 핵심 키워드로서의 보상(reward)의 개념도 편향되거나 부족한 것을 조정한다는 합리적 타산으로서의 시정적 정의의 관념이 기저에 흐르고 있다는 점에서 등가적 균형의 원리는 같다고 보겠다. 말하자면 두 대상의 관계에서 한쪽이 다른 한쪽에 그것의 존재의 측면이든 운동의 측면이든 기여하였다면 그에 대한 반응(reaction)으로 나타나는 다양한 형태의 '되갚음', 즉 보답은 양 대상의 비례적·균형적 관점에서 접근할 수 있을 것이고, 이는 시정적 혹은 응보적(retributive) 정의의 시각에서 이해될 수 있다. 다만 보상(報償)이 갚음을 받아야 할 자가 보상의 원인을 제공했다면(도덕적 가치를 위한 이타적 행위에 의해) 보상(補償)은 갚아야 할 자(도덕적 가치와 관계없는 이기적 행위에 의해)가 보상의 원인을 제공했을 가능성이 크다. 그러나 상대방으로부터 수혜를 입은 자이든 상대방에게 손실을 끼친 것이든 양쪽 모두 갚는 자가 부족한 자(갚음을 받아야 할 자)에게 되돌려 주어 균형을 잡는다는 점에서는 동일하다.

한편 원초적 입장에서 사람들은 다음과 같은 두 개의 상이한 원칙을 채택하게 된다. 즉 첫 번째 원칙은 기본적인 권리와 의무의 할당에 있어서 평등을 요구하는 것이며, 반면에 두 번째 원칙은 사회적, 경제적 불평등, 예를 들면 재산과 권력의 불평등을 허용하되 그것이 모든 사람, 그중에서도 특히 사회의 최소수혜자에게 그 불평등을 보상할 만한 이득을 가져오는 경우에만 정당한 것임을 내세우는 것이다. 정의를 논하면서 불평등을 정당화하는 일은 오히려 역설적이기도 하다. 그러나 공동체에서 작용하는 불평등의 논리는 그 공동체의 생존과 발전을 위해 지극히 합리적 선택일 수 있다. 알렉산드르(A. Alexandre)는 보수에 있어서 공정성을 강조하며, 보수를 일의 난이도나 위험도와 같은 요소나 혹은 노력과 생산성에 따라 배분되는 보상(reward)의 하나로 취급하였다. 그에게 공정한 보상제도란 동등한 위치에 있는 사람들이 일정한 기준에 따라 동등한 양의 보상을 받는 제도이다.[83] 군의 퇴직제도와 관련된 한 연구에서도 계급뿐만 아니라 기간에 의한 급료 수준의 불균형이 합리적이라는 주장이 제기되고 있다. 그 연구에 따르면, 군에서의 승진·퇴직 방침(up-or-out rules)은 상대적으로 낮은 직급에서는 낮은 보상을 예상케 함으로써 개인의 노력을 촉발시키며, 개인은 승진의 기회가 특별한 노력으로 개선될 때 보다 더 열심히 일하게 된다.[84] 여하간 이 원

---

83) Andrew Alexandre, "Executive compensation", Ruth Chadwick, *Encyclopedia of Applied Ethics*, Vol.2. San Diego; Academic Press, 1998, p.198.

84) Beth J. Asch, Richard Johnson, John T. Warner, *Reforming the Military Retirement System,* http://www.rand.org/cgi-bin/abstracts/abdb.p/MR-748-OSD, 1998, pp.18-19.

칙들은 소수자의 노고가 전체의 보다 큰 선에 의해 보상된다는 이유로 어떤 제도를 정당화하는 일을 배제한다. 다른 사람의 번영을 위해서 일부가 손해는 입는다는 것은 편의적인 것일지는 모르나 정의로운 것은 아니다. 그러나 불운한 자의 처지가 그로 인해 더 향상된다면, 소수자가 더 큰 이익을 취한다고 해도 부정의한 것은 아니다. 그러나 이것은 합리적인 조건들이 제시되는 경우에만 기대할 수 있다.[85] 이 점에서 롤즈의 정의론은 공리주의와 차이가 분명해진다.

사실 공리주의가 직관적인 호소력을 가지게 되는 이유도 합리성 개념을 구현하는 것으로 보이기 때문이다. 공리주의에서 합리성은 좋은 것을 최대화하는 합리적 욕망으로 '최대다수 최대행복의 원리'로 표상된다. 이 원리는 '어떤 목적을 실현하는 수단으로서 한 행위는 옳은 행위'라는 '유용성의 원리(the principle of utility)'로 도덕적 평가의 기준을 제시한다. 이 원리에 따르면 만약 한 사람이 어떤 행동을 함으로써 좋은 결과를 낳는다면 또는 만약 모든 사람이 그 행동을 할 경우 좋은 결과를 낳는다면 그 행동은 도덕적으로 옳다고 주장한다. 즉 어떤 행위 A를 다른 행위 B보다도 옳다고 판단할 수 있는 근거 - 행동 A를 실행해야 할 합리적 이유 - 는 A라는 행동이 B라는 행동보다 결과적으로 더 인간을 행복하게 한다든지 혹은 이익을 산출할 것이라는 이유에서이다.[86] 그런데 공리주의의 합리성 개념에서는 롤즈의 정의론과 같이 개인의 이기심 제한과 최소수혜자에 대한 배려, 개인의 기본권에 대한 상호인정, 개인의 자율성, 소수집단이나 개인의 희생에 대한 실질적 대안 등 도덕성의 핵심개념들이 도출될 수 없다.

결국 롤즈는 배분적 정의의 문제를 기회의 형식적 균등으로부터 결과의 실질적 평등에로 끌어올리는 현대적 전환의 이론적 기초를 수립한 것이다. 애초부터 그는 공정한 합의 상황에서 합의된 것을 정의의 기준으로 본다는 점에서 개인보다는 사회라는 틀 속에서 정의에 접근을 시도한 것으로 보인다.[87] 그렇지만 그가 설정하는 원초적 입장은 인간과 사회의 자연적 조건이 반영된 자연상태가 아니라 공정한 합의가 이루어질 수 있는 이상적 조건을 갖춘 상황이다. 예를 들어 원초적 입장의 대표적 조건인 무지의 베일은 합의 당사자들이 자신에 대한 특수한 사실을 모른다고 가정한다. 그런 조건을 갖춘 입장은 상상 속에서만 가능한데, 그것은 우리가 그 입장을 기술하는 조

---

85) http://moral.netian.com/moral/read3_11.html

86) J. J. Smart, *Utilitarianism*, London: Cambridge University Press, 1973, p.30.

87) 자율적인 선택은 그 결과에 대한 책임을 스스로 지는 것임에도 불구하고 사회가 그 부담을 지도록 하는 것은 부당한 측면이 있다. 그리고 그와 같은 대리부담은 무엇보다도 개인의 도덕적 존엄성 — 자율적인 존재로서의 책임을 지는 존재 — 을 훼손한다는 점에서 칸트적 정신에도 위배된다. 김비환, "롤즈 자유주의의 문제점과 한국적 함의", kbhw@yurim.skku.ac.kr

건에 따라 사유할 때면 언제나 들어갈 수 있는 입장으로서 정의 원칙의 정당성에 대한 해명을 목적으로 하는 일종의 사고 실험의 틀이다.[88] 다만 롤즈는 절차적 합리성을 통한 정의의 원리 구성을 제시하면서, 합당한 조건에 종속된 합리적 인격들이 사회의 기본 구조를 규제하기 위해 채택하게 되는 구성 절차의 결과로 정치적 정의의 원리를 설명하고 있다.

롤즈의 정의의 원칙에서 갖추어야 할 형식적 조건 가운데 하나가 보편적으로 적용할 수 있어야 한다는 것이다.[89] 자율적 의지를 지닌 개인들 간의 합의의 근거는 참가자들의 이기주의적 관점과 무관하고 누구나 일반적으로 동의할 수 있는 규범의 발견과 이 규범의 밑바탕에 놓여 있는 공익의 발견이 결합된다. 이런 식으로 합의는 도덕적 판단능력을 갖춘 주체들의 보편화 가능한 통찰에 의존한다.[90] 보훈정신의 구현이 곧 정의의 실천임을 입증하려면 희생·헌신에 대한 보상이 합당하고 합리적이라고 인식되어야 함이 그 전제조건이 된다. 왜냐하면 동등한 자유의지를 지닌 존재자들이 합의에 도달함은 동등한 이성적 사유를 통해 합리성을 인정해야 하기 때문이며, 이는 결국 보편화의 문제로 넘어가게 된다.

국가·민족을 위한 헌신에 대해 국민들이 보상을 하는 것 ─ 앞에서 보훈의 정책적 특징에서 논의한 바와 같이 정신적 보상으로서 공적을 기리는 것을 포함 ─ 은 일견 지극히 당연한 일로 여겨지고 매우 보편적인 문제(matter)로 인식되기 쉽다. 그러나 그것이 보편적인 문제로 받아들여지지 않을 수 있는 상황도 상정해 보지 않을 수 없다. 이를테면 개인의 의미를 국가의 분지나 세포 정도로 한정하는 국가유기체설이나 국가의 이익을 개인의 이익보다 절대적으로 우선시키는 사상원리로서의 국가주의(國家主義, nationalism)의 논리에서는 개인이 국가를 위해 희생하는 것은 자율적 선택의 문제가 아니라 필연적 의무의 문제일 뿐이다. 이는 마치 자식이 부모에게 은혜를 갚기 위해 효도하는 것은 권장되는 가치이지만 자식에게 효도를 받았다고 해서 부모가 다시 자식에게 보은을 해야 한다는 주장은 동서고금을 통틀어 어디에도 제기된 바가 없는 것과 같다. 그와 같은 논리에서는 보상의 의미도 보훈의 정의에서 논급한 것처럼 도덕적 가치의 추구가 아니라 국가를 위해 앞으로의 적극적인 헌신을 유도하기 위한 정치적 의도만이 있을 뿐이다.

---

88) 염수균, "현대적 자유주의의 선도자인 롤즈 철학의 총체적 접근", skyoum@mail.chosun.ac.kr
89) http://members.tripod.com/Blue_Lee/philosophy/rawls.html
90) 김성우, "롤즈의 자유주의 윤리학에 나타난 합리성과 도덕성 비판", 『시대와 철학』, vol.10. no.1, 한국철학사상연구회, 1999, pp.224─231.

그렇다면 보훈의 관념이 본질적 의미를 가지고 통용되려면 제한적 조건하에서는 보편화가 가능해진다. 제한적 조건이란 개인 존엄에 기초하는 자유민주주의 체제를 말하며, 자유민주주의 체제하에서는 비로소 개인과 국가 간의 계약적 관계에서 보훈정신의 본질적 요소로서의 보상을 논할 수 있게 된다. 사실 오늘날 국가의 목적이 국민생활의 보호에서 향상으로 확대되어 복지국가 이상이 유력해졌기 때문에 고도의 국가통제주의가 유지되더라도 국가의 목적은 이 한계를 뛰어넘을 수는 없다는 견해가 지배적이다. 롤즈가 그의 『정의론(正義論)』에서 사회 구성원 간의 이익의 충돌과 갈등을 제도적 원리를 통해 해결하는 절차를 확립하기 위해 근대의 사회계약론을 새롭게 변형하였듯이 국가와 개인 간의 관계에서도 마찬가지로 적용가능하리라 생각한다. 즉 인간의 목적적 가치와 무한한 존엄성의 원리에 기반을 둔 자유민주주의 체제에서는 동등한 가치를 지닌 이성적 존재자들의 삶의 터전으로서 국가 — 칸트가 의미하는 목적의 왕국이라고 해도 좋을 것 같다 — 를 위해 헌신한 사람에게 그에 합당한 보상을 하는 것은 정의로운 일이고, 이는 누가 그 입장이 바뀐다고 해도 인정할 수 있기에 보편적으로 적용이 가능하다. 예수가 산상수훈(山上垂訓) 중에 말씀하신 "남에게 대접을 받고자 하는 대로 남에게 대접하라(Do to others whatever you would have them do to you)."는 황금률을 상기하면서 우리는 등가의 존재들에게 있어서 정의(正義)의 덕목에 뿌리박고 있는 보훈정신이 보편적 가치로 그 위상이 정립될 수 있음을 확신하게 된다.

5. 맺음말

세계 각국의 보훈 관련 당국이 보훈의식이나 문화의 정치적 효용성에 초점을 맞추어 보훈사업을 진행·추진하는 소이는 국민의 정신적 결집을 통한 국가적 목표 달성에 기여하는 정치적 기제로서의 보훈에 초점을 맞추고 있기 때문이다. 물론 실용주의적 관점에서 본다면 보훈정신이 도덕적 의무로만 규정되기보다는 국민의 정신적 통합을 용이하게 해 주는 도구적 기능에 더 비중을 두지 않을 수 없을 것이다. 그러나 문제는 보훈정신이나 보훈문화가 지나치게 부가적이고 도구적인 기능에만 편중되게 된다면 본질이 왜곡되고 본말이 전도되는 현상도 나타날 수 있다는 것이다. 국가·민족공동체를 위한 한 개인의 희생과 헌신은 그야말로 숭고한 도덕성의 발로이다. 이는 그 자체로 이미 선(善)이며 따라서 이에 대한 보상도 정의(正義)의 이름으로 수행되어야 하는 것이다. 우리가 어떤 다른 목적을 위해서 선(善)을 행하고 정의를 주창(主唱)한다면 그 선과 정의는 순수하다고 할 수 없다. 그것은 그 다른 목적이 순수하지 못해서가 아니라 헌신과 보상이 일개 수단으로서만 그 위상이 규정될 소지가 있기 때문이다. 필자는 이러한 문제의식을 가지고 보훈의 관념에서부터 보훈정신의 개념적 접근, 심리학적 논거 그리고 윤리학적 기반에 이르기까지 유기적인 연관성 속에서 나름대로 일관된 시각을 견지하며 본고를 기술하였다.

본 연구에서 논의한 보훈정신의 이론적 기반이 주로 정신적 보상에 중점을 두고 설명된 것은 처음부터 기획의 의도로 시작된 것은 아니며 보훈정신의 본질을 분석하는 가운데 자연스럽게 제기되는 문제들을 검토하면서 심리학적 기반은 주로 귀납적 추론에 의해 그리고 윤리학적 기반은 연역적 추론 중심으로 논증하였다. 특히 보훈정신의 윤리학적 기반에 대하여 논의하면서 보훈정신은 우선 자유의지를 지닌 자율적 존재 및 목적적 존재로서의 인간과 정의(正義)의 관념에 토대를 두어야 함을 우리는 알게 되었다. 보훈정신의 기점이 되는 국가·민족에 대한 헌신이나 희생은 행위 주체가 이성이 선택한 행위여야 하며, 적어도 개인 존엄과 자유의지를 근간으로 하고 있는 자유민주주의 체제는 그러한 의지의 자유에 따라 행위가 이루어질 수 있는 토양이 되어 주고 있다. 개인에게 보상과 행위를 조건화시키는 정책은 자유로운 인간의 이성적 존재로서의 특성을 도외시한 비이성적 판단에서 근거한 것이라고 할 수 있다. 보상의 이유가 단지 다음에 유사한 상황에서 더 적극적으로 행동하도록 만들려는 의도가 담겨 있다는 것은 궁극의 목적으로 대우받아야 할 인간이 수단으로서만 취급되는 상황을 초래하게 되고 동시에 자유가 말살된 존재로 인간을 전락시키는 것이다.

한 개인의 헌신·희생으로 이루어진 공적에 대한 국가적·사회적 보상은 합리적 타산의 사려(思慮)라는 관점에서 롤즈가 말하는 정의의 카테고리에 포함된다고 볼 수 있다. 희생과 헌신에 대한 현재의 보상이 정당하다는 판단은 그러한 보상으로 가져오게 될 사회적 선(善)의 실현을 충분히 계산할 수 있는 이성적 존재자들의 인식에서 비롯된다. 자율적 의지를 지닌 개인들 간의 합의의 근거는 참가자들의 이기주의적 관점과 무관하고 누구나 일반적으로 동의할 수 있는 규범의 발견과 이 규범의 밑바탕에 놓여 있는 공익의 발견이 결합된다. 보훈정신의 구현이 곧 정의의 실천임을 입증하려면 희생·헌신에 대한 보상이 합당하고 합리적이라고 인식되어야 함이 그 전제조건이 된다. 개인 존엄에 기초하는 자유민주주의 체제하에서는 비로소 개인과 국가 간의 계약적 관계에서 보훈정신의 본질적 요소로서의 보상을 논할 수 있게 된다. 롤즈가 그의 『정의론(正義論)』에서 사회 구성원 간의 이익의 충돌과 갈등을 제도적 원리를 통해 해결하는 절차를 확립하기 위해 근대의 사회계약론을 새롭게 변형하였듯이 국가와 개인 간의 관계에서도 마찬가지로 적용가능하다. 인간의 목적적 가치와 무한한 존엄성의 원리에 기반을 둔 자유민주주의 체제에서는 동등한 가치를 지닌 이성적 존재자들의 삶의 터전으로서 국가를 위해 헌신한 사람에게 그에 합당한 보상을 하는 것은 정의로운 일이다.

보훈정신이 구현되기 위해서는 실질적 정책으로 반영되어야 하는데, 인간의 가치를 존중하여 그 정책 이상을 극대화하려면 물질적 보상에 앞서 정신적 보상에 당국은 심혈을 기울여야 할 것이다. 정신적 보상은 상징정책과 결부되어 이루어지기 쉬운데 이때 당국의 세심한 주의가 필요하다. 상징의 효력은 그 상황과 그 상징을 사용하고 있는 사람들에 의하여 영향을 받는다. 따라서 상징은 상황에 적합하게 사용되어야 하고 상징의 적용은 그 상징이 사용되고 있는 하위문화에 적절해야 한다. 당국이 국민의 입장에서가 아니라 정부의 입장에서 상징적 공공정책을 정치적 의도와 편의에 의해 빈번히 사용하게 될 때 민주주의적 원리에 대치되는 결과를 가져올 수 있다. 상징적 공공정책 자체는 민주주의에 역행하는 것은 아니지만, 그러한 정책에 대한 발상과 전개과정에 있어 국민을 상징조작의 대상으로 여기고 현실을 은폐하거나 왜곡 또는 과장하려고 할 때 자율적 존재로서의 인간 가치가 도외시되고 비민주적 요소가 작용하게 된다.

인간이 존재하는 궁극의 목적은 행복이고, 행복의 추구 목적은 선(善)인데, 이 선과 행복이 완전히 일치하지 않는 데서 칸트의 실천적 변증론은 제기되었고 이를 해명하기 위해 칸트는 신(神)의 문제를 언급하지 않을 수 없었다. 그러나 우리가 살고 있는 이 현실세계에서 숭고한 가치를 위해 희생한 사람에게 보상하는 일은 선과 행복을 일치시키려는 인간의 노력으로도 가능한 일이다. 그것이 신이 하는 것만큼 완전치는 못하겠지만 그 노력 자체만으로도 가치 있는 일임에 틀림없다. 국가·민족을 위한 희생과 헌신이라는 숭고한 도덕적 선을 추구한 국가유공자들에게 그에 합당한 보상을 추구하는 일은 참으로 인간의 품위를 스스로 높이는 일이 아닐 수 없다. 지금까지의 논의에서 보훈정신의 본질로부터 관련이 있을 것으로 여겨진 심리학적·윤리학적 몇몇 이론 및 학설을 천착하여 그 이론적 기반을 도출하게 되었는데, 본 연구의 이러한 성과가 기존의 연구가 척박한 현실에서 미미할지 모르나 앞으로 이를 통해 향후 보훈정책의 방향과 건전한 보훈문화의 정립을 위한 단초를 제공하게 되길 기대한다.

참고문헌

[1]

김성우, "롤즈의 자유주의 윤리학에 나타난 합리성과 도덕성 비판", 『시대와 철학』, vol.10. no.1, 한국철학사상연구회, 1999.

박성수, 『국민적 정신가치 체계확립을 위한 민족정기 선양사업 방안: 독립유공자 공훈선양을 통한 정신가치체계 확립방안』, 한국정신문화연구원, 1997.

배경화, "상징정책으로서 국가보훈정책의 실질정책화를 위한 효율적인 운영 방안에 관한 연구", 『報勳學術論文集』, 국가보훈처, 2003.

우종현, "참여세대의 호국·보훈의식 활성화 방안", 『報勳學術論文集』, 국가보훈처, 2003.

유영옥, "보훈이념의 체계화: '보훈학'의 개념정립과 '연구방법론'", 한국보훈학회 창립기념 학술세미나, 한국보훈학회, 2002.

유재왕, "생활 환경변화에 대응한 보훈문화 확산에 관한 연구 -『가족보훈문화 체험단』을 중심으로 -", 『報勳學術論文集』, 국가보훈처, 2003.

이하전, "보훈보상의 실태와 문제해결 방안: 보훈복지정책의 방향으로 대안 모색", 『報勳學術論文集』, 국가보훈처, 2003.

장성수, "분배정의와 절차정의가 보상의 불만족에 미치는 효과", 『사회심리학연구』, Vol.2, No.1. 1984.

장재윤·구자숙, "보상이 내재적 동기 및 창의성에 미치는 효과: 개관과 적용", 『한국심리학회지: 사회 및 성격』, Vol.12, No.2, 1998.

崔明官, "正義의 意味", 『철학』, vol.8, 한국철학회, 1974.

최상진·정태연, "인고(忍苦)에 대한 한국인의 심리: 긍정적 보상기대와 부정적 과실상계를 중심으로", 『한국심리학회지: 사회문제』, Korean Journal of Psychological and Social Issues, Vol.7, No.2, 2001.

황경식, "J. 롤즈의 정의론", 『한국논단』, 한국논단, vol.2, 1989.

Kant, Immanuel, 李錫潤 譯, 『判斷力批判(Kritik der Urteilskraft)』, 서울: 博英社, 1974.

Kant, Immanuel, 姜泰鼎 譯, 『實踐理性批判(Kritik der praktischen Vernunft)』, 서울: 일신서적출판사, 1991.

Kant, Immanuel, 이한구 편역, 『Kant의 역사철학』, 서울: 서광사, 1992.

[2]

Alexandre, Andrew, "Executive compensation", Ruth Chadwick, *Encyclopedia of Applied Ethics*, Vol.2. San Diego: Academic Press, 1998.

Asch, Beth J., Richard Johnson, John T. Warner, "Reforming the Military Retirement System", http://www.rand.org/cgi－bin/abstracts/abdb.p/MR－748－OSD., 1998.

Brayton, Abbott A., Stephana J. Landwehr, *The Politics of War and Peace: A Survey of Thought*, Washington. D.C.: University Press of America, Inc, 1981.

Cameron, J., & Pierce, W. D., "Reinforcement, reward and intrinsic motivation: A meta－analysis", *Review of Educational Research*, 1994.

Deci, E. L., "Notes on the theory and metatheory of intrinsic motivation" *Organizational Behavior and Human Performance*, 1975.

Eisenberg, R., & Cameron, J., *Reward, intrinsic interest and creativity: New findings.* American Psychologist, 1998.

Hartnack, Justus. *Kant's Theory of Knowledge.* translated by M. Holmes Hartshorne. London: Macmillan and CO. LTD., 1968.

Platon, Lesser Hippias, Trans. by Lane Cooper, F. M. Cornford, W. K. C. Gughrie, R. Hackforth, Michael Joyce, Benjamin Jowett, L. A. Post, W. H. D. Rouse, Paul Shorey, J. B. Skemp, A. E. Taylor, Hugh Tredennick, W. D. Woodhead, J. Wright, Edited by Edith Hamilton & Huntington Cairns, *The Collected Dialogues of Plato including Letters*, NJ: Princeton Univ. 1973.

Rawls, J., "Justice as Fairness: Political not Metaphysical", *Philosophy and Public Affairs*, vol.14, Summer, 1985.

Smart, J. J., *Utilitarianism*, London: Cambridge University Press, 1973.

Taylor, Paul W., *Principles of Ethics: An Introduction,* California: Dickenson Publishing Co. Inc., 1975.

[3]

http://100.daum.net/DIC/detail?id＝1405590&sname＝%BA%B8%BB%F3
http://members.tripod.com/Blue_Lee/philosophy/rawls.html
http://moral.netian.com/moral/read3_11.html
http://www.pvaa.go.kr/data/open－info, "미국의 보훈제도"

http://www.pvaa.go.kr/data/open－info, "캐나다의 보훈제도"

http://www.pvaa.go.kr/data/open－info, "호주의 보훈제도"

http://www.pvaa.go.kr/data/open－info, "일본의 보훈제도"

http://www.pvaa.go.kr/data/open－info, "중국의 보훈제도"

http://kin.naver.com/browse/db_detail.php?dir_id

http://kbhw@yurim.skku.ac.kr., 김비환, "롤즈 자유주의의 문제점과 한국적 함의"

http://skyoum@mail.chosun.ac.kr., 염수균, "현대적 자유주의의 선도자인 롤즈 철학의 총 체적 접근"

제2부

군대윤리 이론

제4장 전쟁의 본질과 전쟁윤리

김진만*

1. 머리말

인간 스스로가 만들어 내는 인류사회의 가장 큰 해악(害惡)이자 재앙(災殃) 중의 하나가 아마도 전쟁이 아닐까 한다. 전쟁이 가져다주는 참혹한 비극 때문에 그것에 대해 갖고 있는 사람들의 생각은 대부분 부정적일 수밖에 없다. 평화와 대비되는 말로 쓰일 때에 전쟁은 선(善)에 대비되는 악(惡)으로 규정되기도 한다. 그러나 바라든지 혹은 바라지 않든지 간에 전쟁은 지구상의 인류에게 엄연한 현실이고 인류 역사와 더불어 시작되었으며, 앞으로도 인류가 존재하는 한 사라질 것 같지도 않다. 더욱이 현대무기의 발달로 전쟁이 가져다주는 인적·물적 피해는 갈수록 그 규모가 상상을 초월할 정도이며, 일부 국가들이 보유하고 있는 핵무기(核武器)는 인류 공멸을 항시 위협하고 있다. 확실히 전쟁은 현재 인류 생존을 위협하는 하나의 중대한 재앙이다. 하지만 환경오염(環境汚染)이나 질병(疾病) 등의 다른 재앙들과는 여러 측면에서 다른 방식으로 접근하고 이해해야 할 것이다. 이를테면 다른 재앙들이 주로 인간과 인간을 둘러싼 자연과의 관련 속에서 설명이 가능하다면 전쟁은 그것의 원인에서부터 결과에 이르기까지 자연적 요인보다는 정치·경제·사회·문화 등 인간이 만들어 낸 여러 다양한 사회현상과 복합적으로 작용하면서 전개된다는 점이다. 또한 결과적 해악이 사회나 개인에게 보다 직접적인데다가 대립되고 있는 인간 집단 쌍방(雙方) 간의 작용이기 때문에 그 작용의 대상(對象)도 타 재앙에 비해 비교적 명확하게 인식될 수 있다. 그리고 무엇보다도 전쟁의 시작과 종결은 인간에 의해 결정된다는 점에서 전쟁과 다른 재앙들과는 구별된다.

전쟁이 다른 재앙과 마찬가지로 인류사회에서 인간과 동반하는 하나의 현상이라면 그것을 어떠한 관점에서 이해하고 해석하느냐에 따라 그것에 대한 우리의 관념과 판단

---

* 육군3사관학교 윤리학과 교수

은 극과 극으로 치달을 수 있게 된다. 우리가 전쟁을 천재지변(天災地變)과 같이 불가피한 사회현상으로 간주하는 것과 얼마든지 예방 가능한 인재로 생각하는 것은 그것에 대하여 판단하고 대처하는 방식에 있어서 천양지차(天壤之差)를 보일 것이다. 전자와 같은 관점에 근거하여 혹자는 전쟁이 과연 도덕이나 윤리의 영역에서 논의될 수 있는 문제인가에 대하여 의구심을 갖고 있다. 제언하자면 우리가 전쟁을 인식할 때 인류사회가 겪어야 하는 역사적 혹은 정치·사회적 과정의 하나로만 간주함으로써 전쟁이 가치중립적인 문제로만 파악된다면 윤리·도덕적 차원에서 그것을 논하는 것은 의미가 없다는 말이다. 그러나 후자에서처럼 전쟁을 예방가능하다고 생각하는 사람들에게 전쟁은 충분히 도덕·윤리의 영역에서 논의될 수 있는 문제로 인식된다. 더욱이 전쟁 수행의 주체가 인간이라는 점에서 전쟁은 충분히 도덕적 가치판단(價値判斷)의 대상으로서의 문제로 인식될 수 있다는 것이다. 어떠한 관점이 타당성(妥當性)이 있는지에 대해서는 아직도 많은 논란(論難)을 불러일으키고 있다. 필자는 전쟁을 도덕·윤리의 영역에서 제외하든 포함하든 그 자체가 전쟁윤리의 범위에서 다루어져야 할 주제라고 말하고 싶다. 말하자면 적어도 전쟁에 대해서는 설령 천재지변과 같은 불가항력적(不可抗力的)인 요소가 있다고 하더라도 윤리적 고려 대상이 되어야 한다는 것이다. 우리가 전쟁윤리에 대해서 논급하게 된다면 고려해야 될 부분은 이뿐만이 아니다. 도덕·윤리적 고려 대상으로 판단하더라도 그 안에서 우리가 생각해야 할 부분은 많다.

　전쟁 그 자체가 도덕적으로 옳은가 혹은 그른가의 문제부터 '어떤 전쟁이 도덕적으로 정당화되는가?' 그리고 '전쟁 과정에서 이용되는 수단과 나타나는 인간행위 가운데 도덕적으로 용인될 수 있는 것은 어디까지인가?'에 이르기까지 전쟁윤리에서 논의해야 될 주제는 다양하다. 굳이 어떤 논거를 제시하지 않더라도 누구나 쉽게 생각할 수 있듯이 전쟁은 전쟁 중인 당사자 입장에서는 모두 정당하다. 그래서 자신은 항상 선(善)이고 정의(正義)인 반면에 상대방은 악(惡)이고 불의(不義)이다. 즉 현실의 전쟁에서 전쟁 당사자들은 그들의 입장에서 자국과 상대방을 선악(善惡)으로 규정하고 있는 것이다. 이와 같은 상대주의적 입장에서 본다면 전쟁에 대한 윤리적 담론(談論)은 더 이상 필요가 없다. 그러나 많은 윤리학자들이 보편적이고 절대적인 선(善)에 대하여 회의를 품지 않고 그에 대비되는 악(惡)을 규정하여 왔듯이, 일반화된 본질적이고 개념적인 의미에서의 전쟁이 도덕적으로 옳은가의 문제는 일단 차치(且置)하더라도, 현재 진행 중인 어느 전쟁이 과연 정당한가를 평가할 수 있는 객관적인 기준은 필요하다. 상대적인 관점에서 옳고 그름을 따진다면 정당하지 않은 전쟁은 없을 것이며, 어떠한 전쟁도 정당화된다면 그것을 막을 이유도 근거도 사라지게 된다. 결국 인재(人

災)에 의한 악순환(惡循環)은 인류의 멸망까지 반복된다고 해도 우리는 그것을 비난
조차 할 수 없게 될 것이다. 어쩌면 패자(敗者)와 약자는 도덕적으로 정의롭지 못한
것으로 결론 내려지는 반면 승자(勝者)는 언제나 도덕적으로 정당화되는 아이러니도
우리는 묵인할 수밖에 없을 것이다. 공교롭게도 역사는 항상 승자가 정의(正義)의 편
이라고 강변해 주고 있지 않는가? 순수윤리학이 보편적인 선(善)에 대하여 규명하는
것을 그것의 사명으로 여겨야 하듯이 응용윤리의 한 분야인 전쟁윤리는 전쟁이라는
대상에 대하여 그 도덕적 정당성이나 그것에 작용하는 도덕원리를 규명하여야 한다.
전쟁을 도덕적인 문제의 영역으로 끌어들인다면 그것의 도덕적 판단의 준거와 원리가
체계적으로 정립되어야 할 것이다.

2. 전쟁의 본질에 관한 도덕적 사유

가. 전쟁은 파괴적인 폭력과 다르다?

1) 전쟁의 정의와 목적

전쟁은 분명히 일종의 폭력(暴力, violence)임이 분명하다. 전쟁을 폭력으로 규정한
다면 그것은 당연히 지구상에 출현한 인류와 거의 동시에 존재해 왔을 것으로 여겨진
다. 우리가 폭력을 야만적인 행위로 비난하고 있지만 그럼에도 불구하고 우리는 그
야만적인 행위에서 자유롭지 못하다. 인간의 폭력을 아무리 미화시켜도 그 본질은 먹
이 쟁취나 번식을 위해 사투(死鬪)를 벌이는 동물들의 그것과 다를 바 없다. 사실 진
화론(進化論)에 근거하든 인성론(人性論)에 근거하든 인간이 그 존재 방식에서 동물
적 속성을 벗어나지 못하고 있음은 경험적으로 알 수 있다. 물리적 폭력이나 폭력 사
용의 위협을 통해 사회의 제반 문제들을 해결하는 것은 유사 이래 인간의 기본적 행
동 양식의 하나가 되어 왔으며, 그러한 사실(史實)들을 수많은 역사 자료들이 적어도
방증해 주고 있다. 확실히 인류의 역사는 전쟁사(戰爭史)라 할 만큼 전쟁으로 점철되
어 있다. 그래서 누군가 전쟁은 인간에게 불가항력적(不可抗力的)이고 불가피한 사건
의 하나라고 단정 내려도 이의를 제기하기 쉽지 않다. 사실상 고대 로마시대의 '팍스
로마나(Pax Romana)'와 '비인체제(Wiener System)'하의 유럽협조기(Concert of Europe)

를 제외하고 전쟁이 국제관계를 이끌어 왔다고 해도 과언이 아니다. 퀸시 라이트 (Quincy Wright)는 1480년부터 1964년까지의 기간 동안만 해도 이 지구상에 총 284회의 전쟁이 있었으며, 근대전쟁의 평균기간은 약 4년이었다고 밝히고 있다.[1] 우리나라만 해도 역사 이래 931회[2]의 외침(外侵)을 받은 사실을 국난극복(國難克服)의 위대한 표상으로 여긴 적이 있지 않았던가? 인류의 진화과정과 마찬가지로 인류의 전쟁도 동물들의 먹이 차지나 번식(繁殖)을 위한 쟁탈과 같은 단순한 싸움에서 비롯되어 왔을 것으로 보이지만, 최근에 와서 전쟁이 마약이나 테러와의 전쟁 등을 망라하여 집단이나 국가 간의 다양하고 광범위한 폭력에 의한 충돌로 정의(定義)되는 것처럼 전쟁의 개념(槪念)에 대한 정의도 보다 구체적이고 복합적인 콘텐츠를 함유하면서 진화해 왔다.

분명히 전쟁은 우리의 생존을 위협하는 매우 중대한 사건임에도 우리가 그것을 우리의 곁에서 멀리 밀어내지 못하고 결국에는 우리의 생존 방식과 떨어질 수 없게 된, 말하자면 인류의 역사와 동반해 온 사건이요 현상이다. 그러나 우리에게는 전쟁의 개념 규정조차 결코 쉬운 일이 아니었으며, 그래서 학자와 학문에 따라서 그에 대한 입장도 달리해 왔다. 키케로(Cicero)는 전쟁을 '폭력에 의한 다툼(a contention by force)'으로 매우 폭넓게 정의하였고, 그로티우스(Hugo Grotius)는 '집단 당사자들 간에 싸우고 있는 상태 그 자체'로 설명하였다. 이들의 정의가 비교적 광범위하여 일상적인 폭력과 구분이 명료하지 않다면 홉스(Thomas Hobbes)는 보다 인간과 사회의 본성을 통찰한 흔적을 엿볼 수 있게 한 정의를 내린다. 그는 군사행동이 나타나지 않는 동안에도 상존(常存)할지 모르는 어떤 사태(a state of affairs)가 전쟁에 의해서 표출된다고 하여 전쟁을 인류에게 내재된 숙명처럼 표현하였다. 『리바이어던(Leviathan)』 (1651)에서 강력한 전제군주제를 옹호하며 그 논거로 내세웠던 자연상태에서 '인간은 인간에 대한 늑대'이고 '만인은 만인에 대해서 싸우는 상태'라는 그의 가설을 생각한다면 어쩌면 전쟁에 대한 그의 입장이 이미 그러한 방향으로 귀결될 수밖에 없었을 것임을 어렵지 않게 짐작할 수 있다.

아마도 전쟁의 개념에 대하여 전쟁철학(戰爭哲學) 혹은 군사과학(軍事科學)의 차원으로 끌어올려서 그 정의를 내린 사람이 곧 『전쟁론(戰爭論, Vom Kriege)』의 저자인 클라우제비츠(Carl von Clausewitz)라고 해도 이의를 제기할 사람은 별로 없을 것으로

---

1) "전쟁 원인에 관한 갈등이론적 접근", http://cafe.naver.com/gaury.cafe?iframe_url＝/Article-Read.nhn%3Farticleid＝7018

2) 우리가 외침(外侵)을 받은 횟수는 출처에 따라 차이가 있으나 대략 900～1,000여 회의 범위로 보고 있음.

보인다. 클라우제비츠야말로 전쟁의 본질을 꿰뚫어서 그 정의를 갈파한 한 사람인데, 그에게 전쟁이란 '적을 굴복시켜 자기의 의지를 강요하기 위해 사용되는 일종의 폭력행위'로 규정된다. 그는 더 나아가 '다른 수단에 의한 정책의 연장'으로 전쟁의 개념을 덧붙이고 있다.3) 그의 다른 수단에 의한 정치적 수단의 연장으로서의 전쟁에 대한 개념은 오늘날 민주주의 국가에서의 군사지도부에 대한 정치지도부 우위의 민군관계(民軍關係) 설정에 있어서도 그 철학적 기초가 되고 있으며, 심지어는 엥겔스(Friedrich Engels)나 레닌(Vladimir Il'ich Lenin)까지도 『전쟁론』을 군사과학의 고전이라고 높이 평가한 적이 있었듯이 과거 공산주의 국가의 당군관계(黨軍關係)도 그 영향을 받지 않았다고 할 수 없다.

라이트(Quincy Wright)는 전쟁을 "2개 이상의 적대적(敵對的) 집단들이 군사력에 의해서 분쟁을 해결할 것을 모두가 똑같이 인정하는 합법저 조건이다."라고 하였다. 이 정의에서 강조되는 전쟁개념의 요소라면 '군사력', '분쟁(分爭)', '적대적 집단', '똑같이' 그리고 '합법적 조건'이다. 단순한 완력(腕力) 따위로 싸우는 것이 아니라 군사력 또는 무력(武力)으로 싸우며, 접촉이라기보다는 갈등의 해결을 위한 분쟁이며, 상이한 집단이라기보다는 이미 적대관계가 되어있는 집단을 의미하고 한편은 도망가는데 다른 편에서 쫓다가 싸우는 게 아니라 양편이 똑같이 싸우며 은밀하게 싸우는 것이 아니라 공공연히 합법적으로 싸우는 상태를 말한다. 라이트는 전쟁의 특성으로 ① 동등한 집단 간의 비정상적인 법적 상태(abnormal states of law between equals), ② 사회집단 간의 갈등(conflict between social groups), ③극심한 적대적 태도(hostile attitudes of great intensity), ④군사력을 사용한 의도적 폭력행위(intentional violence through use of armed forces)를 들고 있다. 이 외에 베커(J. Becker)와 와써스트롬(Wasserstrom)도 전쟁에 대하여 나름대로 정의를 내리고 있는데, 베커는 "다양한 이유로 무력을 동원한 두 국가 간, 혹은 한 국가에서의 정당 간의 무력투쟁이 전개되고 있는 상태"로, 와써스트롬은 "국가 간에 발생하고 정당한 권리를 주장하며 다양한 무력을 사용하는 제한적이거나 무제한적인 투쟁"으로 그것을 설명하고 있다. 이상의 내용을 포괄적으로 이해하여 우리가 굳이 다른 형태의 폭력과 전쟁을 구분하여 정의 내린다면, 전쟁이란 "둘 이상의 서로 대립하는 국가 또는 이에 준하는 집단 간에 군사력을 비롯한 각종 수단을 사용해서 상대의 의지를 강제하려고 하는 행위 또는 그 상태"4)라고 하겠다. 그리고 전쟁의 이 개념 속에서 전쟁이 추구하는 목적이 내포되어 있다.

---

3) The Internet Encyclopedia of Philosophy, The Philosophy of War, http://www.utm.edu/-research/iep/w/war.htm

2) 폭력에의 도덕성 부여

헤라클레이토스(Heraclitus)는 일찍이 만물이 대립과 싸움에서 생성된다고 하면서 "전쟁은 만물의 아버지이며, 만물의 왕"이라고 갈파한 바 있으며, 헤겔(Georg W. F. Hegel) 역시 전쟁이 역사 전개의 필연적인 부분이며 사회를 진보시킨다고 생각하였다. 인류 역사를 통하여 보아 온 사실이지만 오늘날의 국제 현실에서도 우리가 목도(目睹)하고 있듯이, 국가 간의 관계는 노골적인 약육강식(弱肉强食)은 아니더라도 여전히 강자가 약자를 유린(蹂躪)하는 현실을 부인할 수 없다. 승자(勝者)가 정의로 포장되어 왔던 역사를 우리는 너무도 잘 알고 있다. 그 때문에 전쟁 당사자는 기필코 승자의 지위를 쟁취하기 위하여 사생결단할 수밖에 없는 것이다. 그와 같은 폭력의 행사에 상대방의 폭력이 과하다고 비난할 근거를 어디에서 찾아야 하는가? 그래서 클라우제비츠(Carl von Clausewitz)는 전쟁에서 폭력의 행사에는 한계가 없다고 단언한다. 그는 여기에서 한 걸음 더 나아가 "전쟁과 같은 위험한 일에 있어서 선량한 마음에서 생기는 그릇된 생각이야말로 가장 나쁜 것이다. …… 폭력 사용의 제한이 있다면 그것은 양편이 가지고 있는 힘의 균형에 의해서일 뿐이다. 우리들은 전쟁의 참모습을 그대로 받아들여야 한다. 전쟁에 포함되어 있는 거친 요소를 싫어한 나머지 전쟁의 본질을 무시하려 든다면 그것은 무익할 뿐만 아니라 불합리한 생각"이라고 주장하였다.5) 클라우제비츠의 이러한 견해는 결과적으로 전쟁에서의 모든 행동이 선취적(先取的)이고 먼저 공격했다고 해도 어느 편도 유죄가 되지 않는 상호작용이며 계속적인 확전(擴戰)의 논리를 전개시키게 한다. 이는 전쟁이 엄연한 객관적 현실임을 인정하는 것이며, 인류의 존재와 더불어 하나의 사회적 현상으로서 지속되어 온 전쟁의 진면목을 간파한 것이라고 하겠다.

전쟁의 논리에 대한 제한은 주로 종교적·도덕적 관점에서 항상 문제되지 않을 수 없었다. 전쟁의 도덕성에 대한 논의는 이러한 현실을 인정하는 가운데 전쟁에 개입하는 것이 도덕적으로 허용 혹은 정당화되느냐를 문제 삼는 것이다. 기독교적 전쟁윤리는 성 암브로시우스(St. Ambrose)에 의해 형성되었다가 성 아우구스티누스(St. Augustine)에 의해 완성되었다. 아우구스티누스는 마치 인간의 영혼이 선(善)과 악(惡)의 요소가 혼재하고 있고 악에 대항하여 선이 존재하듯 전쟁에 대해서도 그러한 선악 대립의 연장선상에서 설명하려는 듯 보인다. 그의 신앙적 기본 입장은 지상에서 그리스도 교인이

---

4) 『두산백과사전』, http://100.naver.com/100.nhn?docid=135015

5) 클라우제비츠, 李鐘學 譯, 『전쟁론』(서울: 일조각, 1989), p.4.

완전할 수 있는 가능성에 대한 믿음을 포기한 것이다. 완전한 평화는 굶주림도 없고 목마름도 없고 적(敵)들의 도전도 없는 하늘에만 있다고 보았다. 현세(現世)에 대한 그의 윤리적 내향성은 외적(外的)인 폭력을 정당화하였다. 그는 인간 속에 선(善)과 악(惡)이 풀 수 없으리만큼 서로 얽히어 있기 때문에 어떤 의미에서 전쟁은 죄(罪)의 결과이면서 죄에 대한 치유(治癒)라고 보았다. 그가 평화를 하나의 이상으로 생각했다는 사실은 그의 『신국론(神國論)』에서 "전쟁도 평화에 대한 욕망으로 수행되는 것이며 이 점은 명령과 전투행위 속에서 자신들의 호전적(好戰的)인 본성을 발휘함으로써 쾌감(快感)을 얻는 자들에게 있어서도 마찬가지이다. 따라서 평화가 전쟁의 추구하는 목적이라는 사실이 분명하다."고 말한 것을 보아 짐작될 수 있다. 확실히 그는 전쟁을 평화로 향한 여정(旅程)에서의 한 과정으로 설명하려는 듯하다.6) 그는 정의전쟁에 대한 기준을 구체적으로 제시하기도 하였다. 첫째, 모든 방어전쟁은 정당하다는 것과 둘째, 공격적인 전쟁이라 할지라도 만약에 대전(對戰) 중인 국가가 자신의 시민에게 가한 사상(死傷)에 배상을 지불하지 않거나 부당하게 몰수해 간 것을 반환하지 않을 때는 정당화된다는 것 두 가지가 그것이다. 그리고 이러한 정의의 전쟁은 지상국의 기능이라고 하여 일정한 목적 − 그가 정한 기준에 부합되는 목적 − 이 결부된 전쟁을 적극 옹호하였다.7)

헤겔(G. W. F. Hegel)에 의하면 전쟁은 인간의 활동을 고양(高揚)시키는 윤리적 측면을 갖고 있으며, 또한 비록 국가를 위하여 생명을 희생(犧牲)하는 게 불과할지라도 영웅적(英雄的)으로 행동할 수 있는 기회를 제공함으로써 인간에 내재하여 있는 최고의 것을 환기(換氣)시켜 준다. 개인은 죽지만 국가는 계속 존립한다. 국가는 어떠한 개인보다도 위대하다. 인간의 용기(勇氣)는 스스로 보편적인 대의(大義)에, 즉 국가적인 일에 복종하는 것 못지않게 중요하다. 전쟁은 민족의 건강과 힘을 시험할 수 있으며, 도덕적인 활력을 보존하는 데 도움이 된다. 헤겔은 『법철학(Grundlinien der Philosophie des Rechts)』에서 전쟁을 절대적 악이라거나 한갓 외적인 우연성(偶然性)으로 간주해서는 안 된다고 말한다. 그는 더 나아가 "평화 시에 시민생활은 더욱 확대되고 모든 영역은 저마다 자리를 잡음으로써 장기적으로 이것은 인간을 타락하게 만든다."고 직설적으로 전쟁 없는 평화적 삶의 부작용을 비판하면서 "전쟁을 통하여 제 국민은 단지 더 강화된 모습을 나타낼 뿐만 아니라 내적으로 화합되지 않은 민족일지라도 외부와의 전쟁을 통하여 내부의 안정을 가져오는 법"이라고 전쟁을 예찬(禮

---

6) 임덕규, 『정당한 전쟁론』(서울: 육군사관학교, 1984), pp.19−21.

7) 홍양표, 『전쟁원인과 평화문제』(대구: 경북대학교출판부, 1993), pp.25−26.

讚)하고 있다. 헤겔이 볼 때 칸트는 영구평화론을 제창함으로써 오류를 범했다. 현실적으로 평화는 부패와 타락을 초래하는 데 반해서 전쟁은 그러한 악을 저지해 주는 역할을 수행한다. 영구평화 시 제 기관은 비활력적이 되며 그 결과 죽음을 모면할 수 없다. 사실상 헤겔에 의하면 투쟁이 없이는 발전도 있을 수 없으며 전쟁은 투쟁(鬪爭)이 극도로 집적(集積)되고 강조된 형태인 것이다. 따라서 전쟁으로부터 최대의 진보(進步)가 이루어진다. 제 민족은 전쟁을 통해 비활력적인 상태를 극복한다. 전쟁이 없다면 평화도 있을 수 없다. 왜냐하면 평화란 전쟁의 산물이기 때문이다.[8]

어떻게 본다면 서두(序頭)에서 전쟁을 재앙(災殃)이자 해악(害惡)으로 지칭(指稱)한 것은 결과적으로 일어나는 비극(悲劇)에 대한 정서적(情緒的) 표현일 뿐이지 그것도 질병(疾病)에 대한 치유(治癒)의 과정처럼 여긴다면 전쟁 자체를 악으로 규정할 수 있는 근거는 없다. 전쟁 자체를 악(惡)으로 규정한다면 우선 악에 대한 우리의 관념부터 정돈할 필요가 있다. 라이프니츠(Gottflied Wihelm Leibniz)는 악(惡)을 형이상학적(形而上學的) 악, 자연적 악, 도덕적 악으로 구분한다. 형이상학적(形而上學的) 악은 세계의 본질적 유한성(有限性)과 불완전성(不完全性)을 의미하며, 자연적 악은 홍수(洪水), 해일(海溢), 지진(地震), 질병(疾病) 등의 자연적 재해(災害)를 의미한다. 그리고 도덕적 악은 인간이 도덕을 위반(違反)함으로써 범하는 악을 뜻하게 된다. 구태여 전쟁을 악으로 간주한다면 아마도 도덕적 악에 해당되는데 그 또한 질병에 대한 치유(治癒)처럼 궁극의 평화를 지향한다면 그저 악으로만 치부(置簿)하기도 어렵다. 우리가 전쟁에 대하여 마치 죽어 가는 환자(患者)를 살리기 위하여 암세포(癌細胞)의 전이(轉移)나 곪아 터진 상처(傷處)의 확산을 막기 위해 신체의 일부를 도려내는 수술(手術)과도 같다고 여긴다면 전쟁은 우리에게 선(good)으로 인식될 수 있음이 분명하다.

3) 전쟁의 정치에의 종속성과 도덕적 인식 대상으로의 확대

정당한 전쟁에 대한 논의에서는 일반적으로 전쟁을 정당한 전쟁과 부당한 전쟁으로 구분하고 일정한 목적을 위한 전쟁만을 정당한 전쟁으로 인정하기도 한다. 그러나 모든 전쟁은 일정한 정치적 목적(目的)과 의도(意圖)를 가지고 수행된다는 점에서 분명히 상대적인 정당성은 확보하게 된다. "전쟁은 다른 수단에 의한 정책의 연장에 불과하며 다른 수단을 혼용한 정치적 교섭에 불과하다."는 클라우제비츠의 주장은 전쟁이

---

8) Georg Wilhelm F. Hegel, 임석진 역, 『법철학』(서울: 지식산업사, 1990), p.501.

정치적 목적에 종속된 수단임을 극명하게 나타내는 말이다. 전쟁이 오직 정치적 목적을 달성하기 위하여 사용되는 수단으로서 파악된다면, 우리는 전쟁의 도덕성을 말하기 이전에 정치적 목적에 대한 도덕성을 논의하는 것이 먼저일 것이다.

정치에 대한 윤리적 평가는 정치현실에 대한 평가로서의 비도덕적(非道德的)인 측면과 정치가 수행하는 목적이나 기능에 대한 평가로서의 도덕적인 측면이 같이 있다. 이러한 상반되는 견해는 마키아벨리(Machiavelli)와 아리스토텔레스에 의해 대표된다고 볼 수 있다. 아리스토텔레스의 경우를 보면 정치사회는 윤리공동체(倫理共同體)이며, 인간의 최종목적은 도덕생활이다. 그래서 그는 개인의 道德생활의 지침을 '니코마코스 윤리학(Nichomachean Ethics)'에서 밝히고, '정치학(Politics)'에서는 정치생활의 윤리를 밝혔다. 이와는 대조적으로 마키아벨리의 『군주론(君主論)』은 이른바 '마키아벨리즘'으로 알려진 비윤리적인 정치의 현실을 드러내는 것이다.

이와 같이 정치에는 윤리적 목적과 비윤리적 실천의 측면이 있는 것이 사실이다. 그런데 여기서 비윤리적 측면은 윤리적 목적을 실현하는 과정에서 생김을 알 수 있다.9) 과정이나 수단을 보고 정치의 윤리성 자체를 부정할 수는 없다. 정치적 목적이 윤리적이기 때문에 그 목적을 달성하는 수단은 비윤리적이어도 된다는 논리는 목적이 어떠한 수단이라도 정당화시킬 수 있다는 것이다. 어떠한 수단도 정당화시킬 수 있는 목적이라면 그것은 개인적 인간에게 있어서나 인류사회에 있어서나 절대적(絶對的)으로 가치 있는 바람직한 것이어야 하고 다른 목적의 하위 목적이 되어서는 안 된다. 그러한 목적이라면 궁극에는 모든 사람이 향유할 수 있는 행복과 인류공영(人類共榮)쯤 되어야 할 것이다. 그렇다고 하더라도 이 목적을 달성하기 위하여 동원된 수단이 지향하는 목적을 위배해서는 안 될 것이다. 모겐소(Hans J. Morgenthau)에 의하면 보편적 도덕원리는 국가의 추상적(抽象的)이며 보편적인 행동 형성에 적용될 수 없으며, 시간과 장소에 따르는 구체적 상황을 통해서 여과되어야 함과 아울러 정치계(政治界)나 국제간의 도덕은 개인 도덕과 구별해야 한다. 개인도덕과 국가 도덕을 혼동(混同)하는 것은 곧 국가적 재난을 불러들이는 것이 된다. 그래서 신중함이 없는 정치 도덕은 있을 수 없으며, 정치적 결과를 고려해야 하는 도덕을 강조한다.10)

확실히 정치에의 종속성을 고려한다고 하더라도 정당한 전쟁과 부당한 전쟁 사이의 객관적 기준 및 판단 주체는 없다. 전쟁이 정당한가의 여부에 대한 결정을 내릴 초국가적(超國家的)인 권력이 없기 때문에 각국에 의해 선언된 모든 전쟁은 정당한 전쟁

---

9) 김국영, "政治·經濟倫理", 『國民倫理學槪論』(서울: 형설출판사, 1990), pp.292－293.

10) Hans J. Morgenthau, *Politics Among Nations*, 4th ed.(N.Y.: Alfred A. Knopf, 1967), p.10.

으로 강변되는 문제점이 있다. 정치사회를 윤리공동체로 규정한 아리스토텔레스도 전투란 자연적 취득 방법이라고 선언하고 선천적으로 지배를 받게 되는 운명에 있으나 복종하지 않는 자들, 즉 야만인(野蠻人)들에 대한 전쟁을 사냥에 비유하면서 이러한 전쟁은 본래 정당한 것이라고 하였다. 고대 로마의 법철학자(法哲學者)인 키케로 (Cicero)는 방어(防禦)와 처벌(處罰)의 이유에 의한 전쟁만이 정당한 전쟁이라고 하였으며 이러한 관념은 아우구스티누스에게 영향을 주었다. 이후 중세 말 및 근세 초 신학자(神學者) 등에 의해 설명된 전쟁은 정당한 원인에 입각한 경우에만 합법적이라고 인정하였으나 실제로 어떤 교전국(交戰國)도 자국의 정당성을 주장하게 되며, 또한 국제사회에서 어느 입장이 정당한 것인가를 판정할 수 있는 객관적 권위도 존재하지 않았다. 중세의 십자군(十字軍)은 가톨릭 입장에서는 의로운 군대로 성전(聖戰)이었지만, 이슬람에는 침략군(侵略軍)이었다. 첫 원정(遠征)에서 소수의 십자군은 4년간 무려 수만 명의 예루살렘 주민을 학살했다. 당시 원정의 불가피성과 정당화는 학살(虐殺)에 대한 비난을 수면 아래로 잠기게 하고도 남았다.

아우구스티누스는 "전쟁은 필연성에 의해서만 실시되어야 하며, 전쟁을 통하여 하나님이 인간을 속박(束縛)에서 구출하여 평화롭게 살게 한다는 목적에서만 시행되어야 한다. 평화가 전쟁을 선동하기 위하여 고려되어서는 안 된다. 그러므로 전쟁을 치르는 과정에서도 당신은 평화의 정신을 소중히 간직하여야 한다."고 함으로써 정당한 전쟁에 대한 관념을 기독교 정신에서 살리고 개조하였다. 그는 전쟁의 결과와 전쟁원인의 정당성을 직접적으로 연결시키지는 않았으며, 다만 전쟁의 결과는 신의 섭리(攝理)에 의한 보다 고상한 목적을 위한 징벌(懲罰)이나 순화(純化)일 수도 있다고 보았다.[11] 아우구스티누스는 성서의 산상수훈(山上垂訓)에 나오는 왼뺨을 때리면 오른뺨을 돌려 대라든가, 원수를 사랑하며, 오리를 가자거든 십리를 가며, 선(善)으로 악(惡)을 갚으라는 등의 무저항적 박애주의(無抵抗的 博愛主義)는 개인에게 내리는 명령이지 국가에는 해당이 안 된다고 하였다. 개개인의 순교적(殉敎的) 정신은 찬양할 만한 일이나 이를 국가에는 적용할 수 없으며, 국가는 시민을 보호해야 할 임무를 다해야 하기 때문에 개인이 죽는 것과 같은 방식으로 죽을 수는 없다는 것이다. 그는 결국 전쟁이 인간의 정열(情熱)과 규제받지 못하는 욕구 및 자만(自慢)을 분쇄하여 신(神)의 의지에 복종시키기 위해서 존재한다고 하였다.[12]

토마스 아퀴나스(Thomas Aquinas)는 정당한 전쟁의 요건을 세 가지로 들었다. 첫째

---

11) 임덕규, 앞의 책, pp.24−29, 31−34, 83.

12) 홍양표, 앞의 책, pp.25−26.

는 누구의 명에 의하여 전쟁이 수행되는가 하는 주권자(主權者)에게 있어 권위 문제이고, 둘째는 공격을 받는 자들이 공격을 받지 않을 수 없는 어떤 과오(過誤)를 저질렀을 경우처럼 정당한 원인이 있어야 한다는 것이다. 그리고 셋째는 교전국들이 선을 증진시키고 악을 피하려는 올바른 의도를 가져야 한다. 비록 전쟁이 적법한 권위에 의하여, 그리고 정당한 원인을 가지고 선포된다고 하더라도 악한 의도로 시행되어서는 안 된다는 것이다. 중세 신학자(神學者)들의 정당한 전쟁에 대한 논의는 로마 교황이라는 보편적 권위가 전제되는 관계로 현실적 적용 과정에 있어서도 교전당사자(交戰當事者)의 일방이 정당하지 않으면 타방은 자연히 정당하다는 것과 같이 지극히 기계적으로 이해되었다. 그러나 근세에 들어와 주권적이며 평등한 국가 상호간의 전쟁을 내용으로 하면서 교전당사국 쌍방이 정당하다는 이론이 주장되기에 이르렀다.

근세 비신학적 정전론(正戰論)에 의하면 자연법에 익하여 정당화되는 전쟁의 이유로서 자위(自衛)와 타국(他國)을 위한 방위를 들고 있다. 자위를 위한 전쟁에서는 직접 무력 공격을 받을 경우뿐만 아니라 미리 계획되었거나 혹은 발생 가능한 위협을 예측하였을 경우 이로부터 스스로를 방위하기 위한 전쟁은 정당하다. 또한 모든 국가는 세계라는 대공동체의 구성원이므로 일국이 타국을 위협하는 경우 어느 국가도 위협받는 타국을 원조(援助)하기 위하여 정당하게 전쟁을 수행할 수 있다고 하였다. 그러나 이때에도 정당한 원인에 대한 판단은 교전국(交戰國) 당사자에 따라 잣대가 다르며, 그것을 판정할 수 있는 객관적 권위가 존재하지 않아 그에 대한 회의론적(懷疑論的)인 시각이 지배적이었다.

현대에 들어와 정당한 전쟁에 대한 논의의 부활은 윤리적 동기하에서 전개되었다. 20세기에 들어와서 국제분쟁을 해결하기 위한 최후의 수단으로서 전쟁이 일반적으로 인정되었고, 더욱이 국가를 초월한 유권적 판정자가 없는 국제사회의 현실에 있어서는 사실상 모든 전쟁은 합법성을 인정하는 결과를 초래하였다. 그래서 모든 전쟁은 교전당사국의 입장에서 상대적으로 정당성을 가질 수밖에 없는 것이며, 이에 대한 윤리적 판단에 있어서는 객관적이라기보다 강대국의 논리가 정당화되는 현상마저도 보이고 있다. 사실상 이미 그리스시대에서부터 법(法)이 한갓 강자(強者)의 이익을 옹호(擁護)할 뿐이라는 트라시마코스(Thrasymachus)의 불평과도 같은 주장이 제기되어 왔다.[13] 물론 국가가 국제분쟁을 해결하기 위한 수단으로 전쟁에 호소하는 것을 제한하는 것이 필요하여 국제적 기구가 등장하게 되었지만 아직까지도 자의적(恣意的) 정당성의

---

13) Barrie Paskins, "Realism and the Just War", *Journal of Military Ethics,* Vol.6, Issue 2(Routeledge, 2007), p.118.

논리로 무력(武力)을 동원하는 경우도 상존하고 있다는 데에 문제가 있는 것이다. 인간은 자신과 적을 객관적으로 관찰하지 못함으로써 적의 이미지는 악마적(diabolical)이고 사악하고 비인도적(非人道的)이며, 자신의 이미지는 남성적이고 강력하고, 자국(自國)의 이미지는 도덕적이고 문명화되었으며, 어떤 희생을 치르더라도 구원할 가치가 있다고 여긴다는 화이트(Ralph K. White)의 지적은 분명코 타당성이 있다.

한편 전쟁을 정치와 분리하여 도덕적 고려를 해 본다고 가정하자. 기실 전쟁은 정치적 목적에 대한 수단이지만 전쟁의 정치적 목적이라는 것은 전쟁의 장(場) 밖에 있는 것이다. 전쟁은 적(敵)을 굴복시켜 우리의 의지(意志)를 — 정치적 목적을 부여받은 의지 — 받아들이게 하는 폭력행위이므로 그것 자체의 목적은 언제나 적을 타도(打倒)하는 것, 즉 적의 저항력(抵抗力)을 탈취하는 것만이 유일한 목적이다.14) 제언하면 전쟁을 수단으로 하는 정치적 목적이 도덕적이건 비도덕적이건 간에 전쟁 자체의 목적은 적의 의지를 분쇄(粉碎)하고 굴복(屈伏)시키는 것이다. 그러므로 우리는 오직 승리만을 지향할 수밖에 없는 전쟁의 목적에서 어떠한 가치판단을 할 수는 없다는 주장 또한 설득력을 충분히 가지고 있다. 만약에 가치판단을 한다면 "전쟁에서는 이기는 것만이 선(善)이다."라는 명제가 참이 될 것이다. 그것은 전쟁에서의 패배가 상대방의 의지에의 굴복을 의미하고 이는 적어도 자신의 입장에서는 악의 방치(放置) 내지는 조장(助長)으로 받아들여지게 되는 것으로 따라서 자국(自國)이 치르는 전쟁은 오직 승리를 쟁취해야 하는 유일한 목적을 지향하기 때문이다. 즉 싸움에서 이기는 것만이 생존(生存)의 원리이고 살아남는 것이 선(善)이기 때문에 그것은 선택의 여지가 없는 문제이다. 악에 대한 선의 궁극적(窮極的) 승리를 바라는 것은 윤리적 당위(當爲)의 문제이지만 이는 윤리와 도덕의 존립근거이기도 하다.

악에 대하여 선이 궁극적으로 승리한다는 관념은 다분히 신학적(神學的)이기는 하지만 혐오(嫌惡)의 대상으로 악을 설정한 인간에게는 필연적인 정서(情緒)이기도 하다. 우리가 만일 악에 대한 선의 궁극적 승리에 회의를 품는다면 그것은 인간의 이성에 맞추어 신(神)을 격하시키는 오류를 범하는 유한신론(Finitism)의 입장과 다를 바 없다. 흄(D. Hume)은 이 세상에 창궐하는 악(惡)을 보며 지선(至善)으로서의 신의 존재에 회의(懷疑)를 품었다. 그가 생각할 때 신은 전지전능(全知全能)하지만 선(善)한 존재가 아니어서 악을 의도적으로 행하든지, 아니면 선한 존재이긴 하지만 전지전능한 존재는 아니어서 불가피하게 악을 방치하든지 한다는 것이다. 그러나 이러한 입장은

---

14) 클라우제비츠, 앞의 책, p.27.

세 가지의 관점에서 비판을 받는다. 먼저 형이상학적 관점에서 신을 유한존재로 가정하면 그 신의 존재 원인으로 다른 원인이 상정되어야 하며 결국 궁극적으로는 무한존재로서의 신에 도달할 수밖에 없다. 종교적 관점에서는 궁극적·절대적이 아닌 것이라면 그 어떤 것도 종교적 숭배의 대상이 될 수 없게 된다. 그리고 윤리적 관점으로 본다면 유한한 신은 악에 대한 궁극적 승리를 보장 못 하므로 선의 근거가 상실된다.[15] 따라서 지선(至善)인 신을 악에 대하여 응징(膺懲)할 수 있는 무한하고 전지전능한 존재로 우리가 인정할 수밖에 없다면, 우리는 전쟁에서 승리만이 지향해야 할 궁극의 미덕(美德)이요 선이라는 점을 부인할 수 없게 된다.

결국 전쟁이 지향하는 목적인 전승(戰勝) 추구에 도덕적인 평가의 여지는 없게 된다. 우리에게 인식되고 주어지는 도덕적 혹은 윤리적 행동이란 바람직하고 가치 있는 행위에 대한 선택의 문제이다. 또한 그러한 행위에 대하여서만 도덕적 판단을 하게 된다. 환언하면 정치에의 종속성(從屬性)을 배제한 전쟁 자체의 가장 일반화할 수 있는 목적은 오직 이기는 것만을 추구해야 하는 선택의 여지가 없는 것이기에 윤리적 관점에서 이해하려는 것이 무의미하거나 도덕적 판단의 대상이 아닌 것으로 여겨질 수도 있다. 즉 보편적 의미의 전쟁 그 자체는 가치중립적인 여러 사물·현상 중의 한 대상일 뿐이며 굳이 여기에서 선(善)이 무엇인가를 찾는다면 그것은 오로지 전쟁에서의 승리라고 답할 수밖에 없다. 그러므로 전쟁을 도덕적 논의의 대상으로 끌어들이기 위해서는 전쟁이 정치에 종속되어 있다는 전제를 인정하고 전쟁을 하나의 정책수단으로 구사하는 정치(政治) 바로 그것이 추구하는 목적에 대한 도덕적 정당성을 규명하는 일이 우선되어야 할 것이다. 이 경우 보편적인 의미의 전쟁에 대한 도덕적 옳고 그름은 전쟁윤리에서 논의가 필요 없게 되고 개별적이고 구체적인 전쟁에 대해서만 도덕적 평가의 여지를 두게 된다. 그것은 개별적이고 구체적인 전쟁에 정치적 의도나 목적이 가미된다면 언제나 상대방은 악으로 규정될 수밖에 없으며, 상대방을 악으로 규정하지 않는다면 국가 존망(存亡)의 기로에서 국민 각자의 사활(死活)을 걸고 치르는 전쟁에 대한 정의를 확보하기 어렵다는 모순에 봉착하기 때문이다. 아무리 작은 규모의 제한전쟁(制限戰爭)일지라도 명분을 중요시하지 않을 수 없는 이유가 이 때문이기도 하다.

---

15) 문성학, 『삶의 의미와 철학』(서울: 정림사, 2006), pp.220-221.

나. 전쟁은 인류의 숙명(宿命)인가?

1) 전쟁의 원인에 대한 논의의 일반화

"전쟁이 왜 일어나는가?"의 물음은 전쟁에 관한 도덕적 반성에서 가장 먼저 제기되는 화두(話頭)가 되어야 할 것이다. 전쟁의 원인을 어떻게 규정하느냐에 따라서 전쟁이 인류에게 숙명(宿命)으로 받아들여질 수도 혹은 인류가 전쟁으로부터 자유로울 수 있다고 여겨질 수도 있게 된다. 전쟁의 주체가 인간임을 부정하지는 않음에도 불구하고 대부분의 전쟁원인에 대한 연구는 전쟁이 일어나는 궁극적인 원인을 천착(穿鑿)하면서 거기에 인간 의지(意志)의 개입 여지를 그리 많이 열어둔 것 같지는 않다. 전쟁원인 연구의 어려움에 대해서 리버(Robert J. Lieber)는 "전쟁 발발에 관한 다양한 설명은 거의 상이한 전쟁의 수만큼 많다."고 역설한 바 있다. 또 볼딩(Kenneth E. Boulding)은 "평화에서 전쟁으로, 또는 전쟁에서 평화로의 변모를 설명하고 분류해 주는 강력한 일반원리를 추출한다는 것은 어려운 일"이라고 토로한 바 있다. 전쟁원인에 관한 일반원리의 정립은 어쩌면 거의 불가능할 뿐만 아니라 전쟁원인을 단일 변수로 설명하는 것은 자칫 도그마에 빠질 위험이 있다. 따라서 전쟁원인에 관한 연구는 심리학·사회학·인류학·정치학을 포괄하는 학제 간(學際的, interdisciplinary) 연구를 통하는 방법이 가장 바람직하다 할 수 있다. 즉 집단의 행동에 동기와 목적을 부여하는 인간과 인간행위에 대해 분석하는 방법이 전쟁의 원인을 밝히는 데 보다 유용한 수단을 제공하여 줄 것이다. 그렇다고 하더라도 전쟁과 관련된 모든 요소들 가운데 어디에 비중을 두고 전쟁의 원인을 분석할 것인가에 따라서 적용해야 할 학문적 범주(範疇)도 매우 다양하고 복잡해진다. 이를테면 전쟁이 궁극적으로 인간에게 그 원인이 있다고 할 것인가 아니면 사회구조나 제도의 모순, 자원(資源)과 재화(財貨)의 결핍(缺乏)에 기인(起因)한다고 할 것인가 혹은 한 개인으로서의 인간 본성의 문제인가 아니면 집단으로서의 인간 본성의 문제인가 등의 비중을 두는 요소에 따라 관점도 달라질 수밖에 없다. 그 밖에도 시간의 변화라는 고려요소도 전쟁의 원인을 어떤 관점이나 학문적 도구를 사용해야 하는가를 결정하게 된다. 필자는 기존의 연구들을 시간과 학문적 범주를 고려하여 우선 크게 인류학적(人類學的)인 면과 본질적(本質的)인 면의 두 가지 시각을 가지고 정리하였다. 전자는 현상적인 측면에 관심을 두고 시간(시대)의 변화라는 고려요소가 중요한 변수로 작용하고 있다고 판단하였으며, 후자는 시간의 변화는 그리 큰 변수가 되지 못하는 반면에 인간이든 사회든 그 안에 내재된 보편적 성질이 전쟁의 궁극적 원인으로 작용한다고 이해하였다. 따라서 후자의 경우는 인간 개인의 본성적 차원에서와 사회구조적 차원에서의 두 관점으로 다시 구분하여 설명되는데, 이는 기존의 연구에서 앞의 것을 미시적 분석이라 하고 뒤의 것을 거시적 분석이라고 명명한 방식을 채택한 것이다.

(1) 인류학적 접근

인류학적인 면에서의 접근은 인류 역사에서 나타난 현상(phenomena)적인 측면 있는 그대로를 보려는 시도이며, 이는 인류 역사의 구체적 현실 속 전쟁에서 보여준 전쟁의 실제 이유에 대하여 어떠한 의미부여 없이 이해하려는 접근이다. 사실 인간이 전쟁을 하게 되는 이유는 궁극적으로 다양한 욕구(欲求)를 해결하기 위한 하나의 방편에서 찾아볼 수 있다. 생존(生存)과 번식(繁殖)을 위한 욕구 해결에서 시작된 폭력적(暴力的) 행위가 확대되면서 이른바 매슬로(Abraham Maslow)가 말하는 보다 고급 욕구 해결로 이행되며 다양한 전쟁원인으로 변모(變貌)되었을 것이라는 가설은 분명히 설득력이 있다. 이를테면 식량·성(性)·노예·영토·권력·종교·식민지·이념·민족 단위의 생존권 등 다양한 형태의 원인이 존재하며, 문명의 발달이나 사회의 변천(變遷)과 더불어 이들 원인 중 어느 하나 혹은 몇 가지의 원인들이 상대적으로 부각되어 왔을 것이다.

전쟁원인에 대한 인류학적 분석에 따르면, 원시시대(原始時代)의 전쟁은 인간 본능이라기보다 집단 관습의 기능이 더 강했다. 인류학적으로 인간의 역사는 크게 동물인간 단계, 문명 전 단계, 그리고 문명시대로 나눌 수 있는데 전쟁은 모든 단계에서 발견된다. 원시인의 전쟁 동기는 모든 동물 간의 싸움에서처럼 식량, 성(性), 영토, 활동, 자기보존, 지배 및 독립 등을 위한 것들이다. 라이트(Quincy Wright)는 동물인간시대, 원시시대 및 문명시대의 전쟁발생 동기(drive)를 식량획득, 성(性)의 만족, 거주지(居住地) 확보, 활동성(to be active), 육체와 생명의 보존, 소속(所屬) 사회의 보존, 타자(他者)의 지배(dominance), 통제로부터의 해방 등 8가지 요소로 설명하고 있다.[16] 동물인간시대의 폭력적 싸움의 존재는 일반적으로 인정되고 있으나, 문명시대에 비하여 상대적으로 희소(稀少)했다는 것이 라이트의 견해이다. 이에 대한 근거로 동물 간의 싸움

---

16) Quincy Wright, *A Study of War*(Chicago: University of Chicago Press, 1969), pp.74 – 79, 131 – 143.

은 비치명적이며, 특히 동종(同種) 간의 싸움은 치명성이 드물다는 예가 제시되곤 한다. 이 말은 인류가 문명화되면서 전쟁의 양상이 보다 포악(暴惡)해지고 그 전쟁을 치르는 빈도(頻度)도 증가되어 왔다는 반증이기도 하다. 원시시대의 전쟁 동기 역시 모든 동물전쟁의 그것들과 관련된다. 즉 식량, 성, 영토, 활동, 자기보존, 사회, 지배 및 독립 등을 위한 싸움은 원시종족 간에도 발견된다. 원시시대도 동물인간시대와 마찬가지로 문명시대에 비하여 전쟁의 빈도(頻度)나 강도(强度) 면에서 적었다고 할 수 있다. 자기 보존, 성, 식량, 영토 등 본능적 생존에 연결되는 폭력은 빈번했다고 할 수 있으나 이는 집단의 생사를 건 전쟁과는 구별된다.[17]

인류학자들은 전쟁의 기원을 사회적 성격, 즉 문명적 성격에서 찾고 있으며, 문명과 더불어 전쟁이 발달되어 왔다는 견해에 그들 상당수가 동조하고 있는 듯하다. 호전성(好戰性)은 인간의 문명 발전의 작용으로서, 노동의 분화나 계급제도(階級制度)가 호전성을 자극했고, 집단 간의 균형 및 집단과 자연환경 간의 균형이 유지될수록 호전성은 적었다. 가장 원시적인 인간이 가장 비호적적(非好戰的)이었고, 호전적 성격은 문명에 비례했다는 명제는 파괴성(破壞性)이나 전쟁이 인간의 속성이라는 주장을 거부하는 중대한 자료가 된다. 그러나 이러한 입장은 동물이나 동물단계의 인간이 가지고 있는 지능이나 힘의 한계가 부득이하게 적의 완전한 퇴치의 불필요성이나 완전한 퇴치 자체를 애당초 힘들게 만들었을 수도 있었다는 점이나 지적 능력의 발달이 인간의 욕구도 함께 성장시켜 왔다는 사실 등을 간과했을 수도 있다.

문명사회로 들어오면서 식량은 전쟁의 동기로서는 그 비중이 상당히 줄어든 반면에 지배와 영토 그리고 독립 등의 사회적 요인이 새로운 동기로 등장하게 되었다. 그러나 이때에도 성(性)과 모험(冒險), 방위(防衛) 등은 공통적인 의미를 지닌다. 특히 여자를 얻기 위한 전쟁은 문명인 간에 널리 알려진 사실이며, 그로티우스(Grotius)는 이런 전쟁원인의 합법성을 논하기도 했다. 이러한 예는 도난당한 여인에 대한 복수전(復讐戰)이라고 할 수 있었던 트로이전쟁을 떠올려도 충분히 납득할 수 있는 사실이다. 사실 성(性)문제는 경제, 사회, 정치적 동기와 혼합되기도 한다. 휘스크(Bradley A. Fiske) 또한 최초 전쟁의 원인이 아내와 자녀를 돌보기 위한 수단을 얻기 지키려는 것

---

17) 오히려 성(性)문제는 경제·사회·정치적 동기와 혼합되어 문명사회의 전쟁의 주요 요인이 되기도 한다. 아내와 자녀를 보호하기 위한 결사적 싸움이 매우 자연스럽고 평범한 인간의 본능이라면, 이런 가족의 방호(防護)는 성(性)과 무관하다고 말할 수는 없을 것이다. 한국 여인들의 강한 정조관념과 이를 지키려는 남성들의 의지는 결사적인 항쟁(抗爭) 결의로 표출되는 것이다. 홍양표, 앞의 책, p.19.

이었다면, 이것은 그때 이래 전쟁의 기본적인 원인이 되어 왔을 것이라고 말한 바 있다.18) 현상적 측면에서 보더라도 전쟁의 원인은 매우 복합적인 요소들의 상승작용 속에서 일어났을 가능성이 높다. 라이트(Quincy Wright)는 ①군사력과 연결될 수 있는 제반 기술, ②제도와 전쟁 등에 관련된 법률, ③민족·국가·제국 혹은 국제기구 등과 같은 정치 단위를 포함한 제 사회조직, ④기본 가치에 대한 여론 및 태도의 분포 상황 등의 4개 요인이 전쟁과 관련되어 있다고 주장한다.19) 그는 이들 4개 요소가 각각 개인생활의 기술적, 법률적, 사회정치적, 생물·심리·문화적 수준에 해당되고 각 수준마다 분쟁이 가능하며 모든 수준의 행위 및 행위자를 통제해 왔다고 본다. 그리고 폭력과 전쟁은 그러한 수준의 한두 가지에 대한 적절한 조정이나 통제가 결여될 경우에는 항상 가능성이 있고 또 자연발생적으로 된다는 것이다.

문명시대를 보다 시대별로 세분화하여 고대, 중세, 근대 그리고 현대 등으로 구분해서 본다면 전쟁의 원인이나 이유도 그 변화되는 과정이 사뭇 달라지고 있음을 알 수 있다. 국가공동체가 등장하고 계급이 나타난 고대사회에는 사회에서 지배와 피지배의 형태가 출현됨으로써 여자와 노예(奴隷)를 얻기 위한 정복이 중대한 비중을 차지하는 전쟁의 이유가 되었을 것이다. 중세시대에 들어와서는 고대사회에서 중요한 전쟁원인이 되었던 지배에 더하여 종교적(宗敎的) 이유가 또 하나의 중요한 요인이었다. 문명의 급격한 발달로 인류사회에 정치적 지배 이상의 의미를 가져온 경제적(經濟的) 이유가 근대 인류에게 중요한 전쟁원인이 되었다. 해외시장 확장에 눈을 돌리게 된 근대국가들은 자국의 국부(國富) 축적을 목적으로 하는 식민지 쟁탈전(植民地 爭奪戰)에 너나 할 것 없이 가담하게 된다. 제1, 2차 세계대전이 끝나자 이데올로기는 냉전(冷戰)이라는 신조어를 만들어 내며 전쟁의 새로운 원인으로 부상하였다. 그리고 20세기 말에 이르러 이데올로기 대립이 시들해지자 최근에는 다시 과거의 전쟁원인들로 회귀하는 것과도 같은 양상을 보여주고 있다. 이를테면 민족갈등, 국경분쟁, 자원확보 등 보다 현실적이고 직접적인 이유들이 다양하게 표출되는 각국의 국익(國益)과 결부되어 전쟁의 원인으로 작용하고 있다. 그러나 경우에 따라 전쟁의 명분이 세계 안보 위협 요인 제거 등을 표방하고 있다는 점에서 반드시 과거처럼 노골적인 국익 때문에 전쟁이 일어난다고 단정 지을 수는 없을 것 같다.

---

18) Bradley A. Fiske, *The Art of Fighting*(New York: n.p., 1920), p.16. 홍양표, "전쟁 원인과 평화 문제", p.19에서 재인용
19) Quincy Wright, op cit. p.135.

(2) 본질적 접근

전쟁의 원인에 대하여 본질적인 측면에서 접근한다는 것은 전쟁의 원인을 일반화(一般化)한다는 것이며, 그러므로 인간의 본성(nature)과 행태 혹은 사회구조나 체제에서 전쟁이 일어나는 원인을 찾는다는 의미이다. 이미 언급한 바와 같이 인류학적 접근과 달리 시간의 변화는 여기에서 고려요소가 될 수 없다. 오직 인간이나 사회체제가 갖는 보편성(普遍性)이 탐구의 중심요소가 된다. 시간의 변화가 고려되지 않는다는 것은 문화적 차이나 공간적 차이에 대한 설명이 그리 중요한 요인이 되지 못함을 쉽게 연상할 수 있게 한다. 중요한 것은 일반화할 수 있는 원인이 무엇인가이다. 전쟁의 원인에 대하여 인간 개인의 차원에서 설명하는 미시적(微視的) 분석은 인간의 본성에 공통성(共通性)이 있음을 전제한 것이며 사회체제나 구조의 차원에서 설명하는 거시적(巨視的) 분석은 일반화(一般化)된 국가나 국제체제 등의 분석을 통해서 접근하려는 것이다. 학제적 연구를 시도하는 이유도 집단의 행동에 동기와 목적을 부여하는 인간과 인간행위를 제약하는 방법이 전쟁의 원인을 밝히는 데 보다 유용한 수단을 제공하여 줄 것이라고 믿기 때문이다. 이를 갈등이론(conflict theory)적 입장에서 전쟁의 원인을 접근하는 것으로 간주해도 좋을 것이다. 전쟁을 갈등이 발전된 형태로 보고, 전쟁의 원인을 갈등 발생의 관점에서 찾는다는 것이다. 왈츠(Kenneth N. Waltz)는 전쟁원인을 갈등이론적 입장에서 분석하는 데 유용한 출발점을 제공해 주고 있다. 왈츠는 전쟁이 발생하는 데는 3가지 상이한 '이미지(images)'나 '설명군(sets of explanation)'이 있다고 말한다. 첫 번째 이미지는 전쟁발생의 주요 원인은 '인간 자신(man himself)'에게 있다는 것이고, 두 번째 이미지는 '개별국가의 성격(nature of individual states)' — 즉 한 국가의 정부형태나 그 사회의 성격 — 에 있다는 것이다. 세 번째 이미지는 전쟁의 원인이 '국제적 무정부(international anarchy)'라고 규정하는 '국제체제의 조건'에 있다는 것이다. 이러한 세 가지 차원 가운데 첫 번째 것은 주로 미시적 차원의 인간학적·심리학적 접근을 말하며, 두 번째와 세 번째 것은 거시적 차원으로서 사회학적·정치학적 접근을 뜻한다.[20]

가) 인간의 공격성 원인론

미시적 분석에서 갈등을 설명하는 주요 개념은 '공격성(aggression)'이다. 전쟁의 원

---

20) "전쟁원인에 대한 갈등이론적 접근", http://cafe.naver.com/gaury.cafe?iframe_url=/Article-Read.nhn%3Farticleid=7018

인이 인간 본성에 있다는 주장은 고대 이래로 가장 일반적인 견해이다. 공격성이 무엇인가 하는 문제는 학자들 간에 많은 논란을 불러일으켜 왔으나, 일반적으로 공격성은 '다른 인간에게 해를 입히려 하거나 혹은 비인간적 대상에 손상을 주거나 파괴하고자 하는 폭력적 행위'로 정의될 수 있다. 인간의 공격성에 관한 연구는 많은 생물학자·심리학자·사회심리학자들의 관심을 모아 왔는데, 인간이 공격을 유발하는 원인에 관한 학자들의 견해는 3가지 유형으로 분류할 수 있다. 인간의 공격성은 오직 본능적이라는 입장과 공격은 좌절에 의해서 활성화되는 내적 반응이라는 입장, 그리고 공격성은 학습에 의해서 습득된다는 입장이다.

ⅰ. 공격본능이론

전쟁을 인간의 공격성에서 기인하는 것으로 보는 견해는 근본적으로 인간 천성에 대한 불신(不信)과 회의(懷疑)에서 비롯된 철학적 사조(思潮)들이 대부분이다. 철학적이고 종교적인 규범적 입장에서 인간의 사회적 행위를 설명하던 전 과학적(prescientific) 시기에 많은 사람들은 전쟁의 원인을 인간의 본성에서 찾고자 했다. 인간은 선(善)하게 태어나지 못하였고 사악(邪惡)하며 무질서하면서 파괴(破壞)의 본능을 가진 존재라는 것이 이들의 공통된 생각이다. 한마디로 인간의 공격적 본능을 강하게 믿는 데서 출발하는 것이다. 또한 이 공격본능론은 인간의 공격적 본성을 인정하고 개인과 집단 및 국가를 동일한 본능의 연장으로 이해하려는 태도이기도 하다.

일찍이 플라톤(Plato)은 인간이 단순히 필요의 한계 내에서 살 생각이 없기 때문에 전쟁을 하게 된다고 주장하였다. 인간은 사치스런 생존을 원하며, 심지어는 이상국가(理想國家)라 할지라도 외부공격에 대항하여 정체(政體)를 방위해야 할 군사방호자(military guardian)를 가지지 않으면 안 된다.21) 기독교의 원죄설 또한 인간을 본질적으로 선할 수 없는 존재로 규정하고 있다. 성서에 의하면 인간은 육체의 노예상태에서 악(惡)을 행하게 되는 존재이다. 아우구스티누스는 이원적(二元的)인 인간관을 가지고 있었다. 인간은 한편으로는 평화적·질서적·애정적이나, 다른 한편으로는 폭력, 복수, 타락, 식욕에 빠져 있으며, 후자가 전자를 압도한다. 그러므로 천국(天國)에 들어갈 수 있는 자는 크게 제한되어 있고, 지상국에는 죄 많은 사람들이 크게 팽창하고 있다.22)

---

21) Plato, The Republic, Edited by Edith Hamilton & Huntington Cairns, *The Collected Dialogues of PLATO including the Letters*, Bollingen Series LXXI(Princeton: Princeton Univ. Press, 1973), pp.783－799.

마키아벨리(Machiavelli)는 인간성이 본질적으로 공리적(功利的)이고 사악(邪惡)한데 이것은 때와 장소를 가리지 않고 변함이 없다고 주장하였다. 인간은 은혜를 모르고 변덕스러우며 허위적(虛僞的)이고 탐욕(貪慾)스러운 동물이라는 것이다. 인간의 사회적 협조나 국가의 형성은 인간의 이기성과 자기보존에 존립 근거가 있다. 인간이 자연 본성적인 이기주의(利己主義)를 추구하다 보면 타인과의 대립과 투쟁이 불가피하게 되고 결국 자신의 안전을 위하여 타인과의 협력을 필요로 한다는 것이다. 그리하여 국가와 개인의 안전 여하가 선악·정사(正邪)의 윤리적 기준이 된다. 따라서 무자비(無慈悲)한 정책과 권력이라도 질서를 확립시킨다면 오히려 자비로운 것이다.[23]

홉스(T. Hobbes) 역시 인간에 대한 관념은 마키아벨리의 생각에서 크게 벗어나지 않는다. 인간은 기계적이고 필연적 운동을 하는 점에서 물체와 동질적이다. 인간의 두 가지 행동 근원은 오직 사욕(私慾)과 공포(恐怖)이다. 사욕은 생명을 지향하는 노력으로 그것에 일치하면 선(善)이 되고 그 반대면 악(惡)이 된다. 공포는 사욕과는 정반대로 생명을 위협하는 데에 대한 혐오감(嫌惡感)이다. 이성(理性)은 인간에게 있어서 본성이 아니며 다만 공포를 피하게 하고 욕망을 만족시키는 데 필요한 수단에 지나지 않는다. 아무리 사욕에 눈이 어두워 파괴적인 살인자가 될 수 있는 인간이지만 더 강한 살인자의 위협을 받게 되면 안전을 희구하는 구속을 받게 된다. 홉스가 말하는 자연상태는 전쟁상태이다. '인간은 인간에 대한 늑대'이기 때문에 인간의 야심, 탐욕, 분노, 정열 따위는 오직 강제에 의한 공포로만 규제 가능하며, '만인에 대한 만인의 투쟁상태'에서 살게 될 위기에 처한 인간은 그의 안전과 평화를 누리기 위하여 '가사(可死)의 신(mortal god)', 즉 국가 앞에서 개인의 모든 권리를 포기하게 된다.[24]

근대에 들어와서 비로소 과학적 견지에서 '공격본능이론(instinct theory)'을 주장한 사회과학자는 영국의 윌리암 제임스(William James)와 윌리암 맥두갈(William McDougall)이다. 먼저 맥두갈은 본능을 "어느 한 종의 모든 성원들에게 유전된 심리·물리적 과정"으로 정의하면서, 본능은 습득된 것이 아니지만 습득에 의해서 수정될 수 있다고 지적했다. 즉 본능은 습득되지 않은 형태인 '반응(reflex)' ― 반응은 외부의 자극에 대해서 자동적으로 반작용하는 형태 ― 과 다르다고 말하고 있다. 또한 맥두갈은 인간의 공격본능(攻擊本能)이 '좌절상태(挫折狀態)'하에서만 충돌을 받아 작용한다고

---

22) Hebert A. Deane, *The Political and Social Ideas of St. Augustine*(N.Y.: Holt, Rinehart and Winston, 1963), ch.5.; 홍양표,『전쟁원인론』, p.25에서 재인용.

23) 마키아벨리, 이상두·김인철 공역,『君主論, 戰術論 外』(서울: 범우사, 1993), p.42.

24) 平井俊彦·德永 恂 편, 고영대 역,『사회사상사』(서울: 사계절, 1985), pp.57―62.

주장한다. 그 후 이들의 본능이론의 전통을 이어받은 '신본능주의'의 대표적인 인물이 프로이드(Sigmund Freud)와 로렌츠(Konrad Lorenz)이다.

프로이드에 의하면 인간의 공격행위는 파괴적 에너지의 배출구(an outlet)이다. 리비도(libido)가 증가하면 긴장이 고조되고 불쾌감이 늘어나게 되는데, 성이 억압되고 배출되지 않을 때에는 자살(suicide)을 초래하게 된다. 전쟁의 도발(挑發)은 공격적 행위의 주기적 배출이며, 이로 인해서 집단은 자기파괴적 성향을 외부에 지향하게 되어 집단 자신을 유지하게 된다고 한다. 이때 파괴적 에너지의 배출은 균형(homeostasis) 에너지의 맥락에서 이해할 수 있게 된다. 프로이드는 인간이 증오와 공격을 위한 적극적인 에너지를 분명히 갖고 있다고 하면서 이와 같은 인간 본능을 국가로 확대시키고 있다. 물론 프로이드는 공격적 에너지의 필연적 발산과 전쟁의 숙명성을 분명히 괴로워하고 있었으며, 만년에 가서 자기의 견해를 수정하려고 노력하였다. 인간은 그의 지성(知性)이 강화되어 본능을 지배하게 되고 공격본능을 결과적인 이익 및 고통과 함께 내향화(introversion)시키게 된다. 이는 리비도의 초자아(super ego)로의 발전을 의미한다.25) 원래 '프로이드'는 공격성을 좌절, 특히 성적 충동의 좌절에서 비롯된다고 주장함으로써, '공격-좌절학파'의 입장에 섰었다. 그러나 그는 그 후 유명한 '죽음의 본능(death instinct)'에 관한 이론을 제시함으로써, 인간은 본능적으로 공격적 성향을 지니고 있다는 입장으로 기울었다. 즉 인간에게는 삶의 본능인 '에로스(Eros)'와 죽음의 본능인 '타나토스(Thanatos)'가 공존하고 있는데, '에로스'가 '타나토스'의 위협을 항상 제거할 수 없기 때문에 파괴적인 에너지의 '배출구(outlet)'로서 공격행위가 자행된다는 것이다.

로렌츠(Konrad Lorenz)도 프로이드와 마찬가지로 인간의 공격성은 넘쳐나는 에너지의 샘이 길러 내는 본능적인 것이며 반드시 외부작용에 대한 반작용의 결과는 아니라고 하였다. 로렌츠는 그러나 공격의 긍정적 가치를 주장하는 일원론자와 같다. 즉 공격이라는 가치가 부정적 전쟁도 야기하나, 긍정적으로 삶에 크게 기여하기도 한다는 것이다. 더 나아가 로렌츠주의자들은, 인간의 공격성은 인간적 우정의 필수적인 구성 성분이며, 이것이 인간의 창조적, 지적 능력을 유지하고 인생의 최고목표를 성취하는 데 불가결한 것이라고 강조한다. 한편 로렌츠는 동물들의 공격성에 관한 연구를 통하여, 공격성이란 프로이드의 '타나토스' 가설에서 표현된 파괴적인 원리와는 매우 다른 것이라고 결론짓고 있다. '로렌츠'는 공격성을 다른 종 사이에서 발생하는 것이 아니

---

25) Sigmund Freud, "Why Men Wage War", in William Ebenstein, ed., *Modern Political Thought*, 2nd ed.(N.Y.: Holt, Rinehart and Winston, 1960), p.61.

라 '같은 종의 구성원(members of the same species)' 사이에서 주로 일어나는 것으로 인식하고 공격의 긍정적 가치를 주장하고 있다. 그러므로 로렌츠에 의하면, 공격성은 결코 악마적·파괴적인 것이 아니며, 개체와의 생존에 불가결하며 본능적인 생명보존의 필수적인 부분인 것이다. 로렌츠의 공격본능이론은 두 가지로 요약될 수 있다. 첫째는 동물도 인간과 마찬가지로 선천적인 공격성을 지니고 있어서, 이것이 개체와 종족의 존속에 유용하다는 것이다. 둘째는 '수력학적(hydrautic)' 공격성향은 파괴성과 함께 삶에 유용할 수 있다는 것으로서, 삶과 죽음에 모두 관계되는 동일범주의 일원론을 주장하고 있다.26)

ii. 좌절 − 공격이론

전쟁 발발의 원인이 공격본능보다는 박탈감 내지 좌절에서 비롯된다는 주장은 오랜 전통을 지녀 왔다. 특히 돌라드(John Dollard)를 중심으로 예일대학 연구팀은 이러한 '좌절 − 공격이론(Frustration−sggression theory)'의 체계화에 공헌을 하였다. 이들은 '공격은 항상 좌절의 결과'라는 가정에서 출발하여, "공격행위의 발생은 항상 좌절의 존재를 전제로 하며, 반대로 좌절의 존재는 항상 어떤 형태의 공격으로 이끈다."는 이른바 '돌라드 − 두브가설(The Dollard−Doob Hypothesis)'을 주장하였다. 그런데 돌라드의 연구에 의하면, 공격에 대한 충동의 강도는 다음 3가지 요건, 즉 ①좌절된 반응에 대한 충동의 강도, ②좌절된 반응을 방해하는 정도, ③좌절된 반응 − 결과의 수에 따라 변할 수 있다는 것이다. 다시 말해서 사람들이 적절한 이유를 지각할 수 있는 좌절은 공격감정을 최소화시킬 수 있다. 만약 어떤 좌절이 비의도적·비자의적이며 정당화될 수 있고 우발적인 것으로 생각될 수 있다면, 사람들을 격분케 하지도 않고 덜 공격적으로 만든다는 것이다. 또한 처벌의 위협 역시 공격 발생의 가능성을 감소시킬 수 있다. 처벌에 대한 기대는 공격행위를 저지하여 좌절을 더욱 심화시키는데, 이처럼 좌절원의 대상에 공격을 할 수 없을 경우 공격의 전위현상이 생길 수 있다. 이러한 '좌절 − 공격 − 전위' 논리는 사회 내에서의 '속죄양(scape − goat)' 집단과 외국에 대해 가지는 적대적인 태도를 설명하는 데 유용하다.27) 그런데 '돌라드−두브가설'은 1940년대 초 이래로 다른 학자들에 의하여 반론이 제기되어 수정되었다. '돌라드 − 두브가설'의 결정적인 문제점은 모든 공격행위는 항상 좌절에서 비롯된다는

---

26) Konrad Z. Lorenz, *On Aggression*(N.Y.: Harrcourt, Brace & World, Inc., 1966), p.48.
27) John Dollard, Leonard W. Doob, Neal E. Miller, O. Mowrer and R. Sears, *Frustration and Aggression*(New Haven: Yale University Press, 1939), p.1.

주장이다. 더어빈(Durbin)·바울비(Boulby)·멘닝거(Karl Manninger)·시워드(J. D. Seward) 등 여러 학자들은 좌절 이외에도 공격의 원인이 있다는 이유로 '돌라드 – 두브가설'을 비판하였다. 이들은 지배하려는 투쟁, 같은 종류 중의 낯선 동물의 존재와 이방인의 침입에 대한 분개, 대상을 소유하려는 욕망, 안락에 대한 방해 등과 같은 다른 원인들을 또한 지적하였다.

그럼에도 불구하고 '좌절 – 공격이론'은 여러 가지 논란의 여지를 남기고 있다. 첫째, 좌절 – 공격 관계가 단순한 것이며, 사실상 자동적인 자극 – 반응 형태인지, 아니면 분노 – 공포 같은 감정적 상태가 개입되어야 하는 것인지 혹은 개입될 수 있는지에 대해서 의견의 일치를 보지 못하고 있다. 둘째, 좌절을 구성하는 것은 완전히 객관적인 문제가 아니라, 그것은 개인의 '인식(cognition)'과 '해석(interpretation)' 여하에 달려 있다. 셋째, 어떤 학자들은 1차저 좌절과 2차적 좌절을 구별하고, 능동적 좌전과 수동적 좌절을 구분하고 있다. 넷째, '일상적인 또는 자주 반복되는 목표지향적인 행태'를 방해받을 때 생기는 좌절과 '참신한 또는 단 한 번에 될 수 있는 목표지향적 행동'을 방해받는 데서 생기는 좌절 사이에 명확한 구별이 되어 있지 않다. 다섯째, 좌절 – 공격의 증후를 어린이들에게서는 비교적 쉽게 볼 수 있으나 어른들에게서는 훨씬 모호하다. 여섯째, 공격행위가 일어났을 때, 그것은 원래의 목표로부터 빗나가거나 '가장(guise)'·'전위(displace)'·'지연(delay)' 또는 '변경(alter)'될 수 있다. 이와 같은 좌절은 외부에 대한 공격을 유발시켜, 결국 전쟁의 원인으로 작용할 수 있다는 가능성을 무시할 수 없다.

iii. 사회적 습득이론

'사회적 습득이론(Social learning theory)'을 주장하는 학자들은 공격에 대한 생물학적 본능이론과 좌절 – 공격 충동을 전제로 한 심리학적 이론에 모두 회의적이다. '사회적 습득이론'은 공격성이 파괴에너지의 자유로운 흐름이라는 공격본능이론과 달리 공격성은 유기체의 경험, 즉 사회적 경험에서 비롯된다는 입장이다. 또한 습득이론은 '좌절 – 공격이론'에서 주장하듯 공격성은 좌절에서 비롯되는 '긴장(tension)'과 '분노(anger)'에서 생기게 되는 반응이 아니라, 좌절과 분노가 어떤 외적 계기에 의해서 공격이 일어난다는 입장이다. 대표적인 사회적 습득이론가인 반두라(Albert Bandura)는 공격에너지는 점진적으로 누적(累積)되어 어떠한 외부의 자극 없이도 방출된다는 견해를 부정하고, 대신 공격성의 환경적 유인을 강조하고 있다. 그에 의하면, 인간은 약간의 선천적 습관을 지니고 있기는 하지만, 습득에 대한 거대한 인간의 잠재성(潛在性)

만큼 중요하지는 않다는 것이다. 반두라의 '사회적 습득이론'에 의하면, 인간은 공격적으로 행동할 수 있게 하는 '신경생리학적 메커니즘(neurophysiological mechanism)'을 선천적으로 지니고 있기는 하지만, 이러한 메커니즘의 활성화는 적당한 자극에 의존할 뿐만 아니라 '결정적인 통제(critical control)'에 복종한다는 것이다. 따라서 공격적 행위가 취해지는 '특정 형태(specific forms)'와 '빈도(frequency)' 그리고 그러한 공격적 행위가 행해지는 '상황(situation)' 및 공격의 '특정 목표(specific targets)' 등은 대개 사회적 경험에 의해서 결정된다는 것이다.

또한 반두라는 다양한 상황에서 인간의 반응은 매우 복잡하다고 지적하면서, 다소 복잡한 공격행위에 관한 이론을 제시하고 있다. 그의 이론은 단순한 인간의 내적 충동에 기초한 것이 아니라, '사회적 습득(social learning)', '사회적 배경 및 역할(social contexts and roles)', '본받기 및 보강(modeling and reinforcement)', 그리고 어떤 주어진 행동의 보상 및 처벌 결과를 '평가할 수 있는 습득된 능력(learning ability to assess)'에 기초한다. 그에 의하면, 인간이 표시하는 대부분의 복잡한 반응은 그것이 고의적이건 무의식이건 '표본의 영향(influence of example)'에 의해 습득한 것이며, 인간의 관찰에 의한 습득능력은 표본적 모델의 수행을 관찰함으로써 행태의 복잡한 패턴을 습득할 수 있도록 해 준다는 것이다. 그의 '사회적 습득이론'에 의하면, 인간의 행동은 3가지 규제체제, 즉 ①'선행의 유인(antecedent inducements)', ②'반응 자동조절 작용 영향(response feedback influences)', ③행동을 규제하고 인도하는 인식과정에 의존한다는 것이다. 따라서 인간의 공격성은 다른 유형의 사회적 행태와 마찬가지로 '자극(stimulus)', '강화(reinforcement)', '인식적 통제(cognitive control)'하에 있는 습득적 행위라는 것이다.28)

하들리 칸트릴(Hardley Cantrill) 역시 사람들은 어떤 상황에 대해 단순히 기계적인 방법으로 직접 반응하지 않고, 오히려 그들의 반응은 과거의 경험에 의해 형성된 전제들에 근거하고 있다고 주장한다. 칸트릴에 의하면, 우리가 사물을 보는 방법과 우리가 형성한 태도(態度)와 견해(見解)는 우리가 인생으로부터 배운 전제(前提)에 기초를 두고 있다는 것이다. 일단 전제들이 형성되고 다소 효과적이라고 증명되면 이러한 전제들은 관심의 초점을 모으고, 명백히 관련 없는 것을 가려내려는 데 기여한다. 또한 이것들은 우리의 목적과 직접적으로 관계를 가지는 것처럼 보이는 환경의 다른 면을

---

28) Albert Bandura, *Aggression: A social Leaning Analysis*, Englewood Cliffs(New Jersey: Prentice-Hall, 1973); I. A. Horowitz & K. S. Bordens, *Social Psychology*(CA: Mayfield Publishing Co., 1995), pp.244-248.

'강화하는 동인(reinforcing agents)'으로 작용한다. 이처럼 사회적으로 습득된 공격성이 어떻게 국제적 갈등 내지는 전쟁으로 이어지는가 하는 문제는 '국가적 이미지(national images)' 개념과 관련시켜 볼 수 있다. 한 국민의 타국민관은 교육제도, 민속(民俗, folklore), 뉴스미디어, 기타 사회화(社會化)의 경로를 통해 전달되는 이른바 다른 국가에 대한 전통적인 역사적 견해에 의해서 이루어지는 '선택적 인식(selective perception)'의 과정을 반영한 것이라 할 수 있다.

적대적(敵對的) 이미지가 역사적으로 오래 계속되면 '거울이미지(mirror image)' 현상이 나타난다. '거울이미지'는 오랫동안 적대적인 대립에 빠져 있는 두 나라 국민들에게는 양측이 매우 고정적이고 왜곡(歪曲)된 태도를 발전시키고 있다는 전제에 기초한다. 각 국민들은 서로가 자국민(自國民)은 도덕적이고 자제할 줄 알고 평화애호적(平和愛護的)이라고 생각하는 반면, 상대국민은 기만적(欺瞞的)이고 호전적(好戰的)이라고 생각한다. 사회심리학자들에 의하면, 상대국민에 대한 이러한 인식은 비록 틀린 것일지라도, 현 상태를 형성해 주고 '자기달성적 예언(self-fulfilling prophecy)'을 가져오는 데 기여할 수 있다. 즉 의심이 고조될 때, 일방의 방어적인 움직임은 다른 쪽에서 도발적(挑發的)으로 보여, 단지 상대방의 의심을 확신시켜 주는 더 심한 방어적인 반작용(反作用)을 불러일으킨다. 이것은 상대방에 대한 왜곡된 인식을 반응 - 역작용의 연쇄작용(連鎖作用)을 가져와 전쟁이 발발하게 될 가능성이 있다는 점이다.

나) 사회구조·체제 원인론

전쟁원인의 거시적 분석에 있어서는 전쟁은 생물학적 유기체 현상이라기보다 사회적 현상이다. 즉 전쟁은 생물학적 욕구나 심리적 상태보다는 사회적 구조나 조건에 의해서 발생된다는 것이다. 전쟁이 사회현상의 일종으로서 사회구조적 측면에서 파악하려고 한다면, 그것은 인간이 사회적 존재일 수밖에 없음과 무관하지 않음을 알아야 한다. 맥도걸(W. McDougall)은 "사회심리학적 차원에서 볼 때 개인은 반도덕적(反道德的)이고 이기적인 아기로 태어나 사회 속에서 도덕화되어 간다."고 하였다. 인간의 윤리·도덕적 문제는 타인의 존재를 전제로 하여 발생한다. 인간의 행위는 본질적으로 사회적 행위이며 따라서 도덕적 행위는 타인과의 관계를 전제로 하기 때문이다. 타인의 행위나 생활에 무관한 단순한 활동은 도덕적 문제라고 할 수 없다.[29] 전쟁원인에 대한 사회구조적 접근은 인간 존재(human being)가 사회적이라는 사실을 전제한 것이

---

29) 李敦熙, 『道德敎育原論』(서울: 교육과학사, 1988), p.33.

다. 인간은 비록 개체(個體, individual)로 태어나지만, 그것은 동시에 사회집단의 일원으로 탄생하는 것이다. 모든 인간사회에는 공통되는 특징이 있는데, 첫째, 개인보다 사회가 인간생활의 중요한 단위이며, 개인의 운명은 그가 속해 있는 집단의 운명과 결부되어 있다. 둘째, 사회는 그 자체로서의 기능을 가지고 활동하는 하나의 단위이며, 셋째, 사회 전체의 존속을 위해서 필요한 모든 활동은 분할되어 여러 구성원들에게 할당되어 있다. 인간은 그의 사회적 본성으로 말미암아 사회를 구성하여 타인들과 더불어 삶을 영위하고 있으며 그의 생득적 가능성도 오직 그 동류 속에서만 보다 완전히 현실화될 수 있다. 그리고 그러한 사회는 개인들의 단순한 집합체(集合體) 이상의 것으로서 그 자체의 독자적 논리에 따라 움직이며 그러한 움직임이 오히려 개인의 행위와 선택을 규정할 수도 있다. 따라서 한 집단이 가지는 규칙, 목적, 이상 등은 그 사회집단 전체로서의 생활양식인 동시에 개인의 행동 준칙이기도 하며, 그러한 연유로 사회의 구조와 제도도 도덕적 가치판단의 대상으로 삼는 것이다.30) 전쟁의 원인을 사회구조(社會構造)나 제도의 측면에서 분석하는 사람들은 마치 전염병(傳染病)을 의학(醫學) 지식의 부족과 공중보건(公衆保健)의 미비에 돌리듯 전쟁의 원인도 사회적 지식과 사회적 통제의 미성숙(未成熟)에 돌리고 있다.31) 사실상 전쟁 문제가 집단, 국가, 국제체제로 확대되어 정책결정 단계에 이르게 되면, 전쟁은 인간의 공격성이나 호전성의 본능과는 상대적으로 멀어지며, 이때 정책결정자를 자극하는 요소는 합리적 계산이다. 결과적으로 전쟁은 인간의 개체적인 문제로 다루어질 것이 아니라 집합주의적 관점에서 유기체적인 인간사회의 구조적인 문제로 이해되어야 한다는 것이다.

ⅰ. 사회 및 국민국가적 측면

전쟁원인의 갈등이론적 접근과 관련해, 거시적 분석은 전쟁원인을 인간 개인의 문제, 즉 공격적인 동기 따위에 두지 않고 개인 외적인 요인에서 찾고자 하는 입장이다. 이와 같은 거시적 분석은 다시 분석의 초점을 사회 내지 개별국가의 성격에 두느냐 또는 국제정치체제의 성격에 두느냐에 따라 나눌 수 있을 것이다. 여기서 다루고자 하는 사회 및 국민국가(Nation－State)적 측면의 분석이란 전쟁의 원인을 개별 국가의

---

30) R. Niebuhr는 개인적 도덕과 사회적 도덕의 갈등을 설명하면서 도덕적 인간들로 구성된 사회도 비도덕적일 수 있고, 사회의 많은 문제들은 개인의 도덕적 가치판단에 의해서가 아니라 그 개인이 속해 있는 사회의 구조나 제도의 개선에 의해서 해결될 수 있다고 하였다. Reinhold Niebuhr, *Moral Man and Immoral Society*(New York: Charles Scribner's Sons., 1960), pp.257－277.

31) Quincy Wright, *A Study of War*(Chicago: Univ. of Chicago Press, 1942), p.773.

정부형태 내지 그 사회의 성격에서 찾는 것이다. 이러한 입장에 서 있는 학자들은 집단적·조직적 갈등은 개인의 자발적 폭력과 구별되며, 후자는 살인이나 내적 무질서의 전조(前兆)는 될 수 있어도 전쟁의 조건이 될 수 없다는 주장이다. 즉 대규모 전쟁은 생물학적 욕구나 심리적 상태보다는 사회적 구조나 조건에 의해서 발생된다는 것이다. 섬너(William G. Sumner)는 "전쟁은 개인 간이 아닌 집단 간의 갈등으로부터 근원한다."고 주장하고 있으며, 베르코비치(Leonard Berkowitz) 역시 "전쟁은 생물학적 유기체 현상이 아닌 사회적 현상이다."라고 역설하고 있다.

그런데 사회 및 정치집단의 성격 내지 갈등이 어떻게 하여 대외적 갈등 내지 전쟁으로 이어지는가 하는 문제는 학자들에 따라 세 가지 견해로 대별할 수 있다. 전쟁원인을 ① 내적 갈등과 외적 갈등의 상관관계에서 찾는 견해, ② 전쟁을 만들어 내는 특수이익집단의 성격에서 찾는 견해, ③ 사회적·정치적 좌절감의 대외적 전환에서 찾는 견해로 나눌 수 있다.

먼저 내적 갈등과 외적 갈등 간의 상관관계에서 전쟁원인을 규명하고자 하는 견해는 사회적 갈등을 순기능적으로 보는 자유주의적 입장이다. 이러한 입장의 학자들에 의하면, 갈등이란 '집단정체성(group identity)'을 통합할 뿐만 아니라 이를 확립시키는 데 기여하며, 집단의 경계를 확실하게 하며, 집단의 단결력을 높게 하는 데 기여한다는 것이다. 코저(L. Coser)에 의하면, 갈등이란 분열적이고 파괴적인 일면을 지닌 반면, 사회체제의 유지에 필요한 긍정적 역할도 지니고 있다는 것이다. 즉 어느 정도의 갈등은 사회체제와 집단의 형성 및 유지를 위하여, 그리고 집단구성원이 이탈하는 것을 방지하는 데 중요한 역할을 한다는 것이다.[32] 또한 짐멜(G. Simmel)은 갈등의 집단유지기능을 강조함과 동시에 갈등이 적대감을 완화·해소할 수 있는 탈출구의 역할을 한다는 '안전밸브이론(safety-valve theory)'를 주장하고 있다. 이것은 원래의 목표 대신 대안적 통로를 제공하여 줌으로써 긴장을 완화시키거나 당사자들의 방향 전환을 가능하게 하여 집단을 결속시키는 데 이바지한다는 주장이다. 여기서 문제는 내적 갈등으로부터 방향 전환이 새로운 형태의 갈등, 즉 외적 갈등을 유발할 수 있다는 것이다. 내적 갈등과 외적 갈등과의 상관관계에 관하여 일반적으로 두 가지 가설이 가장 유력시되어 왔다. 즉 ① 내적 갈등과 외적 갈등 간에는 역관계가 존재한다는 것과

② 국내의 사회적 응집력과 대외전쟁에의 참여 간에는 긍정적인 상관성이 존재한다는 것이다. 다시 말하면, 외부로부터 공격이 심해짐에 따라, 한 집단 내에서의 내부적

---

32) Lewis A. Coser, *The Functions of Social Conflict*(New York: Free Press, 1956), pp.8, 41－44.

폭력현상이 감소한다는 것이며, 또한 그 역논리(逆論理)도 성립한다는 것이다.[33]

미국의 인류학자인 크루크혼(Clyde Kluckhohn)도 이러한 가설을 주장하였는데, 만약 한 국가의 '집단 내의 공격성(intragroup aggression)'이 그 국가의 내부적 붕괴를 가져올 수 있을 정도로 강력해진다면, 그 국가는 외부에 대한 전쟁을 통하여 그 공격성을 방출시킴으로써 국가적 결속력을 보존시키려 할 수 있고 하였다. 브라질의 먼두루큐(Mundurucú)족을 연구한 머피(Murphy) 역시, 전쟁이 그 부족에게 안전밸브장치로서의 역할을 한 점이 있었음을 지적하였다. 특히, 남성들 간에 '사회 내적 공격성(intrasocietal aggressiveness)'은 외부세계에 돌려짐으로써 흡수되고, 그리하여 사회적 통합에 이바지한다는 것이다. 또한 짐멜은 '정치·사회적 중앙집권화(social − political centralization)'와 '전쟁에 대한 공격적 충동'과의 상호관계성을 지적하였다. 그에 의하면, 전쟁은 내적 응집력을 증진시키기는 하나, 내부의정치적 중앙집권화는 전쟁을 통하여 긴장의 외부적 배출을 도모할 가능성을 증진시킨다는 것이다.

그러나 이러한 내적 갈등과 외적 갈등 간의 상호관계에 관한 가설들은 경험적 검증 과정에서 그렇게 만족할 만한 결과를 얻지 못했다. 럼멜(Rummel)은 '상관관계(correlation)', '요인분석(factor analysis)', '다중회귀(multiple regression)'의 방법으로 82개국에 대해여 1955년부터 1957년까지 3년 동안에 걸친 국내적 갈등과 국제적 갈등에 관한 236개 변수를 수집하여 분석한 결과, 국제적 갈등행위는 일반적으로 국내적 갈등행위와 관계가 없는 것으로 결론지었다. 그러나 이러한 연구방법은 방법론상 여러 가지 오류를 범할 소지가 있으며, 이 분야에 대한 경험적인 연구가 아직 바람직한 단계에 이르지 못했다고 할 수 있다. 내적 갈등과 외적 갈등 간의 역관계에 관한 여러 이론들의 규명은 국제정치학자들에게 방법론상의 문제에서 아직도 많은 연구 과제를 남겨주고 있다.

다음으로, 특수이익집단의 성격에서 전쟁의 원인을 찾는 견해들을 살펴보고자 한다. 멜만(Seymour Melman), 갈브레이드(John Kenneth Galbraith), 렌즈(Sidney Lens) 등이 이러한 견해를 표명하고 있다. 멜만에 의하면, 전쟁은 개인의 권력욕과는 구분되는 '제도화된 권력욕(institutional power − lust)'으로 설명될 수 있으며, 군비경쟁 및 전쟁은 이러한 권력욕의 갈등에 걸려 있는 '군산복합체(military − industrial complex)'의 산물이라는 것이다. 그는 군대가 방위산업 위에 군림하고 있고 국방성이 국가 운영의 본부가 되어 국가 내의 군사국가가 되어 가고 있다면서, 방위집단과 방위비 증액에

---

33) Georg Simmel, *Conflict,* trans. by Kurt H. Wolff(Glencoe, Ill.: Free Press, 1955), pp.26−35.

대하여 신랄히 비판하고 있다. 따라서 전쟁과 국제갈등에 대한 해결책은 근본적으로 '군산복합체'를 해체하고 군을 축소시키는 것이라고 주장하고 있다. 반면 갈브레이드 는 관료집단에 초점을 두고, 미국이 월남전에 휘말려들게 된 것은 "관료적 세계관에 대한 응답으로 택해진 긴 일련의 조치의 산물"이라고 지적하였다. 그는 이들 통제받지 않는 관료세력은 자신들의 이익에 따라서 운영되며, 이들의 관료적 세계관은 입법부와 대중의 반대로도 견제할 수 없고 대통령도 자의든 타의든 여기에 양보하게 되어 있다 는 것이다. 따라서 전쟁을 피하기 위해서는 군사력을 관료집단의 통제하가 아닌 강력 한 정치 통제하에 두는 정치적 기틀을 마련해야 한다고 주장하고 있다. 또한 렌즈는 '군산복합체'의 활동을 미국의 세계적 경제수요의 맥락에서 이해해야 한다고 지적하였 다. 그는 군비증강 및 대외적 팽창정책에 관련된 결정적인 이해집단은 군·기업·금융· 노동 및 학계의 '엘리트 복합체(conglomerate of elites)'로서, 이들은 시장 및 공급을 보장받기 위하여 세계적인 경제팽창을 추구한다고 주장한다.34)

한편 슘페터(Joseph Schumpeter)는 특수 이익집단의 성격을 내적 갈등과 외적 갈등 간의 상호관계에 연관시켜 전쟁의 원인을 설명하고 있다. 그는 특수엘리트집단이 전쟁 에 의존함으로써 '국내(at home)'에서 자신의 계속적인 권위와 지배를 유지해 나가려 한다고 지적한다. 전쟁에의 지향은 통치귀족계급의 국내이익, 특히 경제적이든 사회적 이든 전쟁 정책으로부터 개인적인 이득을 얻는 입장에 있는 사람들의 영향으로 조장 된다는 것이다. 그러나 그는 전쟁발발의 주 책임이 산업부르주아지에게 있다는 마르크 스주의자들의 주장을 부정하고, 제국주의와 전쟁에 대한 압력을 귀족적·군사적·관료 적 집단에서 찾고 있다. 즉 자본주의국가의 부르주아 지도자가 가끔 전쟁을 일으키긴 하지만, 이것은 자본주의적인 요소로 생기는 불가피성이 아니라는 것이다. 결국 슘페 터는 전통적 엘리트집단이 자신의 지위를 보존하기 위하여 내적 갈등을 외적 갈등으 로 전환시키는 과정에서 전쟁이 발생한다고 보고 있다.35)

마지막으로, 인간 개인의 좌절감(挫折感)이 인간의 공격성을 유발시킨다는 미시적 갈등이론의 논리를 집단 차원에 확대 적용하여, 집단적 좌절이 대외적 공격행위 내지 갈등을 유발시킨다고 보는 입장들이다. 파이어라벤드 부부(Ivo K. and Rosalind L. Feierabend)는 정치적 불안과 공격적 행태를 동일시하였다. 즉 배출되지 못한 사회적 좌절이 바로 공격성 및 정치적 불안의 원인이라는 것이다. 한편 거어(T. R. Gurr)는

---

34) Sidney Lens, *The Military—Industrial Complex*(Philadelphia: Pilgrim Press, 1970), p.145.

35) Joseph A. Schumpeter, Capitalism, *Socialism and Democracy*, 3rd ed.(New York: Allen & Unwin, 1950), pp.264—268.

폭력적인 시민의 갈등을 유발하는 필요전제조건이 박탈감이며, 이는 가치기대와 환경의 눈을 띠는 가치능력 사이의 불일치에 대한 '행위자 간의 인식'으로 정의된다고 주장한다. 욕망과 충족 간의 불균형은 단순한 경제적 가치 박탈이나 또는 정치적·심리적·사회적·문화적 가치 박탈을 포함한 여러 형태의 가치 박탈의 조합으로 인식될 수 있다. 박탈감(剝奪感)의 원인을 찾는 이론들 중 가장 단순한 것은 '빈곤(貧困)'에서 그 원인을 찾는 견해들이다. 절대적으로 낮은 경제적 변수들과 경제적 정체를 높은 갈등의 잠재력과 상관시켜 보려는 노력이 종종 학자들에 의해 시도되어 왔다. 물론 경제적 요소가 갈등의 잠재력을 높여 준다고 할 수 있겠지만, 기타 정치적·전략적·문화적·사회심리적 요소들과의 관계에서 분석되어야 할 것이다.

오늘날 보다 합리적인 것으로 인식되는 주장은 갈등을 빈곤의 결과가 아니라, '사회발전'과 '변동'의 결과로 가정하는 이론들이다. 많은 학자들은 사회적 좌절감과 혁명적 잠재력이 가장 후진적인 지역보다도 경제적·사회적으로 발전이 진행 중인 지역에서 더 현저하다는 데 의견을 같이하고 있다. '사회경제적 근대화(socioeconomic modernization)'는 사람들로 하여금 '기대상승'을 가져오게 하며, 기술적 통신수단의 팽창은 공동체·국가 내에서 그들 자신의 위치와 다른 사람의 위치를 비교하는 과정을 용이하게 하여 주어서 불균형을 예민하게 인식하도록 만든다. 이러한 불균형에 대한 인식은 어떤 특정집단들로 하여금 좌절감에 빠지도록 만드는 것이다. 따라서 다음과 같은 몇 가지 조건들 - ① 사회가 '비참여적(non-participant)' 사회이거나, ② 정부가 그에 적대적인 명백한 행동을 충분히 강제적으로 방지할 수 있거나, ③ 좌절에 대한 건설적인 해결이 가능하거나, ④공격적인 충동을 소수집단이나 다른 국가로 전환시킬 수 있거나, ⑤ 개인의 공격적인 행동이 충분히 방출될 수 있는 조건을 지니거나 - 이 결여되어 있는 상황에서는 사회적 좌절감이 공격적 행위로 발전할 수 있다는 것이다. 더구나 체제가 자신들의 정당한 기대수준을 부당하게 간섭하며 이를 이루지 못하게 했다고 확신하는 박탈감은 발전에 대한 확신 내지 과신과 조급성을 불러일으켜 급진성 내지 과격성으로 나타나게 된다. 이러한 상황에서 불만을 품고 있는 혁명집단들은 공격적인 적대감을 정부로 지향하게 되며, 정부조직들은 이를 다시 적대적인 외국으로 전향시킴으로써 전쟁 가능성이 높아지게 된다.

ii. 국제정치체제적 측면

전쟁의 원인이 한편으로 인간의 심리적 요인과 다른 한편으로 사회체제 내지 국가내부적 요인에서 비롯된다는 앞에서의 주장들은 전쟁원인 분석에서 새로운 통찰력을 제공해 주고 있다. 그러나 전쟁이 궁극적으로 주로 국가들 간의 행위임을 감안할 때, 국가를 주 행위자로 하고 있는 국제정치체제적(國際政治體制的) 측면에서의 원인 분석은 전쟁의 원인을 설명하는 데 좀 더 가능성을 제시해 줄 것이다. 국가 간의 행태에서 그 원인을 찾는가 혹은 국제정치체제 자체의 체제발생적 입장에서 그 원인을 찾는가에 따라 분석방법을 달리할 수 있다.

먼저 국가 간의 행태에서 그 원인을 찾는 입장은 집단 간 갈등의 원리가 국가 간의 갈등에서도 적용된다는 견해이다. '권력(power)'을 중심으로 하여 국제적 갈등 내지 국제정치를 설명하고자 하는 노력은 현실주의학파에서 두드러지고 있다. 모겐소(H. J. Morgenthau)로 대표되는 정치적 현실주의는 국제정치의 본질을 '국가이익(national interests)'과 '권력투쟁(a struggle for power)'으로 보고, 이와 같은 관점에서 국제정치 전반을 파악하려는 이론이다. 모겐소에 의하면, "국제정치는 모든 영역의 정치에서와 마찬가지로 권력투쟁이며, 국제정치의 궁극적인 목적이 무엇이던 간에 국제무대에서 직접적인 목표는 권력의 추구에 있다."고 주장한다.36) 그러나 국가는 다목적 실체로서 국가의 행위는 환경적 측면, 즉 국가의 이익과 가치가 서로 충돌하는 다른 국가와의 관계 및 국내의 사회적·경제적 필요조건에 의하여 제한받게 된다. 그럼에도 불구하고, 인간이나 국가가 권력을 추구하고 있으며 권력이 국제질서를 유지하는 데 주된 역할을 담당하고 있다는 점에는 별다른 이의가 없을 것이며, 국제정치무대에서 국가 간의 권력을 통한 거의 절대적 성격을 띤 국가이익의 추구는 국가 간의 갈등 내지 전쟁을 유발하는 원동력이 되는 것이라고 할 수 있다.

권력의 추구를 궁극적 목적으로 보는 입장이건 또는 타목적 달성을 위한 수단, 즉 중간목표로 보는 입장이건, 국가의 권력추구로 인하여 국제적 갈등 내지 전쟁이 발발할 수 있는 상황을 대략 세 가지로 설명할 수 있다. 첫째, '지배엘리트'와 그들의 국내권력기반과 관련하여, 이들 지배엘리트계층이 국내적으로 궁지에 몰리게 될 때 전쟁 또는 전쟁준비를 통하여 내부적 갈등을 외부로 전환시키는 경우와 비교적 성공적인 엘리트들이 그들의 권위를 높이기 위하여 해외에서 군사적 승리를 획책하는 경우이다. 둘째, 권력의 공백상태, 즉 특정지역에서 정치적·군사적 권력의 공백이 발생한 경우 인접국가 또는 이해관계를 갖는 타 국가가 새로운 영향력 행사의 기회를 지각하여 전쟁을 유발시키는 경우이다. 셋째, 한 국가의 경제력과 군사력의 현저한 증강이 정책결정자들로 하여금 영향력 행사의 새로운 전기를 마련해 줌으로써 타 국가의 정책과 직

---

36) Hans J. Morgenthau, *Politics among Nations: The Struggle for Power and Peace*(New York: Alfred A. Knopf, 1973), p.4.

접 대결하게 되는 경우이다.

한편 전쟁의 궁극적인 원인을 국가의 행태보다는 국제정치체제의 성격 그 자체에서 찾는 주장들이 있다. 즉 국제적 갈등 내지 전쟁의 발발은 개별국가의 의도나 이해관계와는 관계없이 국제정치체제의 '체제발생적(system − generated)' 원인에 의해서 일어난다는 입장이다. 먼저 전쟁을 유발시키는 국제정치체제의 성격에 관한 논의는 국제정치체제의 본원적 특징으로서의 '무정부상태(anarchy)'에 있다는 주장들이 있다. 무정부상태에 초점을 맞추는 학자들은 국제체제는 '어떤 공인된 총제적인 권위(any accepted overall authority)'나 공동체 의식이 결여되어 있기 때문에 국가가 갈등을 평화적으로 해결하는 효과적인 수단을 갖지 못한 국제환경 속에 놓이게 된다는 점을 그 논의의 출발점으로 하고 있다. 물론 국제사회에서 국제법이라는 법체계가 존재하지만 이것은 국제사회의 전체 구성원들을 일반적으로 구속하지 못한다. 이와 같이 국제정치체제가 갖는 분권적 구조 내지 무정부상태가 필연적으로 전쟁의 발발을 불가피하게 한다는 주장은 모델스키(Modelski), 왈츠 등 여러 학자 등이 표시해 왔다.

반면 메스터즈(Masters)는 전쟁의 불가피성에 관한 이러한 주장들에 대하여 국제정치에서의 '준법성 및 질서요소(elements of legality and order)'를 과소평가한 것이라고 비판하고 있다. 그러나 메스터즈는 질서 있는 무정부상태인 국제정치체제는 다음 두 가지 점에서 사실상 '원시정치체제(primitive political system)'보다 더 큰 문제점을 안고 있다고 지적한다. 즉 ① 원시정치체제는 전형적으로 동질성을 지니고 있으며 안정에 유리하게 작용하지만, 국제정치체제는 근본적으로 상이한 정치문화와 기술적 차이를 보이고 있으며, ② 원시정치체제가 변화를 제한하는 데 유리하게 작용하는 데 비하여, 국제정치체제는 혼란을 초래할 수 있는 더욱 불안정한 방향으로 움직이는 경향이 있다는 것이다. 국제정치체제에 대한 이 같은 인식은 전쟁이 개별국가의 의도나 이해관계와는 상관없이 국제정치체제 자체의 본질적인 성격에 의해 유발된다는 것이다.

한편으로 국제정치학자들은 국제정치체제의 구조적 특징과 전쟁발발 가능성과의 관계에 관하여 관심을 기울여 왔다. 도이취(Karl Deutsch)와 싱어(David Singer)는 '다극체제(multipolarity)'에 기초한 '체제발생적 안정성'에 관하여 연구하였다. 이들은 '다극국제체제(multipolar international system)'가 전쟁의 빈도 및 강도를 감소시켜 준다는 점에서, '양극국제체제(bipolar international system)'보다 더 안정성이 있다고 주장하고 있다. 이와 같은 주장은 다음과 같은 두 가지를 전제하고 있다. 즉 ① 다극체제는 상호작용이 기회를 상당히 증가시키며, 또한 이러한 기회 증가는 국가행위자가 다른 행위자에 대해 서로의 '주목의 양(the amount of attention)'을 감소시키는 효과를 가져오게 한다. ② 다극체제하에서는 단기적으로 한 국가가 갈등해소를 위해 무력행동을 취하기 전에 이 국가는 '대외주목도(external attention)' 중 어느 정도의 최소비율은 다른 국가에 쏟아야 하므로, 결과적으로 국제갈등의 심각성을 감소시키게 된다는 것이다. 그러나 왈츠는 다극체제가 전쟁의 빈도와 강력성을 감소시킨다는 주장에 반론을 제기하고 있다. 그는 양극체제하에서는 두 강대국은 더욱 신중하고 책임감 있게 행동하기 때문에 양극체제가 국제적 안정에 보다 유리하다고 주장한다.

한편 로제크레인스(Rosecrance)는 양극체제(兩極體制)와 다극체제(多極體制)를 모두 비판하고 있다. 그에 의하면, 양극체제와 다극체제의 장점을 결합시킨 '양다극체제(bimultipolar system)'가 가장 이상적인 체제라고 주장한다. 양다극체제는 다극지역에 대한 '양극의 충분한 통제력(suffient bipolar control)'으로 인하여, 극단적인 갈등을 방지하고 제한한다는 것이다. 양극 간의 경쟁이 계속되는 가운데, 두 강대국은 외부지역에서는 갈등을 규제하는 행위를 하며, 반면에 다극국가들은 양극국가 간의 갈등에서 어느 정도의 완충력(緩衝力)을 제공한다는 것이다. 아무튼 이러한 이론들은 국제정치 체제의 구조적 특성에 주목하여 전쟁의 빈도(頻度)와 강렬성을 감소시키는 데 관심을 기울이고 있다.

2) 전쟁의 원인에 대한 도덕적 판단의 가능성

기독교(基督敎) 신학의 전통에 따른 정당한 전쟁은 '정당한 원인'에 입각한 경우에만이다. 그렇다면 우리는 전쟁의 도덕성·정당성을 논하기 전에 과연 전쟁의 원인부터 객관적으로 도덕적인 이유를 가질 수 있는가를 우선적으로 판단해야 할 것이다. 전쟁의 원인을 인간의 본성과 행태(行態)에서 발견할 수 있다는 견해는, 인간은 자유롭고 선하게 태어나지 못하고 무질서, 사악(邪惡) 그리고 파괴의 본능을 가지고 태어났다는 주장에서 출발한다. 그래서 이와 같은 본능적 공격성과 육체적 탐욕을 통제하기 위해 엘리트의 지배를 강조하기도 한다. 이상과 같은 인간의 사악하고 권력추구적이고 죄 많은 동물이라는 인간 본성에 대한 회의적(懷疑的)인 시각에서 그러한 인간 본성의 결함이 집단이나 사회로 확대되어 전쟁의 필연성 논리로 발전한다. 역사적으로 보더라도 근대국가의 대두와 더불어 마키아벨리적 군주들은 언제든지 전쟁을 행할 주권적 권리를 가지게 되었고 그러한 주권적 결정에 대해서 아무도 어떤 판정을 할 수 없게 되었다. 결국 "전쟁에서는 법이 침묵을 지킨다(inter arma silent leges)."는 현실주의(realism)가 득세하게 된다. 현실주의는 정의(正義)에 관한 논증(論證)을 일종의 도덕화

작업으로서 간주하고, 도덕이 국제사회의 무정부적 조건인 전쟁에서는 적용될 수 없고 부적절하다는 것을 주장하는 입장이다.37) 정치현실주의자들은, 보편적 도덕은 존재하지 못하므로 국제질서는 힘에 의해서 유지되며 각국은 한정된 이익에서 만족을 찾으라고 강조한다.

전쟁의 원인에 대한 인류학적 분석이든 인간의 자연적 본성의 문제로 보든 혹은 사회구조적인 문제로 보든 결국 전쟁을 인류사회에서 필연적으로 나타나는 일종의 사회 현상으로 보는 시각이라는 점에서 모두 공통적이다. 필연적인 현상의 문제로 파악한다는 것은 전쟁의 원인을 자연법칙적인 문제로 이해한다는 것을 의미한다. 인간의 실천적 행위는 시간적으로 선행되는 원인에 의하여 결정되지 않는 행위를 비롯하여 연속적인 일종의 구속에서 벗어난 자유를 가지고 있는 데 대해서 자연은 반드시 시간적으로 선행되는 어떤 원인에 의한 결과만을 낳는다. 만약 전쟁을 인류사회에서 필연적으로 나타날 수밖에 없는 것이라든지 혹은 인과적(因果的)인 차원에서 이해하여야 할 문제로 인식한다면, 그것은 자연인과율(自然因果律)에 속하는 문제일 뿐이다. 자연인과율은 존재(to be, Sein), 즉 자연법칙의 영역이기 때문에, 우리는 전쟁의 원인에 대한 판단을 도덕률의 성립 근거인 자유법칙(ought to be, Sollen)의 영역으로 끌어들일 수는 없는 것이다. 자연법칙적인 문제에 대하여 도덕적 판단을 한다는 것은 마치 하늘에서 내리는 비에 대해 옳고 그름을 판단하겠다는 것과 마찬가지이다.

그러므로 전쟁이 비록 우리의 지적(知的) 활동을 통하여 알 수 있는 그러한 원인에 의하여 일어나는 것이 객관적 사실일지라도 그것을 필연성(必然性)의 영역으로 한정해서 이해하려 한다면, 그러한 관점에서는 전쟁의 원인에 대한 도덕적 가치판단은 무의미해진다. 그것은 스피노자(Baruch de Spinoza)가 모든 사물을 신(神)의 변양(變樣)으로서 신과의 필연적인 관계에서만 파악한 것과 마찬가지이다. 신은 만물의 원인으로서 신의 내적 필연성으로부터 만물이 발생하였으며 모든 존재를 인과의 필연성으로 묶고 있기 때문에, 개별적 사물들 속에는 여하한 자유도 없는 것이고, 인간의 행동도 필연적 결정을 받는 것이다.38) 스피노자의 범신론적(汎神論的) 사유에서 도덕의 존립 근거인 인간의 자유의지가 거론되기는 어렵다.

---

37) Michael Walzer, "The Triumph of Just War Theory and The Dangers of Success", *Social Research*. vol.69. p.927.

38) Spinoza 윤리학에서는 인간에게 의지의 자유는 허락되지 않는다. 그에게 있어서 선악은 인간에 대하여 상대적으로 있는 것이며, 선과 악이 인간에게 문제되는 것은 '인간적 예속(隷屬)'과 '인간적 자유'라는 이중적 존재 방식 때문이다. 예속 상태는 외적 존재에 인간의 정념이 묶인 상태이고 자유는 신적 필연성을 인식하는 것이다.

그러나 전쟁은 어떠한 원인에서 일어나든 결국 이성적 존재인 인간에 의해서 일어나는 것이며, 따라서 인간의 의지(意志)가 작용한 결과라는 점에서 도덕적 판단을 배제할 수 없다. 동물들의 싸움이라면 우리는 어떠한 가치판단도 필요가 없는 것이며, 현상에 대한 자연 법칙적인 설명이 가능하다. 그것은 미처리히(Alexander Mitscherlich)가 지적하였듯이 인간과 달리 동물의 의지가 자유롭지 못하고 자동화(自動化)되어 있기 때문이다.39) 전쟁은 여러 가지 제반 요인에 의하여 복합적인 결과로 나타나는 사실적 현상이기는 하지만, 그것이 가치판단에 근거한 실천적 행위라는 점에서 도덕적 판단의 대상이 된다. 더욱이 전쟁은 현실적인 사회현상으로서 항상 구체적인 상황으로 우리에게 다가온다는 점에서, 앞에서 일반화하여 설명했던 전쟁원인과는 관련 없이 실제적이고 구체적인 정치적 목적이나 의도가 전쟁의 동기(動機)로 작용하기 때문에 도덕적 판단의 개연성(蓋然性)은 더욱 높아진다. 우리는 일반화된 개념상의 전쟁이 아닌 우리 주변에서 일어나는 개별적(個別的) 전쟁에 대하여 도덕적으로 정당한가를 판단하고 정사(正邪)를 분별할 수 있는 가능성을 확보하게 된다. 전쟁과 전쟁의 일반적 원인 그 자체는 가치중립적이므로 도덕 영역에서의 논의 자체를 무의미하게 만들지만, 현실에서의 구체적이고 개별적인 전쟁의 정의 논의를 하게 되면서부터 그것이 지향하는 정치적 목적이나 의도로 인하여 전쟁은 우리에게 가치지향적(價値志向的, value orientation) 의미로 다가오게 되고 그러한 측면에서 도덕적 고려(考慮)의 대상으로 부상(浮上)하게 된다.

3. 전쟁윤리의 원리

전쟁의 도덕성을 논하는 데 있어서 가장 큰 문제점은 전쟁에 대한 도덕적 판단의 가능 여부와는 관계없이 판단 기준의 적용에 권위 있는 기구가 없다는 점이다. 전쟁의 도덕적 정당성을 판단함에 있어서 그 판단의 당사자는 자신의 국가에 충성한다는 점에서 객관적이고 보편적인 기준의 적용이 어렵다. 그러나 우리에게 시공(時空)을 초월한 절대적인 관점에서 도덕적으로 정당한 전쟁으로 판단하거나 규정할 수 있는 원리나 기준이 있다는 전제는 설령 가설에 불과하고 말지라도 절실히 요구된다. 왜냐하

---

39) Alexander Mitscherlich, *Die Unfähigkeit zu Trauern*, Grundlagen Kollektiven Verhaltens(München: 1963), S.86 ff.

면 이미 앞에서 본 바와 같이 필연적으로 일어날 수밖에 없는 전쟁을 모두 또는 경우
에 따라서 부도덕(不道德)하거나 비윤리적(非倫理的)인 것으로 간주한다면 적어도 전
쟁에 관한한 도덕적 아노미에 빠질 수밖에 없다.

왈저(M. Walzer)는 그의 정의전쟁론(正義戰爭論)의 도덕적 논증(論證)이 '전쟁의
도덕적 실상'과 '전쟁 관습'에 근거하고 있다고 밝힌다. 왈저가 말하는 '전쟁의 도덕적
실상'은 우선 전쟁에는 도덕이 적용될 수 없다는 현실주의를 반박하는 방식으로 전개
된다. '전쟁의 도덕적 실상'은 전쟁이 결코 도덕적 논증과 평가가 배제될 수 없는 상
황임을 적나라하게 드러낸다. 전쟁의 개시와 그 수행과정은 현실주의가 주장하는 것처
럼 순전히 전략적 필연성에 따른 기계적인 결정만은 아니며 전쟁의 인간의지(人間意
志)의 산물로서 인간의지를 통한 결정에는 도덕적 판단과 비판이 따를 수 있다. 또한
왈저는 전쟁에 관련된 도덕적 기준이 시대와 장소에 따라 다르다는 역사적 상대주의
(historical relativism)도 배격하고 전쟁에 관한 "도덕적 표현양식에 대한 이해는 충분
히 공통적이고 안정적"이라고 주장한다.40) 즉 보편적인 원리나 기준이 없다면 전쟁은
항상 상대적(相對的)인 관점에서만 이해될 수밖에 없는 문제일 뿐이고, 상대적 관점에
서 규정되는 선악정사(善惡正邪)는 자신의 합리화(合理化) 논리에 불과해진다.

그러므로 비록 현실적으로 정당한 전쟁에 대한 판단할 권위 있는 기구가 없다고 하
더라도 우리에게 전쟁과 관련하여 도덕적 판단을 가능케 하는 보편적인 원리는 존재
한다는 전제(前提)는 분명히 필요하다. 보편적 원리의 존재에 대한 관념 자체가 당위
성(當爲性)을 띠게 되지만 그럼에도 불구하고 우리가 전쟁 문제에 관련된 선악판단
(善惡判斷)의 준거(準據)로서의 그러한 원리를 요구하게 된다. 전쟁을 아무리 가치가
배제된 채 이해하려고 해도 그 결과의 해악(害惡)은 분명히 인간에게 치명적(致命的)
이며, 따라서 그 결과에 대한 책임을 지어야 할 당사자를 가려내고 또 응징(膺懲)할
수 있는 근거가 마련되어야 하기 때문이다. 또한 이후에 생겨날 다른 전쟁에 대한 경
고와 예방의 기능도 수행하게 된다.

---

40) Michael Walzer, *Just and Unjust Wars: A Moral Argument With Historical Illustrations*(N.Y.:
Basic Books, Inc. 1977), pp.12-15.

가. 전쟁의 도덕성에 대한 윤리학적 원리와 준거

1) 전쟁의 도덕성의 윤리체계적 근거

정당한 전쟁에 대한 논의는 일반화된 개념으로서의 전쟁 그 자체에 대한 도덕성을 논의하는 것이라기보다는 현실의 구체적인 개개의 전쟁에 대한 도덕적 평가에 관련된 논의라고 할 수 있다. 그동안의 정당한 전쟁에 관련된 이론들은 두 가지의 관점에서 논의되어 왔다. 즉 '전쟁의 도덕성(morality of war)'에 관한 것과 '전쟁에 있어서의 도덕성(morality in war)'에 관한 것이다.41) '전쟁의 도덕성'은 현실에서 구체적으로 진행되고 있는 혹은 이미 진행이 완료된 개개의 전쟁에 대한 정당성을 평가하는 것으로 어떤 일정한 노력적 기준에 의거하여 '정당한 전쟁'과 '부당한 전쟁'을 구분하는 데에 초점이 맞추어지게 된다. '전쟁에 있어서의 도덕성'은 전쟁이 발생했을 때 싸우게 될 수단과 방법 등 전시(戰時)의 전쟁 과정에서 발생되는 세부적이고 구체적인 부분들에 관해서 어떤 도덕적 제한이 있는가에 관심을 가지게 된다. 전통적인 정당한 전쟁에 관한 논의에서 도덕적으로 정당한 전쟁에 대한 기준은 대부분의 경우 부당한 침략(侵略)에 대한 방어전쟁(防禦戰爭)을 의미하는 것이 공통적인 견해이다. 극단적인 경우에는 부당한 침략으로 국한시키지 않고 모든 침략전쟁을 도덕적 악으로 간주하는 사례도 있다. 예를 들자면 머레이(John C. Murray)는 모든 침략전쟁(侵略戰爭)을 그 것이 정당하든 부당하든 간에, 도덕적 규범의 금지하에 있는 것으로 보았으며, 오직 부당한 침략에 대한 방어전쟁만이 도덕적으로 허용된다고 보았다.42)

전쟁은 그 자체로는 하나의 사회현상적인 의미만 가지고 있을 뿐이기 때문에 가치를 부여할 수 없는 것이나 그 구체적 상황에서의 이유나 동기에 대한 숙고(熟考)가 이루어지면서 가치판단의 문제, 즉 도덕적 판단의 문제로 전변(轉變)하게 된다. 도덕적으로 정당한 전쟁의 원인이 있다면 반대로 부당(不當)한 원인도 존재하게 되고 따라서 이에 대한 판단이 가능함과 동시에 판단을 위한 추론(推論)도 가능하다. 전통적으로 왜 방어전쟁만이 도덕적으로 정당화되는지, 그리고 먼저 공격을 한 전쟁은 여하한 이유에서도 정당화시킬 수 없는 것인지에 대해서는 분명히 논리적인 설명이 필요

41) Malham M. Wakin, ed., War, *Morality And the Military Profession*(Boulder, 1979), p.238, Michael Walzer, *Just and Unjust Wars*(New York, 1977), p.21.

42) John C. Murray, *Morality and Modern War*(The Council on Religion and International Affairs, 1959), pp.9－10, 임덕규, 앞의 책, p.101에서 재인용

하며 그에 따른 충분한 논거(論據)가 제시되어야 할 것이다. 전쟁에 관한 도덕적 사유에 작용하는 보편적이고 궁극적인 도덕원리의 설정은 우리가 현실의 전쟁에 대한 가치판단을 내리게 될 때 그 척도(尺度)가 될 수 있는 하나의 잣대를 구한 것과 같다. 궁극적이고 보편적인 도덕원리에 대한 믿음은 인간의 이성적 능력(理性的 能力)에 대한 지나친 과신(過信)인지도 모른다. 실제로 도덕(moral)이나 윤리(ethics)의 어원이 관습을 의미하듯이 우리의 생활에 적용되는 도덕규범은 시간적·공간적 제약을 받을 수밖에 없다. 그러나 인간의 삶의 과정에서 구체적으로 적용되는 행동 기준이나 원리는 궁극적인 도덕원리를 탐구하는 인간의 노력에 의해서 그것이 추구해야 하는 지향점(指向點)이 보편에의 길로 향하게 된다.

일반적으로 인간의 행위에 대한 도덕적 평가의 기준을 제시할 수 있는 도덕원리의 체계는 크게 두 가지의 관점에서 파악될 수 있는데, 하나는 '목적론적 윤리체계(目的論的 倫理體系, teleological ethical system)'이고 다른 하나는 '의무론적 윤리체계(義務論的 倫理體系, deontological ethical system)'이다.[43] 우리가 전쟁과 관련된 도덕적 평가나 판단을 하게 될 때에도 이 두 원리는 유용하게 응용될 수 있을 것이다.

2) 목적론적 윤리체계와 전쟁의 정당화

목적론적 윤리체계는 어떤 목적을 실현하는 수단으로서 한 행위는 옳은 행위라는 '유용성의 원리(有用性 原理, the principle of utility)'에 근거한 공리주의적(功利主義的) 관점에서 도덕적 평가의 기준을 제시한다. 목적론적 윤리체계는 만약 한 사람이 어떤 행동을 함으로써 좋은 결과(結果)를 낳는다면 또는 만약 모든 사람이 그 행동을 할 경우 좋은 결과를 낳는다면 그 행동은 도덕적으로 옳다고 주장한다. 즉 어떤 행위 A를 다른 행위 B보다도 옳다고 판단할 수 있는 근거 - 행동 A를 실행해야 할 합리적 이유 - 는 A라는 행동이 B라는 행동보다 결과적으로 더 인간을 행복(幸福)하게 한다든지 혹은 이익(利益)을 산출할 것이라는 이유에서이다. 어느 경우이든 결국 그 행동을 옳거나 또는 그르게 하는 것은 바로 그 행동이 갖는 결과의 좋음과 나쁨이다. 따라서 목적론적 윤리체계에서의 행동의 옳고 그름을 따지는 척도는 가치의 표준(標準)을 행동의 결과에 의거하여 적용하는 데에 있다. 공리주의 윤리학의 기본 개념은 만약 한 행위가 어떤 목적에 유용하다면 그 행위는 옳다는 것, 즉 유용성의 개념이

---

43) 'teleological(목적론적)'은 목적 또는 목표를 의미하는 희랍어 'telos'에서 유래되었으며, 'deontological(의무론적)'은 의무를 뜻하는 희랍어 'deon'에서 유래되었다.

다.44) 그렇다면 어떤 목적은 무엇인가? 그것은 바람직하거나 좋은 목적, 즉 본래적 가치(intrinsic value)를 갖는 목적이다. 본래적 가치란 어떤 것이 어떤 더 높은 목적의 수단으로서가 아니라 목적 자체로서 가지는 가치를 의미한다. 그렇다면 본래적 가치의 표준은 무엇인가? 벤담(Jeremy Bentham)은 그것을 '쾌락(快樂, pleasure)'이라고 했고 밀(J. S. Mill)은 '행복(幸福, happiness)'이라고 말하면서 행복이란 단순히 쾌락의 종합이 아니라고 덧붙였다. 무어(G. E. Moore)는 본래적 선(本來的 善)은 쾌락 또는 행복 그 어느 것에 의해서도 정의될 수 없는 독특한 속성(屬性, a unique and indefinable property of things)이라고 주장했다. 벤담의 쾌락주의적 공리주의(hedonistic utilitarianism)의 기본규범은 다음과 같이 진술될 수 있다. 만약 한 행위가 쾌락을 가져다준다면 (또는 고통을 막는다면) 그것은 옳다. 그러나 고통(苦痛)을 초래한다면 (또는 쾌락의 초래를 막는다면) 그것은 그르다. 밀이 행복주의적 공리주의(eudaimonistic utilitarianism)의 기본규범은 쾌락주의적 공리주의의 규범에서 '쾌락'을 '행복'으로, '고통'을 '불행'으로 바꾸어 놓기만 하면 된다. 그리고 인생의 목적은 '최대 다수의 최대 행복'의 실현에 있다. 무어의 이상적 공리주의(agathistic utilitarianism)는 '쾌락'을 '본래적 선(intrinsic good)'으로 '고통'을 '본래적 악(intrinsic evil)'으로 바꾸어 놓음으로써 공식화된다.45)

전쟁은 그것의 도덕성 문제에 있어서 일단 목적론적 윤리체계의 관점에서 정당화의 논거(論據)를 가지게 된다. 어떤 목적을 위해 사용되는 수단은 비록 악으로 간주되는 것일지라도 그것의 사용이 목적 달성에 기여한다면 정당화될 수 있다는 논리이다. 비록 폭력(暴力)과 살상(殺傷)에 호소하는 것이 일반적으로 악(惡)으로 간주된다 할지라도 폭력과 살상보다 더 큰 악이 발생한다면 이를 제거하기 위한 수단으로서 작은 악을 사용하는 것이 정당화된다는 논리이다. 악을 방치할 경우보다 큰 악이 발생하게 된다면 그 악을 저지하기 위한 수단으로서의 악은 필요할 수밖에 없다는 결과론적 논리인 것이다. 이때 목적은 쾌락이나 행복 혹은 본래적 선이 아니라 적어도 '고통의 해소(解消) 내지는 최소화(最小化)'를 의미한다. 악으로 인식되는 결과를 초래할 것이 자명한 폭력은 그것 자체로서는 나쁘지만 그것을 사용하지 않고는 인간의 자유와 행복을 증진시킬 수 없는 오직 그런 경우에만 그 사용은 정당화된다. 그렇지만 언제나 폭력은 그것이 가져다줄 것이라고 예측되는 현재보다 더 나은 상황에 의해 정당화되는 것은 아니다. 왜냐하면 폭력 사용이 가져올 것이라고 예측되는 현재보다 더 바람

---

44) J. J. Smart, *Utilitarianism*(London: Cambridge University Press, 1973), p.30.

45) Paul W. Taylor, *Principles of Ethics: An Introduction*(California: Dickenson Publishing Company, 1975), pp.55−60.

직한 상태에 의해 그 사용이 정당화된다면 우리가 유토피아에 살고 있지 않는 한 폭력은 영원히 정당화되기 때문이다.46)

쾌락이나 행복 혹은 본래적 선을 산출하기 위하여 이미 악을 초래할 것으로 예상되는 그러한 폭력과 같은 행위를 하게 된다면, 이는 목적론적 윤리체계의 논리에 모순을 범하게 된다. 고금(古今)을 통해서 입증되어 왔듯이 인간은 그 존재적 능력의 제약 때문에 통찰력(洞察力)이 뛰어난 어떠한 사람이라도 현재보다 나은 사회에 대한 결과를 예측할 수는 없다. 또한 현재보다 나은 상황을 전제로 행하여진 폭력의 정당성은 그것을 행한 사람의 개인적 신념의 문제이고, 개인적 신념의 오류에 대하여 책임을 지울 수도 없다. 우연히 폭력 행사의 결과로 행복이나 이익이 창출되었다고 하더라도 그 폭력을 행사한 사람이나 집단의 행복이고 이익일 뿐이다. 그러므로 먼저 일으키는 폭력이나 전쟁은 설령 당사자들이 결과에 대한 확신을 갖고 일으켰다고 하더라도 정당화될 수 없다. 논리적으로 인간은 결과를 보고 그와 유사한 상황에 대한 확신을 갖게 되는 것이지 미래에 대한 막연(漠然)한 신념이나 확신이 결과를 결정하는 것이 아니기 때문이다. 예측되는 결과에 따라 전쟁을 일으키는 것이 합리화된다면 인류사회에서의 파괴와 살인의 악순환(惡循環)의 고리는 끊어질 수 없을 것이다.

벤담은 어떤 사람의 잘못에 대한 형벌(刑罰)도 그것이 보다 큰 악을 제거한다는 약속 아래에서만 받아들여져야 한다고 하여 자칫 부당한 침략에 대한 보복전쟁의 경우도 결과적으로 더 큰 피해를 남길 수 있다는 점에서 부도덕한 것으로 판단될 수 있는 여지를 남겨 놓았다. 또한 악을 자의적(恣意的)으로 해석하거나 규정한 후 그것을 방치하는 것보다 제거하는 것이 정당하다고 판단한다면 침략전쟁(侵略戰爭)에 대해서도 비난하기가 애매하게 만든다. 네이글(T. Nagel)은 어떤 특정한 전쟁에서 그 결과로 말미암아 수단이 정당화될 수 있는 하나의 예외가 인정될 경우, 그것은 장기적으로 보다 더 큰 파괴(破壞)의 선례(先例)가 될 수 있다고 하였다.47) 이러한 행위공리주의(act − utilitarianism)의 난점(難點)을 해결하기 위한 모색(摸索)이 규칙공리주의(rule − utilitarianism)이다.48) 그

---

46) 신중섭, "폭력 사용의 정당화 문제", 『현대 사회와 윤리』(서울: 서광사, 1989), p.81.

47) Thomas Nagel, *War and Massacre, War and Moral Responsibility*(Princeton: Princeton Univ. Press, 1974), p.5.

48) Paul W. Taylor, *op. cit.*, pp.63 − 72. Richard B Brandt에 따르면 "규칙공리주의자는 전쟁규칙에서 벗어나는 행위일지라도 단지 공리주의적 계산에 의해서 그 행위가 정당화될 수 있다고 생각하지는 않는다." 그에게 있어서 이 규칙은 오로지 군대가 승리할 수 있는 기회만 증진시킨다면 무엇이건 허용하는 규칙과는 다르다. R. B. Brandt, *Utilitarianism and the Rules of War, Philosophy and Public Affairs*(1971), Vol.1. p.158. 이민수, 『전쟁과 윤리』(서울: 철

러나 도덕규칙이란 과거에 대체로 최대의 유용성을 산출한 것으로 알려진 행동을 귀납법적(歸納法的)으로 일반화하거나 또는 통계적(統計的)으로 확률화한 것이며, 그러한 측면에서 규칙공리주의는 행위공리주의의 외연적 확장에 불과하다.

3) 의무론적 윤리체계와 전쟁의 정당화

의무론적 윤리체계는 절대적으로 옳은 행위나 행위의 법칙이 존재한다는 가치실재론(價値實在論)의 입장으로서, 어떤 행위는 결과에 따라 정당화되는 것이 아니라 오직 옳기 때문에 하지 않을 수밖에 없는 행위이어야 도덕적으로 용인된다는 것이다. 즉 행위의 옳고 그름을 결정하는 기준은 그 행위의 결과(結果)가 아니라 동기(動機, the motive of a deed)기 된다. '목적론적 윤리체계'가 어떤 목적이나 목표(日標)를 증진하는 행동을 옳다고 보는 반면에 '의무론적 윤리체계'에서는 도덕규칙들이 하나의 궁극적(窮極的)인 의무의 원리에 근거한 것으로 본다. '공리주의(utilitarianism)'가 하나의 목적론적 윤리체계라면 '형식주의(formalism)'는 의무론적 윤리체계이다. 의무론적 윤리체계가 구체적으로 밝히는 것은 어떤 목적이나 목표가 아니라 어떤 도덕적 의무의 규칙이 한 종류의 행동에 적용되기 위한 일련의 필요충분조건(必要充分條件)이다. 목적론적 윤리체계와는 대조적으로 의무론적 윤리체계에서는 한 행동유형이 좋은 - 또는 나쁜 - 결과를 초래하는 경향을 가진다는 것이 그 행동유형에 속하는 행동을 도덕적으로 옳게 - 또는 그르게 - 하는 데 필요하지도 충분하지도 않다. 윤리적 형식주의의 대표적인 철학자 칸트에게 있어서 도덕의 핵심개념은 선의지(善意志)이다.[49] 선의지의 인간은 '의무에 맞게' 행위할 뿐만 아니라 '의무 자체를 위해' — 의무에 말미암아 — 행동한다. 그가 옳은 행위를 하는 유일한 동기는 그 행위가 옳은 행위라는 것을 인식하는 것임을 의미한다. 여기에서 의무는 목적, 결과 그리고 성향과는 무관하게 우리의 의지에 부과되는 것으로서 인식되려면 경험적이지 않은, 즉 궁극적인 최고원리의 척도로서 선험적인 도덕법칙을 만족시켜야 한다. 칸트는 이 도덕법칙을 '정언명령(categorical imperative)'이라고 부르며, "나는 또한 나의 격률이 보편적 법칙이 되기를 원하지 않는 방식으로 행위해서는 안 된다."와 같은 표현으로 요약하고 있다.

학과 현실사, 1998), p.65에서 재인용. 그러나 그가 말하는 규칙도 군사적 효용성을 높일 충분한 증거가 전제되어야 한다는 점에서 과거의 검증된 유용성에 불과하다.

49) Justus Hartnack, translated by M. Holmes Hartshorne, *Kant's Theory of Knowledge*(London: Macmillan and CO. LTD. 1968), p.109.

정언명령을 자신의 의무로 받아들이는 원천은 다른 어떤 사람의 의지가 아니라 바로 '자신의 의지(意志)'이다. 도덕규칙은 보편적으로 입법화하는 의지에 의해 스스로 부여된 규칙이다. 보편적인 입법자이며 개인을 그의 성향과 목적에 관계없이 구속하는 바로 그러한 행위규칙의 근원이 되는 의지의 개념을 칸트는 '의지의 자율(the autonomy of the will)'이라고 부른다.50)

'의지의 자율'을 설명하는 열쇠는 '자유(freedom)'의 개념이다. 만약 인간이 '의지의 자유', 즉 '자유의지(freie willkür, arbitrium liberum)'를 갖고 있다면 반드시 정언명령에 복종할 의무를 갖는다. 그리고 자유는 모든 이성적 존재자의 한 속성으로 전제되어야만 한다.51) 칸트는 오직 자유의 개념 아래에서만 행위할 수 있는 사람, 즉 자신이 무엇을 해야만 하는가를 심사숙고(深思熟考)하기 위해 자신의 '실천이성(practical reason)'을 사용할 때 자신을 반드시 자유로운 존재로 인식해야만 진정 자유롭다고 주장한다. 모든 이성적 존재, 즉 모든 인간은 그들이 선택할 수 있는 행동에 관해 심사숙고할 때 자신들을 자유로운 존재로 생각해야만 하고 만약 그들이 자신을 자유롭다고 생각해야 한다면 그들은 자유롭다. 한마디로 의지의 자율이란 이성적인 행위자가 자신이 해야 할 바를 스스로 규정할 수 있는 능력이다. 자율적인 의지는 자기통제적(自己統制的)인 의지이다. 의지의 자율과 목적 자체로서의 인간에 관한 이론 사이에 밀접한 연관성이 있다. 인간을 목적(目的)으로 대함은 그를 무조건적·절대적 가치를 지닌 존재로 인식하는 것이다. 이러한 인식은 우리가 그 존재에 대하여 자기통제적 행위자, 판단자로서 그의 자율을 항상 존중해 주는 방식으로 행위함을 의미한다. 형식주의적 윤리체계에 의하면 인간들 사이의 도덕적 관계는 각 개인의 자율이 존중되는 관계이다. 따라서 그것은 필연적으로 어떤 사람이든 다른 사람의 목적을 위한 단순히 수단으로 이용되는 것을 금한다.

이성적 존재자가 도덕규칙을 무조건 준수하고 따라야 한다면 일견 어떠한 폭력도 정당화될 수 없는 것처럼 보인다. 일방(一方)에서 타방(他方)으로 가해지는 폭력이 정당화되는 경우를 정상적인 상황에서는 생각할 수 없기 때문이다. 일상에서 마치 사회적 선(善)을 대변하는 사람으로 비쳐지기 쉬운 극단적인 평화주의자(pacifist)의 입장에서 본다면 폭력 자체는 언제나 악(惡)이기 때문에 어떠한 전쟁이나 전투행위도 도덕적으로 용인될 수 없다. 그러나 우리가 앞에서 논의했던 '폭력에의 도덕성 부여'를 이

---

50) Paul W. Taylor, *op. cit*, pp.84−89.

51) Immanuel Kant, 姜泰鼎 譯, 『實踐理性批判 Kritik der praktischen Vernunft』(서울: 일신서적 출판사, 1991), p.38.

시점에서 다시 논의한다면 상황은 달라진다. 폭력이 '정의(justice)'의 실현으로 포장된다면 그 폭력의 행사는 도덕적 정당성을 확보할 수 있는 여지가 생기게 된다. 의무론적 윤리체계의 대표적인 철학자인 칸트의 영구평화론(永久平和論)의 예를 들면서 그 때문에 마치 의무론적 윤리체계의 논리가 어떤 형태의 전쟁이든 정당화할 수 없을 것으로 판단하는 경우가 흔히 있어 왔다. 그러나 칸트는 『판단력 비판(Kritik der Urteilskraft)』에서 정치가와 장군을 비교하면서 심미적(審美的) 관점에서 볼 때 사람들이 정치가(政治家)보다 장군(將軍)에게 더 큰 존경을 표시하는 것이 당연하다는 의견을 피력한 뒤에 여기서 한 걸음 더 나아가 전쟁 그 자체의 숭고함을 역설하고 있다. 그는 "전쟁은 그 민족의 사고방식을 더욱더 숭고하게 만드는 것"인 반면에 "평화는 한갓 상인(商人) 기질만 퍼뜨리며, 그와 함께 천박한 이기심과 비겁함 그리고 유약함만을 만연시켜 민족의 사고방식을 천박하게 만드는 경향이 있다."고 말한다.[52]

칸트가 항구적(恒久的) 전쟁종식의 방안을 진지하게 모색했던 것을 생각하면 이는 다소 의외로 받아들여지기도 한다. 그러나 칸트는 실용적 관점에서 전쟁이 인간의 자기실현과 자기계발(啓發)을 위해 긍정적인 구실을 한다고 생각하였다. 그에 따르면, "인류가 현재 누리고 있는 수준의 문화에서도 전쟁은 그 인류문화를 계속 진보하게 하기 위한 불가결한 수단"이다.[53] 이처럼 칸트는 한편에서는 전쟁의 불가피성(不可避性)과 유익함을 말하면서 전쟁의 종식을 꿈꾸는 것은 겉보기에는 양립할 수 없는 모순처럼 보인다. 그러나 칸트는 전쟁의 필연성을 일면적으로 파악한 헤겔과는 달리, 전쟁이 발생할 수밖에 없는 자연적 필연성(必然性)과 전쟁을 극복해야 할 도덕적 당위성(當爲性)을 구분한다. 전쟁은 자연이 인류의 도야를 위해 인간성 속에 심어둔 소질로부터 피할 수 없이 발생하는 것이지만 전쟁상태를 넘어서 보편적이고 항구적인 평화를 도모하는 것은 인간의 도덕적 의무에 속한다. 그것은 자연이 인간성 속에 심어둔 모든 본능적 욕망과 충동을 실천적 이성을 통해 극복하는 것이 인간의 도덕적 의무에 속하는 것과 마찬가지이다. 칸트에게 있어서 영원한 평화를 보증해 주는 것은 '참으로 위대한 예술가'인 자연이다. 자연의 기계론적(機械論的) 과정에는 인간 의지에 반하더라도 인간 상호간의 불화(不和)를 통해서 인간 사이의 화합을 창출해 내려는 합목적성(合目的性)이 명백히 나타나고 있다. 그리고 대단히 역설적이게도 자연은 인간들 사이에 자연적으로 조성되는 전쟁상태 바로 그 자체를 통해 인간을 평화로운

---

52) Immanuel Kant, 李錫潤 譯, 『判斷力批判 Kritik der Urteilskraft』(서울: 博英社, 1974), p.107.
53) Immanuel Kant, 이한구 편역, 『추측해본 인류역사의 기원』, 『칸트의 역사철학』(서울: 서광사, 1992), p.92.

법적 상태로 이행하지 않을 수 없도록 강제한다. 전쟁은 인간을 다만 지치고 피로하게 만듦으로써 그들로 하여금 전쟁을 포기하고 평화를 받아들이지 않을 수 없도록 만든다. 이런 의미에서 영원한 평화는 전쟁을 통해서만 도래하는 것이다.[54]

칸트가 전쟁을 예찬한 것이 비록 평화에의 갈망에 의한 것이었지만 칸트 도덕철학의 이론적 논리 자체에서도 우리는 어떤 전쟁에 대해서 — 모든 전쟁은 아닐지라도 — 지지할 수 있는 단서(端緖)를 포착할 수 있다. 그 도덕원리는 바로 인간을 자유의지를 지닌 이성적 존재로 규정하는 데에서 출발한다. 의지가 자유롭지 못한 존재라면 그가 행한 어떤 행위에 우리가 도덕성을 운운할 수도 없을 것이며 따라서 그 행위가 설령 도덕적 악이라고 하더라도 그에 대한 책임을 물을 수 없다. 도덕적 악을 범했다거나 죄(罪)를 지었다고 판단하는 근거는 그 행위 당사자의 의지가 자유롭다는 전제가 있기 때문이다. 그러므로 이성적 존재자는 자신의 행위에 책임을 지게 되며 만약 책임을 회피한다면 그에 합당한 응징을 가하는 것이 정의의 실현이다. 칸트는 인간의 의지의 자율에 근거하여 도덕적 죄에 대한 형벌은 당사자가 이성적 존재자이기 때문에 다만 그 죄를 지었다는 사실에 의해 벌을 받아야 한다고 강조하였다. 그는 그의 저서인 『도덕형이상학(The Metaphysics of Morals)』에서 "평화를 사랑하는 사람들을 괴롭히거나 고통을 주는 일을 좋아하는 사람이 마침내 그러한 행위에 상응하는 고통을 당할 때, 그것은 분명 나쁜 일이기는 하지만 사람은 누구나 그에 찬성하고, 비록 거기서 유익한 것이 하나도 생겨나지 않더라도 그 자체로 좋은 것"이라고 말하고 있다. 제언하면 이와 같은 '악에 대한 응징(膺懲)의 논리'는, 죄를 지은 사람도 인간이며, 따라서 이성적 존재는 의지가 자유롭기 때문에 자신의 행동에 책임을 져야 한다는 칸트의 도덕철학에 근거한다.[55] 이러한 논리는 범죄자에 대한 처벌의 정당성을 확보하는 논리이지만 분명히 전쟁을 도덕적으로 정당화시킬 수 있는 길을 열어 놓고 있다. 평화를 파괴하는 인간이나 집단은 의지가 자유로운 이성적 존재라는 점에서 그들이 저지른 행위에 책임을 져야 하며, 또한 그 행위에 대한 응징을 가하는 것은 도덕적 선인 것이다.

극단적 평화주의자들이 내세우는 "폭력에 대해서도 비폭력으로 맞서야 한다."는 주장은 매우 강한 설득력을 지니고 있으나 현실 상황을 고려할 때 이는 지나치게 이상주의적이다. 우리가 살고 있는 현실사회에서는 '원수(怨讐)를 사랑하라'거나 '왼 뺨을 때

---

54) 김상봉, "법을 넘어서: 칸트의 영구평화론에 대한 비판적 고찰", 철학연구회 엮음, 『정의로운 전쟁은 가능한가』(서울: 철학과 현실사, 2006), pp.80-90.

55) 제임스 레이첼즈, 김기순 역, 『도덕철학』(서울: 서광사, 1989), pp.198-208.

리거든 오른 뺨도 내주어라' 등의 종교적인 관용(寬容)이 오히려 역설적(逆說的)인 결과를 가져올 수 있다. '관용의 역설'이란, 무제한적 관용은 관용 그 자체를 없애 버리고 마는 결과를 초래한다는 것이다. 만일 우리가 관용스럽지 못한 사람들의 공격(攻擊)에 대항해서 관용스러운 사회를 보호하려고 하지 않는다면, 관용스러운 사회는 파괴되고 관용 자체도 사라져 버리고 만다는 역설이다. 이러한 역설을 피하기 위해서 관용스러운 사회는 관용을 파괴하려고 하는 사람들을 억누를 힘을 가지고 있어야 한다.56) 그러므로 어떤 개인이나 집단의 악행(惡行)에 대하여 그에 합당한 응징을 가하는 것은 지상에서의 정의(正義)를 실현하려는 인간들의 선의지이다. 이때의 악행은 반드시 먼저 일으키는 침략전쟁(侵略戰爭)만을 의미하지도 않는다. 오히려 응징해야 할 악이 존재한다면 그 악을 처단하고 정의를 실현하기 위해 먼저 공격(攻擊)하는 전쟁도 도덕적으로 용인될 수 있다. 이를테면 이상주의적 관념에 사로잡혀 민족의 독립을 쟁취할 수 있는 유일한 수단으로 '파괴와 폭력'을 선언하고 극렬한 무력투쟁적 민족운동(民族運動)으로 일관하여 희생적(犧牲的)인 테러행위로 일본제국주의(日本帝國主義)에 항거해 온 안중근 의사나 의열단의 독립운동을 비폭력이라는 명분 아래 단죄할 수는 없다.57)

나. 전쟁윤리의 실제와 응용

1) 정당한 전쟁의 실천적 기준

전쟁윤리의 도덕원리에 근거하여 발발하였거나 발발 가능성이 있는 전쟁에 대하여 적용할 수 있는 정당한 전쟁의 기준은 통상적으로 다음 일곱 가지로 제시된다.

ⅰ) 적법한 권위(legitimate authority)
ⅱ) 정당한 명분(just cause)
ⅲ) 올바른 의도(right intention)
ⅳ) 최후의 수단(last resort)
ⅴ) 합리적인 성공의 희망(resonable hope of success)
ⅵ) 비례적 정의(comparative justice, proportionality)
ⅶ) 정당한 행위(just conduct)58)

---

56) Karl R. Popper, *The Open Society and Its Enemies*, Vol.1(Princeton: Princeton University Press, 1966), p.365.

57) 신중섭, 앞의 책, p.82.

첫째, 전쟁이 합법적 권위(合法的 權威)하에서만 수행될 수 있다는 것은 정치적인 어떤 목적을 가질 때, 즉 정의(正義)의 질서를 세우거나 공공선(公共善)에 봉사하도록 요구될 때, 그 폭력은 정당화될 수 있다. 또한 전쟁의 선포(宣布)는 국가의 통치권(統治權)을 위임받고 있는 합법적인 당사자에 의해 이루어져야 한다. 이는 전쟁의 수행이 폭력의 사용을 공식적으로 위임받지 않은 집단에 의해서가 아니라 정규군(正規軍)에 의해 수행되어야 함을 말한다.

둘째, 정당한 명분은 전쟁을 하는 이유가 타당해야 한다는 것이다. 목적론적 윤리체계에서는 전쟁의 도덕성은 침략에 대한 방어전쟁만이 정당화될 수 있다. 뉘렌베르그(Nuremberg) 전범(戰犯) 재판에서 패전 독일의 지도자들이 재판을 받게 된 것은 그들이 졌기 때문이 아니라 그들이 전쟁을 먼저 일으켰기 때문이라는 점이다.

셋째, 올바른 의도(意圖)라 함은 무력 사용에 있어서 선(善)을 향한 도덕적 의지가 반영되어야 한다는 것이다. 이 기준은 의무론적 윤리체계에 의거한다. 악(惡)을 시정(是正)하고 정당한 평화를 확보하며 정의를 추구하기 위해서 싸우는 것은 도덕적으로 수락할 만한 의도를 구성한다. 그러나 복수(復讐)를 추구하거나, 종족 말살을 시도하는 것은 결코 도덕적으로 수락될 수 없는 것이다. 올바른 의도의 분석이 쉽지는 않지만 그것은 전쟁을 수행하는 수단의 선택과도 밀접한 관련을 가지고 있다. 올바른 의도는 정당한 원인의 추구에 의하여 구체화된다. 전쟁의 정당한 명분과 올바른 의도에 대한 구분이 명백할 필요가 있다. 전쟁의 명분에 대한 규명이 전쟁을 해야 하는 이유에 대한 정당성을 파악하는 것이라면, 의도에 대한 규명은 전쟁 개입의 대의명분(大義名分) 뒤에 숨겨진 의도를 파악하는 것이다. 즉 전쟁에 대한 의도란 전쟁 당사자들의 의지가 반영된 계획적 사고 체계 혹은 동기(motives)에 대한 파악이라고 할 수 있다. 올바른 의도라는 기준은 전쟁을 수행하는 궁극의 목적이 전쟁 종식과 평화유지가 진정한 의도인지 정치적 목적이라는 미명하에 상대국의 종족 말살이나 상대국의 경제적 자원(資源) 획득이 목적인지를 파악하는 것이다. 전쟁의 발발은 당사국 통치자들의 의지가 실제에 작용한 결과이지 명분에 의해서만 일어난다고 보기는 어렵다. 전쟁은 어떤 명분에 의해서만 일어난다기보다는 전쟁 당사자 – 침략자이든 방어자이든 – 들의 의도가 작용함으로써 일어난다. 그리고 전쟁의 과정과 결과는 의도와 밀접한 관련성을 갖게 되며 의도에 따라 차이가 날 수밖에 없다.

넷째, 전쟁은 최후의 수단이어야 함이다. 모든 가능한 평화적인 수단 – 정치적·외

---

58) James F. Childeress, *Just War Criteria in War or Peace*, ed. by Thomas A. Shannon(New York: n.p., 1980), p.41.

교적 노력 – 을 다 사용했음에도 불구하고 실패했을 때 마지막으로 전쟁에 호소해야 한다. 오직 엄격한 필요성만이 폭력에 합법적으로 호소할 수 있게 된다. 이 기준에 따르면 예방전쟁(豫防戰爭)은 원칙적으로 정당화될 수 없으며, 이 기준에 작동하는 도덕 원리는 목적론적 윤리체계이다.59) 다섯째 전쟁의 성공 가능성을 합리적으로 계산해야 한다. 합리적 성공의 희망은 자살(自殺)에 대한 도덕적 금지와 정치지도자들이 모든 시민생활과 국민복지의 공복(公僕)이라는 기본적 원칙에서 연유된다. 만일 전쟁이 성공의 합리적 기회가 없다면 전혀 무의미한 것이며, 한 정치가의 체면을 살리기 위해 다른 사람을 죽음에 넘긴다는 것은 부도덕(不道德)한 것이다. 이 기준 역시 목적론적 윤리체계의 도덕원리에 의하여 논리적으로 추론된다. 목적을 달성하거나 성공하지 못하는 전쟁이라면 결과적으로 더 큰 악을 초래할 수밖에 없다는 점에서 방어적 전쟁보다는 공격적 전쟁에 보다 명확히 적용된다. 이 기준으로 말미암아 합리적인 사람들이 목표 성취를 기대할 수 없거나 가치를 나타낼 수 없는 무익(無益)하고 방종(放縱)한 싸움을 배제하게 된다.

여섯째, 비례(比例)의 기준은 전쟁 과정 중에서의 도덕성이 보다 문제된다. 이 기준에 따라 우리는 군사 혹은 정치적 목적과 그들의 가치 사이에 균형이 이루어질 수 없다든지, 혹은 종국적(終局的)으로 보다 악이 많이 행해진다든지 사악(邪惡)한 조치를 방지할 수 있다고 믿는 이유를 갖지 못하는 한에 있어서는, 비록 전쟁의 목적이 정당하다고 할지라도 전쟁에 의존하는 것이 정당할 수 없다고 판단하게 된다. 살상과 파괴, 굶주림과 죽음 등을 수반하는 무력 사용의 결과가 악보다는 선이, 불의보다는 정의를 더 많이 발생시켜야 한다. 물론 이 기준은 정치적 목적이나 의도와 전쟁 수행 결과에 대한 균형을 유지하는 것이므로 커다란 불확실성이 따른다. 이 비례의 기준은 합리적 성공의 희망 및 전쟁의 정당한 원인에 대한 비중과 밀접히 연관되어 있다. 마지막으로 정당한 행위는 전쟁 과정에서의 도덕적 원칙과 기준을 말한다. 이 기준은 '전쟁에 있어서의 도덕성'에 대한 원칙이라고 할 수 있다. 이 기준에 대해서는 다음 절에서 세부적으로 다루어지겠지만 '전쟁의 도덕성'과의 밀접한 관련성에 주목할 필요가 있다. 상기 일곱 가지의 정당한 전쟁의 기준은 중세의 토마스 아퀴나스(Thomas

---

59) 예방전쟁(豫防戰爭)이란 특정 국가 내지 국가군이 자기의 상대적 약체를 미연에 방지할 목적으로 행하는 전쟁이다. 즉 자국(自國)이 유리한 시기에 자국이 먼저 공격하는 전쟁을 말한다. 그러나 예로부터 전쟁은 예방전쟁의 구실하에 빈번히 치러졌다. 먼저 전쟁을 일으킨 당사자들은 침략, 방위, 정의 등을 내세워 더 큰 피해를 막기 위해 전쟁을 하게 되었다고 주장해 왔다.

Aquinas)에 의해 일부 주장되어 온 이래 주로 신학자(神學者)들에 의해 보완되어 왔다. 우리는 우리가 맞닥뜨리게 되는 전쟁을 평가할 때 적어도 위의 기준에 부합된다면 도덕적으로 정당한 전쟁이라고 한다. 그리고 위의 기준들은 목적론적 윤리체계나 혹은 의무론적 윤리체계의 원리에 의해 논증(論證)된 원칙들이다.

2) 전쟁 과정에서의 실천적 도덕원칙의 체현

동물들의 싸움에 있어서는 이종(異種) 간의 싸움이 치명적인 반면에 동종(同種) 간의 싸움은 치명성(致命性)이 드물고 승부(勝負)가 난 후에는 패배(敗北)의 자인(自認)과 도주(逃走)가 일반적이다. 그런데 인간만큼 동종 간의 싸움이 통상적이고 동족(同族) 간의 싸움 역시 격렬한 동물도 드물다.[60] 인간들 사이의 전쟁에서 사용되는 수단은 그 목적을 달성하기 위하여 무분별적으로 선택, 사용되기도 하며, 심지어는 그것에 의하여 필요 이상의 고통과 파괴 그리고 살상이 행해지게 되기도 한다. 목적이 수단을 정당화한다는 논리가 전쟁에서의 목적 달성을 위하여 무자비(無慈悲)하고 잔혹(殘酷)한 무기나 방법의 선택을 허용할 수 있다는 의미로의 해석 가능성을 열어 놓은 것이다.

‘전쟁의 도덕성’이 전쟁 자체의 정당성과 관련된 문제라면 ‘전쟁에 있어서의 도덕성’은 전투 중에 있는 군인의 행위, 전쟁의 수단, 전술, 전략 등의 도덕성과 관련된 문제이다. 이 두 종류의 판단은 논리적으로 독립되어 있다. 정당한 전쟁이 부당하게 수행될 수도 있고 부당한 전쟁이 철저히 제 법규에 따라서 싸워질 수 있다. 그러나 현대전(現代戰)의 양상을 보면 이 두 가지의 판단이 전쟁의 도덕성 내지 정당성 문제로 불가분의 관계를 유지하고 있다는 점에서 구별이 그렇게 쉽지 않다.[61] 현대전은 그 무기의 살상 효과가 가공할 정도로 증가하여 전투원과 비전투원의 살상 범위에서의 구별이 어렵기 때문에 무죄한 사람의 고의적 살해를 포함하고 있음으로 인하여 본질적인 면에서 도덕적으로 옳지 못하다는 견해도 제기되고 있다. 월남전(越南戰) 이래로 정당한 전쟁 문제는 도덕성이 깊이 관여됨으로써 전쟁을 수행하게 된 원인이나 이유보다도 오히려 전쟁을 수행하는 과정에 있어서 정당성 여부가 더 부각되었다.

우리는 이미 전쟁의 도덕성에 대하여 논의한 바와 같이 도덕적으로 정당한 전쟁의

---

60) 동물 중에도 수종(數種)의 고도의 사회성 동물, 예를 들면 흰개미, 벌과 같은 곤충계에서는 동종 간의 싸움이 치명적이다. 홍양표, 앞의 책, p.12.

61) Michael Walzer, *op. cit.*, p.21.

윤리학적인 도덕원리의 체계에서 성립이 가능함을 논증하였고 실제로 적용되는 원칙적인 준거를 살펴보았다. 어떠한 투쟁에 있어서라도 정의(正義)는 그 추구하는 목적뿐만 아니라 그 목적을 달성하기 위하여 사용된 수단에도 동시에 만족되는 정의가 되지 않으면 안 될 것이다. 그러므로 전쟁 자체의 도덕적 정당화가 가능하다면 그 전쟁의 수행에서 적용되는 수단이나 방법도 도덕적으로 정당화될 수 있어야만 전쟁의 도덕철학은 완성된다. 그것은 또한 인간이 생활영역(生活領域)에 따라 자신의 행위 양식이나 역할을 상이(相異)하게 받아들이기도 하지만 그 행위 주체가 동일인인 한에서는 행위의 원리가 전혀 무관하거나 분리될 수 있는 성격이 아니기 때문이기도 하다. 만약 동일한 인격체인 행위 주체가 각 생활영역에 따라 각기 상이한 행위의 원리를 적용한다면 그러한 원리들 상호 모순되거나 충돌할 가능성이 높기 때문이다. 이는 윤리가 인간의 자율성(自律性)에 기초한 행위 원리인에도 불구하고 동일한 행위 주체에게는 일관성(一貫性)을 갖는 규범체계임을 의미한다. 마찬가지로 '전쟁의 도덕성'이든 '전쟁에 있어서의 도덕성'이든 그것은 전쟁에 관한 윤리라는 점에서 전쟁과 관련한 군사임무 수행에 있어서 보편성과 객관성을 갖는 행위의 원리와 규범체계를 제공함으로써 행위의 안정성(安定性)을 확보하게 해야만 한다.

한 국가가 부당한 침략에 대한 반응(反應)으로 전쟁을 수행하는 것이 도덕적으로 허용된다면 그때 사용된 수단은 부당한 침략을 제압할 목적과 양립할 수 있는 가능한 최소한의 수준의 폭력이 사용되도록 신중하게 선택되어야 한다.62) 만일 정당한 전쟁의 제 요건에 부합되는 전쟁이라도 한 국가가 불법한 수단을 채용한다면 비록 그 전쟁이 방어를 위한 것일지라도 정당한 전쟁이 될 수 없다. 부당한 침략에 대한 방어전쟁이 도덕적으로 용인되는 것은, 그 부당한 침략을 방치하였을 경우보다 큰 악 ― 파괴나 살상뿐만 아니라 결과적으로 일어나는 정치적·사회적 해악을 포함 ― 이 일어날 것이라는 판단 때문이다. 이는 정당한 전쟁의 여섯 번째 실천적 기준인 비례적 정의와 관련된다. 도덕적으로 정당화된 전쟁이 그 과정에서 무분별한 수단과 방법의 적용으로 인하여 보다 큰 해악이 일어났다면 ― 해악의 결과는 자국의 입장에서만 판단되는 것이 아니라 전쟁 당사국 모두의 입장이 반영되어야 함 ― 결과적으로 전쟁 자체의 도덕성도 손상을 입을 수밖에 없다. 이미 입증된 바와 같이 비례적 정의의 위반은 행위 결과가 도덕적 준거로 작용하는 목적론적 윤리체계에 의하여 그 정당성이 확보될지라도 전쟁의 과정에서 이 원리를 위배하였기 때문에 논리적으로 자기모순(自己矛

---

62) Ibid., p.241.

盾)을 초래하게 된다. 그러므로 전쟁에 있어서 전투 수단의 선택에는 제한이 따르지 않을 수 없다. 불필요한 고통을 입히는 잔혹한 행위 및 자의적 파괴는 분명히 비도덕적이다. 그러나 그러한 것들이 군사적으로 필요할 수밖에 없었다면 — 예를 들면 적의 보급로(補給路) 차단을 위한 작전에서의 민간 도로나 창고의 파괴 등 — 상황은 달라진다. 그렇다고 하더라도 그러한 수단이나 방법의 선택이 불가피한 상황은 역시 도덕원리에 따른 숙고(熟考)와 검증(檢證)이 필요하다.

'전쟁에 있어서의 도덕성'의 실천적 원칙은 '전쟁의 도덕성'에서의 올바른 의도 및 비례적 정의의 기준이 핵심이 된다. 전쟁에 있어서 정당한 행위와 관련하여 도덕적으로 특히 문제가 되는 것은 비전투원의 보호, 전투 수단의 제한 및 비례에 관한 것들이다. 비전투원에 대한 직접적 공격이 비도덕적인 것은 의문의 여지가 없으나 실제 전시 상황에서 누가 비전투원인가 하는 판단은 매우 복잡하고 어려운 문제들이다. 특히 현대의 총력전(總力戰, total war) 개념하에서는 전투원과 비전투원 사이의 구분이 더욱 어려워진다. 이는 또한 현대전의 양상 중에서 중요한 비중을 차지하는 게릴라전에서도 마찬가지이다. 유사시에 전쟁 당사국의 모든 국민은 국가의 모든 자원을 총동원하는 총력전하에서 전투 상황에 참여하는 것이 불가피할 수밖에 없을 수도 있으며, 민간인으로 위장한 게릴라를 급박한 전투 상황에서 면밀히 분석·판단하는 것이 불가능할 수도 있다. 그러나 전투 상황에서의 군인은 "전쟁 중에도 자비를 베풀어야 한다."는 제네바 협약의 인도주의 정신에 입각하여 그의 이성적·도덕적 판단이 전쟁의 결과에도 영향을 줄 수 있음을 통찰해야 한다. 전쟁의 승리를 위한 효율성이 전쟁 수행 주체의 도덕성에 의하여 보장되며, 이는 또한 부도덕한 군대가 국민으로부터 지지를 받을 수 없을 뿐만 아니라 전투력의 약화를 가져올 수 있다는 것이 역사적으로도 입증되었기 때문이다. '전쟁에 있어서의 도덕'은 전쟁 수행과정에 있어서의 정당한 행위로서의 실천적 원칙으로 구체화된다. 이 원칙은 교전당사자가 적의 군사적 능력을 무력화하기 위하여 필요한 종류 및 정도의 군사력을 사용할 군사적 필요성과 전쟁의 희생을 극소화(極小化)하고 불명예스러운 전쟁 수단·방법·행위를 금지하려는 인도적 요청이라는 상반된 가치의 조화의 산물로서 다음과 같다.

① 불필요한 고통 금지의 원칙: 교전당사자는 최소한의 시간과 인명 및 금전의 소모로써 적의 전투 능력을 상실시키기 위하여 파괴 및 살상이 허용되지만 이러한 전투 방법 및 수단에 관한 교전당사자의 권리는 무제한이 아니다.

② 전투원과 민간인 구별의 원칙: 전쟁은 교전당사자인 전투원 간의 무력 충돌로써 전투원과 민간인은 엄격히 구별되어 전자에만 전투 행위가 적용되고 후자는 전투 대

상에서 제외됨이 일반적 원칙으로 인정되고 있다. 이 원칙은 특히 현대전에서 전투원 및 민간인 모두에게 손해를 입히지 않을 수 없는 대량살상무기(大量殺傷武器) 본래의 성질 때문에 논란의 여지가 있다.

③ 비례성의 원칙: 투입된 군사력의 양과 작전 수행 중에 평가되는 군사적 가치와의 관계가 비례적이어야 한다는 내용으로서 비례성을 일탈(逸脫)한 군사력의 사용이 불필요한 군사력의 사용에 해당된다는 점에서 불필요한 고통 금지의 원칙과도 관련된다.

④ 인도주의 원칙: 전쟁 목적 달성을 위하여 실질적으로 필요하지 않은 정도의 폭력 사용을 금지하는 것을 말한다.

⑤ 군사 필요의 원칙: 교전자(交戰者)가 최소 가능한 시간, 생명 및 물자를 가지고 적의 완전한 굴복을 강요하기 위해서는 어떠한 종류 및 정도의 군사력을 사용하는 것도 정당화된다는 원칙이다.

⑥ 기사도(騎士道)의 원칙: 불명예스러운 수단·조처 혹은 행동에 의존하는 것을 비난하고 금지하는 것을 말한다.

⑦ 환경 보존의 원칙: 자연환경에 대하여 광범위하고, 장기간 동안 극심한 손상을 야기하려는 의도를 가지거나, 또는 그렇게 예상될지도 모르는 전투 방법 및 수단의 사용을 금지하는 원칙이다.

⑧ 무기의 전면적 사용금지의 원칙: 특정 무기의 사용이 특정 상황에서 전쟁법에 위반되지 않음에도 불구하고, 그러한 무기의 사용을 전면적으로 금지하는 것이다.

전쟁에 있어서의 도덕에서 지켜져야 할 또 하나의 실천적 원칙은 전쟁 희생자에 대한 국제 인도법의 기본 원칙인 '제네바 협약' 7대 원칙으로 다음과 같다. 첫째, 전투 능력 상실자와 적대 행위에 직접 가담하지 아니하는 자는 그들의 생명과 육체적, 정신적 보존에 대하여 존중받을 권리가 있다. 둘째, 투항하거나 또는 전투 능력을 상실한 적군을 살상하는 것은 금지되어야 한다. 셋째, 부상자와 환자는 적대행위(敵對行爲)에 있었던 충돌 당사자에 의하여 수용되고 진료(診療)되어야 한다. 넷째, 포로가 된 전투원과 적대국의 지배하에 있는 민간인들은 그들의 생명, 존엄성, 인권 및 신념에 대하여 존중받을 권리가 있다. 다섯째, 모든 사람은 기본적인 사법상의 보장을 받을 권리가 있으며, 육체적·정신적 고문과 체벌 또는 품위를 손상하는 잔혹한 대우를 받아서는 안 된다. 여섯째, 충돌 당사자와 그 군대의 구성원은 전쟁의 방법 및 수단을 무제한적으로 선택할 수는 없다. 일곱째, 충돌 당사자는 어떠한 경우에도 민간인과 그들의 재산을 보호하기 위해 민간 주민과 전투원을 구별하여야 한다.63)

이와 같은 실천적 원칙들은 전쟁에서 반드시 지켜져야 하는 당위(當爲)의 문제일 뿐이지 절대적인 필연성을 갖는 문제는 아니다. 독립된 주권을 갖는 국가 간의 분쟁에서 공정한 룰이 적용되는지를 엄격히 판단하고 시행되도록 보장해 주는 어떠한 권위(權威)도 존재하지 않는다. 실제의 전쟁에서 전쟁 당사국은 그야말로 국가의 사활을 건 싸움을 해야 하는 것이며, 따라서 "사랑과 전쟁에는 무엇이든 공정하다."라든지 "전쟁을 하고 있는 중에는 법이 침묵을 지킨다."는 속담처럼 소기의 목적을 달성하기 위한 수단의 무분별적 사용이 자행되기가 쉬울 수밖에 없다. 윤리의 영역이 우리가 마땅히 따라야 할 행위에 대해서 다루고 있듯이 전쟁도덕은 우리가 전쟁 중에 마땅히 추구해야 할 가치에 대하여만 말할 뿐이지 현실적 적용의 단계에서는 결국 전쟁 당사자들의 의지가 어떻게 작용하는가에 선과 정의의 실현이 달려 있다는 점에서 그 한계를 노정(露呈)하고 있다.

4. 맺음말

과학기술이 아무리 발달해도 인류사회의 중심은 인간이 될 수밖에 없는 것과 마찬가지로 전쟁의 위기가 절박(切迫)한 상황에서도 그러한 위기를 해결하고 극복해 가는 궁극적 주체는 인간이라는 점을 잊어서는 안 된다. 우리가 전쟁에 대한 도덕적 사유를 하게 되는 것도 그리고 할 수 있는 것도 그것의 중심에는 인간이 있기 때문이다. 칸트의 말처럼 인간은 자유의지(自由意志)를 지닌 존재로서 도덕적 행위가 가능한 유일한 이성적 존재자이다. 전쟁이 인간에게 내려진 재앙(災殃)이든 아니면 인간사회의 발전과정에서 나타난 치유책(治癒策)이든 그것으로 인하여 어떤 개인이나 집단에 가져다주는 불행과 비극은 외면할 수 없는 사실이다. 그러므로 누구라도 현실에서 맞부딪치게 될 것을 염려하게 되는 전쟁에 대하여 우리는 분명히 도덕적 평가를 내리고, 그 평가를 근거로 혹시라도 다가올지도 모를 미래의 부당한 전쟁에 대하여 예방하려는 노력을 기울여야 한다. 즉 우리는 전쟁을 우리 주변에 객관적으로 존재하는 사회현상(社會現象)의 하나로 치부하기보다는 그 결과적 해악을 우려함으로써 현실에 나타난 개개의 전쟁을 도덕적 고려(考慮)의 범주에 포함하게 된다. 또한 우리는 그것이 분명히 인간의 이성적 의지(理性的 意志)와 관련된 문제임을 알아야 한다. 인간의 이

---

63) 임덕규, 앞의 책, pp.107－110, 151－166.

성적 의지가 작용하기에 전쟁에 대한 관념 속에서 우리는 보편적(普遍的)인 도덕원리(道德原理)와 준거(準據)가 작용하고 있음을 알게 된다. 그리고 그에 따라서 우리는 그 원리와 준거에 따라 전쟁 자체의 도덕성(道德性)을 판단하게 되고 전쟁이 치러지는 과정에서의 도덕적인 행위와 비도덕적인 행위를 구분하는 기준을 얻게 된다.

우리에게 전쟁에 대한 도덕적 반성(反省)이 필요한 또 다른 이유는 전쟁이 국가의 존망(存亡)과 관련된 문제이기 때문이다. 전쟁이 가져다주는 비극과 불행은 개인적이긴 하지만 사실 그것은 국가적 차원의 비극이다. 국가는 다양한 사회집단 중에서 가장 크고도 포괄적(包括的)이며 결속력(結束力)이 강한 공동운명체(共同運命體)로서, 그 존재의 궁극적인 목적은 국민 전체의 생활을 보호하고 복지(福祉)를 향상시키는 것이다. 개인을 떠난 국가나 국가를 벗어난 개인의 삶은 기대할 수 없다. 오늘날 인류는 국가를 통하여 그들의 삶을 영위(營爲)하고 자신의 행복과 자유를 얻을 수 있기 때문에, 개인의 운명은 국가의 흥망성쇠(興亡盛衰)와 밀접히 연관되어 있다. 그러므로 전쟁은 개인적 차원에서 언급되어야 할 문제라기보다는 국가적 차원에서 다루어져야 할 문제이다. 전쟁에 대한 도덕적인 반성도 개인적 측면과 더불어 국가적 측면의 밀접한 관련성을 갖고 이루어져야 하는 이유도 여기에 있다. 이는 개인적 정의(個人的 正義)와 국가적 정의(國家的 正義)가 다르지 않고 같은 맥락(脈絡)에서 이해되어야 함을 말하는 것이다.

정의(正義)는 보편적 도덕과 결합되었을 때 더 광범위한 영역과 더 깊은 기초를 가지게 된다. 전쟁에 적용된 정의의 개념은 이 세계가 광범위한 윤리적 맥락에서 판단되어야 한다는 것을 의미한다. 사실상 전쟁의 발발(勃發)이나 전쟁의 과정에서 사용되는 수단(手段)에 관해서는 전쟁 당사자(戰爭 當事者)들의 이성적 판단과 도덕성에 호소할 수밖에 없는 것이 현실이다. 그러나 그들이 이성을 가진 존재라는 점에서 그들 스스로가 국가의 존립이 개인의 생존과 절대적인 관계에 있음을 절실하게 간파(看破)하고 있다면 한 국가나 민족이 말살(抹殺)될 수 있는 비윤리적인 전쟁을 감행하지 말아야 할 뿐만 아니라 전쟁에서의 비도덕적 수단이나 방법도 동원하지 말아야 한다. 전쟁 자체와 전쟁원인의 도덕·윤리와의 무관성은 정치적 의도와 목적이 개입되면서 철저히 도덕·윤리적 문제로 전환된다. 우리가 현실사회에서 봉착(逢着)하게 되는 모든 전쟁은 정치적 이유에 의해서 전개됨에도 불구하고 그 명분은 도덕·윤리적 가치(價値)로 포장되고 있다. 그 이유는 전쟁 수행 자체가 국민적 지지(支持) 없이는 불가능하기 때문이기도 하겠지만 그 전에 도덕·윤리적 가치나 명분을 지니지 못한 전쟁은 국민적 지지를 얻지 못하기 때문이기도 하다. 그리고 이러한 경험적(經驗的) 사실들은 인간의 내면세계에 존재하는 선(善)에 대한 갈망과 악(惡)에 대한 증오가 보편화될 수 있는 원리임을 방증(傍證)하는 것이기도 하다.

끝으로 전쟁도덕에 관한 기존의 입장들을 정리하고 전쟁도덕에 관한 논의에서 작용하는 원리와 준거에 대하여 가급적 다양한 이론과 접목하여 체계를 세워 보려고 노력을 기울였으나, 천학비재(淺學菲才)한 필자의 능력으로 인하여 다각적인 윤리학설의 관점에서 분석하지 못하고 결국에는 대표적인 두 윤리학설만을 가지고 논의하게 되었다. 또한 3장에서 논의한 윤리체계의 도덕원리를 구체적으로 어떻게 적용할 것인가에 대해서는 기존의 연구결과를 소개했을 뿐 심도 깊게 다루어지지 못한 점 또한 못내 아쉽게 생각한다. 그러나 앞으로 이에 대한 연구는 지속적으로 이루어지리라 믿으며 여기에서는 다만 전쟁을 윤리의 관점에서 접근할 수 있는가에서부터 시작해서 어떠한 도덕원리로 전쟁을 조명할 수 있는가를 개관적(概觀的)으로 살펴본 것에 의의를 두고자 한다.

참고문헌

[1]

김국영, "政治·經濟倫理", 『國民倫理學槪論』, 서울: 형설출판사, 1990.
김상봉, "법을 넘어서: 칸트의 영구평화론에 대한 비판적 고찰", 철학연구회 엮음, 『정의로운 전쟁은 가능한가』, 서울: 철학과 현실사, 2006.
마키아벨리, 이상두·김인철 공역, 『君主論, 戰術論 外』, 서울: 범우사, 1993.
문성학, 『삶의 의미와 철학』, 서울: 정림사, 2006.
신중섭, "폭력 사용의 정당화 문제", 『현대 사회와 윤리』, 서울: 서광사, 1989.
李敦熙, 『道德敎育原論』, 서울: 교육과학사, 1988.
임덕규, 『정당한 전쟁론』, 서울: 육군사관학교, 1984.
제임스 레이첼즈, 『도덕철학』, 김기순 역, 서울: 서광사, 1989.
클라우제비츠, 李鐘學 譯, 『전쟁론』, 서울: 일조각, 1989.
平井俊彦·德永 恂 편, 고영대 역, 『사회사상사』, 서울: 사계절, 1985.
홍양표, 『전쟁원인과 평화문제』, 대구: 경북대학교출판부, 1993.
Georg Wilhelm F. Hegel, 임석진 역, 『법철학』, 서울: 지식산업사, 1990.

Kant, Immanuel., 李錫潤 譯,『判斷力批判 Kritik der Urteilskraft』, 서울: 博英社, 1974.

Kant, Immanuel., 이한구 편역,『칸트의 역사철학』, 서울: 서광사, 1992.

Kant, Immanuel. 姜泰鼎 譯,『實踐理性批判 Kritik der praktischen Vernunft』, 서울: 일신 서적출판사, 1991.

[2]

Childeress, James F., *Just War Criteria in War or Peace*, ed. by Thomas A. Shannon, New York, 1980.

Coser, Lewis A., *The Functions of Social Conflict*, New York: Free Press, 1956.

Dollard, John, Leonard W. Doob, Neal E. Miller, O. Mowrer and R. Sears, *Frustration and Aggression*, New Haven: Yale University Press, 1939.

Freud, Sigmund, "Why Men Wage War", in William Ebenstein, ed., *Modern Political Thought,* 2nd ed. N.Y.: Holt, Rinehart and Winston, 1960.

Gurr, Ted R., "Psychological Factors in Civil Violence", in Richard A. Falk and samuel S, Kim eds., *War System*, Col.: Westview Press, 1980.

Hardlyl, Cantrill, *The Human Dimension: Experiences in Policy Research*, New Jersey: Prentice－Hall, 1967.

Hartnack, Justus, translated by M. Holmes Hartshorne, *Kant's Theory of Knowledge*, London: Macmillan and CO. LTD. 1968.

Horowitz, I. A. & K. S. Bordens, *Social Psychology*, CA: Mayfield Publishing Co., 1995.

Janowitz, Morris, *The Professional Soldier*, New York: A Division of Macmillan Publishing Co, Inc., 1971.

Kluckhonh, Clyde, *Mirror for Man*, Greenwich, Conn: Fawcett Books, 1960.

Lens, Sidney, *The Military－Industrial Complex*, Philadelphia: Pilgrim Press, 1970.

Lorenz, Konrad Z., *On Aggression*, N.Y.: Harrcourt, Brace & World, Inc., 1966.

Malham M. Wakin, ed., *War, Morality And the Military Profession*, Boulder, 1979.

Morgenthau, Hans J., *Politics Among Nations*, 4th ed. N.Y.: Alfred A. Knopf, 1967.

Morgenthau, Hans J., Politics among Nations: *The Struggle for Power and Peace*, New York: Alfred A. Knopf, 1973.

Nagel, Thomas, *War and Massacre, War and Moral Responsibility,* Princeton: Princeton Univ. Press, 1974.

Niebuhr, Reinhold, *Moral Man and Immoral Society*, New York: Charles Scribner's

Sons., 1960.

Paskins, Barrie. "Realism and the Just War", *Journal of Military Ethics,* Vol.6, Issue 2, Routeledge, 2007.

Plato, *The Republic,* Edited by Edith Hamilton & Huntington Cairns, The Collected Dialogues of PLATO including the Letters, Bollingen Series LXXI(Princeton: Princeton Univ. Press, 1973).

Popper, Karl R., *The Open Society and Its Enemies,* Vol.1(Princeton: Princeton University Press, 1966).

Schumpeter, Joseph A., Capitalism, *Socialism and Democracy,* 3rd ed., New York: Allen & Unwin, 1950.

Simmel, Georg, *Conflict,* trans. by Kurt H. Wolff, Glencoe, Ill.: Free Press, 1955.

Smart, J. J., *Utilitarianism*(London: Cambridge University Press, 1973).

Taylor, Paul W., *Principles of Ethics: An Introduction*(California: Dickenson Publishing Company, 1975).

Walzer, Michael, *Just and Unjust Wars: A Moral Argument With Historical Illustrations.* N.Y.: Basic Books, Inc. 1977.

Walzer, Michael, *The Triumph of Just War Theory and The Dangers of Success,* Social Research. vol.69. 1977.

Wright, Quincy, *A Study of War,* Chicago: University of Chicago Press, 1969.

[3]

"전쟁 원인에 관한 갈등이론적 접근", http://cafe.naver.com/gaury.cafe?iframe_url=/Article-Read.nhn%3Farticleid=7018

The Internet Encyclopedia of Philosophy, The Philosophy of War, http://www.utm.edu /research/iep/w/war.htm

『두산백과사전』, http://100.naver.com/100.nhn?docid=135015

제5장 전쟁에서의 윤리적 원칙과 갈등

윤경호*

1. 머리말

전쟁은 인류의 역사에 큰 영향을 끼쳐 왔다. 실로 인류의 역사는 전쟁의 역사라고 해도 과언이 아니다. 그런데 이런 전쟁의 중요성에 비해 이를 주된 주제로 철학자들의 탐구가 심도 있게 된 적은 별로 없다. 더욱이 전쟁이 윤리적 주제의 중요한 대상이 된 것은 최근 사회윤리의 발전에 따른 것이다. 과거 전쟁의 윤리적 문제는 주로 전쟁의 정당성을 다루는 문제로서 종교적 배경에서 절대악으로서 전쟁의 죄악을 심판하거나 전쟁의 정당성을 신의 이름으로 신의 자녀들을 보호하려는 논리를 중심으로 전개되었다. 그러나 현대의 수소탄과 원자탄과 같은 가공할 무기의 발전, 화학무기와 생물무기의 반인륜적 무기의 개발, 전쟁에서의 반인권적 살상을 금지하는 전쟁법의 등장과 인권에 대한 지대한 국제적 관심은 전쟁 자체의 정당성뿐만 아니라 전쟁 수행의 윤리적 문제를 심각하게 논의하지 않을 수 없게 되었다.

그런데 전쟁과 같은 극한의 절망 가운데에서도 인간은 정의와 도덕을 말할 수 있으며, 논의할 수 있을까? 전쟁이 그 자체로 절대악이기에 전쟁과 윤리는 그 자체로 논리적 모순관계이고 서로 논의의 대상이 될 수 없다고 볼 수 있다. 아울러 생존과 임무 수행이 중요한 목적이 되는 전쟁 속에서 도덕적 행위에 대한 기준은 무의미하다고 생각되기도 한다. 또한 극단적 평화주의자들은 군대를 전쟁을 옹호하거나 살상을 준비하는 집단으로 보고, 이에 대한 군의 윤리적 문제를 진지하게 고민하려는 시도로서 군대윤리를 모순된 개념으로 생각하거나 무의미한 것으로 생각한다. 따라서 그들은 전쟁 자체를 절대악으로 생각하고 전쟁의 윤리를 생각하는 것 자체를 거부한다. 이와는 반대로 전쟁이란 인간성의 모든 것을 포기하는 생존 게임이므로 힘과 생존의 논리를

---

* 해군사관학교 인문학과 교수

제일의 덕으로 생각하고, 그 속에서 윤리나 정의를 논하는 것을 탁상공론에 불과하다고 보는 극단의 현실주의적 입장이 있다. 인류의 역사는 비록 전쟁이라는 비극으로 점철되어 왔지만, 인류는 전쟁에서도 인간적 희망을 잃지 않고 정의를 찾으려고 노력해 왔다. 군대윤리는 이런 극단적 이상주의나 냉소주의의 양극단을 거부하고 군대의 제반 윤리적 문제에 대해서 논의를 할 수 있고 논의해야 한다. 다음과 같은 사례들은 전쟁에서 부딪힐 수 있는 윤리적 난제들이다. 이 딜레마는 소위 '군사적 필요성'이라고 말해지는 현실적 요구에서 윤리적 원칙이 어떻게 해석되고 적용되어야 하는가를 제기하는 전쟁윤리의 사례들이다.

사례1) 대서양을 항해 중이던 영국 군함의 함장은 나치의 U - Boat의 공격을 받고 살아남아 대서양을 표류하는 영국 선원들을 발견했다. 그는 구조 명령을 내렸다. 그 순간 음탐사가 그 사람들이 떠 있는 바로 그 지점의 바다 밑에 잠수함으로 추정되는 물체가 있다고 보고했다. 함장은 구조를 포기했다. 나중에 확인한 결과 그것은 잠수함이 아니었다. 함장은 죄책감을 느끼게 되었다.

사례2) 소규모 단위부대의 임무는 민간인에게 해를 끼치게 될 심각한 전투를 발생시키지 않도록 적의 주요 수송 본부를 장악하는 것이었다. 그러나 임무 수행 중 부대는 여러 명의 부상당한 적군의 병사들을 포획하게 된다. 만일 부대가 포로들을 계속 데리고 간다면 임무를 성공적으로 달성할 수 없을 것이다. 또 포로들을 방면한다면 부대는 아마도 위태롭게 될 것이며 임무 수행은 불가능하게 될 것이다. 이 같은 상황에서 부대 지휘자는 포로들을 살해해서 부대의 임무를 신속하고도 은밀하게 성공시킬 것인가? 아니면 포로에 관한 전쟁법에 따라 인도적 대우로 데리고 가거나 놓아줄 것인가?

이러한 상황에서 우리는 무엇을 할 수 있을까? 이에 우리의 행위를 가늠하는 기준으로서 보이는 몇 가지 도덕적 원칙을 군사적 필요성이라는 측면에서 살펴보고자 한다. 즉 전쟁에서의 윤리 및 정당성의 문제에 관련된 어떤 윤리적 원칙과 입장들이 있는지를 살펴보고 그러한 적용에 있어서의 윤리적 함의를 살펴보고자 한다.

2. 가치는 폭력으로 지켜질 수 있는가?

전쟁과 윤리의 예비적 고찰의 요지는 '가치는 폭력으로 지켜질 수 있는가?'라는 물음이다. 요컨대 가치를 지키기 위해서 악으로 여겨지는 폭력 사용이 도덕적으로 허용될 수 있으며, 그 경계는 어떻게 설정하는가 하는 문제이다. 이는 폭력 행사로서 전쟁의 정당성과 제한성에 대한 문제이다. 역사적으로 폭력 행사의 정당성은 죄 없는 사람들을 보호하거나, 잘못된 것을 시정하려 할 때, 악한 것을 벌하려 할 때, 그리고 부당한 공격을 방어할 때 인정되었다.[1] 미 공군사관학교 교수인 맬험 웨이킨(Malham Wakin)은 이를 전쟁에 대한 도덕적 논의와 전쟁에서의 도덕에 관한 것으로 대별한다. 즉 전쟁윤리는 결국 정당한 전쟁의 문제(Justum Bellum)인데, 이를 전쟁의 정의(Jus ad Bellum)와 전쟁에서의 정의(Jus in Bello)의 문제라고 보는 것이다. 전쟁에 대한 정당성의 문제가 전쟁 혹은 무력 사용의 정당화에 대한 문제라면, 전쟁에서의 정당성의 문제는 주로 무력 사용의 방법이나 대상들에 관한 논의이다.[2]

전쟁의 정당성 문제는 학자들의 입장에 따라 다르다. 극단적 평화주의자들은 무력 사용 자체가 악한 것이므로 어떠한 전쟁이나 무력의 사용도 도덕적으로 정당화될 수 없다고 주장한다. 도덕적 절대주의자는 전쟁을 절대악으로 규정하였다. 그러나 이와는 달리 정당한 명분이나 합당한 권위에 의해 선포된 전쟁은 도덕적으로 정당화될 수 있다고 주장된다. 대체로 전쟁의 정당성을 인정하는 경우는 먼저 비록 폭력과 살상이 악이지만 더 큰 악을 예방하는 일이라면 이는 폭력이 작은 악으로서 용인될 수 있다는 것이다. 이에 따라 정당방위론은 전쟁의 정당성을 옹호하는 강력한 논리가 된다. 즉 누군가가 나와 내 가족을 살해하려고 한다면 나는 어떤 수단을 써서라도 이를 방어하려 할 것이다. 그때는 폭력 사용은 물론이고 상대방에 대한 살해마저도 정당방위로 인정될 것이다. 따라서 적의 부당한 공격에 대한 전쟁은 방어전쟁으로 정당화된다. 이런 방어전쟁 외에 전쟁이 정당화되는 경우로는 도덕적 악과 불의를 응징하기 위한 전쟁이 있다. 부당하게 유린당하는 동족의 노예상태를 해방시키기 위한 전쟁이나 부당하게 점령당한 영토를 회복하기 위한 군사적 행동은 도덕적으로 비난하기가 어렵다.

전통적으로 정당한 전쟁과 부당한 전쟁을 논하는 사람들은 근본적으로 전쟁을 억제하고 평화를 유지하려는 것이었다. 그들에게 중요한 것은 전쟁 자체를 죄악시하는 것보다 정당한 전쟁과 부당한 전쟁을 가늠하는 기준이 무엇인가 하는 것을 밝힘으로써 전쟁과 폭력도 타당할 수 있다는 생각을 옹호하였다. 폭력이나 무기 사용의 정당성의

---

1) Johnson, J. Turner, "Does defense of values by forse remain a moral possibility?", Matthews, Lloyd J., Ed., *The parameter of Military Ethics*(Pregamon－Brassey's,1989), p.4.

2) Malham M. Wakin, *War, Morality, and the Military Profession*(Westview Press, 1986), p.220 참조. 일반적으로 전쟁도덕을 war morality라고 표현하고, 전쟁의 도덕성은 morality of war로, 전쟁에서의 도덕성 문제는 morality in war로 표현한다. 이는 라틴어로 *justum bellum, jus ad belum, jus in bello*로 표현된다.

논의를 제기한 사람은 성 아우구스티누스로 알려져 있는데, 그는 로마의 스토아 철학자 세네카의 생각을 발전시켰다. 세네카는 전쟁을 평화를 위한 수단으로 인식하고 방어와 보복을 위한 전쟁만이 정당한 전쟁의 기준이라고 논하였다. 세네카를 위시한 로마인들은 주로 형식적이고 법적인 측면에서 전쟁의 정의의 기준을 마련한 반면에 아우구스티누스는 도덕적인 관점에서 그리고 폭력을 죄악시하는 기독교적 전통하에 어떻게 전쟁이 도덕적일 수 있는가를 논하였다. 그는 단순한 자기방어나 이웃의 보호와 같은 이유만으로는 정당한 폭력 행사를 위한 근거가 되지 않는다고 보았다. 그는 오로지 하느님의 사랑과 자비를 실천하기 위한 폭력, 즉 '자비로운 폭력(benevolent severity)'과 같은 개념으로 폭력과 전쟁을 인정하였다. 하느님의 사랑의 실천이라는 기본전제 아래 아우구스티누스는 정당한 전쟁의 기준을 제시하였다.[3]

아우구스티누스 이후의 정당한 전쟁론에 대한 전통을 이어 간 학자는 성 토마스 아퀴나스이다. 아퀴나스는 아우구스티누스의 생각에다 아리스토텔레스의 공동선(common good)의 개념을 접목시켰다. 아울러 전쟁의 의도가 올바른 것인지를 분별하기 위한 '이중효과의 원칙(double effect)'이라는 개념을 도입하였다. 이 원칙은 어떤 행위가 두 가지 결과, 즉 선한 결과와 악한 결과를 동시에 이중적으로 발생할 때 적용될 수 있는 기준이다. 무고한 사람을 보호하기 위해서 공격자를 공격할 수 있는 것처럼, 그 공격으로 공격자를 죽이는 결과를 낳더라도 직접적으로 그러한 결과를 의도하지 않고 (unintended), 간접적인 것(indirect)으로 부수적인 결과로서(side effect), 그 결과가 필연적으로 회피할 수 없고 어쩔 수 없는 행위(unavoidable)라면 비록 악한 결과를 동반하더라도 더 큰 선한 결과를 가져온 것 때문에 정당하다는 것이다.

의도되지 않았으며 회피할 수도 없는 상황에서 어쩔 수 없는 무력 사용이 부수적인 결과로서 허용될 수 있다는 아퀴나스의 논리는 아우구스티누스의 정당한 전쟁론이 안고 있던 문제를 피해 갈 수 있게 했다. 즉 아우구스티누스에 의해 정당한 것으로 인정되었지만 문제가 된 것은 정당한 의도에 의한 전쟁이라도 그것이 무력 사용에 대한 '직접적인 의도'를 가지고 일으킨 것이라고 한다면 부당한 전쟁이 될 수 있다는 것을 아퀴나스는 말하고 있다. 이러한 원칙을 가지고 아퀴나스는 합법적인 권위에 의한 정

---

3) 1) 정당한 의도(right intention): 평화의 회복, 2) 정당한 명분(right cause): 정의를 수호하려는 의도, 3) 정당한 의향(just disposition): 희생자를 보호하려는 기독교적 사랑, 4) 정당한 권위 (right auspices): 정당한 통치자와 권위체에 의한 전쟁, 5) 정당한 행위(right conduct of war): 전쟁 수행의 적절성이 그것이다. 이민수, 『전쟁과 윤리』(서울: 철학과 현실사, 1998), pp.20- 29 참조.

당한 전쟁론을 가장 중요하게 생각하는데, 그것은 합법적인 권위를 가진 자에 의해서 치러지는 전쟁은 공공복지(common wealth)를 증진할 것이라는 생각 때문이다.4)

아우구스티누스와 아퀴나스의 생각을 바탕으로 현재에는 정당한 전쟁론의 기준으로 생각되는 7가지 원칙은 다음과 같다. ① 정당한 명분(just cause), ② 합법적 권위(legitimate authority), ③ 정당한 의도(right intention), ④ 비례성(proportionality in ends), ⑤ 전쟁이 최후의 수단(last resort), ⑥ 전쟁에서 승리할 가능성(the possibility of success), ⑦ 평화실현의 원칙(the aim of peace)5)이 그것이다.6) 이는 어떠한 전쟁이라도 전쟁은 국제적 평화와 각국의 안전보장을 위한 목적을 실현하기 위한 것이어야 한다는 것을 의미한다. 아무리 정당한 명분을 가진 전쟁이라도 국제적인 평화를 깨트리는 것은 그 정당성을 인정받을 수 없다는 것이다. 이러한 전쟁의 정당성 원칙은 결국 초전적인 목적으로 전쟁을 수행하면 안 되며, 평화를 위해서 가급적 전쟁을 억제하는 기본정신을 담고 있다.

전쟁의 정의와 함께 전쟁에서의 정의, 즉 전쟁에서의 제한사항을 마련하는 기준은 대개 구별성(Discrimination)과 비례성(Proportionality)이 있다. 구별은 전투원과 비전투원을 구분해서 불필요한 고통과 희생을 제한하려는 원칙이고, 비례성은 폭력 사용의 정도를 목적에 비교해서 과도한 폭력 사용을 제한하려는 원칙이다. 전쟁의 정의의 문제가 전쟁 자체의 도덕성을 문제 삼는 반면 전쟁에서의 정의문제는 무기 혹은 전투 시의 도덕적 문제를 다루는 것이다. 전쟁에 있어서는 어떤 행위도 공정하다는 극단적인 주장을 믿지 않는 한, 군대의 올바른 전투 수단의 사용을 위한 어떤 원칙과 규칙이 있어야 한다. 전쟁 수행에 있어서 군인과 정치가들이 따라야 한다고 주장하는 국제협약들이 있다. 헤이그 및 제네바 협약, 켈로그 브리앙 조약, 미 육전법 등이 그것들이다. 이러한 협약들의 근본정신은 "전쟁 중에도 자비는 베풀어야 한다."는 인도주

---

4) 아퀴나스는 1) 합법적 권위에 의한 전쟁(declaration by legitimate authority), 2) 정당한 명분(just cause), 3) 정당한 의도(just intention), 4) 정당한 방법(just means)과 같은 정당한 전쟁의 기준을 제시하고 있다.

5) 미 가톨릭 주교단은 평화실현의 원칙 대신에 비교적 정의(comparative justice)를 말했는데, 이는 무력 사용의 방법과 수준에 있어서 달성하고자 하는 정당한 목적에 부합할 정도로만 무력을 사용해야 한다는 것이다. 전쟁으로 치러야 할 대가가 달성하고자 하는 목적에 비해 너무 크다면 그 전쟁은 정당성을 인정받을 수 없다는 것이다. 1,000명의 적군을 살해하기 위해서 10,000명을 죽일 수 있는 폭탄을 사용하는 것은 타탕하지 않다는 것이다. 이런 측면에서 볼 때 비례성의 원칙은 전쟁의 정의 문제뿐만 아니라 전쟁에서의 정의와도 밀접한 관계가 있다고 볼 수 있다.

6) Paul Christopher, *the ethics of war and peace*(prentice hall, 1994), pp.87−89 참조.

의 정신이다.

이러한 현행 국제법상 승인된 전쟁의 모든 규칙들을 모든 군인들이 스스로 확인하였거나(내적 관점), 혹은 처벌에 대한 두려움(외적 관점) 때문에 준수한다 하더라도, 규칙이 명령하고 허용하는 것과 관련한 심각한 난점들은 여전히 존재할 것이다. 지난 세기의 실제 사례들은 전쟁 범죄에 대한 처벌의 비효용성을 지적함과 동시에 법률 시행상의 어려움을 잘 보여준다.7) 베트남전 당시 미라이(My Lai)의 불법적이고 비도덕적인 전쟁 범죄와 같은 일련의 사태는 종종 전쟁법의 무용성에 대한 증거로 자주 인용된다.

우리는 형성된 법의 지속적인 시행을 저해하는 요인들에 대해 살펴보는 것이 전쟁과 정의의 문제를 다루는 데 중요하며, 정당한 전쟁론과 전쟁법이 향후의 분쟁에 있어 존속 가능하기 위해서는 이러한 쟁점이 충분히 다루어져야 한다고 생각한다. 다음의 군사적 필요성의 문제는 이러한 원칙들의 근거와 갈등의 문제를 잘 보여주는 것으로서 전쟁과 정의의 문제를 논의할 주요한 과제가 된다.

3. 전쟁규칙에 있어서 군사적 필요성의 문제

가. 군사적 필요성의 윤리적 문제

통상 우리는 전쟁의 논리와 전쟁의 관습 사이에는 차이가 있다고 믿는다. 때때로 이러한 긴장이 한편으로는 군의 목적과 인도주의 원칙 또는 문명의 요구 사이의 논증으로 표현되기도 한다. 우리는 이런 대립들을 전쟁에서의 정의의 원칙과 군사적 필요성 간의 갈등으로 볼 수 있다. 역사적으로 보면 대개 군사적 필요성이 문제해결의 답으로 인정되어 왔다. 그러나 군사적 필요성은 전쟁에서의 필연적인 것과는 구분되어야 한다. 후자는 군과 시민의 일반적인 고통과 고난을 의미한다. 이것은 정치적인 문제점

---

7) 2차 대전 이후 전쟁 범죄의 책임은 최고 수위에 도달하게 되었다. 뉘른베르크에서는 연합군 측에 의해 국제 군사법정이 설립되었으며, 극동에서는 최초로(그리고 마지막으로) 전쟁 범죄자들을 재판하기 위한 국제법원이 설립되었다. 그러나 외견상 뉘른베르크와 2차 대전 이후에 행해진 관련 재판들은 변칙적인 것이었으며 나치 체제의 적나라한 약탈과 생생한 악에 대한 것이었다. 기소의 홍수를 이루었던 이 시기 이후 전쟁 범죄자에 대한 처벌 열기는 식어 버렸다. 이는 2차 대전 이후의 재판을 '승자의 정의'와 사실로서의 법으로 치부하는 빌미를 제공하였다.

들을 해결하기 위해 무력을 사용할 수밖에 없는 피할 수 없는 상황의 결과이다. 반면에 전쟁에서의 정의는 필연적으로 고통을 야기하는 수단(폭력)을 사용함에 따라 법률을 통해 고통을 최소화시키려는 노력을 나타내는 형식화된 용어이다.

일찍이 프란시스코 데 비토리아는 전쟁에서 민간인 보호조항을 "의도적이지 않게 민간인들을 죽이는 것은 어쩔 수 없다. 그렇지 않으면 전쟁이란 것은 적군조차도 죽일 수 없는 것이 되어 버린다."8)고 말한 바 있다. 이를 현대 국제법의 선구자 휴고 그로티우스는 국제인도법에 반영하였는데, 민간인이 죽지 않도록 신경 써야만 한다고 주장하였다. 그러나 단지, 해당 민간인이 다수의 안전에 위험을 주지 않는다는 조건을 달았다. 더욱 최근에는 군사적 필요성은 군사적 목적을 위해 전쟁법에 반영된 전쟁에서의 정의의 원칙을 무시하는 것을 정당화하는 근거로 사용되고 있다. 예를 들어, 리버 규범9)을 보면, 군사적 필요성에 따라 민간인들을 살해하는 것에 대한 임의적이고 편의적인 해석을 강조하는 것을 볼 수 있다. 그러나 리버도 "군사적 필요성이 무자비한 것을 용인하거나 평화 자체를 무의미하게 만들 정도로 적대행위를 포함하는 것은 아니다."라고 적고 있다. 1907년 헤이그 협약에는 "조약 가맹국들은 이러한 요구조건들을 전쟁의 악을 감소하고자 하는 의도를 담고 있는 것으로 인식한다. 그러나 군사적 요구가 허용하는 한에서이다."라고 적고 있다. 유엔총회의 요구로 만들어져 국제법위원회에서 만들어진 뉘렌베르그 원칙에서조차도 전쟁 범죄를 규정하는 대한 비슷한 유예 조항에 담고 있다.10)

군사적 필요성의 합법성이 요청될 때, 이것을 가늠하는 특별한 기준에 대한 논의는 이중적인 것을 요구한다. 첫째, 우리는 반드시 군사적 필요성이라는 것이 인도주의적인 어떤 법들보다 우선적으로 위치할 수 있게 만드는 정당한 이유를 찾아야만 한다. 둘째, 우리는 만약 전쟁에서의 법이 군사적 필요성에 의해서도, 즉 어떤 경우에라도

---

8) Christopher, 전게서, p.61.

9) 독일 출신 Lieber의 책임으로 작성한 미 육군 교범인 '일반명령 100: 미 야전 육군을 위한 지침서'이다. 리버는 그의 전쟁 경험, 즉 페르시아군에 자원입대하여 나무르 공격, 워털루 전쟁 등을 통해 미 육군의 전쟁교범을 작성하였다. 그는 독일 프러시아군의 경험 후, 1827년에 미국으로 이주해 사우스캐롤라이나 교수가 되었다.

10) "전쟁 범죄: 전쟁에 대한 법규나 관습의 위반에 대한 것으로 학대, 살인, 점령지에서의 민간인에 관한 노동착취, 전쟁포로 학대 및 대우 또는 노예노동자로서 또는 다른 어떤 목적에서 시민들의 추방 그리고 거주지역에서의 시민들 추방은 불가하다. 그리고 죄수들을 살인 또는 학대하거나 바다에 버리는 것도 불가하다. 인질을 죽이거나 공공의 재산이나 개인의 재산을 약탈하는 무자비한 도시, 마을 파괴와 황폐화 등은 군사적 필요에 의해 정당화될 수 없다."고 적고 있으나 구체적으로 제한사항을 두고 있지 않다.

취소될 수 없는지 알아보아야 할 것이다. 즉 군사적 필요성과 정당한 전쟁론 사이의 긴장관계에서 가장 문제되는 것은 어떤 군사적 목적을 달성하기 위해서 언제 무고한 시민들의 생명이 위험에 처할 수 있는지 혹은 죽음마저도 용인될 수 있는지의 조건을 따져 보는 일이다. 이것은 이중효과의 원칙의 단순한 적용을 넘어서 오히려 우리는 무고한 시민들이 그런 경우가 있다면 언제 의도적으로 살해될 대상이 될 수 있는가를 검토하는 것이다. 앞에서 전쟁에서의 정의의 문제를 다루는 인도주의법인 제네바 협약의 원칙에서 군사적 필요성과 관련된 윤리원칙은 다음과 같다.

　　윤리원칙1. 인본주의 원칙: 각 개인은 개인으로서 존중되어야 한다.
　　윤리원칙2. 전투원과 비전투원의 구분의 원칙: 인간은 무고한 사람들을 보살펴야 할
　　　　　　 의무가 있다.

　먼저 전투원과 비전투원의 구분을 살펴보자. 여기서 먼저 문제가 되는 것은 '무고함'과 관련된 것이다. 전쟁동안 전투원이란 한 국가나 정치체제를 위해 적국의 구성원에 대한 공격에 직간접으로 연관된 사람들을 일컫는다. '전투원'이란 대부분 군인들을 말하지만, 전쟁을 준비하고 계획하는 민간 정치인을 포함할 수 있고, 민간인이지만 군 전투를 돕는 사람들도 포함될 수 있다. 평범한 시민들, 즉 상점인들, 농부 등과 같은 사람들은 비록 세금을 내고 적국에 대한 적대적 감정을 가지고 있다고 해도 전투원으로 간주되어서는 안 된다. 어떤 민간인이라도 전쟁 수행에 연관되어 있다면, 예를 들어 탄약 공장에서 일하거나 전탐기지에서 일한다면, 그는 전투원으로 간주되며 비록 그들이 범죄라고 생각할 만한 어떠한 일도 하지 않았음에도 공격의 대상이 될 수 있다.

　군인들은 비록 그가 속한 국가가 부정의한 전쟁을 일으켰다 하더라도 그의 국가를 위해서 전투하였다는 이유만으로 그를 범죄인으로 간주해서는 안 된다. 왜냐하면 그는 항상 전쟁의 정의에 관한한 전적으로 무지한 상태에 있다고 간주되기 때문이다. 그리고 '무고한'이란 용어의 관습적인 사용(예를 들면 죄를 짓지 않은 사람은 무고하다)을 군인에게 적용할 경우는 문제의 소지가 있다. 왜냐하면 적어도 무고한 사람들에게 의도적으로 해를 끼쳐서는 안 된다는 확실한 의무가 있다는 것은 인정되기 때문이다. 따라서 군인들이 죄가 없다면, 그들은 무고한 사람일 것이고, 그들이 무고한 사람이라면 그들을 의도적으로 해하는 것은 허용될 수 없다는 논리가 성립할 수 있다. 따라서 '무고한 사람을 해치지 말라'는 의무는 군인에게 적용될 때 부적절하다. 그래서 '유죄', '무죄'라는 용어는 전투원과 비전투원의 차이를 구별하는 데 적합하지 않다. 이러

한 고려사항을 마음에 두면 유죄와 무죄 간의 구별보다는 전투원과 비전투원 간의 구별이 전쟁에서 인도주의적 법에 의해 보호받는 사람과 공격받는 사람 간의 차이를 말하는 것은 적절한 것이 된다.

두 번째 문제는 군인의 의무와 원칙 간의 갈등에 기인된 것이다. 윤리원칙1을 위반하는 사람은 당연히 순결한 사람이 아니며, 정당방위에 의해 다치거나 응보를 받을 것이다. 더욱 흥미 있는 경우는 윤리원칙과 의무들이 갈등하고 서로 대립될 때이다. 이를테면 언제 군사적 목적과 군인의 의무가 이 무고한 시민에 대한 의무보다 우선하게 되는가 하는 점이다. 군인은 적군의 군인이 잘못을 했기 때문에 공격하는 것이 아니라, 자신의 공동체의 무고한 사람들을 보호하려고 적군의 군인을 막으려는 의도로 공격하는 것이다.11) 이러한 자위권으로부터 공동체나 국가가 집단적으로 폭력을 자위권으로 사용한다는 것은 타당한 것처럼 보이지만, 자기방어의 원칙은 무제한적인 것이 아니다. 즉 자신을 보호하기 위해서 옆에 있는 무고한 사람에게 해를 끼치는 일은 최소화해야 한다는 것이다. 전쟁에 있어서 폭력행위에 대한 근거는 바로 방어에 있으므로, 타인을 해하는 데 연관이 없는 사람을 의도적으로 폭력을 행사하는 것은 정당화될 수 없다.

나. 군사적 필요성의 근거로서의 안전: 이기주의

쉘던 코헨은 군대의 필요성에 대해 명확한 지침을 제시했다. 그가 저술한 『군사적 필요성에 대한 이해』라는 책에서 군은 그 힘을 악용하기에 아주 용이하지만 그 힘을 항상 악용하는 것은 아니라고 말한다. 그가 생각하고 있는 힘의 사용에 대한 '한계'를 다음처럼 표현한다.

> 전쟁법은 군인들이 전투지역에의 민간인의 위험을 감소하기 위해서 자신의 위험수위를 높일 수는 없다고 암시한다. 어느 조직을 유지하는 데 필요한 위험 이상으로 군인들을 위험으로 몰고 간다면 민간인의 권리는 파기될 수 있다. 공격자는 민간인이 전투지역에 있다 하더라도 그 지역에는 무고한 사람이 없다는 가정하에 행동하게 되고 결국은 비례의 법칙에 따라 행동할 수밖에는 없다. 결국 이 규칙은 민간인에 대한 차별적(선택적) 공격을 배제하고 민간인이 포함된 방어지역으로의 무차별적인 포격과 폭력을 허용하는 것이다.12)

---

11) 그로티우스에 대한 논의를 다시 돌아보자. 그는 국가가 적대행위에 연관될 때는 개인이 자기의 재산, 가족, 공동체를 부당한 약탈로부터 보호하려는 자위권에 근거한다고 말하였다. 그는 이 권리를 인간의 사회적 본성으로부터 기인한 것으로 보며, 우리는 이것을 단순히 도덕적인 진리로 받아들여야 한다고 주장했다.

코헨은 군인이 감당해 낼 것이라고 예상하고 있는 만큼의 적절한 위험에 대한 '한계'를 세워서 그만큼 민간인의 위험을 증가시키고 있다. 즉 군인의 위험 한계를 군사적 필요성을 위한 기준으로 삼아 전쟁법이 아니라 민간인의 위험과 비례한 군인의 위험도를 기준으로 해야 한다고 호소한다. 코헨의 생각에 따르면, 군대의 필요성은 다음과 같거나 혹은 다음과 같이 해야만 하는 상황일 때에, 즉 (a) 이 행동이 자국 군인의 생명에 대한 위험을 줄일 수 있을 때, (b) 어떤 대응책도 그들의 생명에 대한 위험을 줄일 수가 없을 때, (c) 군대에 대한 위험이 줄어든 정도와 비전투원에 대해 늘어난 위험 정도에 비례가 적절할 때 정당화된다.13)

코헨의 이 생각은 군인의 안전을 군사적 행동의 중요한 기준으로 삼고 행동에 대한 정당성의 근거로 삼는 전형적인 이기주의 논리이다. 한국전쟁 당시 북한군은 민간인 여성과 아이들 사이에 숨었고 그들에게 총을 들게 하여 미군 무장지역으로 가게 하였다. 미군은 전방을 향하여 그들의 포와 소형화기를 사용하여 북한군을 공격하거나, 그곳에서 철수하는 두 가지 대응책과 마주치게 된다. 전자를 선택할 경우 엄청난 민간인 살상을 초래하게 될 것이고, 후자의 경우는 중요 방어지대를 잃게 될 것이다. 분명한 것은 어느 행동을 취하더라도 미군 병력에 실질적으로 위험을 증가시키게 된다. 만약 방어지역이 작전에서 중요한 곳이라면 적 병력을 향해 격렬한 공격을 퍼붓는 것이 군대에 필요하므로 공격이 정당화된다. 어떤 이는 민간인 사상자에 대해 애초에 그들을 위험한 곳에 배치한 사람의 잘못이라고 주장할 것이다.

이 논리가 갖는 문제점은 두 대응책 모두가 '어떠한 행동도 불필요한 미국 군인들의 목숨에 잃지 않도록 한다.'는 가정을 기반으로 한다는 것이다. 더 합당한 대응책을 헤아리기 위해서는 군인 목숨의 존엄성을 전제하여 생각하는 것을 배제하는 것이다. 우리가 군인을 무고한 사람들을 위해 용기 있게 목숨을 걸고 보호하려고 하는 윤리성과 관련지어 생각해 보면, 군인은 한 사람의 목숨이 위험에 빠질 때 그 민간인의 목숨을 보호하기 위한 방어막이 되어야 하지 자신의 목숨을 우선하는 것은 아니라는 사실에서 더욱더 자명해진다.

개인의 임무를 수행함에 있어서 그 위험이 얼마나 큰지를 추측해야 하는 것은 항상 군인의 기본적인 임무이지만『용기, 헌신적인 봉사, 정직, 헌신에 관한 전문직업군』이라는 책자에서는 군인은 그들 자신의 안녕을 희생할 준비가 되어 있어야 한다고 말하고 있다. 전쟁 시에는 전투요원의 목숨에 대한 위험은 비전투원의 목숨에 대한 위험

---

12) Christopher, 전게서, p.173.

13) Christopher, 전게서, p.138.

과 동일한 비중으로 작용하지는 못했다. 그 이유는 군인이란 위험을 감수해야 한다는 특성 때문이다. 즉 '목숨을 걸고'라는 것은 군인다운 면이다. 군인의 위험을 최소화하려는 방식을 취하는 것은 전투원과 비전투원을 구분하는 관념의 틀을 흔드는 것이다. 이것은 모든 사람(군인도 포함)은 무고한 자를 해치지 말아야 한다는 도덕적 의무이기도 하다(윤리원칙2). 그러나 무고한 사람의 안전을 완전히 보장할 수 있는 도덕적 의무는 이 세상 어디에도 없다. 하지만 군인들에게는 다른 사람들을 보호할 의무가 있고, 그 의무는 인권 보호의 의무로부터 얻어진다(윤리원칙1).

코헨의 이기주의적 군사적 필요성이 맞닥뜨리는 문제점은 보호를 목적으로 만들어진 군부대는 다른 어떤 개인들보다도 안전을 더 중시하고, 권리의 문제가 점점 더 기본이 되어 간다는 점이다. 머리말에서 제시된 사례1의 경우에서처럼 함장은 자신의 함정과 부하들의 안전을 최우선적으로 고려해서 행동했다. 아래에 나오는 예문은 이와 비슷한 결말이 나올 수 있는 또 다른 예이다. 즉 당신이 한 보병 소총 분대의 일원이고, 당신의 분대는 압도적으로 강한 적군에 의해 포위당했다고 가정해 보자. 당신이 여기서 탈출할 수 있는 방법은 당신의 집단에 있는 여자들과 아이들을 총부리로 억압하여 방패막이로 삼고 지뢰밭을 앞장서서 가게 하는 것뿐이다. 여기서 더 나아가, 당신이 항복을 하면 살해당할 이유가 있다고 가정해 보자. 군대는 당신의 탈출을 돕기 위해 시민들의 생명을 위협할 필요성이 있는가? 쉘든 코헨(Sheldon Cohen)의 이론에 의하면, 시민의 안전을 도모하기 위해 군인은 그들의 생명과 시민의 안전을 맞바꾸어야 한다. 하지만 이것은 군대가 존속하는 최우선적 목적인 시민보호와 정반대된다. 그로티우스도 군대의 존속하는 근본적 이유는 자기방어임을 시사하지만, 이것은 국가 혹은 사회의 존속을 위한 자기방어를 의미하며, 또한 생존이나 안전이 윤리의 절대적 원칙은 아님을 명백히 하고 있다. 사람을 보호한다는 이유하에 무고한 사람(즉 국적을 근거로 전쟁에 참여하게 된 사람도 포함해서)을 죽일 수 없기 때문이다.

다. 군사적 필요성의 근거로서의 전승(戰勝): 공리주의

일찍이 공리주의 철학의 대표자인 존 스튜어트 밀은 전쟁의 필연성을 다음과 같이
말한 적이 있다.

> 전쟁이란 추악한 일이지만 그렇다고 가장 추악한 것은 아니다. 전쟁이란 전혀 무가치
> 하다고 생각하는 그릇된 애국주의나 타락된 도덕심이 더 문제이다…… (중략) 그의 개인
> 적인 안전 외에는 생각할 것이 없는 개인은 그 외에 타인에 의해 그것을 보장받을 수밖
> 에 없으므로 자유로울 수 있는 기회를 박탈당한 비참한 존재일 뿐이다.14)

그의 이러한 전쟁 논리는 전쟁 자체의 도덕적 문제보다 우리 모두의 자유를 위해서
는 개인의 희생과 전쟁마저도 불사하는 공리주의적 태도를 보여주고 있다. 이는 전쟁
의 패배가 자기의 공동체에 가져다줄 불이익과 자유의 박탈이라는 비참한 결과를 피
하기 위해서는 최선을 다해야 한다는 논리를 제공한다.

텔포드 테일러(Telford Taylor)는 군인들이 군대의 목표를 달성하려는 전쟁에서의
정의에 종속됨으로써 군사적 필요성의 중요성에 대해 호소하는 문제를 다루려고 한다.
전쟁의 규칙의 공리주의적인 면을 언급하면서 다음과 같이 쓰고 있다.

> 이런 요구치(전쟁의 규칙)는 지켜지지 않았을 때보다 지켜진 적이 더 많았다. 그리고
> 이 이유로 인하여 죽었어야 할 수만의 사람들은 오늘날 살아 있는 것이다. 그러나 규칙은
> 군대에서 절대적으로 요구되는 것으로 보이나 때로는 군사적 필요성에 의해 혹은 그보다
> 더 사소한 일들에 의해 그런 규칙은 자주 무시되곤 한다. 전쟁의 열기 속에서, 전우의 죽
> 음에 대하여 겁을 집어먹고, 분노하고, 놀란 군인들은 죽음을 가장하거나 거짓 항복하는
> 적들에 대한 두려움이나 배신감으로 적을 생포하기보다 사살해 버리기 일쑤다. 여러 상황
> 속에서 이러한 냉정하고도 잔인한 사살은 자비로운 지휘관의 명령하에 진행될 수도 있다.
> 특수 임무에서 약간 낙오했거나, 본대에서 어떠한 사고로 인해 보급과 병력이 차단되는
> 상황에서, 포로를 잡아 두어 감시하거나 후방으로 보내어 따로 지켜 두는 인력은 소모할
> 수 없으며, 임무의 완수로부터 멀어지게끔 하거나 부대 전체를 위험하게 할 수 있는 것이
> 다. 포로는 사살될 것이고, 그것은 군사적 필요성에 의거한 것이며, 내가 알고 있는 이상
> 이런 사살이 전시에 행하여진 범죄라고 문제를 제기한 군부대나 다른 법정은 없었다.15)

---

14) Mill, J. S., "the Contest in America", pp.208−209, in John Stuart Mill, *Dissertations and
    Discussion*(Boston: William V. Spencer, 1897), 전게서 Matehews p.7에서 재인용

15) Christopher, p.178.

테일러는 전쟁에서의 정의란 규칙을 제외할 독립적이고 충분한 공감대를 형성할 이유들을 제공하는데 그것은 전쟁의 승리이다. 테일러의 '성공하기 위해 필요한 것'이란 법칙은 이렇게도 볼 수 있다. 즉 "임무의 완수에 대단히 중요한 행동은 군사적 필요성에 의해 정당화된다."16)

그는 군사적 필요성은 전쟁의 규칙에 언제나 우선한다고 생각하고 있고, 전쟁규칙의 무용성이란 관점에서 왜 우리가 전쟁의 규칙을 준수해야 하고 공표해야 하는지에 대한 문제를 제기한다. 그가 말하길, 전쟁의 규칙은 자주 깨어지고, 군사적 필요에 의해서 그리고 고약한 전쟁의 현실은 전쟁의 규칙을 무시하도록 만들지만, 전쟁의 규칙은 두 가지 이유 때문에 가치가 있다는 것이다. 즉 전쟁의 규칙이 자주 어겨지거나 무시되어도, 많은 규칙이 지켜지기에는 그만큼의 충분한 시간이 필요하기에 인류는 이런 규칙이 있음으로 인하여 없는 것보다 이익을 얻고 있다. 만약 군대 소속의 병원을 파괴하는 행위가 규칙상 어긋나는 짓이 아니라면, 그들은 가끔이 아니라 항상 폭파시켰을 것이다. 그리고 전쟁의 규칙은 참여자들에게 참혹한 전투가 불러오는 악영향을 줄이기 위해서라도 필요하다. 병사들이 군사적, 비군사적 사살에 대한 구분을 명확히 짓는 것을 위한 훈련과 의식으로 인해서 이런 사살 행위가 생명의 소중함이나 불필요한 죽음과 파괴로 인해 계속적으로 그들에게 자책감을 느끼게 영향을 줄 것이다. 만약 이런 의식이 없다면 심지어 평생 동안 그들은 생명에 대한 가치감마저 잃어버리게 될 수 있는 것이며, 그 결과는 돌아오는 상당수의 병사들은 잠재적 살인자가 될 소지가 있게 되는 것이다.

그의 두 번째 전쟁의 규칙 옹호 이유는 그것이 고통을 줄인다는 것이다. 그의 논지는 만약 이런 법이 없었더라면 고통은 지금보다 많았을 거란 것이다. 그럼에도 불구하고 그는 군사적 성공을 위한 어떠한 고통도 정당화된다고 말하고 있다. 그런데 테일러에 의하면 전쟁의 규칙으로 유일하게 방지될 고통은 군사적으로 아무런 이익을 주지 못하는 것이다. 아울러 이것 역시 테일러가 앞에서 분노, 두려움, 전쟁의 열기 등 때문에 전쟁의 법칙을 어기는 것이 가능하다고 말한 사실에 의문을 던져준다. 이것은 전쟁법의 인도주의적 관점을 전혀 법적인 것으로 보지 않게 하고, 안내 지침 정도로만 볼 우려가 있다. 더욱이 테일러에게는 군사적 필요성과 군사적 편의를 구분하기가 어렵다는 것이다. 실제로, 테일러의 관점은 법의 인도주의적 측면을 전적으로 군사적 편의로 무효화할 가능성을 가진다.17)

---

16) 상게서, p.179.

17) 상게서, pp.180−181.

뉘렌베르그 사건의 재판을 담당했던 검사로서 테일러의 배경을 생각한다면, 이러한 시각은 매우 곤란한 것이다. 그 이유는 베트남전쟁에서 아군과 적군지역의 구별과 민간인과 군인의 구별에 있어서 실패했던 전쟁으로 낙인찍혔기 때문이다. 전범 재판을 맡고 있는 검사들은 이 법칙이 유럽과 한국의 전쟁에서 성공적이었다고 믿으며, 이 전쟁에서 적과 아군 그리고 적지와 아군의 고지 구분이 명확하였다고 생각한다. 그러나 그들은 이 전쟁규칙이 베트남전쟁과 같은 게릴라전에는 소용이 없었고, 전쟁규칙이 베트남전에서 실패한 이유를 바로 게릴라전의 특성에 기인한다고 말한다.18) 폴 람지(Paul Ramsey)는 베트남전쟁 때 미국의 무고한 민간인 사살은 여자와 아이들 뒤에서 싸운 게릴라들의 잘못이지, 아무런 선택권이 없이 전장에서 그 게릴라에 대항했던 미군의 잘못은 아니라고 주장한다. 그는 "다른 결론을 도출하자면 핵 공격의 차원에서 약삭빠르게 도시 한가운데 미사일 기지를 설치해서 공격을 받지 않으려는 것을 용인하는 것과 같다."고 꼬집는다.

여하튼 이들의 논점은 결국 전투에서의 승리를 위해서 전쟁에서의 정의의 인도적인 면을 무시할 수밖에 없고, 결국 그 법칙들은 반드시 제외되어야 한다고 주장하는 것이다. 성공에 대한 전략적, 정치적인 다각적 해석은 다양하므로 이는 여러 가지 문제점들을 내포하고 있다. 성공(승리) 우선주의 사상은 계급을 막론하고 장병들의 무의식 속에 전쟁규칙을 무시한 행동을 유발하게 된다. 그러나 군인에게 무고한 민간인을 학살하고 폭력을 가할 수 있는 권한이나 권리는 주어진 적이 없다. 장병들에게 승리를 위해 도덕을 저버리고 전쟁규칙을 어기게 하는 것은 법을 완전히 저버리고 이를 이행하지 않는 것과 같다. 미 공군이 베트남의 마을을 파괴하고 무고한 마을 주민들을 사살하고 나서, "마을을 파괴한 것은 마을을 지키기 위해서이다."라고 말한 것은 우리의 무의식중에 그릇된 의식이 심어져 있고, 수단방법을 가리지 않은 무모함이 어떠한 결과를 낳는지 적나라하게 보여준다.

참된 성공이란 군사적인 승리와 민간인 보호라는 도덕적인 승리가 동시에 이루어질 때 성취될 수 있음을 알아야 한다. 군사적인 목적과 수단, 그중 후자인 수단은 도덕적인 측면이 충분히 고려되어야 한다. 도덕적으로 용인될 수 없는 행위를 하기 위해 장교나 병사를 애초에 육성하였다는 것은 모순이다. 법과 평화를 지키고 수호하는 군인이 이를 해친다는 것은 엄청난 범죄행위이기 때문이다.

---

18) 미국이 베트남전에서 전쟁에서의 정의를 이행하지 못한 이유는 민간인들을 방패로 삼은 공산당의 고의적인 정책에 대항한 방책이었다. 많은 경우 이러한 방법을 사용하지 않고는 적에게 접근하기가 매우 어려웠다.

4. 군사적 필요성의 논거에 대한 비판과 대안들

가. 절대주의자의 입장[19]

많은 철학자들은 공리주의를 전쟁에 대한 규칙의 기반으로 생각해 왔다. 확실히 공리주의는 전쟁윤리에 관한 제한규칙을 만드는 데 유용한 근거를 제공하고 있다. 즉 국가이익을 위해 전쟁의 정의를 옹호하거나 전쟁에서의 윤리적 문제를 해결하기 위한 기준을 제공하는 데 있어 공리의 원칙(the principle of utility)은 매우 설득력 있는 근거를 마련해 준다. 공리주의의 이상인 '악을 제외한 최대한의 가능한 선'을 증진시키는 행위는 옳고 그름에 대한 기준으로서 작용하여 전쟁에 대한 어떤 규칙을 만드는 원리로서 이용되고 있으며, 실제로 전쟁법과 국제협약으로 체결된 많은 국제법률이나 규칙들은 상당부분은 "더 적은 악을 행함으로써 더 큰 악을 막을 수 있는 가능성에 직면한다면 더 적은 악을 선택해야 한다."는 공리주의 원칙에 힘입은 바 크다.[20]

그러나 토마스 네이글(Thomas Nagel)은 이 공리의 원칙이 의사결정의 지침을 제공하는 데 기여한다 할지라도 전쟁규칙이 되기에는 불충분하다고 생각한다. 그는 전쟁의 가장 핵심적인 문제인 폭력의 문제를 다루는 데 공리주의가 심각한 문제를 가지고 있다고 본다. 그는 공리주의의 결과주의적 태도 때문에 결과에 따른 수단이 정당화되어 파괴나 큰 폭력을 정당화할 수 있는 약점을 가지고 있다고 보았다. 따라서 대규모의 학살은 공리주의의 근거에 의해서 비난될 수 없다는 것이다. 네이글은 다음과 같이 말한다.

> 공리와 국가이익의 계산에 일단 발을 들여놓으면, 미래의 자유와 평화 그리고 경제적 번영에 대한 고려로 말미암아 사람들은 새카맣게 불에 탄 수많은 어린이들에 대한 양심적 자책감도 쉽사리 지워버릴 수 있는 것이다.[21]

그는 공리의 원칙을 신봉하는 사람들은 대규모의 학살마저도 공리의 원리에 의해서 정당화될 수 있다고 주장하며, 전쟁 중 비전투원에 대한 고의적 살해를 비난하는 앤

---

19) 네이글에 의해서 사용되고 있는 '절대주의(absoluticism)'란 개념은 상대주의에 대립되는 포괄적인 의미에서의 절대주의가 아니라, 공리주의적 관점에 대립되는 개념으로서의 '의무론적 관점'을 지칭한다.

20) Nagel, Thomas, "war and massacre", *War and Moral Responsibility*(princeton univ. press, 1974), p.5.

21) 상게서, p.9.

스콤(Anscomb)의 논의에 동조한다. 앤스콤은 히로시마와 나가사키에 원자탄 투하를 비난하면서 수많은 민간인을 살해한 이러한 정책은 트루먼 정부만의 문제가 아니라 2차 세계대전에 참여한 국가의 전반적인 풍조(Ethos)가 그러하다는 것이다. 민간인을 이렇게 무참하게 죽일 수 있는 이른바 문명국가의 논리는 이익을 얻을 수 있다면 어떤 것도 허용가능하다는 도덕적 신념의 기초를 제공하는 공리주의에 기초한다는 것이다. 즉 "여자, 어린이, 노인 등과 같은 비전투원을 고의적으로 살해해도 그로 말미암아 이익을 얻을 수 있다면 허용 가능하다는 도덕적 신념의 기초를 제공하는 것은 결과주의를 바탕으로 하는 공리주의에 있다."는 것이다.22) 이러한 공리주의의 논리 말고 어떻게 대량학살이 허용되는 도덕적 정당화가 가능하겠는가? 결과주의를 지향하는 공리주의를 신봉하는 한 대량학살과 같은 비극은 정당화되고 계속되는 것이 아닌가? 이것이 네이글이 공리주의를 바탕으로 한 전쟁규칙을 비난하는 주된 이유이다. 요컨대 그는 공리의 원리에 입각해서 예외적인 수단을 인정하면, 대규모의 학살과 같은 극단적인 비극도 가능하게 된다는 것이다. 민간인의 고의적인 대량학살은 있어서도 안 되며 설사 공리주의에 의해서 이것이 채택되어도 그 정책의 정당화는 결코 쉽지 않다는 것이다. 즉 대량학살을 통해 얻어지는 결과가 아무리 크다고 할지라도 대량학살 자체가 비교할 수 없을 정도의 커다란 윤리적 가치를 지니고 있으므로 민간인의 대량학살은 공리주의라도 정당화하기 어렵다는 것이다.

네이글은 이런 공리주의에 반대하며 윤리적 절대주의를 주장한다. 그는 아무리 목적으로서 추구할 만한 가치가 있는 행위라도 행해질 수 있는 데는 제한사항이 있으며, 그 제한사항을 유지하는 데 아무리 큰 고충이 따른다 할지라도 고수해야 할 제한사항이 있다는 것이다. 그 제한사항이 전쟁에 있어서는 무장하지 않은 포로나 민간인들 살해해서는 안 되는 것과 같은 것이다. 공리주의가 '장차 일어날 것'을 중시한다고 한다면, 절대주의는 '지금 행하고 있는 것'에 주목한다. 비록 절대주의가 완전히 행위의 결과를 완전히 무시하는 것은 아니지만, 단지 행위의 결과에 의해서 행위 자체를 정당화시켜서는 안 된다고 본다. 왜냐하면 의도적인 행위는 '결과에 관계없이 그 결과와는 무관하게 그 자체의 타당성'을 따져 봐야 하기 때문이다.

네이글이 주장하는 절대주의의 핵심은 어떤 결과를 초래해서는 안 된다는 것이 아니라 사람들에게 어떤 일들을 행해서는 안 된다는 것이다. 그러나 그가 주장하듯이 절대주의가 행위의 결과를 도외시하는 것이 아니다. 그는 우리가 행위를 결정할 때 행할

---

22) 상게서, p.7.

행위의 결과를 고려함으로써 행위를 결정해서는 안 된다는 것이다. 왜냐하면 행위의 결과를 고려해서 행위를 선택할 경우에는 결코 행해서는 안 되는 행위들, 예를 들면 고의적인 살해와 같은 행위를 선택할 수도 있다는 것이다. 우리가 행해서는 안 되는 것을 선택해서 행하는 것은 얼마나 모순적인가? 또 네이글이 주장하는 두 번째의 핵심은 "절대주의가 요구하는 것은 어떠한 대가를 치르고서라도 살해를 방지(prevent)하는 것이 아니라, 어떠한 대가를 치르고서라도 살해를 회피(avoid)하려는 것이다."

그러나 공리주의나 이기주의가 가지고 있는 군사적 수단의 정당화에 대한 위험에 대해 경고하는 네이글의 논의를 충분히 인식하더라도, '전쟁에서의 정당함'의 행동 원칙에 대한 절대주의자의 논증을 옹호하기 위하여 그가 시도하고 있는 '도덕적인 진퇴양난(Moral Blind Alley)'에 대한 서술은 많은 문제를 가지고 있다. 격렬히 대립하고 있는 상황에서, 특히 힘이 야한 세력이 강자에 의해 전멸당하거나 전부 누예로 전락할 위기에 있는 상황에서, 그의 폭력 사용에 대한 거부는 문제의 딜레마적 상황을 극명하게 드러낸다. 네이글의 이런 딜레마에 대한 좌절에서 우리는 사악한 결말을 수반할 것 같은 대안들과 너무 자주 직면한다고 한탄했던 성 아우구스티누스의 말을 떠올리게 한다. 아우구스티누스가 말했던 도덕적 행위자가 그들의 순수한 의도를 간직하고 그들의 소명을 다하는 상황에서, 즉 덜 악한 행위가 선의 본질인 것으로 보이는 상황에서 네이글은 다음과 같이 말한다.

> 우리에게 닥친 세상의 모든 도덕적인 문제들을 해결할 수 있다는 생각은 너무나도 고지식한 생각이다. 우리는 세상이 바람직하지 못한 곳일 뿐만 아니라 사악함으로 가득 찬 공간일 수도 있다는 것을 항상 인지해 왔다.[23]

비록 이 세상에서 도덕적인 행위의 선택의 어려움에 대한 네이글의 판단에 우리가 동정심을 가질지도 모르지만, 네이글의 해결책은 셰익스피어 비극 중에 햄릿이 보여준 행동처럼 전쟁 중에선 형편없이 취급받게 마련이다. 확실히 전쟁의 법칙처럼 분명한 도덕적 행동 원칙은 중요한 행동 영역의 표본이 되며, 우리는 그러한 도덕적 행동 원칙들을 목숨이 다할 때까지 보호해야 한다. 그럼에도 불구하고 그러한 도덕적 행동 원칙이 때론 무고한 사람들의 생명의 안전에 영향을 끼칠 수 있는 다른 중요한 입장을 수호하기 위해 버려져야만 하는 상황들이 올 수도 있다는 사실이다. 우리가 전쟁이라는 악을 인정하는 순간 이미 그 속에서 일어나는 '더러운 손'과의 악수는 피할 수

---

23) Christopher, 전게서, p.183.

없는 거래를 할 수밖에 없는 것이다.

나. 규칙공리주의의 입장

리차드 브란트(Richard B. Brandt)는 그의 논문 "공리주의와 전쟁규칙(Utilitarianism and the Rules of War)"에서 네이글의 절대주의를 비판하고, 자신의 계약론적 혹은 규칙공리주의적 입장에서 군사적 필요성을 옹호하고 있다. 브란트는 네이글의 절대주의의 관심이 '고의적으로 사람들에게 행하는 것'에 있다는 데 주목한다. 브란트는 이 명제가 전쟁규칙을 위한 중요한 제한점이 될 것이라는 점을 인정하면서도, 네이글이 이 부분을 충분히 설명해 내지 못했다고 지적한다.[24] 이 점을 보다 쉽게 설명하기 위해 브란트는 군수공장 – 야간 기습공격의 합법적인 군사 목표물 – 파괴를 위한 폭격의 예를 제시한다. 브란트는 이 폭격으로 말미암아 오천 명의 인명이 살해될 수 있다고 가정한 뒤, 이 폭격이 과연 사람들에게 무엇인가를 '고의적으로 행하는 것'인지의 여부를 검토함으로써 브란트는 네이글의 논의가 모호하다고 말한다. 왜냐하면 네이글의 논의는 이 경우 '군수공장의 공격이 합법적인지 아닌지, 또는 군수공장에서 일하는 사람들, 즉 군대를 지원하는 사람들에 대한 공격이 가능한지 아닌지를 명확하게 설명하지 못하기' 때문이다. 바꾸어 말하면 군수공장 파괴를 위한 폭격은 합당하다고 네이글이 주장할지 모르지만, 오천 명의 인명 피해를 야기할 군수공장의 폭격은 그 합당성을 네이글에게서 찾아보기는 어려울 것이라는 주장이다.[25]

그러나 브란트에 의하면 사람들에게 고의적으로 행하는 것이 무엇인가를 고려한다면 규칙공리주의자의 입장에서는 이 문제에 대답할 수가 있다. 브란트에 따르면 "규칙공리주의자는 전쟁규칙에서 벗어나는 행위일지라도 단지 공리주의적 계산에 의해서 그 행위가 정당화될 수 있다고 생각하지는 않는다." 이런 점에서 규칙공리주의자는 절대주의자와 제휴한다. 양자의 차이점은 규칙공리주의자가 규칙의 정당화를 장기적 공리(long – range utility)에 의거해서 찾는 것에 반해, 절대주의자는 결코 공리에 의거하지 않는다는 점이다. 그러나 규칙공리주의자는 군수공장의 공격이 합당한지 아닌지에 대해 답할 수 있지만, 네이글과 같은 절대주의자는 대답할 수가 없다. 그러므로 브란트에 의하면 규칙공리주의의 관점이 절대주의의 그것보다 전쟁규칙의 도덕적 기준으로서 더 적합하고 군사적 필요성의 문제에 더 적절한 대답을 줄 것이라고 본다.

---

24) Brandt, Richard B., "utilitarianism and the rule of war", *War and Moral Resonsibility*, p.26.
25) 상게서, p.28.

전쟁규칙의 도덕적 기반으로서 규칙공리주의가 적합하다는 견해를 보다 명확하게 설명하기 위해 브란트는 각국의 대표들이 모여 전쟁규칙을 선택하는 최초의 상황을 상정해 본다. 윤리학 이론의 정당화를 위한 롤즈식의 용어와 방법을 따라, 브란트는 도덕적으로 정당화 가능한 전쟁규칙은 무지의 장막 뒤에서 합리적인 사람들이 우선적으로 선택하는 규칙이 될 것임을 보여주고자 한다. 브란트에 의하면 합리적이고 공평한 사람들은 최대의 공리(maximizing utility)를 기대할 수 있는 전쟁규칙을 선택할 것이다. 그 이유는 무엇일까? 브란트는 다음과 같이 말한다.

> 만일 그들(합리적이고 공평한 사람들)이 자기이해관계에 밝은 사람들이라면 그들은 일반적으로 기대 가능한 공리 극대화의 규칙을 선택할 것이다. 왜냐하면 최상의 결과에서 나오는 각자의 몫이 가장 클 것이기 때문이다. …… 또한 그들이 이타주의적인 사람들이라 할지라도 마찬가지로 같은 규칙을 선택할 것이다. 왜냐하면 그들은 모두에게 기대 가능한 공리를 극대화할 규칙을 선택할 것이다.[26]

다시 말하면 그들이 자기이익을 밝히건 밝히지 않건 간에 그들은 유용성을 최대화하는 규칙을 채택한다는 것이다. 왜냐하면 이타주의자들이라면 타인에게 보다 좋은 결과가 주어질 수 있기를 원하는 까닭에 그 규칙을 선택할 것이요, 이기주의자들이라면 무지의 장막 뒤에서는 어느 누구에게 혜택이 주어질지 모르는 까닭에 장차 기대할 수 있는 공리가 가장 큰 규칙을 채택하는 것이 현명한 일일 것이기 때문이다. 이 규칙들은 궁극적으로 자기이해관계에 밝은 합리적인 사람들을 충족시킬 것이라는 주장이다. 그러나 앞서도 언급했거니와 브란트에게 있어서 이들 공리 극대화의 규칙은 일반적 공리 극대화의 규칙(the general utility－maximizing rules)은 아니다. 브란트의 표현에 따르면, "이 규칙은 적에게 어떠한 인간적 희생을 끼칠 것인가는 상관하지 않고 오로지 군대가 승리할 수 있는 기회만 증진시킨다면 무엇이건 허용하는 규칙과는 다르다." 이 같은 점에서 볼 때 브란트식의 공리는 승리를 위해서라면 어떠한 방식의 무력도 불사할 뿐만 아니라 설사 승리에 필수적이 아니라 할지라도 득이 된다고 판단되면 어떤 무력도 허용하는 일반적 공리 개념과는 매우 다르다. 요컨대 군사적 필요성의 근거로서 이기주의의 논리로서 안전제일주의를 거부하며 공리주의적 원칙에 의한 전승제일주의의 논리도 거부된다. 브란트가 자신의 공리론을 '규칙공리주의'라고 규정하는 까닭이 여기 있다.

---

26) 상게서, pp.38－30.

규칙공리주의가 실제적인 전쟁규칙의 도덕적 기반으로서 적합하다는 자신의 주장을 확고히 하기 위해서 브란트는 전쟁규칙을 세 가지 타입의 제한규칙으로 분류하고, 이러한 규칙들이 궁극적으로는 기대가능한 장기적 공리에 근거하고 있어 군사적 필요성의 문제 적절한 기준을 제공하리라고 생각한다. 세 가지 제한규칙은 다음과 같다.27) 첫째, 군사작전에 영향을 미치지 않을 인본주의적 제한이다. 가령 포로의 학살이나 학대를 금하는 규칙이 이 제한에 속한다. 이 규칙을 따르는 것은 군에 큰 손실을 가져오지 않으며, 오히려 적군의 생명을 존중한다는 사실로 말미암아 퇴각군의 투항을 유도할 수 있다는 이들을 기대할 있다.

둘째, 군의 승리에 영향을 미칠 인본주의적 제한이다. 가령 원자탄의 투하나 공중폭격을 금하는 규칙이 이 제한에 속한다. 앞의 제한과는 달리 이것은 위기의 정도가 매우 높은 경우이다. 공리의 원칙에 입각할 때 공중기습 폭격은 폭격 행위에서 얻을 수 있는 비효용성보다 효용성이 높다고 판단될 때 허용될 것이다. 그러나 이 경우는 인본주의적 제한규칙은 군사적 행동이 승리의 전망을 명백히 높여줄 것이라는 충분한 증거(good evidence)를 요구한다. 바꾸어 말하면 "적 민간인의 생명과 재산의 실질적인 파괴는 오로지 충분한 증거가 있을 때만이 허용될 수 있다."는 것이다.

셋째, 인본주의적 근거에 의한 군사적 손실의 수용이다. 이 경우는 전쟁 경제와 관련된다. 폐색이 짙은 국가가 전쟁의 결과가 거의 예견됨에도 불구하고 저항을 계속할 때 일반공리 원리에 의거하여 지속적인 재난을 가져올 장기전을 피하고자 승전국의 원자탄 사용이 허용될 수 있다고 생각할 수도 있겠다. 그러나 이 인본주의적 제한규칙은 자국의 군사적 손실을 막는다는 구실로 상대국의 도시를 파괴할 원자탄 사용을 금할 것을 요구한다. 항복을 이끌어 낼 만큼의 충분한 손실을 상대국에게 입히는 것이 허용될 수도 있겠으나 이 경우는 장기적인 공리 계산에 의한 판단하에서만 가능할 뿐이다.

브란트에 의하면 인본주의적 근거에서 나오는 이 모든 규칙들은 민간인과 포로들의 생명과 복지를 위해서는 교전국이 어느 정도의 군사적 불이익을 감수할 준비가 되어 있어야 한다는 규정을 보여주고 있다. 그러나 브란트는 여기서의 불이익이란 전쟁의 결과에 영향을 미칠 만큼 심각한 정도는 아니어야 한다고 말한다. 나아가 전쟁 당사국들에 의해 이 규칙들이 준수된다면 장기적으로 볼 때 어느 편에도 불이익이 되지 않도록 군사적 이득과 손실은 공평하게 매겨져야 한다고 말한다. 이와 같은 이유로 브란트는 다음과 같이 결론짓는다.

---

27) 상게서, pp.30-33.

그러므로 전쟁의 결과에 영향을 미침이 없이 그리고 어느 편에도 부당한 이득을 주지 않고 포로와 점령지역 주민들의 복지에 있어서 양측의 교전당사국은 상당한 이익을 갖게 될 수 있다. 따라서 사례에 따라서는 회생이 따를 것으로 보이는 규제를 양 당사국이 수용한다면 결과적으로 양 국가에서는 장기적인 관점에서의 이득이 보장될 수 있는 것이다. 장기적인 이득이라는 측면에서 고려해 볼 때 합리적이고 공평한 사람들이라면 이와 같은 규칙을 당연히 수용하게 될 것이다.[28]

요컨대, 브란트에 있어서 어떤 전쟁규칙이 도덕적으로 정당화 가능한 것이냐 하는 문제는 규칙공리주의의 입장으로 답해질 수 있다고 보고 군사적 필요성의 문제와 기준도 여기에서 그 근거를 찾을 수 있다고 생각한다. 왜냐하면 규칙공리주의는 네이글이 비판하는 일반공리주의가 안고 있는 문제들뿐만 아니라 네이글의 의무론적 절대주의가 갖고 있는 문제들도 해소할 수 있다고 생각하기 때문이다. 네이글이 지적하였듯이 공리원칙에의 고수, 즉 행위의 결과에만 의존하는 것은 대량학살마저도 정당한 것으로 인정하게 하지만, 인본주의적 제한규칙에 근거하는 전쟁규칙은 전쟁포로의 학살이나 학대금지에 대한 근거는 물론이고, 대량학살이나 비의도적 무고한 시민에 대한 폭격과 같은 군사적 필요성의 문제에 합리적 근거를 제공할 것이다. 그러므로 브란트는 자신의 규칙공리주의는 공리주의의 입장을 벗어나지 않기 때문에 네이글의 절대주의와 다르면서도 네이글의 절대주의가 목적하는 바를 달성할 수 있다는 것이다. 바꾸어 말하면 인본주의적 제한규칙은 궁극적으로는 장기적 공리에 기초하고 있기 때문에 절대주의자가 대답하기 어려웠던 현실적인 문제들도 답할 수 있으며, 그러므로 합리적이고 공평한 사람들이라면 규칙공리주의에 입각한 전쟁규칙을 선택하게 된다는 것이다.

다. 관습주의(Conventionalism)의 입장

정의 혹은 윤리적 원칙으로 관습주의(Conventionalism)의 입장은 정의의 근거를 법, 관습, 혹은 공동체가 공유하는 이해체계에 따라 주어지는 것으로 보는 상당히 정치적이고 현실적인 태도이다. 플라톤의 국가에서 케팔루스와 프레마르쿠스가 정의는 각 사회의 관습에 의해 결정된다고 말한 것처럼, 왈저는 모든 사회적인 선에는 적절한 분배 기준이 존재하며, 그 기준은 특정 사회 내에서 그러한 선이 이해되는 방식으로 관련된다는 것이다.[29] 이러한 생각방식으로 왈저는 전쟁규칙과 군사적 필요성의 문제에

---

28) 상게서, pp.33-35.

대해 정치적 필요성과 이해 기준을 제시한다. 왈저(Michael Walzer)는 전쟁법은 '하늘이 떨어질 때까지' 반드시 지켜져야만 한다고 하였다. 그는 이런 재난을 최고 비상사태(Supreme Emergency)라고 부르고, 그는 제2차 세계대전에서 나치 독일이 초기에 선전을 한 것을 영국에 있어서 최고 비상사태의 한 예로 들었다. 왈저는 오직 '배수진을 친' 일촉즉발의 패전 위기상황에서, 즉 극악하고 두려운 적을 대면해서 '벼랑에 몰렸을 경우'에 한 국가는 전쟁에서의 정의의 원칙을 무시할지도 모른다고 주장한다.30)

왈저는 '군사적 필요성'이란 말보다 '정치적 필요성'이란 표현이 더 적절한 것이라고 본다. 정치적 필요성은 그가 정의했듯이, 최고 비상사태는 전술상 또는 부대 단위에서는 존재하지 않는다. 이를 땅굴에 들어간 군인 또는 해병대 지휘 사령부의 소령에게 적용한다면, 왈저의 해석은 인도주의적 원칙인 전쟁의 정의를 엄격한 조항으로 만들려고 한다고 본다. 그의 주장에 따르면, 오직 한 국가가 일촉즉발의 비참한 패배 − 식민지 또는 대량학살의 결과를 낳을 수 있는 패배 − 에 직면했을 때만 군사적 필요성이 발동된다는 매우 제한적인 근거를 제시하였다.

왈저가 보기에 도덕원칙1을 무효화하는 유일한 근거는 결국 도덕원칙2를 만족시키는 것이다. 이것은 상당히 예외적인 단계에 대한 것이기에, 주변조건들을 충분히 감안하고 남용을 막을 수 있도록 명확히 정의하고 객관적인 규정으로 확립하는 것이 중요하다. 폭력 사용을 용인하는 전쟁의 정의의 기준들은 똑같이 군사적 필요성의 요청되는 상황에 적용할 수 있다는 것처럼 보인다. 두 경우 모두 도덕원칙2를 위한 도덕원칙1의 위반과 연루되어 있기 때문이다. 이 점에 관해서는, 이는 항상 군사적 결정이기보다는 정치적 결정임이 틀림없다. 게다가 군사적 필요성을 불러일으키는 결정과 구체적 규정들은 적법한 권한에 의해 대중에게 공표되어야 한다. 게다가 지향하는 목적이 매우 중요하다 하더라도, 이것을 달성하는 데 있어서 발생할 인간 고통의 양에 비례해야 한다. 환언하면, 만약 민간인 숫자로 비용이 측정된다면, 의사 결정자들은 달성하고자 하는 목적이 그들 자신의 시민들의 목숨과 같은 정도의 가치가 있어야 한다는 것이다. 이러한 기준을 보통 비례성이라고 부른다.31)

최후의 수단으로서 채택된 군사적 필요성은 원하는 목적을 얻기 위한 필요충분조건이어야만 하는데, 필요조건이 되는 것은 무고한 시민의 생명을 희생하려는 것이 최후의 수단이 된다는 것이고, 충분조건이 되는 까닭은 동원된 모든 수단들에 비해 얻고

---

29) Barry, B., *Justice*, p.17.

30) Christopher, *전게서*, p.185.

31) *상게서*, p.186.

자 하는 목적이 매우 값진 것이어서 동원된 비용을 충분히 치를 만한 것이어야 한다는 것이다. 다른 말로 하자면 가용될 수단의 한계는 사전에 충분히 제시되어야 한다는 것이다. 또한 한 국가가 강제력을 이용해서 처음부터 강경책으로 밀고 나간다면 불가능하지는 않겠지만 그것은 자신의 시민들(군인들)의 생명을 '소비'하려는 결정을 통해 어떤 정치적 목적을 달성하는 것이다. 그리고 전략적이거나 국가적 차원에서 군사적 필요성이 요청된다면 되도록 제한하자는 것이다. 이것은 군사적 필요성을 어느 정도 인정하면서 동시에 국제(전쟁)법상에 군사적 필요성에 대한 애매한 부분을 제거하려는 시도이다. 그는 전쟁이라는 망나니에 대한 고삐를 제공하는 전쟁의 정의는 군사적 필요성이라는 매우 드물게 요청되는 사안에 대해서도 해결책을 제시할 것으로 생각한다.

이런 왈저와 같이 하아틀(Anthony E. Hartle)은 제네바 협약 빚 미 공군 매뉴얼 등과 같은 현실적인 법률이나 규칙을 근거로, 전쟁규칙의 정신을 존중하고 문제해결을 위해 국제법이나 육전법을 이용해서 복잡한 문제해결을 시도하고 있다. 그는 브란트의 규칙공리주의가 제시하는 고통감소의 원리인 두 번째 원리를 인간존중의 원리인 첫 번째 원리보다 우선시하는 데 반대한다.32) 전쟁법이 포로의 보호나 난파당한 사람들의 보호를 명시하였다면 이것은 명백히 브란트의 규칙공리주의가 항상 고통 최소화인 제2의 원리에 우선성을 두는 데 반대하는 대안이 될 수 있다는 것이다. 그는 전시 중에 문제에 봉착했을 때, 왈저가 정치적 필요성에 호소했듯이, 현행 전쟁법의 정신을 따르고 의뢰하는 것으로 충분하다는 것이다.

5. 맺음말

정당한 전쟁론의 한 축을 이루고 있는 전쟁에서의 정의는 전쟁의 폭력성을 어쩔 수 없이 인정하더라도 그 폭력적 수단에 어떤 제한을 두려는 시도이다. 여기에 이르러서 우리는 전쟁에서의 정의의 문제 특히 군사적 필요성에 대한 원칙과 기준을 찾을 수 있을까? 머리말에서 제시된 딜레마에 대한 명쾌한 답을 찾았는가? 그러나 우리는 다양한 철학적 입장에서 제시하는 여러 가지 기준과 근거는 각자가 어떤 절대적 진리를 제시하는 것이 아니고 결국은 각각의 입장에서 나름의 진리를 보여주는 것에 그치지 않는다는 사실을 다시금 확인하고 말았다. 전쟁에서의 정의로 전쟁의 수단과 방법의

---

32) Hartle, Anthony, *Moral Issues in Military Decision Making*(Univ. of Kansas, 1989), p.71.

적절성에 대한 기준은 대체로 구별 혹은 차별(Discrimination)과 비례성(Proportionality)이다. 이것은 현대의 윤리적 용어를 빌려 이른바 전쟁규칙으로서 1)인본주의 원칙과, 2)공리주의 원칙으로 자리매김하였다. 물론 차별의 원칙이 곧 인본주의 원칙이 되고, 비례성의 원칙이 공리주의 원칙이 된 것은 아니다. 오히려 구별과 비례의 원칙이 동시에 인본주의 원칙과 공리주의 원칙으로 보다 구체화되었다고 보는 것이 타당하다. 그리고 이 두 원칙은 '전쟁 중에도 자비를'이라는 전쟁인도법의 근간으로 적용되었음을 알 수 있다.

전쟁에서의 윤리적 기준은 최소의 기준이면서도 살상과 무자비의 전쟁에서 이를 지키는 것은 결코 쉬운 일이 아니다. 단순히 이 원칙들이 지키기 어렵다는 것뿐만 아니라, 이 두 원칙이 서로 갈등을 빚거나, 어쩔 수 없이 원칙을 포기할 수밖에 없는 상황에 처하기도 한다. 특히 군사적 필요성이라는 점에서 이 문제는 두드러진다. 군사적 목적상 — 대체로 안전과 승리라는 이유로 — 윤리적 원칙은 파기되거나 무용화될 논리가 설득력 있게 제기된다. 안전을 이기주의적 관점으로, 승리를 공리주의적 관점으로 해석해 보면, 문제의 윤리적 입장을 더욱 명확히 할 수 있을 것이다. 사실 승리를 공리주의적 입장으로 해석할 때, 인본주의 원칙인 윤리원칙1을 공리주의 원칙인 윤리원칙2로 환원하려는 시도로 해석된다. 고통 최소화의 원리는 결국 전쟁에서 승리하는 것이라고 해석될 수 있다.

군사적 필요성에서 개인의 안전을 가장 중요하게 생각하는 이기주의적 입장은 결국 군인이라는 독특한 위치 때문에 군인의 생명이 시민의 생명과 같이 취급이 될 수 없다는 점에서 논박될 수 있다. 아울러 조직의 목적인 전승을 최고의 선으로 생각하는 공리주의적 입장은 때로 인간의 존엄성과 도덕적 원칙을 무의미하게 만드는 위험을 내포하고 있다. 이런 비판을 하는 데 있어서 네이글의 절대주의적 입장은 매우 신랄하다. 인간의 생명과 가치를 제일의 원칙으로 삼고 이를 지키려는 것은 사실 전쟁과 같은 아수라장에서 인간이 가지는 마지막 희망과 최후의 보루가 될 수 있을 것이다. 그가 말한 대로 비록 그 규칙이 자주 위반되는 한이 있더라도 우리가 지켜야 할 이상과 희망으로서 도덕성의 근거를 마련하고 있다. 그에게 있어 윤리는 희망하는 것이다. 그러나 도덕적 절대주의는 손에 더러운 것을 전혀 묻히지 않으려면, 해어가 비판하듯, "아무것도 하지 않는 것이 도덕적으로 유일한 방법일 수밖에 없다."33)는 무용론의 위기를 맞이할 수 있을 것이다.

---

33) J. E. Hare, "Rules of War and Moral Reasoning", M. Cohen, ed., *War and Moral Responsibility*(N.J.: Princeton University Press, 1974), p.47.

브란트의 규칙공리주의는 매우 설득력 있게 전쟁의 규칙의 근거로서 작동하는 규칙공리주의의 특성을 잘 보여주고 있다. 그는 공리주의와 이기주의의 단점을 보강하면서 군사적 필요성의 가능성을 마련하고 있다. 그러나 사례1에서 보는 것처럼 함장이 난파된 사람들을 구하지 않고 돌아간 경우에서 희생의 문제를 좀처럼 해결하지 못하고 있는 것처럼 보인다. 전쟁이 그 자체로 도덕적인 문제를 가지고 있는 것처럼 군인의 신분도 희생과 봉사라는 특별한 위치를 가지고 있다. 그가 함정의 위험을 무릅 쓰고서라도 난파한 사람들을 구해야 되지 않았을까? 그는 함정의 전력 보장과 함 승조원들의 생명을 위해서 난파한 사람들을 구하지 않았지만, 결국 목숨을 걸고서라도 그들을 구하는 절대주의적 자세를 견지하려는 것이 군인의 본분이 아닐까. 이를 무시한 함장의 태도는 안전과 전력보전이라는 공리주의적 결과주의에로 돌아간 것이 아닌가. 그러므로 과연 규칙공리주의가 전쟁에서의 윤리적 문제를 해결할 수 있는가? 그것이 지향하는 윤리는 상호이익으로 귀결되므로 그 이익의 거래에 참여하지 못하는 약자의 위치는 난파당한 사람들의 입장처럼 모든 것을 운에 맡겨 버리는 비극을 조장하고 만다. 하아틀이 적시한 대로 인간존중의 첫째 원리의 보장을 결국은 인간 고통의 최소화의 원칙이나 유용성의 원리로 귀결시켜버리고 만다. 요컨대 도덕원칙 두 가지를 결합시키고 통합하려는 규칙공리주의도 결국 공리주의적 원리 안에 절대주의의 도덕적 엄밀주의를 제한하려는 결과를 가지는 것이 아닌가 하는 것이다. 그리고 무엇보다 해어가 요청하는 것처럼 복잡다단한 전쟁의 상황을 헤아릴 수 있는 능력과 도덕적 추론 능력을 기르기 위해서 엄격한 교육을 거쳐야만 하고, 구체적인 사례들을 처리할 필드 매뉴얼과도 같은 보다 더 세밀한 규칙들과 적용법을 마련해서 사람들에게 문제해결의 처방을 제공하는 처방주의적 공리주의에 자리를 양보해야 할 것처럼 보인다. 그런 면에선 오히려 전시법으로 정치적 필요성이란 보다 더 구체적인 근거로 책임소재를 구분하고 문제해결을 시도하는 하아틀이나 왈저류의 관습주의가 더 효율적이라 하지 않을 수 없다.

　사실 윤리적 이상과 현실적 요구는 서로가 보완적이면서도 이율배반적이다. 윤리적 이상만으로는 현실의 정의가 쟁취될 수 없기 때문이다. 윤리적 진실은 네이글이 고백한 대로 "이 세상에서의 도덕적 한계를 고백하고 덜 악한 행위가 선인 척하는 가면을 벗는 것이 그리고 그런 인간적 실존의 비극적 현실에서 우리는 희망하고 차선을 선택하는 개연적인 진리만을 고백하는 것"일 수 있다. 전쟁에서의 정의의 근거로서 차별성과 비례성을 우리가 인정할 때, 이것이 전쟁의 규칙으로서 인본주의적 원칙이나 공리주의 원칙으로만 해석될 수 있는지를 다시 한 번 검토해야 하고, 이를 해석하는 능력으로서 아리스토텔레스적인 실천이성이 더욱 요구된다. 아울러 무엇보다 전쟁에 대한 이러한 원칙논의가 "원칙으로 살기보다는 원칙을 두고 다투는 것이 더 쉽다."라는 애들라이 스티븐슨(Adlai Stevenson)의 고백이 더욱 두드러지며, 인간행동의 동기와 실존적 삶을 강조하는 덕윤리의 입장을 다시금 돌아보게 한다.

참고문헌

이민수, 『전쟁과 윤리』(서울: 철학과 현실사, 1998).

Barry, B., *Theories of Justice*(London: Harvester－wheatshaf, 1989).

Brandt, Richard B., "Utilitarianism and the Rule of War", *War and Moral Responsibility*(N.J.: princeton Univ. press, 1974).

Christopher, Paul, *the Ethics of War and Peace*(Prentice hall, 1994).

Hare, J. E., "Rules of War and Moral Reasoning", M. Cohen, ed., *War and Moral Responsibility*(N.J.: Princeton University Press, 1974).

Hartle, Anthony, *Moral Issues in Military Decision Making*(Univ. of Kansas, 1989).

Matthews, Lloyd J., ed., *The Parameter of Military Ethics*(Pregamon－Brassey's, 1989).

Nagel, Thomas, "War and Massacre", *War and Moral responsibility*(Princeton univ. press, 1974).

Wakin, Malham M., War, *Morality, and the Military Profession*(Westview Press, 1986).

Wells, Donald, *An Encyclopedia of War and Ethics*(Greenwood press, 1996).

제6장 정의전쟁론의 이론과 실제

윤영돈*

1. 머리말

전쟁은 인류의 역사와 더불어 시작되었다. 특히 지난 20세기에는 1,000만 명의 전사자를 유발한 제1차 세계대전과 5,500만 명의 희생자를 낸 제2차 세계대전의 비극을 비롯하여 한국전쟁, 베트남전쟁, 중동전쟁, 걸프전쟁 등을 경험하였고, 최근에는 미국이 주도하는 '테러와의 전쟁'을 목격했다. "한 통계에 의하면 기록으로 남아 있는 기원전 1496년 이래 근 3,500년에 이르는 인류의 역사를 통하여 전쟁이 없었던 햇수는 불과 244년에 불과하고, 나머지 3,250여 년은 비극적인 유혈투쟁으로 점철되어 왔다는 것이다."[1] 그러므로 인류의 오랜 역사는 전쟁과 유혈의 역사라 할 수 있다. 인명과 재산과 자연을 파괴하는 전쟁은 그 자체로 '절대악(absolute evil)'이지만 보다 큰 해악을 방지하기 위한 '필요악'으로 공인되어 왔다.

전쟁에 대한 관점은 크게 평화주의, 현실주의 그리고 정의전쟁론으로 대별해 볼 수 있다.[2] 평화주의(Pacifism)에서는 무력의 위협과 사용을 금지한다. 왜냐하면 무력은 도덕적으로 정당화될 수 없기 때문이다. 그러므로 평화주의자가 된다는 것은 어떠한 경우에도 무력에 의지하지 않음을 의미한다. 반면에 현실주의(Realism)에서는 전쟁이 도덕과 무관한(nonmoral) 것이라고 주장한다. 한 사회 내에서 개인 간의 관계와는 달리 국가 간에는 도덕적 관계가 없다는 것이다. 이러한 입장은 진시황제, 칭기즈칸, 히틀러, 스탈린, 후세인 등에게서 볼 수 있다. 전형적인 현실주의자들은 전쟁과 윤리를

---

* 인천대학교 윤리·사회복지학부(윤리학전공) 교수

1) 이용호, 『전쟁과 평화의 법』(경북 경산: 영남대학교 출판부, 2001), pp.1-2.

2) Nicholas Fotion, "Reactions to War: Pacifism, Realism, and Just War Theory", Andrew Valls(ed.), *Ethics in International Affairs*(Lanham & Oxford: Rowman & Littlefield Publishers, 2000), pp.15-21.

결부시키지 않는다. 한 국가가 돌봐야 하는 것은 자국의 이익뿐이다. 세계는 에덴동산이 아니라 약육강식이 지배하는 정글이다. 한편 전쟁에 대한 세 번째 관점인 정의전쟁론(Just War Theory)은 평화주의와 전형적인 현실주의라는 양극단의 중간에 위치한다. 다시 말해서 정의전쟁론은 인류의 이상을 담아 낸 윤리적 원칙에 입각한 현실주의(principled realism)라고도 할 수 있다. 정의전쟁론은 평화주의와 같이 전쟁에 대한 국제적인 도덕적 제한조치를 수용한다. 그러나 평화주의가 모든 전쟁과 무력 사용을 금지하는 것과는 달리 정의전쟁론은 무력이 정의를 수행하기 위한 수단이 될 수 있음을 인정한다. 정의전쟁론에 의하면 무력과 전쟁이 악이기는 하지만 최고악(the greatest evil)인 것은 아니다. 오히려 무고한 사람들을 보호하기 위해서나 부당하게 침해된 것을 회복하기 위해서 혹은 적국의 침입을 방어하기 위한 무력의 사용은 정당화될 수 있다.3)

이상의 세 가지 전쟁에 대한 관점 가운데 필자는 이상과 현실의 조화 추구에 적실성이 있는 정의전쟁론의 자연법적 전통과 정의전쟁론의 구조 및 그 적용 범위에 대해 살펴보고자 한다. 다음으로 정의전쟁론의 이론을 미국의 현대전이라 할 수 있는 걸프전(The Persian Gulf War)에 적용하여 그 정당성을 평가해 보고, 테러와의 전쟁에 나타난 선제공격의 관점이 정당화될 수 있는지에 대해 논의하고자 한다.

2. 정의전쟁론의 자연법적 전통

서구의 친숙한 정의전쟁론의 역사는 기독교적 관점에서 아우구스티누스(Augustinus, 354~430)에서 출발하여 아퀴나스(Thomas Aquinas, 1225~1274)에 의해 보다 발전하며, 그로티우스(Hugo Grotius, 1583~1645)에 이르러서 세속적인 맥락으로 정착한다. 물론 정의전쟁론은 아우구스티누스에게서 비로소 시작하는 것은 아니다. 정의전쟁론과 관련된 논의는 고대 그리스의 플라톤(Platon, 427~347 BC)과 아리스토텔레스(Aristoteles, 384~322 BC)에게서, 그리고 로마의 키케로(Cicero, 106~43 BC)에게서, 서구뿐만 아니라 중국이나 인도에서도 발견된다.4)

---

3) Mark R. Amstutz, *International Ethics: Concepts, Theories, and Cases in Global Politics*(Lanham & Oxford: Rowman & Littlefield Publishers, 1999), pp.99－100.

4) Nicholas Fotion, 앞의 논문, p.21.

가. 아우구스티누스

아우구스티누스는 일반적으로 최초의 정의전쟁론자로 간주된다. 그는 그 이전의 크리스천들이 취했던 평화주의적 입장을 쉽게 수용할 수 없었는데, 그 이유는 그가 살고 있던 시대는 끊임없이 이교도들의 침략에 의해 위협을 받고 있었기 때문이다. 그리하여 그는 현실적 고려에서 정당한 전쟁의 원리를 고려하는데, 주로 성전(holy war)의 관점에서 전개하고 있다. 그에 따르면 폭력의 사용이 정당화될 수 있는 경우는 그 폭력의 사용으로 말미암아 하나님의 사랑이 실현될 수 있을 때뿐이다. 하나님의 사랑의 실천이라는 기본적인 전제 아래, 아우구스티누스는 정당한 전쟁의 기준을 다음과 같이 다섯 가지로 설명한다.[5]

a. 정당한 의도(right intentions), 즉 평화의 회복(『신의 도성』 제19권, 11~12장)

b. 정의를 수호하고자 하는 정당한 명분(just cause), 가령 국가에 대한 침략을 응징하거나 해악에 대한 보복에서 치러지는 전쟁은 정당하다.

c. 정당한 의향(just disposition), 즉 침략으로부터 희생자를 보호하고자 하는 기독교적 사랑

d. 정당한 권위(just auspice, proper authorization), 즉 전쟁은 통치권자의 권위 아래서만 치러져야 한다.

e. 정당한 전쟁의 수행(just conduct of war)

정당한 전쟁에 관한 아우구스티누스의 이와 같은 주장은 그 내용에 있어서 상당 부분 오늘날까지도 계승되고 있다. 그러나 그의 이론은 하나님의 사랑의 실현을 기본전제로 삼고 있는 까닭에 '하나님의 자비를 실천한다는 명목 아래 치러진 수많은 종교전쟁들을 모두 정당화할 수 있는가.'라는 문제점을 안고 있다.

신의 의지를 실현한다는 성전(holy war)의 논리는 종종 마니교도적 세계관, 즉 선과 악의 대립구도를 그 특징으로 삼는다. 가령 이슬람의 성전(jihad, 聖戰)은 세계를 이슬람 세계[善]와 비이슬람 세계[惡] 사이의 전쟁을 의미하며, 성전에의 참여는 도덕적,

---

5) Paul Christopher, *The Ethics of War and Peace: An Introduction to Legal and Moral Issues*(N.J.: Prentice Hall, 1994), 제3장 참고. 아우구스티누스의 관점은 새롭다기보다는 플라톤의 『국가』, 『법률』, 아리스토텔레스의 『정치학』, 그리고 키케로의 『의무론』과 『공화국』 등의 고전철학과 그의 기독교사상이 종합되었다는 점이 특징적이며, 이런 견지에서 정의전쟁론의 비조로 불린다(p.47).

법적, 종교적 의무이다. 한편 기독교의 십자군의 개념 또한 신자와 이교도라는 이분법적 구도를 지니고 있다. 기독교 제국주의에 의한 아메리카나 아프리카에서의 만행 또한 성전이라는 명분으로 정당화된 면이 있다.6) 부시 대통령의 '악의 축' 발언이나 2001년 9·11테러 이후 수행된 미국의 '테러와의 전쟁'을 기독교 세계와 이슬람 세계 사이의 전쟁으로 규정하는 듯한 태도에도 마니교도적 세계관이 노정되어 있다고 할 수 있다.

나. 토마스 아퀴나스

아우구스티누스 이후 전통적인 정당한 전쟁의 기준을 확립한 학자는 토마스 아퀴나스이다. 그는 아우구스티누스의 견해를 흡수하여 정의전쟁론과 관련하여 다음과 같은 세 가지 원칙을 정립한다.7)

---

a. 합법적 권위에 의한 전쟁 선포(declaration by legitimate authority)
b. 정당한 명분(just cause)
c. 정당한 의도 혹은 정당한 수단과 방법에 의한 전쟁(just intention, just means)

『신학대전』 제2권 제2부 문제 40번 "전쟁에 관하여"(De Bello)

이 중에서 아퀴나스는 합법적인 권위를 가장 강조하였는데, 이는 합법적인 권위를 가진 자에 의해서 치러지는 전쟁이 공공복리를 도모한다는 그의 믿음 때문이다. 이런 맥락에서 아퀴나스의 정당한 전쟁의 원칙은 아우구스티누스의 사상과 아리스토텔레스의 '공공선'의 개념을 체계적으로 접목시킨 이론이라 할 수 있다. 특히 아퀴나스의 자연법 윤리학에서 합법적인 살인과 전쟁의 정당화를 논리적으로 뒷받침하는 '상실의 원칙'과 '이중효과의 원칙'에 주목할 필요가 있다. '상실의 원칙(principle of forfeiture)'에 따르면 "무고한 사람의 생명을 위협하는 사람은 자신의 생명권이 상실된다." 따라서 상실의 원칙에 의거해 극악무도한 범죄자에 대한 사형이나 전쟁 중 적

---

6) Mark R. Amstutz, *International Ethics: Concepts, Theories, and Cases in Global Politics*, pp.97−99.

7) A. P. D'entrèves(ed.), *Aquinas: Selected Political Writings*, trans. by J. G. Dawson(Oxford: Basil Blackwell, 1954), pp.159−161.

군을 살상하는 것은 정당화될 수 있다.[8]

우리에게 보다 친숙한 '이중효과의 원칙(the principle of double effect)'은 전쟁의 의도가 올바른 것이냐 아니냐에 대한 기준과 관련된다. 이중효과의 원칙은 보다 큰 악을 피하기 위해 보다 작은 악이 정당화될 수 있다는 것을 의미한다. 이때 작은 악의 수행은 직접적인 의도(direct intention)가 아니라 부수적 결과(side effect)이어야 한다.[9] 가령 상대방의 위협 가운데 나의 생명을 보존하기 위해 상대방을 공격하는 것은 정당방위로 간주될 수 있다. 즉 나의 목숨을 잃는 것(보다 큰 악)을 피하기 위해 상대방을 공격하는 것(보다 작은 악)은 정당화될 수 있다는 것이다.[10] 그러나 원폭투하의 경우에서 알 수 있듯이, 히로시마 원폭투하(1945. 8. 6.)만으로도 일본의 항복을 받아내기에 충분할 텐데 또다시 사흘 만에 나가사키(1945. 8. 9.)에 원폭을 투하한 것은 즉각적인 2차 대전의 종결을 가져왔지만 이중효과의 원칙을 남용했다는 비판을 받기도 한다.

다. 그로티우스

우리는 네덜란드의 법률가이자 근대 자연법의 원리에 입각한 국제법의 기초를 확립한 그로티우스(Hugo Grotius, 1583~1645)에게서 종교를 넘어선 정의전쟁론의 심화된 발전상을 확인할 수 있다. 그는 『전쟁과 평화의 법(De Jure Belli ac Pacis)』(1625)에서 전쟁의 권리·원인·방법에 대하여 논술하고 있는데, 이 저서는 국제법 전반을 체계적으로 서술한 최초의 저작으로 간주되고 있다. 그로티우스가 살던 당시 기독교 세계는 30년 전쟁(1618~1648)으로 분열되어 있었으며, 대부분의 내전에서 볼 수 있듯이 30년 전쟁 기간에는 종종 법적 규범을 위반한 채 처참한 전투가 진행되었다. 그의 저작은 바로 이러한 전쟁 기간 중에 집필된 것이다.[11]

---

8) C. E. Harris, 김학택·박우현 옮김, 『도덕이론을 현실문제에 적용시켜 보면』(서울: 서광사, 1994), p.118.

9) 부연하자면, "이중효과의 원칙에 따르면 두 가지 효과, 즉 좋은 결과와 나쁜 결과를 동시에 야기하는 행위를 수행한다고 해도 다음과 같은 경우들을 모두 만족시킨다면 도덕적으로 허용될 수 있다. (1) 좋은 결과를 성취하기 위해서 나쁜 결과가 불가피한 경우, (2) 나쁜 결과를 의도하지 않은 경우, 즉 나쁜 결과가 좋은 결과를 얻기 위한 직접적인 수단이 아닌 경우, 그리고 (3) 나쁜 행위를 수행해야 하는 비례적으로 심각한 이유가 존재하는 경우이다."(같은 책, p.119.)

10) 이민수, 『전쟁과 윤리: 도덕적 딜레마와 해결방안의 모색』(서울: 철학과현실사, 1998), pp.25-26.

11) Heinrich A. Rommen, *The Natural Law: A Study in Legal & Social History &*

정의전쟁론은 대체로 국제법과 긴밀한 관련을 맺고 있다. 특히 30년 전쟁을 종식한 베스트팔렌조약(1648)은 주권국가 간의 자율성과 질서를 강조하고 있는데, 정의전쟁론은 이러한 베스트팔렌 체계(Westphalian System)를 배경으로 하고 있다. 그로티우스의 전쟁에 대한 자연법적 교의, 즉 정의전쟁론은 기독교와 비기독교의 구분을 넘어서 모든 국가와 사람들에게 적용된다. 이러한 정의전쟁론의 입장은 그로티우스의 인식론에서 기인하는데, 그는 기존의 형이상학적 자연법을 탈피하여 신과의 관련성을 맺지 않고서도 모든 인류에게 주어진 이성에 의하여 자연법을 정초할 수 있다는 합리주의적 자연법의 입장에 서 있다.[12]

고전적인 정의전쟁론의 교의는 전쟁의 정의(jus ad bellum)에 대한 세 가지 기준으로 올바른 권위(right authority), 정당한 명분(just cause), 올바른 의도(right intention)를 제시한다. 그로티우스는 이들 세 가지 기준 가운데 '정당한 명분'을 그의 저서 『전쟁과 평화의 법』 제2권에서 집중적으로 논의하고 있다. 정당한 명분, 즉 전쟁의 정당한 이유로서 자국의 방위, 재산의 회복 및 부정한 행위에 대한 처벌 등이 있다. '올바른 권위'는 제1권에서 주권개념과의 연관성 속에서 다루어지고 있다. 정의전쟁론의 고전적인 기준인 '올바른 의도'는 가장 주관적인 요소로서 깊이 다루어지지는 않고, 단지 '정당한 명분'의 개념에 관한 논의과정에서 부수적으로 다루어지고 있다. 특히 그로티우스는 전쟁의 정당한 명분이 객관적 관찰자(제3자)라는 외적 요인(externals)에 의해 식별 가능해야 하는 것으로 간주하는데, 이러한 입장은 세속화된 정의전쟁론의 특징이라 할 수 있다.[13]

전쟁에서의 정의(jus in bello)와 관련하여 그로티우스는 비례성과 차별성(구별성)의 원칙에 공헌하였다. 원래 비례성(proportionality)은 기독교인들에게 적용되는 자비(charity)에서 기인한다. 그로티우스 이전에는 자연법과 자비의 원칙을 비기독교인과 기독교인을 구분하여 적용하였으나 그로티우스는 자비를 자연법의 맥락에서 재해석함으로써 자비의 원칙을 만민에게 적용할 수 있는 토대를 마련하였다. 특히 이 대목은 선과 악을 철저하게 구별하여 악으로 규정된 상대국에 대해 무차별적 학살을 정당화하는 성전(holy war)의 폐해를 극복할 수 있는 이론적 기초를 제공한다.[14] 그로티우스

Philosophy, trans. by Thomas R. Hanley(New York: ARNO Press, 1979), pp.70−73.

12) 물론 그로티우스가 신이나 성서를 부정하는 것은 아니지만 신이 없다고 가정할지라도 이성에 입각하여 자연법을 정초할 수 있다고 본 것이다. 그로티우스의 자연법적 국제법이 근대성을 갖는 것은 종교를 초월하여 이성에 기반한 논의를 전개하고 있기 때문이다.

13) James Turner Johnson, *Ideology, Reason, and the Limitation of War: Religious and Secular Concepts*, 1200−1740(Princeton: Princeton Univ. Press, 1975), pp.213−214.

에 의하면 전쟁 수행과정에 있어서 절제(modesty, moderation)는 올바른 이성의 양심적 사용을 통해서 행사될 수 있다. 절제의 덕을 통해서 적군에 대한 공격 내지는 처벌의 경우, 비전투원과 전투원을 구별하여 가능한 한 인명살상을 줄일 수 있으며, 이러한 전쟁의 수행이야말로 도덕적으로 정당화될 수 있다. 여자, 아이들, 사제, 학생, 상인, 농부, 외국인, 포로는 비전투요원으로서 전투요원과 동일시될 수 없다. 이러한 맥락에서 그로티우스는 전쟁 당사국 모두 정당전쟁이라 주장할 경우가 많기 때문에 전쟁 수행과정에서의 도덕성의 준수 여부에 큰 관심을 기울인다. 이와 같은 전쟁 수행과정에서의 도덕성의 문제는 20세기 국제법의 발전, 특히 국제인도법에 잘 반영되어 있다.15)

3. 정의전쟁론의 구조와 적용 범위

앞에서 살펴본 정의전쟁론의 전통은 주로 교회 및 자연법적 맥락에서 고찰한 것이다. 물론 정의전쟁론은 역사적으로 '권리에 근거한 접근', '계약론적 접근', '공리주의적 접근' 등 매우 다양한 방식으로 해석되어 왔지만 오늘날 정의전쟁론의 기본요소에 있어서는 일반적인 합의를 보고 있다.

정의전쟁론은 전쟁의 정의(jus ad bellum, justice of going to war)와 전쟁에서의 정의(jus in bello, justice in wartime)로 구분된다. 전쟁의 정당성은 전쟁 자체가 정당한 것인가를 묻는 것으로서 전쟁의 도덕성(morality of war)이라 할 수 있으며, 주로

---

14) 이슬람의 종교전쟁인 지하드(jihad)나 기독교의 십자군에 의한 성전(聖戰)은 자신의 종교를 위해 싸우는 전사들은 선의 화신으로 신을 위해서 싸우는 것이며, 상대국은 악의 화신으로 신의 원수이다. 십자군의 아이디어는 『성경』 신명기(申命記)의 가나안 정복명령에 잘 나타난다. "너는 그들(가나안 7족속)을 완전히 멸할 것이며, 그들과 어떤 조약도 맺지 말고, 그들에게 자비를 베풀지도 말라."(신명기, 7장 2절.) 이와 같은 성전의 맥락에서는 인명살상을 최소화하기 위한 비례성 내지 차별성의 원칙은 지켜지지 않을 가능성이 크다. Mark R. Amstutz, 앞의 책, pp.97－98.

15) James Turner Johnson, 앞의 책, pp.217－232. 그로티우스 이전 토미즘적 개념에서는 자비의 법을 자연법보다 상위에 둔다. 물론 그로티우스 또한 자연법이 불완전하며, 자비의 법이 보다 상위의 도덕성임을 인정하지만 자비의 법과 자연법이 결코 별개의 것이 아니라 자비에 의한 상위의 도덕성은 자연법에 대한 특별한 민감성을 통해 획득되는 것으로 간주함으로써 인간 본성(올바른 이성의 양심적 행사)이라는 일원론적 도덕성의 토대를 마련한다. 자연적 도덕성(자연법)과 초자연적 도덕성(자비의 법)의 구분을 지양(止揚)하는 태도는 국제법에서 정의전쟁론의 발전에 매우 중요한 기여를 하였다. 같은 책, p.229.

대통령이나 정치가 혹은 군의 고급 지휘관 같은 정책결정자들이 고려해야 할 요소이다. 전쟁 수행과정의 정당성은 전시의 도덕성(morality in war)으로서 주로 전쟁을 수행하는 군인들에게 적용되는 요소이다.[16]

가. 정의전쟁론의 구조

1) 전쟁의 정의

전쟁의 정의에 대한 원칙은 일반적으로 다음의 6가지이다.[17] 첫 번째 원칙은 정당한 명분(just cause)이 있어야 한다는 것이다. 이 원칙은 전쟁을 하는 이유가 타당해야 함을 의미한다. 전쟁의 타당한 근거로서 타국의 침략에 대해 자국의 방어(self - defense)를 위한 전쟁은 정당하다. 또는 침략당한 동맹국을 위한 전쟁개입은 정당화될 수 있으며, 코소보 사태 시 나토(NATO)의 개입과 같은 인도주의적 근거에 의한 전쟁개입도 정당화될 수 있다. 더 나아가 논란의 여지가 많기는 하지만 다음의 조건을 만족시킨다면 선제공격(preemptive strike or attack)이 정당화될 수도 있다는 주장도 있다.[18]

- V라는 국가가 A국의 명백하고 급박한 공격의 위협에 처해 있다.
- V국가가 선제공격하지 않으면 A국가에 의해서 공격을 받게 될 것이다.
- V국가는 A국가가 공격할 것이라는 명백한 증거(문건, 위성자료, 첩보자료, A국의 보도자료 등)를 가지고 있다.

왈저(Michael Walzer)와 같은 정의전쟁론자가 주장하는 선제공격의 정당성은 오늘날 종종 제기되고 있는 것인데, 논란의 여지가 많은 것이 사실이다. 전쟁에서의 선제

---

16) 이민수, 『전쟁과 윤리: 도덕적 딜레마와 해결 방안의 모색』, p.2.

17) 전쟁의 정의에 대해서는 다음을 참고. Mark R. Amstutz, 앞의 책, p.101, Nicholas Fotion, 앞의 논문, pp.21 - 25, 이민수, 앞의 책, pp.26 - 29.

18) Michael Walzer, *Just and Unjust Wars: A Moral Argument with Historical Illustrations*(NY: Basic Books, 1992), pp.80 - 85. 터너에 의하면 선제공격의 논의는 그로티우스에게서도 잘 나타난다. 그로티우스는 선제공격을 자기방어의 범주에 포함시키는데, 선제공격의 조건은 상대 국가의 위협이 현재 즉각적으로 닥칠 것이라는 것이 제3자에게도 명백하다는 외적 요인을 만족시켜야 한다. 그러나 불확실한 상대국의 위협 때문에 선제공격하는 것은 부정의한 명분이다. James Turner Johnson, 앞의 책, pp.214 - 216.

공격은 마치 악의에 찬 카우보이가 선의의 카우보이를 사정권 안에 두고 있다는 이유만으로 선의의 카우보이가 악의에 찬 카우보이에게 먼저 총을 쏘는 것과 비슷하다. 한편 상대 국가의 공격위협은 있으나 그 위협이 현재 급박한 것이 아닌 경우, 예방적 차원의 공격(preventive strike)은 정의전쟁론의 맥락에서 정당화될 수 없다.

두 번째 원칙은 합법적 권위(competent or legitimate authority)가 있어야 한다는 것이다. 이는 국가의 통치권을 위임받고 있는 합법적 당사자에 의해 전쟁의 선포가 이루어져야 하고 정규군에 의해 전쟁이 수행되어야 함을 의미한다. 다시 말해서 폭력의 사용은 정부에 의해 권한이 부여될 때에만 도덕적으로 허용될 수 있다는 것이다. 비정부 조직이나 개인에 의한 폭력의 사용은 비도덕적이며, 정당한 전쟁이라고 할 수 없다. 이러한 맥락에서 정의전쟁론은 기본적으로 주권국가에 의한 전쟁을 대상으로 한다.

세 번째 원칙은 정당한 의도(good or right intention)가 있어야 한다는 것이다. 침략국의 침략행위를 중단시키거나 침략국을 처벌하기 위한 의도와 같이 정당한 의도가 있어야 한다. 가령 쿠웨이트에 대한 이라크의 침략행위를 저지하기 위한 미국과 연합국의 걸프전은 대체로 정의로운 전쟁으로 간주된다. 그러나 정당한 명분이 있더라도 상대국의 영토나 지하자원을 차지하기 위한 숨은 의도(hidden motive)에 의한 전쟁은 정당하지 않다.

이네 번째 원칙은 제한된 목표(limited objectives) 혹은 결과적 비례성(proportionality in ends)을 만족시켜야 한다는 것이다. 전쟁은 그 목표가 제한되는 경우에만 정당하다. 무조건적, 무제한적 전쟁은 도덕적으로 용인될 수 없다. 또한 전쟁의 목표와 수단이 비례하지 않으면 안 된다. 즉 무력의 사용을 통해 보존되는 가치들은 무력을 통해서 희생되는 가치와 비례해야 함을 의미한다. 다시 말해서 전쟁을 통하여 얻는 이득이 전쟁을 통해 입는 손실보다도 더 커야 함을 의미한다. 따라서 비록 전쟁에서 승리할 가능성이 높다 해도 민족의 전멸, 국가재원의 탕진이라는 결과가 초래될 수 있다면 전쟁에 호소하는 것은 올바른 선택이 아니다. 결과의 비례성의 원칙은 손익계산의 난점 때문에 강력한 기준은 아니지만 전쟁의 이득보다는 과도한 손실이 예상될 때 전쟁을 해서는 안 된다는 사실을 상기시켜 준다. 가령 냉전시기에 소련의 압제로부터 에스토니아를 해방시키기 위해 핵무기를 사용했다면 제3차 세계대전이 일어났을 것이다.

다섯 번째 원칙은 전쟁이 최후의 수단(last resort)이어야 한다는 것이다. 전쟁을 선포할 때는 정당한 목적을 충족시키는 방법이 전쟁 이외의 다른 대안이 없어야 함을 의미한다. 만약 무력에 호소하지 않고도 문제를 해결할 수 있는 방안이 발견된다면 그 전쟁은 부당한 전쟁이 된다. 따라서 이 원칙에 입각하여 뜨거워진 머리를 냉정하

게 하여 정치적 중재나 다각적 협상 내지는 경제제재 등의 외교적 노력을 재차 검토
할 수 있다.

여섯 번째 원칙은 승리할 가능성(likelihood or reasonable hope of success)이 있어
야 한다는 것이다. 침략자에 대한 무력의 사용은 합리적인 승산이 있어야 한다. 전쟁
에 있어서 좋은 의도만으로는 충분하지 않다. 한정된 어떤 목적을 달성하기 어려운
전쟁은 비도덕적이라 할 수 있다.

2) 전쟁에서의 정의

전쟁 수행과정의 정의에 대한 원칙은 일반적으로 차별성과 비례성 2가지이다.[19] 앞
에서 살펴보았던 것처럼 그로티우스는 차별성과 비례성이라는 원칙의 발전에 크게 기
여한 바 있는데, 이 두 가지 원칙은 자연법적 접근을 통해 마련된 것이라 할 수 있다.

첫 번째 원칙은 차별성(discrimination, 구별성)이다. 전쟁 수행과정에서 전쟁에 의한
학살을 줄이기 위한 것으로 군인과 민간인, 군사시설과 민간시설, 전투원과 비전투원
을 구별할 필요가 있다. 군인, 군사시설, 전투원은 직접적인 공격의 대상이 될 수 있
지만 민간인, 민간시설, 비전투원에 대해서는 직접적인 공격은 삼가야 하며, 불가피한
공격 시에도 그 피해를 가능한 한 최소화해야 한다. 걸프만 전쟁 시 군사시설로 보기
어려운 시설들의 폭격이나 도주하는 이라크군에 대한 과도한 무력의 사용은 차별성의
원칙에 비추어 보았을 때 비판을 받는 대목이다.

두 번째 원칙은 비례성(proportionality)이다. 이 원칙에 의하면 전시에 군의 무력에
의한 파괴가 군의 무력이 성취하고자 하는 목표와 비례해야 한다. 즉 이 원칙은 무력
사용의 방법과 수준에 있어서 달성하고자 했던 정당한 목적에 부합할 정도로만 무력
을 사용해야 함을 의미한다. 가령 500명의 적군을 살해할 목적이라면 500명을 죽일
수 있을 정도의 파괴력을 지닌 무기만을 사용해야지 5만 명을 죽일 수 있는 무기를
사용해서는 안 된다는 원칙이다.

전쟁 수행과정에서의 정당성은 교전규칙의 필요성을 요청한다. 헤이그 및 제네바
협약, 켈로그 브리앙 조약, 미 육전법 등과 같이 전쟁 수행에 있어서도 지켜야 할 국
제협약이 있다. 여기서 다루고 있는 주요 내용은 "포로에 대한 대우, 불법 무기 사용,
비전투원의 식별 및 보호, 상급자의 명령, 병자와 부상자 대우, 사유재산, 병원, 중립

---

19) 전쟁 수행과정의 정의에 대해서는 다음을 참고. Mark R. Amstutz, 앞의 책, p.102, Nicholas
　　Fotion, 앞의 논문, pp.25－27, 이민수, 앞의 책, pp.26－29.

국가, 간첩행위, 공중 폭격 등"에 관한 것이다. 특히 "전쟁 중에도 자비를 베풀어야 한다."는 인도주의 정신을 바탕으로 1949년에 제정된 제네바 협약(일명 戰時人道法)은 주목할 필요가 있다.[20]

이상에서 논의한 정의전쟁론의 두 부분을 구성하는 원칙들, 즉 전쟁의 정의와 관련된 6가지 원칙과 전쟁에서의 정의와 관련된 2가지 원칙은 어떤 특별한 순서가 정해져 있는 것은 아니다. 물론 정당한 명분이나 최후의 수단이라는 원칙은 다른 원칙들에 비해 우선성을 갖기는 하지만 정의전쟁론의 적용 시 체크리스트로서의 특별한 지위를 갖는 것은 아니다. 정의전쟁론의 개별 원칙 하나하나는 전쟁의 충분조건은 아니지만 필요조건으로 간주된다. 정의전쟁론의 모든 원칙들이 만족될 때 비로소 전쟁의 필요충분조건이 확보된다고 할 수 있다.[21]

나. 국제문제에 대한 정의전쟁론의 적용 범위

본래 정의전쟁론은 베스트팔렌 질서, 즉 주권국가 간의 전쟁을 다루는 것이지만 비정규전이나 내전에 대해서도 정의전쟁론의 적용은 가능하다. 제2차 세계대전 이후 비정규전과 내전이 많았는데, 1945~1995년에 일어난 164건의 전쟁 중 126건이 내전이었다.[22] 비정규전이나 내전에 대해서 정의전쟁론을 적용하는 데에는 어려움이 많지만 합법적인 권위라는 원칙을 조정한다면 정의전쟁론은 내전이나 게릴라전과 같은 비정규전에도 적용될 수 있다.

정의전쟁론은 봉쇄(blockade)나 경제제재(economic sanctions)의 경우에도 적용될 수 있는데, 봉쇄나 경제제재의 경우 '최후의 수단(last resort)'이라 할 수 있는 '전쟁'을 배제한다는 점이 특징적이다.[23] 그러나 봉쇄나 경제제재는 정의전쟁론의 차별성의 원칙을 위반하는 경우가 많다. 왜냐하면 식량, 연료, 식품, 의약품 등에 대한 경제제재는 군인보다는 민간인의 큰 희생을 초래하기 때문이다. 따라서 봉쇄나 경제제재 또한 다른 수단이 강구된 다음에 시행되는 마지막 조치가 되어야 한다.[24]

---

20) 이민수, 『전쟁과 윤리: 도덕적 딜레마와 해결방안 모색』, pp.30−32, 이용호, 『전쟁과 평화의 법』, 제5장 국제인도법 참고.

21) 물론 때로 차별성의 원칙이 적용될 수 없는 사례도 있다. 가령 해상에서 양국 해군 간의 전투나 제2차 세계대전에서 영국육군 제8사단과 롬멜 장군 부대 간의 사막전 또는 걸프전에서의 대부분의 육상전은 차별성의 원칙이 적용되기 어려운 사례들이다.

22) Mark R. Amstutz, 앞의 책, p.109.

23) 같은 책, pp.145−165 제7장 '경제제재의 윤리' 참고.

4. 정의전쟁론에 입각한 미국의 현대전 평가

가. 걸프전은 정당한 전쟁이었는가?

1) 걸프전의 원인, 경과, 종결[25]

걸프전은 1990년 8월 2일 이라크의 사담 후세인이 쿠웨이트를 침공하여, 24시간 내에 쿠웨이트군과 정부를 장악하고, 괴뢰정부를 수립함으로써 비롯되었다. 침공 이유는 크게 두 가지이다. 첫 번째 이유는 풍부한 루멜라(Rumaila) 유전에 접근할 수 있는 유일한 접근로가 포함된 남부국경선이 역사적으로 부당하게 형성된 것이므로 재조정해야 한다는 것이다. 쿠웨이트 침공의 두 번째 이유는 이라크가 8년간의 이란－이라크전(1980～1988)으로 인해 피폐해진 경제난을 타개하고자 했는데, 쿠웨이트가 OPEC가 정한 할당량 이상의 원유를 판매함으로써 유가하락을 조장하고, 이라크와 쿠웨이트 두 나라가 공유하고 있는 루멜라 유전에서 쿠웨이트가 과도하게 원유를 생산하고 있다는 것이다. 이라크는 쿠웨이트의 이러한 태도를 '경제적 침략'으로 규정하고, 이란－이라크전으로 인한 자국민의 불만을 쿠웨이트를 침공함으로써 해소하고자 하였다.

UN 안보이사회는 이라크를 침략자로 규정하고, 즉각적인 철수와 쿠웨이트 왕정복고를 요구하였다. 안보리는 1991년 1월 15일까지 이라크가 철수하지 않으면 모든 수단을 이용하여 철수시킬 수 있는 권한을 부여받았다. 철수 시한 이틀 뒤인 1991년 1월 17일 아랍국가들을 포함한 33개국의 다국적군은 일명 '사막의 폭풍작전'이라는 이라크군에 대한 공습을 개시하였고, 2월 24일에는 전면적인 지상전을 전개하여 쿠웨이트로부터 이라크군을 축출한 뒤 지상전 개시 100시간 만인 2월 28일에 전쟁종식을 선언하였다. 걸프전쟁은 불과 42일 만에 다국적군의 승리로 끝났다. 이 전쟁에서 이라크 측은 군인과 민간인을 합쳐 15만 명 이상이 사망했고, 30만 명 이상이 부상당했다. 한편 다국적군 측은 148명이 사망하였으며, 당시 미 우방국들이 지불한 전쟁분담금은 미화 480여억 불이었다. 걸프전은 TV를 통해 전 세계에 생중계된 최초의 전쟁으로, 한편의 영화나 오락게임을 보는 듯한 인상을 주었다.

---

24) Nicholas Fotion, 앞의 논문, pp.29－30.

25) Mark R. Amstutz, 앞의 책, pp.103－104를 중심으로 정리한 것이다.

2) 정의전쟁론을 통해서 본 '걸프전' 평가

정의전쟁론은 걸프전이 과연 정당한 전쟁이었는가에 대한 도덕적 논의의 틀을 제공한다. 사실 걸프전을 결심한 부시 대통령은 정의로운 전쟁이라는 도덕적인 언어를 사용하면서 그의 결심을 정당화하고자 했다. 다음에서 정의전쟁론에 입각하여 과연 걸프전은 정당한 전쟁이었는지 살펴보고자 한다.26)

(1) 전쟁의 정의 측면

㉮ 정당한 명분: 쿠웨이트에 대한 이라크의 무력침공은 국제 정치적 도덕성을 위반한 측면에선 정당화되지 못하며, 국제법을 범한 측면에선 비합법적이다. 이라크가 국경문제와 유가문제를 쿠웨이트와의 협상을 통해서 해결하지 않고, 무력을 사용한 것은 엄격한 전쟁행위이므로, 이라크에 대한 미국 및 UN의 공격은 정당한 대응이라 할 수 있다. 미국과 UN은 걸프전의 목적을 쿠웨이트의 해방에 두었으며, 중동의 평화와 안보를 위해 이라크를 응징하는 것이 불가피하다고 보았다. 이러한 견지에서 걸프전은 정당한 명분이라는 요건을 충족시킨다고 할 수 있다.

㉯ 합법적 권위: 걸프전은 미국 의회뿐만 아니라 평화유지와 평화확립을 위해서 가장 권위 있는 UN에 의해 무력 사용이 정당화된 전쟁이었다. 특히 33개국으로 구성된 다국적군에 아랍국가들까지 참여한 점을 살펴볼 때, 걸프전은 합법적 권위에 의해서 수행된 것이 분명하다고 할 수 있다.

㉰ 정당한 의도: 전쟁의 정당성 논의에 있어서 가장 주관적인 요소로서 객관적으로 평가하기가 어렵고, 논란이 많은 대목인데, 이는 대의명분과 국익추구라는 전쟁의 이중적인 성격에 근거하기 때문이다.

이라크가 쿠웨이트를 침공하기 전 이란과의 오랜 전쟁(1980~1988)을 치를 때에 미국을 비롯한 서방국가들은 이라크에 매우 관대하였고, 정치적, 경제적, 군사적 지원까지 제공하였다. 이란·이라크전쟁 당시 미국의 레이건 정부는 이라크에 생화학무기를 포함하여 대량살상무기 개발기술을 제공했으며, 이라크가 쿠웨이트를 침공하기 하루 전 부시 대통령은 중요한 무기 생산정보를 이라크에 수출하도록 허락하기까지 했다.

---

26) Amstutz와 Coates의 논의를 중심으로 살펴본다. Mark R. Amstutz, 앞의 책, pp.105－108, Anthony J. Coates, "Just War in the Persian Gulf?", Andrew Valls(ed.), *Ethics in International Affairs*(Lanham & Publishers, Inc., 2000), pp.36－46.

미국은 이라크의 영토 확장에 대한 의도를 사전에 알고 있었지만 막상 쿠웨이트를 침
공하자 걸프전에 적극 개입한 것은 중동평화라는 표면적 이유 이면에 중동에서의 군
사기지 확보 및 미국 경제의 활성화와 안정적인 석유 획득이라는 전략적 이익을 고려
했기 때문이라는 지적도 있다.27)

　그러나 전쟁의 개입에 있어서 국익의 추구를 배제할 수는 없으며, 무력으로 침공당
한 쿠웨이트의 해방이라는 실질적인 목표를 실현한 점을 고려할 때, 숨은 의도(hidden
motive)에 대한 도덕적인 논란은 끊임없이 제기되겠지만 이 때문에 걸프전이 부당하
다고 평가하기는 어렵다.

　㉣ 제한된 목표: 걸프전의 목표와 수단이 비례하는 제한적 전쟁이었는가에 대해 묻
는 요소이다. 걸프전은 이라크가 쿠웨이트에 입힌 피해 이상을 목표로 하지는 않았다.
가령 이라크 영토에 대한 무제한적 공격을 감행하지는 않았다. 걸프전을 통해 쿠웨이
트로부터 이라크군을 몰아냈으며, 쿠웨이트의 해방이라는 제한적 목표를 달성하였다.

　㉤ 최후의 수단: 미국과 UN은 쿠웨이트에 대한 이라크의 침공(1990. 8. 2.) 이후
이라크에 대한 UN 다국적군의 공격시점(1991. 1. 17.)까지 5개월간의 외교적 협상과
포괄적인 경제적 제재를 통해 해결하려고 하였으나 이라크는 계속 호전적이며, 강경한
자세를 견지하였다. 걸프전 개시 이전에 외교적 협상과 경제적 제재를 통한 해결노력
이 과연 충분했는가의 논란은 있을 수 있지만 대체로 걸프전은 최후의 수단을 행사하
기 전에 정당한 외교적 절차를 밟았다고 하겠다.

　㉥ 승리할 가능성: 첨단무기와 우월한 화력에 있어서 미국은 이라크를 월등하게 능
가하며, 33개국이라는 UN 다국적군을 통한 걸프전은 승리할 가능성이 상당히 높은
전쟁이었고, 이러한 예상은 걸프전 결과 다국적군은 단지 148명이 사망했다는 사실에
서 증명되었다.

(2) 전쟁에서의 정의 측면

　㉮ 차별성(구별성): 이라크의 군사기지, 교통통신시설, 정부청사 등이 상당한 파괴가
있었으나 스마트탄이나 크루즈 미사일 같은 정밀한 유도 무기를 사용함으로써 민간인

---

27) 이런 맥락에서 걸프전뿐만 아니라 최근에 논란이 되고 있는 이라크전은 중동의 석유를 둘러
　　싼 석유전쟁으로 간주되기도 한다. 이라크 부총리인 타리크 아지즈는 미국이 이라크전의 명
　　분으로 대량살상무기의 위험 제거를 들먹이지만 실은 석유자원을 장악하기 위해서라고 주장
　　했다. "이라크전은 석유전쟁"(출처: http://kr.dailynews.yahoo.com/headlines/wl/20020916/yn-
　　yn2002091627657.html, 검색일: 2002. 9. 16).

의 피해를 최소화하였다. 걸프전은 현대전에 있어서 민간 부문의 피해를 최소화함으로써 차별성이 가장 잘 충족된 전쟁이었다고 평가되기도 한다. 물론 바그다드와 같은 민간인 밀집지역에 대한 공격과 오폭으로 인한 피해나 정수장, 병원, 학교와 같은 대중 이용시설에 대한 공격도 있었지만 이라크의 이스라엘과 사우디아라비아에 대한 무차별적 공격에 비해서는 차별성의 원칙이 훨씬 잘 지켜졌다고 볼 수 있다.

㉯ 비례성: 쿠웨이트의 자유를 위하여 다국적군의 무력 사용이 비례원칙에 부합했는가에 대한 물음이다. 대체로 목적과 수단의 비례성에 대한 평가는 주관적 판단의 성격이 강하기 때문에 논란이 많이 되기는 하지만 걸프전은 쿠웨이트의 해방이라는 목표를 위해 가능한 한 최소한의 파괴를 수행하고자 한 점에 있어서는 대체로 비례성의 원칙이 충족되었다고 볼 수 있다. 물론 걸프전의 결과, 이라크군(민간인 포함 15만 명 이상 사망)과 다국적군(148명 사망) 간의 인명피해에 있어서 상당한 불균형이 있었으며, 도주하는 이라크인에 대한 과도한 무력 사용의 비판도 있으며, 생태계 재앙이라는 부작용이 초래된 것도 사실이다.[28]

이상의 걸프전에 대한 평가를 종합해 볼 때, 미국의 국익추구의 의도나 걸프전 수행과정에서 차별성과 비례성을 위반하는 사례들이 존재하지만 대체로 걸프전은 정의전쟁론의 기본요건들을 충족시키는 정당한 전쟁이었다고 볼 수 있다.

그러나 걸프전 이후 2001년 1월 17일 현재 10년째 지속된 이라크에 대한 UN의 경제제재는 대량살상무기 이상의 비극적인 결과를 가져오고 있음을 주목할 필요가 있다. 유니세프 아동기금과 세계식량농업기구에 따르면 경제제재로 이라크에는 5살 미만의 어린이들이 영양실조, 각종 질병 등으로 매달 4,500~6,000명씩 죽어 가고 있다. 걸프전 후 10년 동안 유엔의 경제제재로 60~70만 명의 어린아이들이 죽었으며, 어른을 포함한 전체 사망자 수를 헤아리면 300만 명에 달할 것이라는 조사도 있다.[29]

역설적이게도 경제제재는 전제주의 체제보다는 민주주의 체제에 보다 효과적이다.

---

28) 걸프전에서 영국과 미국이 최초로 사용하여 이라크 전차 1,400여 대를 격파하는 데 사용된 열화우라늄탄은 핵무기는 아니지만 핵분열성 물질인 우라늄을 보유하고 있어서 공격목표와 충돌하는 순간 인체에 치명적인 방사능 먼지를 내뿜는다. 열화우라늄탄과 같은 각종 무기는 사막의 식물생태계를 심각하게 파괴했다. 전미 걸프전 참전용사센터는 300여 톤이나 되는 열화우라늄탄의 사용으로 다국적군 43만 6천여 명의 병사가 이에 노출되었다고 주장했으며, 참전 미군 중 암, 만성두통 등의 환자가 속출하고 있으며, 이라크 신생아의 상당수가 암이나 백혈병을 몸에 지니고 태어난다고 한다. "열화우라늄탄 사용 영향과 위해성 논란 보고서"(출처: http://www.greenkorea.org/zb/view.php?id=nowar_message &no=26, 검색일: 2007. 12. 31).

29) "걸프전 10년, 그 끝나지 않는 전쟁을 말한다" [연재1] '경제제재로 5살 미만 이라크 어린이 매달 5000명씩 죽어가'(출처: http://www.peacekorea.org, 국제분쟁 자료실, 검색일: 2007. 12. 31).

이라크에 대한 경제제재에서도 알 수 있는 바와 같이 전제주의 국가에 대한 경제적 제재는 대체로 정치지도자나 체제의 변화를 유도한다기보다는 일반 시민에 대한 무차별적 제재라는 부정적 효과가 나타난다. 정의전쟁론에 기반한 정당한 제재의 원칙(just-sanctions doctrine)[30]은 마지막 수단이어야 하며, 특히 차별성의 원칙에 대한 보완책이 요구된다. 경제제재의 딜레마는 민간인에 대해 무차별적인 제재가 가해지는 데 있으므로 차별성의 원칙을 확보하기 위해서는 민간인의 삶을 보호할 수 있는 인도주의적 조치가 마련되어야 한다. 특히, 식량이나 의약품과 같은 생필품의 제재는 신중하게 고려되어야 한다.

나. 테러와의 전쟁과 선제공격의 문제

1) 테러와의 전쟁의 원인과 경과

2001년 9월 11일 오전 9시경, 미국 뉴욕의 세계무역센터건물에 피랍여객기가 충돌해 쌍둥이 건물 2채가 완전 붕괴되고 워싱턴 국방부 건물에도 피랍여객기가 충돌하는 등 동시다발적인 테러사건이 발생했다.

9·11테러는 일본의 진주만 공격(1941) 이후 처음으로 미국 본토의 내부 안보에 직접적 위협을 준 사건이었다. 세계무역센터와 펜타곤에 대한 테러는 자본주의의 심장부이자 미국의 자존심에 대해 지울 수 없는 상처를 주었다. 부시 대통령은 곧바로 '테러와의 전쟁'을 선포했고, "모든 수단을 동원해 전쟁을 승리로 이끌 것이며, 우리를 향해 선포된 전쟁에서 승리하기 위한 결의는 확고하고 강력하다."라고 테러와의 전쟁에 대한 승리 의지를 대내외에 천명했다. 미국이 종래 범죄행위의 범주로 취급하여 왔던 테러를 전쟁행위(act of war)로 규정하고, 실질적으로 전쟁상태하의 국가 운영체제로 돌입하게 된 데는 테러의 규모, 테러의 기본목적 및 대응근거 등에 있어서 상당한 변화가 발생하였기 때문으로 보인다.

피해 규모 면에 있어서 9·11테러는 태평양 전쟁의 촉발점이 된 진주만 피격을 훨씬 상회하고 있으며, 테러의 기본목적에 있어서도 큰 변화가 있었다. 즉 이전의 테러행위는 주로 정치적 목적달성을 위해 경고를 통한 관심유발을 주된 목적으로 하였으

---

30) Mark R. Amstutz, 앞의 책, pp.154-159. 정당한 제재의 원리는 정의전쟁론에 기반하는데, 정당한 제재의 판단근거는 대의명분, 올바른 의도, 제한된 목표, 최후의 수단, 성공가능성, 차별성, 비례성이다.

며, 그 규모 또한 제한성이 수반되었으나, 9·11테러는 비록 정치적 목적하에 수행되었더라도 테러행위 자체에서 발생하는 대규모의 인명살상 및 파괴를 또 다른 목적으로 하고 있다. 이러한 테러의 규모와 테러의 기본목적의 변화 등을 감안할 때, 테러의 성격이 재래식 테러(conventional terrorism)로부터 새로운 성격의 테러(super terrorism)로 변화되었으므로 그 대응 근거 또한 범죄행위의 방지나 처리라는 국내 치안적 차원에서 다루어질 것이 아니라, 전쟁행위에 맞서는 국방 차원에서의 자위적 방어(self defense)로 규정하고 있다.[31]

미국은 9·11테러의 배후 인물로 지목된 오사마 빈 라덴을 보호하고 있는 아프가니스탄 텔레반 정권에 대한 공격을 2001년 10월 7일에 개시하였고, 같은 해 11월 13일에 북부동맹이 카불에 입성하면서 탈레반 정권이 퇴각하였다. 곧이어 12월 5일에는 아프간 4개 정파에 의해 임시정부 구성이 합의되었다. 미국은 아프가니스탄전쟁을 통한 탈레반 제거 작전이 일단 성공적이라는 판단하에 전후 복구사업과 임시정부체제의 안정 및 민주화에 대한 지원과 알 카에다 조직재건을 봉쇄하는 데 주안점을 두는 한편 반테러 캠페인을 반대량살상·생화학무기 캠페인과 연결시켜 이라크에 대한 압박을 강화했다. 특히 여기서 주목할 만한 것은 미국이 9·11테러 이후 전개한 테러와의 전쟁의 핵심 논리로 '선제공격(preemtive strike)'이라는 새로운 안보개념을 구축했다는 점이다.

2002년 6월 1일 부시 미대통령은 웨스트포인트 육군사관학교 연설에서, 종래의 억제와 봉쇄 수단이 '보이지 않는 테러그룹'이나 '대량살상무기를 가진 균형감 잃은 독재자들'에게는 먹혀들지 않을 것이라면서 미국은 적의 계획을 무산시키고 최악의 위협이 실제로 나타나기 전에 맞부딪쳐야 한다고 강변함으로써 이라크에 대한 선제공격을 시사했다.[32] 2002년 9월 20일 부시 행정부는 백악관이 작성한 국가안보전략보고서(The National Security Strategy of the United States)를 통해 테러 및 대량살상무기(WMD)의 위협 제거를 국가안보정책의 최우선 목표로 설정하고, 필요시 단독행동 및 선제공격을 불사하고 이를 위한 반테러 국제연대 및 동맹 강화의 필요성을 역설하는 공세적인 안보전략을 제시하였다.[33]

---

31) 이동휘, "9·11 테러사태이후 국제환경의 변화와 한반도", 외교안보연구원 정책연구과제, 2001－12(출처 http://www.ifans.go.kr), pp.10－12.

32) 김태효, "미국의 선제억지방안과 對이라크 공격가능성", 외교안보연구원 발간자료, 2002－30(출처 http://www.ifans.go.kr), pp.1－2.

33) 김성한, "미국의 신안보전략과 북미관계전망", 외교안보연구원 발간자료 2002－36(출처 http://www.ifans.go.kr), p.1.

특히 미국 중간선거(2002. 11. 5.)가 공화당의 승리로 막을 내리면서 상하원을 장악한 부시 대통령의 일방주의적 대외정책이 탄력을 받아 이라크에 대한 압박을 더욱 거세게 하였으며, 이러한 미국의 입장을 반영한 유엔 안전보장이사회의 무기사찰 결의안에 대해 이라크는 무조건 수용의사를 밝힘으로써 4년 만에 유엔무기사찰이 2002년 11월 18일부터 재개되었다.

이라크는 12월 7일 약속대로 1만 2천 페이지가 넘는 대량살상무기 보유 실태 보고서를 유엔감시·검증·사찰위원회(UNMOVIC)에 정식으로 제출했다. 보고서의 전체적 내용은 미국이 끊임없이 제기해 온 대량살상무기 보유 의혹으로부터 투명성을 입증하는 데 초점을 맞추고 있으며, 이라크에는 대량살상무기가 존재하지 않는다는 종래 주장을 되풀이했다. 한편 주목할 만한 것은 보고서 제출 당일 후세인 대통령은 모하메드 사이드 알 - 사하프 공보장관이 대독한 연설문에서 1990년 8월 이라크의 침공으로 쿠웨이트 국민들에게 초래한 결과를 사과한다고 밝힌 점이다.[34] 이라크 지도자가 쿠웨이트 침공을 공식 사과하기는 12년 만에 처음 있는 일로 이라크가 처한 절박한 상황을 반영해 준다. 그러나 줄곧 강변해 왔듯이 미국은 유엔사찰단의 활동 결과와 상관없이 이라크가 대량살상무기(WMD)를 보유하고 있다는 명백한 증거를 토대로 이라크 공격을 기정사실화했다.[35]

2) 선제공격의 정의 문제

9·11테러 이후 '테러와의 전쟁'의 일환으로 전개된 아프가니스탄전쟁과 이라크전쟁은 미국의 '신보수주의(neo - conservatism)'의 성격을 간명하게 보여주었다. 다시 말해서 '신보수주의'란 '도덕적 우월주의, 필요악으로서의 전쟁과 적극적 개입주의, 힘을 통한 평화'를 표방하는 것으로서 9·11테러 이후 부시 정부의 대표적인 외교정책으로 간주되었다.[36]

본 항목에서는 '테러와의 전쟁'을 정의전쟁론의 제 원칙들을 토대로 평가하기보다는 미국의 신보수주의 전략에서 부각된 '선제공격(preemtive strike)'의 정의와 문제점에 초점을 맞춰 논의를 하고자 한다.

---

34) 동아일보, 2002. 12. 8 국제 면.

35) 동아일보, 2002. 12. 6 국제 면.

36) 김성한, "신보수주의 미국외교의 현황과 전망", 외교안보연구원 주요국제문제분석, 2007.6.4 (출처 http://www.ifans.go.kr), p.1.

선제공격의 정의 논의는 왈저(Michael Walzer)와 같은 현대 정의전쟁론자는 물론이고, 그 이전에 그로티우스(Hugo Grotius, 1583~1645)에게서도 잘 정립되어 있다. 그로티우스는 선제공격을 자위적 방어(self - defense) 개념에 포함시켜 '선제적 자위방어(preemptive self - defense)'에 대한 논의를 전개한다. 그로티우스는 자신의 정의전쟁론에서 정당한 명분을 강조하는데, 특히 이 명분은 '객관적 관찰자'에 의해서도 확인될 수 있는 것이어야 한다. 이런 맥락에서 그는 자위적 차원의 선제공격 또한 그 정당성이 제3자에게도 명백해야 한다고 말한다. 이런 맥락에서 불확실한 상대국의 위협 때문에 선제공격을 하는 것은 매우 위험하며, 정당화될 수 없는 명분이다. 상대방의 위협이 확실하고, 그 위협이 현재 즉각적으로 닥칠 것이라는 전망이 제3자에게도 명백할 때에만 선제공격이 정당화될 수 있다는 그로티우스의 주장에는 '선제공격'의 위험요소를 제한하기 위한 고려가 담겨 있다.[37]

객관적 관찰자, 즉 제3자에 의해서 선제공격의 정의가 평가된다는 그로티우스의 입장은 타 국가 또는 타 조직에 대한 한 국가의 선제공격의 정의는 각국의 입장 내지는 세계여론에 의해서 평가된다는 것과 맥을 같이한다. 이상의 논의를 토대로 이라크에 대한 미국의 선제공격이 정당화되기 위해서는 다음 요건을 만족해야 한다고 하겠다.

a. 미국은 이라크의 대량살상무기·생화학무기로 명백하고 급박한 공격의 위협에 처해 있다.

b. 미국이 선제공격하지 않으면 이라크에 의해서 공격을 받게 될 것이다.

c. 미국은 이라크가 공격할 것이라는 명백한 증거(문건, 위성자료, 첩보자료 등)를 가지고 있다.

d. UN 혹은 세계여론은 a, b, c가 확실하다고 인정한다.

문제가 되는 것은 d항이다. 미국은 아프가니스탄전쟁 이후 반테러 캠페인을 '대량살상무기(WMD)'와 '생화학무기(BCW)' 캠페인으로 연결시켜 이라크에 대한 압박을 강화하면서 '선제공격'의 가능성을 줄곧 시사해 왔으며, 심지어 유엔사찰단의 활동 결과나 세계여론과 상관없이 단독으로라도 이라크전을 감행할 의사를 밝히기도 했다. 부시 행정부의 안보전략은 9·11테러 이전의 '방어적 현실주의'에서 9·11테러 이후 '공세적 현실주의'로 전환되었다. 힘을 통한 평화를 구현해야 한다는 부시 행정부의 공세적 현실주의는 유엔에 대한 강한 불신을 내포하고 있다. 또한 미국을 테러의 위협으로부터

---

37) James Turner Johnson, 앞의 책, pp.214-217.

방어하기 위해서라면 동맹국들의 반대가 있더라도 미국만의 단독적 군사행동도 불사하겠다는 의지를 표출했다.38) 그리하여 9·11 직후 국제사회로부터의 지지 확보에 심혈을 기울였던 미국은 아프간전쟁 이후 일방주의(unilateralism)를 이전보다 더욱 강하게 표출하였고, 이에 대한 비판이 세계 도처에서 고조되었다.

그러나 이라크에 대한 미국의 선제공격은 2003년 3월 20일 '이라크 자유작전(operation of Iraqi Freedom)'이라는 이름하에 일방적으로 진행되었다. 전쟁 개시 40일 만에 부시 대통령은 주요 전투의 종전을 선언(2003. 5. 1.)했다. 그러나 이라크전의 종전선언이 곧바로 자유의 확산을 통한 테러의 토양분의 변화로 직결되지는 않았다. 주지하듯이 이라크에서는 저항세력의 활동으로 치안이 불안정하고, 종파 간 갈등이 심화되고 있으며, 이라크 국민들은 미군을 해방군으로 환호하기보다는 미군에 의해 이라크가 점령되었다는 민족주의적 저항감을 표출하고 있다. 결국 미국은 UN이나 세계여론과 같은 지구적 합의의 토대 없이 이라크를 선제공격함으로써 이라크전에 대한 정당한 명분을 상실했다고 할 수 있다.39)

존스홉킨스대의 프란시스 후쿠야마(Fransis Fukuyama) 교수는 9·11테러 이후 전 세계적인 반미(反美) 정서를 초래한 부시 행정부가 범한 실수를 언급했다. 그의 논의는 '선제공격 독트린'과 '국제사회의 동의를 무시한 미국의 패권 행사'라는 미국의 '신보수주의'의 이념에 초점을 맞추고 있다.40) 사실 미국의 선제공격 독트린에서 엿볼 수 있는 부시 행정부의 일방주의의 위험성에 대해서는 이라크전이 발발하기 전 하버드대의 조셉 나이(Joseph S. Nye) 교수에 의해서도 강하게 제기되었다. 그는 자신의 저서에서 21세기 미국의 장래는 미국의 일방주의를 어떻게 극복할 수 있느냐에 달려 있다고 지적했다. 나이 교수는 '로마의 멸망'을 이야기하면서, 21세기의 유일한 초강대국인 미국이 로마의 전철을 뒤따르지 않으려면, 일방주의가 아닌 다자주의의 길을 모색해야 함을 강조했다.41)

---

38) 김성한, "미국의 신안보전략과 북미관계전망", pp.4-5.

39) 김태효, "미국의 이라크 개입외교: 도전요인과 전망", 외교안보연구원 주요국제문제분석, 2003.12.10(출처 http://www.ifans.go.kr), pp.1-3.

40) 프란시스 후쿠야마, "반미주의 부른 부시 행정부의 4대실수"(출처http://article.joins.com/article/article.asp?total_id=2973774, 검색일: 2007. 12. 31). 후쿠야마 교수는 The National Interest(2004년 여름호)에서 "이라크전쟁이 미국의 법치주의를 흔들었고, 이라크에 민주주의를 안겨주지도 못했다."고 강조하면서 "문화적 요인을 완전히 무시한 채 민주주의가 어디서든 가능하다고 주장하는 신보수주의자들은 '과도한 이상주의(excessive idealism)'에 빠져 있다."고 혹평한 바 있다. 김성한, "신보수주의 미국외교의 현황과 전망", p.4 참고.

5. 맺음말

니버(Reinhold Niebuhr, 1892∼1970)의 비관적 현실주의의 비전에 따르면 국제관계에 있어서 부정의의 문제는 종교적 혹은 합리적 평화주의자들이 믿고 있는 것처럼 도덕적이고 합리적인 권고만으로는 해결될 수 없다. 집단 내지는 국가 간의 관계에서 갈등은 불가피하고, 힘의 원리가 지배적이며, 자국의 이익 추구라는 지극히 정치적이고 전략적인 사고가 우세하다. 그렇다고 니버가 국제정치의 갈등해결을 위해 도덕성과 무력의 조화를 포기한 것은 아니다.[42]

정의전쟁론은 전쟁의 문제에 있어서 비폭력을 강조하는 평화주의와 자국의 이익 추구를 극대화하고자 하는 전형적인 현실주의 사이의 중간에 위치한다. 즉 정의전쟁론은 도덕성과 무력 간의 조화를 추구하고자 하는 하나의 이념형이라고 할 수 있다. 현실의 역사에서 정의전쟁론에 완벽하게 부합하는 전쟁은 없으나 전쟁이라는 필요악을 허용하되 전쟁의 폐해를 최소화하기 위한 준거로서 정의전쟁론은 일정한 의미가 있다고 하겠다.

본고에서는 정의전쟁론을 통하여 미국의 현대전이라 할 수 있는 '걸프전'의 정의와 '테러와의 전쟁'에 나타난 '선제공격'의 정의 문제를 살펴보았다. 걸프전의 성격을 분석해 보았을 때, 중동에서의 미국의 입지 강화와 석유의 안정적 확보와 같은 자국 이익 추구의 의도나 전쟁 수행과정에서의 차별성과 비례성의 원칙을 위반하는 사례들이 존재하지만 걸프전은 대체로 정의전쟁론의 기본요건을 충족시키는 정당한 전쟁으로 평가할 수 있다. 그러나 걸프전 과정에서 사용된 열화우라늄탄 같은 신무기에 의한 생태계 파괴와 이에 노출된 군인 및 민간인 당사자와 그 자손들에게 미치는 유전적 악영향은 지금도 지속되고 있으므로, 전쟁의 수단에 대한 신중한 고려와 함께 전후 인도주의적 지원이 요청된다고 할 수 있다. 또한 걸프전 이후 10년 이상 지속되었던 UN에 의한 경제제재는 걸프전 자체의 해악성을 훨씬 상회했다. 특히 경제제재는 주

---

41) Joseph S. Nye, *The Paradox of American Power: Why the World's Only Superpower Can't Go In Alone*(2002). 하영선, "9·11 테러와 세계질서의 변화", 세종연구소 특별정책브리핑, 통권 제5호(2002. 10), pp.11－12에서 재인용. 이라크전의 수행과 이라크 민주화 정착과정에서 봉착한 미국의 일방주의적 외교의 문제점에 직면하여 부시 행정부가 '신보수주의'라는 근본주의적 이념 편향에서 벗어나 '외교를 통한 평화'를 지향하는 '실용주의적 보수주의(pragmatic conservatism)'로 선회하고 있다는 것은 다행한 일이다. 김성한, 앞의 논문, p.6.

42) Reinhold Niebuhr, *Moral Man and Immoral Society*(NY: Charles Scribner's Sons, 1960), 서문 참조, **Mark R. Amstutz**, 앞의 책, pp197－198.

로 민간인에 대해 무차별적인 고통을 가한다는 점에서 그 딜레마가 있으므로 경제제
재 또한 정의전쟁론의 원칙에 의거하여 신중하게 고려될 필요가 있다.

　9·11테러 이후 전개된 '테러와의 전쟁'은 제1단계인 아프가니스탄전쟁 이후 제2단
계인 이라크전으로 확장되었다. 전쟁과 관련하여 가장 역설적인 것은 '부당한 전쟁에
서 정당하게 싸운 군인'들의 희생을 어떻게 바라보아야 하는가일 것이다.[43] 특히 이라
크전을 둘러싼 '선제공격'이라는 신안보개념은 상대국의 대량살상무기나 생화학무기에
의한 급박한 위협에 대해 자위적 방어라는 정의전쟁론의 정당한 명분에 토대를 둔 것
이었다. 그러나 이라크에 대한 미국의 선제공격은 객관적 관찰자라고 할 수 있는 세
계여론이나 UN의 지지가 미비했기에 줄곧 비판의 대상이 되어 왔다.

참고문헌

[1]

Summers, Harry G., 권재상·김종민 공역, 『미국의 걸프전 전략』(서울: 자작아카데미,
　　　1995).
김덕주, "국제테러 억제를 위한 국제규범의 현황과 전망", 외교안보연구원 발간자료, 2001−
　　　39(출처 http://www.ifans.go.kr).
김성한, "미국의 신안보전략과 북미관계전망", 외교안보연구원 발간자료 2002−36(출처
　　　http://www.ifans.go.kr).
김성한, "『테러사태』이후 미국의 대테러 및 대외정책 전망", 외교안보연구원 발간자료,
　　　2001−29(출처 http://www.ifans.go.kr).
김성한, "신보수주의 미국외교의 현황과 전망", 외교안보연구원 주요국제문제분석, 2007.
　　　6. 4(출처 http://www.ifans.go.kr).
김태효, "미국의 선제억지방안과 對이라크 공격가능성", 외교안보연구원 발간자료, 2002−
　　　30(출처 http://www.ifans.go.kr).
김태효, "미국의 이라크 개입외교: 도전요인과 전망", 외교안보연구원 주요국제문제분석,
　　　2003. 12. 10(출처 http://www.ifans.go.kr).

---

43) 박균열, "실천윤리의 연구동향: 군대윤리교육을 중심으로", 한국윤리교육학회, 육군3사관학교,
　　경북대 동서사상연구소 공동주체, <윤리학의 최근 연구 동향과 도덕교육>, 2007. 11. 16,
　　p.114.

박균열, "실천윤리의 연구동향: 군대윤리교육을 중심으로", 한국윤리교육학회, 육군3사관학교, 경북대 동서사상연구소 공동주체, <윤리학의 최근 연구 동향과 도덕교육>, 2007. 11. 16.

박홍규, "미국의 선제억지방안과 對이라크 공격가능성", 외교안보연구원 발간자료, 2002-30(출처 http://www.ifans.go.kr).

박홍규, "테러 사태와 NATO", 외교안보연구원 발간자료, 2002-10(출처 http://www.ifans.go.kr).

서용선·임영숙 공편(미 국방부 편), 『걸프전쟁』(서울: 국방군사연구소, 1992-3).

아시아국제법연구회편, 『현대국제조약집』(서울: 아시아사회과학연구원, 2000).

이남규, 『첨단전쟁: 걸프전쟁과 첨단무기』(서울: 조선일보사, 1993).

이동휘, "9·11 테러사태이후 국제환경의 변화와 한반도", 외교안보연구원 정책연구과제, 2001-12(출처 http://www.ifans.go.kr).

이민수, 『전쟁과 윤리: 노넉석 닐네나와 해결방안의 모색』(서울: 칠힉과헌실사, 1998).

이상현, "미-러 핵무기 감축협정과 미국의 핵전략: 세계질서 전망과 우리의 대응", 세종연구소 정책브리핑, 통권 제15호(2002. 7.)(출처 http://www.sejong.org).

이상현·남궁곤, "부시 행정부 외교안보팀 성향 분석", 세종연구소 정책보고서, 통권 제34호(2001. 6.)(출처 http://www.sejong.org).

이용호, 『전쟁과 평화의 법』(경북 경산: 영남대학교 출판부, 2001).

하영선, "9·11 테러와 세계질서의 변화", 세종연구소 특별정책브리핑, 통권 제5호(2002. 10)(출처 http://www.sejong.org).

후쿠야마, 프란시스, "반미주의 부른 부시 행정부의 4대 실수"(출처 http://article.joins.com/article/article.asp?total_id=2973774, 검색일: 2007. 12. 31).

[2]

Amstutz, Mark R., *International Ethics: Concepts, Theories, and Cases in Global Politics*(Lanham & Oxford: Rowman & Littlefield Publishers, 1999).

Christopher, Paul, *The Ethics of War and Peace: An Introduction to Legal and Moral Issues*(N.J.: Prentice Hall, 1994).

Coates, Anthony J., "Just War in the Persian Gulf?", Andrew Valls(ed.), *Ethics in International Affairs*(Lanham & Oxford: Rowman & Littlefield Publishers, 2000).

D'entrèves, A. P.(ed.), *Aquinas: Selected Political Writings*(Oxford: Basil Blackwell, 1954).

Fotion, Nicholas, "Reactions to War: Pacifism, Realism, and Just War Theory", Andrew Valls(ed.), *Ethics in International Affairs*(Lanham & Oxford: Rowman & Littlefield Publishers, Inc., 2000).

Harris, C. E., 김학택·박우현 옮김, 『도덕이론을 현실문제에 적용시켜 보면』(서울: 서광사, 1994).

Johnson, James Turner, *Ideology, Reason, and the Limitation of War: Religious and Secular Concepts, 1200 – 1740*(Princeton: Princeton Univ. Press, 1975).

Johnson, James Turner, Just *War Tradition and the Restraint of War: a Moral and Historical Inquiry*(Princeton: Princeton Univ. Press, 1981).

Morgenthau, Hans J., *Politics among Nations: the Struggle for Power and Peace*(NY: Alfred A. Knopf, 1978).

Niebuhr, Reinhold, *Moral Man and Immoral Society*(NY: Charles Scribner's Sons, 1960).

Ramsey, Paul, *The Just War: Force and Political Responsibility*(NY: Scribner, 1968).

Rommen, Heinrich A., *The Natural Law: A Study in Legal & Social History & Philosophy*, trans. by Thomas R. Hanley(New York: ARNO Press, 1979).

Walzer, Michael, *Just and Unjust Wars: A Moral Argument with Historical Illustrations*(NY: Basic Books, 1977).

[3]

"걸프전 10년, 그 끝나지 않는 전쟁을 말한다"[연재 1] 경제제재로 5살 미만 이라크 어린이 매달 5000명씩 죽어가(출처: http://www.peacekorea.org 국제분쟁자료실, 검색일: 2007. 12. 31).

『동아일보』, 2002년 9월 17일자, "美-이라크의 속셈은"

『동아일보』, 2002년 9월 17일자, "이라크, 유엔 무기사찰 무조건 수용"

『동아일보』, 2002년 9월 16일자, "미, 이라크戰 비용 얼마나"

『동아일보』, 2002년 9월 13일자, "美 테러전 빌미 인권유린 말라" …로빈슨 前유엔판무관 만델라, "이라크전은 오로지 석유 때문"(출처: http://www.chosun.com/w21data/html/news/200301/200301310003.html(입력: 2003.01.31).

"열화우라늄탄 사용 영향과 위해성 논란 보고서"(출처: http://www.greenkorea.org/zb/ view.php?id=nowar_message&no=26, 검색일: 2007. 12. 31).

"이라크전은 석유전쟁"(출처: http://kr.dailynews.yahoo.com/headlines/wl/20020916/yn/yn2002091627657.html, 검색일: 2002. 9. 16).

제7장 핵무기와 윤리

박균열[*]

1. 머리말

태초에 '질서'가 있었다. 아담이 선악과를 따 먹기 이전에는 '사랑의 질서'가 있었던 것이다. 태초에 하느님이 사랑과 평화와 기쁨이 넘치는 에덴동산을 만들고 난 뒤, 자유의지를 가진 인간이 악마의 유혹으로 사랑과 평화의 질서를 파괴함으로써 급기야 천지 창조 이전의 혼돈으로 다시 휩싸이게 된다. 천지 창조 이전에는 신의 손안에서 일어난 혼돈이었기에 쉽게 혼돈의 파도가 가라앉았다. 그러나 한번 무너진 질서를 회복하기에는 절대자의 손에서 너무나도 멀리 벗어나 버렸다. 전지전능한 신의 의지는 여전히 인간을 어여삐 여겨 지구 종말의 완전파괴라고 하는 죄는 주지 않았지만, 신은 인간이 지은 죄가 너무나 크기 때문에 완전한 구원을 허용하지 않고 있다.

인간은 신이 벌로써 준 무질서를 회복하기 위해 '가이게스의 반지'를 지금도 만지작거리고 있다. 오늘날의 핵무기(Nuclear Power)는 바로 이 가이게스의 반지와도 같다. 신의 모습을 닮은 것으로 스스로 자부하고 있는 인간은 반쪽짜리의 신의 능력을 담보로 절대적이지도 않고, 그렇다고 완전한 답을 제공해 주지도 못하는 핵무기 앞에서 무서워서 벌벌 떨고 있다.

한편 "사랑을 함에 있어서는 모든 것이 정당화된다."고 말한 경구의 논리대로 "전쟁을 함에 있어서도 모든 것이 정당화된다."고 하는 경구는 오늘날 핵시대의 인간들에게 가이게스의 반지를 어떤 한 방향으로 돌리고 싶은 것이 결코 하나의 고전적인 유희가 아님을 교훈으로 던져주고 있다. 우리를 냉정한 현실 앞에 던져주고 있는 것이다. 사실 태평양전쟁 이후 핵무기를 실제 전쟁에서 사용한 경우는 없었다. 하지만 전쟁이 아니라고 하더라도 원자력 발전소의 이상 작동 등으로 우리는 核이라고 하는 것

---

* 경상대학교 윤리교육과 교수. 이 장의 내용은 필자의 다음 원고를 보완·발전시킨 것이다. 박균열, "핵무기와 윤리적 문제", 『한국군사』 제10집, 한국군사문제연구원, 1999, pp.227-250.

이 얼마나 엄청난 재앙을 가져다주는지를 잘 알고 있다. 그리고 이러한 핵은 협박용 무기로서의 도구로 여전히 현대 인류의 많은 생활공간 속에서 분쟁과 갈등의 소재꺼리가 되어 왔고, 여전히 큰 문제의 소지로 남아 있다.

재래식 전쟁에서는 아무리 잔인한 전투행위라고 하더라도 인간적인 순수함을 가지고 있었다. 즉 전투행위 간에 전투원 상호간의 감정행위가 상호 오고갔던 것이다. 그러나 오늘날 핵무기가 사용되는(될 수 있는) 핵전쟁은 이러한 감정의 교호작용을 허용하지 않는다. 재래식 전쟁은 그 승패에 따라 적어도 한쪽에는 원하는 바대로의 생존에 대한 자유가 보장되었다. 하지만 핵을 사용하는 전쟁은 양쪽 모두뿐만 아니라 전쟁 당사국, 지구공동체의 모든 인간, 그리고 더 나아가서는 모든 생명체의 생존도 다 파괴될 수 있는 것이다. 왜냐하면 오늘날 핵을 가진 나라는 한두 나라가 아니고, 핵을 행시할 정도의 전쟁이 일어날 경우 그 나라가 전쟁 대상으로 하는 나라도 또한 핵을 가졌을 개연성이 높기 때문이다.

이러한 이유로 인하여 핵전쟁을 논의하면서 윤리적인 판단과 윤리적인 행위의 문제를 거론한다는 것 자체가 얼마나 보잘것없는 논의인가 하는 회의마저 들게 한다. 그러나 아무리 큰, 설령 그것이 전 지구를 파괴할 수 있다고 하더라도 우리는 방관만 하고 그 자리에 앉아 있을 수만은 없는 일이다.

'그냥 방관만 할 수 없다.'라고 하는 전제는 곧 우리로 하여금 핵전쟁에 대한 예방적 조치를 할 수 있다는 가치판단으로 이끌게 한다. 이것이 핵전쟁을 윤리적인 문제로 보아야 한다는 당위성이고, 볼 수 있다고 하는 반증이라고 볼 수 있는 것이다. 흔히 우리는 가치의 문제를 논할 때, "어떤 행위를 해야만 한다."고 하는 의무론(deontology)의 입장과, "어떤 결과가 '좋음'과 '가치로움'을 가져다주기 때문에 어떤 행위를 해야 한다."는 목적론(teleology)으로 구분한다.

그렇다면 어떤 원리에 입각한 논의가 전쟁의 문제와 핵문제에 대한 적실성 있는 대안이 될까? 그러나 그 어느 쪽도 적절한 대안이 되지 못한다. 우리의 대화가 이루어지고 있는 이 자체의 생활공간마저 위협받는 상황으로는 의무론과 목적론 양자 모두 그 어떤 하나의 논리로는 제대로 된 가치판단의 의미 있는 기준을 제시해 주지 못하고 있기 때문이다.

본 연구에서는 이러한 입장에서 응용윤리학자인 맥마흔(Jeff McMahan)의 전쟁관을 토대로 오늘날 위협받고 있는 핵전쟁의 상황에 대한 윤리적 논거를 마련해 보고자 한다.[1]

---

1) 이 글은 다음의 내용을 참고하였음. Jeff McMahan, "War and Peace", Peter Singer, ed., *A Companion to Ethics,* Blackwell Companies to Philosophy, 1991, pp.384－395.

2. 전쟁에 있어서 폭력의 사용과 윤리적 문제

군인이 존경받고, 또한 존경받아야 하는 근거는 용감하게 전쟁을 할 수 있고, 또한 전쟁을 해야만 한다는 데 있는 것이 아니라, 자신의 목숨을 자신의 이익이 아닌 공적인 목적을 위해 바칠 수 있다고 하는 데서 그 이유를 찾을 수 있다.

전쟁과 평화의 문제에 대한 정책결정자의 생각과 정책결정과정에 있어서 가장 영향력이 있는 지식인들의 생각은 일반적으로 비도덕적인 가정에 의해서 구성된다. 이러한 상황에 있어서의 제 문제들은 자연히 '실질적'인 인식을 토대로 하고 있다. 정책결정과정에 있어서의 선택들은 그들의 기대되는 결과에 의해 전적으로 판단되는데, 그 결과는 자국의 국익에 얼마나 많은 영향력을 행사하느냐에 따라 평가된다. 윤리적인 문제를 전반적으로 제기할 때, 그러한 윤리적 문제들은 여론의 조작에 의해 노골적이고 지나치게 간소화된 형태로 나타나게 되는데, 재미있게도 정책을 결정하는 엘리트들의 비도덕주의를 거부하는 경향이 있다.

여기서 우리는 윤리적인 원칙들이 이러한 정책의 형성에 중요한 역할을 해야만 한다는 몇 가지의 대안이 되는 의견 대부분의 국가안보정책들의 기초가 되는 이론을 탐구하고자 한다. 다음으로 우리는 전장에서의 폭력과 살인에 대한 정당화의 문제를 고찰할 것이다. 그리고 전쟁에서의 폭력 사용의 허용에 대한 제한이 있다는 요구의 이론적 근거를 탐색할 것이며, 핵 억제의 문제에 있어서 제기되는 윤리적인 문제를 논의하게 될 것이다.

가. 현실주의

정책결정을 일반적으로 다루는 이론은 '정치적 현실주의'로 불린다. 그것은 도덕규범을 국가의 행위에 적용되지 않는다는 것을 전제로 하고 있다. 대신에 국가의 이익을 위해 적극적으로 관심을 갖는다. 이러한 입장은 당장 반대에 봉착하게 된다. 개인으로서의 나라고 하는 존재는 나의 이익을 보호하거나 그것을 증진시키는 데는 제한이 있다. 다른 사람에게 있어서도 마찬가지이다. 그래서 만약 우리를 결속시킨 것을 국가라고 간주한다면 우리는 어떻게 전체의 이익을 보호하고 그것을 증진시키기 위한 권리를 획득하게 되는가? 국가의 형성은 단체의 창립과 같이 새로운 권리를 만들어 낸다. 그러나 모든 권리는 각 개인들이 국가 내에서 그들의 권리를 독립적으로 소유하고 있는 권리들로부터 도출된다. 그래서 국가의 권리와 특권은 각 개인의 권리를 모은 것보다 초과할 수는 없는 것이다.

현실주의자는 아래 세 가지 방법의 하나에 있어서 이러한 도전에 직면하게 된다. 그는 도덕적 허무주의를 채택하고 있다. 먼저 이는 '도덕적 규범은 모두에게 적용되지 않고, 단지 개인의 행위에만 적용된다.'고 하는 광의의 의미로부터 '도덕적 규범은 국가에 적용되지 않는다.'고 하는 협의의 주장을 도출하고 있다. 또는 국가들 간의 관계를 설정하는 무정부상태의 조건은 다른 조건들에 적용되는 도덕적 요구조건들을 잠시 보류하는 것이라는 것을 주장하고 있다. 또는 마지막으로 그는 국가의 형성에 있어서 국가가 개인들의 집합 이상의 의미를 갖는 특이한 묘안이 있다고 주장한다. 그러한 국가는 개인들에게 적용되는 제한을 초월하는 보다 높고 상이한 형태의 종류이다. 하지만 이러한 답의 어떤 것도 옹호될 수 없고, 또한 현실주의가 영향력이 있다 할지라도 그것은 도저히 지탱할 수 없는 것이다.

국가정책이 순수하고 신중한 추론에 근거하는 경향이 사실이라고 할지라도, 전쟁윤리와 핵 억제의 논의는 일반적으로 실제적인 국가활동으로부터 사뭇 동떨어진 입장과 정책을 뒷받침하고 있다는 점은 놀라운 일이 아니다. 조심스럽고 의식 있는 윤리적 영향력은 전쟁과 평화 그리고 안보에 대한 확고한 이념을 뿌리째 전복시키는 경향이 있다.

나. 평화주의

현실주의자의 견해에 따르면, 전쟁이 국가의 이익에 공헌할 때 정당화된다. 반면에 국가의 이익에 반할 때는 정당화되지 않는다. 다른 체제나 국가의 이익은 대체로 제도적인 것을 제외하고는 관련이 없는 것으로 간주된다. 그러나 개인들이 다른 개인들의 이익을 보통 무시하지 않기 때문에, 많은 국가들은 다른 국가의 이익(또는 다른 국가 국민의 이익)에 더 많은 무게를 주기를 요구받는다. 하지만 제 국가들이 그 국가 시민들의 이익을 위해 더 많이 강조를 하는 것과 같이 다른 나라 국민의 이익을 중시하는, 즉 완벽하게 공평한 집행을 한다는 것은 사실 받아들이기 어려운 일이다. 요컨대 절대적인 편파성(편애)이나 완벽한 공정성 그 어떤 것도 적절하지 않아 보인다. 한 국가가 어떤 상태에서 어느 정도로 자국의 이익에 우선권을 주는가와 다른 국가나 집단들의 이익에 관심을 갖는가를 결정하는 것은 도덕 이론의 미결의 문제로 남아 있다. 몇 가지의 편파성의 형태들은 우리들에게 있어서 도덕적으로 정당화되는 것처럼 보인다. 예를 들자면, 부모들은 적어도 몇 가지 관점에서 자신들의 자녀들에게 있어 단순히 허용되는 것처럼 보이는 것이 아니라, 편파적일 것을 요구받는다. 그러나 자신들과 경쟁하는 구성원들의 이익을 우호적으로 생각함으로써 다른 형태의 편파성들은 도덕적으로 임의적이다. 국가주의와 애국주의는 몇 가지 관점에 있어서 가족적 충성(familial loyalty)과 비슷한 것으로 보인다. 그러나 다른 관점에 있어서는 종족주의와 비슷하다. 이러한 유사성에 대한 보다 깊은 연구는 정당화된 국가의 편파성의 범위와 한계를 결정하는 문제를 명백히 하는 데 도움이 될 것이다.

대부분의 사람들은 전쟁의 정당화는 실제적이거나 예상되는 결과를 숙고하지 않고, 종종 원칙의 문제라고 일컬어지는 것들에 의존하게 된다. 이러한 관점에 있어서, 한 행위의 옳고 그름은 그 행위의 결과와는 독립된 행위 자체에 내재된 특성의 기능이라고 볼 수 있다. 몇 몇 절대주의자들은 많은 종류의 행위들 때문에 결코 정당화될 수 없는 특정의 행위들이 있다고 믿는다. 전쟁행위를 존중하는 절대주의자들은 평화주의자라고 한다. 그들은 결코 전쟁에 연루되는 것을 허용하지 않는다. 도덕적으로 모든 사람들은 전쟁에 관계된 폭력과 살인에 대한 강한 도덕적 전제조건들이 있다는 점을 신봉하고 있는 반면에 평화주의자들은 이러한 전제조건은 유린될 수 없다는 점이 대부분의 다른 사람들과 다른 점이다. 그리고 전쟁을 위한 도덕적 정당화를 제공하기 위한 도전은 결코 허용할 수 없다.

그러나 현실주의와 같이 평화주의는 지탱하기 어려운 입장이다. 반면에 정당화의 부담이 전쟁에 연루되는 것을 허용하는 사람을 공격한다는 것은 받아들이기 어려운 것은 아닐지라도, 그러한 상황은 개인 차원의 특정한 폭력의 사용의 경우에 있어서 역전된다. 만약 나 자신이 부정의의 공격과 잠재적으로 치명적인 공격의 희생양이 된다면, 정당화의 부담은 나 자신을 방어하기 위해 폭력을 사용한다는 점을 정당화한다는 것을 믿는 사람들을 공격하는 것이 아니라, 이러한 것을 부인하는 사람들을 공격하는 것이다. 많은 평화주의자들은 그들이 거부하는 것은 전쟁 자체이지 모든 폭력을 사용하지 않는 것을 의미하지 않는다고 주장한다. 그래서 개인의 자기방어는 전쟁의 정당화와 달리 정당화될 수 있는 것이다. 그러나 전쟁에 대한 절대적인 거부는 전쟁에 필연적으로 관련된 특정 형태의 행위(예를 들자면, 국제 폭력이나 살인)를 전적으로 금지하는 것보다는 어떤 것에 대해 밀접한 바탕을 두고 있을 수 있다는 것은 의문이다. 그리고 모든 경우에 있어서 전쟁을 추방하고자 하는 어떤 특정의 폭력을 금지하는 것은 개인의 자기방어에 있어서의 폭력의 사용을 거의 확실히 추방하게 될 것이다. 진정으로 개인의 자기방어를 위한 행위의 수용은 한편으로는 단순히 개인의 자기방어의 권리를 집단적으로 실행에 옮기는 것이라고 볼 수 있다.

다. 정의전쟁론

수세기 동안 전쟁윤리에 대한 사고의 전통은 평화주의와 현실주의 사이의 방어적 중간 입장으로 규정하는 개념을 발전시켜 왔다. 정의의 전쟁이론으로 알려진 결론적인 의견은 개인에 의해 폭력을 사용하는 것이 정당화된다는 상식적인 의견과 권리의 국내적인 보호를 위해 국가에 의한 폭력의 사용을 정당화하는 상식의 정당화에 평행하는 전쟁에 있어서의 폭력 사용 개념을 변호하고 있다. 국내 경찰에 의한 것과 같은 폭력은 정당하고 잘 세분화된 목표를 제공하도록 의도되고, 규칙에 의해 지배되고 제한되는 것은 정당하다는 것이다. 그래서 외부의 위협에 대항한 국가의 폭력 사용은 그 목표가 정당하고, 수단이 적절히 제한된다면 합법적일 수 있다는 것이다.

전쟁윤리의 가장 현대직인 표현 빙법은 두 가지 요소를 갖고 있다. 목적론과 수단론이 그것이다. 먼저 '전쟁의 정의(jus ad bellum)' 이론은 전쟁으로 치닫는 것을 의미한다. 두 번째 '전쟁에 있어서의 정의(jus in bello)'는 전쟁에 있어서 허용되는 행위의 한계를 설정하는 것이다.

양 이론은 너무나 복잡해서 여기서는 재론하지 않고, 대체적인 윤곽만 설정하기로 한다. 그럼에도 우리는 그들 중 보다 중요한 조항들은 참고해야만 한다. 예컨대 전쟁의 정의 이론의 주요한 요소는 전쟁이 정당한 원인을 위해 싸움을 해야만 한다는 요건이다. 정의의 전쟁이론가들은 원칙적으로 국가안보가 전쟁을 위한 정당성을 제공해 준다는 데 만장일치로 동의한다. 단지 그 이상의 범위를 넘어설 때에는 다소간의 차이가 있다. 정당한 원인을 위한 요건들은 부정의한 외부의 공격에 대항하여 다른 국가의 방어를 하는 내용을 포함한다. 권리의 회복(즉 초기의 부당한 공격에 저항할 수 없을 때, 잃게 되는 것을 회복하는 것), 정부에 의한 권한의 남용에 대항해서 국가 내에서 기본적인 인권의 보호와 부당한 공격에 의한 처벌을 보호하기 위한 것을 포함한다.

주지하다시피 국가의 권력은 국가를 구성하고 있는 개인들의 권한으로부터 도출되고, 국가를 구성하고 있는 그 개인들의 권리들을 초과할 수는 없다고 한다면, 국가의 자기방어의 권리는 시민들의 개인적인 자기방어의 권리로부터 만들어지게 될 것이다. 국가는 단지 각 구성원들이 집단적인 협조를 통해서 자기방어에 대한 개인적인 권리를 행사할 수 있는 매개체에 지나지 않는다. 국가가 국가의 자기방어에 있어서 하고 있는 제한은 그리하여 각 구성원들이 자신들을 방어하도록 허용된 제한점들에 의해서 규정되는 것이다.

전쟁에 있어서의 정의이론은 3가지 요소로 이루어진다. 첫째, 최소한의 강제력의 요구(the requirement of minimal force)인데, 어떠한 경우에 있어서 사용된 폭력의 양은 그 목적을 달성하는 데 필요한 것을 초과해서는 안 된다는 것이다.

둘째, 적정 비율의 요구(the requirement of proportionality)인데, 전쟁행위에 대한 예측된 나쁜 결과는 예측되는 좋은 결과보다도 더 커서는 안 된다는 것이다.

셋째, 분별의 요구(the requirement of discrimination)인데, 강제력은 오직 합당한 공격의 목표하에 있는 사람들에 대항해서만 행사될 수 있다는 것이다.2)

3. 핵무기와 윤리

가. 핵무기에 대한 윤리적 문제

핵무기에 의해 제기된 윤리적인 문제는 두 가지의 형태로 나누어질 수 있다. 전쟁에 있어서의 핵무기의 실제적 사용에 관한 문제와 억제를 목적으로 한 핵무기의 보유에 관한 문제이다. 첫 번째 문제는 일반적으로 전쟁에 있어서의 정의의 요구에 대한 참고가 된다. 핵무기의 사용은 분별의 요구와 비율의 요구를 충족시킬 수 있었는가? 대부분의 도덕이론가들에게 있어서 어떠한 요구를 위반하지 않고도 핵무기의 사용이 가능한 경우가 있어 보인다. 그러나 실제로 행해지고 있는 바와 같이 핵 억제는 항상 시민의 생활공간을 의도적으로 파괴하기 위해서 핵무기를 사용하려고 위협하는 것도 항상 포함하고 있다. 그리고 이러한 것은 명확히 분별의 요구를 위반하는 것이고, 비율의 요구도 거의 확실히 위반하는 것이다.3) 이러한 사실은 '억제는 비도덕적인 방법으로 핵무기를 사용하려하는 위협에 의존하는가'라고 하는 핵 억제의 도덕성에 대한 근본적인 문제를 제기하고 있다. 만약 그렇다면, 이러한 것이 억제의 도덕성에 대해 시사하는 바는 무엇인가?

이제 도덕적이고 전략적인 문제가 있다. 핵무기의 사용가능성은 도덕적으로 수용가능하다고 하는 것을 우리가 알았다고 하는 것을 상상해 보라. 그래서 우리는 오직 그

---

2) 이 '분별의 요구'에 대해서 McMahan(1991: 387−390)은 다루고 있으나, 논의의 전개상 생략하였다.

3) A. Finnis et al., *Nuclear Deterrence, Morality, and Realism*, Oxford: Oxford University Press, 1987, Ch. I, McMahan, ibid., p.390.

러한 방법에 있어서 핵무기를 사용함으로써 위협을 하는 것이 우리가 억제할 필요가 있다고 생각하는 어떠한 위협도 효과적으로 억제할 수 있었다고 하는 점이 보편적인지 아닌지에 대해 의문을 가질 필요가 있다. 이는 전략적 이론의 질문이다. 모든 실제적인 억제정책은 시민공동체를 파괴하기 위해 외부적으로 위협을 하는 것을 포함하고 있다는 것이 사실이라면, 또한 이러한 위협이 필요하다고 하는 생각에 대한 전략적 공동체 내에서의 어떤 주요한 도전이 있어 왔다는 것이 사실이라면, 생존가능하고 효율적인 억제는 전쟁에 있어서의 정의의 요구에 의해 비난받고 있는 방법으로 핵무기를 사용하기 위해 위협을 요구한다는 전략에 있어서 광범위한 합의가 있다는 결론에 이른다는 것은 합리적이라고 할 수 있다.

나. 부당의도 논쟁

만약 우리가 억제라는 것이 도덕적으로 잘못된 경우에 있어서 핵무기를 사용하기 위한 위협으로 사용된다는 점을 가정할 때, 우리는 억제의 윤리에 대해 사려 깊은 토의를 해야 하는 문제점에 봉착하게 된다. 왜냐하면 핵 억제의 위협은 신뢰할 수 있어야 한다. 즉 그러한 위협은 그들이 도전받고 있는 경우에 있어서 그것을 해결해 줄 수 있는 어떤 의도에 의해 되돌아가야만 한다. 그래서 억제는 비도덕적인 방법으로 핵무기를 사용하기 위해 잠정적인 의도를 포함하고 있다. 더욱이 우리가 만약 잘못된 것을 하려고 하는 것은 잘못 의도된 원칙(Wrongful Intentions Principle)을 받아들인다면, 그리하여 억제는 잘못된 것이라는 사실을 따르는 것이다.

부당의도 논쟁(Wrongful Intentions Argument)이라고 명명되는 이 논의는 매우 큰 영향력이 있다. 특히 신학에 있어서 그것은 행위의 도덕적 특성이 원칙적으로 그 내적인 특성을 규정해 주는 의도에 의해 결정된다.[4] 그러나 위의 논의 3가지 모두의 전제에는 날카로운 비판이 있다. 억제는 도덕적으로 허용된 방법 내에서 핵무기를 사용하기 위한 진지한 위협에 적절히 바탕을 둘 수 있다는 주장을 제기된다. 예컨대 이러한 비판들은 무지를 해롭게 하는 어떤 의도를 비난하는 억제전략을 제안하고 있고, 대신에 오직 군사적인 수단의 붕괴를 위협하고 있다.[5]

이러한 제안들은 억제가 부분적으로 잠재적인 적대세력이 비도덕적인 사용의 포기

---

4) ibid., p.391.

5) P. Ramsey, *The Just War*, Lanham, Md: University Press of America, 1968, ibid., p.391.

가 진실된 것이라는 것은 결코 신뢰할 수 없는 것이라는 사실에 의해 확증이 된다는 생각에 때때로 호소하게 된다.6) 그러나 이러한 나쁜 이미지가 불식된 전략은 순수한 군사적 목표에 대항한 핵무기의 대체적인 사용이 비율의 요구조건을 위반한다는 점에서 강한 비판을 받고 있다. 직접적으로는 시민공동체에 대한 즉각적인 영향력을 통해서, 또는 간접적으로는 직접적인 불균형한 폭력의 수준에까지 위기의 증가를 통해서 비판이 이루어진다. 부정의도 논의의 다른 비판은 다소 어설프기는 하지만 억제가 사실상의 허세적인 도전인 위협에 바탕을 둘 수 있다. 그래서 억제는 잘못된 의도를 포함할 필요가 없는 것이다. 또 다른 비판가들은 부정의도 원칙을 거부하기도 하고, 또한 그 원칙은 적용상 성공할 수 없다고 한다.7) 그리고 추정적으로 잘못된 의도의 발상은 재앙의 결과를 가져오는 것을 예방하는 것처럼 보인다는 점에 있어서 지나치게 과장(overriden)되었다고 주장하고 있다.8)

이 후자의 견해는 상식적인 도덕성에 바탕을 두고 있는 것으로 보인다. 만약 결과에 대한 고려에 전적으로 바탕을 하고 있지 않는 억제에 도덕적인 반대가 있다면, 억제는 잘못된 의도를 갖고 있다는 것은 아니다. 억제에 대한 반대는 우리가 정책 수행을 위해 고용한 사람들을 통해서 언젠가는 우리의 억제 위협을 수행함으로써 전례가 없는 규모로 테러리스트에 의한 폭력을 감행할 것이라는 다소간 심각한 위험성을 갖고 있다. 만약 우리에게 있어 결과가 문제시되는 모든 것이 아니라면, 억제에 관련된 이러한 모든 사실은 그것에 대항한 강한 도덕적 가정을 설정하고 있다.

몇몇 사람들은 억제에 대한 가정이 절대적이라고 믿고 있다. 그것은 고려해야 할 문제에 대항함으로써 무시될 수는 없다. 이러한 사람들은 종종 전통적인 기독교 교리에 호소함으로써 그들의 입지를 옹호하려 한다. 그러나 우리들 중 대부분은 원칙상 억제에 대한 반대는 결과에 대한 고려에 의해서 유린될 수 없다는 것을 믿고 있다. 억제에 대한 가정은 만약 억제를 포기함으로써 기대되는 결과가 그것을 계속적으로 지탱하는 것보다 더 많이 악화될 경우 유린될 수 있다는 것이다. 그래서 아무리 우리가 결과가 모든 문제의 해결점이 아니라고 믿는다고 해도, 우리가 절대주의자가 아니라면, 우리는 예상되는 결과의 관점에서 억제를 평가하는 것을 피치 못할 것이다.

---

6) A. Kenny, *The Logic of Deterrence*, London: Firethorn Press, 1985, ibid., p.391.

7) A. Cohen and Lee, S., eds., *Nuclear Weapons and the Future of Humanity*, Totowa, NJ: Rowman & Allanheld, 1986, Hare 부분 참조, ibid., p.391.

8) G. Kavka, *Moral Paradoxes of Deterrence*, Cambridge University Press, 1987, Chs. 1·2, ibid., p.391.

다. 핵 억제와 그 결과

보수적 입장에서는 억제를 포기함으로써 기대되는 결과는 사실상 그것을 지속함으로써 얻는 결과보다 상당히 좋지 못하다는 논리를 편다. 그러나 이러한 견해는 명백히 사실이 아니다. 왜 이것이 그러한가에 대한 견해를 살펴보기 위해서는 '전쟁'의 개념에 대한 기술적인 의미를 살펴보아야 할 것이다. 그 단어는 평상시 흔히 사용되는 말이기 때문에 비록 군사적인 반응이 없는 공격이라고 할지라도 전쟁으로 생각하게 된다. 그러나 논의의 목적상, 전쟁은 한편에 대한 다른 한편에 의해 행해지는 공격을 의미해야만 한다는 점으로 규정하고자 한다. '충돌'이라는 말은 우리의 개념으로 볼 때, 공격이나 전쟁의 의미에 해당된다고 볼 수 있다.

핵 억제 정책의 주요한 목표는 국가의 정치적 주권과 독립의 상실이나 그것을 위태롭게 하는 것을 예방하는 것이다. 그러나 억제는 오직 공격의 위험을 줄이기 위한 하나의 수단에 지나지 않는다. 공격을 예방하기 위한 가장 좋은 수단은 그 공격의 원인이 무엇인가에 전적으로 달려 있다. 공격에 대한 예방은 그 원인을 진정시키는 것이다. 그리고 공격의 원인은 다양하게 많이 있다. 예를 들자면, 만약 공격의 위협이 몇 가지의 정치적 목표를 획득하기로 계산된 공격 행태의 가능성으로부터 도출된다면, 우리는 공격을 억제하는 것을 목적으로 해야만 한다. 그것은 공격자에 대한 비용과 위험을 제고시키거나 공격이 쓸모없게 되는 잠재적인 공격자를 설복할 만큼 강력한 능력을 보여줌으로써 이루어진다. 공격의 위협이 잠재적인 적대세력이 먼저 공격을 받게 될 것이라는 공포의 결과로서 선제공격이 이루어지는 것이기 때문에 공격의 위협이 생기게 되는 것이라면, 억제를 강화하려고 하는 것은 비생산적인 것이다. 그래서 필요한 것은 누구의 의도가 공격적이지 않다고 하는 잠재적인 적대세력을 재강화시켜 주기 위해 행동을 취해야 된다는 점이다. 억제 정책은 대체로 사고에 의한 공격, 부주의 또는 오해로 인해 생긴 결과로서 공격을 감행해 오는 것을 제거하기에는 무기력하다는 약점이 있다. 선제공격의 경우에 있어서와 같이, 억제의 실천은 이러한 요소에 의해서 야기되는 공격의 위험을 단지 악화시키는 것이다.

억제는 전쟁을 예방하기 위한 의도의 수단이 아닐 뿐만 아니라, 전쟁의 예방이나 안보정책의 유일한 목표 달성 또한 아니다. 예를 들자면 또 다른 목표 달성으로 기대되는 충돌과 그 내용을 보상받게 되는 것이다. 그러나 공격을 억제하는 목표와 이러한 억제의 개념 사이에는 하나의 적대감이 있다. 억제는 공격으로부터 잠재적인 공격자의 기대되는 비용을 증가시킴으로써 이루어진다. 왜냐하면 공격이 공격자에게 비용이 드는 전쟁으로 나아가면 갈수록, 공격은 더욱 다루기 힘들어지기 때문이다. 반면에 예상되는 공격의 비용이 낮으면 낮을수록, 국가가 그 목표를 달성하기 위한 수단으로서의 공격에 의지하는 것은 더 안전하고 더 합리적일 것이다. 그러나 억제를 행하는 국가는 모든 정당에 대한 비용을 증가시키지 않고서는 공격자에 대한 공격의 비용을 증가시킬 수 없다. 그래서 양측이 충돌할 경우에 겪게 되는 제 공격의 가능성을 줄이고자 하는 것과 대량 피해를 줄이고자 하는 두 가지 목표 사이에 타협이 있게 되는 것이다. 억제는 공격을 예방하는 목표에 더 많은 무게를 둠으로써 이러한 타협점을 해결하게 되는 것이다.

그래서 만약 핵전쟁을 의미하는 것이 단순히 일방적인 핵공격이 아니라면, 억제는 핵전쟁의 위험을 감소시킬 것이라는 평범한 견해는 잘못된 것이다. 사실상 국가에 의한 억제의 활동은 다른 방법과 관련된 대규모의 핵전쟁의 개연성을 증가시킬 것이다. 공격에 대한 벌칙으로서 핵전쟁을 협박함으로써, 국가는 공격을 예방하기 위한 수단으로서의 핵전쟁 위험을 조작하게 된다.

제 형태의 공격과 충돌 비용 사이의 타협은 신중하고 자기이익의 입장에 바탕을 두고 이루어지는 것이 아니라는 점을 명심해야 한다. 만약 전쟁이 강대국들 사이에서 발발한다면, 그 효과는 전 세계 사람들에게 영향을 미치게 된다. 예를 들자면, 유럽의 경우를 생각해 보라. 서유럽의 방위태세는 미국의 운명을 유럽의 운명과 직결된다. 그래서 서유럽에 대한 어떠한 공격도 세계대전으로 비화될 높은 개연성을 가지게 된다. 이러한 입장의 이론가들은 러시아(구소련)로 하여금 그들이 유럽 영토에 국한된 제한전쟁을 할 수 없기를 희망하고 있다. 그러나 대신에 만약 그들이 유럽에서 전쟁을 계속해서 시작해야만 한다면, 미국과의 전략적 핵전쟁에 연루되게 될 것이다. 소련이 연루된 대규모 핵전쟁의 장에는 소련침공의 가장 효과적인 억제를 제공할 것이라고 그들은 믿고 있다. 그러나 재래식 공격의 억제를 증가하는 것은 대규모의 핵전쟁의 신중한 고려를 하게 된다는 점을 명심해야 된다. 그래서 재래식 공격의 위험성은 더욱 커짐에 따라, 상호 핵 억제의 관계는 더 안정된다. 반면에 재래식 공격의 위험은 핵전쟁의 위험이 더욱 증가해질수록 더 적어진다. 공격의 문제에 있어서 더 적은 재래식 공격의 위험성과 더 적은 예상비용 간의 선택은 이미 명백히 드러난 협상의 한 형태이다.

여기서 중요한 점은 유럽에서의 억제 실천이 서유럽의 안보를 위해 전 세계를 위험에 처하게 할 수도 있다는 점이다. 더욱이 소련외곽의 무고한 국가의 국민들에 대한 위험은 의도된 것이 아니다. 그래서 이러한 측면에서 그들은 미국이 소련 내의 무고한 사람들에 부과하는 위험과는 전적으로 다른 것이다. 그럼에도 불구하고 이러한 자발적인 위험의 창출은 심각한 부정의의 문제이다. 이러한 것을 보기 위해서 우리는 오직 핵 확산의 문제에 대한 우리 자신의 신념을 염두에 둘 필요가 있다. 이스라엘과 많은 아랍의 국가들 사이의 충돌을 고려해 보라. 이러한 충돌의 결과는 양측 모두에게 엄청나게 중요한 것이다. 사소한 문제는 고려될 수 없다. 그러나 만약 域內의 많은 국가들이 주요한 핵무기를 획득하게 된다면 우리는 그러한 사소한 문제도 엄청난 결과를 초래한다는 것을 간과해서는 안 된다. 그래서 그들의 이익과 지역의 관심에 따라 모든 곳에 있는 사람들의 삶을 위태롭게 하고, 다음 세대의 존속을 위험에 처하게 한다. 그러나 만약 이러한 방식으로 위험에 처하게 된 데 대한 우리들의 분개가 정당화된다면, 현재의 핵무기 정책에 의해 위험에 처하게 된 세계의 사람들은 똑같이 부정의하게 그 핵무기들을 위험에 드러내 놓는 실행을 비난하도록 자격이 부여된다.

자, 이제 억제라고 하는 것이 예기되는 결과의 바탕하에서 정당화될 수 있을지의 여부에 관한 문제로 돌아가 보자. 재래적인 생각은 억제에 대한 어떤 도덕적 전제도 파국을 예방하는 데 있어서의 억제의 압도적인 가치에 의해 패배할 수 있는 반면에, 반대로 그것은 예기된 결과의 고려가 벌써 억제에 대한 더 나은 전제를 설정하고 있는 것처럼 보인다. 이러한 요구에 대한 논의는 다음과 같이 지나치게 간소화된 용어로 설명이 되고 있다. 미국과 그 동맹국들의 두 개의 포괄적인 정의를 고려해 보라. 억제와 비핵방어 정책이 그것이다. 그리고 그들의 가장 현저한 두 개의 재앙을 초래하는 이름하여 소련에 의한 지배와 대규모 핵전쟁이 그 결과로 등장한다. 핵전쟁은 소련지배보다 더 좋지 않은 결과라고 하는 점은 명백한 것으로 보인다. 소련의 동맹과 중립국, 그리고 미래 세대의 이익은 제쳐두면서, 단지 우리가 미국과 그 동맹국의 이해관계를 고려한다고 할지라도, 핵전쟁은 소련지배보다는 더 좋지 않은 결과를 초래할 것으로 보인다. 또한 억제는 비핵방어보다는 대규모 핵전쟁의 보다 큰 위험을 포함하고 있는 경우이다. 그리하여 부담은 억제의 방어자 입장에서, 이러한 사실이 다른 고려요소들에 의해 과도하게 부과된다는 점을 보여주고 있다.

몇몇 억제에 의한 방어자들은 비핵방어가 더 많은 재앙의 위험을 가져온다는 점을 주장하면서 이러한 논의를 하고 있다. 그 논의는 바로 비핵방어의 정책하에서 지배의 개연성은 억제하에서의 대규모 핵전쟁의 개연성보다 더 큰 것이라는 점이다. 반면에 억제하의 지배의 개연성은 비핵방어 정책하에서의 대규모 핵전쟁의 개연성보다 더 적거나 비슷한 정도이다. 이러한 주장이 사실이라면 하나의 난관이 있다. 우리가 최악의 재앙 가능성의 대가로 몇 가지의 재앙의 보다 낮은 개연성을 선택해야만 하는 것인가? 또는 우리가 몇 가지의 재앙의 보다 높은 개괄적인 개연성의 대가로 최악의 재앙의 개연성을 최소화해야만 하는가? 요컨대, 우리는 일반적인 재앙들을 최소화하거나 대규모 재앙의 최소화 사이에 있어서 이미 밝혀진 협상에 직면하게 된다.9)

국가와 국제사회의 특성을 고려해 볼 때, 전쟁과 평화 그리고 안보의 문제와 관련된 어떠한 정책도 심각한 위험요소를 고려하지 않으면 안 된다. 그러나 우리의 정책과 관련된 제 위험들이 우리가 받아들이기로 채택한 것인지 아니면 그러한 위험들이 기본적으로 다른 것에 우리가 부과한 것들인지의 도덕적인 차이점이 있다. 만약 우리가 우리 자신들에게 있어서 위험성을 줄이기 위해 무지한 사람들에게 위험요소를 부과하는 것에 원칙적인 반대가 있다는 점을 믿게 된다면, 억제에 대한 도덕적인 전제가 있을 것이다. 그리고 만약 그러한 전제가 있다면, 전복되기는 쉽지 않을 것이다. 왜냐하면 우리가 살펴본 바와 같이, 억제를 포기하는 것은 억제를 계속해서 시행에 옮기는 것보다 상당히 악화된 결과를 초래한다는 점은 명백하지 않다. 즉 억제의 포기는 모든 경우에 있어서 좋지 않은 결과를 가져올 수 있다는 점은 명백한 것이 아니라는 것이다.

4. 핵전쟁에 대한 윤리적 판단 기준

맥마흔은 국가의 자기방어의 권리는 시민들의 개인적인 자기방어의 권리로부터 만들어지는 것으로 보고 전쟁을 개인의 가치판단으로부터 도출되는 것이라고 하는 논리적인 귀결을 하고 있다. 그리하여 그는 전쟁에 있어서의 정의이론으로 3가지 요소를 제시하는데, 첫째, 최소한의 강제력이어야만 하고, 둘째, 적정 비율이 요구되며, 셋째, 분별이 요구된다는 점을 제시하고 있다.10) 이러한 세 가지의 정의의 전쟁개념을 바탕

---

9) Kavka, op. cit., Chs.3·6, McMahan, 1989, ibid., p.394.

10) *Moral Dimensions of the Military Profession*, American Heritage & Custom Press, 1997, pp.84-85, 이민수, "전쟁과 도덕", 조승옥 외, 군대윤리, 봉명, 1998, 43, 이민수, 전쟁과 윤리, 1998, 30-37에서는 이를 잘 설명하고 있다. 요약하자면, 정당한 전쟁의 7원칙으로는 1)정당한 명분(just cause), 2)합법적 권위(competent authority), 3)정당한 의도(right intention), 4)결과적 비례성(proportionality in ends), 5)전쟁은 최후의 수단이어야 한다(last resort), 6)전쟁에서 승리할 가능성(reasonable hope of success), 그리고 7)평화를 실현하기 위한 목적(the aim of peace) 등이 있다.

으로 맥마흔은 핵전쟁에 대한 논의를 전개하고 있다.

그러나 이것으로는 엄청난 파괴의 핵전쟁에 대한 윤리적인 판단의 당위성은 충분히 확보된다고는 볼 수 없을 것으로 본다. 물론 와서스트롬類의 '도덕적 회의주의'에 대한 지적은 이미 극복된 것으로 전제해야 할 것이다.[11] 즉 전쟁뿐만 아니라 핵문제에 대한 윤리적인 문제는 이미 윤리학에서 전쟁윤리가 가지는 '자리매김'의 시행착오는 생략할 필요가 있는 것이다.

우리는 여기서 맥마흔이 제기한 핵무기에 대한 윤리의 문제를 간단히 언급할 필요가 있다. 그는 핵무기에 의해 제기되는 윤리적인 문제를 '전쟁에 있어서의 핵무기의 실제적 사용에 관한 문제'와 '억제를 목적으로 한 핵무기의 보유에 관한 문제'로 요약하고 있는데 우리는 전자의 문제가 원초적인 윤리문제이므로 여기에 대한 우선적인 근거를 마련할 필요가 있다.

그 대안은 자연법에 바탕으로 두어야 한다고 본다. 인간은 본성적으로 사회적 존재이다. 인간의 사회 형성에 있어서 그가 지닌 사회성의 본질은 그가 남과 사회에 대해 갖는 의존성에 뚜렷이 그 바탕을 둔다는 것은 쉽게 알 수 있는 일이다. 다른 동물들과는 달리 인간에게는 생존의 안전보장을 위한 타고난 본능이 결여되어 있는 것이다. 그러나 인간의 '본질적 사회성'은 그 바탕에 있어서 공리주의적으로 타인에 대한 외면적 의존성에 기인하지 아니하고, 형이상학적으로 인간의 본질에 기인하는 것으로 보아야 한다. 이 인간의 형이상학적 본질은 그가 타인의 도움 없이 혼자서는 살기 어렵다는 소극적인 빈곤이 아니라, 인격체로서 자신을 완성하기 위해 사회를 요구한다는 적극적인 차원에서의 풍요를 의미하는 것이다.[12]

이러한 적극적인 풍요, 즉 인격체로서 자신을 완성하기 위한 적극적인 풍요에 대해 하아틀(A. E. Hartle)은 인본주의적 개념[13]을 바탕으로 대안을 모색하고 있다. 인간의 존엄성에 대해서는 아무리 강조한다 해도 지나치지 않다. 그러나 이를 보장하기 위한 전략으로 그가 제시한 두 번째의 원리인 '인간의 고통 최소화 전략'으로는 너무나 개괄적이다.

---

11) Richard Wasserstrom, "On the Morality of War: A Preliminary Inquiry", *War and Morality*, 1970, pp.78 - 79, ibid., p.41 재인용.

12) Heinrich A. Rommen, *The State in Catholic Thought,* St. Louis: B. Herder Book Co., 1950, p.138.

13) Anthony E. Hartle, *Moral Issues in Military Decision Making*, University Press of Kansas, 1989, p.71, 이민수, op. cit., p.62 재인용. 첫째, 각 개인은 개인으로서 존중될 가치가 있다. 둘째, 인간의 고통은 최소화되어야 한다.

이에 본 연구에서는 핵전쟁에 있어서의 윤리적 판단 기준에 적합할 것으로 판단되는 하나의 전략을 제시하고자 한다. 그것은 '최소수혜자의 최대재앙회피 전략'이다. 즉 최소한의 혜택을 받고 있는 사람들에게 최대한의 재앙만은 주어서는 안 된다는 논리이다. 그렇다고 최소한의 혜택 이상을 받는 사람들은 최대한의 재앙을 받아도 되느냐는 것은 아니다. 최소한의 혜택을 받고 있는 사람들이 그 최저점의 고려대상이 되어야 한다는 뜻으로 그 이상의 사람들은 당연히 다 포함되는 것이다.

우리 인류는 핵의 위험성에 대해 일찍이 몇 번의 경험을 한 적이 있다. 태평양전쟁 말기에 미국이 일본 히로시마와 나카사키 市에 투하한 원폭, 구소련의 체르노빌 원자력발전소 참사 등이 그 좋은 예이다. 그리고 지금도 세계 핵보유국들은 서로 간의 국인논쟁을 이 핵무기를 거론하거나 그 실험을 강행함으로 해서 항상 그 위험이 끊이지 않고 있다. 핵의 공격에 대해 그 피해자들은 자신도 모르는 사이에, 무엇 때문에 죽어야 되는지도 모르는 상태에서 죽어 가야만 한다. 이것이 전쟁을 일으킨 대가를 치른 것이든 아니든 관계없이 인류의 큰 불행임에는 틀림없다.

이러한 핵의 공격이 이루어지게 되는 상황 속에서 인간이 행하는 가치판단의 근거는 광의의 '품성론(Characterism)'이라고 말할 수 있겠다. 이는 의무론과 목적론의 전통적 가치판단의 논의에도 국한되지 않으면서도, 둘 다를 포괄한다고 말할 수 있다. 즉 최대의 재앙을 맞고 있는 최소수혜자가 극도의 재앙을 맞아야 한다는 것은 잘못되었기 때문에 핵전쟁을 예방'해야만 한다(must)'는 의무론과 최소수혜자가 극도의 재앙을 맞지 않는 것이 이롭기 때문에 그 같은 핵전쟁은 '정당화될 수가 없다'고 하는 목적론이 둘 다 동시에 충족되는 전략이라고 말할 수 있는 것이다.14) 더 나아가서는 그러한 사고를 하는 품성을 갖추어야 한다는 귀결이 되므로 품성론적 설명으로 그 윤리적 기반을 정초 지을 수 있다고 본다.

이 품성론은 의무론과 목적론을 하나의 틀로 통합하는 기준이다. 이는 자연법적인

---

14) 더 나아가서는 그것이 '최소극대(Maximin)'를 할 수 있는 하사니(J. C. Harsanyi)式이든 아니면 벤담(J. Bentham)이 제기한 '최대다수의 최대행복'이 보장되는 것이라고 말할 수 있다. 그러나 더욱 근본적으로는 이러한 '할 수 있다'와 '정당화 가능성'에 대한 모든 논의도 '어떤 어떤 인간이 되어야만 한다.'고 하는 인간중심적인 가치판단의 언명이 더욱 적실성이 있다고 본다. 이민수(1998: 65－66)는 현실론의 이유를 들어 이를 "전쟁에서의 승리를 목전에 둔 정책결정자가 …… 군사적 승리를 가져올 군사 필요의 원칙을 외면하지 않을 것으로 본다."는 언급을 함으로써 현실적인 이유를 들어 브란트(Richard B. Brandt)의 규칙공리주의가 적실성이 있고, 이는 또한 네이글(Thomas Nagel)類의 절대주의도 수용할 수 있는 여지가 있다고 하면서 적실성을 강조하고 있다. 그러나 이러한 문제도 인간의 가치관에서 도출되는 것이므로 전적으로 규칙공리주의로 그 논의의 실마리를 넘기는 것은 도덕적 책임회피라고 본다.

접근에 바탕을 둔 가치관으로서 '어떤 사람이 되어야 한다.'는 전제에서 출발한다. 여기서 '되어야 한다(should be)'는 것을 강조할 때는 의무론으로 해석될 수도 있지만, 이 말은 진리에 대한 인식의 태도와 품성, 자질의 문제, 즉 '어떤 품성을 가진 사람(someone who has the character)'을 강조하는 말이다. 전쟁에 대해 적용해 볼 때, '어떤 전쟁은 정당하지 못하다.'라고 말하는 근거는 어떤 실정법적인 이유에 의해서가 아니라, 자연법적인 인간의 본성에 위배되기 때문에 부당하다고 판단하는 논리인 것이다. 물론 실정법이 자연법을 확실히 근거로 해서 만들어진 것이라면 이때 실정법의 범위 내에서 주장되는 전쟁도덕의 각종 논의들은 의미가 있다. 하지만 대체적인 실정법은 자연법과는 별도로 사회계약에 의해 이루어지는 '보편'을 전제하지 않는 '개체'만을 강조하는 경향이 많기 때문에 여기에 근거한 전쟁의 논의는 자연법을 중심으로 한 전쟁도덕의 논의에 비교할 바가 못 된다고 생각된다. 결국 핵전쟁에 대한 품성론적 가치접근은 기존의 의무론과 목적론적 접근의 통합이라고 할 수 있지만 근본적으로 실정법의 범위가 아닌 자연법적인 논의에서 출발하는 것이라고 말할 수 있는 것이다.

이러한 자연법에 근거한 품성은 양심을 의미하는 것인데, 인간은 그 양심 속의 깊은 곳에서 法(＝자연법)을 발견한다. 이는 인간이 스스로 자신에게 준 법이 아니라 인간이 거기에 따라야 할 편재된 법인 것이다. 인간은 행위의 주체로서 자기의 자유로운 의사결정의 근원을 자신 안에 가지고 있지만, 그에게는 미리부터 주어진 행동규범이 있어, 이를 통해서 도덕적으로 의무를 지우는 '마땅히 이를 행하라' 혹은 '마땅히 이를 행하지 말라'는 명령을 개인적으로 체험하게 되는 것이다.15) 또한 인간이 죽음의 필연성을 자각하는 존재라는 점은 품성이 자기존재의 근거가 자신에게 끝나지 않는다는 자각과 연관됨을 의미하는 것이다.16)

가치의 실재와 이러한 가치를 담지하고 있는 인간의 존재 자체가 선행되지 않고, 그 관계만을 강조한다면 본말의 전도라고 할 수 있다. 즉 현실적인 적실성이 부족하다고 하여 그 가치의 존재자체마저 과소평가되어서는 안 된다는 뜻이다.

결론적으로 우리는 일반 전쟁뿐만 아니라 핵전쟁에 관련해서도 자연법에 입각한 '덕의 윤리(ethics of virtue)'를 제안하고 있는 것이다.17) 덕의 윤리는 기존의 전통적인 의무론과 목적론(공리주의)의 주류와 같지는 않지만 그렇다고 배척하는 것은 아니

---

15) Josef K. Höffner, *Christliche Gesellschaftslehre*, Köln: Butzon & Bercker, 1975, p.36.

16) Charles Fried, "Reason and Action", *Natural Law Forum*, Vol.11, 1966, p.13.

17) A. MacIntyre, *A short History of Ethics*, N.Y., 1966; *After Virtue*, University of Notre Dame Press, 1984 참고.

다. 결국은 전쟁도 인간이 행하는 것이고, 그 피해도 결국에는 인간을 목표로 하는 것이기 때문에 이는 특수한 형태의 사회윤리의 문제라고 볼 수 있는 것이다. 그러므로 우리는 그 사회윤리의 전통적인 연대성의 원리,[18] 공익성의 원리,[19] 보조성의 원리[20]를 바탕으로 인간의 존엄성을 보장받을 수 있다는 귀결점을 찾을 수 있고, 이를 이름하여 '최소수혜자의 최대재앙회피 전략'이라고 명명하고자 하는 것이다.

---

18) Franz Klüber, *Grundlagen der Katholischen Gesellschaftslehre*, Osnabrück: A. Fromm, 1960, pp.122－123, Arthur F. Utz, Ethik und Politik, Stuttgart: Seewald, 1970, p.115. 연대성의 원리는 사회적 유라는 인격의 본질 규정으로부터 나온다. 그것은 인격의 존엄과 인간의 본질적인 사회성에서 동시에 나오기에 인간과 사회 간의 관계에 대한 독특한 표현을 이룬다.

19) Peter P. Müller－Schmid, *Der rationale Weg zur politischen Ethik*, Stuttgart, Seewald, 1972, p.91. 공익성의 원리는 사회의 공익이 개인들의 사적 이익과는 다른 새로운 가치로서, 개인이나 보다 작은 단체들로 하여금 질서 있는 협동에 의해서 인격 계발과 문화 영역 건설이라는 신이 바라는 뜻의 실현을 위하여 노력할 수 있게 하는 제도나 상태의 총체를 의미한다. 여기서 '신이 바라는 뜻'은 비종교적인 용어로 바꾼다면 '국민들의 의사'라고 말할 수 있다.

20) Arthur F. Utz, *Das Subsidiaritäts Prinzip*, Heidelberg, 1953, p.7. 보조성은 상위단체가 개인이나 하위단체를 위하여 취하는 보충적 조치를 말한다. 보조성의 원리는 사적 소유권 질서와 인간의 인격적 권리에 관심을 갖고 보다 큰 사회인 국가가 개인 혹은 보다 작은 단체들의 활동을 보충, 촉진시키는 원리로서, 어느 한쪽으로 치우쳐 권리를 행사해서는 안 되는 상호 보충, 보완하는 것을 말한다.

제3부

군대윤리 실천

제8장 군인의 책임과 의무

조홍제*

1. 인간, 평화, 전쟁

인간이란 무엇인가? 이 문제에 대해 많은 학자들과 종교인들은 수천 년을 논쟁하여 왔다. 이 문제에 대한 지배적인 견해는 오늘날 인류의 조상인 호모사피엔스가 대략 약 20만 년 전에 지구상에 출현하여 초기 원시적인 존재로부터 발전을 거듭하여 현재에는 가히 만물의 영장이라고 일컬어지는 거대한 존재로 진화하였다고 한다. 물론 진화론자가 아닌 창조론자에 의하면 또 다른 해석이 있을 수도 있겠지만 말이다. 이 같은 인간들은 어떠한 본성과 특징을 가지고 있는 존재인가에 대해 많은 학자들의 연구가 진행되었다.

그 결과 오늘날 인간을 지칭하는 말들은 '인간은 사회적 동물이다', '인간은 이성과 감정을 소유하는 유일한 생명체이다.'라는 주장들이 현실적으로 받아들여지고 있다. 따라서 인간은 로빈슨 크루소처럼 무인도에서 혼자 사는 것이 아니라 생래적으로 무리를 짓고 공동체를 이루어 살아가는 사회적 존재라고 할 수 있다. 즉 인류는 지구상에 출현한 이래 수렵기간을 거치면서 혈연공동체를 이루고 관계 속에서 삶을 영위해 왔다. 그 이후 농업시대를 거치면서 더 커다란 공동체를 이루고 협동하면서 살아왔으며 산업혁명을 거치면서 풍부한 물질 속에서 풍요로운 삶을 구가해 왔다. 이 같은 인간은 기본적으로 관계 속에서 살아가는 존재라고 정의할 수 있다.

한편, 인간은 본질적으로 이성과 감정을 동시에 가진 유일한 생명체이다. 따라서 이성으로 자기의 감정과 욕구를 통제하지만 한편으로는 욕구에 따라서 행동하고 생각하는 존재라는 사실도 간과할 수 없는 것이다.

인간은 다른 동물과 달리 직립보행을 하며, 언어를 사용하고, 사회생활을 하며 무엇보다도 이성을 가지고 있기 때문에 인권이 존중받아야 하는 존재라고 한다. 인간이

---

* 국방대학교 국가안전보장문제연구소 전문연구원

직립보행하는 것은 다른 동물과 다를 뿐이고, 언어를 사용하는 것도 의사소통의 수단에 지나지 않기에 어떤 방식으로든 의사소통을 하는 것은 다른 동물도 마찬가지일 것이다. 이성이 있기 때문에 다르다면 무엇이 다른가?

인간이 이성이 있기 때문에 다른 동물보다 더 존중받아야 할 이유는 무엇인가? 다른 동물들이 인간에 의해 길러지고 살육당해야 할 이유는 또 무엇인가? 그리고 정말 이성적인 존재라고 할 수 있을까? 그렇다면 왜 인간은 그토록 잔인할까? 전쟁, 테러, 총기난사, 아동학대, 인신매매 등등은 다 무엇인가?

여기에 대해 20세기 초 심리학 박사인 매슬로는 인간 본성에 대해 3가지 가정하에서 동기를 부여할 수 있는 이론을 개발했다. 첫째, 인간은 결코 만족될 수 없는 욕구를 지니고 있다는 점이다. 둘째, 인간의 행동은 주어진 과거 어떤 시점에서 만족하지 못한 욕구를 채우는 것을 목표로 삼는다는 점이다. 셋째, 욕구는 기본욕구에서부터 상위욕구까지가 예측 가능한 계층구조로 되어 있다는 것이었다. 또한 매슬로는 인간의 욕구를 5단계로 구분하여 설명하기도 하였다.

① 생리적(본능 충족과 의식주 해결) 욕구
② 안전(안정을 위한) 욕구
③ 함께(사회계층에 참여)하려는 욕구
④ 존경(인정과 존중)받고 싶은 욕구
⑤ 자기실현(자아 완성)의 욕구

이러한 욕구 5단계설은 인간을 이성적이며, 합리적인 존재라고 인식하는 견해와는 매우 상충된 개념이며 오늘날에 크게 주목받게 되었다. 매슬로의 주장 중 2단계의 안전의 요구는 인간에게 또한 매우 중요한 요소이다. 인간은 본능적으로 자신의 안위와 안전을 추구하고자 한다. 그러나 한편으로 자기의 욕구를 채우기 위해 노력하기도 하는 존재라고 볼 수 있다.

이러한 인간의 본성에 따라 인간은 한편으로 평화를 추구하지만 한편으로는 전쟁도 불사하는 것이라고 볼 수 있다. 그리고 인간은 본질적으로 사회적 존재이면서 공동체적인 생활을 하는 존재이므로 개인의 안전과 안정을 위해서 공동체와 관계를 맺고 공동체를 통해서 더 확장된 안전을 추구하고자 하는 모습을 보일 것이다. 아울러 개인의 이익을 확보하기 위해서는 더 강화된 공동체의 힘으로 이익을 추구하는 것이다.

이 같은 논리적 연장선상에서 개인은 자기의 안전을 위해서 공동체의 노력의 형태로 강력한 힘을 가진 존재를 형성하고자 한다. 이러한 노력의 일환으로 생겨난 것이 사회적, 국가적 차원에서 바로 군대라고 할 수 있을 것이다.

오늘날 세계에는 수많은 국가가 존재하고 있다. 이러한 국가들은 각자 자국의 생존과 주권을 지키기 위해 군대를 조직하고 운영하고 있다. 우리나라도 예외는 아니다. 이 같은 모든 군대들은 기본적으로 자국의 안전을 위협하는 요소들을 차단하고 제거함으로써 평화와 안정을 추구하고자 하는 목적들을 가지고 있다. 이 같은 평화와 안전을 지키기 위해서는 타인, 타국과 갈등도 초래되고 급기야 전쟁도 불사하게 되는 것이다.

따라서 여기서 전쟁의 원인과 이유에 대해서는 많은 엇갈린 주장들이 있지만 이글에서는 전쟁을 평화를 지키기 위해서 불가피하게 수행되는 정치적 행위로 인식하면서 군대도 그러한 목적에 이바지할 때만 정당성을 인정받는 것으로 본다.

앞에서 보았듯이 인간은 사회적 존재로서 모든 인간은 자기 자신의 방어 욕구를 가지고 있다. 이것이 집단, 국가로 확대되었을 때 우리는 국가안보라고 말할 수 있다. 국가안보는 안전보장의 준말로 안전보장을 위한 총체적인 모든 것, 즉 군대와 총만이 전부는 아니라는 것을 말해주고 있으며 보다 넓은 의미로 볼 수 있다.

이러한 논리에서 각국은 그들의 통치구조를 정하는 최고규범인 헌법상에 국가안보, 즉 국방에 관한 규정을 하고 있다. 우리 헌법에서도 제39조 1항에서 "모든 국민은 법률이 정하는 바에 의하여 국방의 의무를 진다."라고 규정하고 있으며, 국방이란 의미는 국가와 민족의 안전을 보장하기 위한 모든 수단과 체제의 총칭이라고 할 수 있다. 따라서 국방도 안보와 마찬가지로 군대가 전부가 아닌 외교, 경제, 국민의 인권보장 등 총체적인 것으로 받아들여야 한다.

또한 병역법 3조 1항은 대한민국 국민인 남자는 헌법과 병역법이 정하는 바에 따라 병역의무를 성실히 수행해야 한다고 나타나 있고, 국방의 의무를 구체화하여 병역의무를 부과하고 있다.

매슬로가 언급하였듯이 인간은 본능적으로 자기 자신을 방어하기 위한 안전의 욕구가 있다. 이러한 안전의 욕구가 충돌될 때 전쟁이 발생하게 된다고 볼 수 있다. 이에 반해 인간 상호간, 집단 상호간 충돌이 없고 평온한 상태가 지속될 때 우리는 평화라고 정의할 수 있을 것이다. 이 같은 전쟁과 평화에 대해서는 많은 이견이 있어 왔다.

전쟁이냐 평화냐 하는 문제는 인류 역사와 함께 해 왔다. 그래서 시각에 따라 인류의 역사를 전쟁의 역사로, 또는 전쟁에서 벗어나기 위한 역사로 보기도 한다.

고대인들은 대체로 전쟁을 질병이나 죽음같이 불가피한 운명으로 받아들였다. 그리고 때로는 전쟁이 필요악으로 간주되기도 했다. 전쟁이 피할 수 있는 것으로 생각되지는 않았던 것이다. 그럼에도 불구하고 전쟁은 거의 언제나 참혹함과 비극을 대표하는 것이었다. 로마제국이나 원제국 같은 세계적인 초강대국의 등장에 의해 일시적으로 큰 전쟁이 발생하지 않은 적은 있지만, 전제주의 아래에 자유를 희생한 평화는 참다운 평화라고 하기에는 어렵다. 그리고 전쟁은 패배자에게는 말할 것도 없고 때로는 승리자에게까지도 엄청난 고통과 비극을 가져주는 재앙이다. 18세기 근대 계몽주의 시대에 와서야 사람들은 전쟁이란 피할 수 있고 또 피해야만 한다는 생각들을 하게 되었고 전쟁을 피할 수 있는 여러 가지 구상들이 제기되었다. 생 피에르나 J. J. 루소 등의 여러 사람에 의하여 이러한 형태의 세계 평화를 이룩하여 지속적으로 유지하고자 하는 것에 대하여 주창되어 왔다.

임마누엘 칸트의 『영구평화론』은 이러한 시기에 나온 평화론 중의 하나이다. 칸트는 1975년에 이 논문을 처음 발표하고 그 이듬해 다시 보완된 논문을 출간했다. 1976년 보완된 논문에는 '영구평화를 위한 비밀조항'이 덧붙여져 있다.

평화를 한자 그대로 풀이하면 평온하고 화목한 것을 뜻한다. 평화는 인간집단 사이에 전쟁이 일어나고 있지 않는 상태를 뜻하며, 전쟁의 상대개념으로 흔히 쓰인다. 이 개념은 문화와 시대, 전쟁의 목적·원인·방법·기능의 역사적 변화 또는 전쟁을 보는 관점에 따라 그 의미·내용이 달라진다. 어떤 문화에서나 평화에는 풍요·질서·평온·정의 등의 이미지가 공통적으로 들어 있지만, 일반적으로 동양문화권에서의 평화의 개념은 정적·내향적·비정치적인 데 비해 서양문화권에서는 평화를 위한 전쟁 및 한 국가에 의한 완전지배를 통한 평화와 같이 평화에의 태도가 외향적·정치적이다. 또한 전쟁과 평화는 자연현상이 아닌 사회현상으로 전쟁은 집단관계의 긴장이나 분쟁에서 생겨나는 이상상태를 뜻하는 데 대해 평화는 집단관계의 안정된 상태를 뜻한다. 그러나 전쟁은 반가치적임에도 불구하고 집단관계를 결속시키는 방법의 하나로 정치권력에 반복적으로 이용되고, 평화는 보편적·정상적 가치임에도 불구하고 끊임없이 전쟁의 위협을 받고 전쟁을 준비하는 불안정한 상태가 된다. 따라서 전쟁이 없다고 하여 반드시 평화를 뜻하는 것은 아니므로 전쟁의 반대개념이 아닌 평화의 개념과 평화 자체의 평화 두 가지의 개념을 구분한다.

평화의 개념은 역사적·문화적 특수성 및 각각의 보편성을 띠고 있다. 일정한 역사적·문화적 위상에 놓인 평화라 하더라도 문화의 중심부와 주변부에 있어 그 의미가 달라지기도 하므로 평화개념의 보편성을 그 특수성 위에서 파악하는 것은 쉬운 일이 아니다. 평화의 개념은 단순히 집단 간에 전쟁이 없는 상태의 소극적 평화와 집단 간의 전쟁을 막고 없애려는 움직임을 포함하는 적극적 평화의 개념으로 크게 나눌 수 있다. 국제사회는 집단, 국가 간의 이해와 가치관이 서로 달라 끊임없이 대립하고 있으며, 그것은 항상 전쟁으로 발전할 가능성을 내포하고 있다. 따라서 완전한 평화상태의 국제사회란 존재하지 않으며, 프랑스 사회학자 R. 아롱은 평화를 "정치적 단위 사이의 대립 폭력형태가 어느 정도 계속적으로 정지된 상태"라고 정의하였다.

단순히 전쟁이 일어나고 있지 않는 상태의 소극적 평화는 기본적으로 국가 간 힘의 균형에 의해 가능하다. 그러나 대개 국가 간의 동일한 힘에 의한 균형이 이루어지는 것은 아니며, 일반적으로 다른 국가를 압도할 수 있는 힘을 가진 소수 우월한 지위의 국가에 의해 평화가 성립한다. 19세기 중반 영국의 평화나 20세기 중반 미국과 구소련에 의한 양극체제가 대표적인 예이다. 또한 고대 로마제국에 의한 팍스로마나(로마의 평화)와 같이 한 나라가 다른 나라를 완전히 정복하여 다른 나라의 자립성이 상실된 상황에서 평화가 성립되는 제국에 의한 평화가 있다. 그러나 이러한 평화는 지속적인 것이 아니므로 소극적 평화상태에서의 모든 주권국민국가는 안전보장을 국익의 중심가치로 놓고 세력균형정책을 통한 평화보호를 목적으로 하지만, 일단 평화가 깨지면 전쟁에 승리하도록 군사적 전략체제를 구축하게 된다. 또 패권국가에 의한 평화도 지속적으로 우월성을 유지·확보하려는 패권국가와 우월성에 도전하는 국가 사이에 역학적 기능이 작용하여 필연적으로 상호 군사력의 증강이 뒤따르는 등 전쟁의 위험성은 항상 내재되어 있다.

패권국가의 군사력 및 전략 체계에 의해 유지되는 소극적 평화는 핵무기로 대표되는 현대에 있어서는 그 의미가 더욱 미약해지고 있다. 과학기술 발달로 핵미사일 명중도가 높아진 데 비해 핵 억지 안정성은 낮아지고, 우발·오산·사고 등에 의한 핵전쟁이 일어날 확률은 뚜렷이 높아져 핵전략의 내재적 모순으로 인한 핵전쟁의 위기가 소극적 평화를 붕괴시킬 수 있는 요소로 작용하기 때문이다. 이와 같이 패권국가 아래에서는 대규모 전쟁을 피하는 데에는 성공했다 하더라도 핵전쟁 발발 가능성이 항상 있으며, 한편 제3·4세계 내부에서는 국지전쟁이 일어나고 그 빈도가 뚜렷이 높아져 전쟁 결여상태라는 소극적 평화개념 자체에도 위배되고 있다. 더 나아가 소극적 평화개념 속에는 전쟁의 근본원인이 되는 극도의 빈곤·비위생 상태, 정치적 억압, 문화적 소외, 인종차별 등과 같은 넓은 뜻의 구조적 폭력이 내포되어 있다. 이것은 패권국가 중심의 질서유지를 위한 수직지배형태에서 비롯되며, 그 자체가 인간의 신체적·정신적 자유·평화에 대한 침해이다. 이러한 견지에서 볼 때 소극적 평화는 잘못된 평화이론에 기초한 것이며, 따라서 평화의 개념은 단순히 전쟁 결여상태인 소극적 평화를 뜻하는 데 머물지 않고 안정된 평화를 얻으려는 적극적 태도를 필연적으로 포함하게 된다.

적극적 평화의 개념은 상태를 뜻하는 동시에 운동을 뜻하기도 한다. 실제적으로 안정된 평화를 이루기 위한 적극적 평화의 내용으로는 전쟁 제한으로부터 군비 이외의 방법에 의한 안전보장, 군비 축소·폐지, 전쟁소멸, 항구적 평화 획득에 이르기까지 여러 발전 단계를 포함한다. 그러나 이와 같은 단계를 거쳐 항구적 평화의 이상을 실현하기 위해서는 소극적 평화 속에 내재된 구조적 폭력을 전쟁으로 연결시키지 않고 어떻게 비폭력적으로 제거할 것인가 하는 문제가 뒤따르게 된다. 여기서 적극적 평화개념의 중요성을 인정하면서 소극적 평화개념을 상황에 따라 경험적으로 연결시켜 평화상태를 창조하는 실증적 인식과 방법에 의한 평화에의 접근법이 제시되고 있다.

이 같은 전쟁을 억제하고 억제 실패 시 전투에서 승리를 목표로 하는 것이 바로 군인이다. 따라서 군인은 근본적으로 평화를 지키기 위한 존재이다.

2. 군대와 군인

가. 군대의 개념

군대는 한자로 軍隊, 영어로는 armed forces라고 한다. 이 같은 군대는 "일정한 지휘체계 아래서 군사력을 행사하는 국가의 한 기관"이라고 정의되고 있다. 일반적으로는 육·해·공군과 같은 정규군을 가리키나, 국제간에 통용되는 정확한 정의는 없다. 국제법상 교전권을 가지고 군사력을 행사할 수 있는 자는 정규군과 민병대, 의용병, 봉기한 민중, 군함으로 사용되는 상선 등이며, 이들은 ① 직접적으로 국가의 통제하에 있고, ② 책임자에 의해서 지휘되며, ③ 멀리서 식별할 수 있는 표지를 달고, ④ 공공연히 무기를 휴대하며, ⑤ 전쟁법을 지킬 능력이 있어야 한다고 규정하고 있으므로, 게릴라나 편의대들은 이 규정에 의한 군대로서의 합법성이 문제가 되는 등의 모호성이 있다.

군대의 주 임무는 국가 또는 소속 집단의 방위에 있으나, 한편으로는 대외정책 수행의 강력한 뒷받침 역할도 수행하며, 때에 따라서는 국내의 치안 유지와 재해의 구원·복구에도 협력한다.

군대의 양식·성격 등은 국가나 사회조직의 변천과 병기의 진보에 따라 크게 변천되어 왔다. 원시사회에서는 남녀노소 모두가 전투원이었다. 그 후 병기의 발달과 국가의 성립 및 강대화로 인하여 직업적 군인과 용병이 생기고, 이들은 국민개병제 군대와 공존하였다. 제정 로마시대에는 용병이 증가되고, 10세기경에는 기병이 전쟁터에서 주역을 맡게 되었으며, 봉건사회제도와 더불어 세습적·직업적인 기사단의 세력이 커 갔다. 14·15세기경에는 소총·대포 등이 출현하고 그 위력이 커짐에 따라 기사단의 세력은 쇠퇴하고 봉건제도에 대신하여 중앙집권적 국가가 탄생하였다. 이 국가들은 국내외적으로 강력한 군대를 필요로 하였는데, 그 핵심은 직업군인을 주로 하는 용병이었다.

1789년의 프랑스혁명을 계기로 유럽 각국에서는 용병이 섞이지 않은, 국민에 기초를 둔 국민군이 탄생하여 용병에 비해서 강력한 전투력을 발휘하였다. 프랑스는 93년에 징병제를 채택하였고, 프로이센(독일)·러시아·이탈리아 등 유럽 대륙의 여러 나라가 이에 뒤따랐다. 영국과 미국은 그 지정학적 위치에서 평소 대규무의 육군이 필요하지 않았으므로 전시를 제외하고는 원칙적으로 지원병 제도에 의존하고 있었다.

나. 군대의 역사

군대는 국가사회의 조직이 바뀌고 병기가 진보함에 따라 크게 변화되어 왔다. 원시사회에서는 전투요원과 비전투요원의 구분 없이 남녀노소가 모두 전투에 종사해 왔다. 그 후 인간의 집단생활이 점차 규모가 커지고 사회생활이 복잡해지면서 전문적인 전투요원이 생겨나게 되었다.

고대 그리스에서는 국민개병제가 실시되어 시민이 곧 전사였으며 이 시민군의 전형이 스파르타군이었다. 스파르타에서는 20세부터 60세까지의 남자는 모두 병역에 종사했다. 한편 아테네에는 용병이 있었다. 이집트에도 돈을 지불하는 용병과 전사 역할을 하는 노예용병의 2종류가 있었다. 유럽에서는 중세 이후 자발적인 시민군은 유급화되었다. 동시에 직업군인 집단이 발생하여, 기사단이 중심이 되는 봉건제 군대가 국왕의 군대로 성립되었다. 고대의 전사는 바로 시민이었으나 전사가 기사로 바뀌면서 말을 탈 줄 아는 귀족이 기사가 되었고, 전사는 곧 귀족과 동일한 개념이 되었다. 병사에게 봉급을 지불하는 제도는 12세기 중엽 영국에서 시작되었는데 백년전쟁(1337~1453)이 장기화되면서 봉급(soulde)의 지불이 일반화되었다. 군인을 가리키는 영어의 soldier, 프랑스어의 soldat, 독일어의 Soldat는 봉급이라는 말에서 유래한 것이다.

16세기 이후 유럽 각국에 상비정규군이 생겨나게 되었고 이 같은 거대한 상비군의 유지는 국고를 핍박하여, 결국 절대군주의 몰락을 가져왔다. 전제군주에 대한 국민의 불만은 프랑스혁명(1789)으로 폭발했다. 프랑스 공화국 정부는 의용병과 그때까지 존속한 국왕군을 통합하여 국민군대를 편성했다. 이 같은 제도는 조국방위사상 및 나폴레옹의 섬멸전략과 함께 이웃 유럽 제국뿐만 아니라, 그 밖의 여러 나라의 근대적 군대 성립에 큰 영향을 미쳤다. 20세기에 들어와 병기의 발달과 더불어, 군사력은 그 규모가 종전에는 상상할 수 없을 정도로 커졌다. 종합적 국력, 특히 과학기술과 공업력이 각국의 군비 상황을 좌우하게 되었다.

다. 군인(Solidas) 용어의 유래

군인들은 통상적으로 일반인과 다른 신분과 책임과 의무를 띠고 다른 모습으로 존재한다. 즉 제식동작, 통일된 복장, 거수경례 등의 특별한 모습을 보여주고 있다. 우리 사회에서는 군인과 민간인이 함께 지나가는 것을 보고, "저기 사람 한 명과 군인 한 명이 지나간다."고 표현하곤 한다. 이는 군인은 국가를 구성하는 일반 시민이면서도 한편으로는 특수한 조직과 특이한 임무를 수행하는 별개의 인자라고 보는 관점 때문일 것이다.

특히 군인은 신분이 특수하고 그 임무의 특성상 죽음도 불사하고 임무를 수행해야 하는 존재이다. 영화 속에 등장하는 군인들, 고대 로마의 전사, 중세의 기사, 근현대의 시민군들은 독특한 군복과 복장을 하고 목숨을 바쳐서라도 임무를 수행하는 존재로 인식되고 있다.

원래 라틴어의 Solidas에서 유래된 것으로 그 뜻은 적은 보수를 의미한다. 즉 중세 서양사회는 봉건 영주들이 군웅할거하던 시대였는데 전형적인 봉건 영주들은 거성 또는 장원을 중심으로 그가 지배하는 지역의 행정권, 경찰권, 재판권과 함께 대외적인 군사방위권까지 부여받고 있었고 이와 같은 정치권력을 행사하기 위하여 사병 또는 용병을 두게 되었다. 그런데 이들 사병 또는 용병들은 표현은 비록 사병 또는 용병이었지만 상하관계에 따른 주종의 위계질서가 아닌 수평관계에 입각한 특수신분으로서 영주와 더불어 대사를 의논하는 사이였기 때문에 보수나 봉급에 연연하지 않았으며 돈 때문에 생명을 바치는 것을 수치로 여겼다. 이것이 발전한 것이 기사도 정신이며 그 핵심은 약자를 보호하고 명예를 중히 여기는 풍조로 이어졌으며, 일찍부터 군이란 백 년을 사용하지 않더라도 하루도 없어서는 안 되는 존재(兵百年不用 不可日不備) 또는 천 날 동안 양성해서 하루 사용하는 것이 군인(千日養 用兵)이란 말이 군의 존재이유와 필요성을 일컬어 오고 있다.

3. 군인의 책임과 의무

　군인은 군대를 구성하는 하나의 요소이다. 군대가 존재하기 위해서는 그야말로 인적, 물적, 정신적 요소가 구비되어야 군대로서의 역할을 충실히 수행할 수 있을 것이다. 이러한 점에서 군인은 군대의 필요충분조건이라고 할 수 있다. 군대의 필수요소인 군인의 책임은 무엇일까?

　이는 바로 군대의 존재목적과 당위성에 부합되는 것이어야 함은 당연한 논리적 추론이라 할 수 있는바, 군인의 책임과 의무는 바로 충성심, 평화애호, 명령복종이 핵심이라고 볼 수 있다. 군대의 존재목적은 외부의 위협으로부터 자신을 지키기 위한 인간의 안전의 욕구로부터 출발된다. 군인의 책임은 기본적으로 국가의 통치구조와 기본권에 관한 것을 규정한 헌법으로부터 유래된다.

가. 군인의 책임과 의무의 근거

　군인의 책임과 의무는 헌법, 법률, 법령 등 성문법에 대부분 그 근거를 두고 있다. 우리 헌법은 "대한민국은 국제평화의 유지에 노력하고 침략적 전쟁을 부인한다."(헌법 제5조 제1항) "국군은 국가의 안전보장과 국토방위의 신성한 의무를 수행함을 사명으로 하며, 그 정치적 중립성은 준수된다."(헌법 제5조 제2항) "대통령은 조약을 체결·비준하고, 외교사절을 신임·접수 또는 파견하며, 선전포고와 강화를 한다."(헌법 제73조) "대통령은 헌법과 법률이 정하는 바에 의하여 국군을 통수한다. 국군의 조직과 편성은 법률로 정한다."(헌법 제74조)라고 규정함으로써 군의 임무와 역할, 통수권자 등을 명시하고 있다. 한편, 군인사법 47조에서는 "군인은 국가에 대하여 충성을 다하고 복무기간 중 성실히 그 직무를 수행하여야 하며 직무상의 위험 또는 책임을 회피하거나 상관의 허가를 받지 아니하고 직무를 이탈하여서는 아니 된다."고 규정하고 있다. 그리고 군인의 복무 기타 병영생활에 관한 기본사항을 규정하고 있는 군인복무규율에서 군인정신과 복무태도를 상세히 규정하고 있다.

　군인복무규율 제4조 1항에서 "국군은 국민의 군대로서 국가를 방위하고 자유민주주의를 수호하며 조국의 통일에 이바지함을 그 이념으로 한다." 2항에서 "국군은 대한민국의 자유와 독립을 보전하고 국토를 방위하며 국민의 생명과 재산을 보호하고 나아가 국제평화의 유지에 이바지함을 그 사명으로 한다." 3항에서는 "군인정신은 전쟁의 승패를 좌우하는 필수적인 요소이다. 그러므로 군인은 명예를 존중하고 투철한 충성심, 진정한 용기, 필승의 신념, 임전무퇴의 기상과 죽음을 무릅쓰고 책임을 완수하는 숭고한 애국애족의 정신을 굳게 지녀야 한다.”라고 상세히 규정하고 있다. 또한 군인복무규율 제5조에서 군인은 입영 또는 임관 시 다음과 같은 선서의무를 부과하고 있다.

“ooo는 대한민국의 군인으로서 국가와 민족을 위하여 충성을 다하고 법규를 준수하며 상관의 명령에 복종하고 맡은 바 임무를 성실히 수행할 것을 엄숙히 선서합니다.” “ooo는 대한민국의 장교로서 국가와 민족을 위하여 충성을 다하고 헌법과 법규를 준수하며 부여된 직책과 임무를 성실히 수행할 것을 엄숙히 선서합니다.”라고 함으로써 충성과 명령복종의무를 입영과 임관 동시에 부여하고 있다.

다음에서는 충성심, 평화애호, 명령복종을 중심으로 살펴보고자 한다.

나. 충성심

군대는 군인들로 이루어진 집단으로서 국가, 상관, 조직에 충성할 의무가 있다. 군인사법은 47조에서 “군인은 국가에 대하여 충성을 다하여야 한다.”라고 규정하고 있으며 “군인은 국군의 이념과 사명을 자각하여 정치적 중립을 엄숙히 지키며 맡은 바 임무를 완수하여 국가와 국민에게 충성을 다하여야 한다.”(군인복무규율 제6조)고 규정하고 있다. 군이 그 존재가치를 가지기 위해서는 무엇보다 충성심(Loyalty)이 필요하다는 점에 이의를 제기할 수 있는 사람은 아무도 없을 것이다. 영화 <A Few Good Man>에서 법정에 회부된 한 젊은 해병은 자신뿐만 아니라 모든 해병의 충성심의 위치를 소속 부대, 해병, 하느님, 국가의 순서로 말하고 있다. 그러나 병사들이 도덕적 결심을 내리고, 대립되는 성격의 보다 높은 책임들 간에 올바로 선택해야만 한다면 이러한 설명으로는 충분치 않다. 그러나 병사들은 충성심을 누구에게 그리고 무엇에 걸어야 할 것인가에 대해 많은 의문들이 있지만 병사들은 헌법 조문에 충성을 맹세해야 할 것이다. 그러나 이들 구절에 대한 해석이 각양각색일 수 있는데, 누구의 해석을 따라야 할 것인가의 문제다. 병사들은 고위급 권한 부서에 대해서 책임지는데, 항상 그러한 것은 아니다.1) 한국전쟁 당시 트루먼 대통령은 맥아더 장군을 해임시켰다. 이

---

1) Seymour M. Hersh, *My Lai 4: A Report on the Massacre and its Aftermath*(New York:

는 잠시나마 백악관을 차지하고 있던 트루먼 대통령의 해석이 아니고 헌법에 대한 자신의 개인적인 해석에 맥아더가 자신의 충성심을 위치시켜 놓았기 때문이었다. 그 후 40년 뒤, 미 의회에서 노스(Oliver North) 중령은 맥아더와 유사한 주장을 전개하였다. 헌법을 개인적으로 해석하면 자신이 봉사하는 사회와 군과의 관계가 어려워진다. 사회는 임무 완수에 필요한 법적 및 도덕적 결심을 내릴 수 있는 권한을 군에 부여하였다. 그러나 군에 대해 사회가 견지하고 있는 이 같은 신뢰를 저버리는 경우 군이 그 결과에 책임져야 한다고 사회는 요구하고 있다. 군은 항상 국민에게 충성해야 하며, 합법적인 명령에 따라야 한다. 토너는 "책임감이 없는 경우 명예심 또는 수치심도 없다. 명예심 또는 수치심이 없는 경우 국가에 대한 반역 감정이 생겨난다. 중요한 것은 자기 자신에 대한 충성심이다."라고 말한 바 있다.

충성심과 관련된 또 다른 난제에 국가아 원치을 포함한 모든 것에 앞서서 자신의 동료를 위치시키는 문제가 있다. 1993~1994년도에 발생한 미 해군사관학교의 시험 부정 사건의 경우 3학년 생도들은 사관학교의 명예 개념을 무시하고 동료들을 보호해 주는 행위를 취하였다. 다음과 같이 말하면서 사회학자인 윌슨(James Q. Wilson)은 당시의 사건을 긍정적으로 해석하였다. 이들 장교는 전시 자신의 동료를 결코 버리지 않을 것이다. 따라서 국가는 장교들 내부에 도덕심이 저하되고 있다고 걱정해서는 아니 될 것이다. 여기에 대해 토너는 강력히 이견을 제기하고 있다. 장교들은 국가 그리고 미국인을 정의해 주는 이상과 원칙에 충성을 다해야 한다며 그는 다음과 같이 말하고 있다.

동료들에 대한 충성심과 비교해 의무명예 및 국가란 개념이 우선해야 한다. 일부 사람의 경우 의무명예 및 국가란 개념을 냉소적으로 바라볼 수도 있다. 그러나 이 같은 중요한 것을 구분하지 못하는 또는 구분하지 않는 생도들은 미군에서 임관할 자격이 없다. 왜냐하면 장교 후보생들의 경우, "경계 임무 도중에는 친구가 없다."는 미 해병대의 구호를 임관 선서 당시 암묵적으로 수용해야 하기 때문이다.

헌팅턴(Samuel Huntington)에 따르면 책임이 그리고 밀레(Allan Millett)에 따르면 봉사정신이 전문가 신분에 요구된다고 한다. 군의 역할은 군의 고객인 국민에게뿐 아니라 국가의 원칙에 충성하는 것이다. 자신의 개인적 이익을 초월해 봉사하고자 하는 경우 군인들은 자신의 경력 이전에 전문가로서의 책임을 위치시켜 놓아야 하며, 거짓말하지 말고, 부정한 짓 또는 도둑질하지 말아야 한다. 또한 군인은 국가가 자신에게

Random House, 1970), p.27.

부여해 준 신뢰와 충성심을 저촉해서도 아니 될 것이다.

다음은 토너(James Toner) 박사의 『진정한 정당성과 충성(True Fair and Allegiance: The Burden of Military Ethics)』이라는 제목의 책에서 인용한 것이다. 토너 박사는 군인들이 도덕적일 수 있으며, 도덕적이어야 한다고 말하고 있다. 군 요원들은 군사기술(Skill) 측면에서 능력이 있어야 한다. 특히 장교들은 우수한 판단력과 지성을 겸비할 필요가 있다. 군 관련 기술(Skill)은 기본훈련과 그 후 있게 되는 훈련을 통해 더 다듬어진다. 그러나 토너는 이 같은 훈련에 더불어 가치관 교육이 병행되어야 한다고 말하고 있다. 군이란 전문직업에 종사하는 모든 구성원들은 어느 명령이 합법적이며 주저함이 없이 따라야 할 것인지 그리고 어느 명령이 그렇지 않은지를 판단할 수 있도록 가치관 교육을 받아야 한다. 토너는 10개 사례를 조사해 보고 있는데, 이들 중 8개 사례는 실제 전쟁으로부터 그리고 2개는 가상의 사례로부터 나온 것이다. 이들 사례는 명령에 따라야 할 때와 따라서는 아니 될 때를 결정하는 등, 어려운 문제를 다루고 있다. 먼저 원칙에, 두 번째로 목적(임무)에 그리고 세 번째로 국민(개인 및 집단)에 충성해야 한다고 지적하면서 그는 우리의 충성심이 놓여 있어야 할 위치에 관해 논하고 있다. 전문 장교가 되고자 하는 경우 우리는 가치관에 그리고 이들 가치관에 관한 부대원의 교육에 전념해야 한다.

군대의 주요 존재이유는 국가의 전쟁에서 싸우기 위해, 그리고 필요한 경우 국가의 적을 격퇴할 목적에서다. 따라서 군 훈련은 이 같은 근본목적에 충실해야 한다. 무지막지하고도 비인간적인 형태의 훈련으로는 군인에게 필요한 기술뿐만 아니라 올바른 가치관도 심어 주지 못한다. 반면에 적정 수준의 시련과 어려움이 내포되어 있지 않는 훈련은 임무 수행능력이 결여된 병사들을 양산해 내게 된다.

훈련과 관련해 어려운 점은 군인의 경우 합법적인 명령을 전혀 주저함이 없이 따르는 법을 그리고 비합법적인 명령에 불복종하는 법을 배워야 한다는 점이다. 이 같은 이중적 목적을 달성하려면 군인은 기술 훈련뿐만 아니라 가치관 교육을 받아야 한다.

이들의 진정한 신념과 충성은 상관 또는 동료들에 대한 충성 그리고 임무 또는 과업 완수에 대한 충성 이상이어야 한다. 이들의 진정한 믿음과 충성은 미덕(완전성, 충성심 등) 자체에 대한 충성이 되어야 한다. 이 같은 개념이 없는 경우 이들은 명령의 정당성에 관해 전혀 고민해 보지 않은 상태에서 명령에 따르게 될 위험이 있다.

다. 평화애호

군은 자신이 이행하는 정치적 정책이 도덕적으로 타당성이 있는 경우에만 정당하다. 침략전쟁은 항상 부도덕한 것으로 생각되어 왔다. 더욱이 오늘날 군의 주요 임무는 침략이 아니고 방위다. 따라서 군의 주요 역할은 전쟁을 수행하고, 국가의 합법적인 이익과 영토주권을 방위할 뿐만 아니라 평화를 유지하는 것이다. 이들 이해관계는 우방국을 보호하는 것으로 확장된다. 그러나 군의 임무는 평화를 유지하고 방어적 성격의 전쟁만을 수행하는 것이다.

이 같은 명제는 억제란 개념에 내재해 있는 듯 보인다. 군은 항상 대비태세가 유지되어 있어야 한다. 대비태세가 유지되어 있다는 사실로 인해 군은 국가 또는 국가의 사활적 이익(Vital Interest)을 공격하고자 하는 세력들의 행위를 억제해 주고 있다. 군은 대응태세란 방식으로 국가에 기여하고 있다. 행동에 참여하기보다 대응태세란 방식으로 효과적일 수 있다면 도덕적인 관점에서 보다 더 바람직하다. 왜냐하면 군이 행동에 돌입하는 경우 항상 죽음, 피해, 살상 그리고 고통이 따르기 때문이다. "가만히 서서 기다리기만 하는 사람 또한 기여합니다."는 시의 구절이 있는데, 이는 군에 특히 적합한 표현이라고 보인다.

군의 임무에 평화유지가 포함되어 있다면 평화는 적어도 전쟁만큼 강조되어야 한다. 따라서 우리는 군의 장교들이 지켜야 할 미덕 중 하나를 제시한다면 이는 바로 평화애호란 미덕이다. 충성심 용기 또는 명예와 같은 전통적인 미덕이 아니지만 평화애호는 여타 미덕에 못지않을 정도로 군의 임무에 중요하다. 그러나 평화애호는 군에서 통상 간과되는 형태이므로 우리가 만들고자 하는 구호에 포함시켜야 할 것이다.

평화애호란 미덕이 의미하는 바는 무엇이며, 어떻게 이것이 장교를 위한 윤리 구호의 일부분이 될 수 있겠는가? 평화애호는 장교들이 전쟁보다는 평화를 애호해야 함을 의미한다. 장교들의 경우 참전을 통해 얻을 수 있는 그 무엇이 있다는 것이 아마도 사실일 것이다. 평시와 비교해 장교들은 전시에 보다 빨리 승진한다. 이들은 수동적이기보다는 능동적이다. 이들은 자신이 군에 합류하게 된 일부 목적인 흥분(Excitement)을 전쟁을 통해 경험하게 된다. 장교들은 전투에 대비해 훈련을 받는다. 한편 장교들은 전쟁에서 자신을 다양한 방식으로 부각시킬 수 있다. 장교가 개인적으로 전쟁에 관심이 있다는 점과 국가의 경우 평화를 열망한다는 점 간에 팽팽한 긴장이 조성되는데, 평화애호란 미덕이 보다 필요해지는 것은 이 같은 이유 때문이다.

전쟁보다 평화를 애호해야 한다는 점이 장교들의 훈련계획 및 행동방식에 나름대로의 의미가 있다. 평화애호란 미덕이 즉각 대응함과 관련된 장교들의 능력에 지장을 초래할 필요는 없다. 그러나 평화애호는 임무 그리고 임무 수행과 관련된 적정 방식에 관한 장교들의 관점에 영향을 주게 된다. 이 점을 강조할 목적에서 장교들을 위한 윤리 구호의 첫 번째 항목은 다음과 같을 수 있다. 나는 전쟁보다 평화를 선호해야 한다. 또한 나는 전쟁에 개입하기보다는 전쟁을 억제해 방지하는 경우 군이 가장 효과적으로 국가에 기여한다는 점을 인지한다.

라. 명령과 복종

(1) 명령과 복종의 의미

우리의 군인복무규율 제2절 제19조에서 제24조까지 6개조에 걸쳐 명령 및 복종에 대하여 규정하고 있다.

제19조: '명령'이라 함은 상관이 부하에게 발하는 직무상의 지시를 말하며, 발령자의 의도와 수명자의 임무가 명확하고 간결하게 표현되어야 한다.

제20조: 명령은 지휘계통에 따라 하달하여야 한다. 그러나 부득이한 경우에는 지휘계통에 따르지 아니하고 하달할 수 있으며, 이 경우 발령자와 수명자는 지체 없이 각각 이를 지휘계통의 중간지휘관에게 알려야 한다.

제21조: ① 명령의 하달은 문서구술 또는 신호로써 이루어지며 정확 신속하여야 한다. ② 발령자는 명령을 해당 부하에게 철저히 알릴 책임이 있으며, 수명자는 그 임무를 확인할 의무가 있다.

제22조: ① 발령자는 건전한 판단과 결심하에 적시 적절한 명령을 내려야 하며, 직무와 관계가 없거나 법규 및 상관의 정당한 명령에 반하는 사항 또는 자기 권한 밖의 사항 등을 명령하여서는 아니 된다. ② 발령자는 명령의 하달 및 실행을 감독 확인하여야 한다. ③ 발령자는 자신이 내린 명령의 실행결과에 대하여 책임을 진다.

제23조: ① 부하는 상관의 명령에 복종하여야 하며, 명령받은 사항을 신속정확하게 실행하여야 한다. ② 부하는 명령의 실행에 관하여 적시에 보고하여야 한다.

복종에는 상관이 명령한 부분을 수행하는 일이 포함된다. 복종에는 2가지 측면이 있다. 왜냐하면 명령에 복종하면서 사람들은 항상 두 가지 행위(또는 두 가지 의미가 있는 한 가지 행위)를 하기 때문이다. 이들 중 하나는 복종하는 행위, 즉 복종 그 자체다. 또 다른 하나는 수행하도록 명령받은 부분을 하는 것이다. 첫 번째 행위인 복종 행위는 두 번째 행위를 수행하는 것이다. 다시 말해, 자신이 수행하도록 명령받은 부분을 하는 것이다. 그러나 이들 둘을 구분해 설명함이 매우 중요한 의미가 있다. 왜냐하면 복종이 나름의 미덕이며, 합법적인 상관에게 복종하면서 도덕적으로 행동하고 있다고 사람들이 말할 수 있지만, 부도덕한 일을 하도록 어느 누구도 도덕적으로 용인되지 않기 때문이다. 따라서 특정의 합법적인 상관이 부도덕한 일, 예를 들면 무고한 사람을 살해하라고 지시하는 경우, 이 같은 명령에 복종할 도덕적인 책임을 어느 누구도 갖고 있지 않기 때문이다. 또한 이 같은 명령에 복종함은 미덕이 아니고 사악한 행위이기 때문이다. 우리나라 대법원에서도 상사의 명령이라 하더라도 불법인 때에는 복종할 의무가 없다고 판시한 판례가 있다.[2]

또한 공무원이 그 직무를 수행함에 있어 상관은 하관에 대하여 범죄행위 등 위법한 행위를 하도록 명령할 직권이 없다고 판시한 사례도 있다.[3] 특정인의 명령으로 인해 행위의 옳고 그름이 결정되는 것은 아니다. 이들 행위의 옳고 그름은 행위의 종류 또는 행위에 따른 결과 또는 몇몇 유사한 이유에 근거한다. 특정인이 명령했다고 부도덕한 행위가 도덕적인 행위가 되는 것은 아니다. 합법적인 인물이 명령 또는 금지했다는 점 자체로 인해 도덕적으로 옳거나 그른 것이 아닌 다수의 행위가 있다. 이 같은 점에서 복종은 도덕적인 미덕이라고 말할 수 있다. 또한 상관이 말한 바대로 행동함은 도덕적 의무사항이다.

어린이는 자신을 인도하고, 자신의 복지를 위해 법칙을 정하는 등 부모가 정당한 권한이 있는 영역에서 부모의 정당한 명령에 복종하게 된다. 군의 경우도 이것과 유사한 주장을 전개할 수 있다. 정당한 권한은 군의 편제표에 명시되어 있다. 군의 계급은 권한 체계를 나타내며, 특정의 내부 연계 관계는 정당한 명령의 영역을 명시하고 있다. 육군에서 중대장은 여타 대위가 명령할 수 없는 부분과 관련해, 예를 들면 중대의 운영과 관련해 휘하 중위들에게 명령할 수 있다. 최고사령관인 대통령은 가장 계급이 높은 장군을 지휘할 권한이 있는데, 이 점을 맥아더 또한 인지하고 있었다. 이처럼 군에서 가장 높은 장군을 대통령이 지휘할 권한이 있다는 점으로 인해 군은 정치권에 예속된다.

합법적인 명령은 합법적인 권위기구로부터 나오는 것으로서, 이들 권위기구가 결심하고 명령을 내릴 수 있는 권한이 있는 분야에 관한 것이다. 여기서 주목해야 할 점

---

2) 대법원 1955.4.15. 4288형상9(살인·사체유기)

3) 대법원 1988.2.23. 선고 87도2358판결(특정범죄가중처벌등에관한법률위반)

이 있는데, 이는 이들이 내리는 명령이 부도덕하지 않아야 한다는 점이다. 정당한, 즉 합법적이 되려면 이들 명령을 내리는 사람은 명령을 받는 사람을 도덕적 인격체로 항상 존중해야 한다. 부하는 노예 또는 기계가 아니고 존엄성이 있는 인간이다.

지휘가 항상 특정 행위의 수행에 관한 직접 명령, 즉 우로 돌아, 정지, 행진과 같은 것은 아니다. 장교에게 내리는 명령은 다음에서 보듯이 종종 포괄적인 형태의 지휘다. 인질로 잡혀 있는 동료를 구출하라!, 저 언덕을 점령하라!, 24시간 이내에 교두보를 확보하라!, 좌익을 보호하라! 등. 이들 명령에서는 특정 목표를 명시하고는 이 같은 목표의 달성 방안을 명령을 받은 부하들에게 일임하게 된다. 여기서 명령을 내린 사람은 명령을 받은 장교가 자신의 판단과 전문성을 이용해 전문가로서 목표를 달성할 것으로 기대하게 된다.

따라서 명령은 그 시행을 목적으로 최상위 부서에서 아래로 여과해 전달된다. 개개 수준에서 이들 명령은 보다 상세한 형태의 일련의 명령으로 변환된다. 도시를 점령하라는 명령을 장군이 연대장에게 내리면, 연대장은 대대장들에게 이행명령을 내리게 된다. 대대장은 또 다른 이행명령을 중대장에게 내리는 등 이 같은 과정이 지휘계통 (Chain of Command)을 따라 아래로 반복된다. 명령을 처음 내린 사람의 예하에 있으며, 마지막으로 명령을 받지 않는 사람들, 즉 중간 제대의 지휘관은 상부로부터 명령을 받는 한편 아래로 명령을 내리게 된다. 모든 수준의 지휘관은 부도덕한 명령에 따라서는 아니 되며, 부도덕한 것을 명령하지 않는다는 도덕률을 준수해야 한다. 무고한 양민을 학살하라는 등의 경우와는 달리 부도덕함이 분명하지 않은 경우, 대부분의 명령은 접수해 이행되며 그 결과가 자동 평가된다. 예외적인 경우에서만 도덕성이 문제가 된다.

지휘계통 측면에서 보면 목표만을 열거하고 그 달성 수단을 명시하지 않는 명령의 경우 부하들에게 어느 정도 재량권을 부여하고 있다. 그러나 도덕적인 존재로서 우리는 우리가 직접 행한 행위뿐만 아니라 우리가 유발한 일련의 행위에 대해서도 책임이 있다.

"이것을 하시오. 당신이 이것을 어떻게 하든 나는 관여하지 않겠소. 그러나 이것을 하시오."라고 말하는 지휘관은 자신이 명령한 과업의 이행 방식에 관해 도덕적으로 책임이 있다. 훌륭한 지휘관은 특정 과업의 수행 방법에 신경을 써야 한다. 예를 들면, 과업 수행에 필요한 정도의 무력만을 사용해야 한다는 지령이 있는데, 이는 도덕적으로 허용 가능한 부분이 무엇인지를 제한하는 형태의 것이다. 이것 외에 또 다른 제한 사항이 있다. 예를 들면, 그 방법에 무관하게 전쟁에서 승리하라는 명령을 생각해 보자. 즉 무고한 양민의 살상에 무관하게, 불합리하고 불필요한 방식과 규모로 아측 인력이 손실되는지에 무관하게, 승리를 위한 최후의 수단으로 핵무기의 사용도 불사하며, 전쟁에서 승리하라는 명령을 생각해 보자. 이 같은 명령을 내린 사람은 이들 명령에 대해 책임이 있다. 보다 엄밀히 말하면 지휘관은 자신이 내린 명령의 수행 방식과 관련해 도덕적으로 책임이 있다. 더욱이 나름의 표준 절차 또는 구체적 지침을 통해 지휘관은 자신의 명령이 이행되도록 할 도덕적 책임이 있다. 이 원칙은 제2차 세계대전 이후, 일본군 대장 야마시타의 경우에서 확인되었다. 자신이 내린 명령의 수행 방법에 신경 쓰지 않는 장교는 부도덕하며, 장교로서 자격이 없다.

불가능한 것을 명령함이 부도덕한 행위라는 개념을 사람들이 아직도 이해하지 못할 수 있다. 알렉산더, 한니발, 패튼과 같은 군의 신화적 인물들은 불가능한 것처럼 보이는 것들을 수행한 사람들이다. 그러나 우리는 여기서 부하들에게 불가능한 일을 하도록 만든 지휘관과 불가능한 것처럼 보인 일들을 수행할 목적에서 부하들을 선도한 지휘관을 구분해야 한다. 이들의 차이는 매우 중요한 의미가 있다. 왜냐하면 특정 목표를 달성할 목적에서 부하들과 온갖 난관을 극복하고자 하는 장교의 열의와 자세는 해당 장교가 부하들을 목표 달성을 위한 수단으로만 사용한 것이 아니고, 자신이 하고자 하는 일을 부하들에게 요구한 것임을 보여주는 명백한 증거이기 때문이다. 장교들을 위한 윤리 구호의 여섯 번째 부분은 다음과 같다. 나는 유사한 상황에서 내가 하고자 하지 않는 유형의 일을 휘하 부하들에게 하도록 명령하지 않는다.

복종도 중요한 군인의 의무이다. 복종은 어린이들만의 의무가 아니다. 어른들에게 복종은 어려운 형태의 의무이다. 지휘계통의 말단에 위치해 있는 사람들에게 있어 복종은 자신의 의지 그리고 자신이 생각한 우선순위와 비교해 여타 사람의 의지와 우선순위를 먼저 고려함을 의미한다. 지휘계통의 최상층에 위치해 있는 사람에게 있어, 복종은 책임, 아마도 그 달성 결과를 확신할 수 없는 목표에 대한 책임의 수용을 의미한다. 이처럼 생각하는 경우 복종은 철학자 니체의 말과는 달리 노예들의 의무가 아니고 힘으로 충만해 있는 주인의 의무이다.

전장에서의 작전 수행 또는 평시의 책임 완수에 복종이 절대적으로 필요한 사항이 아니라고 주장할 수 있는 군사학도는 거의 없다. 슬림(William Slim) 원수가 표현하고 있는 바처럼, 전쟁이 근대화될수록, 인류 역사 이후 군인과 폭도를 구분해 준 그러한 기본적 자질들이 보다 더 중요한 듯 보인다. 이들 중 첫째는 기강이란 요소다.

역사학자인 투크만(Barnara Tuchman)은 의무, 명예 및 국가란 미 육군사관학교의 모토가 오늘날 더 이상 기강을 정의해 주지 못하고 있는 이유를 설명한 바 있다. 국가는 충분히 의미가 있다. 그러나 잘못된 형태의 전쟁에서 의무는 무엇인가? 우리에게 전혀 피해를 주지 않은 그러한 사람들의 목숨은 말할 것 없고, 이들의 생활공간을 황폐화시키는 전투로 전락하는 경우 명예는 무엇인가? 여기에 대해 미 육사는 의무와 명예는 미국 정부가 내린 명령을 수행하는 것이라고 간단히 답변하고 있다. 자국을 방위할 당시 나치 독일 또한 이 같은 방식으로 말한 바 있다. 그럼에도 불구하고 우리는 이들을 전쟁 범죄자로 심판한 바 있다.

미 공군사관학교의 강사인 와킨(Malham Wakin)과 그의 동료들은 다음과 같이 말하고 있다. 군에서 명령은 악조건하에서 임무를 수행하거나 목숨을 걸고 행동하도록 하는 등, 사람들이 힘겨운 행위를 수행하도록 지시해야 한다. 따라서 군의 구조에서는 순종적인 반응이 요구된다. 다음에서 보듯이 이들은 잘못된 명령에 대한 복종에 관해 중요한 주장을 전개하고 있다.

명령이 잘못된 형태라는 이유로 인해 군의 장교들이 불복종하고자 하는 경우 불복종하게 되는 대상에 대한 인식과 불복종에 따른 결과에 대한 인식이 매우 중요하다. 어리석음과 무능력은 군에서 통상 목격되는 현상인데, 특히 전시의 군에서 그러하다. 그러나 이 같은 좋지 않은 상태는 명령 불복종이란 현상이 발생할 당시보다 더 복잡해질 수 있다. 명령 불복종을 통해 우둔함의 원천이 제거되는 것은 아니다. 사실, 명령 불복종으로 인해 무능력한 지휘관은 이처럼 행동한 사람에 대해 정당하게 죄를 묻고자 할 때 필요한 무기를 갖게 된다. 부하들은 여타 명령만큼이나 잘못된 명령도 정당화될 수 있다는 점, 그리고 이 같은 명령이 특정 정보를 우수하게 접근할 수 있는 부서 및 사람으로부터 통상 나온다는 점을 인지해야 한다.

달리 말하면, 명령을 이행하는 사람들이 자신들의 지휘관이 갖고 있는 시각을 견지하지 않음이 바람직할 수도 있다(지휘관의 경우 휘하 부대원들이 견지하고 있는 시각을 갖고 있지 않을 수 있다. 그러나 지휘관의 명령에 반항하는 경우 부대원들의 충성심이 의문시될 것이다). 미 공군사관학교의 철학자인 웬커(Kenneth Wenker)는 복종과 관련해 다음과 같이 표현하고 있다. 복종은 군의 도덕적 목표들을 달성할 수 있도록 해 주는 조건이 된다. 웬커는 복종을 기능적 필수 사항으로 지칭하고 있다. 여기서의 가정 사항은 명령이 합법적이며, 결과적으로 이들 명령을 받은 사람에게 구속력을 갖는다는 점이다.

1991년도, 육군 예비역(Reserved) 의사인 보근(Yolanda Huet-Vaughn) 대위는 '사막의 폭풍(Desert Storm)' 작전 당시 걸프만으로 전개하라는 명령을 거부한 결과로 인해 탈영 혐의를 받았다. 정식 임관한 장교인 보근 대위는 당시의 전쟁이 불법이며, 비도덕적 형태라고 주장하면서 부여된 임무의 수용을 거부하였다. 탈주와 관련해 그녀를 심판할 당시 군 판사는 문제의 사안은 그녀가 위험한 임무를 모면할 목적에서 걸프 지역으로의 전개를 거부했는지의 여부라고 말하였다. 그녀는 군에서 강제로 쫓겨났으며, 2년 6개월의 징역형을 받았다. 그녀는 존경받을 만한 가치관을 견지하고 있는 양심적인 사람인가, 아니면 직무를 유기한 사람인가? 그녀와 관련된 사건에 관해 관습법 및 상황이 말해주는 바는 무엇인가? 1991년도의 걸프전이 정당한 전쟁이었던 반면 이 같은 전쟁에서의 서비스를 거부했다면, 그녀가 봉사하고자 하는 전쟁은 있을 것인가? 그렇지 않다면, 걸프만으로의 전개를 명령받은 그 순간까지 그녀가 미 육군 장교로서의 월급과 혜택을 지속적으로 받은 것은 무슨 이유 때문인가? 명령은 정당하며, 장교와 병사들의 경우 이들 명령에 따를 것으로 우리는 가정해야 한다.

"최고사령관인 대통령이 내린 명령의 준수는 모든 훌륭한 장교의 임무다." 이것은 헤일(Nathan Halc)이 한 말이다. 헌팅턴은 군이 추구해야 할 목표는 복종의 수단(Instrument of Obedience), 즉 군사력이 완벽해지도록 하는 것이며, 이 같은 수단을 어디에 사용할 것인지의 문제는 군 책임의 범주 밖에 있다고 주장하였다. 그는 헨리 5세 당시의 군인에 관해 셰익스피어가 기술한 구절을 인용하고 있다. 여기서 등장하는 군인이 추구하는 대의의 정당성은 군인이 알아야 할 부분을 초월하고 있다고 믿고 있다. 왜냐하면 왕이 추구하는 대의가 잘못된 것이라면 왕에게 복종했다는 점으로 인해 군인의 죄가 깨끗이 씻어지기 때문이다. 업무 수행과정에서 군인들이 선택할 수 있는 가장 간단한 방법은 명령은 항상 올바르며, 아마도 잘못된 명령 또한 올바르다고 가정하는 것일 것이다.

그러나 도덕 또는 법적인 이유로 인해 이들 군인이 이처럼 할 수 없다는 점이 군인들로 하여금 부담을 느끼도록 하는 부분이다. 미 육군사관학교 교수인 하아틀(Anthony Hartle)은 다음과 같이 설명하고 있다. 대통령 또는 기타 상관이 비합법적인 명령을 내리는 경우, 군 장교들은 여기에 불복종할 수밖에 없을 것이다. 그러나 군에서는 명령에 대한 복종과 의무를 일반적으로 동일시하고 있는데, 이는 장교단의 가장 잘못된 부분이라고 지적하고 있다.

잭슨(Robert H. Jackson) 판사는 1945년 11월 21일 뉘렌베르그 전범 처리 법정에서 "전시 행위에서의 범죄(Crimes in the Conduct of War)"라는 주제로 연설하면서 다음과 같이 말한 바 있다. "범죄행위를 자행한 사람은 상부 명령이라고 또는 자신의 범죄가 국가적 차원의 행위였다는 점을 주장하며 죄를 면할 수 없을 것이다. 이들 두 원칙이 상호작용하면서 평화와 인류에 대항해 자행된 중대 범죄에 참여한 모든 사람들이 처벌받지 않은 바 있다. 하급자들은 상관의 명령에 따랐다는 점으로 인해 면책

되었으며, 고위급 요원은 이들 명령이 국가적 행위라는 이유로 처벌받지 않았다.”

1956년도, 미 육군은 이 문제에 관해 다음과 같이 분명히 하였다. 상부 명령에 따라 행동한 결과로 인해 전쟁법을 위배한 사태가 발생한 경우, 이 같은 행위가 전쟁 범죄가 아닌 것은 아니다. 명령받은 행위가 합법적이지 않다는 점을 피고인이 모르고 있었거나, 알 것으로 기대할 수 없는 타당한 이유가 있지 않다면 제소된 개인을 심판하는 법정에서 이 같은 점이 변호 자료로 사용될 수 없을 것이다. 그러나 다음의 문장에서 보듯이 미 육군은 사안을 얼버무리고 있다.

상관의 명령이란 점이 이 같은 명령을 이행한 사람을 변호해 줄 수 있는 타당성 있는 이유가 될 수 있는지의 문제를 고려할 당시, 법정은 합법적인 군사 명령에 대한 복종이 모든 군 요원들의 의무라는 점을 고려해야 한다. 또한 전시 군 요원들이 자신이 받은 명령을 법적 측면에서 신중하게 판단해 볼 수 있을 것으로 기대할 수 없다는 점, 일부 전쟁법의 경우 논란의 여지가 없지 않다는 점을 고려해야 한다. 다른 상황이라면 전쟁 범죄에 해당할 행동이 보복 차원에서 구상된 명령에 대한 복종의 일환으로 수행될 수도 있다는 점을 고려해야 한다. 한편 군 요원들은 합법적인 명령에만 복종해야 한다는 점을 명심해야 한다.

그러면 병사들이 내릴 수 있는 결론은 무엇인가? 이들은 모든 합법적인 명령에 따라야 한다. 이들은 모든 비합법적인 명령에 따라서는 아니 된다. 비합법적인 명령과 합법적인 명령을 구분하는 문제는 전투 상황에서조차 군인들의 몫이다. 물론 이 같은 문제에 관해 고민하는 사람들만이 앞의 상황으로 인해 걱정하게 된다. 양민 학살은 근본적으로 전쟁 범죄에 해당한다. 법칙과 법이란 방식으로 우리는 전쟁 범죄를 금하고 있다. 결과의 관점에서 보면 자행한 전쟁 범죄와 관련해 우리는 그처럼 행동한 이유를 설명하라는 강력한 압박을 받게 된다. 상황 윤리에서는 우리들 인간이 진실하게 또는 자애로운 눈으로 행동해야 한다고 말해주는 것 이상을 교육시키고자 거의 노력하지 않고 있다. 전쟁 범죄의 광장에서 분명하고도 유일한 사실은 군인정신을 유지하고, 군 윤리에 충실해야 한다는 점이다.

(2) 합법적인 명령의 한계

장교의 권한은 명령을 내릴 당시 가장 분명히 나타난다. 그러나 명령을 하달 또는 접수하는지에 무관하게 장교는 특정 명령이 합법적이도록 해 주는 기준을 알고 있어야 할 뿐만 아니라 이해해야 한다. 합법적인 명령은 다음과 같은 4가지 기준을 충족해야 한다. 첫째, 군의 임무·사기·건강 또는 훈련과 관련이 있어야 한다. 명령은 임무 완수에 필요한 또는 사령부 요원의 사기·건강 및 훈련의 강화 또는 촉진에 필요한 모든 활동을 포함해 군의 필요와 관련이 있어야 한다.

둘째, 부하들은 해당 명령에 관한 지식이 있어야 한다. 명령은 이해되어야 할 뿐만 아니라 구체적이어야 한다. 명령은 이것을 이행할 것으로 예상되는 사람에게 전달되어야 한다. 명령은 구두를 통해 또는 개개인이 읽으라고 지시된 게시판을 통해 전달될 수 있다. 또한 명령은 시간 및 장소 측면에서 구체적이고 분명해야 한다.

셋째, 명령은 이것을 내리는 장교의 권한을 벗어나서는 아니 된다. 장교는 명령 하달과 관련된 권한을 자신의 계급·직위 및 임무에 근거해 갖게 된다. 이들은 자신의 권한 영역을 벗어난 명령을 내릴 수 없다. 장교는 상관의 명령에 위배되는 명령 또는 자신들의 임무가 아닌 또 다른 임무와 관련된 명령을 내릴 수 없다. 예를 들면, 병원장은 적정 지휘관이 폐쇄를 명령한 출입문을 개방하라고 자신의 계급에 근거해 초병에게 명령할 수 없다.

넷째, 명령은 법에 저촉되어서는 아니 된다. 군의 명령은 그렇지 않음을 보여주는 신빙성 있는 증거가 제기되지 않는 한 합법적으로 간주된다.

합법적인 명령의 판단 기준은 미국의 '군사적 정의의 판단 기준(UCMJ: Uniform Code of Military Justice)'의 제92조 또는 미국의 판례법을 참고할 수 있다. 명령에 대한 복종은 전승에 매우 중요한 사항이다. 따라서 군 제대의 수준에 무관하게 불복종은 군 요원에게 매우 위험스런 행위다. 임무 수행과 관련된 상세 절차란 측면에서 모든 사람은 자신의 판단에 근거해 행동할 권한이 있다. 그러나 이 같은 권한을 적용하는 과정에서는 신중해야 한다. 의문이 가는 경우, 군 요원들은 상급 장교들의 완전성(Integrity)·경험 및 용기를 믿어야 한다. UCMJ를 통해, 의회는 휘하 요원들에게 폭력 사태가 발생하지 않도록 하고, 이들이 불공정한 또는 비열한 행위를 수행하지 않도록 하며, 명령에 불복종하지 못하도록 나름의 보호막을 장교에게 제공해 주고 있다. UCMJ는 특히 이들 행위를 금하고 있으며, 이러한 사항을 위배하는 경우 전시 처형도 불사할 정도의 심한 처벌을 내리게 된다.

임관 및 승진 당시 장교는 선서를 복창하게 된다. 이 경우 장교들은 상관의 명령에 복종할 것임을 계약 및 도덕적으로 약속하게 된다. 따라서 군의 명령은 부분적으로는 법적인 책임 그리고 부분적으로는 도덕적인 책임에 해당한다. 이처럼 이중적 성격을 띠고 있는 명령에 장교들이 불복종할 수 있는가? 미 공군사관학교의 와킨(Malham M. Wakin) 준장에 따르면, "이 같은 도덕적 책임의 위배와 관련된 근본법칙은 여타 도덕적 책임의 위배와 관련된 근본법칙과 동일하게 취급된다. 즉 우리가 특정 도덕적 책임을 위배해도 좋은 유일한 경우는 이 같은 책임과 또 다른 책임, 보다 중요한 책임과 대립되며, 이들 두 책임 모두를 동시에 이행할 수 없는 경우에서뿐이다. ……"4)

군사적으로 복종의 정도에 한계가 있다는 점에 의문을 제기할 수 있는 사람은 없다. 그러나 이들 한계는 무엇이며, 이 같은 한계를 설정할 수 있는 사람은 누구인가? 영국의 군인학자인 하켓(John Hackett) 장군은 명령에 대한 절대적이고, 맹목적이며 무조건적인 복종을 군인들에게 강요해서는 아니 된다고 말하고 있다. 결국 군인은 자신의 양심에 책임을 지게 되며, 자신의 양심에 저촉되는 경우 명령을 따르지 말아야 한다. 그러나 이들은 또한 명령 불복종에 따른 결과를 수용할 준비가 되어 있어야 한다. 그런데 전시 이 같은 불복종은 매우 심각한 문제가 될 수 있다. 지휘관은 양심에 근거해 불복종해야 할 것인지의 문제를 놓고 부하들이 고민하도록 해서는 아니 된다. 군인은 자신이 옳다고 생각되는 부분을 수행하고 있다고 확신할 수 있어야 한다. 왜냐하면, 명령에 불복종하는 경우, 자신들의 임무, 자신 그리고 동료들이 위험에 처할 수 있기 때문이다. 양심을 이유로 명령에 불복종하는 경우는 지극히 드물다는 점을 하켓 장군은 다음과 같이 기술하고 있다. "내 생각으로는 복종해서는 또는 하달해서는 아니 된다고 생각되는 형태의 명령이 인근 부대에 하달되어 이행되는 것을 목격한 바 있다. 그러나 나의 경우는 양심에 근거해 복종할 수 없는 명령을 받아 본 적이 없다."5)

양심 때문에 명령에 불복종하는 것과 비교해 보다 빈번한 경우는 군사적 이유 때문에 불복종하는 경우다. 이는 상관이 내린 명령과 다른 방식으로 행동함으로써 '순간의 기회', 즉 호기를 이용할 수 있다고 하급자들이 결심함을 의미한다. 이 같은 형태의 불복종은 전문가로서의 장교의 판단과 용기, 교리(Doctrine)에 대한 지식 그리고 상관의 의도에 근거하게 된다. 합법적인 명령에 도전하는 경우는 아직도 빈번치 않은데, 군 장교에게 이는 매우 어려운 문제다. 영국의 위대한 해상 지휘관인 넬슨(Horation Nelson) 제독은 영국함대의 전투지시와 같은 명령에 불복종할 정도의 용기뿐만 아니라 정체된 전장을 종료시킨 새로운 전술을 고안해 낼 정도의 명민함을 견지하고 있었다. 예를 들면, 세심한 성격의 파커(Parker) 제독 휘하에서 발틱 함대의 부지휘관으로 근무할 당시, 넬슨 제독은 덴마크의 함대를 정박해 있는 상태에서 격파한다는 대담한 계획을 개발하였다. 코펜하겐 전투에서 넬슨은 파커 제독이 보낸 전투 중단 신호를

---

4) Malham M. Wakin, "The Ethics of Leadership I", *War, Morality, and the Military Profession*(Westview Press: Boulder, Colorado, 1986), p.186.

5) John W. Hackett, *The Profession of Arms*(New York: Macmillan Publishing Co, 1983), p.174.

고의적으로 무시해 전투를 승리로 이끌 수 있었다.[6]

헌법과 정부의 입법·사법 및 행정 부서에 의한 헌법의 해석은 장교의 법적인 권한과 책임의 근간이다. 장교는 또한 도덕적 권한, 즉 올바른 것을 선택하며, 보다 높은 수준의 도덕적 책임을 선택할 수 있는 권한을 갖게 된다. 올바른 것의 수행이란 적절한 결심을 내림을 의미한다. 또는 적어도 수행과정에서 정직하고 믿을 만한 방식으로 행동함을 의미한다. 그러나 올바르다는 기준도 사람마다 다를 수 있는데, 장교가 이들 기준 중 어느 것을 따라야 할 것인가? 장교는 국민에게 봉사하고, 국민을 대변하며, 국민에게 책임을 진다. 따라서 장교는 사회의 가치관을 반영해 자신의 행위가 국가의 도덕적 가치관에 따라 이루어지도록 해야 한다. 이들 가치관에는 자유·정의·평등 그리고 개인적 가치와 같은 개념들이 포함된다. 이들 가치관은 헌법과 판례 등과 같은 다수의 문서 및 글에서 찾아볼 수 있다.

그러나 이들 가치관의 적용이 실제 및 기능적으로 매우 어려울 수 있다. 칼럼 기고가인 윌(George Will)은 다음과 같이 말한 바 있다. "미국의 경험을 통해 보면 군에 매우 중요한 가치관과 기대가 미국 사회의 가치관 및 기대와 이처럼 대립된 경우는 없다."[7] 졸(Donald Zoll) 교수 또한 이 같은 어려움을 식별하고는 다음과 같이 적고 있다. "군을 통해 국가에 봉사하는 사람들은 미국 사회에서 더 이상 도덕적 공감대를 가정할 수 없다."[8] 그러나 핵심 가치관에는 아직도 변함이 없다. 한편 장교는 자신이 봉사하고 있는 사회의 가치관과 자신의 도덕적 가치관이 조화를 이루도록 해야 한다. 결국 장교의 개인적 신념과 원칙이 의사결정과정을 인도하게 될 것이다. 장교는 도덕적으로 어려운 결심을 해야 하는 위치에 놓이기 이전에 이들 문제를 놓고 고민해 보아야 하며, 또 다른 장교·가족·친구·성직자 또는 여타 사람들과 논의해 보아야 한다.

도덕적 권한은 개인 및 국가적 신념에 근거한 장교의 권한에 해당한다. 이는 장교들로 하여금 보다 높은 수준의 책무, 즉 명령 또는 여타의 또 다른 책무에 대한 순종을 결심하도록 해 주는 요소다. 맥스웰 공군기지에 위치해 있는 미 공군전쟁학교(Air War College)의 토너(James Toner) 박사는 개인이 강구해야 할 행위를 결정할 때 사용할 수 있는 6가지의 실용적 지침을 제시하고 있다. 토너에 따르면 군인은 자신에게

---

6) Air Command and Staff College, *Command and Leadership Course Toolbook on Admiral Nelson*(Air University, 1996).

7) James H. Toner, *True Faith and Allegiance: The Burden of Military Ethics*(Lexington: The University Press of Kentucky, 1995), p.80.

8) Ibid.

다음을 반문해 보아야 한다. "행위에 관해 사람들이 알게 되면 부끄럽지 않은가? 내가 소속되어 있는 집단이 이 같은 행위를 용인해 줄까? 행위가 합법적인가? 상황이 특정 행위를 용인해 줄까? 행위에 따른 결과가 바람직할 가능성이 있는가? 하느님을 믿는다면, 하느님이 이것을 허용해 줄까?"9) 장교는 능력과 인품을 겸비해야 한다고 토너 박사는 말하고 있다. 장교는 명예와 수치심 모두를 이해할 필요가 있다.

행위의 결정과정에서 매우 중요한 부분을 다시 언급해 보면, 장교들은 행위에 따른 결과를 완벽히 인지하고 있어야 한다. 명령 불복종으로 인해 영향받는 부분이 해당 장교와 장교의 경력만은 아니다. 명령 불복종으로 인해 장교들이 책임지고 있는 임무뿐만 아니라 국민의 생명이 또한 위험해질 수 있다.

(3) 사례 연구

군의 명령 불복종과 관련된 놀라운 사례에 켈리(William Calley) 중위의 경우가 있다. 베트남전쟁 당시 그는 무장하지 않았을뿐더러 전혀 저항하지 않던 미라이 지역의 양민들을 학살한 혐의로 군법회의에서 살인죄로 기소되었다. 1968년도 3월 16일, 켈리 소대는 미라이 마을뿐만 아니라 베트콩 제48대대를 격파하도록 되어 있었다. 켈리 소대는 격렬한 전투를 예상하며 미라이 마을에 들어갔다. 군사정보에 따르면 마을의 모든 여자와 어린이가 새벽 7시까지 그곳 지역을 이탈해 있을 것으로 예상되었다. 군사정보에서 알려준 바와 달리 켈리 중위와 그의 소대원들은 늙은 남자, 여자 그리고 어린이들이 가족과 함께 아침식사를 하는 모습을 발견하였다. 켈리 소대는 미라이 마을의 사람들을 한곳에 모아 놓고는 이들 중 347명을 학살하였다. 이는 군사적 필요성을 넘어선 야만적이고도, 잔혹한 형태의 것이었다. 켈리 휘하 병사는 당일의 상황을 다음과 같이 기술하고 있다.

> 우리는 전혀 저항받지 않았다. 나는 오직 포획된 3정의 무기만을 보았다. 우리는 전혀 피해를 입지 않았다. 그곳은 늙은 할머니와 할아버지, 여자 및 아이들이 있는 여타의 베트남 마을과 전혀 다르지 않았다. 사실, 그곳 어디서도 군에 입대할 정도 연령의 젊은이를 나는 보지 못했다. 내가 목격한 유일한 남자 포로는 50대의 나이였다.10)

---

9) Ibid., p.130.

10) Seymour M. Hersh, *My Lai 4: A Report on the Massacre and its Aftermath*(New York: Random House, 1970), p.74.

그곳에 있던 모든 미군이 학살에 동참한 것은 아니었다. 켈리 중위와 휘하 병사들이 마을 사람들을 제방으로 몰아넣고 총살할 당시, 관측용 헬리콥터에 타고 있던 톰프슨(Hugh Thompson) 준위와 2명의 그의 동료는 베트남 사람들을 도와주고자 노력하였다. 켈리가 파괴하고자 하였던 벙커 안의 민간인들을 구조할 헬리콥터를 기다리면서, "톰프슨은 우리 부대원과 벙커 사이에 위치해 있었다. 그는 자신의 몸으로 베트남 사람들을 보호하고 있었다. 그는 이들 베트남 사람들을 도와주고자 하였다."[11] 켈리는 다음과 같이 불만을 토로하였다. "톰프슨은 내가 하고자 하는 방식으로 따라 하지 않았다. 그러나 그곳에서 최고 상관은 바로 나였다."[12] 그 후, 톰프슨과 그의 조종 동료들은 시체로 가득한 제방에서 살아 있는 사람이 있는지 확인할 목적에서 3회에 걸쳐 착륙하였다. 이들은 전혀 상처 입지 않은 아기를 발견하고는 안전한 곳으로 이주시켰다. 당일의 임무 명령에 대한 한 병사이 해석을 작가인 헐쉬(Seymour Hersh)는 다음과 같이 강조하였다. "개개인의 정서적 기반에 따라 이들 명령은 상이한 방식으로 해석될 수 있었다. …… 원하는 경우 양민을 학살하라는 것으로 명령을 해석할 수도 있었다."[13] 많은 병사들은 이처럼 행동하였다.

법정에서 증언하면서 켈리 중위는 자신의 경우 명령에 충실해 적을 학살했다고 말했다. 그의 증언은 제2차 세계대전 이후 전범자들을 처벌할 목적의 뉘렌베르그(Nuremberg) 재판에서 전범자들이 전개한 주장을 연상케 하였다. 병사들이 책임질 수 있는 보다 높은 차원의 법이 있어야 함을 그리고 상식 있는 사람이면 잘못된 것임을 알 수 있는 그러한 것들이 있다는 점을 켈리의 한 배심원이 말한 바 있는데, 이 점을 토너는 주목하고 있다. 토너는 다음과 같이 첨언하였다.

> "무장하고 있지 않을뿐더러 저항하지 않는 남녀 및 어린아이를 대량 학살한 행위는 '상관의 명령에 충실했기 때문에 상관이 책임지도록 하라. 나는 책임이 없다.'는 방식의 논리로 설명될 수 없다. 또는 학살된 사람들은 모두가 다 적이라는 방식으로도 설명될 수 없다. 이성적인 인간이 택해야 할 보다 높은 수준의 충성심이 있다."[14]

병사들이 직면하는 문제들에 관한 실제 또는 가상적인 사례를 검토해 보자.

---

11) Ibid., p.65.
12) Ibid., p.66.
13) Ibid., p.42.
14) Ibid., pp.29-30.

사례1. 제2차 세계대전 당시 미군이 바스토그네(Bastogne) 전투에서 공격받을 당시, 애브럼스(Creighton Abrams) 중령은 군의 교범을 무시하고는 바스토그네로 돌진해 들어가고자 하였다. 애브럼스는 자신의 상관을 심약한 사람으로 생각하였다. 계획 변경을 요구받은 경우 이 상관은 변경을 승인하지 않을 것으로 생각되었다. 따라서 애브럼스는 명령에 불복종하고는 돌진해 운이 좋게도 좋은 결과를 얻었다. "잘못된 명령에도 불구하고 올바로 일할 수 있을 정도의 도덕적 용기를 갖고 있는 지휘관은 많지 않다."는 점을 패튼(Patton) 장군은 주목한 바 있다. 결과가 좋았다는 점에서 애브럼스가 일을 올바로 처리했다고 볼 수 있지 않는가?(그 후, 애브럼스는 4성 장군으로 그리고 육군참모총장으로까지 승진하였다.)

사례2. 제2차 세계대전 당시, 미 육군의 한 사병은 중위에게 다가가서 "중위님, 나의 상관인 장교를 찾을 수가 없습니다. 집 뒤뜰에 독일의 민간인 몇 명이 모여 있습니다. 이들을 어떻게 처리하지요?" 하고 물었다. 장교는 다음과 같이 답변하였다. "여유 경비병 1명이 있다면 경비병과 함께 이들을 되돌려 보내라. 아니면 이들을 집의 뒤뜰에서 사살해 버려라. 나의 경우 항상 이처럼 하였다. 말도 되지 않는 독일인들의 말은 들을 것도 없다." 경례를 하고 사병은 빠르게 되돌아갔는데, 아마도 이들을 대량 학살할 목적에서였을 것이다. 민간인 학살이 관습 또는 합법적인 명령의 관점에서 정당했는가?

사례3. 독일군 병사 3명이 생포되었다. 이들 중 1명은 1929년도의 제네바협약에서 요구한 이름·계급 및 군번을 말하고자 하지 않았다. 미군 대대장은 화가 나서 비협조적인 포로의 얼굴을 손으로 때렸다. 그러자 포로는 미군 장교의 얼굴에 침을 뱉었다. 격노한 지휘관은 이들 포로를 처형하라고 명령하였다. 이들이 곧바로 처형될 것이란 말을 전해들은 벅스톤(Buxton)이란 이름의 미군 소대장은 소대를 이탈하고는 포로들에게 자신의 무덤을 파도록 하고 있던 대대장에게 항의하였다. 그는 자신의 지휘관과 가치관(價値觀)에 관해 열띤 논쟁을 벌였다. 그 후 소대장은 이들 포로가 처형되지 않았음을 알게 되었다. 자신의 상관에게 반문한 벅스톤 중위가 명령을 위반하였는가? 소대를 이탈한 중위가 진정 이탈했다고 말할 수 있는가? 중위는 직무를 유기하였는가? 중위가 좋은 전례를 남겼다고 말할 수 있는가?

사례4. 양심보다는 국가의 법(사살해라!)을 따른 결과로 인해 1989년 2월, 서부 베를린으로의 탈출을 시도하던 한 남자를 사살한 동독의 경비병인 하인리히(Ingo

Heinrich)가 기소되었다. 그를 담당하던 판사는 다음과 같이 말하였다. "합법적이라고 모두 다 옳은 것은 아니다." 그러나 서독에서 범죄로 간주되고 있는 부분들이 동독에서는 병사들의 의무였다. 하인리히는 희생양인가? 결국 그는 길게 연결되는 책임 계통의 마지막에 위치해 있던 일개 병사에 불과하였다. 일부 심판받는 사람들은 자신을 사회 전반의 잘못에 대한 대가(代價)로 희생되는 희생양으로 바라볼 수도 있다. 행동할 당시 범죄가 아닌 특정 행위를 자행한 결과로 인해 그 후 심판받는 것이 정당한가? 하인리히의 경우 자신의 임무를 수행하고 있지 않았는가?

사례5. 1991년도의 걸프전 당시 쟁기를 장착한 탱크들이 이라크의 참호들을 관통해 지나갈 당시, 모래 깊숙한 곳에 적군이 숨어 있는 것을 발견하였다고 한 미군 장교가 말하였다. 대령은 모래사막으로부터 무기력하게 돌출해 있는 무기들을 보았다며 다음과 같이 말하였다. "내가 알고 있는 한, 수천에 달하는 이라크군을 매장할 수 있었을 것입니다." 참호에서 숨이 막혀 죽어 가는 모습은 매우 비참하다. 그러나 펜타곤의 대변인(代辯人)은 이 같은 작전이 교전에 관한 국제법에 위배되지 않는다고 주장하였다. "전쟁에서 이보다 우수한 방식으로 사람들을 죽일 수는 없습니다."고 그는 말했다. 앞에서 언급한 대령의 경우 작전 수행을 거부했어야 마땅했을까요? 자신 또한 생매장된 상태에서 죽고 싶지 않다는 점에서 대령이 이 같은 짓을 여타 사람들에게 해서는 아니 된다고 황금률(Golden Rule)은 말해주고 있지 않는가요?

사례6. "한때 독수리였다(Once an Eagle)"란 제목의 소설에서 다몬(Sam Damon)이란 이름의 육군 장교는 부하들이 위험에 처할 수 있다며, 안전 절차를 준수하고 있지 않는 훈련 명령을 거부하였다. 결과적으로 다몬의 주장이 정당함이 판명되자 훈련 장교는 다몬을 비난하던 자세에서 한발 뒤로 물러났다. 그러나 실전(實戰)과 같은 훈련(訓練)의 경우 종종 부대가 위험에 처하게 되지 않는가? 수용 가능한 또는 가능하지 않는 형태의 위험이 무엇인지 판단하는 사람은 누구인가? 피훈련자 또는 생도들이 이 같은 한계를 정하게 된다면 어려운 형태의 훈련은 누가 하겠는가? 공정(空挺), 특수부대 또는 여타 고난도 훈련은 포기해야 할 것인가? 그렇지 않다면, 훈련 장교들이 지나치게 행동하지 못하도록 하기 위한 방안은 무엇인가?

사례7. 베트남에서 한 소대장은 동일한 길에서 매복을 당해 휘하 부하 몇몇이 사살된 바 있다는 점에도 불구하고 소탕작전(Sweep)을 지속하라는 명령을 받았다. 중위는 이 임무가 정당치 않다고 믿었다. 그는 부하들을 더 이상 위험에 처하도록 내버려두고 싶지 않았다. 동일한 명령이 반복되자 그는 다음의 사실을 인지하였다. "나는 리더의 이중적 책무에 관한 다음과 같은 전통적인 갈등에 직면해 있다. 즉 소대장으로서의 임무를 수행해야 할 것인가 아니면 부대원을 보존해야 할 것인가?" 여기서 그는 '소탕작전을 더 이상 수행하지 않기로 결심하였다. 또 다른 부하가 희생되지 않도록 하겠다고 그는 생각하였다. 임무는 정당치 않았다. 당시의 임무는 결코 전투를 수행해 본 바가 없는 사람의 발상으로부터 나온 것이다. 중위는 명령 불복종에 따른 결과에 책임질 각오를 하였다.' 이 같은 중위의 행동은 옳은가? 자신의 지휘관과 비교해 중위가 보다 많은 사실을 알고 있었는가? 그의 경우 휘하 부대원들에게 좋은 사례를 보였는가? 전투 거부로 인해 그의 경우 군법에 회부되어야만 하였는가?

사례8. 벨르(Memphis Belle)라는 제목의 영화에는 미국의 항공기가 독일에 폭격 임무를 수행하고 있는 장면이 등장한다. 지상으로부터 포화가 격렬히 올라옴에 따라 조종 승무원들의 생명이 위협받고 있었다. 짙게 낀 구름으로 인해 공격하고자 하는 표적(Target)이 분명히 보이지 않았다. 군 정보에서는 표적 근방에 다수의 학교·병원 및 교회가 있다는 점을 조종사인 대위에게 알려주었다. 자신들이 표적지역 근방에 있다는 점을 알고 있던 조종 승무원 중 일부는 폭탄을 투하하고는 격렬하게 발사되는 적 대공포 위협으로부터의 이탈을 원하였다. 대위는 얼마의 시간이 경과된 이후 그곳에 재차 오기로 결심하였다. 그는 구름이 사라지고, 적정 표적에 폭탄을 정확히 투하할 수 있기를 간절히 희망하였다. 얼마의 시간이 지난 후 이들은 그곳에 재차 도착하였다. 구름이 사라졌으며, 정확한 표적에 폭탄을 투하했다는 점으로 인해 독일의 민간인 생명을 구할 수 있었다. 비행 승무원이었다면, 당신은 대위를 자랑스럽게 생각겠는가? 대위는 법적 및 도덕적으로 올바른 일을 하였는가? 또는 자신의 양심으로 인해 대위가 동료들의 생명을 위태롭게 한 것은 아닌가? '충성심 딜레마'는 항공기 안에서뿐만 아니라 정치에서도 발견될 수 있다.

사례9. 제2차 세계대전 당시 무고한 포로들을 사살하라는 명령을 받은 저격수들 중에 이 같은 사격을 못마땅하게 여겼던 독일군 병사에 관한 보고서가 네덜란드로부터 나왔다. 이 같은 사살에 동참하지 않는 경우 자신이 사살될 것이라고 지휘관은 병사에게 말하였다. 독일군 병사는 후자를 선택하였다. 얼마 전까지만 해도 자신과 함께 일했던 동료 저격수들의 총에 맞아 병사는 곧바로 사살되었다. 병사의 관점에서 이것이 명예로운 결심이었는가? 사형장에서 근무를 거부한 해당 병사를 독일군 장교들이 수용할 수 있었을까? 병사를 사살하도록 명령한 장교는 올바로 일하였는가? 전시 끊임없이 목격되는 인간의 고귀한 모습이 없다면, 우리는 전쟁 문학을 읽을 수 있을 정도의 인내심을 발휘하지 못할 것이다.

이 같은 경우 우리는 다음과 같이 말하는 경향이 있다. "올바른 답변 또는 잘못된 답변은 없다." 사실, 나는 매우 분명한 형태의 몇몇 옳고 잘못된 답변이 있다고 생각한다. 그러나 이들 답변은 여러분의 판단에 맡기고자 한다. 좋지 못한 사건(Case)이 좋지 못한 법을 만든다는 것은 사실이다. 그러나 단순히 몇몇 상황이 어렵다는 점으로 인해 공정하고도, 올바르며, 합리적이고도 정직한 답변이 있지 않다는 주장은 사실이 아니다. 그러나 다음을 생각해 보자. 앞의 사례와 같은 경우에 있는 사람이 현명하고, 용감하며, 참을성이 있고, 진실한 경우, 해당 문제에 따른 고통에 쉽게 대처할 수 있을까?

마. 기타 의무

(1) 성실의 의무

군인은 직무에 태만하여서는 아니 되며 직무수행에 있어서 어떠한 위험이나 어려움이 따르더라도 이를 회피함이 없이 성실하게 그 직무를 수행하여야 한다. 군인은 직책과 계급에 따라 업무의 범위나 내용이 다를지라도 지향하는 목표는 같으므로 서로 도와서 업무를 유기적으로 수행하여야 하며, 항상 창의력과 진취성을 발휘하여야 한다(군인복무규율 제7조).

(2) 국민에 대한 친절의 의무

군인은 대민업무 수행 시 친절공정신속하게 업무를 처리하여야 하고, 작전 및 훈련 중 대민피해를 방지하도록 노력하여야 하며, 피해가 발생한 때에는 법규에 따라 신속히 조치하여야 한다(군인복무규율 제7조의 2)(1998. 12. 31 신설).

(3) 정직의 의무

군인은 정직하여야 하며, 명령의 하달이나 전달, 보고 및 통보에는 허위왜곡과장 또는 은폐가 있어서는 아니 된다(군인복무규율 제8조).

(4) 품위유지의 의무

군인은 군의 위신과 군인으로서의 명예를 손상시키는 행동을 하여서는 아니 되며 항상 용모와 복장을 단정히 하여 품위를 유지하여야 한다(군인복무규율 제9조).

(5) 비밀엄수의 의무

군인은 복무 중뿐만 아니라 전역 후에도 직무상 알게 된 비밀을 엄수하여야 한다. 군인은 어떠한 경우에도 그가 직무상 알게 된 비밀을 공무 외의 목적으로 사용하여서는 아니 된다(군인복무규율 제10조).

(6) 전쟁법 준수의 의무

군인은 전쟁법을 준수하여야 한다. 지휘관은 예하 장병들에게 전쟁법 준수를 위한 교육을 시킬 책무가 있다(군인복무규율 제10조의 2)(1998. 12. 31 신설).

(7) 청렴 및 검소의 의무

군인은 항상 청렴결백하고 검소하게 생활하여야 한다. 군인은 직무와 관련하여 직접 또는 간접을 불문하고 사례증여 또는 향응을 주거나 받아서는 아니 된다. 군인은 직무상의 관계 여하를 불문하고 그 소속상관에게 증여하거나 소속부하로부터 증여를 받아서는 아니 된다(군인복무규율 제11조).

(8) 환경보전의 의무

군인은 직무수행 시 자연생태계를 보전하고 환경오염을 방지하기 위한 제반 대책을 강구하여야 한다. 지휘관은 주둔지 시설물의 환경오염물질 배출을 규제감독하여야 하며, 장병이 환경보전 및 전장정리를 생활화하도록 교육지도하여야 한다(군인복무규율 제11조의 2).

(9) 직무전념의무

1) 직무유기 및 근무지 이탈 금지
군인은 직무를 유기하거나 소속상관의 허가 없이 근무지를 이탈하여서는 아니 된다.

2) 집단행위의 금지

군인은 군무 외의 일을 위한 집단행위를 하여서는 아니 된다. 군인은 국방부장관이 허가하는 경우를 제외하고는 일체의 사회단체에 가입하여서는 아니 된다. 그러나 군무에 영향을 주지 아니하는 순수한 친목단체에의 가입이나 친목활동은 예외로 한다.

3) 직권남용의 금지

군인은 어떠한 경우에도 직권을 남용하여서는 아니 된다.

4) 사적 제재의 금지

군인은 어떠한 경우에도 구타폭언 및 가혹행위 등 사적 제재를 행하여서는 아니 되며, 사적 제재를 일으킬 수 있는 행위를 하여서도 아니 된다. 지휘관 및 상관은 병영생활의 지도 또는 군기확립을 구실로 구타폭언 기타 가혹행위가 발생하지 아니하도록 부하를 지도·감독하여야 한다.

5) 영리행위 및 겸직금지

군인은 군무 외의 영리를 목적으로 하는 업무에 종사하거나 다른 직무를 겸할 수 없다. 그러나 그 직무가 정치적 반사회적 또는 영리적이 아니며 이를 겸직하여도 군무에 지장이 없다고 인정되어 국방부장관이 허가한 것은 예외로 한다.

6) 불온표현물 소지전파 등의 금지

군인은 불온유인물도서도화 기타 표현물을 제작복사소지운반전파 또는 취득하여서는 아니 되며, 이를 취득한 때에는 즉시 신고하여야 한다.

7) 대외발표 및 활동 제한

군인이 국방 및 군사에 관한 사항을 군 외부에 발표하거나, 군을 대표하여 또는 군인의 신분으로 대외활동을 하고자 할 때에는 국방부장관의 허가를 받아야 한다. 그러나 순수한 학술문화체육 등의 분야에서 개인적으로 대외활동을 하는 경우로서 일과에 지장이 없는 때에는 예외로 한다.

국방부장관은 제1항의 규정에 의한 허가권을 각 군 참모총장에게 위임할 수 있다.

8) 정치적 행위의 제한

군인은 법률이 정하는 바에 의한 선거권 또는 투표권을 행사하는 외에 다음의 행위를 하여서는 아니 된다.

① 정당 기타 정치단체에 가입하거나 그 목적을 달성하기 위한 행위
② 특정 정당이나 정치단체를 지지 또는 반대하는 행위
③ 법률에 의한 공직선거에 있어서 특정의 후보자를 당선하게 하거나, 낙선하게 하기 위한 행위
④ 각종 투표에 있어서 어느 한쪽에 찬성하거나 반대하도록 영향을 주는 행위
⑤ 기타 정치적 중립성을 해하는 행위

참고문헌

임마누엘 칸트, 이한구 역, 『영원한 평화를 위하여』, 서광사, 1992.

Air Command and Staff College, *Command and Leadership Course Toolbook on Admiral Nelson*(Air University, 1996).

Hackett, John W., *The Profession of Arms*(New York: Macmillan Publishing Co, 1983).

Hersh, Seymour M., *My Lai4: A Report on the Massacre and its Aftermath*(New York: Random House, 1970).

Student Handout(SH) 21－76, *Ranger Handbook, Ranger Training Brigade*, United States Army Infantry School, Fort Benning, Georgia, July 1992.

Toner, James H., *True Faith and Allegiance: The Burden of Military Ethics*(Lexington: The University Press of Kentucky, 1995).

Wakin, Malham M., "The Ethics of Leadership I", War, *Morality, and the Military Profession*(Westview Press: Boulder, Colorado, 1986).

대법원 판례
대법원 1955. 4. 15. 4288형상9(살인·사체유기)
대법원 1988. 2. 23. 선고 87도2358판결(특정범죄가중처벌등에관한법률위반)

제9장 군인의 죽음에 대한 인간학적 성찰과 사생관 정립

이인재*

1. 머리말

우리는 살아가면서 날마다 사람들이 죽어 가는 사건을 접하고 있다. 수명을 다하고 죽는 자연사를 비롯하여 질병사, 교통 및 천재지변으로 인한 사고와 피살, 자살, 안락사, 낙태들, 그리고 전쟁에서의 군인들의 죽음 등을 우리 주변에서 흔히 보게 된다. 죽음은 우리가 수명을 다할 때까지 기다리지 않는 것처럼 보이고, 그 죽음은 언제, 어디서, 어떻게 우리에게 다가올지 모른다. 그러므로 인간의 삶이 존재하는 한 죽음은 쉬지 않고 우리 주위를 맴돌고 있다고 할 수 있다. 이런 의미에서 독일의 철학자 하이데거(M. Heidegger)는 그의 저서 『존재와 시간(Sein und Zeit)』에서 "인간의 존재는 세계 내 존재로서 죽음을 향한 존재"라고 하였다.[1] 또한 베커(E. Becker)는 "인간이 되는 데 70년의 세월이 소모되었지만 바로 그때 죽음이 우리를 기다리고 있는 것이 인간 삶의 현실이다."[2]라고 말함으로써, 인간 삶의 궁극적 과정이 죽음으로 향해 있음을 암시해 주고 있다.

죽음의 문제는 옛날부터 현재에 이르기까지 심각하게 사유되어 왔고, 또 죽음의 문제를 극복하기 위해 많은 시도를 하여 왔지만, 죽음은 그 어떤 대안도 없이 여전히 해결하지 못한 숙제로서 머물러 있다. 의학과 문명의 발달은 인간의 수명을 연장하고 질병으로부터 보호하기는 하였지만 죽음의 문제를 근본적으로 해결할 수는 없었다. 죽음의 문제는 인간의 유한성만을 더욱 드러내고 있을 뿐이다. 그래서 인간은 자신의

---

* 서울교육대학교 윤리교육과 교수. 이 장의 내용은 필자의 다음 원고를 보완·발전시킨 것이다. 이인재, "군인의 죽음에 대한 인간학적 성찰과 사생관 정립", 『정신전력학술논집』 제6집, 국방대학교 안보문제연구소, 2003. 12, pp.175−243.

1) M. Heidegger, *Sein und Zeit*(Tubingen: Max Niemeyer Verlag, 1986), 이기상 역, 『존재와 시간』(서울: 까치글방, 1998), p.329.

2) E. Becker, *Denial of Death*(New York: Free Press, 1973), p.269.

삶 속에서 단지 간접적으로만 경험할 수 있는 죽음의 피상적인 이해를 통해 죽음을 삶의 종말이나 단절로 생각하여 죽음에 대한 부정적인 의식을 가지게 되고, 죽음을 가능한 한 거부하고 기피하려고 한다. 하지만 인간이 죽음의 문제를 회피하고 거부한다 해도 죽음의 문제는 그 스스로 인간 실존 자체에 심각한 문제를 제기하므로 죽음의 문제는 거부하고 회피해야 할 문제가 아니라 긍정적인 인간 삶을 위해 용기 있게 대면해야 할 불가피한 문제라고 할 수 있다. '인간은 태어난 이상 죽어야 한다.'는 것이 만고불변의 법칙이고, 인간은 순간순간 죽음이라는 숙명적인 사건을 향해 다가가야만 하는 '죽음에로 향하는 존재'이기 때문에, 죽음은 인간에게 가장 중요하고도 해결되어야 할 문제로 남아 있는 것이다.

죽음에로 향할 수밖에 없는 인간은 삶에서 죽음에로 매 순간 다가가고 있기에 삶과 죽음을 분리시켜 생각하기 어렵다. 또한 유일회적인 삶을 사는 인간에게 죽음은 반복될 수 없는 사건이기에, 삶이 의미가 있다면 분명히 죽음도 의미가 있을 것이다. 이런 의미에서 죽음을 단지 거부하고 두려워한다는 것은 삶을 거부하고 삶을 무의미하게 하는 태도이므로 언젠가는 자신에게 다가올 죽음을 적극적인 자세로 받아들이고 그 의미를 추구할 때, 인간은 보다 의미 있는 삶을 영위할 수 있을 것이고, 또한 죽음에 대한 공포로부터 벗어나서 삶의 가치와 중요성을 더 깊이 인식할 수 있을 것이다. 즉 죽음의 이해와 두려움에 대한 극복은 우리의 삶에서부터 죽음을 제거하는 것이 아니라 죽음을 초월하는 희망에 있는 것이다.

그러나 현대 문화는 죽음을 부정하거나 거부하는 것이 다반사이고 죽음에 대해 대처한다고 해도 매우 피상적이다. 그래서 막상 죽음이 닥쳐오면 어떻게 대처해야 할지를 몰라서 허둥대거나 죽음을 현실의 삶 속에서 제거해 버리곤 한다. 또한 요즘의 청소년들과 성인들의 일부는 죽음을 낭만적으로 생각하여 인터넷의 죽음 사이트를 통해 직접 죽음을 경험해 보려는 무모한 행위를 서슴지 않는다. 이들은 죽음이 재미로 하는 유행 연습이 아님을 알지 못한다. 자신과 타인의 생명에 대해 존엄의식이 약한 사람들, 자살에의 유혹이나 생명 포기를 쉽게 느끼는 사람들(성적부진을 비관하여 자살하는 청소년, 생활의 고통을 참지 못해 가족과 함께 죽는 사람들, 군생활에의 부적응을 비관하여 자살하는 군인 등) 혹은 현대 자본주의적 삶에 팽배해진 무비판적이고 소외적인 삶을 사는 사람들의 긍정적인 삶의 변화를 위해서 삶과 뗄 수 없는 죽음에 대한 인식과 죽음대비교육이 매우 요청된다고 하겠다.

사람은 누구나 죽는다. 그러나 사람에 따라 두려움 속에서 죽어 갈 수도 있고, 밝은 표정으로 작별 인사를 나눌 수도 있다. 죽음은 우리가 어떻게 보느냐에 따라 크게 달라진다.3) 갑자기 찾아오는 죽음에, ‘왜 나만 죽어야 하는가?’라는 식으로 반응하는 사람도 있고, ‘왜 나라고 죽어서는 안 되는가?’라고 말하는 사람도 있다. 이처럼 서로 다르게 반응하는 사람이 죽어 가는 마지막 모습 역시 크게 다를 것이다. 죽음이 언제 찾아올지 우리는 알 수 없지만, 어떤 방식으로 죽음을 맞이할 것인가는 우리 자신이 정할 수 있다. 두려운 현상으로, 확정되어 있지 않는 죽음을 어떤 사람이 불안과 공포 속에서 맞이했다면, 그렇게 죽어 가도록 선택한 것은 누구이겠는가? 또 어떤 사람이 밝은 표정으로 웃으며 죽음을 맞이할 때, 자기 자신이 아니라면 도대체 어느 누가 죽음의 방식을 선택한 것이겠는가? 죽음을 맞이하는 방식, 바로 자기 자신이 선택하는 것이다.

인간이 직면하는 다양한 유형의 죽음 중에서 군인에게 예측되는 죽음은 무엇인가? 군인으로서의 신성한 사명을 수행하는 가운데 부딪히는 죽음은 다른 죽음과 어떤 차이 혹은 독특성이 있는가? 있다면 그것은 왜 그런가? 다른 직종에 있는 사람과 동일한 인간이면서도 군인에게는 뭔가 다른 죽음을 기대하고 있다면 그것은 무엇인가? 죽음을 두려워하고 할 수만 있으면 회피하고픈 것이 인간의 본성이라면, 왜 군인에게는 죽음 앞에 두려움을 갖지 말고 의연하게 대처하도록 하는가? 2년 전 서해 5도의 우리 해역에서 북한 해군과의 교전사태가 발생했을 때, 휴가나 출장 중에 있던 군인들이 자진해서 귀대하는 모습을 보면서 가슴 뭉클한 감명을 받은 적이 있었는데, 생과 사의 갈림길에서 한번 가면 영원히 되돌아올 수 없을지도 모르는 사지(死地)를 스스로 택해 가는 것이 쉬운 일이 아니기 때문이다. 6·25 전투에서도 그렇고, 전쟁영화를 보더라도 살신성인의 모범을 보이고 산화한 전몰장병들을 보게 되는데, 이러한 용기 있는 행동이 어떻게 가능할까?

“삶의 이유를 찾는다면 죽음을 준비하라.” 혹은 “살아 있을 동안 죽음을 준비해야 더욱 의미 있는 죽음, 존엄한 죽음을 맞을 수 있다. 죽음을 준비해야 우리는 삶을 더 의미 있게 살 수 있다.”라는 말은 군인에게도 똑같이 적용될 수 있다고 본다. 그러나 삶과 죽음의 문제를 학제적으로 연구하는 생사학(生死學, Thanatology)은 군인의 삶과 죽음을 체계적으로 다루어 오지 않았고, 일반적으로 노인의 죽음이라든지, 최근 생명공학 및 유전공학의 발달로 인하여 새롭게 등장한, 안락사, 뇌사, 낙태 등의 죽음의 문제에 국한되어 왔던 것이다. 올바른 사생관 정립이 군 전투력 증강을 위해 필수적인 것이라면, 바로 군인에게 있어 죽음은 어떤 의미를 갖는가? 군인답게 죽기 위해

---

3) 오진탁, “죽음, 성장의 마지막 단계”, 한림대학교 한림과학원, 『죽음 준비교육, 왜 실시해야 하는가?』, 세계의 죽음준비교육에 관한 국제세미나 자료집, 2004, pp.116−118.

어떤 죽음을 택할 것인가? 등에 대한 성찰이 선행되어야 한다. 군인으로서 죽음이 갖는 인간학적인 의미가 무엇인지를 제대로 파악한다면, 군인으로서의 올바른 삶이 어떠해야 하는가가 자명해질 수 있기 때문이다.

민간인들은 어떻게 사느냐를 놓고 고민한다면, 군인은 어떻게 죽는 것이 값진 죽음인가를 더 먼저 많이 생각한다고 할 수 있다. "영광된 죽음은 신의 축복이다."라는 말도 있듯이, 군인으로서 어떻게 죽음을 맞이하고 받아들일 것인가에 대해 확고한 신념을 가질 때, 즉 군인으로서 바람직한 사생관이 정립되어 있을 때 군의 전투력 증강과 승리를 확신할 수 있을 것이다. 군인의 사생관 정립이 어떠하냐에 따라 적탄이 비 오듯 하는 격전장에서도 과감하게 돌진하느냐, 마느냐로 갈라지게 되기 때문이다. 따라서 본 연구에서는 죽음에 대한 종합적 이해에 더하여 군인다운 죽음이 갖는 인간학적 이해를 통해 바람직한 군인의 사생관 정립 방안을 도출해 보고자 한다.

본 연구는 크게 세 가지 내용에 대해 탐구하고자 한다. 첫째, 죽음은 과연 사람들이 꺼릴 수밖에 없는 현상인가? 죽음 앞에서 인간의 태도 및 심리적 반응은 어떠한가? 등에 대해 탐구해 봄으로써 죽음에 대한 인간의 이해와 태도에 대해 종합적으로 살펴보는 것이다. 이를 위해 동·서양 철학 및 윤리사상에 나타난 죽음의 개념 및 이해방식을 검토하고, 그것이 우리의 삶에 주는 의미가 무엇인지를 살펴본다. 둘째, 이러한 죽음에 대한 일반적 이해를 통해 군인의 삶과 죽음은 어떤 의미를 갖는가? 혹은 군인의 죽음에 보편성과 특수성이 있는가? 있다면 그것은 무엇이며, 왜 그래야만 하는가? 등을 검토하고자 한다. 한마디로 군인의 죽음이 갖는 인간학적 탐구라고 할 수 있다. 이는 군인의 올바른 사생관 정립을 위해 선행되어야 할 필수 사항으로 세 번째 탐구 내용인 군인을 위한 올바른 죽음(대비)교육의 프로그램 구안과 밀접하게 관련된다고 하겠다.

이를 좀 더 구체적으로 상술하면, 제2장에서는 죽음에 대한 일반적 고찰로서 죽음의 개념, 죽음에 대한 동·서양 철학적·종교적·윤리적 관점을 살펴보고, 제3장에서는 죽음을 받아들이는 철학적·심리적·윤리적 태도는 무엇인지를 살펴보고, 제4장에서는 군인다운 죽음의 의미와 군인다운 죽음의 보편성과 특수성을 통해 군인다운 죽음에 대한 인간학적 의미를 살펴보고, 제5장에서는 군인의 올바른 사생관 정립을 위해 먼저 죽음을 긍정적으로 수용해야 할 필요성을 살펴본 후 직업군인과 의무 복무자를 대상으로 한 죽음대비교육의 목표와 내용 그리고 방법 등에 대해 살펴보고, 죽음대비교육 프로그램의 시안을 제시해 보고자 한다.

이를 위해 본 연구에서는 내용분석(content analysis)방법을 활용하여, 본 연구 주제와 관련된 문헌 및 자료를 수집하여 분석, 해석, 추론, 종합하였다. 특히, 군인의 올바른 사생관 정립을 위한 죽음대비교육 프로그램 시안 도출에 있어서는 관련된 문헌과 프로그램을 활용하였다.

2. 죽음에 대한 일반적 고찰

가. 인간, 삶 그리고 죽음

동서고금을 막론하고 인간 삶의 경험에서 항상 문제가 되어 온 것은 죽음이었다. 돈이 많건 적건, 높은 지위를 가졌건 아니건, 신체적으로 정상적이든 아니든, 나름대로 행복하게 살았든 그저 평범하게 살았든, 알 수가 없고 풀길 없는 것이 바로 목숨의 다함, 즉 죽음의 문제였던 것이다. 일반적으로 사람들은 오래 살기를 바래 왔고, 그래서 죽음을 두려워하고 할 수만 있으면 회피하려고 했다. 대체로 동서고금의 사람들은 죽음을 수치스럽고 더러운 것처럼 생각하여 가급적 생각하지 않고 숨기려 했다. 죽음 하면 떠올렸던 관념이 바로 두려움, 의미 없음, 쓸데없는 고통, 참을 수 없는 불명예 등이었다. 죽음에 대한 연구에 있어 선구자였던 파이펠(Herman Feifel)은 그의 저서 『죽음의 의미』에서 바로 이런 견해를 대표적으로 밝히고 있다. 즉 "죽음이란 활동하도록 해서는 안 되는 어둠의 상징이다. 그것은 어떤 치료도 불가능하고, 회피되어야 하는 외설스러운 것이다."라고 말한다.4) 그렇지만 죽음이 이렇게 부정적인 것만은 아니다. 죽음은 우리 삶의 핵심에서 거대한 신비이고 커다란 의문을 던져준다.5) 생명을 가진 존재 중에서 특히 인간에게 죽음과 영원불멸의 삶과 같은 문제는 바로 존재의 수수께끼였던 것이다. 어떤 측면에서 죽음은 우리 삶의 정점(crowning moment)을 이루고, 풍부한 의미와 가치를 준다. 현세에서 죽음을 피할 수 없어서 반드시 죽어야 한다고 했을 때도 사후의 삶을 믿으면서 삶을 연장하고자 소망을 저버리지 않았다.

살아 있는 생물 중에서 인간만이 유일하게 죽을 수밖에 없다는 사실을 안다. 즉 어떻게 죽을지는 모르지만 자신이 언젠가는 죽는다는 것을 안다. 또한 자신은 물론 타인의 임종을 조용하게 볼 수 있는 유일한 존재이다.6) 사는 것과 죽는 것을 말하고자

---

4) H. Feifel, "Psychology and Death: meaningful rediscovery", *American Psychologist*, 45, 1990, pp.537–543.

5) Marie de Hennezel(trans. Carol Brown Janeway), *Intimate Death*(New York: Alfred A Knopf, Inc., 1997), 서문 참조.

할 때, 누구의 죽음인가는 중요하다. 그리고 언제 죽으며, 왜 죽는가의 물음이 제기될 수 있다. 죽음이 갖는 형이상학적이고 윤리적인 측면은 뒤에서 상세하게 살펴볼 것이지만, 죽음과 삶이 전혀 별개가 아니라는 점만 우선 지적하고자 한다. 그러므로 인간에게 보다 절실한 문제인 삶을 규정하기 위해 죽음에 대해 아는 것은 매우 중요한 것이다. 삶의 문제가 그것을 의식할 수 있는 인간에게 독특하게 다가오듯, 죽음의 문제역시 인간만이 죽을 것을 안다고 할 때 이것도 인간에게만 제기된다고 할 수 있다. 그러나 흔히 우리가 인간의 죽음을 말할 때 맥박과 호흡의 멈춤, 동공의 확인, 뇌의 기능 여부 등을 가지고 판단하지만, 사람들은 종교에 따라서, 문화 혹은 전통에 따라서 죽음을 다르게 이해한다. 이때 죽음은 단순히 인간의 신체적 기능의 정지에 의해서 결정되는 것이 아니라 인간 각자가 어떻게 삶을 인식하는가에 달려 있었다. 즉 사람들이 죽음을 규정하고, 죽음에 의미와 어떤 지위를 제공하도록 한 것은 삶이었다.7)

우리가 죽음을 부정적이고 회피해야 할 것으로 본 것에 대해서는 죽음을 표현하는 단어들이 직접적인 것보다는 은유나 완곡하게 표현한 것에서 찾을 수 있다. 그렇다고 해서 이러한 태도가 반드시 죽음을 꺼리거나 피하려고 한 것은 아니었다. 보다 깊은 의미를 갖고 있는 죽음에 대한 이해를 도와주는 기능도 하였다. 카스텐바움(R. Kastenbaum)에 의하면, 생사학(Thanatology)은 보통 죽음에 대한 연구(study of death)를 의미하는 말이지만, 죽음이 남기고 간 삶에 관한 연구라는 의미에 더 부합하다고 말한다.8). 또한 멕시코의 시인이자 사회 철학자인 파즈(Octavio Paz)는 "죽음을 부정하는 어떤 문화도 삶을 부정함으로써 소멸되고 만다."고 말함으로써 삶과 죽음은 별개로 분리되는 것이 아님을 분명히 말하고 있다.9)

인간도 동물인 만큼 그의 동물성인 무의식은 죽음을 망각한다. 인간이 개체로 돌아가면 그는 죽음을 의식하고 죽음에 대한 두려움에 사로잡힌다. 인간은 죽음의 두려움에 전율하면서도 다른 한편 죽음을 무릅쓴다. 왜 죽음을 무릅쓸까? 인간은 어떤 신념과 가치를 위해 죽음을 불사한다. 죽음의 두려움을 무릅쓰는 이는 아직도 죽음의 두려움을 버리지 못하였지만 그래도 신념과 용기에 의해 그 공포를 이겨낸 자다.10)

---

6) H. M. Spiro, M. G. McCarecurnen, & L. P. Wandel(ed.), *Facing death*(New Haven and London: Yale University Press, 1990), p.19.

7) 위의 책, p.14.

8) R. Kastenbaum, "reconstructing death in postmodern society", *Omega: Journal of Death and Dying*, 27, No.1, 1993, pp.75－89.

9) L. A. Despelder & A. L. Strickland, *The Last Dance: concerning death and dying*(California: Mayfield Publishing Company, 1999), pp.5－7.

나. 죽음의 개념

죽음이 무엇인가에 대한 물음은 오랜 인류의 관심거리였지만 아직까지 누구도 명확한 답을 내리지 못하고 있다. 그만큼 죽음의 본질을 제대로 파악하기가 쉽지 않고 또 죽음에 대한 인간의 관심과 이해는 다양한 시각과 접근 방법을 가지고서 진행되어 왔기 때문에 죽음을 한마디로 규정하기란 쉽지 않다. 그럼에도 불구하고 죽음에 대한 포괄적 이해를 도모하기 위해 몇 가지 관점을 살펴보는 것이 도움이 될 것으로 본다.

첫째, 생물학적 죽음이다. 생물학적 관점에서 생명 현상이란 생명체를 구성하고 있는 세포의 원형질이 쉬지 않고 일으키는 화학 변화를 말하며, 생물학적으로 죽음은 연속적인 화학 변화의 중단을 의미하는데, 즉 생물체가 활동을 멈춘 상태로 물질과 에너지에 대한 통제력이 상실된 상태를 말한다.[11] 그런데 생물학적 죽음은 자연계에 있어서 필요한 현상, 즉 자연계의 균형과 개체의 보존을 위해서는 생식능력의 한계에 다다르면 죽게 되고 그 체물질이 다른 종의 생명 유지를 돕기 위해서 필요하고 마땅한 것으로 받아들여진다. 생물학적인 죽음은 가장 기본적인 죽음의 범주에 해당되는 것으로 자연사로서, 자연계에 있어서는 자연도태라고 볼 수 있다. 현실의 인간이 가장 구체적이고 흔하게 경험하는 좁은 의미의 죽음 현상이 바로 생물학적인 죽음인데, 이는 바로 살아 있는 유기체가 시체로 변하는 것이다. 보통 인간의 죽음을 생물적 개체성, 사회적 개체성, 심리적 개체성의 해체라고 말할 수 있다면,[12] 생물학적인 죽음은 인간의 생명을 이루는 각 개체가 자연적인 노화를 맞이하여 더 이상 제 기능을 하지 못할 때(신체 전체의 기관이 못 쓰게 되는 경우만이 아니라 어떤 기관이 결정적으로 못 쓰게 되는 경우에도 해당됨), 혹은 질병이나 사고 등으로 생명이 유지되지 못하는 경우를 뜻한다고 볼 수 있다. 이 생물학적 죽음은 심폐소생술 같은 중재가 없거나 혹은 소생술의 효과가 나타나지 않을 때, 즉 호흡, 뇌 활동 그리고 심장이 정지된 임상적 죽음 후 필연적으로 나타나는 것으로 유기체의 와해라고 볼 수 있다.[13]

둘째, 의학적 죽음이다. 의학적으로 죽음을 어떻게 규정할 것인지에 대해서 많은 논란이 있어 왔지만 크게 두 가지로 정리해 볼 수 있을 것이다. 하나는 전통적으로 임

---

10) 한국정신문화연구원 편, 『삶 그리고 죽음』(서울: 대한교과서주식회사, 1995), p.199.

11) 정동섭, "죽음에 대한 일반적 고찰과 노년기 죽음을 위한 교회사역", 『성경과 신학』 26(1999), p.414.

12) 이은봉, 『한국인의 죽음관』(서울: 서울대학교 출판부, 2004), pp.8-9.

13) 이경순, "죽음경험 연구", 『정신간호학회지』, 2001년 제10권 제3호, p.369.

상에서 의사들이 일반적으로 간주해 온 죽음이고, 다른 하나는 1970년대 이후 논의가 촉발되어 오늘날 세계 많은 국가들이 받아들이고 있는 뇌사(brain death)이다. 오래전부터 의사들은 심폐 기능설에 근거하여 "혈액 순환의 완전한 정지, 그리고 그에 따른 호흡이나 맥박과 같은 생물적 생명 기능의 정지"14)를 죽음으로 정의해 왔다. 여기서는 환자가 의식이 있건 없건, 뇌가 죽었건 안 죽었건 간에 그의 호흡이나 심장이 계속 뛰는 한 살아 있다는 관념이 있다. 그러나 뇌사는 대뇌의 신피질을 비롯하여 소뇌, 중뇌, 뇌간의 모든 활동이 불가역적으로 정지된 상태를 말하는데, 뇌 기능이 완전히 상실되고, 사고할 수 없는 상태라면 다른 장기가 살아 있더라도 죽었다고 인정하는 것이다. 현대 의료기술의 비약적인 발달로 인공호흡기가 활용되면서 뇌기능이 완전히 정지되고, 의식이 전혀 없음에도 호흡과 심장기능을 계속 유지시켜 살려둘 수 있게 됨으로써 종래의 심폐기능의 정지에 의한 죽음의 정의 방식에 회의가 일게 되면서 이러한 관점이 생겨나게 되었다. 아무튼 뇌사를 죽음으로 인정해야 한다는 입장에서는 죽음이란 무반응, 무동작 및 무호흡, 무반사, 산대된 동공, 두뇌반사의 소실, 뇌파의 소실 등의 결합으로 보고 있다.15)

셋째, 심리학적 측면에서의 죽음의 이해이다. 죽음의 심리적 측면은 사람들이 다가오는 자신의 죽음에 대해서, 그리고 가까운 사람의 죽음에 대해 느끼는 방식을 포함한다. 프로이트(S. Freud)는 인간이나 동물에게는 삶의 본능(Eros)과 죽음의 본능(Thanatos)이 있는데, 삶의 과정은 이 두 본능 사이에서 일어나는 일종의 투쟁이라고 보았다. 그는 인간 삶의 원초로부터 이미 죽음이라는 것이 어떤 통일된 방식으로 존재하고 있어 무생물의 상태로 삶의 존재를 충동질하여 끌고 감으로써 죽음에 이른다고 보았다.16) 즉 그에 의하면 죽음이란 해당하는 유기체의 완전한 소멸로서, 삶의 최종적인 종착역인 것이다. 반면 융(C. G. Jung)은 인간의 출생이 의미가 있듯이 죽음도 의미가 있다고 보았는데, 여기서 죽음은 곧 자기실현을 의미한다. 즉 인생은 어떤 궁극에로의 준비로 보통 인간은 인생의 상승기를 거쳐 정상에 이르면 거기에 멈춰 서는데, 여기서 자기실현이 이루어지면 그것이 바로 자신의 죽음이라는 것이다.17)

---

14) 김규영, "죽음의 의학적 정의", 『건강과 생명』, 제11집, 1997, pp.51 – 54.

15) 김중호, 『의학윤리란 무엇인가?』(서울: 바오로딸, 1996), 이왕재, "죽음이란 무엇인가?", 『건강과 생명』 제11집, 1997, pp.42 – 50.

16) 김남식, "소망과 완전에의 미학: 죽음에 대한 기독교적 이해", 『상담과 선교』 제1호(1993년 여름호), p.8.

17) 정동섭, "죽음에 대한 일반적 고찰과 노년기 죽음을 위한 교회사역", 『성경과 신학』 26(1999), p.416.

넷째, 기독교(성경)적 죽음 이해이다. 기독교적 죽음 이해는 구약과 신약이 다르지만 하나님의 통치에 대한 확신과 밀접하게 연결되어 있다. 구약에서는 죽음을 일반적으로 생명의 자연적인 경계선이고, 생명의 유한성은 하나님으로부터 오는 것으로 하나님은 죽음과 생명의 모든 권세를 가진 존재로 본다.[18] 그러므로 인간은 하나님의 말씀과 지혜의 교훈을 통해 죽음을 피하고 생명을 얻도록 해야 한다는 것이다. 신약에서는 죽음을 죄라고 부르는 어떤 결정적 요인 때문에 인간생명 속에 들어온 비정상 상태로 본다. 즉 인간의 죽음을 죄와 연계시키고 있는바, 하나님의 계명을 불순종하여 범죄를 저지를 때 그 결과 죽음이 인간에게 왔다는 것이다. 인간의 죽음 근원은 하나님의 금령을 어기고 범죄를 지어 하나님으로부터 사형선고를 받은 아담과 하와에게서 왔으며, 그리하여 죽음은 인간의 존재양식이 되었고, 인간은 출생과 죽음 사이에 사는 존재가 되었다.[19] 그러므로 인간이 지성에 대한 신적 심판이 바로 죽음이며, 이것은 죄의 값이며, 죽음이 쏘는 아픈 가시의 힘은 죄가 지닌 힘 때문이다.[20] 인간은 죽음으로 모든 삶이 끝나는 것이 아니고 하나님과의 영원한 교통이라는 새로운 관계 속으로 들어간다.[21] 이와 같이 죽음은 옛 세상의 파멸인 동시에 하나님과 연합한 새로운 삶, 즉 하나님과의 언약으로 들어가는 것이다.

죽음에 대한 신학적 관점은 라너(K. Rahner)에게서 대표적으로 찾아볼 수 있다. 그는 인간학적이고, 우주론적인 차원에서 죽음이 갖는 깊은 의미를 찾았고, 이를 근간으로 구원론적인 해설을 전개하였다. 그의 핵심 주장을 정리해 보면 첫째, 우리가 일반적으로 생각하는 죽음의 보편성은 노쇠하거나, 병이 들거나 하여 모든 사람이 죽는다는 것이다. 그러나 죽음의 보편성은 죄로 인한 인간의 윤리적 종말을 의미한다. 즉 인간이 사는 동안 죄를 짓는데, 이 결과로 죽음을 맞이한다는 것이다. 둘째, 죽음은 영혼이 범우주화하는 것으로 받아들인다. 범우주화란, 우리가 죽으면 영혼은 육신에서 분리되어 육신은 없어지고 영혼은 다른 세계 속으로 들어가는데, 이는 죽음에 임하여 영혼이 세계로부터 이탈하는 것이 아니라, 개체의 육체적 구조에 얽매이지 않고 더욱 밀접한 관계가 된다는 것이다. 셋째, 죽음을 인생의 끝이 아니라 인생의 완성으로 본

---

18) 위의 글, p.420.

19) 김남식, 앞의 글, pp.11－12.

20) 한국종교학회 편, 『죽음이란 무엇인가』(서울: 도서출판 창, 1990), p.219.

21) 동아대학교 석당전통문화연구원, 『한국인의 죽음관』, 석당논총, 제19집, 2000, pp.119－120, 이상목, "한국인의 죽음에 대한 인식과 생명윤리", 동아대학교 석당전통문화연구원, 『한국문화와 생명윤리』, 2004, p.29.

다. 다시 말하면 인간은 죽은 후에 계속 발전할 수 있으며 우주 속에서 하느님과의 특수한 관계를 유지하게 되는데, 이 관계를 통하여 인간은 완성에 도달할 수 있다는 것이다. 즉 죽음은 인간의 생리적인 종식이긴 하지만 내면적으로는 인간의 능동적인 인격 완성을 의미한다고 본다. 죽음은 자기존재의 끝도 아니고, 한 존재에서 다른 존재로 옮겨 가는 것도 아니며 오히려 영원의 시작이라고 말한다. 이러한 죽음의 의미에서 그는 죽음이란 결과적으로 종말과 완성의 결합체라고 정의하고 있다.[22]

기독교적 죽음 이해에는 사후에 인간 생명이 어떤 존재양태로든 보존되는 것은 유한한 인간 그 자신의 본질적 속성의 결과가 아니라 삶과 죽음의 주가 되는 하나님의 은총의 개입 사건이라고 하는 점이 나타나 있다.[23] 결국 기독교인들은 죽음 너머에는 허무가 있지 않고, 하나님 안에서 인간을 영원한 생명에로 초청하는 은혜로우신 하나님이 계신다는 신앙 안에서, 유한하고 가시적인 인간 생명 그 자체가 영원한 생명의 형태로 변화한다는 신념에서 죽음을 바라보고 있다고 할 수 있다.

다. 동·서양 철학(윤리)사상에 나타난 죽음의 이해 방식

여기서 살펴보게 될 동·서양 철학사상에 나타난 죽음에 대한 이해는 인류에게 크게 영향을 미친 대표적인 몇 가지 견해인데, 별도의 논의의 장을 할애한 것은 인간의 죽음에 대한 문제가 오랫동안 인류의 역사에서 종교 및 철학의 대표적인 주제가 되어 왔고, 이들의 이해 방식은 오랫동안 인류의 삶에 깊숙이 침투되어 오면서 사유나 삶의 방식에 큰 영향을 미쳤기 때문이다.

1) 불교의 죽음관

종교의 출발이 죽음의 문제와 그 해결에 있다고 할 때, 불교의 출발도 죽음의 문제에 대한 해결에 있었다고 볼 수 있으며,[24] 불교의 기본 교리에는 죽음에 대한 인식이 기초하고 있다. 불교는 인간의 현실인 죽음, 반복 순환하는 생사의 과정을 일으키는 윤회와 업, 그 생사윤회를 벗어나는 경지인 열반의 문제를 하나의 교리상에서 제시하

---

22) K. Rahner. 김수복 역, 『죽음의 신학』(서울: 가톨릭출판사, 1983), pp.63－65.

23) 한국종교학회 편, 앞의 책, p.220.

24) 목정배, "생사즉열반(生死卽涅槃)은 공(空)의 실상", 한국정신문화연구원 편, 『삶 그리고 죽음』 (서울: 대한교과서주식회사, 1995), p.211.

고 있다.

불교에서는 인간은 물질적 형체인 색(色)과 개체를 지속적으로 존속시키려고 느끼고(受), 생각하고(想), 작용하고(行), 식별하는(識) 정신적 기능의 5가지 요소로 구성되어 있다(五蘊說)고 한다. 인간의 생명은 수명과 온기와 의식(정신작용)으로 이루어져 있는데, 이것들이 사라져 신체의 모든 기관이 변하여 파괴된 모습이 바로 죽음이다. 『잡아함경(雜阿含經)』 21을 보면 다음과 같이 죽음을 설명하고 있다.

> "수명과 체온과 의식은 육신이 사라질 때 아울러 사라진다. 그 육신은 흙무더기 속에 버려져 목석처럼 마음이 없다. …… 수명과 체온이 사라지고 기관이 모두 파괴되어 육신과 생명이 분리되는 것을 죽음이라고 말한다."25)

출가 수행하여 깨달음을 얻은 석가모니는 죽음이란 인간이 피할 수 없는 현실임을 간파하고 이러한 사실을 사람들에게 철저하게 인식시키고자 했다. 그는 가까운 사람들을 잃고 슬퍼하는 사람들에게 울고 슬퍼하는 것은 부질없는 일이라고 말했다고 한다. 왜 죽음을 면할 수 없으며, 죽음을 슬퍼할 필요가 없다고 했을까? 불교의 가르침에 의하면, 인생의 모든 고통은 사람들이 불변의 고정된 실체가 있다고 생각하고 그것에 집착하는 데서 비롯된다. 그러나 이 세상에는 변하지 않는 것이 없으며, 독립된 실체로 존재하는 것은 아무것도 없는 것이 진리이다. 따라서 세상 사람들이 이 진리를 알게 되면, 다시 말해 무명으로부터 벗어난다면 죽음에 대한 생각도 달라지게 된다. 즉 인간을 구성하는 요소들의 결합으로 인간은 태어나고 생명을 유지하며, 이것들이 해체되면 죽게 된다고 보면, 죽음은 변화의 한 과정으로서, 괴로워하거나 슬퍼할 일이 아닌 것이다. 불교에서 말하는 해탈이나 열반은 이러한 현실계의 실상을 터득함으로써 모든 문제를 극복한 상태이다.

불교에서는 영혼과 육체의 분리를 주장하고 있으며, 인간이 살아가는 현실세계인 현세와 사후세계인 내세가 설정되어 있다.26) 불교는 끊임없는 윤회에 의해 사람이 살고 죽는다고 가르친다. 그런데 불교에 있어서 생명과 죽음은 초월해야 할 대상이기도 하다. 따라서 불교의 죽음에 대한 논의는 결코 죽음 자체의 문제로 한정되지 않고 철저한 현실직시를 요구한다. 그래서 석가모니는 죽음을 응시하며 살아야 한다고 가르쳤다. 영원불변하는 것이 아무것도 없다면, 태어난 존재에게 죽음은 불가피한 것이다.

---

25) 잡아함경(雜阿含經) 21, 위의 논문, 213쪽에서 재인용.
26) 동아대학교 석당전통문화연구원, 『한국인의 죽음관』, 석당논총 제19집, 2000, p.105.

이 세상에 살고 있는 모든 것들이 죽어 가고 있는 것이라고 생각하면, 하찮은 다툼은 하지 않을 것이고, 잘 사는 것과 잘 죽는 것은 표리관계에 있음을 알게 될 것이다. 인간은 끊임없이 생사윤회하는 괴로운 존재로서, 이러한 괴로움은 신의 벌도, 결정된 운명도 아닌 참다운 나에 대한 무지에서 연기한 것이다. 이것에서 벗어나는 길은 참다운 나의 발견과 그에 입각한 무지의 소멸을 통해서인데, 이 경지가 바로 열반이다. 이렇게 불교는 인간의 삶은 죽음을 내포하고 있으므로, 죽음에 대한 불안을 떨쳐버리고 삶의 진실을 이해하는 것이 죽음을 극복하는 길이라는 점을 설파하고 있다. 그런데 삶과 죽음이 분리된 것이 아니라는 이해는 객관적인 문제가 아니라 직접적인 내적 체험을 통해서만 가능한, 내면적 인식의 문제로 불교에서는 내적 체험에 의해 동일시된 생사가 곧 열반이라고 한다.27) 그러므로 내적 체험을 통해 해탈한 사람은 죽음을 두려워하지 않고 수명이 다할 때 고요하게 기다리게 된다.

지금까지 살펴본 것처럼, 불교에서는 인간을 구성하는 신체와 정신의 2분법을 지양하고, 죽음을 삶의 연장선상에서, 즉 흐르는 하나의 과정으로 이해하는 生死一如의 관점을 보여주고 있다.28) 그 한 가지 이유는 생명 자체를 영속적으로 보기 때문인데, 나의 죽음은 결국 생명 순환의 일부로서, 나는 소멸하였지만, 나의 소질과 피는 그 끈질긴 윤회의 수레바퀴 속에 영원히 살아 있기 때문이다. 다른 한 가지 이유는 나의 존재를 우주 속의 개체로 이해하여, 개인이 전체 속의 일부가 됨으로써 나의 이기적 차원이 모든 생명과의 합일로 진입하게 되기 때문이다. 이때 비로소 삶과 죽음의 번민은 극복된다.

2) 유가의 죽음관

유가에서는 죽음을 어떻게 이해하고 받아들였을까? 유가에서는 죽음이란 탄생 시의 온전한 모습을 지속할 수 없는 큰 변화로 설명하고 있으므로 죽음 해석은 '탄생'의 해석과 직결된다. 좀 더 구체적인 죽음에 대한 해석을 살펴보자.

> "중생은 반드시 죽는다. 죽으면 반드시 흙으로 돌아가는데, 이를 鬼라고 이른다. 뼈와
> 살은 아래로 빠져서 은연히 들의 흙이 된다. 그 기운은 위로 발양하여 昭明이 된다. 향냄

---

27) 정승석, "죽음은 곧 삶이요, 열반", 한국종교학회 편, 『죽음이란 무엇인가?』(서울: 도서출판 창, 1990), pp.98-102.
28) 정병조 외, 『죽음의 사색』(서울: 서당, 1989).

새 퍼짐에 기분이 문득 슬퍼지게 되는 것, 이는 모든 사물의 정기요 신의 드러남이다."

"사람이 태어날 수 있음은 정기가 모여서이다. 사람은 다만 이 기를 많이 가지고 있지만 반드시 그것이 다할 때가 있게 되는데, 다하면 魂氣는 하늘로 올라가고, 形魄/은 땅으로 내려가서 죽는 것이다. 사람이 죽어갈 때에 따뜻한 기운은 위로 나아가는데 이는 혼이 올라가는 것이요, 하체는 점점 차지는데 이는 백이 내려가는 것이다."29)

유가에서는 인간 탄생의 근본을 논함에 있어 그 원초적 요인으로서 천지, 음양, 오행, 그리고 귀신과 혼백을 말하고 있는데, 특히 귀신과 혼백은 인간 내면의 정신적 요인으로 자리하고 있다. 인간 존재는 몸과 정신의 두 요소로 이루어지는 것이라는 전제에서 몸의 주재자는 魄이요, 정신의 주재자는 魂이며, 또 그 양자는 음양으로 서로 다르지만 함께 하여 하나의 '넋'을 이루니 이때 비로소 생명을 유지하게 된다는 것이다. 이런 관점에서 죽음이란 결국 함께 하였던 그 혼과 백이 흩어져 혼은 하늘로 백은 땅으로 돌아가는 것으로 설명된다. 유가 경전에서 죽음에 대해 언급한 것을 대표적으로 간추려 보면 다음과 같다.

① 아직도 삶을 모르는데 어찌 죽음을 알겠는가?30)
② 죽고 사는 것에는 명이 있다.31)
③ 아침에 도를 들으면 저녁에 죽어도 좋다.32)
④ 지사와 인인은 삶을 구하여 사람을 해치지 않으며, 몸을 죽여서 인을 이룬다.33)

유가 논어에 나타난 죽음의 표현을 보면, ① 은 육체적 생명 자체를 소중한 것으로 인식할 뿐만 아니라 삶을 알면 죽음을 저절로 알게 된다는 점이 내포되어 있는바,34) 죽음이나 사후세계보다는 삶과 현실세계에 치중하고 있음을 알 수 있다. 공자는 인간 도덕성의 근거를 천명사상에 두고 있지만, 하늘의 문제를 인간 삶의 행태 속에 수렴시키고 있으며, 인간행위를 떠나서 별도로 관념의 세계를 세우지 않았다. 따라서 현세

---

29) 조남욱, "死者에 대한 유교적 사고방식", 동아대석당전통문화연구원, 개원 21주년 기념 학술대회 논문집, 『한국인의 신체관, 영혼관, 죽음관과 생명윤리』, 2003, p.14.
30) 논어, 선진 "未知生 焉知死"
31) 논어, 안연, "生死有命"
32) 논어, 이인, "朝聞道 夕可死矣也"
33) 논어, 위영공, "志士仁人 無求生以害人 有殺身以成仁"
34) 류인희, "유가철학 – 인간적 문화에서의 영생", 한국종교학회 편, 『죽음이란 무엇인가?』(서울: 도서출판 창, 1990).

의 인간 삶을 충실하게 하는 데 힘쓰기를 강조하며, 내세에 대해서는 유보적인 태도를 취한다.35) 인간이 수양하는 목적은 스스로의 도리를 다하려고 할 뿐이지 내세에서의 영원한 삶을 기대하기 때문이 아니다. 오히려 삶의 문제를 떠나 죽음의 문제를 따로 떼어서 논의할 수 있는 것이 아니라고 본다. 그래서 우리는 삶의 이해하기 위해 단초로서 죽음을 묻지 않을 수 없는데, ②, ③, ④ 에는 인간의 인간다움, 즉 도와의 일치를 궁극적 목표로 하고 있다. 즉 생명의 유한성을 도덕적으로 통제하고 있음을 알 수 있다. 전체적으로 말하면 유교에서는 인간이 죽지 않고 영원히 산다는 것에 대해서도, 또 비록 현재 나의 목숨은 죽을지라도 자손을 통해 다른 사람의 기억 속에 살아 있는 방식에 대해서도 관심이 없었고 믿지 않았다고 할 수 있다. 삶의 도리를 알면 죽음의 도리를 알게 되고, 사람 섬기는 도리를 다하면, 귀신을 섬기는 도리를 다하게 되는 것이므로, 삶과 죽음은 같으면서도 다르고, 다르면서도 같은 것으로 이는 삶과 죽음을 처음부터 다른 것이 아닌 변화과정의 어느 부분이라고 생각한 것이다.36)

　유가에서는 궁극적으로 살아도 죽은 삶이 되지 않도록 하는 것, 즉 ‘제대로 사는 삶’을 강조하고 있는데,37) 이는 ③ 에서 잘 드러난다고 할 수 있다. 맹자의 捨生取義는 바로 제대로 사는 삶의 본질을 보여주는데, 이는 ‘살아도 죽은 삶’, 즉 도가 있어 도로써 몸을 따르지 않고, 도가 없어 몸으로써 도를 따르는 삶과 대비된다. 살아도 죽은 삶은 이익을 얻기 위해 다른 사람에게 복무하며 비위를 맞추는 것이다. 그러나 제대로 사는 삶이란 죽어도 여한이 없는 삶, 즉 의로운 삶인 것이다.

　이상에서 살펴본 것처럼, 유가에서는 죽음을 피할 수 없는 것으로 받아들인다. 삶과 죽음은 기가 유행하는 한 과정이므로 죽음도 삶과 마찬가지로 자연스러운 것이다. 인간의 생명은 기가 인간의 몸속에 모일 때 존재하게 되고, 죽음은 기가 흩어졌을 때 찾아오는 것이다. 인간의 몸은 끊임없이 변화하는 기의 한 양태이다. 그리고 인간의 생명은 전 우주적 몸의 진화적 질서에 맡길 수밖에 없는데, 이는 하늘에 의해 모든 사람들에게 부여되었고, 다시 이것은 仁이라는 도덕적 덕에 의해 총체적으로 설명된다. 그러므로 도덕적인 사람은 기의 법칙을 따르고 인의의 덕을 함양하는 사람이다. 공자에 의하면, 인자는 죽음을 두려워하지 않는다고 했는데 바로 여기에 그 이유가

---

35) 김수청, “유교의 생명윤리 ― 유교에서의 생명과 죽음, 그리고 안락사”, 동아대석당전통문화연구원, 개원 21주년 기념 학술대회 논문집, 『한국인의 신체관, 영혼관, 죽음관과 생명윤리』, 2003, p.36.

36) 위의 글, p.37.

37) 류인희, “유가의 죽음의 이해 ― 살아도 죽은, 죽어도 산 삶”, 한국동서철학회, 『동서철학연구』, 제23호, 2002, pp.8 ― 13.

있다. 인한 사람은 죽음을 두려워하지 않고, 도덕적으로 필요할 때 적극적으로 죽음을 선택한다. 한마디로 유가의 죽음관에 내포된 독특한 삶의 철학 내지 도리를 다음과 같이 정리할 수 있을 것이다. 타고난 기질, 식색 등 본능이나 육체 그리고 감성적 차원을 잘 다스려 수양하고, 양심을 지니고 의롭게 사는 것이며, 죽음으로써라도 인을 지켜야 한다. 죽음으로써 지키지 않으면 그 도를 잘할 수 없고, 죽음으로써 지키고 그 도를 잘하지 않으면 또한 헛된 죽음일 따름이다. 이렇게 해서 죽어도 여한이 없는 삶은 지인(智仁)을 아우르는 삶이 되는 것이다.

3) 노장사상에 나타난 죽음관

동시상에 니디난 죽옴의 이헤는 대체로 인간은 반드시 죽는다는 인식에 바탕을 두고 있다면, '죽지 않을 수도 있다'는 신념 속에서 죽음을 다룬 독특한 철학사상이 있다. 바로 노장사상이다. 노장사상은 왜 죽음이 문제되는가의 측면에서 죽음 자체보다는 죽음에 대한 의식을 문제 삼는 점에서 독특하다.

노장사상에서는 죽음의 문제를 氣의 聚散으로 보지만, 죽음의 세계는 삶의 세계가 아닌 다른 차원의 세계로 본다.[38] 그러므로 죽음의 세계에서는 좋고 나쁨의 감정은 물론 희비고락의 대상이 되는 세계가 아니다. 그리고 죽음의 세계는 죽지 않은 사람에게는 있지 않는 세계이다. 그러므로 있지도 않는 세계를 두고 좋다, 싫다고 해서는 안 된다. 노장사상에 의하면, 죽음의 세계는 우리의 사고와는 무관한 곳에 있다. 죽음은 삶의 세계에서 문제 삼을 성질이 아니고 다만 죽는다는 사실만을 문제 삼을 뿐이다. 죽음이야말로 모든 것으로부터의 해방이고 온갖 속박으로부터 벗어나게 한다.

죽음의 세계는 관념의 세계로 있는 것은 오직 하나의 세계, 즉 삶의 세계이다. 두 개의 세계가 없으므로 생과 사가 구분될 수 없다. 따라서 죽어서는 죽음의 세계 하나일 뿐 삶의 세계가 있는 것이 아니고, 살아서는 삶의 세계가 있을 뿐 죽음의 세계가 있지 않은 것이다. 이런 연관을 볼 때 살아서 삶의 세계에서 죽음의 세계를 문제 삼아 보통 사람들이 갖는 죽음에 대한 공포와 생에 대한 집착을 가지는 것이 얼마나 근거 없고 잘못된 것인가가 분명해진다. 생사의 구별이 없이 그저 삶이 있고, 죽음이 있는 것을 자연이라고 한다. 그러므로 노장사상에서 말하는 자연은 사실로서 있음이지 비교와 구별의 판단(개념)으로서 있는 것이 아니다. 이렇게 그렇게 있는 모든 존재자

---

38) 송항룡, "노장에서 본 죽음의 문제", 한국정신문화연구원 편, 『삶 그리고 죽음』(서울: 대한교과서주식회사, 1995), pp.229－233.

의 세계를 무명 혹은 자연이라고 하고, 어떠한 구별과 비교의 옷도 입지 않고 있다고 하여 樸이라고도 한다.[39] 반면에 비교와 구별이 있는 세계를 유명이라고 하는데, 여기서는 상호대립과 간섭이 있어 조화가 깨지는 세계이다. 구별이 없으면, 간섭이 없어지므로 좋고 나쁠 것도 없다. 그러면 삶이라 하여 죽음과 다를 바 없고, 죽음이라 하여 삶과 다를 바 없다. 올 때가 되어 오고, 갈 때가 되어 가는 것이, 오감, 즉 생사에 아무런 미련을 두지 않기에 살고 죽는 것이 마음에 걸릴 것이 없다. 결국 우리가 죽음의 문제를 삶의 문제와 더불어 비교, 판단하게 되면 스스로 속박과 굴레에 갇히게 된다.

노장사상의 죽음관은 죽음의 문제보다 삶의 문제에 더 초점이 있었다. 즉 죽음의 문제를 장생불사와 같은 사후세계와 관련된 것도 아니고, 보다 나은 세상의 구원의 문제를 다루려는 것도 아니라고 보았다. 다만 죽음이 왜 인간에게 있어 속박을 가져다주는가의 문제를 찾아 그 속박으로부터 벗어나 지혜롭게 사는 방법을 추구했다고 볼 수 있다. 이는 한마디로 비교하지 말라는 것이었다. 구별하고 비교하는 데서 상호 간섭과 다툼이 생기기 때문이다. 비교, 판단을 하지 않으면 죽음은 삶에 간섭하지 않고, 삶 또한 죽음에 간섭할 일이 없다. 즉 무위, 좌망을 통한 심제의 경지에 이를 때 인간은 진정으로 평화로운 삶을 살 수 있게 된다.

한마디로 도가에서는 생명의 보존을 인간의 몸 안에서, 그리고 몸과 우주 사이의 양과 음의 조화 혹은 균형을 유지하는 것으로 본다. 따라서 인간의 이상적인 삶은 생명과 죽음의 구별 혹은 이분법을 초월하는 것이다.

4) 서양 철학사상가들의 죽음관

수많은 서양 철학자들이 인간의 죽음에 대해 수세기 동안 다루어 왔지만, 실존 철학자들의 일부를 제외하면, 그 어느 누구도 그것을 체계적이고 세부적으로 취급하지 못했다. 서양 철학자들은 죽음을 적극적으로 맞이하겠다는 사고보다는 죽음에 대한 회피의 자세에서 소극적으로 죽음을 고찰했다. 아마도 죽음 자체가 가볍게 접근할 수 없는 심각한 문제였기 때문인지도 모른다.

고대 그리스의 철학자 플라톤은 죽음을 "몸으로부터의 영혼이 분리되는 것"으로 생각했고, 몸은 죽는 것이지만 영혼은 죽음을 초월한다고 보았다. 죽음은 사멸하는 것과 불멸하는 것, 인간의 영혼과 몸을 분리시킨다. 이때 영혼, 불멸의 것은 신적인 것에

---

39) 위의 글, p.237.

상응한다. 플라톤의 죽음관은 열등한 신체에 비해 영혼의 우위를 보여주고 있다. 이는 스토아사상과 기독교사상의 죽음관에 영향을 주었다.

아리스토텔레스 이후 인간의 죽음의 문제에 깊은 관심을 가지고 성찰한 사상은 에피쿠로스학파와 스토아학파이다. 특히 이들 사상에서는 죽음이 몰고 오는 공포를 사람들이 어떻게 완화 내지 극복하는 방법을 찾는 것이었다. 에피쿠로스학파에서는 사후의 세계를 무(無)라고 단정하고 그에 대한 형이상학적 사변을 버리고 오직 현세에만 충실하려고 하였다. 그들은 죽음을 두려워하는 사람들에게 "죽음의 문제란 우리가 문제 삼을 것이 못 된다."라고[40] 가르치면서 다음과 같은 말을 했다고 한다.

> "죽음은 우리와 아무런 관련이 없다. 우리가 존재하고 있는 한 죽음은 존재하지 않고 일단 죽음이 들이닥치면 우리는 더 이상 존재하지 않기 때문이다. 그래서 죽음 자체는 무의식과 같은 것이고, 죽음은 의식의 상실일 뿐이다."[41]

비슷한 시기의 스토아학파에서는 보다 체념적이며 명상적인 죽음관을 제시하였는데, 이 학파의 대표자인 세네카(Seneca)는 "죽음의 공포를 극복하기 위하여 항상 죽음을 생각해야 한다."는 역설적인 발언[42]을 하였을 뿐만 아니라 "우리는 자연의 일부이며, 이 세상에서 배당 맡은 일을 마치면 죽음을 생각하지 않을 수 없다."[43]고 말하였다. 그래서 그는 죽음의 공포를 죽음에의 탈피가 아니라 죽음을 친밀하게 느낌으로써 죽음의 공포로부터 벗어나라고 말하였다.

중세 초기 아우구스티누스(Augustinus)는 스토아학파의 영향을 받아 원죄설과 삼위일체론에서 그리스도의 죽음과 부활을 중심으로 한 천주교 교리를 체계화하여 죽음의 공포에 대한 해답을 찾고자 하였다. 그는 죽음의 공포가 항상 내 마음 안에 있었다고 말하면서 죽음의 공포는 하느님의 은총을 통하지 않고서는 극복될 수 없다고 주장하였다. 17세기의 스피노자(B. Spinoza)는 죽음이란 단순히 의식적 결정이나 의지의 행동으로 정복될 수 없는 비임의적 감성 속에 존재하므로 아예 죽음을 생각하지 말라고 하였다.

전통철학 특히 형이상학에서 생명과 소멸의 문제를 제기하여 죽음의 문제를 해결해

---

40) 정달용, "철학적으로 본 죽음", 『사목』 70호 (1980, 7), p.15.

41) 김정우, 『죽음의 이해』(대구: 대구효성가톨릭대학교 출판부, 1995), p.20.

42) 한동윤, 『호스피스』(서울: 말씀과 만남, 1993), p.40.

43) 김정우, 앞의 책, p.20.

보려고 했으나 본격적으로 다루지는 못했다. 그러나 19세기와 20세기에 들어오면서 인간의 구체적 삶에 대한 관심이 높아지고 실존철학이 대두되면서 죽음의 문제는 이제 피할 수 없는 문제가 아닌 진지하게 대결하지 않으면 안 될 문제가 되었다.[44] 키에르케고르, 야스퍼스, 하이데거, 샤르트르로 대변되는 실존 철학자들은 그 어느 시대 다른 철학자들보다도 죽음의 문제를 가장 진지하고도 절실하게 다루었다. 이들은 죽음은 삶의 종말이라는 데 의견을 같이하고, 죽음이 긍정적이든 부정적이든 우리 삶의 매 순간에 커다란 영향을 미친다고 보았다. 또한 이들이 현세의 물질주의적 삶에 낙관적으로 도취된 인간과 그 사회에 대해 죽음과 파멸의 위기를 말하는 것은 죽음을 허무주의적으로 예찬하는 것이 아니라, 인간이 삶의 무상과 허망을 망각하고 일상성에 빠져 사는데 죽음의 경각적 의미와 가치를 깨닫게 하려는 것이었다.[45] 이하에서는 이들 중에서도 죽음의 문제를 가장 체계적으로 고찰한 하이데거의 『존재와 시간』에 나타난 죽음의 의미에 대해 상술해 보고자 한다.

하이데거는 데카르트가 역설한 것처럼 존재에 의미를 부여하는 것은 더 이상 사유가 아니라 죽는다는 사실에 있다고 전제하면서 현존재의 죽음의 구조를 상술하고 있다. 하이데거는 자신을 앞질러 가는 현존재의 존재가능은 종말, 즉 죽음에서 궁극적으로 제약되며, 현존재의 전체성의 토대가 된다고 말한다.[46] 그러나 죽음에서 현존재 전체에 도달하는 것은 동시에 존재함, 즉 현존재를 상실하는 모순이 되지 않는가? 이에 대해 하이데거는 현존재의 존재론적 죽음을 분석하면서 모순이 아니라고 말한다. 하이데거는 모든 살아 있는 생명이 보편적으로 종말을 맞이한다는 견해에 동의하면서도 모두 동일하게 종말을 맞이한다는 전통적 시각을 거부하면서, 세 가지 종류의 죽음, 즉 끝나버림(단순한 생물학적 삶의 종말, 생리적인 것의 노쇠로 인하여 삶을 지탱해 주는 생물기관 기능의 멈춤), 삶을 다함(인격적, 정신적인 존재자의 종말, 즉 살아 있는 현존재에서 살아 있지 않는 현존재로의 이행), 사망(삶을 다함을 가능케 해 주는 존재론적 토대이며, 죽음을 향하여 존재하는 독특한 존재 방식)을 구분하고 사망이야말로 현존재 죽음의 존재론적 구조를 가장 잘 보여준다고 주장한다.[47] 현존재가 존재

---

44) 윤은자·김홍규, "죽음의 이해―코오리엔테이션의 시각", 『대한간호학회지』 제28권 제2호, 1999, p.271.

45) 장일조, "실존철학에서의 죽음의 문제", 한국정신문화연구원 편, 『삶 그리고 죽음』(서울: 대한교과서주식회사, 1995), pp.229―233.

46) 이기상 역, 앞의 책, p.314.

47) 위의 책, pp.320―331.

하는 한 죽음은 현재의 삶에서 멀리 떨어진 것이 아닌 현재의 삶에 임박해 있는 미완이다. 즉 "죽음은 현존재가 존재하자마자 현존재가 떠맡는 그런 존재함의 방식으로 인간은 태어나자마자 이미 죽기에 충분히 늙어 있다."고 언급한 것처럼,48) 죽음은 현재와 무관한 채 멀리 떨어진 미래에만 일어나는 것이 아니라 지금 이 순간에도 우리 삶에 같이 하고 있다. 현존재자가 존재하는 한 죽음을 떠맡고 있지만, 죽음에 대해 내적 관계를 맺기 때문에, 현존재는 자신의 죽음이 본질적으로 자신의 삶, 즉 존재구조와 분리되지 않는다는 점을 의식하고 있다. 현존재는 또한 종말을 향한 존재, 즉 존재가능을 향한 존재인데, 이러한 가능성을 드러내는 죽음에서만 현존재는 자신의 전체성을 드러낸다. 하이데거는 이러한 현존재는 일상세계에 매몰되어 죽음 앞에서 도피라는 비본래적인 존재가 되기도 하는데, 즉 도덕적으로 무책임한 현존재가 되는데, '그들(das Man)'이라고 규정되는 이들은 죽음을 대면할 용기가 없어서 회피한다고 말한다.49) 그러나 현존재는 죽음을 회피하는 비본래적인 현존재와는 달리 죽음을 예측하는 본래적인 현존재가 됨으로써 자신의 죽음 앞에서 '불가능의 가능성'과 만나고 여기서 바로 자신의 전체성에 도달할 수 있다. 이와 같이 하이데거는 죽음개념을 통해 유한한 현존재의 본질을 해명하고자 하였다. 따라서 그는 유한한 현존재는 무한한 절대 주체의 한 계기로 파악될 수 없다고 보았기에 유한성의 본질, 즉 죽음을 통해 드러난 불가능의 가능성을 무한에 의지하여 파악하지 않았다.

앞에서 살펴본 것처럼, 하이데거는 현존재로서의 인간을 죽음에로의 존재로 규정하는바, 인간은 죽음을 떠나서는 삶을 알 수 없는 존재라는 것이다. 그래서 죽음이란 언젠가 닥쳐오는 미래의 사건이 아니라, 바로 삶의 한복판에 자리하고 있는 현존재의 구성요소라고 말한다. 그렇다면 현존재의 본질로서 죽음의 규명을 통해 하이데거가 궁극적으로 우리들에게 주고자 한 메시지는 무엇일까? 삶의 반대편에 자리하고 있는, 많은 사람들이 보편적으로 꺼리고 두려워하는 죽음의 해명을 통해 역설적으로 삶의 올바른 방향 설정을 의도했다고 할 수 있다. 즉 본래적 삶의 양태를 망각하지 않고 관심을 갖게 되는 것은 죽음에 대한 실존적인 의미 분석에 있다고 말한 점, 그러므로 죽음은 인간의 본래적인 실존을 앞당겨 살아가게 하는 적극성의 의미를 갖는다고 말한 점에서 그 타당한 근거를 찾을 수 있다. 죽음을 앞당겨 살려 낼 때 우리는 비본래적인 것을 용기 있게 떨쳐 버리고 우리 자신에게 되돌아올 수 있기 때문이다. 그는 시간의 유한성을 자각하고 있는 인간은 절망적 소비, 욕구의 무한해방, 징후적 범죄,

---

48) 위의 책, p.329.
49) 위의 책, pp.340-341.

유행에 파묻혀 본래적인 실존을 망각하는 것 등에서 벗어날 수 있다고 주장한다. 아무튼 하이데거를 포함한 실존주의 철학자들은 우리의 인생의 의미를 강화하는 수단으로써 죽음에 대한 인식을 촉구하였다. 즉 죽음에 대한 인식은 인생에 긴박감을 주고 자신의 존재의미를 부여하게 한다는 것이다.[50]

라. 죽음에 대한 비판적 고찰

지금까지 살펴본 것처럼, 죽음에 대한 견해는 보는 사람에 따라, 시대에 따라, 사회 문화권에 따라, 죽음의 종류, 죽음이 일어나는 현장에 따라, 종교, 문화적 배경, 철학, 생활 경험에 따라 매우 다양한 개념과 이해 방식을 가지고 있음을 알 수 있다. 그러기에 인간의 죽음 현상에 대한 일면적 이해나 수용은 인간의 죽음이 갖는 복잡 다양하고 독특한 측면을 간과할 위험이 있다. 두 가지 예를 들어 보자. 만일 인간의 죽음에 대해 우리가 통상적으로 쉽게 경험 가능한 생물학적 차원으로만 이해하거나 받아들이게 될 경우, 인간의 죽음에 대한 이해는 일부분에 그치게 된다. 왜냐하면 자연계의 다른 생명체와 다른 차원을 가진 인간의 특성을 간과하는 것이기 때문이다. 생물학적 차원의 인간의 죽음에 대한 이해는 의식을 지닌 존재로서 죽음의 실존론적 혹은 정신적 측면이 해명되지 못하고 있다. 이를테면 동물은 죽음을 알지 못하며, 죽음으로 모든 것이 끝나지만 인간은 죽음을 인식함으로써 죽음을 전제로 하고 죽음을 동반하는 삶을 영위할 수 있기 때문이다. 생명의 소멸인 죽음은 삶과 상반된 개념이지만 죽음에 어떤 의미를 부여하느냐에 따라 개인 각자의 삶이나 그가 속한 공동체가 삶을 어떻게 바라보는지가 더욱 선명하게 드러난다.[51]

이제까지 살펴본 죽음의 의미와 이해방식에 대한 논의들을 종합하여 보면 크게 네 가지로 정리할 수 있겠다. 첫째, 앞에서 살펴본 바와 같이 인간의 죽음은 단지 무의미하거나 무가치한 단절이거나 생물학적 종말만은 아니라는 점이다. 인간의 죽음은 인간의 유한성을 나타내는 자연적인 사건이다. 즉 종교적인 관점에 나타난 것처럼, 원죄의 결과로서 인간에게 벌로서 주어지는 죽음이나 하느님 뜻으로서의 죽음이 아니라, 자연의 이치로서 우리의 삶을 마무리하는, 인간의 유한성을 나타내는 사건이다. 둘째, 죽음은 인격적 사건이라는 점이다. 죽음이 단순히 생물학적인 사건인 것만은 아니다. 인

---

50) 김정우, 앞의 책, pp.21 - 24.
51) 김승혜 외 10인, 『죽음이란 무엇인가?』(서울: 도서출판 창, 1990).

간은 다른 생물과는 달리 죽음의 의미를 알고 그 죽음을 이해할 수 있는 능력을 소유하고 있다. 그러므로 죽음은 인간이 하나의 인격체로서 겪게 되는 사건인 동시에 인간으로서 행하는 최고의 행위라고 볼 수 있다. 셋째, 죽음은 삶의 완성이고 결실이다. 죽음은 만인에게 공통된 것이지만, 한 사람의 죽음은 그 사람만이 가지는 특별한 종말이며 삶의 마무리이고 완성인 동시에 그 사람이 사는 동안 스스로가 이루어 온 삶의 결실인 것이다. 넷째, 죽음은 의미 있는 삶을 가능하게 한다. 인간은 죽음을 직시할 때 비로소 삶에 있어서 무엇이 근본적이고 가치가 있는 것인지를 알게 되는데, 이런 의미에서 죽음은 우리의 삶에 의미를 부여하는 것이다.[52]

죽음은 누구에게나 큰 공포로 다가오고 또 인간의 모든 노력으로 해결할 수 없는 불가사의한 일이다. 그러므로 죽음이 무엇인가에 대한 해답을 찾기란 쉬운 작업이 아니다. 죽음은 생명과는 달리 끝이기 때문에 적극적인 탐구의 대상이라기보다는 회피와 공포의 대상이 된 것이 일반적이었다. 인간에게 있어 죽음은 가장 두렵고 피하고 싶은 문제이지만 인간으로서는 피할 수 없는 현실이다. 죽음은 인간의 삶에서 그토록 의미를 주지 못하는 것일까? 있다면 무엇인가? 지금까지의 논의에서 그 단초를 어떻게 발견할 수 있는가? 결론적으로 지금까지의 죽음의 의미와 이해방식에 대한 탐구를 통해서 죽음은 우리의 삶을 값지고 보람되게 영위할 수 있는 풍부한 자원을 갖고 있음을 확인할 수 있었다. 그러므로 죽음에 대한 올바른 이해는 죽음을 맞이할 준비를 위해서 혹은 삶을 위해서 중요하다. 인간이 죽음을 맞이하고 적극적인 자세에서 죽음을 이해하기 위해서는 무엇보다도 삶의 충실성과 삶의 의미와 가치를 소중히 하는 자세가 요구된다. 그렇게 될 때 죽음은 우리에게 참된 의미의 차원에서 무상한 끝이 아닌 성취이며, 완성으로서의 행위로 받아들여질 것이다.[53]

3. 죽음을 받아들이는 태도 분석

가. 죽음을 받아들이는 철학적 태도

죽음의 수용 문제에 대하여 철학적인 시각으로 접근하여 보면, 죽음의 공포(the fear

---

52) 김정우, 앞의 책, pp.65－67.

53) 위의 책, p.67.

of death)라는 문제가 있는데, 이에 대해서는 여러 학자들의 의견에 의하면 크게 4가지 견해로 나누어 볼 수 있다. 첫째는 죽음에 대한 공포는 죽음이 괴로울 것이라는 가정에 근거를 두고 있으나 죽음 그 자체는 절대로 괴로움이 될 수 없다는 에피쿠로스(Epicurus)의 주장이다. 이는 생자필멸(生者必滅)의 이치를 수용해야 하고, 어차피 죽음은 전생이나 이승에 저지른 죗값 혹은 업보라고 하면서 체념하는 달관적 자세가 엿보인다. 둘째는 죽음의 공포를 극복하려면 죽음을 항상 염두에 두고 살아야 한다는 스토아 철학자들의 주장이며, 셋째는 인간은 절대로 죽음을 알거나 직시할 수 없다는 스피노자의 견해이다. 스피노자는 '자유인은 삶만을 명상한다.'는 명제를 내세워 죽음에 대한 사색을 거부하기도 했다. 넷째는 죽음 자체에 아무런 의미를 부여할 필요가 없다는 쇼펜하우어의 주장이다.

많은 철학자들은 인간이 죽음을 어떻게 맞이하느냐에 따라 '진정한 삶(authentic existence)'과 '거짓된 삶(inauthentic existence)'이 있다고 한다. 죽음을 회피하려는 사람은 결국 그 죽음을 회피하지 못할 뿐만 아니라, 현존재로서의 삶에 충실하지 못한 엉터리 삶을 마치게 된다고 말한다. 그러나 인간이 죽음을 정면으로 대면하여 그것을 수용하고 인정한다면, 인간은 니체의 표현을 빌리면, '자유로운 죽음'을 맞이할 수 있는 진정한 삶을 가지게 된다. 그리하여 하이데거는 '현존재의 종말로서의 죽음은 현존재의 가장 자기적인 가능성(Dasein's own most possibility)'이고, 책임 있는 자아의 창조를 가능케 하며, 지금 내가 여기서 행하고 있는 관심과 행위를 그 창조에 비추어 평가하고 판단하게 한다는 것이다. 다시 말하면, 죽음은 다른 사람들과는 아무 관련이 없는 독단적(non-relation)인 것이며, 누구에게나 찾아오는 확실한 것이며, 말살할 수 없는 것이다. 그럼에도 불구하고 죽음은 현존재의 가장 중요한 가능성이다. 죽음이 인간에게 위협을 주면서도 그것을 정면으로 대결하는 사람에게는 '진정한 삶'의 가능성을 줄 수 있는 이유가 바로 여기에 있다.54)

죽음의 문제는 옛날부터 현재에 이르기까지 심각하게 사유되어 왔고 또 죽음의 문제를 극복하기 위해 많은 시도를 하여 왔으나, 죽음은 그 어떠한 대안도 없이 여전히 해결하지 못한 숙제로서 머물러 있다. 의학과 문명의 발달은 인간의 수명을 연장하고 질병으로부터 보호하긴 하지만 죽음의 문제를 근본적으로 해결할 수는 없기에, 죽음의 문제는 인간의 유한성만을 더욱 드러내고 있을 뿐이다. 그래서 인간은 자신의 삶 속에서 단지 간접적으로만 경험할 수 있는 죽음의 피상적인 이해를 통해 죽음을 삶의

---

54) 황필호, 『죽음에 대한 현대 서양철학의 네 가지 접근과 한국인의 접근』(서울: 도서출판, 1992), pp.263-298.

종말이나, 단절로 생각하여 죽음에 대한 부정적인 의식을 가지게 되고, 죽음을 가능한 한 거부하고 기피하려고만 한다. 하지만 인간이 죽음의 문제를 회피하고 거부한다 해도 죽음의 문제는 그 스스로 인간 실존 자체에 심각한 문제를 제기하므로, 죽음의 문제는 거부하고 회피해야 할 문제가 아니라 인간 삶에서 가장 먼저 해결해야 할 문제라고 할 수 있다. '인간은 태어난 이상 죽어야 한다.'는 것이 만고불변의 법칙이고, 인간은 순간순간 죽음이라는 숙명적인 사건을 향해 다가가야만 하는 '죽음에로 향하는 존재'이기 때문에 죽음은 인간에게 가장 중요하고도 해결되어야 할 문제로 남아 있다.

죽음에로 향하는 인간은 삶에서 죽음에로 매 순간 다가가고 있기에 삶과 죽음을 분리시켜 생각하기 어렵다. 또한 유일회적인 삶을 사는 인간에게 죽음은 반복될 수 없는 사건이기에 삶의 의미가 있다면 분명히 죽음의 의미도 있을 것이다. 이런 의미에서 죽음을 단지 거부하고 두려워한다는 것은 삶을 거부하고, 삶을 무의미하게 할 수 있는 태도이므로 언젠가는 자신에게 다가올 죽음을 적극적인 자세로 받아들이고 그 의미를 추구할 때, 인간은 보다 의미 있는 삶을 영위할 수 있을 것이고, 또한 죽음에 대한 공포로부터 벗어나서 삶의 가치와 중요성을 더 깊이 인식할 수 있을 것이다. 즉 죽음의 이해와 두려움에 대한 극복은 우리의 삶에서부터 죽음을 제거하는 것이 아니라 죽음을 초월하는 희망에 있는 것이다.[55]

이와 같이 오랫동안 철학자들은 죽음에 대해 진지하게 성찰함으로써 삶을 올바르게 살 수 있다는 신념하에 죽어 가는 사람은 물론 죽음을 맞이하게 될 사람들에게 생명, 삶을 바라보도록 다양한 노력을 해 왔던 것이다. 죽음과의 약속에서 삶은 아주 당연한 권리가 아니라 소중한 하나의 선물이며, 밖으로부터 온 선사품임을 체험한다. 죽음에 위협받는다는 사실로 인하여 삶은 아주 귀중한 것, 반복될 수 없는 모험으로 간주된다. 죽음에 입각하여 비로소 삶은 인간적이 된다. 철학이 죽음을 거론하는 명분이 바로 여기에 있다.

나. 죽음을 받아들이는 심리적 태도

인간은 죽음 앞에서 어떤 느낌을 받고 심리적 반응을 보일까? 인간이 죽음을 받아들이는 태도는 각 개인이 가지고 있는 종교나 철학 또는 가치관 등에 따라 차이가 있으며 또한 사회 문화적 배경 등에 따라서 다르게 나타난다. 하지만 대체로 죽음을 대

---

55) 김정우, 앞의 책, pp.1－2.

하는 기본적인 태도는 매우 심한 공포감과 두려움을 동반하며, 동시에 격렬한 삶에의 욕구를 나타내는 것이 공통적이라고 할 수 있다.

그렇다면 인간이 죽음에 대한 불안감을 가지면서 죽음을 기피하는 심리적인 이유는 무엇일까? 이는 죽음에 대한 인간의 자세 때문이라기보다는 죽음이 도저히 감당할 수 없는 공포를 주기 때문이다. 일반적으로 사람이 죽을 때 수반되는 생리적인 고통과 자신이 죽은 후 육체가 썩어 없어지는 것을 연상하면서 공포를 느낀다고 한다. 그리고 진정한 종교심의 쇠퇴와 죽음에 대한 무지, 즉 죽음은 무조건 무서운 것이라는 관념과 인간만이 가지고 있는 자기 생명의 말살에 대한 심적이고 정신적 반응인 공포심을 가지는 것과 죽어 가는 데 수반되는 절망감, 격리감 등으로 인하여 죽음을 회피하려는 의도를 가지는 것과 함께 또 어떤 면에서는 죽는다는 것은 아무도 도와줄 수 없는 것이며, 우리들은 누구나 자기 혼자 죽지 않으면 안 된다는 것과 영원히 의식을 잃는다는 것에 대한 공포감 때문에 우리를 이러한 공포감으로 몰아넣는 죽음을 기피하려고 하는 것이다.[56]

노년기에 이르면 죽음이 모든 불안의 원인이 되며, 따라서 가끔 죽음에 대하여 대단히 강한 부정을 하기도 한다. 또한 인간은 늙으면 삶과 친숙해지므로 죽기가 어렵다고 한다. 노인들은 일반적으로 죽음에 대한 공포와 거부를 가지고 있는 한편, 죽음의 불가피성을 인지하고 그것을 수용하려는 태도도 동시에 가지고 있는 것이다. 다시 말하면, 노인들은 죽음에 대한 부정적 태도와 수용적 태도를 나타내고 있는데, 부정적 태도는 자신이 죽는다는 것을 인식하지 않으려는 것이며, 수용적 태도는 자신의 종말을 자각하고 죽음에 대비하여 죽음을 받아들인다는 것이다.[57]

정신 병리학자 퀴블러 – 로스(E. Kuebler – Ross)는 죽음에 반응하는 인간의 심리적 상태를 단계적으로 연구 분석한 결과, 죽어 가는 사람이 자신이 곧 죽을 것이라는 사실을 받아들이는 단계는 다음과 같이 대체로 다섯 단계라고 보았다. 그는 이러한 연구를 통해 죽음이 인간 성장에 도움이 되는 하나의 과정으로 이해하고 있다.[58]

1) 부정과 고립(denial and isolation)

인간은 타인의 죽음에 대해서는 상상하면서도 대체로 자신의 죽음에 대해서는 생각

---

56) 위의 책, pp.3 – 50.

57) 윤진, 『성인노인심리학』(서울: 중앙적성출판사, 1998), pp.320 – 335.

58) E. Kuebler – Ross, 성염 역, 『인간의 죽음』(대구: 분도출판사, 1979), pp.57 – 177.

하지 않으려 하거나 혹은 회피한다. 즉 자신에게 죽음이 가까이 다가온 것을 느끼거나 알게 되면, 이 사실을 순순히 수용하지 않고 일단 부정한다. 이와 같은 죽음에 대한 부정은 사실상 갑작스런 충격에 대하여 하나의 완충장치로서 작용하게 되고, 죽음의 현실에 대한 고통을 덜 느끼도록 하는 역할을 하게 된다. 또한 죽음에 직면한 현실을 심리적으로 격리시켜 의식하지 않음으로써 심리적 안정을 유지하려고 노력하는데, 이 것은 궁극적으로는 부분적으로나마 죽음을 평온하게 받아들일 수 있는 길을 터 준다.

2) 분노(anger and resentment)

환자는 자신의 죽음을 받아들이지 않을 수 없게 될 때, 분노한다. 즉 자신은 죽을 수밖에 없는데도 세상에는 건강하게 살고 있는 사람들이 너무 많다는 것이 그로 하여 금 심한 분노와 원망 그리고 선망의 감정을 갖게 하고, '내가 왜 죽어'라는 생각이 격 렬하게 환자의 가슴을 흔든다는 것이다. 이 단계에 있는 사람들은 흔히 치료를 거부 하거나 가족의 방문이나 의료적 돌봄을 귀찮다고 거부하기도 한다. 만일 그가 종교를 가졌을 경우 그는 자신이 믿는 신에게 분노를 보내게 된다.

3) 협상(bargaining and an attempt to postpone)

죽음에 대한 부정과 분노의 시기를 거치면서 이것은 자신에게 아무런 소득이 없다 고 느끼면서 죽음을 모면할 길을 점차 인식한다. 이 단계는 다른 단계보다 시간적으 로 짧은 것이 특징인데, 이때는 임박한 죽음을 어떤 수단을 써서라도 연장 내지 지연 시키고 싶어 하는 바람이 매우 강하고, 이러한 바람은 다양한 형태로 표현된다. 예를 들면, 어떤 종교가 죽음을 지연시킬 수 있다면 그 종교에 귀의하여 열심히 믿는 신자 가 되려는 마음을 갖는다든지, 자기에게 아직 처리해야 할 일과 과업이 남았으므로 그러한 일이 끝날 때까지만 살 수 있게 해달라고 협상을 하게 된다. 이때 협상의 대 상자는 절대자일 수도 있고 의사나 혹은 자신이 걸린 병일 수도 있다.

4) 우울과 상실감(depression and sense of loss)

이네 번째 단계는 죽음에 임한 자신이 여러 가지 것들(용모, 신체 기능, 경제적·사 회적 지위 등)을 상실하게 됨에 따라 생기는 우울증이다. 퀴블러-로스는 이 우울증

반응을 특히 두 가지로 나누었는데, 반응적 우울증(reactive depression)과 예비적 우울
증(preparatory depression)이 그것이다. 그중 반응적 우울증은 병으로 인하여 상실한
것에 대한 원통함, 수치심, 죄의식 등을 수반하는 것이 특징이다. 예비적 우울증은 죽
음을 인식하고 세상의 모든 애착을 끊어버려야 하는 데 대한 슬픔을 미리 나타내는
것이다. 이러한 '죽음에 대한 준비'로서의 우울증 경향은 일생 동안 자신과 관련지어
왔던 모든 것들과 결별하기 위한 자연스런 과정이라고 볼 수 있다. 준비적 우울은 평
화와 안정 속에서 죽음을 맞이하기 위해 필요한 과정이다.

5) 수용(acceptance)

죽음에 이른 본인은 위의 네 단계를 거치면서 자신의 재기를 위한 여러 가지 노력
과 시도를 하였다. 그러나 이제 마지막 시기에 이르러서는 매우 지치고 허약하게 되
어 자기 자신도 죽음을 수용하게 된다. 즉 '이젠 시간이 다 되었고, 괜찮다'의 심리적
현상을 보여준다. 이것은 행복, 불행과 같은 것이 아닌 일종의 감정의 공백상태이며,
그것은 체념이 아닌 사실을 있는 그대로 받아들이는 태도이다.
　이러한 죽음의 과정에 대한 위의 다섯 단계들이 반드시 하나하나 차례대로 발생하
는 것이 아니라 순서가 뒤바뀌어 나타날 수도 있고, 여러 단계가 혼합되어 발생하기
도 하므로 죽음을 맞는 당사자가 각 단계마다 깊은 절망의 처지에서 헤어나지 못할
수도 있다. 따라서 죽음의 여러 단계에서 일어나는 이러한 과정은 살아 있는 동안 인
간의 삶에 영향을 미쳤던 모든 것에 의하여 규정되지만, 많은 사람들의 경우에 죽음
을 수용하는 적응기제와는 상관없이 최후까지 어떤 형태로든 희망을 품고 있을 수도
있다. 이때 신앙심은 죽음에 대한 태도와 복합적인 관계를 지니는데, 많은 연구자들은
대부분의 경우에 신앙심이 아주 깊은 사람이 그렇지 않은 사람보다 죽음의 불안을 낮
게 표현한다고 보고 있다.
　어찌 되었든 사람들은 죽음을 대비하고 있다고 해도 최후의 순간이 왔을 때 어떻게
죽음을 맞이하게 될지 예측할 수는 없다. 그 이유는 부분적으로는 각 사람들이 처한
상황이나 죽는 방법, 그리고 그 원인에 따라 차이가 있기 때문이다. 따라서 어떤 것이
죽음에 대한 긍정적 반응인지, 즉 죽음의 수용 및 죽음의 공포를 극복으로 이끄는지
확실하게 알아낼 수 없다. 다행스럽게도 살아 있는 동안 죽음에 대한 불안이나 두려
움에 도움이 되는 것은 사후의 구원에 대한 믿음과 연륜, 그리고 이 세상에서 충족한
삶을 가졌는가 하는 요인들에 따라 확실한 차이를 보여준다는 점이다.

다. 죽음을 받아들이는 인간학적 태도

인간의 죽음에 대해 철학적, 종교적, 심리적, 기타 어떤 다른 관점에서 설명한다고 해도 죽음은 여전히 인간이 접할 수 있는 가장 짙은 어둠으로서 두려움과 회피의 대상이다. 죽음은 생물학적 생명체로서의 인간의 종말이며, 일격에 인간 전체를 붕괴시키며 외부로부터 인간을 맹타한다. 죽음은 하나의 파멸이며, 갑자기 외부에서 덮치는 사고이다. 그래서 여전히 죽음은 인간의 경험에는 완전히 감추어진 영역으로 사멸할 존재들에게는 절대 들여다볼 수 없는 신비이다. 이렇게 죽음은 인간에게 부정적인 측면만 있는가?

삶과 죽음은 우리 인간의 삶에서 가장 중요한 두 가지 시점이다. 만약 생명의 탄생과 죽음이 이치에 맞게 시작되고 끝을 맺는다면, 이 세상의 삶도 제대로 인간답게 살 수 있다. 인간은 죽음과 관련해서 첫째, 사람의 평등, 누구나 죽는다, 둘째, 시간의 평등, 언제든지 죽을 수 있다, 셋째, 장소의 평등, 어디서든지 죽을 수 있다, 넷째, 누가 언제 어디서 어떻게 죽을지는 아직 정해져 있지 않다.[59] 따라서 인간은 죽음 앞에서 모두 평등한 존재이다. 그러나 죽어 가는 마지막 모습은 결코 같지 않다. 많은 사람들이 죽음에 직면한다는 것은 자신의 생명과 소중한 모든 것을 빼앗으려고 하는 무자비한 힘과의 전쟁과도 같다. 그러므로 어떤 면에서 죽음을 받아들인다는 것은 삶의 포기, 패배의 인정, 절망을 의미한다. 만일 우리가 죽음을 피하려고만 하거나 죽음을 적으로만 간주한다면, 우리는 두려움과 불안이 한층 고양된 상태에서 죽음을 맞이하게 될 것이다. 피할 수 없는 죽음을 편안하게 받아들일 수 없기 때문이다. 그렇다면 죽음은 항상 우리의 적일까? 우리가 죽음을 우리의 친구 혹은 삶의 일부로서 인정할 수는 없을까? 죽음이 두려운 현상으로 확정되어 있지 않다면, 죽음에 직면해서 희망을 볼 수 있지 않을까? 이러한 죽음에 대한 발상의 전환을 민간인과는 다른 특수한 삶을 갖는 군인에게로 확대한다면 어떤 함의를 지닐까? 군인도 한 인간으로서 죽음에 대해 두려움을 갖고 있으며 살고자 하는 의욕이 강하겠지만, 군인이 수행하는 독특한 사명의 완수를 위해, 다시 말해 사랑하는 가족과 국가와 민족을 위해, 군인에게 주어진 보다 숭고한 가치를 위해, 죽음에 당당하게 맞설 수 있는 용기를 스스로 가질 수 있다는 것이다. 문제는 그러한 고귀한 가치에 자긍심을 갖고 헌신할 수 있는 자발성, 열정

---

59) 오진탁, 앞의 글, p.107.

을 어떻게 이끌어 낼 수 있느냐에 달려 있을 것이다.

　인간에게 있어 죽음은 시간과 장소에 구분이 없다. 즉 죽음은 여러 가지 모습으로 나타난다. 인간의 삶은 여러 모습의 죽음을 안고 있다. 죽음은 우리 '삶 안에' 있는 현상으로 '삶의 현실'이라고 말할 수 있다.[60] 그러므로 죽음을 포함하지 않는 삶의 묘사는 언제나 불완전하다. 죽음은 인간의 삶을 설명하기 위해 빼놓을 수 없는 조건이 된다. 죽음은 바로 인간 삶이 존재하는 방식으로서, 죽음을 어떻게 바라보고 받아들이느냐의 태도가 한정된 자신의 삶의 방향과 내용을 재규정해 준다. 따라서 죽음에 대한 피동적·부정적인 생각보다는 삶의 불가피한 관계 안에서 죽음을 통한 삶의 내실화, 가치로움을 얻어야 할 것이다. 이것이 바로 죽음을 회피할 수 없는, 죽음을 운명적으로 가지고 살아가는 인간이 죽음의 불안과 공포라는 장애 앞에서 포기하고 절망하지 않고, 새롭고 창조적인 보다 알찬 삶의 목표와 내용을 찾아 살아가게 한다는 측면에서 죽음이 갖는 인간학적인 의의인 것이다.

　우리는 때때로 '죽으면 어떻게 될까?' 궁금해한다. 그 해답을 얻기 위해선 먼저 우리의 습관을 돌아볼 필요가 있다. 우리가 부정적이든 혹은 긍정적이든 특정한 방식으로 생각하는 습관을 지니고 있다면 이 습관은 어떤 것에 대해서도 쉽게 유발되고, 더 한층 증진되며, 계속 반복될 것이다. 이렇게 반복됨으로써 습관은 점점 더 견고하게 우리 안에 자리잡을 것이고, 심지어 잠잘 때에도 계속해서 그 힘을 키워 갈 것이다. 이런 방식으로 우리의 삶과 죽음도 결정된다. 결국 죽은 후에도 지금 우리의 마음 상태 그대로 유지되며, 현재 우리의 모습과 달라지지 않는다는 것이다. 우리가 바로 지금 이 삶에서 변하지 않는다면 죽음의 순간에, 죽음 이후에 변하는 것은 하나도 없다. 그러므로 혼란 없이 죽음을 맞이할 수 있도록 우리 자신을 도와주는 것은 자신이 삶을 영위했던 방식이다.[61] 이런 까닭으로 지금의 삶에서 우리가 해야 하는 것은 마음의 흐름을 정화하고 우리 자신에게서 부족한 부분을 찾아 보완하는 것이 절대적으로 중요하다. 결국 모든 것은 지금, 바로 이 순간 우리가 어떻게 살고 있느냐에 달려 있기 때문이다.

　죽음을 체험했던 사람들 역시 죽음의 순간, 저마다의 삶이 눈앞에서 다시 재현되었으며 다음의 질문에 맞닥뜨렸다고 증언한다. '당신은 자신의 삶에서 무슨 일을 했는가? 다른 사람들을 위해 무슨 일을 했는가?' 좋든 싫든 죽는 그 순간 우리의 진정한 모습이 드러난다. 따라서 '죽으면 어떻게 될까?'라는 질문은 다시 '어떻게 살아야 하

---

60) 정진홍, 『만남, 죽음과의 만남』(서울: 궁리, 2003), p.17.

　61) 오진탁, 『죽음: 삶이 존재하는 방식』(서울: 청림, 2004), pp.204−205.

는가?'라는 물음으로 바뀌어야 한다. 달라이 라마도 이런 맥락에서 다음 같이 말한다. "사람들은 평화롭게 죽기를 바랍니다. 그러나 우리의 삶이 폭력으로 가득 차 있거나 성냄, 집착, 공포 같은 감정으로 크게 혼란스럽다면, 평화롭게 죽을 수 없음 또한 자명한 일입니다. 따라서 죽음을 평온하게 맞이하고자 한다면 올바르게 사는 법을 배워야 합니다. 평화로운 죽음을 희망한다면 우리의 삶 속에서 평화를 일구어야 합니다." 죽음은 삶의 거울이기 때문이다.

죽으면 어떻게 될지 궁금해하기보다 지금 나는 어떻게 살고 있는지 자기 자신에게 되물어야 한다. 올바르게 살아야 죽음을 편안하게 맞이할 수 있기 때문이다. 잘 살아야 잘 죽을 수 있다. 이런 의미에서 죽음에 대한 성찰 혹은 준비는 단순히 죽음을 준비하는 것이 아니라 삶을 준비하는 것이다. 다시 말해 삶을 이치에 맞게 살아 보기 위해 임박해 있는 죽음을 생각해 보라는 것이다. 그렇기에 죽음에 관한 철학은 삶의 철학 이외에 다른 것일 수 없다. 죽음 준비를 하지 않고서 삶을 제대로 영위할 수 없고, 삶을 이치에 맞게 살지 않고서는 죽음을 편안히 맞이할 수 없기 때문이다. 우리가 죽음에 대해 생각하게 되면 죽음은 언제나, 어디에서나, 누구에게나 일어날 수 있으며 자신에게 주어진 시간이 제한되어 있다는 것도 알게 된다. 이런 죽음의 임박성과 나 자신의 유한성을 의식한다면 우리는 '내게 주어진 한정된 시간 동안 내가 해야 할 가장 중요한 일은 무엇인지' 자기 자신에게 되묻게 되고 그 과정에서 진지하게 반성함으로써 우리의 삶을 파괴하고 타인의 생명을 해치는 비인간적인 행위는 하지 않을 것이다.

4. 군인다운 죽음에 대한 인간학적 성찰

가. 군인다운 죽음의 정의

인간은 다양한 역할을 수행하면서 살다가 죽는다. 그래서 한 인간의 죽음을 얘기할 때 인간으로서의 자연적인 혈연관계, 즉 아버지, 어머니, 형제자매, 친척 등과 관련해서뿐만 아니라 그가 살았던 동안 담당한 역할(지위), 즉 직업과 연관하여 말하는 경우가 많다. 이를테면 아버지의 죽음, 할머니의 죽음, 여동생의 죽음 등에 대해 말하면서 회사원의 죽음, 경찰관의 죽음, 선생님의 죽음, 간호사의 죽음, 군인의 죽음 등에 대해서도 말한다. 여기서 말하고자 하는 군인의 죽음 내지 군인다운 죽음이 무엇인지를 살피기 위해서 우리는 한 인간으로서의 특정한 역할 수행자로서의 죽음에 초점을 맞출 필요가 있다.

우리가 쓰는 말에 '~답다'라는 말이 있다. 즉 부모답다, 학생답다, 경찰답다, 정치인답다, 의사답다 등을 말할 때 이러한 표현을 쓴다. 어떨 때 이러한 표현을 쓰는가? 인간으로서 자기가 부여받은 역할을 제대로 수행할 때 표현하는 것이다. '학생답다'라는 말은 학생으로서 부여된 책임과 의무를 다하는 것이다. 학생은 많지만 학생다운 학생이 많지 않은 것은 이에 부합되는 언행을 일관되게 하는 진정한 학생을 찾기가 쉽지 않다는 것을 의미한다. 그러므로 우리는 많은 학생들에게 학생다움의 가치에 근접하도록 일상생활을 통해 꾸준하게 가르치고 있는 것이다. 우리는 똑같은 맥락에서 군인다움에 대해서도 말할 수 있을 것이다. 그렇다면 무엇이 군인다움인가? 이를 이해하기 위해서는 먼저 군인에게 부여된 역할 내지 책임이 무엇인지를 알아야 한다. 여기서 말하는 군인은 자기 스스로 직업으로서 택한 직업군인과 일정한 연령이 되어 국민으로서 의무를 수행하기 위해 복무하는 의무복무자 모두를 지칭한 것이다.

첫째, 군 - 특히 직업군인의 경우 하나의 직업인이지만 다른 직업인과 비교할 때 기본적으로 추구하는 가치 및 임무의 특수성과 목숨까지도 담보하여 임무를 완수해야 한다는 강력한 책임성의 측면에서 커다란 차이를 보인다 - 은 국가안보 및 국민의 생명과 재산 보호라는 본연의 임무를 수행한다. 이러한 본연의 임무 수행을 위해 군은 합법적인 폭력관리 집단이라는 특성을 가지는바, 만일 군이 이러한 본연의 임무 수행에 소홀할 때 자국민은 물론 세계 시민에게도 커다란 불행을 안겨 줄 수 있음을 우리는 역사를 통해 수없이 보아 왔다. 둘째, 임무 수행과정에서 군인은 개인의 가장 소중한 가치인 목숨까지 버려 가며 책임을 완수해야 한다는 특수성이 있다. 즉 군 본연의 임무 수행과정에서는 무엇과도 바꿀 수 없는 절체절명(絕體絕命)의 순간이 존재하는데 이러한 순간에 자신의 가장 소중한 목숨까지도 기꺼이 희생해야 한다는 측면에서 여느 역할 내지 직업과는 명확히 구별되는 특징을 갖는다. 셋째, 군은 명령의 절대성이 요구되는 조직으로서 엄격한 규율성과 강력한 위계질서가 지배하는 특징을 가진다. 군이 그 기능을 정상적으로 수행하기 위해서 하급제대는 상급제대의 명령을 절대적으로 수행해야 한다. 그러므로 아무리 민주주의가 발달한 나라일지라도 군대만은 엄격한 상명하복의 위계조직으로 구성되며, 목숨을 바쳐서라도 명령에 복종할 것을 요구하는 것이다. 넷째, 군은 다른 직업집단이 대신하기 어려운 강한 전문기술성을 보유하고 있는 집단이다. 민간인 기술자와 군간부를 구분하는 군 고유의 독특한 전문기술은 무력관리라는 말로 적절히 요약할 수 있다. 즉 군간부에게 고유한 기술이란 무력의 행사가 주 업무인 인간집단을 지휘하고 관리하며 통제하는 것이다. 오늘날 군사적 기능이 고도의 전문지식과 기술을 요하는 것이라는 데는 이의(異義)가 없다. 상당한 훈련과 경험이 없이는 아무리 천부적인 재능과 리더십을 부여받은 사람이라 하더라도 군사적인 기능을 효과적으로 수행할 수 없는 것이다.

현대는 거대한 직업군대가 평시에도 전쟁에 대비하기 위해 존재하는 시대다. 그러나 현대의 직업군대는 과거 왕조시대 생계의 한 방편으로 구성된 상비용병과는 근본적으로 다르다. 끊임없이 정보를 수집해 전쟁을 계획하고 고도의 무기를 다룰 수 있도록 교육과 훈련을 해야 하며 부단히 새로운 전장 환경에 적합한 작전개념을 발전시키는 전문가가 되어야 하기 때문이다. 뿐만 아니라 격전 시에는 막중한 책임감과 희생을 감내하는 헌신적 도덕성이 필요한 것이다. 따라서 현대의 군인은 소명의식에 충만한 전문직업인이 되어야 하는 것이다.62)

이상에서 살펴본 것처럼 군인은 어느 다른 역할 수행자보다 특수한 임무 내지 역할을 담당하고 있다. 그리고 이러한 역할 수행에는 남다른 가치덕목 내지 행동양식이 요구된다. 이를테면 책임감, 희생, 용기, 명예, 청렴, 창의성 등이 바로 그것이다. 그러므로 군인다움은 바로 군인에게 요구되는 특별한 임무 완수를 위해 남다른 강한 책임감과 희생정신, 용기 그리고 창조적 사고를 가지고 살아갈 때 나타나는 것이다. 군인다움의 삶은 인간으로서의 보편적인 인간다운 삶에 해당되면서도 특히 군인이기에 갖는 특수한 삶이 있고, 이러한 삶이 가치 있게 영위될 때를 의미한다. 그렇다면 군인다운 죽음이란 무엇인가? 이는 군인다운 삶과 무관하지 않다. 앞에서 살펴보았듯이, 인간의 삶과 죽음은 별개의 것이 아니라 상호 밀접한 연관을 가지고 있다고 볼 때, 군인다운 삶을 살아가는 군인에게서 군인다운 죽음을 쉽게 발견할 수 있을 것이다. 또한 역으로 군인다운 죽음을 맞이한 그에게서 군인다운 삶의 가치를 보다 쉽게 발견할 수 있을 것이다. 결국, 군인다운 죽음이란 군인으로서의 삶 중에 맞이하게 되는 죽음으로서, 죽음을 전혀 두려워하거나 회피하지 않고 의연하게 맞이하거나, 무가치하게 혹은 헛되게 죽지 않는 것으로 이는 평소 군인다운 삶에 기반하고 있다. 군인의 죽음도 다른 일반적인 인간의 죽음처럼 시기와 장소는 전혀 알 수 없지만, 군인으로서의 가치로운 삶을 살아가면서 언제 어디서든지 오는 죽음을 피하기 위해 군인다움의 길을 벗어나지 않는 당당한 삶의 태도에서 군인다운 죽음이 비롯된다고 볼 수 있다.

---

62) 국방일보 2004년 1월 8일.

나. 군인다운 죽음의 보편성

　군인에게는 일반인들과는 다른 삶과 죽음이 있는가? 아니면 있어야 하는가? 만일 대답이 그렇다고 한다면 그 근거는 무엇인가?

　우리는 군인이란 보통 사람과 다를 것으로 흔히 생각한다. 아니 달라야 하지 않겠느냐고 강변한다. 그렇다면 왜 달라야 하는가? 다르다면 그 다름의 내용은 무엇인가? 군인이 보통 사람들과 다르다면, 혹은 달라야 한다면 그것은 선천적으로 그러한가? 아니면 군인에게 요구되는 후천적이고 상황적인 요인 때문인가? 군인의 언어사용이나 복장 혹은 하는 일들이 다른 사람들과 다른 것은 분명하지만 그렇다고 해서 다른 보통의 사람들이 갖는 인간으로서의 기본적 본성에서 차이가 있는 것은 아니다. 즉 군인도 보통의 일반인처럼 동물적 본성을 가진 인간이다. 동물적 본성이란 생존에 필요한 기본 욕구 충족을 똑같이 원한다는 것이다. 죽음과 관련해서 보면, 죽음을 꺼리고 두려워하는 것이 인지상정이라면 군인이라고 해서 다를 게 없다는 것이다. 군인이라고 해서 보통 사람들과 다른 특별한 것, 이를 테면 강한 용기, 힘 등을 처음부터 다르게 갖고 있는 것이 아니다. 군인도 군인이기 이전에 죽음에 대한 공포심과 강한 생존에의 욕구를 가진 나약한 한 인간인 것이다. 그럼에도 우리는 군복을 입고, 총을 들고, 훈련을 하거나 경계를 서거나 할 때 군인으로서 군인다움, 즉 군인에게 특별하게 요구되는 책무를 강조한다. 그리고 이러한 책무 달성은 군인에게만 요구되는 것으로 보통 인간이 아닌 별다른 인간으로서의 능력을 기대한다. 즉 군인으로서 맞서야 하는 위험과 고통에도 쉽게 회피하거나 좌절하지 말 것을 요구받고 그러한 기대를 충족시킬 때 군인답다고 말한다. 만일 군인에게 요구되는 특별한 자질이나 행동 양식에 부응하지 못하면, 참군인이 아닌 것이다. 특히, 죽을 개연성이 높은 전쟁터나 기타 임무지에 나아가는 것을 주저하지 않아야 하는 태도와 행동은 군인에게 요구되는 투철한 군인정신, 사생관의 전형적인 발로라고 하여 찬양한다.

　이와 같이 군인에게는 일반인과는 다르게 강도 높은 요구를 한다. 왜 그래야만 하는가? 아마 이것은 군인이 수행해야 할 국가와 국민의 재산과 생명 보호라는 사명과 밀접하게 관련되어 있다. 이러한 가치 추구에 의해 군인에게는 보다 높은 책임감과 희생정신 그리고 용기 등을 요구하며, 군인들은 이것을 당연한 것으로 받아들인다. 이러한 요구를 충족시키지 못할 때 그 자신의 좌절감은 물론이고 주변 사람들이 갖는 실망감은 매우 크다. 또한 군대는 이러한 사명의 완수를 위해 다른 인간 조직체와는 다른 룰과 문화를 갖는다. 군조직이라는 특수한 집단의 운영체계는 일반적으로 철저한 상명하복의 룰, 개인적 권리와 자유보다는 집단의 가치와 이익 등을 강조하는 것으로 대변되며, 이에 대해 사람들은 크게 이의를 제기하지 않는다. 즉 군인들에게 부여한 임무, 즉 국가와 국민의 보호라는 중대한 가치를 획득하기 위해서는 불가피하기 때문이다.

우리나라의 경우를 예로 들면, 남자로서 일정한 연령에 이르면 정해진 기간 동안 반드시 군복무를 해야 한다. 대한민국 남성이 군대에 가 있는 동안은 민간인에서 군인으로의 지위, 삶의 공간, 역할 등이 변화된다. 그러면서 군대에 부여된 목표 달성을 위해 부가적이거나 특수한 새로운 것을 요구받게 되는데, 그것은 일반인으로서 살아오면서 경험했던 사고방식이나 행동양식과는 다른 것이다. 물론 군조직이나 군 문화도 한 국가 혹은 사회의 틀 속에서 존재하기에 그 국가와 사회의 기본 룰에 입각한 특수성이 인정된다. 다시 말해 군인으로서의 삶에 충실하기 위해서는 일반인과는 다른 특수한 사고나 행동양식, 특히 신체적으로나 정신적(의지력 등)으로 더 강인함과 같은 것이 요구되며, 이에 부응해야 한다. 그것이 바로 군인으로서의 참된 삶이다. 물론 군인으로서의 참된 삶 속에는 일반 시민으로서의 참된 삶을 위해 필요한 여러 가지 덕성이나 자질이 기본적으로 중첩된다. 이를테면, 근면성, 정직함, 양심, 친절함, 따뜻함 등은 군인이든 일반인이든 적어도 인간으로서 인간답게 살아가기 위해 필요한 것들이다. 그런데 군인으로서 삶이 시작되면 여기에 덧붙여 특별하게 강조되는 덕목이 있다. 즉 책임감, 용기, 복종심 등이 그 대표적인 예인데, 군대는 바로 이러한 덕목이 부족하면 제대로 기능할 수 없다.

죽음의 문제와 관련할 때도 유사한 접근이 가능하다. 누구든 인간이면 갖는 죽음에 대한 두려움 내지 공포가 있다. 군인도 인간인 이상 이러한 죽음에 대한 두려움이나 꺼림으로부터 예외가 아니다. 그럼에도 불구하고, 군인에게는 일반인들과는 다르게 죽음을 두려워하지 않을 것을 요구한다. 군인의 삶이란 다른 일반인들보다 위험 혹은 죽음에 더 많이 개방되어 있다고 할 수 있다. 전투훈련 중에, 경계 근무 중에, 아니면 실제 전투 상황이 벌어져 공격 내지 방어해야 할 때 등 도처에 죽음이 도사리고 있다. 그런데 만일 군인이 이러한 즉시적 위험이 일상화된 것에 겁을 먹고 자신에게 부여된 임무 수행을 기피한다면 어떻게 되겠는가? 그 자신은 물론 동료와 부대 더 나아가 국가에 끼치는 악영향은 이루 말할 수 없을 것이다. 또한 군인으로서의 국가와 국민의 생명보호라는 본연의 임무 달성을 위한 업무수행에는 항상 목숨을 담보로 해야 한다. 아무튼 군인의 죽음이 갖는 보편성은 군인이라는 특수한 임무나 역할을 가지고 살아가지만 인간인 이상 누구도 죽음에서 예외일 수 없다는 것이다. 그러므로 군인으로서 나만이 경험하는 특수한 죽음이 아닌 이상 죽음에 대해 너무 두려워하거나 회피하는 마음을 갖는 것은 바람직한 것이 아니다.

다. 군인다운 죽음의 특수성

죽음에 대한 공포와 기피를 천성적으로 누구나 가진 인간이 군인이 되었다고 해서 이러한 기질을 쉽게 바꿀 수 있는가? 군인이 되면 자연스럽게 이러한 약함이 극복되어 군대의 목표 달성에 기여할 수 있는가? 절대 아니다. 그렇다면 무엇이 약한 인간이지만 강한 군인으로 탈바꿈시켜 주는가? 그것은 바로 군인이 수행하는 임무의 숭고성, 강한 책무성에 대한 확신에서 나오며, 여기에 정신교육과 훈련을 통해 의지를 고양시켰기 때문이다. 즉 나의 가족과 친척 그리고 친구와 애인을 위해 국가의 부름을 받아 신성한 임무를 수행하고 있다는 자신에 대한 자긍심, 책임감이 위험해도, 겁이 나도 그것을 과감하게 뿌리치게 하는 것이다. 이것이 바로 군인의 특수성이다.

군인은 일반적인 인간으로서의 보편적인 삶과 죽음에 직면하지만, 군인으로서의 특수한 삶과 죽음에도 직면하고 있다. 특히 죽음과 관련하여 전자는 후자에 비해 그 죽음의 일상성, 위험성, 절박성 등이 덜하다. 그런데 군인으로서 제대로 살기 위해서는 죽음에 대한 공포심과 꺼림을 극복하지 않으면 안 된다. 군인에게 주어진 신성한 임무는 바로 자신의 목숨과 바꾸어야 할지도 모르는 수많은 상황에서 수행되기 때문이다. 앞 절에서 죽음의 인간학적 의의에 대해 구명한 것처럼, 죽음을 인식하고 대비하는 것은 결국 현재와 미래적 나의 삶을 보다 충만하게 하듯이, 군인으로서의 죽음에 대한 인식과 올바른 사생관 확립은 바로 참된 군인으로서의 삶을 보다 잘 규정해 준다고 볼 수 있다.

군인으로서의 군인다운 죽음은 평소 군인으로서의 군인답게 생활하지 않으면 다다를 수 없는 것이다. 부하가 잘못 던진 수류탄을 온몸으로 막아 부하들의 고귀한 생명을 구하고 장렬하게 산화한 고 강재구 소령의 죽음은 군인으로서의 제대로 된 죽음의 표본이라고 할 수 있다. 그런데 이것은 곧 강 소령의 참된 군인으로서의 올바른 삶을 증명해 주는 것이다. 평소에 군인으로서의 투철한 책임감과 부하사랑이 몸에 배어 있지 않았던들 위기상황에서 자신의 목숨을 불태울 수 있는 용기가 나오기 만무하기 때문이다.

군인도 죽는다. 그런데 언제 죽는가? 자기 스스로 죽음을 택하는 경우(자살)는 매우 예외적인 상황을 제외하고는 거의 없다. 죽음보다는 살고자 하는 본능이 더 강하기 때문이다. 그럼에도 불구하고 스스로 죽는다면, 불가피한 이유가 있을 것이지만, 그래도 죽을 용기를 가지고 더 열심히 살아 볼 고민을 덜한 것이 아쉽다. 죽음으로써 표출하고자 하는 당당하고도 숭고한 가치가 없이 죽는 죽음은 군인으로서의 가치 있는 죽음은 아니다. 그 죽음으로 인해 주변 사람들에게 주는 상실감 또한 크기에 더욱 그렇다. 요즘 청소년들의 충동적, 의지 박약적 특성에서 비롯되는 자살 심리가 군인에게서도 종종 나타나고 있는바, 이에 대한 대책이 요구된다. 군인의 자살을 제외한다면, 군인이 죽는 것은 자기 의지와 무관한 상황에서 발생한다. 그것의 대표적인 상황이 바로 전쟁터이다. 이는 죽고 싶지 않지만 죽게 되는 가능성이 매우 높은 경우이다. 군인들에게 이러한 일들은 비일비재하다. 이럴 때에도 가치 있는 죽음이 되도록 해야 한다. 물론 숭고하고 정의로운 목표 달성에 기여하는 자신의 희생이 되어야 하며, 억지로 이끌리는 것이 아니라 자신의 확신하에 능동적으로 촉발된 군인다운 행동 중의 죽음이 되어야 한다. 이러한 군인다운 삶과 죽음은 인간으로서의 삶과 죽음의 보편성과도 연결되고 있다. 인간이 어떻게 사고하며 생활하고 있는가 하는 '값진 삶의 과정'과 육신의 삶 이후까지를 생각하는 '가치 있는 죽음'은 그 우열을 따질 수 없을뿐더러 서로 별개의 것도 아니기 때문이다. 매사에 긍정적·적극적·능동적으로 인생의 가치를 추구하며 살아갈 때 가치 있는 죽음까지도 어렵지 않게 선택할 수 있을 것이다.

　사람이 죽는 것은 자연의 섭리이지만 군인은 일반 사람들과는 달리 질병에 쓰러지는 것이 아니라 그 사명을 완수하기 위해 죽음을 무릅써야 하는 것이니 언제나 죽음과 더불어 살고 있는 셈이다. 그래서 다소 극단적이기는 하지만 민간인의 삶과 군인의 삶의 특성을 대별하면 '어떻게 사느냐'와 '어떻게 죽느냐'로 양분할 수 있다고 할 수 있을 것이다. 확고한 사생관이 군인생활의 기본철학이 된다고 하는 이유도 여기에 있다. "전쟁에 나가 죽기를 각오하면 능히 살 것이요, 구차히 살려는 자는 도리어 죽을 것이다(필생즉사 필사즉생(必生則死 必死則生))."는 자세가 동서고금의 전쟁에서 승리의 요인이었다는 것은 주지의 역사적 교훈이다. 그러므로 군인들에게는 올바르고도 투철한 사생관은 일반인들보다 선결적으로 갖추어야 하는 필수 요소이다. 우리는 바로 이러한 군인의 사생관 정립에서 군인다운 죽음의 특수성의 핵심을 엿볼 수 있을 것이다. 그렇다면 군인에게 요구되는 진정한 사생관이란 무엇일까?

　군인에게 보다 특수하게 요청되는 숭고한 사생관은 일시적인 충동에서 비롯되거나 생각 없이 당하는 죽음이 아니라 평소 자기 사명에 대한 깊은 성찰에서 우러나와 유사시 의지적으로 택하는 그러한 죽음으로 결국 가치롭게 생을 마감하는 것이다. 생과 사가 교차하는 극한상황 속에서 자신의 생명을 초개같이 내던질 수 있는 사생관의 확립은 자신의 희생(犧牲)을 바탕으로 더욱 크고 숭고한 가치가 보존된다는 믿음, 명예 (名譽)로운 죽음은 육신의 죽음을 뛰어넘어 영원히 사는 삶이 된다는 확신, 그리고 이를 바탕으로 죽음마저 기꺼이 택하는 용기(勇氣)가 갖추어질 때, 다시 말해 확고한 군인정신에서 비롯될 때 비로소 가능해진다. 동·서양을 막론하고 희생이란 절대적 존재에 대해 고귀한 생명 그 자체를 제물로 바침으로써 신의 존재를 확인하고 희생자 또한 신에게 귀의하는 것을 뜻했던 것인바, 군인의 희생은 또 다른 의미에서의 절대적 존재인 조국의 안전과 그 속의 국민들의 생명을 수호하기 위해 가장 귀한 생명을 포함한 모든 것을 아낌없이 바친다는 의미다. 이러한 희생정신은 타를 위한 완전한 헌신이며 자기 것의 포기이고 아낌없이 주는 정신인 것이다.

용기는 군인정신의 정화로서 시련과 난관에 부닥쳤을 때 이를 극복할 수 있는 원동력이며 생명의 위협과 공포 속에서도 과감한 결단을 내려 맡은 바 임무를 완수하고 책임을 다하게 하는 것이다. 죽음을 초월할 수 있는 군인의 용기는 가장 숭고한 용기다. 이러한 진정한 용기는 군인의 본질 자체이기도 하다. 다시 말해 용기가 있으니까 군인인 것이요, 이와 같은 용기가 없이는 군인일 수가 없는 것이다. 전투의 승리는 죽음을 두려워하지 않는 진정한 용기로써만 가능하다.63) 그렇기 때문에 조국을 수호하는 것도 우리 개개인의 진정한 용기에 의해서만 가능한 것이다. 전투를 수행하는 군인에게는 육체적 용기가 더 중요하다고 생각하는 사람도 있겠지만 도덕적 용기가 결여된 육체적 용기란 운전대 없는 자동차나 조종간 없는 비행기와 같아 자칫 그릇된 방향으로 나아가게 할 수 있다. 따라서 도덕적 용기가 더욱 중시되어야 하는 것이다. 즉 용기 중에서도 도덕적 용기야말로 최고의 미덕인 셈이다. 일찍이 도덕적 용기를 갖고 육체적 위험을 피하려고 한 사람은 없었다.

명예는 한 인간이 수행한 일의 업적이나 그가 점(占)하고 있는 지위에 대해 사회로부터 주어지는 존경도라고 할 수 있으며 내면적으로는 자신이 수행한 일의 성과에 대해 스스로 만족하고 보람을 느끼는 심리적 태도라고 할 수 있다. 군인정신 요소 중 하나인 이러한 명예심은 전투에서 반드시 승리하겠다는 강한 의지를 갖게 해 주는 것은 물론 패배하고 비굴하게 살아남기보다 차라리 용감하게 싸우다 죽겠다는 각오를 갖게 함으로써 불리한 상황하에서도 적극적으로 전투에 임할 수 있는 힘을 부여한다. 군인의 명예와 관련해 한 가지 더 지적해 두고 싶은 것은 종종 명예를 오인해 발생하는 이른바 출세주의라는 병폐에 대한 것이다. 이 출세주의는 명예를 외적인 것으로만

---

63) 국방일보 2004년 1월 8일.

파악할 때 종종 결합하여 군대윤리를 타락시키는 주범이 되곤 한다. 즉 명예를 '다른 사람이 나를 어떻게 볼 것인가' 하는 것으로만 인식해 외적 척도인 계급과 직위의 상승에만 힘쓸 때 그러한 목표에 도달하기 위한 수단으로 비도덕적 무리수를 두게 되는데, 이러한 무리수가 따르는 것은 바로 내적 명예를 몰각한 소치인 것이다. 꿈의 실현에 있어서 정의롭지 못한 행동, 비윤리적인 요소들이 끼어들게 되면 꿈의 실현이라는 목표는 그 내부로부터 병을 잉태한다. 출세병(病), 성공병(病), 충성병(病) 등이 바로 그것들이다. 왜 군인들에게 무력을 관리하는 막중한 지위를 맡겨 주었는가를 생각해 볼 때, 국민들의 기대에 어긋나지 않도록 '국가를 위한 일이라면 자신의 명예를 죽음으로라도 지켜내겠다.'는 결연한 의지가 군인에게는 특별히 요구된다고 하겠다.

군인은 그 임무 수행에 있어 생명을 담보로 한다는 특성이 있다. 삶과 죽음에 대한 평가와 죽음을 무릅쓰고 임무를 완수한다는 직업상의 특성에 대한 확고한 판단 기준이 요구된다. 군인의 가치관을 정립하고 윤리의식을 함양한다는 것은 실로 '국가관', '직업관', '사생관'을 군인의 정체성에 부합하도록 설정하고 그것을 행동으로 옮기는 실천력을 구비하는 것이다. 그러나 이 세 가지 가치관이 군인의 정체성과 동떨어진 것이 되거나, 설사 합당한 가치관을 갖고 있다고 할지라도 그것을 행동으로 옮기려는 의지와 동기가 없다면 진정한 군인이라고 할 수 없기에 꾸준한 실천이 무엇보다도 필요하다.

5. 군인의 올바른 사생관 정립을 위한 죽음대비(준비)교육 프로그램

가. 죽음의 긍정적 수용의 필요성

죽음이 우리에게 다가올 때 우리는 일반적으로 몇 가지 다음과 같은 중요한 질문을 하게 된다. 우선 죽음을 어떻게 받아들여야 하는가? 이때 우리에게 무슨 일이 일어나는가? 또한 죽음 후에는 우리에게 무슨 일이 일어나는가? 등의 질문이다. 이러한 질문은 인간 실존의 가장 깊은 내면과 관계되며, 인간이 이 지상에 존재하는 한 계속될 것이다. 살아 있는 현존재의 기본 특성으로서의 죽음은 삶의 한 부분으로 받아들이기에는 몹시 두렵고 힘든 일임에 틀림이 없다. 수많은 세월 동안 많은 사람들이 죽음의 불가피성에 도전하거나 순응하면서 죽음을 맞이하였다. 그러나 죽음의 해결을 위한 인간의 노력 중 대표적인 노력인 의학이 고통을 덜어주고, 위안을 주고 있지만 근본적인 해결책을 주지는 못하고 있다.

인간의 죽음과 관련한 네 가지 공리가 있는데, 첫째, 인간은 누구나 죽는다. 둘째, 그러나 인간은 언제 죽을지 모른다. 셋째, 인간의 죽음은 어느 누구도 생전 시기에 경험할 수 없다. 넷째, 인간은 아무도 나를 대신하여 죽어 줄 수 없다 등이다. 인간에게 있어 죽음의 불가피성은 곧 죽음의 필연성으로 제시되는데, 이 죽음의 필연성은 인간으로 하여금 죽음에 대한 이해와 준비를 요구하고 있다. 그러나 인간은 필연성만으로 죽음을 긍정적으로 수용할 수는 없다. 즉 죽음의 필연성보다는 죽음에 의미가 있음을 인식하고, 이 의미를 삶 속에서 깨닫도록 노력할 때 좌절이나 절망의 자세가 아니라 적극적인 자세에서 죽음을 긍정적으로 수용하고, 극복할 수가 있을 것이다. 그러므로 여기에서 요구되는 것은 항상 자신의 유한성을 인정하고 삶 속에서 최선을 다하는 생활이며, 죽음의 의미를 인식하고 바른 자세로 살 때 죽음의 불가피성 앞에서 좌절하거나 부정하지 않을 것이다.[64]

죽음이 인간에게 불가피한 현상이라면 제대로 죽는 방법은 무엇인가? 무엇이 좋은 죽음이고 그렇지 않는 죽음일까에 대한 성찰이 요구된다. 한마디로 죽음의 기술(the art of dying)이 필요하다는 것이다. 그러나 죽음을 가치 있게 받아들이도록 하는 죽음의 기술은 어떻게 하면 죽음을 가급적 회피할 수 있는가에 관한 것이 아니다. 여기서는 죽음을 회피하려고 하지 않는다. 스스로 죽으려고 하는 것(자살 등)과 죽음을 회피하려고 하는 것은 사는 것이 아니기 때문이다.[65] 죽음은 살아 있는 자에게만 나타나는 것으로, 앞으로 나는 어떻게 죽음을 맞이할 것인가? 혹은 죽음이 도래할 때 어떻게 할 것인가? 등에 대해 생각하는 것은 현재를 살아가는 데 많은 문제를 해결해 준다. 이것은 어떤 면에서 죽음의 보험(death insurance)에 가입함으로써 미래의 죽음에 대비를 든든하게 하는 것과도 같다. 죽음 보험에 가입하면서 우리는 우리의 죽음을 예측하고, 준비하고, 계획을 세우고, 컨트롤하면서, 점차 실제적 삶에서 정신적 삶으로 전환시킬 수 있는지를 배울 수 있는 기회를 가지게 된다.

놀랍게도 죽음은 우리 삶에서 피할 수 없는 현존이지만 오히려 그것은 우리에게 많은 선물을 준다. 죽음의 준비로 우리의 삶을 풍요롭게 할 수 있기 때문이다. 구체적으로 비록 우리가 언제 죽을지 아무도 모르지만 어떻게 죽을지에 대한 전망을 통해 죽음의 대비 혹은 준비를 함으로써 어떤 도움을 받을 수 있을 것인가? 첫째, 죽음에 대

---

64) 김정우, 앞의 책, pp.78 − 81.

65) P. Weenolsen, *The art of dying*(New York: ST. Martin's Press, 1996), p.9.

해 생각하는 것은 이에 대해 아무런 전망이나 계획이 없는 사람보다는 죽음에 대한 감각을 무디게 함으로써 죽음에 대해 누구나 가지고 있는 두려움에서 어느 정도 벗어나게 해 준다. 그래서 우리는 죽음에 대해 용감해지고, 따라서 삶은 훨씬 더 즐거운 모험이라는 사실을 알게 되고, 이제는 죽음의 위험에 처해서도 당황하거나 두려워하며 회피하지 않는다. 둘째, 죽음의 절박함(death's imminence)은 우리에게 현재를 미래에 맡기지 않도록 경고해 준다.66) 미래에 대한 기대가 없는 경우, 현재적 삶에만 몰입하고, 익숙한 것만 찾는다. 그러니 현재에서 익숙하지 않는 것에 대해서는 생각하지도 않고 무턱대로 두렵다고 생각한다. 그러나 미지의 것 내지 새로운 것도 얼마든지 의미가 있을 수 있다. 이것에 대해 신비감을 가지고 도전해 봄으로써 그만한 가치가 있음을 알게 된다. 죽음도 마찬가지이다. 죽을 수밖에 없지만, 어떻게 죽을 것인가에 대한 진지한 성찰 속에서 산다면, 혹은 언제 죽을지 비밀인 상황에서 언제 죽더라도 후회스럽지 않으려면 바로 한순간 한순간을 마지막이라는 자세로 성실하게 최선을 다하게 된다면 역시 죽음에 대한 성찰은 그만큼 삶을 의미 있고 풍성하게 해 주기 때문이다. 셋째, 죽음에 대한 전망은 우리를 가족이나 친척 그리고 친구들에게 더 가깝게 다가가도록 한다. 사랑하는 사람들이 먼저 죽지 않는다면, 내가 이들을 먼저 떠나야 한다. 이것을 인식하는 것은 역설적이게도 나와 다른 사람들을 연결시켜 준다. 현세적 삶에서 바쁘고 지친 우리들에게 경우에 따라서는 가족이나 친척 혹은 친구들이 부담스럽고 그래서 멀리하고 왕래가 적을 수 있다. 그러나 이제 죽음으로써 이들과 더 이상 만날 수 없다는 자각은 아무리 힘들어도 이들과의 진실한 만남과 관계를 더욱 향상시키는 계기가 된다. 그래서 평상시 갖지 못했던 관심이나 상대방에 대한 앎으로 상호간에 두터운 인간적인 관계를 형성하도록 한다. 가족이나 친척 혹은 친구의 죽음 등은 나로 하여금 삶을 성찰하게 하고, 뭔가를 의미 있게 하도록 움직이게 하는 중요한 계기이며, 이로 인하여 나는 삶에서 진실한 문제의 핵심을 꿰뚫어 볼 수 있게 된다. 넷째, 죽음에 대한 전망은 우리의 삶에 의미를 창출하도록 한다. 즉 우리가 어떻게 살아갈 것인가? 나의 삶은 정직하고 일관성이 있는가? 나는 왜 사는가? 나의 삶의 목적과 방향은 무엇인가에 대해 끊임없이 성찰하고 개선하도록 한다. 인간은 의미를 찾고, 보다 고귀한 가치를 추구하는 존재이기 때문이다. 우리 인간이 삶을 의미 있게 할 어떤 것이 필요하다면 시간이 필요한데, 이는 바로 죽음에 대한 성찰과도 연결된다.

　죽음(death)과 죽어 가는 것(dying)에 대한 관심과 이해는 타인에 대한 관심을 갖는

---

66) 위의 책, pp.10-11.

훌륭한 계기이며, 이때 자기이익을 초월하는, 즉 지엽적인 관점에서 보편적인 관점으로 도약하는, 그리고 개인과 사회를 돕는 잠재성을 갖는다. 이것은 결국 사랑, 따뜻한 배려, 동정, 돕기, 치료 등과 관련된 것이다. 그러므로 죽어 가는 기술은 사실상 살아가는 기술인 것이다. 잘 죽어 가는 것은 용서하고, 사랑하고, 상실감을 극복하고, 기도하고, 서로 연관을 맺는 것이다. 이것은 궁극적으로 잘 살아가는 것인 것이다. 그러므로 문제는 결국 사는 것으로 이것이 어려운 것이지 죽음이 어려운 것은 아닌 것이다.

나. 군인의 죽음대비교육의 의미와 그 의의

죽음의 문제가 바로 삶의 문제라는 점은 앞에서 누누이 언급한 바 있다. 누구나 자신이 살아온 방식 그대로 죽게 마련인데, 그렇다면 내가 어떤 사람이며 어떤 삶을 살았는가 하는 것이 중요하다. 군인으로서 군인답게 죽는 죽음, 즉 참된 군인의 죽음은 무엇인가? 그것은 군인으로서 가치 있는 죽음이고 그러기 위해서는 옳은 목적을 위해, 올바른 방식으로, 의미 있게 죽는 것이다. 이것은 쉽지 않다. 무엇보다 한 개인으로서 군인의 참된 삶의 방향이 무엇인가에 대한 인식이 확고하게 정립되어 있어야 하며, 평소 죽음에 대한 이해를 통한 제대로 죽는 것에 대비가 있어야 가능하다. 이런 의미에서 일반인에게든 군인에게든 죽음대비(준비)교육은 매우 필요하다.

삶과 죽음은 한순간도 떨어져 있지 않고 밀접하게 연결되어 있기 때문에, 죽음교육은 인간 삶의 가장 근원적인 토대에 대한 물음이다. 죽음대비교육이란 죽을 각오를 하는 것이 아니라 죽음준비를 통해 삶을 보다 의미 있게 변모하도록 돕는 것이다. 죽음을 제대로 준비하지 않는 사람은 제대로 삶을 살 수가 없기 때문이다. 세계적인 죽음교육의 전문가인 몰건(J. D. Morgan)은 죽음교육의 의미를 다음과 같이 설명하고 있다.67) 첫째, 죽음교육은 "죽음을 준비시켜 주는 것이다(preparation for death)." 이는 죽음과 관련이 있는 다양한 주제들을 교육함으로써 죽음을 대비하는 교육이다. 둘째, 죽음교육은 실제 죽음이나 죽음이 일어날 가능성이 존재하는 상황 속에 있는 직업인들을 교육시키는 의미를 갖는다. 특히, 죽음의 현장에 많이 노출되어 있는 의사, 간호사, 법조인, 성직자, 군인, 소방관, 경찰관 등을 교육시키는 것이다. 이들로 하여금 죽음에 대한 다양한 문제를 생각하도록 특히 도덕적, 법적 그리고 경제적인 문제를 생각하도록 교육시키는 것이다. 셋째, 죽음교육은 죽음의 의미, 죽음에 대한 태도, 그

---

67) J. D. Morgan, "Death education in the context of general education", In J. D. Morgan ed., *Reading in Thanatology*(New York: Baywood Publishing Company, 1997), pp.1－3.

리고 죽음을 대처하는 방식들에 초점을 두는 프로그램이나 강좌를 의미한다. 여기서는 다음과 같은 점을 강조하고 있다. ① 죽음은 비켜갈 수 있는 것이 아니다. 자연적인 삶의 한 주기이다. ② 죽어 가는 사람은 죽은 사람이 아니라 아직까지 살아 있는 인격이므로 특별한 돌봄을 베풀어야 한다. ③ 사별의 경험을 가지고 있는 유족들은 절망의 상태에 빠져 있으므로 그들도 돌볼 필요가 있다. ④ 죽어 가는 사람과 유족들은 공동체로부터 많은 도움을 필요로 하고 있다. ⑤ 아이들도 삶의 자연주기의 한 부분으로서 죽음을 알 필요가 있다.

군인도 인간인 이상 죽을 수밖에 없다. 군인에게도 죽음이 예정되어 있지만 그것이 언제 어떻게 왜 오는지에 대해서는 아무도 모른다. 기왕이면 멋지고 가치 있게 죽는다면 얼마나 좋을까? 그렇다면 군인에게 있어 무엇이 멋진 군인다운 죽음일까? 다른 사람들에게 오래 기어될 수 있는 가족과 국가를 위해 군인에게 주어진 신성한 책무를 다하는 중에 죽는 것일 것이다. 이러한 죽음이 말처럼 쉽지는 않다. 왜냐하면 누구나 강하게 생명에의 집착을 하기 때문에 죽음을 쉽게 생각하지 않기 때문이다. 따라서 군인으로서 제대로 죽는다는 것이 무엇인지를 가르쳐야 한다. 그것은 무엇일까? 앞에서 말한 죽음준비교육의 내용이 이에 해당될 것이다. 누구나 죽음에 대한 공포와 불안을 품는 것은 생명체가 지니는 자연스런 자기보존본능이지만, 이러한 감정은 자신에게 닥쳐온 위험을 미리 감지하고 창조성을 배양하는 적극적인 기능을 한다는 점을 인식하는 것이다. 고통과 슬픔, 아픔을 안 사람이 그것을 다시 겪지 않도록 미리 준비하는 것처럼, 죽음이 갖는 유한성에 대한 철저한 자각으로 제한되게 주어진 자신의 현재의 삶을 보다 의미 있게 살아갈 수 있도록 하는 것이다. 죽음은 상실의 고통만이 아니라 새로운 희망을 수반하고 찾아온다는 인식하에 죽음이 갖는 희망적인 요소에 초점을 맞추도록 해야 한다. 죽음의 시기와 양태를 모르기 때문에 겸허하게 이를 수용하여 죽을 때 죽더라도 죽기 전까지는 최선을 다하는 성실한 삶에서 역설적이지만 아름다운 삶을 보증할 수 있는 것이다.

동·서양의 철학사상에 잘 나타나 있는 것처럼, 죽음이든 고통이든 결코 벗어날 수 있는 것이 아니라면 적극적으로 수용하는 것이 더욱 현명한 선택이라는 점을 가르쳐야 한다. 그리하여 죽음을 인생의 도전이자 자극, 삶의 한 부분으로 받아들이는 자세를 갖도록 해야 한다. 군인으로서 바람직한 삶을 살아가기 위해서는 군인다운 길에서 나는 어느 위치에 있는가? 무엇이 부족한가? 어떻게 그 부족함을 메울 것인가에 대해 쉼 없이 반성하도록 해야 한다.

다. 일반적인 죽음대비 프로그램 사례

인간에게 있어 죽음은 명백한 사실임에도 불구하고 현대문화는 심각하게 죽음에 대한 문제를 고려하지 않고 있는 실정이다. 우리 주변에 자신의 생명은 물론 타인의 생명 가치를 함부로 여겨 쉽게 죽음으로 몰고 가는 수많은 경우를 보면서, 특히 자살자들과 자살실패자들 그리고 자살에 유혹을 느끼는 사람들이 한 번이라도 심각하게 죽음을 생각해 보고 죽음교육을 받았더라면 그렇게 쉽게 자살을 시도하지 않았을 것이라고 생각된다. 그런가 하면 어릴 때부터 자신은 물론 타인의 생명가치 더 나아가 자연의 모든 생명이 존엄하고 소중하다는 교육을 지속적으로 받아 생명존중의 삶을 실천해 왔다면 요즘처럼 주변에서 생명경시의 만연으로 인한 죽음의 다반사, 그것도 너무나 어처구니없는, 무의미한 죽음을 쉽게 경험하지 않았을 것이다. 아무튼 그 어느 때보다도 인간의 죽음에 대한 진지한 성찰이 요구되는 현시점이지만, 제대로 된 죽음교육이 이루어지지 않고 있다는 데 문제의 심각성이 있다. 죽음교육의 필요성을 제기하는 사람들은 죽음교육이 공교육에서 반드시 이루어져야 한다고 주장한다. 죽음교육의 중요성에도 불구하고 죽음교육에 대한 사례가 많지 않기 때문에 여기서 논의하고자 하는 일반적인 죽음대비 프로그램 사례는 캐나다 킹스 대학의 죽음과 사별교육 연구소(King's College for Education about Death and Bereavement)[68]의 죽음교육 프로그램에 대한 간단한 소개와 최근 국내에서 있었던 세계의 죽음준비교육에 대한 국제세미나[69]의 자료를 중심으로 설명하고자 한다. 왜냐하면 전자와 관련하여, 본 연구자가 조사한 바로는 캐나다의 죽음교육은 세계 어느 나라보다 선구적이고 체계적으로 잘되어 있는데, 이는 바로 세계적인 죽음교육의 권위자인 존 몰건(J. Morgan)이 1975년에 이 대학의 학장으로 부임하면서 '죽음과 사별교육에 관한 연구소'를 설립하고 꾸준히 교육을 해 왔기 때문이다.

현재 세계적인 죽음교육의 모델을 제공하고 있는 킹스 대학교의 죽음과 사별교육연구소는 1994년부터 완화요법과 죽음학 프로그램을 개설하였고, 대학의 학점 인정 과목으로서 죽음학 관련 과목을 많이 개설하고 있으며, 원격 인터넷을 통해서도 교육 프로그램을 운영하고 있다. 이 과목들은 대학의 교양과 전공과목으로 개설되고 있는데, 이 과목을 수강한 젊은 학생들은 죽음에 대한 인식과 교육의 필요성을 느낄 뿐만

---

68) J. D. Morgan, *Death Education in Canada*(Ontario: King's College Press, 1990).

69) (재)사랑의 장기기증운동본부, 『죽음준비교육, 왜 실시해야 하는가?』, 세계의 죽음준비교육에 관한 국제세미나 자료집, 2004년 2월 28일.

아니라 죽음교육을 더욱 심화시키는 교육을 받기도 한다. 특히 이 연구소에서는 죽음학 자격증 프로그램을 운영하고 있는데, 이는 죽음교육 자격증을 갖기를 원하는 시간제 학생들을 위한 10학기 과정 프로그램이다.[70] 이 프로그램을 통해 수강해야 할 과목은 이론과정 교과목과 실천적용과정 교과목으로 나누어진다. 전자는 다시 필수과목과 선택과목으로 나누어지는바, 전자는 죽음학 개론, 완화요법, 사별, 현장배치가 있으며, 후자는 어린아이들과 죽음, 자살, 죽음과 사별에 있어서 철학적이고 윤리적인 문제, 개인과 가족 상담이 있다. 선택과목 중에서 1과목을 선택하도록 되어 있다. 실천적용과정 교과목은 총 6개의 선택과목으로 구성되어 있는바, ① 위기반응, ② 죽어가는 사람과 사별을 경험한 사람들과의 교류, ③ 슬픔지원 집단, ④ 완화요법(적용권리와 실천), ⑤ 죽음과 사별에 대한 창조적 반응, ⑥ 완화요법에서 개인적이고 전문적인 문제 등이 그것이다. 이 중 4개 과목을 선택하도록 되어 있다.

영국에서는 중·고등학생용의 『좋은 비판』이 출판되어 비판교육이 죽음대비교육의 일환으로 진행되고 있다. 여기서는 비단 비판뿐만 아니라 죽음에 대한 불안, 공포, 슬픔, 상실감, 고독감 등의 체험을 감당하고, 성장의 양식으로 삼아야 하며, 이들에 대한 주위의 이해와 원조가 필요하고, 그러기 위해서는 아이들이 죽음에 대해서 질문하고 관심을 가지며, 토론할 수 있는 교육과 상담의 기회를 주어야 한다고 보고 있다. 죽음교육의 기회로서 ① 그 학생에게 소중한 사람, 즉 부모, 형제, 조부모, 친구 등이 죽었을 때, ② 학교의 교사나 학급 친구의 죽음, ③ 매스 미디어를 통해 보도된 유명인의 죽음, ④ 재난이나 사고로 많은 사람이 죽었을 때, ⑤ 친지가 병사했을 때이다. 또한 이 책에서는 죽음의 역사나 가족의 죽음, 자살, 이혼, 장례의 의의, 사후 생명의 고찰, 비판의 과정과의 대결 등 다양한 것이 수록되어 있다. 특히 사랑하는 사람과의 사별이나 이별 후의 불안이나 비판이나 상실감에 빠져 있는 이들을 도와야 한다고 강조한다. 초등학교 3학년에 죽음대비교육으로 쓰고 있는 교재인 『죽음 – 무엇이 일어나는가?』에서는 아이들이 사랑하는 사람이나 신변의 사람을 잃었을 때 느끼는 심정, 즉 슬픔이나 두려움, 쓸쓸한 혼란, 분노, 죄의식, 걱정거리 등에 대해서, 또 이들에 대한 대처 방법이 잘 나타나 있고, 무엇이 일어났는지 의문을 안고 있는 아이들에게 주는 메시지가 잘 정리되어 있다. 소중한 사람을 잃은 아이나 그러한 학급 친구를 가진 아이들은 물론이고 우울하지만 어른이 감지하기 어려운 아이들의 심리가 쓰여 있고, 초등학교 교사나 부모에게도 권하는 책이다.[71]

---

70) 각 학기는 3개월씩 운영되며, 캐나다의 1년 교과과정 프로그램과 비슷하므로 1년간의 기간이 필요하다. *Palliative Care and Thanatology Certificate Syllabus*(King's College, 2002), pp.2–13.

독일에서는 통일 이전에는 죽음교육이라는 독립된 교과목은 없었지만 병원에서의 비인간적인 죽음의 증가를 반성하는 운동이 20년 전부터 왕성했고, 이에 따라 국공립 학교에서 매주 2시간 종교시간을 활용해 죽음교육이 실시되어 왔다. 여기서는 죽음의 주제를 종교의 관점에 한정하지 않고, 철학, 심리학, 의학, 문학, 종교학 등 다양하게 학제적으로 가르치고, 거기에는 항상 특정한 생사관을 강요하거나 주입하는 것이 아니라, 어디까지나 학생 자신들이 주체적으로 생각할 수 있도록 학생의 발달 단계에 따라서 다각적인 죽음의 테마를 취급하고 있다.[72]

이상에서 간략하게 살펴본 바와 같이 세계 각국에서는 죽음에 대비한 교육들이 초·중등학교 그리고 대학교에서 실시되고 있음을 살펴보았다. 아쉽게도 우리나라의 경우는 아직도 제도적(교육과정상)으로나 교사의 자발적인 참여로 이루어지는 비제도적으로도 죽음대비교육이 전혀 실시되지 않고 있는 실정이다. 이러한 몇 가지 사례, 특히 학교교육에서의 죽음대비교육을 통해 본 연구의 초점인 군인의 죽음대비교육을 위한 보다 직접적이고 효율적인 시사점을 도출하기는 쉽지 않지만, 군인의 죽음대비교육 프로그램 개발을 위해 군인의 죽음대비교육이 지향해야 할 방향이나 내용 그리고 방법 등에서 충분한 준거점을 제공하고 있다고 볼 수 있다.

라. 군인의 죽음대비교육 프로그램(시안)

앞에서 말했듯이, 죽음교육은 죽음과 관련된 모든 사람들이 인간의 삶은 영원하지 않고 한 번 이상 주어져 있지 않다는 분명한 사실을 잊어버리지 말고, 인간의 고통스럽고 처참한 상황에 있는 죽어 가는 사람을 비롯한 모든 사람을 매우 소중하게 다루어야 함을 강조하는 인간교육이다.[73] 이러한 관점을 군인의 삶과 죽음의 특성을 감안하여 군인의 죽음교육에 적용해 볼 수 있다. 그렇다면 군인을 위한 죽음교육도 앞에서 말한 죽음교육의 의미와 크게 다르지 않다. 그러한 토대 위에서 군인이라는 특수성, 군인의 삶과 가치, 행동양식 등에 맞게 교육목표와 내용 그리고 방법을 재구성한

---

71) 김현수, "한국에 있어서의 죽음의 대비교육: 초등학교의 죽음대비교육의 개척을 중심으로", (재)사랑의 장기기증운동본부, 『죽음준비교육, 왜 실시해야 하는가?』, 세계의 죽음준비교육에 관한 국제세미나 자료집, 2004년 2월 28일, p.88.

72) 위의 글, p.89.

73) J. D. Morgan, "The Person: Dying and Bereaved", In J. D. Morgan ed., *Personal care in an impersonal world*(Washington: Baywood Publishing Company, 1993), p.19.

것이 바로 군인의 죽음준비교육이라고 할 수 있다. 그러므로 군인을 대상으로 하는 죽음준비교육의 목표는 군인이기 이전에 인간으로서 갖는 죽음에 대한 공포심이나 불안 그리고 거부가 왜 발생하고 어떻게 표출되는가에 대한 기초적 이해를 바탕으로 군인으로서 독특한 삶에서 직면하는 죽음이 갖는 의미를 숙고하게 하고, 군인다운 삶의 토대로서 죽음관을 어떻게 견지해야 하는지에 목표를 두어야 한다. 또한 자신을 둘러싼 사람들이나 생명체의 죽음을 성찰해 보고, 인간 슬픔의 역동성을 이해하고, 죽음체계를 이해하는 데도 초점을 두어야 한다. 결국 군인으로서의 참된 삶을 살아가는 데 훼방꾼이 될 수 있는 죽음에 대한 사고나 행동방식을 긍정적인 방향으로 전환하는 데 군인죽음교육의 기본목표가 있다고 할 수 있다.

이러한 죽음준비교육의 목표에 비추어 볼 때, 군인으로 하여금 바람직한 사생관을 갖도록 하기 위해서 효과적인 군인이 죽음대비교육 프로그램을 어떻게 구안할 수 있을까? 이를 위해 먼저 우리에게 요구되는 것은 군인의 죽음대비교육이 구체적으로 누구를 대상으로 하는가(대상), 어떤 내용을 가르칠 것인가(상황별 혹은 주제별), 어떻게 가르칠 것인가(방법) 등에 대해 심사숙고해야 한다는 점이다. 왜냐하면 군인의 죽음대비교육은 군인을 대상으로 하는 교육이지만, ① 좀 더 구체적으로 그 대상이 직업군인인가 의무복무자인가에 따라, 또한 군간부를 대상으로 하는가 아니면 사병을 대상으로 하는가, 혹은 의무병을 대상으로 하는가에 따라, ② 군인이 맞이하는 죽음의 상황에 대한 차이에 따라서, 즉 전시, 훈련 중, 경계 중, 파병 중, 휴가 중인가, 또 수행하고 있는 임무의 내용이 어떤 것인가, 즉 위급한 상황인가 평상시인가 등에 따라서, ③ 군인 자신의 직접적인 죽음뿐만 아니라 군인의 가족이나 친척, 친구, 애인 등 자신 이외의 타인의 죽음에 대한 간접적 경험 등에 따라서 군인의 죽음대비교육은 강조하고자 하는 주제나 가치 그리고 방법 등이 얼마든지 달라질 수 있기 때문이다.

둘째, 군인을 위한 죽음대비교육의 내용에 대해 다음과 같은 것을 제시할 수 있다.

① 자신의 생명 가치를 존중하고 아낄 뿐만 아니라 이것을 바탕으로 타인의 생명을 존중하는 자살예방교육. 따라서 할 수만 있다면 자신의 생명뿐만 아니라 타인의 생명을 훼손할 수 있는 무가치한 일을 하지 않도록 해야 한다. 특히, 자살에 대한 충동에서 벗어날 수 있도록 강한 삶에의 의욕이나 자신의 내적인 문제해결을 위한 다각도의 노력을 병행할 수 있도록 해야 한다.

② 사별로 인한 슬픔은 정상적인 인간의 반응이라는 점을 인식하게 함으로써, 군인으로서 복무하는 동안 경험하는 부모, 형제, 친척, 친구 등의 죽음에 대해 심하게 충격받거나 절망하지 않도록 함으로써 궁극적으로 자신의 삶을 방치하고 자신의 책무에

소홀히 하지 않도록 한다.

③ 죽음과의 관계성 안에서 삶의 가치를 명료화하도록 한다. 군인으로서의 삶이 갖는 특수성을 올바르게 인식하고, 언제 어느 때 죽더라도, 혹은 죽음의 상황에 처하더라도 후회 없이 당당하게 죽음을 받아들일 수 있는 진정한 용기를 갖도록 한다. 그러기 위해서는 현재 나의 삶을 보다 가치롭고 충실하게 하기 위해 필요한 자신의 과제를 인식하고 성실하게 실천하도록 한다. 이를테면 평소에도 부모나 형제, 친척, 친구들과의 따뜻한 만남을 유지하도록 힘쓴다든가, 나보다 어려운 동료에 대해 많은 도움을 준다거나, 힘든 상황에서도 희망을 잃지 않고 꿋꿋하게 이겨낼 수 있는 용기와 자신감을 가져야 한다. 특히, 직업군인은 일종의 자기실현의 장으로서 스스로 택한 직업인의 길을 걷고 있다는 사실, 또한 자기실현이 국가와 국민의 생명과 재산 보호라는 신성한 임무 완수라는 자부심을 가지고, 비록 일반인과는 달리 상명하복의 규율에 의해 언제든지 자신의 하나밖에 없는 목숨을 던져야 하지만 이것을 오히려 명예롭게 받아들일 수 있어야 한다. 직업군인으로서 참다운 군인다움은 어떤 곳에서 무엇을 하다 어떻게 죽었느냐가 더욱 중요하기 때문이다. 의무복무자도 이 점에서는 동일하다. 물론 자신에게 주어진 일정한 의무 복무기간을 채우면 일반인으로 다시 사회에 복귀하지만, 군인으로서 복무하는 한, 국가의 부름을 신성시하여 어떠한 임무에도 정성을 다해 군인으로서의 명예를 훼손하지 않도록 하는 것이다. 이것이 바로 자신의 삶의 보람이며, 더 나아가 가족과 친구에게도, 국가와 민족에게도 더 큰 가치를 부여하는 것이다. 그러므로 항상 나는 어떻게 죽을 것인가에 대한 나의 미래적 죽음에 대한 예견을 통해 나의 현재적 삶이 더욱 의미 있도록 내가 더욱 노력해야 할 부분이 무엇이며 어떻게 채울 수 있는지를 알아 실천하도록 하는 것이다.

④ 자신의 죽음에 대해 회피나 두려움의 태도를 갖지 않도록 한다. 오히려 죽음을 통해 보다 건설적이고 미래 지향적인 창조적인 삶의 가능성을 발견하도록 한다. 뿐만 아니라 주변 사람들의 죽음으로 인한 사별에서 비롯되는 슬픔이 갖는 역동성을 이해하도록 하며 창조적인 반응을 나타내도록 한다. 그렇게 함으로써 자기 스스로의 목숨을 끊는 자살로부터 멀어질 뿐만 아니라 사별로부터 오는 슬픔이나 고통에 깊게 빠져 자신의 본연의 일을 하지 않거나 타인에게 불편을 주지 않도록 한다. 또한 이러한 태도를 통해 죽음을 경험하는 주변의 동료들의 고통이나 슬픔을 완화시킬 수 있도록 한다. 더 나아가 자칫 이러한 죽음교육이 남용 혹은 오용되어 죽음의 문제를 경시하거나 한갓된 유희적 사건으로 착각하지 않도록 경건한 태도를 심어 주어야 한다.

셋째, 그렇다면 죽음교육의 효과적인 방법은 무엇이겠는가? 군인의 심리적, 환경적 특성과 군대조직이 갖는 특별한 속성 혹은 분위기가 고려되어 방법이 강구되어야 한다. 이는 군대에서 활용할 수 있는 공식적(신병교육기간, 지휘관 훈화시간, 각종 교육훈련시간, 정훈시간 등), 비공식적 교육의 기회(각종 모임, 군종 시간, 회식 시간, 휴가 전후 정신교육 시간, 체력단련 시간, 면담 시간 등)를 적절하게 조화롭게 운영하는 것이고, 교육 인력 풀도 군대(지휘관, 정훈장교, 군종 등)에서만 충원할 것이 아니라 전문 민간인도 적극 활용되어야 한다. 대학을 포함한 사회의 여러 기관에서의 죽음교육에 대한 다양한 정보와 교육의 풍부한 노하우를 가진 인사들을 적절하게 활용한다면, 전문 인력이 부족한 군의 인력 풀을 유익하게 지원할 수 있기 때문이다. 군대조직이 갖는 상명하복식의 경직된 교육프로그램의 운영이 아닌 온화하고 자유로운 분위기에서 군인으로서의 자신의 삶과 죽음에 대해 진지하게 성찰하고, 동료 장병과 생각과 경험을 교류하도록 함으로써 올바른 사생관이 정립되도록 해야 한다. 이와 관련하여 좀 더 구체적으로 살펴보면 다음과 같다.

① 정훈교육시간이나 지휘관 훈화시간을 적극 활용하여 군인의 특성과 군인의 삶에 비춰 본 죽음의 의미, 올바른 죽음관 등에 대해 지속적으로 교육을 해야 한다. 물론 이때 정훈장교나 지휘관은 죽음의 문제에 대해 고답적이고 피상적인 차원의 언급에 머물러서는 안 된다. 특히 정훈장교에 의한 죽음교육이 이루어질 때는 사전에 충분한 준비가 선행되어야 한다. 이를테면 죽음에 대한 공포의 완화요법과 죽음체험자들의 긍정적인 삶의 태도를 담은 시청각 교보재를 적극 활용하면 유익할 것이다. 또한 미리 정훈장교를 죽음교육의 워크숍에 참여시켜 유익한 자료 및 교육방법의 노하우를 습득하게 해야 한다.

② 군인 상호간 죽음에 대한 토론 및 의견 교류의 방법을 활용해야 한다. 여기서는 자신의 주변에서 경험한 죽음에 관련한 자신의 느낌, 감정 등을 상호 표현하게 하고, 죽음 목격 이후 자신의 사고와 행동에서 변화된 것들이 무엇이며, 어떻게 관리했는지 등에 경험을 교류한다. 또한 죽음에 대해 우리들에게 많은 생각거리를 줄 수 있는 책을 읽고 상호 토론을 하도록 하는 집단토론식 교육방법도 유익하다고 본다. 이를테면 군인으로서의 가치로운 죽음을 남겨 준 동서양 군인들의 일화, 역사적 영웅들의 삶의 이야기, 죽음과 사별에 대한 충격을 극복하고 긍정적 삶을 살아가고 있는 사람들의 경험을 담은 책 등.

③ 종종 철학자, 윤리학자, 상담가, 신학자, 목사 등 죽음과 관련하여 이론적, 실제적 경험을 풍부히 갖고 있는 외부 강연자를 초청하여 죽음과 관련한 특강을 듣고 생

각을 정리하도록 한다. 사별을 경험한 사람들과 직접 만나 경험을 교류하면서 자신의 가치관을 정립하도록 하는 것도 포함될 수 있다.

이상에서 논의한 것을 토대로 군인의 죽음대비 프로그램의 시안을 제시하면 다음과 같다(<표 1>, <표 2> 참조). 여기서는 교육의 대상으로 직업군인과 의무 복무자에 초점을 맞추었다.

<표 1> 직업 군인에 대한 죽음대비교육 프로그램(예시)

교육목표	직업군인으로서 투철한 군인의 사생관 정립을 통해 죽음에 대해 올바른 이해를 갖고 군인다운 삶의 가치관과 행동양식을 함양한다.
교육시기	− 최소 중대급 이상의 제대에서 활용 − 정기(분기 1회 이상)와 수시(각종 교육훈련이나 정신교육의 날 활용)
교육내용	− 군대의 역할과 사명 − 일반 직업인과 직업군인의 공통성과 특수성 − 죽음과 죽어 감의 일반적 의미와 군인 죽음의 독특성 − 다양한 삶 속에서 나타나는 죽음의 유형과 그 느낌: 군인의 죽음에 주는 함의 − 군인다운 길이란 무엇이며, 또한 군인다운 죽음은 어떤 것인가? − 나는 군인으로서 어떻게 죽기를 원하는가? 이것이 현재 나의 직업 군인으로서 삶에 주는 의미는 무엇인가? − 나의 가족, 친척, 친구, 동료 군인들과의 사별은 무엇이며, 어떻게 반응해야 할 것인가? − 군인의 죽음과 사별에서 나오는 슬픔의 역동성이란 무엇인가? − 군인의 자살 문제: 왜 스스로 목숨을 끊는가? 무엇이 문제인가? − 동서고금을 통해 군인다운 죽음의 길을 간 모범적 군인들은 누구이며, 우리에게 무엇을 남기고 있는가? − 죽음에 대한 고통과 불안감을 어떻게 해소할 수 있는가? 사별에 대한 고통을 겪고 있는 동료 군인에게 나는 무엇을 어떻게 할 수 있는가? − 죽어 가는 군인에 대한 돌봄, 자원봉사의 의의와 방법
교육방법	− 지휘관의 특강 − 정훈장교, 군종장교, 군의관에 의한 강의 − 죽음의 문제에 관한 외부 전문가 초청 특강 − 죽음의 주제를 다룬 책이나 영화 등을 읽고 본 후, 소감을 발표하고 토론하기 − 주제에 대한 집단별 토론 및 자신의 체험 발표하기 − 시청각 교보재를 활용한 상호토론 − 죽음 및 사별 경험자 초청 특강 청취 및 체험 교류

〈표 2〉 의무 복무자에 대한 죽음대비교육 프로그램(예시)

교육목표	대한민국 남자로서 일정 기간 동안 군인으로서 임무를 수행함에 있어 투철한 군인의 사생관과 군인다운 삶의 태도를 정립한다. (고결한 인격과 품성, 건전한 가치관과 도덕적 분별력을 함양시키고 백절불굴의 군인정신을 함양할 수 있도록 인성교육의 일환으로 죽음대비교육을 함)
교육시기	－ 정기(신병교육대, 정훈시간 등) － 수시(각종 교육훈련 시작 전후, 지휘관 시간, 군종 시간 등)
교육내용	－ 군대의 역할과 사명 － 군인다운 삶의 의미와 방향 － 일반인의 죽음과 군인의 죽음의 비교에 나타난 특성 － 죽음에 대한 나의 느낌은 무엇이며, 나는 군인으로서 어떻게 죽기를 원하는가? － 생명의 소중함의 근거는 무엇인가? － 군인의 자살: 왜 자살을 하는가? 그것은 어떤 문제를 갖는가? － 동서고금을 통해 군인다운 죽음의 길을 택한 모델들은 누구이며, 우리는 그들로부터 무엇을 배울 수 있는가? － 군인답게 죽기 위해 나는 죽음을 어떻게 생각해야 하며, 현재 내게 필요한 것은 무엇인가?
교육방법	－ 부대 전입 및 전출, 일상생활에서의 지휘관의 수시 교육 － 정훈장교, 군종장사병에 의한 특강과 상담 － 죽음의 문제에 관한 외부 전문가 초청 특강 － 죽음의 주제를 다룬 책이나 영화 등을 읽고 본 후, 소감을 발표하고 토론하기 － 죽음과 사별에 대한 자신의 경험이나 느낌을 동료 전우와의 대화를 통해 교류: 정훈교육 시간을 통해 죽음 문제에 대한 집중적 토론 － 죽음 및 사별 경험자 초청 특강 청취 및 체험 교류

6. 맺음말

지금까지 죽음에 대한 일반적 고찰과 죽음을 받아들이는 태도를 분석한 한 후, 군인다운 죽음 규정, 군인다운 죽음이 갖는 보편성과 특수성에 비추어 군인다운 죽음의 인간학적 의의를 살펴보았으며, 죽음에 대한 인식 및 대비가 곧 바람직한 삶의 기초라는 인식하에 군인의 올바른 사생관 정립을 위한 군인의 죽음대비교육의 목표, 내용, 방법 등을 탐구하였고, 이에 토대하여 직업군인과 의무복무자에 대한 죽음대비교육 프로그램의 시안을 제시해 보았다.

　군인은 유사시 국가와 국민의 생명, 재산을 보호해야 할 막중한 사명을 가졌다. 따라서 군은 평소에 전쟁에 대비함에 있어 강도 높은 교육훈련은 물론이거니와 죽음으로 위국헌신한다는 군인정신의 기본교육이 충실히 되어 있어야 한다. 그리하여 언제 어떠한 형태의 죽음을 무릅쓰는 상황에서도 전진하여 희생을 최소화하거나 승리할 수 있다. 이와 같이 군 전투의 승리를 위해 매우 중요한 요소인 확고한 사생관은 바로 죽음에 대한 올바른 이해에서 비롯된다. 죽음에 대한 올바른 이해란 죽음은 결코 공포나 기피의 대상이 아니라 우리의 참된 삶을 위해 창조적 역할을 한다는 점을 인식하여 죽음에 대비하는 것이다. 죽음의 대비는 언제 어떻게 닥칠지도 모르는 죽음이지만 결코 후회하지 않도록 하기 위해 현재와 미래적 삶을 가치롭게 하기 위해 부단히 자신을 반성하고 관리하는 것으로 통한다. 이때 군인은 살아도 죽는 것이 아니라 '죽어도 살 수 있는', 즉 '제대로 된 삶'을 살 수 있는 것이다.

　그러나 이러한 죽음관의 견지와 실천은 하루아침에 형성되지 않는다. 부단한 자기 노력과 배움이 수반되어야 하는바, 군인들에게 정기적, 부정기적 교육 프로그램을 통해 죽음교육이 병행되어야 한다. 특히, 요즘 심신적으로 나약한 청소년들이 군복무를 하는 동안 외로움, 군생활의 부적응, 고통 등을 이유로 쉽게 자살을 하거나 다른 장병에게 위해가 되는 행위를 하는데, 이는 군 전투력을 크게 약화시키는 것이다. 따라서 군인을 대상으로 하는 죽음교육에는 자살예방교육이라는 현실적 필요를 적극 수용할 필요가 있다. 교육방법 중에서 한 가지 유의해야 할 것은 요즘 신세대 장병들은 대체로 이미지 세대, 네트워크 세대에 해당되는 만큼 교육적 효과증진을 위해 멀티미디어를 활용한 다양한 시청각 자료, 일방적 주입식 교육이 아닌 또래 집단을 통한 자유로운 토론의 방법 등을 활용하는 것이 필요하다고 본다.

　군인으로서 군인답게 맞이하는 죽음은 군인으로서의 삶을 더욱 빛나게 해 준다. 문제는 이러한 죽음이 원하는 대로 오지 않는다는 것이다. 너무나 불확실하다. 그러기에 불안하고 두렵다. 그러나 언젠가 죽게 된다는 것이 자명한 이상 불안과 두려움에 휩싸이는 것은 아무런 도움이 되지 않는다. 언제 죽을지라도 조금도 후회 없이 만족스럽게 죽을 수 있도록 하는 것이 더 중요할 것이다. 그것은 바로 군인으로서의 삶을 후회 없이 영위하는 것이다. 그러므로 언제 죽을지, 죽으면 어떻게 될지에 에너지를 소모할 것이 아니라, 지금 나는 어떻게 살고 있는지 부족한 것은 없는지에 자문해야 한다. 죽음에 대한 진지한 숙고는 올바른 삶을 제대로 준비하도록 한다. 그렇기에 죽음의 철학은 삶의 철학 이외에 다른 것일 수 없다. "삶의 이유를 찾는다면 죽음을 준비하라.”라든가, “살아 있을 동안 죽음을 준비해야 더욱 의미 있는 죽음, 존엄한 죽음을 맞을 수 있다.” 는 메시지는 죽음이 횡행하고 충동적으로 무의미하게 살아가고 있는 현재 우리의 삶을 돌아보게 하는 거울이 아닐 수 없다. 그 속에 자신의 추한 모습이 비치지 않도록 해야 할 것이 아닌가?

참고문헌

[1]

고선일 역(필립 아리에스저), 『죽음앞의 인간』, 서울: 새물결, 2004.
권혁수, 『죽음과 부활에 관한 연구』, 고신대학 출판부, 1986.
김규영, “죽음의 의학적 정의”, 『건강과 생명』 제11집, 1997.
김남식, “소망과 완전에의 미학: 죽음에 대한 기독교적 이해”, 『상담과 선교』 제1호(1993년 여름호).
김수청, “유교의 생명윤리 – 유교에서의 생명과 죽음, 그리고 안락사”, 동아대석당전통문화연구원, 개원 21주년 기념 학술대회 논문집, 『한국인의 신체관, 영혼관, 죽음관과 생명윤리』, 2003.
김승혜 외 10인, 『죽음이란 무엇인가?』, 서울: 도서출판 창, 1990.
김영훈, 『죽음의 미학』, 서울: 시와 사회, 1992.
김정우, 『죽음의 이해』, 대구: 대구효성가톨릭대학교 출판부, 1995.
김중호, 『의학윤리란 무엇인가?』, 서울: 바오로딸, 1996.
김현수, “한국에 있어서의 죽음의 대비교육: 초등학교의 죽음대비교육의 개척을 중심으로”, (재)사랑의 장기기증운동본부, 『죽음준비교육, 왜 실시해야 하는가?』, 세계의 죽음준비교육에 관한 국제세미나 자료집, 2004년 2월 28일.
동아대학교 석당전통문화연구원, 『한국인의 죽음관』, 석당논총 제19집, 2000.
로뢰인 뵈트너, 김선운 역, 『불멸의 생명』, 서울: 개혁주의 신행 협회, 1986.
메멘토 모리, 김열규 역, 『죽음을 기억하라』, 서울: 궁리, 2001.
목정배, “생사즉열반(生死卽涅槃)은 공(空의) 실상”, 한국정신문화연구원 편, 『삶 그리고 죽음』, 서울: 대한교과서주식회사, 1995.
류인희, “유가의 죽음의 이해 – 살아도 죽은, 죽어도 산 삶”, 한국동서철학회, 『동서철학연구』 제23호, 2002.

류인희, "유가철학 - 인간적 문화에서의 영생", 한국종교학회 편, 『죽음이란 무엇인가?』, 서울: 도서출판 창, 1990.

명희진 역(셔윈 B. 뉴랜드지음), 『사람은 어떻게 죽음을 맞이하는가?』, 서울: 세종서적, 2003.

배영기, 『죽음의 세계』, 서울: 교문사, 1992.

부위훈, 『죽음, 그 마지막 성장』, 서울: 청계사, 1998.

손봉호, 『고통받는 인간: 고통문제에 대한 철학적 성찰』, 서울: 서울대학교 출판부, 1995.

송항룡, "노장에서 본 죽음의 문제", 한국정신문화연구원 편, 『삶 그리고 죽음』, 서울: 대한교과서주식회사, 1995.

알폰소디킨, 소노아야코, 박기현 역, 『삶과 죽음을 생각한다』, 서울: 대한교과서, 1998.

오진탁, 『죽음: 삶이 존재하는 방식』, 서울: 청림출판사, 2004.

오진탁, "죽음, 성장의 마지막 단계", 한림대학교 한림과학원, 『죽음 준비교육, 왜 실시해야 하는가?』, 세계의 죽음준비교육에 관한 국제세미나 자료집, 2004.

유호종, 『떠남 혹은 없어짐: 죽음의 철학적 의미』, 서울: 책세상, 1997.

윤은자·김홍규, "죽음의 이해 - 코오리엔테이션의 시각", 『대한간호학회지』 제28권 제2호, 1999.

이경순, "죽음경험 연구", 『정신간호학회지』 제10권 제3호, 2001.

이상목, "한국인의 죽음에 대한 인식과 생명윤리", 동아대학교 석당전통문화연구원, 『한국 문화와 생명윤리』, 2004년.

이왕재, "죽음이란 무엇인가?", 『건강과 생명』 제11집, 1997.

이은봉, 『여러 종교에서 본 죽음관』, 서울: 가톨릭출판사, 1995.

이은봉, 『한국인의 죽음관』, 서울: 서울대학교출판부, 2000.

정동섭, "죽음에 대한 일반적 고찰과 노년기 죽음을 위한 교회사역", 『성경과 신학』 26, 1999.

정병조 외, 『죽음의 사색』, 서울: 서당, 1989.

정진홍, 『만남, 죽음과의 만남』, 서울: 궁리, 2003.

조남욱, "死者에 대한 유교적 사고방식", 동아대석당전통문화연구원, 개원 21주년 기념 학술대회 논문집, 『한국인의 신체관, 영혼관, 죽음관과 생명윤리』, 2003.

최화숙, 『아름다운 죽음을 위한 안내서』, 서울: 월간조선사, 2003.

쿠블러 로스(Kubler Ross), 성염 역, 『인간의 죽음』, 대구: 분도출판사, 1989.

한국정신문화연구원 편, 『삶과 그리고 죽음』, 서울: 대한교과서주식회사, 1995.

한국종교학회 편, 『죽음이란 무엇인가』, 서울: 도서출판 창, 1990.

한동윤, 『호스피스』, 서울: 말씀과 만남, 1993.

황필호, 『죽음에 대한 현대 서양철학의 네 가지 접근과 한국인의 접근』, 서울: 도서출판, 1992.

[2]

Aries, Philippe. *The Hour of our Death*. New York: Knopf, 1981.

Badham, Paul. and Berger Arthur. *Perspectives on Death and Dying*. Philadelphia: Charles Press, 1989.

Becker, Ernest. *The Denial of Death*. New York: Free Press, 1973.

Brock, Dan. *Life and Death: Philosophical Essays in Biomedical Ethics*. Cambridge: Cambridge University Press, 1993.

Despelder, L. A. & A. L. Strickland, *The Last Dance: concerning death and dying*. California: Mayfield Publishing Company, 1999.

Feifel, H. "Psychology and Death: meaningful rediscovery", *American Psychologist*, 45, 1990.

Spiro, H. M. & M. G. McCarecurnen, & L. P. Wandel(ed.), *Facing death*. New Haven and London: Yale University Press, 1990.

Kuebler−Ross, E. 성염 역, 『인간의 죽음』(대구: 분도출판사, 1979).

Heidegger, M., 이기상 역, 『존재와 시간』, 서울: 까치글방, 1998.

Kastenbaum, R., "reconstructing death in postmodern society", *Omega: Journal of Death and Dying*, 27, No.1, 1993.

Hennezel, Marie de(trans. Carol Brown Janeway), Intimate Death. New York: Alfred A Knopf, Inc. 1997.

Morgan, J. D. "The Person: Dying and Bereaved", In J. D. Morgan ed. *Personal care in an impersonal world*. Washington: Baywood Publishing Company, 1993.

Morgan, J. D. "Death education in the context of general education", In J. D. Morgan ed., *Reading in Thanatology*, New York: Baywood Publishing Company, 1997.

Morgan, J. D. *Death Education in Canada*. Ontario: King's College Press, 1990.

Palliative *Care and Thanatology Certificate Syllabus*. King's College, 2002.

Samarel, N. *Caring for life and Death*. Washington DC: Hemisphere, 1991.

Veatch, Robert. *Death, Dying and biological Revolution*, New Haven: Yale University Press, 1989.

Weenolsen, P. *The art of dying*, New York: ST. Martin's Press, 1996.

제10장 군간부의 직업윤리의식 제고

김대군*

1. 머리말

'국민의 정부' 이래로 대북정책에 있어서 큰 변화가 있었다. 김대중 정부는 햇볕론을 정책의 기조로 제시하면서 대북유화정책을 펴 왔고, 노무현 정부는 평화번영정책이란 이름으로 대북유화정책을 계승하고 있다. 전쟁억지를 위해서는 화해협력이 중요하다는 관점에서, 북한은 얼어붙은 동토이기 때문에 햇볕이 필요하므로 일방적이라 하더라도 시혜를 줘야 한다는 것이 햇볕정책, 포용정책의 핵심이다. 이런 정책으로 인하여 남북한 간에는 과거와는 달리 눈에 띄는 관계의 변화가 있었다. 그러나 다른 한편으로 보면 이러한 햇볕정책으로 인하여 남북관계에 있어서 지나친 낙관론에 빠지게 되었고, 전 국민의 안보의식을 희석시키는 역효과를 가져온 점도 있다.

현실적으로 보면 북한은 아직도 우리의 안보를 위협하고 있기 때문에 우리가 경계할 수밖에 없는 첫째가는 적성국가라고 볼 수 있다. 시각에 따라 북한은 통일을 해야 하는 화해협력의 대상이기도 하지만 군사안보 면에서 볼 땐 아직도 군사적인 대립을 하고 있는 경계의 대상인 것이다.

그런데도 시대적 상황이 진보적으로 급변함으로 인해서 국민들의 안보의식은 과거 어느 때보다도 안일해져 있는 실정이다. 일반인들뿐만 아니라 군인들의 의식도 과거 같지 않다는 우려의 목소리가 높다. 따라서 이러한 시대적 혼란 상황 속에서 국방을 담당하고 있는 군인들의 직업의식은 더 확고해질 것이 요구되고 있고, 특히 군간부의 흔들림 없는 역할에 대한 기대 또한 크다. 국방의 의무를 다하고 있는 군인들의 직업의식은 바로 국가안보와 맞닿아 있다고 볼 수 있다.

---

* 경상대학교 윤리교육과 교수. 이 장의 내용은 필자의 다음 원고를 보완·발전시킨 것이다. 김대군, "군 간부의 직업윤리의식 제고 방안", 『정신전력학술논집』 제6집, 국방대학교 안보문제연구소, 2004. pp.117－174.

이러한 이념적 혼란 속에서는 군인들의 직업윤리의식의 고취는 더욱 필수적인 것이고, 군간부들에 대한 역할기대는 시대적 요청이라고 하겠다. 군간부의 직업의식이 우선 투철해야 국방을 담당하고 있는 군인들의 역할 수행에 있어서 한 치의 어긋남이 없도록 방향제시가 가능할 것이다.

현재 우리 사회의 이념적 혼란 상황은 '남남갈등'으로 나타나 극한으로 치닫고 있는 형국이다. 익히 보았듯이 선거철이 되면 국론은 분열되어 더욱더 양극단으로 나뉘어 대립을 하게 된다. 선거가 끝이 나도 화합을 기대하기가 어렵다는 것은 현재의 수도이전 문제나 국가보안법 존폐논쟁으로 생긴 국론분열을 통해서도 알 수 있다. 상생하자는 것은 구호에 지나지 않고, 서로 흠집 내기의 지속으로 국가 내 평화가 확보되지 않음으로써 국민들의 안보 스트레스를 증대시키고 있는 것이다. 이런 갈등의 한 축을 흔히 보수진영이라고 하고, 다른 한 축은 진보진영이라고 한다.

보수진영이란 '현상에 대한 지지와 신중한 변화의 모색'을 하는 집단을 말한다. 보수진영의 특성은 일반적으로 변화가 가져올 부정적인 측면에 대한 우려가 커서, 확실하고 신중한 개선을 지향한다. 급격한 변화를 피하고 현 체제를 유지하려는 사상이나 태도를 지니게 되며 미지에 대한 공포심이 있어서 과거로부터 이어온 습관에 관한 고집이 있다. 이분법으로 나눠 볼 수 있는 것은 아니지만 통념상 보수진영의 대북관은 북한은 전체주의 사회이며, 과거에는 김일성 우상화 유지가 최대 목표였고, 이제는 김일성을 대신한 김정일을 우상화하고자 하는 독재체제라고 본다. 아직도 북한의 유일체제는 불변하고 있으며, 남한을 공산화하고자 하는 전략도 불변했다고 본다. 따라서 북한의 대남위협에도 변화가 없음을 확신하며, 안보의식이 희박해지는 것을 우려하고 있다.

반면에 진보진영의 특성은 일반적으로 현상에 대한 비판과 적극적 변화를 모색하는 데 있다. 현실의 모순을 타파하지 않으면 발전이 없다고 보고, 급격한 개혁을 옹호하는 경향이 있다. 이들의 대북관은 협력 상대로서 북한을 본다는 데 특징이 있다. 북한은 통일을 해야 하는 대상이기 때문에 김정일 정권을 대화 상대자로 보아야 하며, 탈냉전시대의 국제정세에 적응하자고 강조한다. 개인차는 있겠지만 전반적으로 국가보안법 폐지와 주한미군 철수에 적극적인 견해를 피력한다.

모든 계층, 모든 사람을 보수나 진보의 이념적 성향을 가진 것으로 봐서 극단적으로 양분해서 보는 것은 문제가 있을 것이다. 그렇지만 오늘날 우리 사회의 혼란은 자신이 어디에 속하는지도 모른 채 어느 한쪽으로 몰려 모든 영역에서 대립을 하고 있는 실정이다. 학교에서도, 직장에서도 대립이 심화되고 있다.

그나마 국방을 담당하고 있는 군인들이 이념적 혼란을 겪지 않고 있다는 것은 천만

다행한 일이다. 그렇긴 해도 군생활 분위기가 사회의 변화와 무관하진 않을 것이다. 그러므로 군사회의 기강을 바로잡고, 국방의 임무를 수행하고 있는 군간부들의 바람직한 직업의식과 적극적인 역할은 과거 어느 때 못지않게 더욱더 요구된다 하겠다. 만일 군인들의 직업의식이 확고하지 않게 되면 안보불안으로 확산될 것이며, 이는 대한민국의 국운과도 밀접한 관련이 있다 하겠다. 따라서 본 연구는 직업생활에서 군간부의 역할인식과 바람직한 역할 수행에 대한 재인식을 제고시키는 것의 필요성에 공감하고, 우선 군간부의 직업윤리의식 형성방안을 모색해 보고자 한다.

본 연구는 직업윤리 관련 문헌들과 탐구공동체 교수기법 관련 문헌들을 활용한 문헌연구이다. 그렇지만 기존의 연구들과는 달리 문헌들을 활용하되 의미 찾기에 머무르지 않고, 찾은 의미들을 군간부들이 체득할 수 있게 하는 방안도 모색하는 데 의의가 있다 하겠다. 군간부에게 요구되는 직업윤리의식을 제시한 다음, 탐구공동체 교수기법을 응용하여 군간부 직업윤리의식을 함양할 수 있는 덕목을 제시할 것이다.

정신교육은 실천으로 연결될 수 있도록 하는 데 그 핵심적 가치가 있다. 그런데 기존 정신교육의 문제점은 실천과의 연결이 부족하다는 점이다. 실천하라고 강조한다고 해서 교육한 내용들이 실천으로 연결되는 것은 아니다. 사실 실천은 인지적 측면뿐만 아니라 정의적, 행동적 요소와 함께 관련되기 때문에 설명식이나 주입식 방법으로는 한계를 지닐 수밖에 없어서 그 통합적인 방법이 요구되는 것이다.

이러한 요구를 만족시키기 위해 개발된 방안이 탐구공동체를 통한 윤리적 판단력 향상 기법이다. 미국의 립맨 교수 등 여러 학자들의 공동연구에 의해 개발된 탐구공동체 기법은 공동체의 상호작용을 통해 실천적인 효과를 우선하면서도 정의적 인지적 요소를 가미하는 방식이다. 그러므로 본 연구에 활용되는 탐구공동체 관련 자료들과 직업윤리 관련 자료들은 원칙적으로는 군교육을 위한 자료들이 아니라 학교교육을 위한 것들이다. 그렇지만 군간부의 직업윤리교육에 응용가능하다 생각되는 아이디어들을 대폭 받아들였다.

따라서 본 연구는 직업윤리 관련 이론과 탐구공동체 교수기법에 대한 이해와 활용 능력이 요구되는 다학문 영역이 관련되는 연구다. 본 연구자는 이전에 탈북 청소년을 대상으로 해서 민주시민정신을 고취시키고자 하는 적응교육과정에서 탐구공동체 교수기법을 활용하여 교육하는 경험을 한 적이 있다. 이러한 경험과 이전의 연구를 바탕으로 해서 본 연구에서는 군간부를 대상으로 한 직업윤리의식을 고양할 수 있는 프로그램을 제시해 보고자 한다.

전체적으로 본 연구는 7개 장으로 구성할 것이다. 이번 장에서는 연구의 목적, 연구의 범위와 방법을 기술하였다. 제3장에서는 직업의 의미를 고찰함으로써 군직업의 요건과 군간부직의 특성을 살펴볼 것이고, 제4장에서는 군간부의 직업윤리적 덕목을 직업일반윤리, 전문직의 직업윤리, 지도자의 직업윤리로 범위를 나누어 도출할 것이다. 제5장에서는 앞장까지 논의된 군간부의 직업윤리적 덕목을 고취시키는 방안을 제시하기 위해 윤리탐구공동체 이론을 고찰하며 응용가능성을 검토하고자 한다. 제6장에서는 윤리탐구공동체 교육에서 활용가능한 서사자료에 대한 이론적 근거를 찾고 적합한 자료들의 특성에 대해 고찰할 것이다. 그리고 제7장에서는 앞에서의 논의를 바탕으로 해서 실제 군간부의 교육에서 활용할 수 있는 교수 프로그램을 작성해서 제시하고자 한다. 여타 교수방법에 관한 논고들이 일반론과 당위성 강조에 그치는 것과 차별화하고자 실제 에피소드를 수집하고 이야기를 구성하여 교수 지도안도 제시할 것이다.

2. 직업의 의미

가. 군인의 직업요건

사회가 급변함에 따라 직업이 시대에 따라 분화 통합되어 오고, 새로운 직업이 생겼기 때문에 하나의 용어로 직업의 여러 특성들을 내포할 수는 없었을 것이다. 그래서 그런지 직업과 관련된 용어들은 다음과 같이 다양하다. work, job, career, occupation, professional, calling, vocation, amateur 등 영어만 봐도 다양하게 나타난다.[1] 정확하게 구분하기는 어렵겠지만 우리말과 관련시켜 보면 Work은 업무, 직무를 말하고 있고, job은 청부업, 삯일, 도급일, 잔일, 잡일을 말할 때 사용되며, occupation은 업무의 내용이 기량(skill)을 고려하지 않고 책임을 부여할 수 있는 고용 업무와 관련해서 사용되고 있고, professional은 전문직, 정규적 업무, 본업, 생업, 생계를 유지하기 위한 고용 업무(employment), 봉급(paid)직을 말할 때 사용된다. amateur는 전문직은 아니지

---

1) 이 중에서 career는 평생직을 뜻하는 말로서 전문직에서만 채용되고 있다. 평생직은 선한 일에 헌신하는 소명받은 일생(calling)이라는 본질적인 의미를 갖고 있다. Calling의 사전적 의미는 행동과정을 책임지는 신성한 부름을 말한다. 처음에는 종교적인 활동에 관해서 적용되다가 청교도 혁명 이후 경제활동을 포함하기 위해 의미가 확대되었다. 칼뱅은 청교도 혁명에서 "근면하게 일하여 자본을 많이 모으는 것이 신에게 선택받은 선한 일"이라고 봤다. 직업선택을 신의 부름에 대한 반응으로 본 것이다. D. Allan Firmage, "전문직의 정의", 데보라 존슨 편저, 이태식 외 옮김, 『엔지니어 윤리학』(서울: 동명사, 1999), p.158.

만, 수년간의 경험을 통해 거의 전문가의 수준에 달하는 기량을 소유한 사람을 일컬을 때 쓴다. vocation 혹은 calling은 천직이란 측면에서 직업을 말할 때 쓰인다.[2]

직업을 가리키는 낱말이 다양한 것은 직업의 의미가 질적으로 양적으로 서로 다른 의미에 초점이 맞추어져 있다는 데서 찾아볼 수 있을 것이다. 그렇더라도 직업이라고 일상적으로 사용하는 말 속에는 기본적으로 갖추어야 할 필요조건들을 가지고 있다.[3]

첫째, 직업에 임하는 종사자의 업무요건이다. 어떤 직업을 갖든 그 직업을 가지고 생활해 나갈 때 업무상 요구되는 것들이 있다. 직업 종사자의 업무는 최소한 다음의 세 가지를 필요로 한다. ① 그 직업에 요구되는 숙련된 기량의 발휘, ② 그 직업에 필요한 결정권의 행사, ③ 그 직업에서 상황에 적절한 자유재량권의 실행이 그것이다. 여기서 결정권이란 개인적 가치에 따르거나 임의적인 결정을 한다는 것이 아니라 정규적 훈련과 경험에 근거한 결정을 의미한다. 공공인의 생활 및 안전에 영향을 미치는 일, 막대한 금전적 소요비용 등에 관한 결정을 하는 일은 기준에 따라 행해져야 부작용을 최소화할 수 있다. 이러한 결정권의 행사는 매우 중요한 것으로 직업종사자의 최소한의 업무요건에 속한다. 그리고 자유재량권은 보호되어야 하고 강화되어야 하는 성질을 가지고 있는 업무요건이다. 어떤 직업에서건 직업인은 그 직종에서는 전문가이기 때문에 가장 많이 알고 있다고 볼 수 있다. 따라서 어떤 직업의 어떤 직위에 있든 직업을 통해서 얻는 정보는 기밀에 부쳐져야 하기 때문에 외부의 구속 없이 독자적이고 자율적 결단을 할 수 있는 재량권이 주어져야 한다.

둘째, 종사자의 교육요건이다. 학벌이 높지 않아도 직업수행을 훌륭하게 할 수 있는 직업이 많고, 공학 분야도 숙련된 경우 학력 이상의 힘을 발휘하기도 한다. 하지만 전문직의 경우 직업에 따라 종사자에겐 단순한 훈련이나 견습이 아닌 광범위한 정규교육이 요구된다. 정규교육은 오랜 기간 동안 검증된 커리큘럼을 갖추고 있으며, 체계적으로 교육이 진행된다. 따라서 교육받은 정도에 따라 직업인이 될 수 있는 직업진출의 기회나 장애가 주어지는 것은 당연하다고 하겠다.

셋째, 종사자의 사회적 요건이다. 직업 종사자가 참여하고 있거나 관련되어 있는 그 직업의 전문 협회 혹은 조직이 일반적으로 결성되어 있고, 회원들은 여기에 공적으로 예속되어 있다. 이 소속단체가 하고 있는 업무는 직업 허가의 기준들이나 회원들에게 적용되는 행동 강령들, 이 강령들의 강제적 실시에 관한 결정을 논의하고 시행하는 일을 한다.

---

2) 직업윤리 교재간행위원회, 『미래사회와 직업윤리』(서울: 교육과학사, 1999), p.134.

3) Charles B. Fleddermann, *Engineering Ethics*(Prentice Hall, 1999). Chapter 2.

넷째, 직업 종사자의 봉사요건이다. 봉사요건이란 그 직업종사자에게 요구되는 공적 요건으로서 직업 실천의 결과가 공동선에 기여되어야 함을 말한다. 직업은 사회적 역할을 분담하는 것으로서 개인의 생계유지를 위해 있는 것은 아니다. 그러므로 특정 직업이 되려면 적어도 그 직업을 통해서 사회적 역할을 담당하고, 사회에 봉사함으로써 사회에 필요한 것으로서 존재해야 하는 것이다.

이와 같은 직업이 갖추어야 할 조건들을 기준으로 해서 군생활에서 직종은 직업의 요건을 얼마나 충족하고 있는지 살펴볼 수 있다. 업무요건 측면에서 보면 ① 숙련된 기량, ② 결정권(자료, 부품, 장치의 구매 및 사용 결정, 프로젝트의 진행 등), ③ 자유재량권(지적 소유권, 특허권, 정보의 보안, 기밀의 유출 방지 등)을 체크해 볼 수 있을 것이다. 교육요건 측면에서 보면 시대에 따라 달라지긴 해도 교육과정을 요구하는 것 등이 이에 해당한다. 사회적 기구요건으로 보면, 군조직은 사조직에서처럼 자유롭게 조직할 수 있는 것은 아니지만 공식적이고 체계적인 조직으로 이루어져 있다. 봉사요건 측면에서 보면 군 직종이 추구하는 국가안보는 국민들의 공동선을 보장하는 역할을 한다고 볼 수 있다.

이렇게 직업요건에다 군대생활을 맞추어 보면 여타 다른 직업 못지않게 여러 요건들을 충족시키고 있다. 그렇지만 현재 군에 복무하고 있다 하더라도 의무 복무 중인 사병에게 적합한 직업의 의미를 찾기는 어려운 것이 사실이다. 다만 직업군인은 위의 여러 가지 직업의 의미 중 vocation 혹은 calling이라고 하는 천직 개념이 적합하다. 간부로서 혹은 직업 군인으로 사는 것은 천직으로서 신의 부름에 응하고 있다고 볼 수 있을 것이다. 어느 직업에서건 간부로서 직업생활을 한다는 것은 신으로부터 책임을 부여받아 선택된 것이므로 소명의식을 가져야 한다는 것을 이러한 직업의 의미에서 찾아볼 수 있다.

나. 군간부의 직업적 특성

한국에서 군대생활을 한다는 것은 각별하다고 볼 수 있다. 한국은 직접 전쟁을 경험한 국가이기 때문에 군대생활에 대해 이중적인 태도를 가지고 있다. 한편으로는 두 번 다시 전쟁이 없어야 한다는 잠재된 공포 때문에 군에 대한 의존도가 높고 국민의 의무로 자연스럽게 받아들이며, 군 경험을 소중히 여기며 군인들에게 우호적이다. 그러나 다른 한편으로는 군인들의 사고방식이나 군대문화를 매우 냉소적이며 부정적인 의미로써 재생산하면서 받아들인다. 마치 사회에서 일어나고 있는 모든 부패나 부정적 현상들이 군문화의 소산인 것처럼 비판적이기도 하다. 이러한 섣부른 판단과 군인과 군대생활에 대한 평가들은 군에 대한 오해를 증폭시키기도 한다.

사실 오늘날 분단국가로 현상유지를 하고 있는 상황에서 우리 군은 국가의 생존과 민족의 보위를 보장하는 수단으로서 총체적 국가안보를 뒷받침하는 안보조직이다. 이데올로기 논쟁은 끝이 났다 하더라도 북한은 '우리식 사회주의'를 고수하고 있기 때문에 동북아시아의 정치·군사질서의 균형자로서 전쟁억지 능력을 갖추어야 하는 자주국방의 과제를 안고 있다. 주변국과의 지리적·경제적 갈등에서 우리의 정체성을 확보해 주는 군사력으로서 맞대응할 수 있는 능력을 갖추어야 함은 물론이고, 영해의 보호와 영공을 지켜야 할 능력을 갖춘 군대로서 국가와 국민이 안보스트레스 없이 생업에 종사할 수 있도록 시대적 사명을 안고 있는 것이 현재의 한국군의 위상인 것이다.

이러한 군대조직의 지도자적 자리에 군간부들이 있는 것이다. 첫째, 군간부직은 사기를 바탕으로 하며, 생명을 담보로 해서 국가와 민족의 공동체를 위해 무조건적으로 헌신하는 직업이다. 여타 다른 직업생활도 사회적 역할을 수행하는 것이지만 생명을 담보로 하는 것은 아니며 조건 없이 희생이 요구되지도 않는다. 그러나 육해공군의 군적(軍籍)에 있는 장교·하사관·사병 등 누구나 전쟁에 종사하는 것을 직무로 하기 때문에 그 임무의 특수성으로 인하여 일반 직업인들과는 다른 요구가 부과되며, 일반 병들보다는 간부들에게 더 큰 헌신과 희생의 모범이 될 것을 요구하고 있다.

둘째, 군간부직은 일반 병들과는 차별화되는 전문적 지식과 기능을 갖추어야 하는 직업인데, 그것은 바로 폭력을 관리하는 능력을 갖추어야 한다는 점에서 특히 그렇다.4) 군대의 대표적인 역할은 전쟁에서 적을 격파하는 것이고, 그 역할을 수행하는 군인들 중에서 관리자는 간부들인 것이다. 일반 병이 전쟁 상황일 경우 폭력을 행사하는 역할을 맡고 있다면 간부들은 폭력을 관리하는 역할을 맡게 되는 것이다. 간부의 직위 고하에 따라 지휘할 수 있는 조직의 크기가 다를 것이지만 조직이 크면 클수록 폭력을 관리할 수 있는 전문능력도 그만큼 더 높은 수준이 요구되는 것이다.

셋째, 군인들이 전쟁을 수행하기 위해 존재하는 것은 아니라는 점에 주목해 본다면 군간부들은 전쟁을 억제하는 역할의 선두에 있는 직업을 갖고 있다고 볼 수 있다. 군대의 역할이 전쟁을 하지 않고 평화로운 관계 구축, 적응태세 유지, 폭력을 최소화하는 억지능력의 확보에도 있기 때문에 군간부들은 대국민 봉사조직의 선봉자 역할을 하게 되는 것이다. 따라서 군간부들은 평상시 사회의 요구와 기대를 저버리지 않는

---

4) Samuel P. Huntington, *The Soldier and the State*(Cambridge: Harvard University Press, 1957), p.12.

식견을 갖고 있어야 한다.5) 군간부들은 일반 사병과 차별화되는 민간 영역과 공유하는 지식, 비전투적인 지식과 기능을 두루 쌓는 등 비전투 특기 장교로서 능력을 기르는 것이 요구된다.

넷째, 군대조직이 뚜렷한 상하관계로 이루어져 있기 때문에 철저한 복종심이 요구되기는 하지만 군간부에게는 독창적인 사고를 가진 혁신자로서 역할이 요구되는 직업이라 할 수 있다. 과학기술의 발달에 의한 전쟁 양상의 변화, 전시상황이든 평시상황이든 군사 분야는 국가적인 모든 문제와 매우 밀접한 관련이 있기 때문에 군간부도 다른 사회 분야의 지도자들과 동등한 지적 수준을 갖추어야 할뿐더러 군대 혁신가로서 자질이 요구된다. 혁신가로서 자질이란 바로 창조적인 적응력, 창의적인 사고, 변화를 주도하고 개선해나가는 능력이 될 수 있을 것이다.6)

다섯째, 군간부들의 잘못된 사고방식과 판단에 따른 결과는 원하지 않는 방향으로 증폭되어 많은 사람들에게 고통을 주는 일이 될 수도 있고, 많은 사람들의 복지에 기여할 수도 있다. 군간부직의 특성은 재난의 예방자라는 역할이 맡겨져 있다는 특징이 있다. 공중의 안전, 무고한 인명 피해, 재난을 예방할 수 있는 역할을 수행할 수 있는 기회가 주어지게 된다. 사실 어떤 영역에서나 위해가 생긴 다음에는 이미 늦는 경우가 많다. 평시, 전시 할 것 없이 문제가 생기기 전에 예방하는 것이 최선의 방책이므로 군간부들은 예방윤리에 민감해야 한다. 항상 행동의 결과를 미리 생각해야 한다. 특히 중요한 윤리적 측면을 가질 수도 있는 행동의 가능한 결과를 기대하기 위해서는 미리 생각해야 하므로 예방자의 역할이 주어지는 직업이라 볼 수 있다.

이상으로 군간부직의 직업적 특성을 일반 직업이나 사병들과 역할을 비교함으로써 다섯 가지를 제시해 보았다. 군간부라 할지라도 실제 군생활에서 자율적인 결단을 내려야 할 경우는 많지 않다. 많은 경우 명령과 법의 지배 아래 있다. 그렇더라도 부도덕한 명령과 상황의 진전에 따라 늘 재검토를 요구하는 법들이 있기 마련이다. 새로운 문제가 등장하는 경우 그 상황에 적합한 명령이나 법적 조항이 없을 경우가 허다하다. 간부로서 역할을 제대로 수행하지 못한다면 최소한의 안전밖에 유지되지 못한다. 따라서 군간부라면 간부의 직업적 특성에 맞는 자질을 갖출 필요가 있는 것이다. 다음 장에서는 윤리적인 측면에서 군간부에게 요구되는 덕목들을 추출해 보고자 한다.

---

5) Morris Janowitz, *The Professional Soldier*(New York: A Free Press, 1971), p.418.

6) 강병희, "21세기 군대의 역할과 군인정신의 재조명", http://www.au.ac.kr/report/109/04－21, p.17.

3. 군간부의 직업윤리덕목

군간부의 직업윤리덕목은 크게 세 가지 측면에서 추출해 볼 수 있을 것이다. 첫째, 모든 직업에서 요구되는 직업일반윤리, 둘째, 군인이라는 직업적 특성에서 요구되는 전문직의 윤리, 셋째, 간부라는 지도자적 위치에서 요구되는 지도자 윤리가 그것이다.

가. 직업일반윤리

윤리(학)는 '어떻게 사는가'라는 사실에 관한 학문이라기보다는 '어떻게 살아야 하는가'에 대한 대답을 추구하는 당위에 관한 학문이다.[7] 그래서 윤리는 인간으로서 마땅히 해야 할 인간의 행위를 지도하는 일련의 원리를 제공해야 한다고 주장되어 온 것이다.

이런 의미에서 보면 직업윤리는 "직업생활에서 인간에 어떻게 행동해야 하는가."에 대한 답을 구하는 것이다. 직업윤리학은 바로 이러한 윤리학의 과제를 직업 영역에 적용한 응용윤리학의 한 분과이다. 직업 영역에서 행위의 옳고 그름이나 선과 악 또는 윤리적인 것과 비윤리적인 것에 대한 판단 기준의 체계 또는 이를 대상으로 연구하는 학문 분야를 일컫는다. 그러므로 직업윤리는 사회생활을 하는 인간이 근본적으로 직면할 수밖에 없는 윤리문제를 직업생활이라는 특수한 사회적 상황에 적용한 것이다. 즉 직업윤리는 직업생활에서 나타나는 행동이나 태도의 옳고 그름이나 선과 악을 체계적으로 구분하는 판단 기준 또는 이를 연구하는 것을 의미한다.[8]

직업윤리는 크게 두 가지로 나눌 수 있다. 하나는 직업일반의 윤리, 즉 어떠한 직업에서도 요구되는 행동규범인 것이고, 다른 하나는 특정한 직종이 사회의 역할 분담적 차원에서 가져야 할 행동규준인 직업별 윤리다.[9] 직업일반의 윤리라고 하는 것은 각 직업에 의한 구별을 초월한 직업인의 일반윤리이며, 모든 사람들이 그 직업활동에 있어서 그것을 지키는 것이 사회적으로 기대되고 있는 마음가짐이라고 하겠다. 이러한 마음가짐은 직업상의 정신, 기질 등으로 표현되기도 한다. 직업일반의 윤리가 직업별의 윤리와 다른 점은 직업의 구별에 구애되지 않는 것이므로 결국은 보다 근본적인

---

7) 바루흐 브로디, 황경식 역, 『응용윤리학』(서울: 종로서적, 1988), pp.10 – 13.

8) K. E. Goodpaster, "Business Ethics: The Field and the Course", in W. M. Hoffman, J. M. Moore, and D. A. Fedo(eds.), *Corporate Governance and Institutionalizing Ethics*(Toronto: Lexington Books, 1983), p.289.

9) 최조웅, 『현대인의 직업윤리』(서울: 형설출판사, 1991), p.181.

생활태도의 문제라는 것이다. 그리고 직업별 윤리는 어떤 특수한 직능을 수행하는 데 있어서 이것을 갖추지 않고서는 누구든지 그 직능을 훌륭하게 제대로 수행할 수 없는 각각의 직업에서 요구되는 윤리라고 규정할 있다.[10] 다양한 각 직종에 종사하는 사람들에게 요구되는 행동 기준과 그 사람들이 지키기를 기대하는 사회적 규범을 포함하며, 그 직업적 상황에서 요구되는 윤리적 판단력을 요구하게 된다.

따라서 모든 군인에게도 직업일반윤리는 그대로 적용될 수 있고, 직업별 윤리로서 군인윤리가 적용될 수 있다. 직업일반윤리로서 주요 덕목은 책임감, 소명감, 성실성, 금욕과 관련되는 것들이다. 첫째, 책임감은 직업생활을 하는 개인이 국가, 사회, 가정, 자신에 대한 책임을 느끼면서 일에 임해야 한다는 것이다. 둘째, 소명감은 직업이 단지 인간적인 차원의 것만이 아니고 신에게서 받은 소명이기 때문에 직업의 신성성을 느껴야 함을 말한다.[11] 셋째, 성실성은 직업생활을 통해 자신이나 남을 속이지 않고 명예롭게 일을 하는 바탕이 된다. 넷째, 금욕은 무절제와 자만과 겉치레와 허영을 경계하여 물질생활을 반듯하게 하도록 하는 인간만이 가지고 있는 본질적 요소이다. 직업이 물질적 부를 축적할 수 있는 경제적 보상을 주기 때문에 금욕하지 않으면 타락할 수 있는 여지가 많기 때문에 기본적인 덕목으로 제시될 수 있는 것이다.

이러한 직업일반윤리의 기본덕목들은 법률적, 경제적 의무를 넘어서서 사회적 규범이나 가치, 사회적 기대와 조화를 이룰 수 있는 직업행위를 강조하거나,[12] 또는 개인과 조직, 사회제도들 간의 상호의존성을 인식하고 이를 윤리적, 경제적 가치의 틀 내에서 행동에 옮기는 것을 강조하게 된다.[13] 군인으로서 생활하는 동안에도 이와 같은 직업일반의 윤리는 덕목으로서 강조될 수 있을 것이다.

나. 전문직의 직업윤리

군복무를 전문직으로 볼 수 있을까 하는 것은 논란의 여지가 될 수 있으나 본 논고에서는 군조직이 갖는 특성과 군생활에서 요구되는 전문가적 자질은 어떤 전문직 못

---

10) 성기중 편저, 『직업윤리』(서울: 형설출판사, 1991), p.60.

11) 이상철·김대군, 『응용직업윤리』(대구: 정림사, 1999), p.118.

12) S. P. Sethi, "A Conceptual Framework for Environmental Analysis: Social Issue and Evaluation of Business Response Patterns", *Academy of Management Review*, Vol.4, No.1(1979), pp.63-73.

13) D. E. McFarland, *Management and Society*(Englewood Cliffs: Prentice-Hall, 1982), p.352.

지않다고 보고 군인이 가져야 할 전문가적 소양과 관련된 덕목을 찾아보고자 한다.

우선 군복무를 직업생활이라고 볼 수 있는 점은 일상적으로 전문직이라고 하는 말 속에 기본적으로 갖추어야 할 속성을 통해서 찾아볼 수 있다. 전문가란 특별한 기술, 지식 및 정신적 집중을 요하는 활동을 직업으로 하는 사람들을 포괄적으로 일컫는 말이다. 전문직은 전문가들이 갖는 직업이겠지만 간단하게 규정하기는 쉽지 않다. 고전적 의미에서는 전문직을 의사, 변호사, 성직자를 의미했으나 오늘날에는 산업의 고도화에 따른 직업의 다양화로 전문직을 고도의 전문적 교육을 거쳐 일정한 자격 또는 면허를 획득함으로써 독점적으로 전문적 기술과 지식을 사용하는 직업이라고 말하고 있다.14) 이러한 전문직의 공통된 특성을 찾아보면 일반적으로 다음과 같이 제시되고 있다.15)

첫째, 수행되는 활동은 사회적으로 요구되어야 하며 그 활동은 집단에 의해 수행되어야 한다. 또한 그것은 다른 집단의 사람들이 수행하는 활동과는 구별되어야 한다. 군대조직은 국가의 안보라는 공공재를 제공하는 가장 큰 독립체이기 때문에 사조직과 활동과는 구분되는 전문성을 확보하고 있다 하겠다.

둘째, 활동을 수행하는 개인들은 자신들을 한 조직체로 조직하고 누가 거기에 가입이 허락될 것인가를 열거하는 엄격한 기준을 수립할 필요가 있다. 군대조직은 개인들이 조직한 것은 아니지만 국가개입에 의한 확고한 조직체로 존재하고 있다.

셋째, 전문직의 직업집단은 그 직업에의 가입이 그의 활동에 필요하다고 생각되는 시험을 무사히 통과하여 면허취득을 요구하는 것과 같은 가입의 조건을 제시한다. 군입대에서 신체검사가 일종의 자격검증의 과정으로 존재하고 있다.

넷째, 전문가 집단의 윤리강령을 발전시키는 것이 필요하다.16) 이 강령은 중요한 두 가지 기능을 한다. 하나는 그 전문직 구성원의 행동을 인도하는 것이고, 다른 하나는 전문활동을 추구하도록 사회로부터 위임받는 근거를 제공하는 것이다. 이 조건으로 보면 군대윤리강령이 군법과는 별도로 마련될 필요가 있다는 것을 알 수 있다.

다섯째, 사회나 대중은 그 직업집단의 사무에 대한 전문적 통제를 지지할 필요가 있다. 즉 전문적 위임을 지지해야 한다. 이것은 그 전문직 관할권의 영역을 보호하고 구성원의 행위에 대한 전문직 자체의 통제를 시인하는 것이다. 이 점에서는 군대조직

---

14) 한국국민윤리학회 편, 『현대사회와 직업윤리』(서울: 형설출판사, 1996), pp.295 − 296.

15) 최조웅, 『현대인의 직업윤리』(서울: 형설출판사, 1991), pp.195 − 197.

16) Charles E. Harris. JR, Michael S. Pritchard, and Michale J. Rabins, *Engineering Ethics: Concepts and Cases*, Wadsworth Publishing, 2002, p.13.

은 다른 전문가조직보다 더 엄격하게 갖추고 있다고 볼 수 있다.

이상에서 살펴본 바와 같이 군인생활은 전문직의 속성을 거의 모두 갖추고 있다. 물론 이런 속성의 각각에 관해 전문직과 비전문직의 차이점은 질적인 차이가 아니고 양적이 차이라고 할 수 있다. 그렇다 하더라도 군대생활은 일반직보다는 전문직으로서 속성이 더 크다 하겠다.

따라서 군생활에만 특히 더 요구되는 개별직업윤리로서 군대윤리가 요구된다는 것을 알 수 있다. 군대윤리는 군조직의 특수성과 밀접한 관련을 가지고 있다. 군대조직은 이윤추구를 목적으로 해서 개인이 자유롭게 선택하는 직업조직과는 달리 국방이라는 절대적 목적을 추구하고, 가입과 탈퇴가 자유롭지 못한 강제적 조직이다. 그래서 특히 군대에서 요구되는 윤리가 군조직의 국가방위기능과 관련되어 요구되는 것이다.

국가방위기능과 관련되어 군인들에게 요구되는 덕목으로는 충성심, 생명존중, 평화애호, 동료애, 용기 등을 주요 덕목으로 제시할 수 있다.

이 외 군생활에서 요구되는 덕목들은 수없이 많을 수 있으나 위의 덕목들은 다른 직장생활보다 각별히 더 요구된다는 것을 군대윤리에서 찾아볼 수 있다. 첫째, 충성심은 국가에 대한 애국심의 발로로서 국방의 의무를 수행하게 하는 근거가 되는 것이므로 덕목으로서 칭송되고 있다. 둘째, 군인이 가져야 할 덕목은 살생에 있어서 죽이는 것보다 살리는 것에 있다. 살아 있는 것의 목숨을 소중히 여김으로써 적의 살상에 가담하는 전쟁의 목적도 실현되는 것이다. 전쟁사태에서조차 생명을 수단시하지 않는 생명존중의 덕을 갖추는 것이 군대윤리에 부합되는 것이다. 셋째, 국방의 목적은 평화의 실현에 있다. 따라서 투쟁보다는 평화를 사랑하는 것이 군인의 덕목이 된다. 군인은 싸우기 위해 존재하는 것이 아니라 평화를 지키기 위해 존재하는 것이다. 넷째, 다른 직업생활에서도 중요한 덕목이지만, 주로 집단생활을 하는 군대조직에서 특히 강조되는 덕목이 동료애라 하겠다. 군대에서 각 개인의 화합 여부가 개인의 생사는 물론 국가의 존망과도 관련되는 것이다. 군대조직의 단결의 힘은 동료애에서 나온다고 볼 수 있다. 다섯째, 용기는 고대부터 지금까지 시공을 초월해서 칭송되고 있는 덕목으로 어느 때 어느 곳에서나 필요한 것이다. 특히 군인의 직무수행은 용기를 바탕으로 한다. 군인의 직무수행은 생명의 위협조차 감수해야 하는 극한 상황에서도 이루어지기 때문에 용기 없는 군인은 존재이유가 없을 정도로 용기는 중핵적인 덕목 중의 하나이다.

이러한 덕목들은 흔히 군인정신과 관련되어 제시되어 왔다. 군인정신이 바로 군인의 존재근거를 제공해 준다고 본 것이다. 군인이 군인정신을 갖추지 못한다면 군인이라고 볼 수 없다는 것이다. 이러한 측면에서 군인정신은 군인들에게만 요구되는 전문직 윤리로서 군인들의 존재이유를 제공해 주는 군인들에게 요구되는 덕목이라고 볼 수 있을 것이다.

다. 지도자의 직업윤리

군간부는 군조직에서 조직의 중심이 되는, 지도적인 자리에 있는 사람을 말한다. 자리의 높낮이에 따라 편의상 고급간부와 하급간부로 나뉘어 불리기도 하지만 절대적 기준이 있는 것은 아니다. 주요 역할은 조직의 통일을 유지하고 성원이 행동하는 데 있어서 방향을 제시하는 역할을 하는 인물로 조직의 지도자라고 할 수 있다.

지도자는 보통 사람과는 달리 어딘가 특별한 소질을 가졌다는 사고방식이 사회일반의 통념이긴 하지만, 지도자가 보통사람과 어느 정도 차이를 가졌다는 것은 후천적인 것으로 계발된 것으로 보통사람과 미미한 차이를 가진 것에 지나지 않는다고 알려지고 있다. 지도자들이 갖는 지식·외향성·지배욕·자신감과 사회활동에의 참가 정도 등은 보통 사람과 단지 정도상의 차이를 가지는 것뿐이고 결정적으로 다른 점은 없다는 것이다. 인간의 보편적 본성인 인성은 선천적, 후천적 요인에 의해 달라질 수 있다는 것이다.17)

그렇긴 해도 지도자는 공공 직무를 맡고 있다는 점에서 조직에는 큰 영향을 미칠 수 있다. 특히 군사적 안보를 맡고 있는 군조직에서 군간부들은 그 직무의 막중함에 따라 여러 가지 책무를 지게 된다. 그 책무는 법적인 것일 수도 있고 윤리적인 것일 수도 있다. 어느 사회에서나 하나의 제도가 오랫동안 지속될 때는 그것을 뒷받침하는 윤리성이 형성되게 되는데 군조직에서도 마찬가지다. 그 핵심에 군간부의 지도자적 덕목이 자리하고 있는 것이다.

군간부들이 지도자적 덕목을 갖추는 것은 당위임에도 불구하고, 일부 간부들은 군대 내에서 혹은 사회에서 파문을 일으키고 있다. 간부직을 부를 축적하는 수단이나 출세하기 위한 고지점령처럼 여겨 문제가 된다. 이러한 출세주의로 인해서 공사의 혼동, 자리를 이용한 치부 등으로 나라를 병들게 하고, 국민 앞에 추태를 보이는 등 군의 명예를 더럽히는 일이 종종 있다. 진급과 보직의 금전거래, 군수물자를 내다 팔기, 판공비 유용, 훈장의 금전거래, 공적조서 조작, 전투기록과 전과기록을 조작하는 등 부패행위로 인해서 명예감이나 정의감이 상실될 수밖에 없는 안타까운 일들이 있어 왔다.

---

17) 국방부, 『심성수련』(서울: 정훈공보관실, 2004), pp.7-8.

군에서 힘 있는 직책은 돈과 관련되어 있다는 인식은 지도자들에 대한 불신에만 그치는 것이 아니라 군조직 자체의 해이를 가져오게 된다. 군조직에서만큼 간부와 윤리적 공감을 바라는 조직도 없을 것이다. 명령과 복종은 규칙에 따르는 것으로는 한계가 있다. 일단 지도자의 윤리성이 의심되면 철저하게 외면해 버리며 배신감에 자학에 가까운 태도를 보일 수도 있고, 반면 윤리성이 투철한 지도자 아래서는 그 잠재력을 어김없이 발휘할 수 있다.

따라서 군간부의 지도자 윤리는 일부 정치장교들에게만 해당되는 것이 아니라 자리의 크고 작음을 초월해서 군의 명예심의 회복을 위해서 시급한 것이다. 군간부직은 명예직이 되어야 될 것이다. 군조직이 애국집단이나 희생집단으로 인식되던 독립운동 때나 6·25 동란 때만큼은 아니라 하더라도 적어도 정의집단으로 자리매김해야 하는 것은 필수조건이라 하겠다. 군조직이 부패집단이고, 군대문화는 권위주의 문화로서 청산해야 하는 것으로 일부 인식되고 있는 것은 군조직으로서는 억울한 평가이겠으나 아직도 군대문화에 대한 부정적 인식이 확산되어 있는 상황이다. 시급한 것은 군대조직이 정의집단으로 명예로운 집단으로 거듭나는 것이고, 그 선두적 역할이 군간부에게 주어지는 것이다. 따라서 군간부의 윤리적 덕목은 새로운 것들이 아니지만 새롭게 요구된다 하겠다.

첫째, 군간부들은 청렴성을 유지해야 한다. 금품거래에 가담하거나, 부하들의 마음을 금일봉으로 살려고 하거나 진급과 보직을 뇌물로써 얻고자 하는 등 간부직을 금전적으로 해석해서는 안 될 것이다. 자리를 이용한 재산취득으로부터 자유로워야 할 것이다.

둘째, 군간부들이 가져야 하는 덕목 중의 하나는 공정성이다. 지도자적 위치에서 개인적 연고나 사심에 따라 차별을 하지 않아야 한다. 업무의 할당이나 진급에 있어서 지연, 학연 등에 따라 차이를 두거나 성에 따른 차별대우를 해서는 안 될 것이다.

셋째, 군간부들이 지녀야 하는 것 중의 하나는 희생정신이다. 대표적인 군인정신으로 희생정신을 강조하지만, 일반군인들보다는 간부들에게 요구되어야 할 것이 희생정신이다. 지도자란 대접받는 자리이며, 희생을 요구할 수 있는 자리라기보다는 모범이 되고 희생할 수 있는 자리라고 볼 수 있다. 국가와 국민들을 위해 우선적으로 희생할 수 있는 명예심을 가지고 있어야 할 것이다.

넷째, 군인은 국민의 안보를 책임지는 봉사자이다. 군인이 봉사를 하는 대상은 국민 전체에 대한 것으로, 특정 집단이나 특정 이념을 가진 사람들에 대한 봉사가 아니다. 따라서 군인들이 가져야 하는 봉사정신은 다양한 집단에 대한 평등한 고려에서 나와야 하는 것으로 특히 군간부들은 자신이 수행해야 할 일을 합리적으로 수행함으로써 봉사할 수 있어야 한다. 이러한 봉사정신을 갖기 위해서는 자신의 능력 개발, 전문성 강화, 인간적 품위를 지녀야 한다. 간부로서 전문성이나 능력이 없어 자신의 일의 대부분을 부하직에 의존한다면 간부로서 품위를 잃게 될 수밖에 없다. 봉사정신 없이 대접받으려는 의식만 가진 간부는 역할 수행을 해 나갈 수가 없는 것이다.

이상으로 군간부가 지도자로서 가져야 할 윤리로서 네 가지 덕목을 제시했다. 대다수의 덕목들은 서로 연관되기 때문에 한 가지 덕을 갖춘 사람은 다른 영역에서도 덕을 갖춘 존재로서 행동하게 한다. 덕은 하나의 덩어리를 이루고 있는 것으로 의무 이행과는 차원이 다른 것이다. 주어진 의무를 이행하는 것도 중요하지만, 의무를 초월해서 덕목을 실천하는 것은 더욱더 명예로운 것이다.

4. 윤리적 사고 함양과 탐구공동체

가. 윤리적 탐구공동체의 이론적 기초

앞장에서 추출한 군간부의 직업윤리덕목은 상식선에서도 누구나 합의하는 것들이고, 실제 자격을 갖춘 군간부들이라면 대다수는 이들 덕목들을 갖추고 있을 것이다. 그렇다 해도 현상에서 드러나는 군간부들의 직업윤리의식의 고취를 위한 요구를 본다면 직중 윤리교육의 당위성을 찾아볼 수 있다 하겠다.

군생활과정에서 받는 직중 직업윤리교육은 우선 군조직의 공동체의 속성을 바탕으로 이루어지는 것이 바람직하다. 군조직은 하나로 통일된 생명체로서 공동체 그 자체가 하나의 정당성을 확보하게 된다. 공동체는 공동의 목적, 절차, 규칙, 태도 신념, 상징으로 구성되어 있는 것이므로 분열이 공동체의 가장 큰 질병 중 하나이며, 통합의 정도가 건강의 상징이 된다.18) 따라서 군간부의 직업윤리교육은 공동체 교수기법들이 갖는 정의적인 특성을 살려 심정적으로 공감하고 받아들여 행동화할 수 있도록 하는 데 목적을 둘 수 있다. 따라서 군간부의 직업윤리교육은 교육받는 장소를 공동체로 만드는 것부터 시작되어야 한다.

---

18) Don Calhoun, Arthur Naftalin and et al., *An Introduction to Social Science*(New York: J. B. Lippincott, 1961), p.3.

공동체의 개념은 정치학, 철학, 사회학, 윤리학 등 다양한 영역에서 다양한 의미로 쓰여 왔다. 그중 사회학자 퇴니스(Ferdinand Tönnies)는 자연적 공동체와 인위적 공동체를 구분하였다. 자연적 공동체는 공통 경험과 공통 지식에 의해 하나로 조직된 공동체이다. 반면에 인위적 공동체는 공장이나 학교처럼 공동목표를 위해 창조된 조직과 불문율과 자발적인 규율로 특징지어진다.[19] 이러한 퇴니스의 기준으로 보면 군대는 인위적인 공동체로 구성원의 외래적인 목적과 규칙에 의해 묶인 것이다. 그래서 구성원들 간의 공유된 경험, 자발적 의사소통, 공유된 의미의 이해가 부족한 채로 내면적 소통 없이 만남이 이루어질 가능성도 있다. 그렇기 때문에 직업윤리교육을 성공적으로 하기 위해서는 우선 의사소통이 가능한 공동체를 이루는 것이 필요하다.

의사소통이 가능한 공동체는 형식적으로만 개인들이 모여 이루어진 학습공동체와는 달리 내면적으로 느낌을 공유한 탐구공동체에 의해 이루어질 수 있다.[20] 탐구공동체는 구성원들이 서로를 이해하고자 하는 목적에서 협력적인 학습에 참여할 때 이루어지는 유기적인 조직체를 말한다. 이렇게 할 때 각 구성원은 지식뿐만 아니라 다른 사람으로부터 생각과 경험을 얻게 되고 각자는 전체 공동체의 역할에서 가치감을 느끼게 된다.[21] 이러한 측면에서 직업윤리교육을 하고자 하는 교육집단이 탐구공동체가 되어야 함을 알 수 있다.

탐구공동체에 대한 기본생각은 철학자 퍼어스(Pierce)로부터 연유한다.[22] 퍼어스는 과학자 집단이 논거의 정당성, 강력한 증거 등을 준거로 해서 비판과 토론을 통해 과학의 발전을 가져온 점에 착안하여 탐구공동체라고 불렀던 것이다. 립맨은 이를 학교교육에 적용하여 철학교육 프로그램의 사고력교육에 활용하였다. 철학적으로 사고하려면 교실을 탐구공동체로 바꿔야 한다는 것이다. 탐구절차에 있어 공동체는 증거와 근거를 대는 데 있어서 열려 있어야 한다고 본다. 공동체의 이런 측면들이 내면화될 때 교육생들 각자는 반성적 습관을 형성하게 된다는 것이다.[23] 이러한 점은 바로 군조직

---

19) Robert Fisher, *Teaching Thinking*(London and New York: Continuum, 2000), p.60

20) 박진환, "윤리판단에 대한 정합적 접근", 『국민윤리연구』 제52호, 한국국민윤리학회, pp.248－249.

21) P. Senge, *The Fifth Discipline: The Art and Practice of the Learning Organization*(London: Random House, 1990) 참조.

22) Mattew Lipman, *Thinking in Education*(the Second Edition)(New York: Cambridge University Press, 2002), p.15.

23) Mattew Lipman, Ann M. Sharp and F. Oscanyan, *Philosophy in the Classroom*(Philadelphia: Temple University Press, 1980), p.45.

에도 원용될 수 있다고 생각된다. 군직업윤리교육에서도 학교교육에서처럼 배우는 가치들이 내면화되지 않을 경우 가르쳐지는 가치들이 신념화되지 않고 행동화되지 않을 수도 있다. 군간부들에게 필요한 것은 직업윤리적 덕목을 갖추어 군생활 도중 불확실한 세계에서 직면하게 되더라도 올바른 판단을 할 수 있는 사고기술을 함양하는 것이다.

덕목을 가르친다고 해서 기존의 덕목주입식 교수를 하는 것이 아니라 덕목에 합치되는 윤리적 판단력을 길러 주는 것이 필요하고, 이것은 탐구공동체에서 덕목이 관련되는 사태를 주어 사고력을 길러 주는 이 프로그램으로 부분적이나마 목적을 성취할 수 있을 것이다. 다음 절에서는 덕목에 부합되는 판단력을 길러 주기 위한 교수기법에 대해서 개괄할 것이다.

나. 윤리적 탐구공동체 교수기법

군간부의 직업윤리교육을 위해서 탐구공동체로 만드는 것이 교육전의 필요조건이라 하더라도 현실적으로 어떤 모임이건 공동체가 되는 것은 아니며, 교육하는 곳이 모두 탐구공동체가 되는 것은 아니다. 교육장소가 탐구공동체가 되려면 우선 구성원들 간의 의사소통이 이루어져야 한다. 그렇기 때문에 교육장소 안에서는 대화를 할 수 있도록 기본적인 규칙과 형식이 갖추어지는 것이 바람직하다. 이 점에 있어서 피셔(Robert Fisher)가 제시하고 있는 교실 탐구공동체를 형성하는 여섯 가지 요소[24]는 비교적 명쾌해서 실용적으로 받아들일 만하다. 그 여섯 가지 요소는 원형으로 자리 잡기, 자극물 공유하기, 질문 만들기, 토의를 촉진하기, 토의하기, 탐구를 확장하기이다.

첫째, 피셔에 의하면 탐구공동체는 원형으로 자리 잡기부터 시작된다. 참여자들이 원이나 말굽모양으로 자리 잡음으로써 그룹 내에서 최대한의 시야가 평등하게 확보된다. 현재까지 우리나라 강의실에서 이루어지고 있는 전통적인 자리배치는 대화를 하기에 적절하지 않다. 앞뒤로 앉은 자리배치는 교관중심의 주입식 수업에는 적절하겠지만, 교육생들끼리 눈을 보고 대화를 할 수 있는 기회를 제공하지 못한다. 그래서 탐구공동체를 만들고자 한다면 우선 의자에 앉든 바닥에 앉든 서로 얼굴을 볼 수 있는 배치가 가장 좋다. 대화를 위한 이상적인 분위기와 참여인 수에 대해 많은 연구가 있어 왔는데, 이상적인 수는 12에서 16명 정도가 적절한 것으로 제시되고 있다.[25] 그 이상

---

24) Robert Fisher, *Teaching Thinking*(London and New York: Continuum, 2000), pp.169−201.
25) J. T Dillon, *Using Discussion in Classrooms*(Milton Keynes: Open University Press, 1994).

의 수가 되면 그룹을 나눔으로써 해결하는 방법은 있다. 그러므로 수도 중요한 요소지만 무엇보다도 탐구공동체를 위해서는 자리배치가 중요하다. 탐구공동체에서 핵심요소는 의사소통이기 때문이다.

둘째, 탐구공동체를 형성하기 위해서 토의를 자극할 수 있는 자극물을 공유하는 것이 필요하다. 자극은 탐구의 출발점을 제시하는 것이다. 교육생들의 창의적, 비판적, 상상적 반응을 자극할 수 있는 것이 자극물로서 바람직하다. 그래서 자극물로서는 군사적 딜레마가 담긴 역사적 사례, 군사적 덕목이 담긴 고전, 군사훈련에 있었던 실제 경험사례, 군사적 상황에서 있을 법한 가상사례 등 응답을 유도하는 경험이나 열린 질문 등 다양한 것들이 활용될 수 있다. 다만, 자극은 충분한 호기심을 끌 수 있어야 하고 사고와 토의를 이끌어 낼 수 있어야 한다. 그래서 탐구공동체 수업을 하려면 우선 교재가 개발되는 것이 바람직하다. 그 교재를 돌아가며 읽는 것으로 시작할 수 있다. 성인들이 읽는다는 것에 거부감을 가질 수 있으나 우려와는 달리 돌아가면서 읽음으로써 사고의 자극을 받고, 공동체의식을 가지게 된다.

셋째, 돌아가면서 읽으면서 자극받은 생각이나 의문을 제기할 수 있도록 자극물이나 에피소드에 대해 생각할 시간을 갖는 것이 다음 단계이다. 생각하는 시간은 제시된 주제에 대해 흥미로운 것, 혼란스러운 것, 의아한 것을 곰곰이 생각할 수 있는 자극을 준다. 각자가 만든 질문은 노트에 적거나 다른 교육생들이 볼 수 있도록 게시한다. 이렇게 함으로써 질문에 대해 분명히 알게 하고, 서로 공유할 수 있게 하며 지속적인 의문을 갖게 한다. 게시할 때는 질문자를 알려서 그 질문을 통해서 다른 교육생들도 의문을 갖게 한 기여에 대해 공식적인 보상을 하는 것이 좋다. 이렇게 함으로써 명시된 질문들을 모든 교육생들이 볼 수 있고, 지속적인 질문이 덧붙여질 수도 있으며, 계속적으로 질문에 대해 고찰할 수 있게 한다. 함께 생각하고, 질문을 만들 시간을 가지고 질문을 제시하는 것은 탐구공동체의 특징이다. 이제 각자 만들어 제시한 질문들 중에서 토의를 위해 질문을 고르는 것이 필요하다. 제시된 질문들 중에 한두 질문을 고르는 방법은 여러 가지가 있을 수 있다. 추첨, 교관의 선택, 교육생들의 선택, 투표하기 등 다양하겠지만 될 수 있으면 교육생들 스스로 고르는 것이 좋은 방법이다. 질문 고르기의 과정은 토의의 목적에 부합되어야 하고, 그것은 합리적이어야 한다. 질문 고르기의 목적은 최대한 교육생들이 동의하는 질문을 고르기 위한 것이다.

넷째, 토의를 촉진하는 단계인데, 여기서는 리더가 필요하다. 리더는 꼭 교관일 필요는 없지만 교육공동체에서 교관이 구성원으로서 리더역할을 하는 것이 적절하다고 받아들여질 것이다. 리더가 할 일은 그룹 내에서 가능한 많은 다른 생각들을 표현하도록 촉진하는 것이고 다른 관점에서 함께 생각하게 하는 것이다. 이런 토의는 단순한 담론은 아니기 때문에 성공적인 탐구공동체를 형성하도록 촉진시키는 것은 매우 어려운 일이다.26) 교관이 교육생들이 목적 없이 토의를 해도 가만히 둔다면 교육생들은 그들 스스로 지루해질 때까지 계속 요점 없는 말들을 하게 된다. 그래서 교관이 진실을 탐구하기 위해 끊임없이 생각하게 하는 방향으로 토의를 이끌어 가는 것이 필요하다.27) 교관이 토의의 방향을 잡아 주고, 교육생들이 그들의 사고 과정과 그들의 사고 이면에 있는 이성을 드러내게 촉진하는 것은 반드시 필요하다.

다섯째, 다음은 선택된 질문을 가지고 토의를 하는 단계이다. 교육생들에게 토의를 위해 선택한 질문이나 쟁점에 대해 각자의 견해나 느낌을 표현할 기회를 주고, 각자는 다른 교육생들의 말을 듣고 각자의 관점과 생각을 검토해 보는 것이다. 듣는 것을 통해서 각자 자신이 누구이고 어떤 가치를 가지고 있는지를 알게 된다. 남이 말하고 있는 것을 들을 때, 듣고 있음을 보여줌으로써 대화는 더욱더 효과적으로 일어나게 할 수 있다. 그러므로 반응을 하면서 듣는 것은 기술일 뿐만 아니라 태도이다. 교육생들은 더 잘 듣기 위해 훈련을 할 필요가 있다. 토의를 잘하기 위해서는 적절한 규칙에 동의하고 잘 따르는 것이 요구된다. 토의를 하는 동안 염두에 둬야 할 규칙들은 다음과 같은 것들이 있다.28) ① 다른 사람과 같이 생각을 공유하기, ② 다른 사람에게 말할 기회를 주기, ③ 다른 사람의 관점을 생각해 보기, ④ 남이 말할 때는 주의 깊게 듣기, ⑤ 분별 있게 생각하고 행동하기, ⑥ 서로의 생각에 대해서 의논하되 방해하지 않도록 주의하기, ⑦ 다른 사람의 생각에 대해 무례한 반응을 보이지 말기. 토의를 하는 동안 이러한 규칙을 지키게 됨으로써 수업에 차츰 질서가 잡히고, 활발한 토의가 이루어진다.

여섯째, 토의의 끝부분에서 교관은 창조적 활동이나 연습을 통해서 탐구를 확장하고자 할 수 있다. 토의된 주제에 대해 어떤 관점에서 쓰고 그리고 토의할 수 있다. 중심 개념을 적용하고 확장하는 이러한 활동이나 연습을 통하여 탐구는 더 확장될 수 있다.

이상과 같은 탐구공동체 수업의 형식과 과정을 통해서 군생활에서 부딪히는 사소한 문제뿐만 아니라 위기상황을 해결해 나가는 바람직한 방식들을 습득할 수 있는 기회를 갖게 된다. 탐구공동체는 인지적 측면과 정의적 측면을 모두 가지지만 듣는 법을

---

26) S. Gardner, "Inquiry is no mere conversation", *Analytic Teaching*, Vol.16, No.2, pp.41-51.
27) M. Lipman et al. *Philosophy in the Classroom*(Philadelphia: Temple University Press, 1980), p.92.
28) Robert Fisher, *Teaching Thinking*(London and New York: Continuum, 2000), p.180.

배우고 다른 사람의 견해를 존중하는 것은 여러 공동체의 가치들 중 중심이 되는 것으로 다른 사람들을 배려하는 윤리적인 측면의 한 부분이 될 것이다. 대화를 통해 이루어지는 탐구공동체는 그 자체로서 윤리적 기능을 하게 되는 것이다. 윤리적 탐구공동체에 가담하는 것만으로도 교육생들은 윤리적 인간으로 그들을 발달시키게 된다.[29] 다음 장에서는 군간부들을 탐구공동체 구성원으로 해서 실제 직업윤리교육을 할 때 활용하는 에피소드나 이야기, 기타 자료들이 하는 역할을 고찰해 볼 것이다.

5. 윤리적 탐구공동체에서 교수자료의 역할

가. 서사자료 활용의 정당성

이번 절에서는 탐구공동체를 형성하기 위해서 토의를 자극할 수 있는 자극물을 공유하는 것이 필요하다는 데 주목하고, 탐구공동체에서 자극물로서 서사자료가 적절한 자료가 될 수 있고 역할을 할 수 있다는 근거를 찾아보고자 한다. 다만, 여기서 서사자료의 활용이란 기존의 감동감화식 수업에서 서사자료를 활용하고자 하는 것과는 다르다. 감동감화식 수업에서 서사자료를 활용하는 목적은 서사자료의 내용이 가지고 있는 감동적 요소와 재미를 주는 요소를 수업에 활용하고자 하는 데 있다. 그러나 여기서 논하는 도덕탐구공동체에서 서사자료는 도덕적 판단력을 향상시키는 요소인 사고기술을 기르는 데 목적이 있다.

우선 서사자료가 수업자료로 활용될 수 있는 근거는 인간의 본질 면에서 볼 때, 인간은 이야기하는 동물이라는 점에서 찾아볼 수 있다. 인간은 허구 속에서뿐만 아니라 현실 속에서도 진실에 도달하고자 열망하는 이야기를 끊임없이 하게 되는 화자라고 할 수 있다. 우리의 삶 자체가 어떤 이야기의 한 부분이기 때문에 인간과 사회를 이해하는 가장 쉽고 진실한 방법은 바로 서사자료를 통해서라고 할 수 있다.

그래서 서사자료는 오랫동안 학교에서 토의나 조사, 문제해결을 위한 자연스러운 자극제로서 여겨져 왔다.[30] 우리 사회에서도 학교제도가 정립되기 전부터 서사자료는

---

29) Tim Sprod, *Philosophical Discussion in Moral Education: The community of ethical inquiry*(London and New York: Routledge, 2001), p.159.

30) K. Egan, *Teaching as Storytelling*(London: Routledge, 1986).

이전세대로부터 다음세대로 덕목을 전수하고 생각을 일깨우는 가장 흔한 교육자료 중의 하나였다. 서사자료는 어린 시절에는 언어기술, 학습, 사고력을 기를 수 있는 자연스런 수단을 제공한다. 이후 간접경험을 통해서 청소년기, 성년기의 세상을 살아갈 수 있는 바탕을 이루어 준다. 생각해 보면 군생활이나 전쟁 상황만큼 이야기가 풍부한 상황도 없을 것이다.

서사자료가 교육자료로서 활용될 수 있는 또 다른 근거로는 서사자료가 과거를 반성하고 미래를 예측할 수 있는 기회를 제공함으로써 사고기술을 발전시킨다는 것을 들 수 있겠다. 세상이 복잡다단할수록 상식을 가지고 민주적으로 참여할 수 있는 사회구성원이 되기 위해서는 문제해결을 위한 접근에 있어서 유연하고 창조적이어야 하고, 주어진 문제에 대해서 비판적으로 생각하고 숙고하는 능력이 요구될 것이다. 앞에서 군간부들에게도 오늘날 가장 강조되는 것 중의 하나가 창의성이라는 점을 살펴보았다. 그러므로 서사자료를 통해 교육생들이 비판적 사고, 창의적 사고, 배려적 사고와 같은 고차적 사고(higher-order thinking)를 연습하고 가치화할 수 있는 맥락을 제시해 줄 수 있는 기회를 제공하는 것은 충분한 의미를 지닌다 하겠다. 피셔(R. Fisher)의 연구에 따르면,31) 서사자료를 통해 고차적 사고를 하게 된 교육생들은 그렇지 못한 교육생들이 갖지 않은 지식과 기술, 능력의 여러 측면을 가지고 있다. 예를 들면 메타언어학적 지식을 포함해서 문학적 형식, 목적, 장르에 대한 지식을 더 가지고 있다. 서사자료 교재에 대해 질문하고, 토의하는 능력을 포함해서 문학적 지식을 처리하는 기술과 전략이 뛰어나다. 그리고 그들의 서사자료 탐구기술을 다른 맥락으로 전이하고 적용하는 능력이 뛰어나다는 것이다.32)

다음으로 서사자료는 삶을 충실하게 재현하고 있기 때문에 서사자료의 이해는 인간경험을 조직하는 가장 널리 사용되는 방법이 될 수 있다는 점에서 윤리교육에서 적절한 교육자료가 될 수 있다. 서사자료는 시공간적 제약에서 해방시키며, 지적 구조지만 실생활과 유사하다. 서사자료는 간접적이나마 세계와 우리자신을 이해하는 수단을 제공한다. 군간부들이 접하게 되는 군경험에 관한 서사자료들은 일생 동안 단 한 번도 실전을 경험하지 않더라도 전쟁 상황에 대한 관심과 문제해결 능력을 갖게 할 수 있다. 인간은 무엇을 알고 있고, 믿고 있으며, 옳고 그른 것은 무엇인지에 대한 기본적 의문들을 통찰하기 위해 서사자료에 의존하고 있다. 서사자료는 우리 자신의 삶에 메타포를 제공한다는 점에서 삶과 서사자료는 관련될 수밖에 없다. 인간의 삶은 모두가

---

31) R. Fisher, *Teaching Children to Think*(Cheltenham: Stanley Thornes, 1995), pp.162-6.

32) Robert Fisher, *Teaching Thinking*(London and New York: Continuum, 2000), p.96.

서사자료의 한 부분으로 재구성될 수 있다. 그러므로 서사자료 혹은 인간의 삶에 대한 서술적 구조를 이해하는 것은 중요하다. 서사자료를 이해하기 위해서는 이성과 함께 정서적 수용 능력이 요구된다. 이간(K. Egan)은 '서사자료를 구성하고 있는 사건들의 정의적인 의미'를 중시하며, 서사자료를 이해하기 위해서는 상상력이 요구된다고 본다.[33]

서사자료를 이해하고자 하는 노력에 의해 현실의 한 조각으로부터 삶의 진실을 터득하기에 이르게 된다. 아이들은 자라면서 서사자료가 다른 형태로 만들어지고 바뀌고 재창조될 수 있다는 것을 알게 된다. 어른들도 미래를 예측할 수 있는 능력을 과거의 서사에서 얻게 된다. 따라서 서사자료를 다시 말하고 재구성하는 이러한 방식은 윤리적 토의에 서사자료를 활용하는 방식에 정당성을 제공하게 된다고 볼 수 있다. 교육생들은 서사자료와 현실 사이의 여러 가지 가능한 관계를 이해하게 됨으로써 세계와 자신에 대해서 더 많이 배울 수 있게 된다.

이와 같은 속성을 지닌 서사자료가 교육에서 사고력에 대한 자극물로서 활용됨으로써 교육생들의 흥미와 참여를 유발하여 윤리적 탐구공동체의 형성에 기여함은 널리 알려져 있다. 화이트헤드는 교육생들의 참여와 흥미를 유발하는 것이 '학습 사이클'에 있어서 필수적인 첫 번째 단계라고 본다.[34] 서사자료 속에는 기억, 가정, 상상력 사이에 중요한 연관성이 있다. 한 서사자료가 가치가 있다면, 그때 교육생들은 정의적으로 그것에 관여하게 된다. 서사자료의 공상적 요소들은 강력한 가상의 경험을 통해서 실제의 경험에 관해서 더 분명하게 반성해 볼 수 있도록 한다. 서사자료들은 성격, 사건, 경험 같은 인간의 관심사에 몰입하게 하는 이점을 가지고 교육생들에게 그들 자신의 삶의 직접성으로부터 벗어날 기회를 제공하게 된다. 특히 서사자료의 정의적인 힘은 전통적인 신화나 동화와 같은 가장 강력한 서사자료 속에서 구현된 사랑과 증오, 삶과 죽음, 희망과 절망, 선과 악, 진실과 거짓과 같은 대립요소에 의해 생기게 된다. 여러 유형의 서사자료를 통해 남을 관찰하고 생각함으로써 자신 스스로를 바라볼 수 있게 되며, 진정한 공동체의 일원이 되게 한다. 따라서 서사자료야말로 연령을 초월해서 정의적 접근을 하고자 하는 윤리교육자료로서 최적이라 할만하다.

---

33) K. Egan, *Primary Understanding*(London: Routledge, 1988), pp.96－129.

34) A. N. Whitehead, *The Aims of Education and Other Essays,*(London: Benn, 1932); Robert Fisher, *Teaching Thinking*(London and New York: Continuum, 2000), p.98.

나. 서사자료의 토의 촉진

공동체의 일원이 될 수 있도록 탐구하는 좋은 방법은 앞서 살펴본 바처럼 대화를 통해서 토의하는 것이다. 토의를 돕는 교수법은 다양하게 개발되어 있지만 그 전형은 소크라테스에게서 찾아볼 수 있다.[35] 익히 알려졌듯이 소크라테스가 대화를 한 것은 진리를 추구하는 것이었는데, 진리를 찾고자 한 것은 또한 윤리적 계획이었다. 소크라테스의 윤리적 관심의 중심부는 항상 윤리적 품격을 지닌 영혼을 되찾는 데 있었다. 그래서 소크라테스는 대화를 통해서 자신의 앎에 이르도록 돕는 데 의무를 다했다.

소크라테스가 행한 대화는 열려 있는 대화였다. 소크라테스는 젊은이들을 모아놓고 대화했으나, 답을 제시하고자 하진 않았고, 자신이 답을 알고 있다고 생각하지도 않았다. 소크라테스가 분명히 알고 있었던 유일한 것은 그 스스로가 분명히 알고 있는 것은 아무것도 없다는 점이었다. 그러나 많은 사람들이 생각하는 것과는 달리 소크라테스는 궁극적으로 회의론자로 자처하지는 않았다.[36]

그 당시 소피스트들처럼 모든 지식이 상대적이라고 말하려던 것이 아니라 오히려 애써 얻어 낸 체험을 통해 찾아낸 진리라는 것이 얼마나 믿기 어렵고 취하기 어려운지를 말하고자 했다. 그래서 그 지식은 언제나 기껏해야 잠정적일 뿐이며, 언제나 새로운 지식의 발전, 새로운 정보, 새로운 대안에 직면할 수밖에 없음을 자신이 깨닫게 되었다는 점을 강조코자 했던 것이다. 소크라테스는 단 하나의 조그마한 지식이라도 또 어떠한 가정이라도 언제나 남김없이 의문을 품고, 분석하고, 도전해 보아야만 한다고 느꼈던 것이다. 그 어떠한 것이든 한 번에 영구히 해소될 수 있는 것은 아무것도 없었던 것이다. 그래서 끊임없이 질문하고 대화한 것이다. 소크라테스에게 광장은 질문을 위한 장소였고 삶의 문제에 관한 사람들의 창조적인 판단을 발전시키기 위한 장소였다.

소크라테스가 광장에서 한 질문 역시 열린 질문이었다.[37] 열린 질문은 질문자가 해답이 어디에 있는지 알지 못하는 질문이다. 이런 질문을 하게 되면 생각하고 대답하는 데 자극을 받게 된다. 이런 질문은 일정한 패턴 속의 일관성 없이 의도가 드러나

---

35) D. Cannon, and M. Weinstein, "Reasoning Skills: an Overview", in M. Lipman(ed.), *Thinking Children and Education*(Iowa: Kendal Hunt, 1993), pp.598－604.

36) 크리스토퍼 필립스, "우리는 왜 철학적 토의를 벌이며, 그것을 성공적으로 인도하는 방법은 무엇인가?" 경남 어린이 철학교육 연구회 초청강의자료, 2002. 5. 13.

37) 크리스토퍼 필립스, 『소크라테스 카페』(서울: 김영사, 2001), pp.48－58.

는 질문과는 다르며, 이유를 찾고, 가정하고, 어느 것이 더 탐구를 신장시킬 수 있는 것인지에 관심을 갖고 주어지는 것이다. 여기서 질문의 궁극적인 목적은 교육생들 자신에게 물음을 던져 내면화하는 것이다. 그래서 소크라테스적 토의는 말싸움과 구별해서 바로 대화라고 하는 것이다.

군조직의 특성상 관계가 대화에 의해 이루어지는 것이 아니라 명령에 의해 이루어지는 것이기 때문에 군에서 대화는 불필요한 것으로 여길 수 있으나 그렇지는 않다. 상하관계에서도 대화가 원만하게 이루어져야 권위도 서게 되는 것이다. 군관계라 하더라도 모두가 대립되고 적대적이며 물리적이건 언어적이건 싸워서 이겨야 되는 관계는 아니다.

흔히 싸움은 목적에 있어서 상대방을 누르고 점수를 얻고, 이기기 위한 것에 초점을 둔다. 그렇기 때문에 싸움의 동기는 추론에 익한 이성적인 것이 아니라 감정에 따르는 자기지향적인 경우가 많다. 싸움에서 생기는 문제는 양쪽 모두 잘못을 인정하지 않는다는 것이다. 그러나 소크라테스적 토의는 싸워서 이기고자 하는 것이 아니라 자기를 수정하고 의견불일치를 해결하는 과정인 것이다.38) 질문과 대화에 초점을 맞춘 소크라테스식 교육을 통해서 모든 교육생들은 한편으로 교관이 되어 가치 있는 삶에 대해 계속해서 질문을 하고 가치 있는 삶의 방식을 이해하는 역할을 하게 된다.

오늘날은 소크라테스가 살던 시대와는 많이 달라졌지만, 소크라테스가 광장에서 대화를 통한 공동체를 형성했듯이 대화를 통한 윤리적 탐구공동체의 형성이 가능하다. 그렇지만 정신교육이나 직업윤리교육을 할 때, 대화를 하기 위해서 교관에게 전적으로 매달릴 수는 없다. 토의를 위한 생각거리를 제공하는 교재나 자료가 필요한데, 앞 절에서 살펴봤듯이 서사자료가 그 역할의 하나를 할 수 있다고 생각된다. 물론 모든 서사자료가 적절한 자료가 되지는 않을 것이다.

소크라테스적 토의를 위해서 서사자료는 교화적인 것이 아니라 우선적으로 열려 있는 서사자료여야 한다. 서사자료의 결말은 미리 짐작하기 어렵도록 구성되어 있어야 더 집중할 수 있게 한다. 집중해서 구성을 따라 가는 과정 중에 철학적 음미와 토의 계획에 점차 빠져들어 흥미를 느끼게 할 수 있다. 열린 서사자료의 정독을 통해서 교육생들은 어떤 점이 흥미로운지 또 문제인지를 집중적으로 검토하게 되고, 추론기술과 서사자료를 자신의 말로 이해하는 번역기술을 강화하게 된다. 정독은 자료에 담긴 사고과정을 재설정해 보고 다양한 범주(미학적, 윤리적, 인식론적 등)에서 감상하게 함으

---

38) Robert Fisher, Teaching *Thinking*(London and New York: Continuum, 2000), p.165.

로써 내적 의미에 다가서도록 해 주는 것이다. 이렇게 되면 대화와 토의를 할 수 있는 질문을 만들어 선택한 후 윤리적 탐구활동을 할 수 있게 된다. 서사자료는 내용의 전달이 아니라 대화와 토의를 할 수 있는 자극물로서 역할을 하게 되는 것이다.

아이스너(E. Eisner)에 따르면 모든 학습은 인간의 상상력을 다른 사람들과 공유될 수 있는 어떤 공적이고 안정적인 형식으로 변화할 것을 요구한다. 서사자료와 서사자료로 이루어진 교재는 인간의 구성체라고 아이스너는 봤다.39) 서사자료가 인간의 구성물이기 때문에 듣는 사람이나 읽는 사람에 의해 서사자료가 의미 있는 것으로 받아지려면 비판적 독서나 의문제기가 필요하다고 본다. 키에르케고르도 교육생들에게 해 주는 서사자료의 절차는 가능한 한 소크라테스적이어야 한다고 했다.40) 즉 서사자료는 교육생들에게 질문하고자 하는 욕구를 불러일으켜야 한다는 것이다.

대화를 통해 이루어지는 윤리적 탐구공동체는 서사자료를 자료로 해서 교육생들이 질문하고 토의를 할 수 있다. 그래서 서사자료는 열려 있어야 그 의미는 듣는 사람이나 읽는 사람의 마음속에서 다시 재구성되어 대화를 활발하게 이끌게 된다고 본다. 이와 같이 이번 절에서는 열린 서사자료의 의미를 소크라테스의 대화법을 근거로 해서 정당화하고자 했다. 열린 서사자료, 열린 대화를 통해서 교육을 받는 탐구공동체는 윤리탐구공동체로서 역할을 수행하게 되는 것이다.

다. 윤리적 탐구에 적합한 서사자료

이번 절에서는 윤리적 토의에 적당한 서사자료에 대해서 논하고자 한다. 학교교육에서도 서사자료자료는 오랫동안 교화, 토의, 탐구, 문제해결을 위한 자연스러운 자극물로서 여겨져 왔다. 그렇다면 윤리교육에서 질문과 토의를 위해 활용할 수 있는 서사자료들은 어떤 것들이 있는지를 살펴보고, 적당한 서사자료들이 담고 있어야 할 것의 기준을 검토해 보고자 한다.

우선 철학소설이 있는데, 가장 널리 알려진 것은 립맨 교수가 쓴 『Pixie, Harry Stottle-mieier's Discovery』와 가아드(Jostein Gaarder)의 베스트셀러인 『Sopie's World』 등이 다양하게 번역되어 있고, 국내에서 창작된 철학동화들도 많이 나와 있다. 현재 군인들을

---

39) E. Eisner, "The role of the arts in cognition and curriculum" in A.I. Costa(ed.) *Developing Minds: A Resource Book for Teaching Thinking*(Alexandria, Virginia: ASCD, 1985), pp.169－175.

40) Robert Fisher, *Teaching Thinking*(London and New York: Continuum, 2000), p.101.

교육하기 위해 제작된 철학소설은 없다. 다만 군생활의 경험을 토대로 한 군대소설은 흔히 존재하기 때문에 교육에 필요한 부분을 발췌해서 활용할 수 있을 것이고, 앞으로 군 정신교육이나 윤리교육을 위한 철학적 질문이 담긴 소설을 제작한다면 의도하는 성과를 더 쉽게 성취할 수 있을 것이다.

립맨은 이러한 철학적 질문에 알맞은 텍스트는 필수적으로 세 가지 조건, 즉 문학적 수용성, 심리적 수용성, 지적 수용성을 갖추고 있어야 한다고 본다.41) 문학적 수용성 중에서 립맨은 텍스트의 문학의 질은 통용될 수 있는 것이어야 한다고 봤다. 토의거리를 제시하면서도 교육생들의 흥미를 지속적으로 유지할 만한 이점을 지녀야 한다는 것이다. 심리적 수용성은 서사자료가 연령에 적당한 것인가와 관련되는 것인데 립맨은 교육생들의 반응에 의하면 모든 연령에서 토의할 쟁점으로서 진실, 정의, 선, 옳음 등과 같은 복잡한 문제에도 흥미를 가지고 있음을 알게 되었다고 한다. 지적 수용성은 텍스트의 문제가 되는 성질과 관련이 있다. 구조화된 대화로 이루어진 대화체의 텍스트는 애매모호함, 풍자, 아이러니 등 다른 산문에서 부족한 많은 다른 성질을 담고 있다고 할 수 있다. 플라톤을 비롯한 여러 철학자들이 발견했듯이 구조화된 대화는 지적 도전을 위한 기회를 제공한다.42) 철학적 의문이 밑받침된 대화적 질의와 사고의 모형을 제공하기 때문에 철학소설은 교육에 활용하기에 특별한 의미를 지닌다.

다음으로 초·중등학교 교과서에도 이미 적절하게 활용되고 있는 전통적 서사자료도 윤리적 토의에 적절하게 활용될 수 있다. 민담이나 전설을 이야기한다는 것은 시공의 경계를 넘어서는 의사소통적 행위를 하는 것이다. 이렇게 했을 때 즐거움을 얻을 수 있을 뿐만 아니라 문화적으로 공유된 지식, 느낌, 생각, 상상력을 통해 교육적 효과를 얻을 수도 있다. 특히 교육적 기능을 볼 때 민담은 쉬우면서도 전 연령에 걸쳐서 공감대를 형성하는 데 중요한 역할을 한다. 민담은 교육에 활용될 때 상상력에 새로운 차원을 제공한다. 우리가 용기를 가지고 나아간다면 우리는 어떠한 장애물도 극복하여 우리가 바라는 것을 성취할 수 있다. 민담이나 동화 속에서 등장인물이 만나는 장애물과 문제를 토의하는 것은 교육생들로 하여금 그들 자신의 삶에서 만날지도 모르는 장애물과 문제를 이해하고 극복할 수 있도록 도와줄 수 있다. 서사자료는 해석의 문제를 제시하며 어떤 의미에서 독서는 결코 완성되는 것이 아니라 끊임없이 검토하고

---

41) Ibid., pp.111−112.

42) Colin J. Butler, "The Potential of a Dialogic Process for Moral Education", A Thesis Submitted to the College of Graduate Studies and Research University of Saskatchewan, 1999, pp.26−27.

바꾸어진다. 서사자료는 비판적이고 대화적 탐구에 이상적이며, 서술과 문화적 형태 양쪽의 비판에 적합하다.

또한 시도 소설과 함께 정의적 교육을 할 때 적절하게 윤리교육에서 활용될 수 있다. 시는 의미, 이미지가 함축되어 있어서 간결하다는 장점이 있다. 짧지만 리듬 있는 정서를 함축한 글로서 긴 서사자료를 담고 있다. 그러므로 윤리적 정서에 호소하는 자극제로서 시를 사용하는 것은 감성을 기르는 데도 도움이 될 것이고, 시에서 받은 생각과 느낌을 질문하고, 토의하고 평가할 수 있는 능력은 소설 못지않게 윤리적 판단력을 향상시키는 기능적인 역할을 한다.43) 우리나라는 일제 억압과 전쟁을 직접 겪었기 때문에 희생한 군인을 추모하는 시나, 용기를 찬양한 시들이 비교적 많은 편이다.

그리고 드라마를 비롯한 역할놀이, 관찰하고 어떤 사건을 목격하는 것과 같은 직접적인 체험은 깊게 생각하고 반성하고 탐구하는 데 자극이 될 수 있다. 드라마는 가능한 다양한 관점에서 모든 사람들의 생각, 일어날 수 있는 일들의 가능성을 부여하고 있다. 예를 들어 판도라 상자 서사자료를 읽고 그것에 관한 느낌, 상자의 뚜껑을 여는 것, 죄악의 정령들이 튀어나오는 것에 대해 공연했던 교육생들은 단순히 듣는 것만으로는 연상되지 않았던 많은 것들을 즉각적으로 알게 된다. 심사숙고와 토의가 없는 드라마의 장면은 곧 잊혀 버리지만 윤리탐구공동체는 드라마나 역할놀이와 같은 실제적인 체험에 대해 깊게 생각할 수 있는 기회를 제공하기 때문에 오랫동안 기억하게 되고 영향을 받게 된다. 드라마를 실연하거나 역할 활동을 하는 것은 교육생들이 그 글을 읽는 것뿐만 아니라 참여자로서 그 서사자료 속으로 들어가는 기회를 제공한다. 드라마에서 여러 교육생들이 열과 성을 다함으로써 더 많은 반응들이 생길 가능성이 있다. 드라마는 모두가 몸짓 및 목소리를 쏟아서 생각할 가능성을 부여한다. 즉석연기와 역할 활동을 통하여 교육생들은 자신과 다른 사람의 생각을 탐색할 수 있다. 그들은 자신의 생각이나 느낌에 따라 나아갈 수 있고, 이후의 일을 생각할 수 있게 된다.44) 어떤 서사자료에 대응하는 하나의 방식은 드라마적 재구성이나 마임을 통해서 가능하다. 드라마는 교육생들에게 인생의 가장 기본적인 가치를 체험하도록 하는 잠재성을 가지고 있다는 이미 알려져 있는 사실이다. 해마다 6월에 방영되는 특집 드라마나 전쟁영화들도 부분적으로 교육자료로 활용가능하다.

이러한 철학적 소설이나 전통적인 서사자료, 시나 드라마 외에도 교육에서 사용할

---

43) R. Fisher, *Poems for Thinking*(Oxford: Nash Pollock, 1997), p.13.

44) N. Toye, "On the Relatonship between Philosophy for Children and Educational Drama" *Thinking*, Vol.12, No.1, pp.24−26.

수 있는 서사자료를 위한 자료는 많다. 허구적 서사자료, 교육과정에 기초한 서사자료, 서사자료를 담고 있는 그림과 사진, 직접적인 경험, 음악, TV와 비디오 자료 등도 적절하게 활용될 수 있을 것이다. 이러한 서사자료 자료들은 교실교육에서 교육생들의 흥미와 참여를 유도하여 재미와 감동을 동시에 줄 수 있는 교육이 될 수 있게 한다.

물론 모든 서사자료들이 교육에서 재미와 감동을 줄 수 있는 것은 아니다. 제대로 된 자료를 취사선택하는 것이 우선시되어야 하는데, 서사자료들이 제공할 수 있는 것이 무엇인지 우선 점검해 봐야 한다.

교육을 성공적이게 하는 서사자료는,[45] 첫째, 친숙한 서사자료 형태에 노출시킴으로써 문학에 대한 긍정적인 관심을 갖게 하는 것이어야 한다. 둘째, 중요한 문제에 관한 비판적 사고와 윤리적 사고를 할 수 있는 토의거리를 담고 있는 상황들이 있어야 할 것이다. 셋째, 공유된 체험을 하게 함으로써 탐구공동체가 되게 해야 함은 물론이다. 넷째, 상상력, 창의력을 자극할 수 있는 장면화가 잘되어 있어야 한다. 이러한 잘된 서사자료는 서사자료의 성격, 사건, 경험 같은 인간의 관심사에 몰입하게 하며, 교육생들 자신의 삶의 직접성으로부터 벗어날 기회를 제공하게 된다. 타인들을 관찰하고, 그들에 대해 생각해 봄으로써 자신 스스로를 바라볼 수 있게 한함으로써 교육을 성공적이게 하는 것이다. 다음 장에서는 서사자료의 가치를 잘 살려낼 수 있는 교육모형을 제시하고 교육시간에 적용가능한 지도안 모형을 작성하고자 한다.

6. 군간부의 직업윤리의식 고취 프로그램

가. 윤리적 사고력 함양 프로그램

탐구공동체 활동을 통한 군간부들의 윤리의식을 향상시키고자 하는 이 프로그램에서는 군간부들이 윤리적 판단을 할 수 있도록 토의식 기법을 도입하여 창의적 사고, 배려적 사고를 기르고 심정적으로 교육받은 것을 체득할 수 있도록 돕고자 하는 것이다. 따라서 기존의 덕목들을 주입시키는 것이 아니라 공동체 활동을 통하여 스스로 새로운 문제해결방식을 구성해 내는 것이다. 기존의 윤리원리나 덕목에 맞아떨어지는 윤리문제가 없는 것은 아니지만 현실은 복잡다단하기 때문에 일부 사례에 국한된 덕

---

45) Robert Fisher, Teaching *Thinking*(London and New York: Continuum, 2000), p.99.

목이나 원리를 모든 윤리문제에 적용한다는 것은 잘못될 수밖에 없다.46) 직업생활에서 필요한 덕목들에 합의를 봤다고 해서 그 덕목을 외부로부터 주입할 수 있는 것은 아니다. 윤리적 행위 주체로서 덕목들을 스스로 체득하여 다양한 문제들에 노출되면 개별 상황에 맞는 윤리판단을 내리고 실천하는 과정을 반복하게 하는 것이 필요하다. 이렇게 함으로써 기존의 이론과 실천의 괴리문제를 해결하고, 생각하는 것과 실천하는 것이 일관되도록 하는 데 기여할 수 있다.

윤리적 판단력 향상을 위해서는 스스로 사고할 수 있는 사고기술을 가르치는 것47)이 중요하다고 보노(Edward de Bono, 국제사고기술개발센터 소장)는 말한다.48) 판단은 사고와 행동을 이어 주는 고리 역할을 한다. 따라서 훌륭한 판단력을 가졌다면 부적절하고 사려 없는 행동을 하지 않을 것임을 쉽게 알 수 있다. 이와 같은 보노의 입장에 공감하면서 립맨(Matthew Lipman) 교수의 탐구공동체에 관한 주장들을 기본으로 해서 군간부의 직업윤리의식을 고취시키고자 하는 프로그램을 제시해 보고자 한다.

현실에서 부딪히는 상황은 끝임 없이 변화하는데도 경직된 법칙이나 목적에 따라 판단을 한다면 윤리적으로 적절하지 못할 것이다. 규칙적으로 반복되는 군대생활에서 경직된 사고를 하게 될 가능성은 큰 편이다. 그러므로 상황의 변화에 따라 적절한 윤리적 판단을 할 수 있는 사고기술을 길러 주는 것은 군간부들의 직업윤리교육의 과제가 되는 것이다. 그래서 이 프로그램의 기본적인 관심은 윤리판단을 제대로 할 수 있도록 하는 사고기술의 체득에 있다 하겠다. 덕목을 갖추면 올바른 판단을 한다는 기존의 주장들과는 달리 사고기술을 체득함으로써 상황이 변하더라도 올바른 판단을 하게 되어 직업윤리덕목과 어긋나지 않도록 하겠다는 것이다. 사고기술은 경험을 탐구하고 지식을 적용하는 문제와 관련된다. 자신의 생각과 다른 사람들의 사고, 여러 상황에 어떻게 대처해 나갈지를 알게 하는 것이다. 그래서 본 프로그램에서는 상황의 맥락을 읽어 낼 수 있는 기회를 제공하기 위해서 에피소드를 자료로 해서 교수지도안을 제시하고자 한다.

적절한 에피소드 자료도 중요하지만 무엇보다도 스스로 사고하는 능력을 길러 주기 위해서는 군간부들이 교수프로그램을 통하여 활발하게 논의에 가담할 수 있도록 기회를 제공하는 탐구공동체의 형성이 필수적이다. 그 다음으로 윤리적 사고기술을 가르치

---

46) Mark Johnson, *Moral Imagination*(Chicago: University of Chicago Press, 1993), p.2.

47) Mark Freakley & Gilbert Burgh, *Engaging with Ethics —Ethical Inquiry for Teachers*(Australia: Social Science Press, 2002), pp.8－11.

48) Edward de Bono, *Teaching Thinking*(New York: Penguin Books, 1987), pp.51－52.

기 위해서는 군직업윤리교육을 담당하는 교관의 적절한 역할이 요구된다.49) 교관은
군간부들이 기존의 사고에 얽매이지 않고 생각하는 것을 잘 파악해서 말로 표현하고
객관화하도록 돕는 역할을 하며, 군간부들이 무비판적이고 맹종적이지 않도록 가능한
한 교화를 피할 필요가 있다. 교관은 전지적 전문가가 아니라 촉진자나 공동 탐구자
로서 역할을 하게 된다.50) 그렇다 하더라도 교관들이 윤리적 논의에서 적합한 것과
부적합한 것을 식별할 수 있는 능력을 가지고 있어야 이 교수 프로그램의 실행이 실
패하지 않는다. 교관은 군간부들의 탐구심을 북돋을 수 있는 질문을 할 수 있는 능력
과 지도력을 가지고 사고를 확장하는 기회를 제공할 수 있어야 하며 군간부들의 말을
주의 깊게 듣고 해석하는 능력도 갖추어 있어야 한다.

위에서 언급한 바와 같이 윤리판단력 향상을 위해서는 탐구공동체를 구성하는 것이
전제되어야 하고, 교관은 토의를 운영할 수 있는 능력을 갖추고 있어야 한다. 이런 조
건들이 갖추어져 있다면 적절한 교수자료를 활용해서 윤리적 사고력의 향상을 위한
교수활동을 할 수 있을 것이다.

앞에서 상술한 것처럼 탐구공동체에서 윤리적 사고력을 향상을 위한 지도는 ① 자
료 읽기, ② 토의주제 정하기, ③ 토의문제 기초탐색, ④ 토의하기, ⑤ 자신의 생각
기록하기의 절차를 따른다. 이 과정에서 자료의 에피소드에 대한 의문을 갖고, 에피소
드의 정확한 의미를 찾고 판단의 근거를 제공하고, 에피소드에서 발생하는 문제들을
토의함으로써 의문에 대한 답변을 찾아가게 된다.

에피소드에 귀를 기울인다는 것은 생각할 정신적 공간을 창조해 내는 것이다. 좋은
에피소드들은 가정, 추측, 판단과 같은 정신적 행위를 자극한다. 만일 교관이 토의를
위한 질문을 해서 그 에피소드의 뒤를 따라가게 된다면 교육생들이 읽게 되는 어떤
자료들도 사고를 촉진하는 에피소드가 될 수 있다. 위에서 제시한 과정과 주목할 점
들을 유의하고 에피소드를 활용해서 토의식 교육을 하게 된다면 직업윤리교육이 목표
로 하고 있는 윤리판단력 향상을 통해 실천력을 높이려는 정의적 영역의 덕목의 고취
는 좀 더 일상화된 것으로 자리잡을 수 있을 것이다. 다음 절에서는 에피소드를 활용
한 실제 교수 프로그램의 모형을 제시하고자 한다. 사실을 바탕으로 한 에피소드 하
나와 민담을 바탕으로 해서 구성한 이야기자료를 활용해서 두 가지 윤리적 탐구공동
체 교수 모형을 제시할 것이다.

---

49) Robertt Fisher, *Teaching Children to Learn*(Stanley Thornes Ltd, 1995), p.50.

50) Mark Freakley & Gilbert Burgh, *Engaging with Ethics −Ethical Inquiry for Teachers*(Australia: Social Science Press, 2002), p.7.

나. 직업윤리의식 향상을 위한 프로그램의 실제

1) 역사적 실화를 바탕으로 한 에피소드 활용

○ 제재: 짧지만 굵은 삶
○ 본시주제: 희생
○ 에피소드의 줄거리(읽기자료)[51]

1965년 10월 4일 홍천 지구에 있는 파월 전투부대인 맹호사단 1연대 3대대는 이날 수류탄 투척 훈련을 실시할 예정이었다. 10중대장이었던 강재구 대위는 그날 아침 장교 식당에서 동료 장교들에게 수류탄 투척 훈련의 위험성에 대한 자신의 경험담을 이야기해 주었다. 강 대위가 1군단 하사관학교 수류탄 교관으로 있을 때 일어났던 상황은 이러했다.

수류탄 투척 훈련 중 겁에 질린 병사 한 명이 수류탄을 던지다가 뒤로 떨어뜨렸고 그 아슬아슬한 순간에 그가 재빨리 수류탄을 집어내어 던짐으로써 병사들을 죽음으로부터 구해낼 수 있었다.

"9중대장! 수류탄 투척 훈련은 항상 조심해야 해, 오늘 교육에서도 주의해야 할 것이야."

강 대위가 인접 중대장에게 건넨 말이었다. 그로부터 불과 몇 시간 후 대대장 박경석 중령은 송수화기를 통해 거친 숨소리와 함께 믿을 수 없는 소식을 전해 들었다.

"대대장님! 사고가 났습니다. 10중대장 강재구 대위가 죽었습니다."

"뭐라고? 그게 대체 무슨 말이야?"

대대장은 큰 소리로 재차 묻지 않을 수 없었다.

"훈련 중에 박해천 이등병이 잘못 던진 수류탄을 강 대위가 몸으로 안고 죽었습니다."

강 대위가 죽었다는 소식을 들은 대대장의 머릿속에는 2개월 전 키가 크고 구릿빛 얼굴에 남자다운 패기와 절도 있는 자세로 보직 신고하던 그의 모습이 떠올랐다. 부하들이 오락회를 열면 함께 손뼉 치며 노래하던 모습도 또 연병장 모퉁이에서 병사들과 씨름을 즐기던 모습도 떠올랐다. 그는 부대원들을 진심으로 아끼고 사랑했고, 부대원들은 그를 친형처럼 따랐다.

하지만 무엇보다도 대대장의 머릿속에 뚜렷이 남아 있는 강 대위에 대한 기억은,

---

51) 이민수, 『멋있는 사람 아름다운 세상』(서울: 영림카디널, 2002), pp.61-63.

훈련 중 모친이 별세했다는 슬픈 소식을 듣고서도 대대장에게 말 한 마디 없이 묵묵히 임무를 수행하던 그의 모습이었다. 부대에 전입해 온 지 일주일밖에 지나지 않았었고, 또 월남 파병을 위한 중요한 훈련 중이었기 때문에 중대장이 사적인 일로 자리를 비울 수 없다는 것이 그 이유였다.

강 대위의 동기로부터 모친 별세 소식을 전해들은 대대장은 그의 책임감과 투철한 군인정신에 깊은 인상을 받았다. 다음 날, 대대장은 강 대위에게 일주일간의 휴가를 주었고, 강 대위는 발상만 끝내고 곧장 귀대했다.

그에게 위로의 말을 전하던 대대장에게 강 대위는 이렇게 말했다.

"대대장님! 심려를 끼쳐 드려 죄송합니다. 어머님이 걱정되어서 월남에 간다는 사실을 집에 알리지 못했었는데 이제는 홀가분하게 떠날 수 있게 됐습니다."

미련 없이 가정을 등지고 맡은 바 책임은 물론이고, 국가와 민족을 위해 헌신하겠다는 그의 신념과 의지를 알 수 있었다.

ㅇ 제재에 관한 생각 넓히기(에피소드의 의미 찾기)

① 수류탄을 향해 뛰어든 강 대위는 수류탄 투척 훈련 때 이미 위험성을 알고 있었다. 위험한 행동임을 알고도 행해야 하는 때는 언제인가?
② 훈련 때 역할을 잘하면, 오락회 때도 역할을 잘하는가? 그 상관관계가 있는가?
③ '희생'도 준비될 수 있는가?
④ 희생을 멋있는 삶이라고 평가하는 데 동의할 수 있는가?
⑤ 군인으로서 의무와 자식으로서 의무가 대립될 때 선택할 수 있는 방안은 무엇인가?
⑥ 위의 에피소드와 유사한 실제 사례를 조사해 보고, 어떤 판단을 내렸으며 어떤 결과를 낳았는지에 대해 토의해 보자.
⑦ 이 에피소드와 관련되는 군간부의 덕목에는 어떤 것들이 있는가?

ㅇ 제재에 관한 생각 나누기(희생이란 무엇인가?)

① 누군가가 희생을 하는 이유는 희생하게 하는 것보다는 더 가치 있는 것을 실천하기 위해서다. 물에 빠진 친구를 구하기 위해 목숨을 아끼지 않은 경우도 있고, 다른 나라 사람을 구하기 위해 전차에 희생당한 경우도 있다. 자신을 위해 희생하는 것과 남을 위해 희생하는 것의 차이에 대해 토의해 보자.
② 남을 위해 희생한다는 것은 나의 것을 포기하는 것을 의미하는지 토의해 보자.

③ 희생하는 것은 항상 옳은 일인지 토의해 보자.

④ 결과는 이익이 되는 경우도 있지만, 자신과 타인에게 모두 해를 끼치는 경우도 있다. 내가 희생했음에도 불구하고 나쁜 결과가 생겼던 것을 군 경험을 토대로 발표해 보자.

⑤ 군간부들이 희생할 수 있는 것은 어떤 것들이 있는지 토의해 보자.

⑥ 군간부 생활에서 책임지지 말아야 할 일에는 어떤 것이 있을까?

⑦ 목숨은 무엇보다 소중하다. 생명을 존중하는 것이 희생을 줄일 수 있는 것인지에 대해 토의해 보자.

○ 교수학습절차

① 에피소드자료 읽기: 본시 교육은 에피소드자료를 돌아가면서 읽음으로써 활동을 시작한다. 교육생들은 에피소드(교재)를 읽음으로써 내용을 파악하고 의문이나 문젯거리를 발견하게 된다.

② 토의주제 정하기: 교육생들이 읽기 과정을 통해 발견한 것에 대해 발표한 후 토의할 주제를 교육생들의 협의에 의해 정한다. 앞 절에서 제시한 생각 넓히기, 생각 나누기 질문들은 교육생들이 토의할 주제를 찾지 못했을 때 제시해 줄 수 있는 예들이다.

③ 토의문제 기초 탐색하기(생각 넓히기): 생각 넓히기 과정에서 내용을 개별 사고를 통해 해결함으로써 토의문제와 관련된 기초개념을 형성하고 토의문제 해결의 기초를 다진다.

④ 토의하기(생각 나누기): 교육생들은 탐구공동체일원으로서 의견을 표현하고 교관은 적절하게 돕는 역할을 한다.

⑤ 자신의 생각 기록하기(생각 다지기): 에피소드 자료 속에서 스스로 발견한 문젯거리를 정하여 학습지에 자신의 생각을 정리함으로써 내면화하게 된다.

○ 본시교육활동 약식 지도안(교육 시나리오 생략)

여기서 제시하는 지도안은 군간부를 대상으로 하는 프로그램으로서 모델로 제시한 것이다. 따라서 군간부 교육에도 활용할 수 있겠지만 사병들의 군정신교육에도 적절하게 에피소드를 수정하거나 새로운 에피소드를 제작해서 활용가능하다. 다만 실제 교육 대상들이 누군가에 따라 교관이 교육생들의 지적 정도를 제일 잘 알 수 있기 때문에 교육 시나리오는 교육생들의 발달 단계에 맞춰서 작성하면 된다. 교관과 교육생들이 여기서 제시하는 교수학습절차에 익숙하게 되면 교육생들의 발달 단계에 맞는 다양한 에피소드자료들을 활용하고, 용어를 선택하고 질문을 만들어서 풍부하게 교육을 해 나갈 수 있을 것이다.

제 재	조종사의 결정		시 량	50~100분
본시주제	책 임		교 재	에피소드자료
교육형태	·대화식 교육을 원칙으로 하되 다양한 교수기법을 활용할 수 있다.	학습조직	·소집단(15명 이하)	
학습과정	교수－학습활동		유의점	
마음열기	·동기유발 ·교수방법 설명 ·토의방법 안내 ·모둠 조직하기(3명 단위로 토의를 할 경우)		·허용적 분위기 조성(육체적 훈련 때와는 다른 분위기여야 함)	
에피소드 자료 읽기	·에피소드 자료(짧지만 굵은 삶)를 돌아가면서 읽는다. －문장 또는 문단 단위로 읽기 －대화체는 역할을 지정하여 감정을 넣어 읽기 ·내용을 파악하고 의문이나 문젯거리를 찾아본다.		읽는 순서나 역할 결정은 다양한 방법으로 정할 수 있다.	
생각 넓히기	·학습지에 스스로 찾은 '생각할 문제'를 기록해 본다. －교육량에 따라 전체의 토의거리를 2~4개 결정한다. －결정된 토의거리를 학습지에 기록한다. －생각 넓히기 문제를 해결한다.		·적절한 토의거리를 찾지 못하는 경우 강요할 것이 아니라 '제재에 관한 생각 넓히기'에서 제시하고 있는 질문을 간접적으로 제시해 주고 교육생들이 결정할 수 있게 한다. ·비판적이고 창의적인 사고를 할 수 있도록 격려한다.	
생각 나누기	·토의거리에 대하여 교육생들의 생각을 발표하고, 다른 교육생들의 생각을 들어 본다. －교육생 아이디어의 교환, 논박, 질문을 통해 사고력을 신장시키도록 유도한다. －교관이 '제재에 관한 생각 나누기'의 질문을 제시함으로써 토의를 활발하게 유도할 수 있다.		·교관은 보조자 역할을 한다. ·비판적 사고, 창의적 사고, 배려적 사고를 할 수 있도록 촉진자로서 역할을 한다.	
생각 다지기	·학습지에 생각 다지기를 기록하고 발표한다. ·생각 넓히기 문제를 마무리 짓는다. ·토의활동에 대한 소감을 발표하고 종결 여부를 결정한다. ·학습활동을 정리한다.		·토의의 결론은 열어둔다. ·교육생들의 흥미, 토의의 깊이에 따라 토의의 계속 여부를 결정한다. ·발언하고자 하는 교육생이 있는 한 토의는 다음 시간에서 지속시킨다.	

2) 민담을 재구성한 이야기 활용

○ 제재: 호랑이의 수염
○ 본시주제: 사랑(동료애)
○ 서사자료의 줄거리(읽기자료)

윤옥이라고 하는 한 젊은 여인은 고민거리가 하나 있었다. 그래서 도움을 청하기 위해서 산속에 살고 있는 노스님을 찾아갔다. 그 스님은 행운을 가져오는 부적도 만들 수 있고, 운명을 바꾸는 방법도 알고 있는 도인이었다.

"무슨 일로 오셨는지요?"

스님이 물었다.

"스님"

윤옥은 말했다.

"저는 매우 비참하고 근심에 차 있습니다. 제가 여기서 벗어날 수 있도록 묘책을 주십시오."

"누구나 묘책은 필요한 법입니다. 묘책으로 문제를 해결할 수 있다면 해야겠지요. 자, 당신의 사연은 무엇입니까?"

"그것은 다름이 아니라 바로 저의 남편에 관한 것입니다."

윤옥은 말했다.

"저는 남편을 매우 사랑해요. 그런데 그가 전쟁을 하느라고 3년 동안 멀리 있었어요. 이제야 돌아오긴 했는데 무슨 일인지 제게 아무 말도 하지 않아요. 제가 말을 걸어도 듣는 것 같지도 않고, 제게 말을 할 때에는 근성으로 대합니다. 음식을 정성껏 만들어 줘도 좋아하는 기색이 없고, 오히려 내밀고 뛰쳐나가 버려요. 일할 때도 멍하니 있고, 언덕에 앉아서는 바다를 하염없이 바라보곤 해요."

"젊은 남자가 전쟁에서 돌아왔을 때, 종종 있는 일이지요."

스님은 말했다.

"오, 스님, 저의 남편을 자상하고 사랑스런 남편으로 만들기 위한 묘책을 가르쳐 주세요."

윤옥은 간절히 빌다시피 했다.

"3일 뒤에 오시오."

스님은 말했다.

"그러면 당신이 필요로 하는 묘책이 무엇인지 알려 주도록 하겠소."

3일 후에 윤옥은 스님의 사는 산속으로 찾아갔다. 그 스님은 그 묘책을 위해 우선 준비해야 하는 것이 있는데 그것은 호랑이의 수염이라는 것이었다.

"스님, 제가 어떻게 호랑이의 수염을 구할 수 있겠어요?" 윤옥이 물었다.

"만약 이 묘책이 당신에게 절실히 요구된다면 당신은 그것을 구하는 데 성공하겠지요."

스님은 말했다.

윤옥은 집으로 갔다. 그리고 어떻게 호랑이 수염을 구할 수 있을지를 생각하고 생각해 봤다. 호랑이를 찾아 나서는 길밖에 없는 것 같았다. 그래서 어느 날 밤 그녀의 남편이 잠든 틈을 타 밖으로 살살 기어나가, 호랑이가 살고 있는 산중턱으로 올라갔다. 그녀는 밥공기와 고기를 손에 들고 호랑이 굴에 다가가서 제발 나와서 먹어달라고 부탁하면서 내밀었다. 그러나 호랑이는 나오지 않았다.

다음 날 윤옥은 다시 호랑이를 찾아갔다. 이번에는 조금 더 가까이 호랑이에게 다가갔다. 어제처럼 음식을 내밀었지만 호랑이는 역시 나오지 않았다. 매일 밤 그녀는 헛수고를 하고 집으로 돌아왔지만 매번 조금씩 호랑이에게 다가갈 수 있었다. 호랑이는 그녀를 보고 있는 것이 분명했지만 그러나 그날도 움직이지 않았다.

어느 날 밤 윤옥은 호랑이의 동굴에 매우 가까이 다가갈 수 있었다. 이번에는 그 호랑이가 몇 걸음이나 그녀에게 가까이 다가와서는 멈추었다. 둘은 달빛 속에서 서로를 바라보면서 서 있었다. 다음 날도 똑같은 일이 일어났다. 그 호랑이는 더 가까이 다가왔고 윤옥은 아주 부드러운 목소리로 말했다. 그다음 날 밤 호랑이는 그녀가 내민 음식을 조심스럽게 먹었다. 그리고 며칠 밤 그렇게 음식을 먹었고, 윤옥은 그의 손으로 부드럽게 호랑이의 머리를 쓰다듬게 되었다.

처음 호랑이를 찾아간 지 거의 6개월이 지난 후였다. 윤옥은 호랑이를 어루만지며 말했다.

"아, 호랑아, 나는 너의 수염 하나를 가져가야만 한단다. 화내지 않기를 바란다."

그리고는 조심스럽게 호랑이의 수염 하나를 잘랐다. 그 호랑이는 가만히 있었다. 그리고 그다음 날 윤옥은 호랑이의 수염을 스님에게 가져갔다. 스님은 수염을 차근차근 바라보더니 호랑이 수염이 분명하자, 숯불 속에 던져버리는 것이었다.

"왜 그래요!" 윤옥은 놀라 소리쳤다.

"우선 당신이 어떻게 그것을 얻었는지 말해 보시오."

스님은 말했다.

윤옥은 어떻게 밥공기와 고기를 산으로 들고 갔으며, 호랑이의 믿음을 얻기 위해 어떻게 참아 왔으며, 매일 밤 빈손으로 돌아오던 심정을 이야기했다. 그리고 어떻게 호랑이의 머리를 쓰다듬게 되었는지 어떻게 그의 수염을 얻게 되었는지, 얼마나 부드러운 목소리로 부탁했는지 이야기했다.

"당신은 호랑이를 길들이고 그의 신뢰와 사랑을 얻는 데 성공했구려."

스님은 말했다.

"그러나 헛일이 되었잖아요!"

윤옥은 소리쳤다.

"스님이 그 수염을 불 속에 던졌잖아요!"

"아니, 그것은 헛일이 아닙니다."

스님은 말했다.

"그 수염은 이제 더 이상 필요하지 않습니다. 당신의 남편이 그 호랑이보다 사납습니까? 그는 다만 친절하지 않고 이해심 없이 당신에게 응답하지 않는 것뿐이지 않습니까? 만약 당신이 호랑이를 사랑과 친절로 유순하게 할 수 있다면 당신은 틀림없이 남편을 똑같이 그렇게 할 수 있을 것입니다."

윤옥은 한 마디 말도 없이 한동안 멍하니 서 있었다. 그러고 나서 스님과 호랑이로부터 배운 것이 무엇인지를 생각하며 집으로 돌아왔다.

○ 제재에 관한 생각 넓히기(서사자료의 의미 찾기)

① 윤옥의 문제는 무엇인가?

② 윤옥이 스님을 찾아간 이유는 무엇인가?

③ 누군가가 현명하거나 현명해진다면 그 이유는 무엇인가?

④ 윤옥의 남편은 왜 그런 행동을 했는가?

⑤ 윤옥은 어떻게 호랑이의 수염을 얻었는가?

⑥ 스님은 왜 수염이 필요하지 않다고 생각했는가?

⑦ 윤옥이 스님과 호랑이로부터 배운 것이 무엇이라고 생각하는가?

⑧ 이 서사자료에서 남편은 당신의 주위에 있는 누구에 해당되는가?

ㅇ 제재에 관한 생각 나누기(사랑이란 무엇인가?)

① 다른 사람에게 관심을 줘도 관심을 받지 못한 적이 있는가?
② 군대생활에서 진정한 사랑이란 어떤 것인지 예를 들어 설명할 수 있겠는가?
③ 부하들을 똑같이 사랑하는 것은 가능한가?
④ 부하를 보살피는 것과 사랑한다는 것은 같은 것인가?
⑤ 누군가를 사랑하는 것과 상처 주는 것을 동시에 할 수 있는가?
⑥ 이 이야기는 이성 간의 사랑에 대한 이야기라기보다는 어려움에 처한 상대방에 대한 끊임없는 보살핌으로 진정한 사랑을 깨우칠 수 있다는 것이 될 수 있다. 조직생활에서 보살펴준다는 것의 의미에 대해 토의해 보자.
⑦ 자기희생 없이 사랑을 실천할 수도 있는지 토의해 보자.
⑧ 배려하기는 나의 이익과 무관한 행동일 수 있다. 하지만 공동체를 이루어 가고 있는 이상 반드시 남을 배려하는 행동의 소중함에 대해 생각해 볼 수 있어야 한다. 배려는 상대방이 중요하다는 인식에서부터 출발한다. 배려의 대상이 동식물이 될 수도 있는지 토의해 보자.

ㅇ 교수학습절차(윤리적 탐구공동체 교육에서 동일한 과정을 거침)

① 서사자료 읽기: 본시 교육은 서사자료를 돌아가면서 읽음으로써 활동을 시작한다. 교육생들은 교재를 읽음으로써 내용을 파악하고 의문이나 문젯거리를 발견하게 된다.
② 토의주제 정하기: 교육생들이 읽기 과정을 통해 발견한 것에 대해 발표한 후 토의할 주제를 교육생들의 협의에 의해 정한다.
③ 토의문제 기초 탐색하기(생각 넓히기): 생각 넓히기 과정에서 내용을 개별 사고를 통해 해결함으로써 토의문제와 관련된 기초개념을 형성하고 토의문제 해결의 기초를 다진다.
④ 토의하기(생각 나누기): 교육생들은 탐구공동체 일원으로서 의견을 표현하고 교관은 적절하게 돕는 역할을 한다.
⑤ 자신의 생각 기록하기(생각 다지기): 서사자료 속에서 스스로 발견한 문젯거리를 정하여 학습지에 자신의 생각을 정리함으로써 내면화하게 된다.

○ 본시교육활동 약식 지도안(윤리적 탐구공동체 수업 지도안은 동일한 체제임)

이전의 군정신교육과는 다른 교수방법이기 때문에 시도하는 데 어려움을 겪을 수 있다. 특히 이 교수방법은 기존의 주입식과는 달리 토의할 수 있는 바탕을 제공함으로써 군간부들의 자율성과 창의성을 계발하고, 심정적으로 교육에 참여할 수 있게 하는 탐구공동체 방식이다. 일부 경직된 사고방식을 가진 교관들은 이 프로그램의 가치를 간과할 수 있으나, 익숙한 기존의 방식만 답습할 것이 아니라 새로운 프로그램을 백안시하기보다 일단 시행을 해 보고 평가하는 것이 우선시된다고 본다. 앞에서 제시한 단계대로 실행해 본다면 정신교육은 위에서 아래로가 아니라 스스로 받아들이는 경험이 가장 소중한 것임을 알게 될 것이다. 그리고 새로운 시대의 군인들에게 필요한 정신교육이나 윤리교육의 목적에 가장 적합한 방안 중의 하나가 될 수 있음을 공감할 수 있을 것이다. 이 교수법이 사고력을 향상시켜 줌으로써 도덕적 판단을 하게 하고, 상황이 달라져도 추구하는 덕목에 부합하도록 행동하는 데 성과가 있다는 것은 이미 경험적 연구들로 인해 뒷받침되고 있으며,[52] 성인을 대상으로 했을 때 그 효과가 더 큰 신뢰받고 있는 교수법 중의 하나이다.

---

52) 크리스토퍼 필립스, 『소크라테스 카페』(서울: 김영사, 2001), 이 책의 저자는 성인대상으로 사람이 모이는 곳이면 어느 곳에서건 탐구공동체를 구성할 수 있으며, 자신의 실제 경험사례들을 공개하고 있다.

제 재	호랑이의 수염		시량	50~100분
본시주제	사 랑		교재	서사자료
교육형태	·토의교육, 학습단계에 따라 다양한 수업기법을 활용할 수 있다.	학습 조직	·소집단, 대집단 조직을 적절히 혼용한다.	
학습과정	교수－학습활동		유의점	
마음열기	·동기유발, ·학습방법 설명 ·토의방법 안내 ·모둠 조직하기(교육생의 수에 따라 적절히 나눔)		·허용적 분위기 조성	
서사자료 읽기	·서사자료 자료(호랑이의 수염)를 돌아가면서 읽는다. －문장 또는 문단 단위로 읽기 －대화체는 역할을 지정하여 감정을 넣어 읽기 ·내용을 파악하고 의문이나 문젯거리를 찾아본다.		읽는 순서나 역할 정하는 다양한 방법으로 정할 수 있다.	
생각 넓히기	·학습지에 스스로 찾은 '생각할 문제'를 기록해 본다. －교육량에 따라 전체의 토의거리를 2~4개 결정한다. －결정된 토의거리를 학습지에 기록한다. －생각 넓히기 문제를 해결한다.		·토의거리는 모둠별로 결정한 다음, 학급 전체에서 결정한다. ·비판적이고 창의적인 사고를 할 수 있도록 격려한다.	
생각 나누기	·토의거리에 대하여 교육생들의 생각을 발표하고, 다른 교육생들의 생각을 들어 본다. －아이디어의 교환, 논박, 질문을 통해 사고력을 신장시키도록 유도한다. －교관이 생각 나누기의 문제를 제시함으로써 토의를 활발하게 유도할 수 있다.		·교관은 보조자 역할을 한다. ·비판적 사고, 창의적 사고, 배려적 사고를 할 수 있도록 촉진자로서 역할을 한다.	
생각 다지기	·학습지에 생각 다지기를 기록하고 발표한다. －주제는 교재의 내용 중 스스로가 정한다. ·생각 넓히기 문제를 마무리 짓는다. ·토의활동에 대한 소감을 발표하고 종결 여부를 결정한다. ·학습활동을 정리한다.		·토의의 결론은 열어둔다. ·교육생들의 흥미, 토의의 깊이에 따라 토의의 계속 여부를 결정한다. ·발언하고자 하는 교육생이 있는 한 토의는 다음 시간에서 지속시킨다.	

3) 구성된 이야기를 바탕으로 한 에피소드 활용

○ 제재: 조종사의 결정
○ 본시주제: 책임
○ 에피소드의 줄거리(읽기자료)[53]

어느 헬기 조종사가 수색팀의 긴급 퇴출을 위해 적진에 투입되었다. 수색팀과 접촉이 이루어졌고, 곧 팀을 구출하기 위해 접근하게 되었다. 그런데 착륙하자마자 적에게 노출되었고 적의 기관총 사격을 받기 시작했다.

수색팀은 적의 사격이 심해지자 헬기 방호를 위해 엄호 조치를 취하기 시작했다. 총격 속에서 6명의 대원이 헬기에 탑승하자 헬기 승무원 조장이 '이륙'이라고 소리쳤다.

헬기 조종사가 막 헬기를 이륙시켜 비행하는 도중 헬기 승무원 조장이 긴급하게 헬기 조종사에게 외쳤다. 수색팀장이 2명의 수색대원이 지상에 남아 있다고 이제야 보고한다는 것이다. 2명의 남아 있는 대원은 헬기의 안전과 팀 동료의 안전을 위해 엄호 사격을 하고 있었던 것이다.

수색팀장은 기수를 돌려 2명의 해병대원을 데리고 와야 한다며 재촉했다. 헬기 조종사는 잠시 동안 생각한 후에 결단을 내려야 했다. 모두의 위험을 무릅쓰고라도 2명의 대원을 구출하기 위해 돌아가는 길이 있었다. 아니면 2명을 지상에 남겨 두어 그들이 위험에 처하거나 죽음을 맞이하는 한이 있더라도 현재 헬기 안에 있는 모두의 안전을 위해서 빨리 사정거리를 벗어나는 길이 있었다.

헬기 조종사는 지상에 남아 있는 2명의 대원에 대한 책임과 헬기에 탑승하고 있는 해병대원에 대한 책임을 비교하고 있었다.

○ 제재에 관한 생각 넓히기(에피소드의 의미 찾기)

① 수색팀이 적의 사격이 심해지자 헬기 방호를 위해 엄호 조치를 취한 결정에 대해서 어떻게 생각하는가?

---

53) http://kunsa.hihome.com/general−09.html 참조.

② 2명의 수색대원이 지상에 남아 있다는 것을 이륙 전에 알았다면 어떻게 해야 하는가?

③ 수색팀장이 1명의 수색대원이 지상에 남아 있었다면 어떻게 해야 하는가?

④ 당신이 수색팀장이라면 어떤 판단을 내리겠는가?

⑤ 당신이 헬기 조종사라면 어떤 판단을 내리겠는가?

⑥ 위의 에피소드와 유사한 실제 사례를 조사해 보고, 어떤 판단을 내렸으며 어떤 결과를 낳았는지에 대해 토의해 보자.

⑦ 이 에피소드와 관련되는 군간부의 덕목에는 어떤 것들이 있는가?

ㅇ 제재에 관한 생각 나누기(책임이란 무엇인가?)

① 다른 사람과 같이 일하는 것이 좋은가, 혼자 하는 것이 좋은가?

② 특권(Privilege)이란 어떤 사회에서 특별한 지위를 가지고 있는 사람이 가질 수 있는 것을 의미한다. 이러한 특권이란 일반적으로 그와 같은 지위를 가지고 있는 사람에게만 그러한 특권이 부여된다. 간부가 갖는 특권과 그에 따른 책임에 대해 토의해 보자.

③ 어느 부대 제1중대의 내규(SOP)에는 '30일간 군기사고가 없는 소대에게 72시간의 자유시간을 주도록' 되어 있었다. 긴 야외 훈련에서 돌아온 1소대는 28일간 군기사고가 없는 모범 소대였으나 29일째 되는 날 한 명의 대원이 무단이탈하였다. 소대원 이외에 이 사실을 아는 자는 아무도 없었다. 소대장은 결정을 내려야 했다. 무단이탈 사실을 묵인해 버리고 소대원들에게 값진 자유시간을 줄 것인가? 아니면 사실을 중대장에게 보고하여 자유시간 기회상실에 따른 소대원의 사기 저하를 감수할 것인가? 결국 소대장은 후자를 선택했고 사실을 중대장에게 보고했다. 소대원들은 대부분이 실망했다. 자유시간을 얻지 못해서가 아니라 그들의 사기를 고려하지 않은 소대장에게 더 큰 실망을 한 것이다. 이 사례에서 소대장의 판단에 대해 토의해 보자.

④ 군생활에서 간단하고 일상적인 결심에서부터 헬기 조종사가 직면했던 전장에서의 보다 복잡하고 애매한 결정에까지 윤리적 결심이 요구되는 상황은 다양하다. 군간부의 윤리적 판단에 가장 저해되는 요인은 무엇인지 토의해 보자.

⑤ 군간부의 윤리적 판단은 부하들의 행동 여부를 결정짓는 기준이 된다. 무책임한 간부들의 행태의 사례를 찾아 토의해 보자.

⑥ 군간부 생활에서 책임지지 말아야 할 일에는 어떤 것이 있을까?

⑦ 간부직이 항상 좋을 수는 없을 것이다. 상관과 동료, 부하 앞에서 당신이 한 행동과 잘못에 대해 떳떳이 서사자료 할 수 있을지 토의해 보자.

⑧ 어떠한 상황에도 대처할 수 있는 방법을 미리 정하거나 모든 요구상황을 충족시킬 수 있는 방법을 규정한다는 것은 불가능한 일이다. 간부로서 가지고 있는 소신에 대해 토의해 보자.

ㅇ 교수학습절차(이 프로그램의 교수학습절차는 정해져 있기 때문에 원칙적으로는 동일함, 다만 구체적인 시행은 교수자에 따라 자유롭게 할 수 있음)

① 에피소드자료 읽기: 본시 교육은 에피소드자료를 돌아가면서 읽음으로써 활동을 시작한다. 교육생들은 에피소드(교재)를 읽음으로써 내용을 파악하고 의문이나 문젯거리를 발견하게 된다.

② 토의주제 정하기: 교육생들이 읽기 과정을 통해 발견한 것에 대해 발표한 후 토의할 주제를 교육생들의 협의에 의해 정한다.

③ 토의문제 기초 탐색하기(생각 넓히기): 생각 넓히기 과정에서 내용을 개별 사고를 통해 해결함으로써 토의문제와 관련된 기초개념을 형성하고 토의문제 해결의 기초를 다진다.

④ 토의하기(생각 나누기): 교육생들은 탐구공동체일원으로서 의견을 표현하고 교관은 적절하게 돕는 역할을 한다.

⑤ 자신의 생각 기록하기(생각 다지기): 에피소드 자료 속에서 스스로 발견한 문젯거리를 정하여 학습지에 자신의 생각을 정리함으로써 내면화하게 된다.

ㅇ 본시교육활동 약식 지도안(앞의 두 가지 사례와 동일한 체계이므로 생략함)

여기서 제시하는 지도안은 군간부를 대상으로 하는 프로그램으로서 세 가지 덕목에 대해서만 견본으로 제시하고 있는 것이다. 같은 덕목이라도 직업군인의 종류에 따라, 임무 수행을 하는 지역에 따라 다양한 서사자료를 활용할 수 있을 것이다.

7. 맺음말

군간부의 직업윤리의식의 형성방안을 본 연구에서는 크게 내용적 측면과 방법적 측면으로 나누어서 고찰했다.

내용적 측면에서는 군간부가 갖추어야 할 직업윤리를 직업일반윤리, 전문직의 윤리, 군간부의 윤리로 나누어 포괄적 윤리적 덕목에서부터 구체적인 덕목으로 연역해 가는 형식으로 논리를 전개를 했다. 군간부에게는 첫째, 직업일반의 윤리가 적용될 것이며, 둘째, 군인이라는 전문적인 직업윤리가 요청될 것이고, 셋째, 간부라는 지위에 부여되는 윤리가 있을 것이기 때문이다.

방법적 측면에서는 군간부가 갖추어야 할 직업윤리의식을 형성할 수 있는 방법을 제시하고자 했다. 군인에게 요구되는 군인정신들의 상당 부분은 육체적 훈련을 통해서 함양될 수도 있겠지만 여기서는 육체적 훈련에 관한 것은 논외로 하고, 정신적 교육을 통한 직업윤리의식 고취 방안에 초점을 맞추었다. 급변하는 시대적 상황에서 군간부들에게 가장 절실히 요구되는 것은 상황에 대처하는 판단력일 것이다. 물론 그 판단이 윤리적 판단이어야 하고 실천으로 연결되어야 한다. 따라서 간부로서 윤리적 판단력을 기를 수 있도록 하기 위해서 윤리탐구공동체 기법을 활용한 교수 프로그램을 제시하고자 했다. 탐구공동체에 대한 이론적 논의는 충분히 논의되어 왔기 때문에 이론적 논의는 지양하고, 탐구공동체 교수방법으로 군간부들이 직업윤리적 덕목들을 체득하고, 윤리적 판단력을 기를 수 있는 방안을 제시하였다.

군간부들의 직업윤리의식 고취를 위한 내용과 방법에 관한 본 연구는 실제적으로 응용가능하도록 구체적인 방안을 제시하였다. 따라서 결과물은 군간부 안보교육에서 적절하게 활용될 수 있을 것이다.

첫째로, 군간부에게 교육되어야 할 덕목들의 이론적 근거를 제시했기 때문에 군직업윤리교육의 덕목교재의 내용범위를 정하는 데 도움이 될 것이다. 둘째로, 군간부 직업윤리교육을 할 때 본 연구에서 제시하는 교수방법을 활용해서 실질적인 성과를 이룰 수 있을 것이다.

기존의 직업윤리교육은 주로 주입식, 설명식, 교화, 세뇌의 방법으로 이루어졌다. 시대가 달라짐으로 해서 일부 시청각 매체들이 활용되고는 있지만 설명식, 교화식의 틀을 벗어나지 못하고 있는 실정이다. 하지만 본 연구에서 제시하는 탐구식 방법은 군간부들이 윤리적 판단을 할 수 있도록 토의식 기법을 도입하여 창의적 사고, 배려적 사고를 기르고 심정적으로 교육받은 것을 체득할 수 있게 도움을 줄 것이다. 또한 군 간부들은 이 기법을 사병들의 군정신교육을 하는 교수기법으로 활용할 수도 있을 것이다.

본 연구의 마지막 절에서는 서사자료를 바탕으로 한 교수 프로그램의 실제를 제시하였다. 희생정신, 사랑(동료애), 책임감이라는 덕목을 선택했는데, 이것은 견본이 되는 모형이므로 다른 덕목들을 위한 교수 지도안도 여기서 제시한 틀을 바탕으로 해서 손쉽게 에피소드를 준비하고 제작 가능한 것이다. 직업군인의 종류에 따라 적합한 서사자료를 활용하는 것이 중요하다.

이 교수기법은 서사자료를 읽는 교수 과정이 필수적으로 들어가야 하는 것이다. 일부 이 모델에 대한 이해가 부족한 경우, 이야기를 요약해 주거나 자료를 찾아 읽어오라는 것으로 대체하는 경우가 있는데, 이 모델이 지향하는 탐구공동체에서 사고력을 길러 덕목실천에 기여한다는 점을 소홀히 한 것으로, 소기의 성과를 얻을 수 없다. 이 모델은 학교교육을 위한 것이 아니다. 그럼에도 불구하고, 군간부 교육을 학교교육처럼 할 수 없다며, 미리부터 이 모델을 백안시하는 경우가 있는데, 시행을 해 본 후 비판을 해도 늦지 않다고 본다. 서사자료만큼 정서적 접근이 가능한 자료가 없다. 아무리 근엄한 군인도 '인어공주 이야기'에서 감동을 받고, '슈렉'을 보고 웃음을 터트린다. 항상 위에서 아래로 추상적이며 거대한 올바른 명언만 전해 주려는 교수방법에 집착하고 있다면, 이제는 새로운 교수법에 대해서도 관대해져야 발전이 있을 것으로 생각된다.

비록 앞으로 본 연구에서 직업일반윤리, 전문직의 윤리, 군간부의 지도자 윤리로부터 군간부의 직업윤리덕목인 책임감, 소명감, 성실성, 금욕, 충성심, 생명존중, 평화애호, 동료애, 용기, 청렴성, 공정성, 희생정신, 봉사정신을 추출했다 하더라도, 단지 세 가지 덕목에 대해서만 견본을 제시했다. 앞으로 본 연구를 바탕으로 해서, 군인들의 다양성을 교려한 서사자료를 수집해서 교수 프로그램을 작성하는 것이 군정신교육기관의 하나의 과제가 될 수 있다고 본다. 교수자료집을 잘 만든다면 군정신교육에서도 탐구공동체 방법으로 교육할 때에 편리하게 활용될 수 있을 것이라 생각된다. 이 프로그램을 활용하는 교수법의 과정은 제시된 기본 틀대로 하면 되기 때문에 어렵지 않다. 다만 적절한 서사자료의 선택과 교수자의 대화식 수업을 진행시키는 능력이 교육성과의 변수로 작용될 수 있다. 그렇지만 이 프로그램에서 교수자는 주입식 수업에서처럼 전권을 행사하는 것이 아니라 '촉진자'로서 역할만 하는 것이기 때문에 다른 기법으로 수업을 할 수 있는 교수자라면 누구나 잘해 낼 수 있는 능력을 갖추었다고 볼 수 있다.

참고문헌

[1]

강병희, "21세기 군대의 역할과 군인정신의 재조명", http://www.au.ac.kr/report/109/04 − 21

국방부, 『심성수련』(서울: 정훈공보관실, 2004).

국방부정훈공보관실, 『군대윤리: 직업군인의 가치관』, 2004.

김대군·박장호, 『직업윤리와 자기개발』(서울: 교육과학사, 2003).

김대군·이상철, 『주제중심직업윤리』(대구: 정림사, 2002).

이민수, 『멋있는 사람 아름다운 세상』(서울: 영림카디널, 2002).

박영수, 『앞서가는 지도자』(서울: 서울문화사, 2002).

박장호 편저, 『윤리의 응용과 교육』(부산: 경성대학교 출판부, 2002).

박진환, "윤리판단에 대한 정합적 접근", 한국국민윤리학회, 『국민윤리연구』 제52호,
        2003. 4.

바루흐 브로디, 황경식 역, 『응용윤리학』(서울: 종로서적, 1988).

성기중 편저, 『직업윤리』(서울: 형설출판사, 1991).

손수태, 『선진민주주의 국가의 군대와 사회』(서울: 아카데미북, 1998).

이민수, 『위대한 군인정신 1 − 3』(서울: 봉명, 2001).

이상철·김대군, 『응용직업윤리』(대구: 정림사, 1999).

이수현, 『장교가 되는 길』(서울: 한솜, 2003).

정영수, 『정신과학적 교육학』(서울, 학지사, 2004).

조승옥 외, 『군대윤리』(서울: 봉명, 1988).

직업윤리 교재간행위원회, 『미래사회와 직업윤리』(서울: 교육과학사, 1999).

최조웅, 『현대인의 직업윤리』(서울: 형설출판사, 1991).

크리스토퍼 필립스, 『소크라테스 카페』(서울: 김영사, 2001).

크리스토퍼 필립스, "우리는 왜 철학적 토의를 벌이며, 그것을 성공적으로 인도하는 방법
        은 무엇인가?" 경남 어린이 철학교육 연구회 초청강의자료, 2002. 5. 13.

한국국민윤리학회 편저, 『현대사회와 직업윤리』(서울: 형설출판사, 2001).

[2]

Cannon, D., and M. Weinstein, "Reasoning Skills: an Overview", in M. Lipman(ed.),
        Thinking Children and Education, Iowa: Kendal Hunt, 1993),

Cederblom, Jerry, Dougherty, Charles J., *Ethics at Work*(Belmont, California: Wadsworth Publishing Company, 1990).

Colin, Butler J., "The Potential of a Dialogic Process for Moral Education", A Thesis Submitted to the College of Graduate Studies and Research University of Saskatchewan, 1999,

Dillon, J. T., *Using Discussion in Classrooms*(Milton Keynes: Open University Press, 1994).

Egan, K., *Primary Understanding*(London: Routledge, 1988).

Egan, K., *Teaching as Storytelling*(London: Routledge, 1986).

Eisner, E., "The role of the arts in cognition and curriculum" in A.I. Costa(ed.) *Developing Minds: A Resource Book for Teaching Thinking*(Alexandria, Virginia: ASCD, 1985).

Fisher, R, *Teachig Thinking*(London and New York: Continuum, 2000).

Fisher, R. *Poems for Thinking*(Oxford: Nash Pollock, 1997).

Fisher, R., *Teaching Children to Think*(Cheltenham: Stanley Thornes, 1995).

Freakley, Mark & Gilbert Burgh, *Engaging with Ethics－Ethical Inquiry for Teachers*(Australia: Social Science Press, 2002).

Goodpaster, K. E., "Business Ethics: The Field and the Course", in W. M. Hoffman, J. M. Moore, and D. A. Fedo(eds.), *Corporate Governance and Institutionalizing Ethics*(Toronto: Lexington Books, 1983).

Harris, Charles E., JR, Michael S. Pritchard, and Michale J. Rabins, *Engineering Ethics: Concepts and Cases*(Wadsworth Publishing, 2002).

Hick, John, *Disputed Questions in Theology and the Philosophy of Religion*(New Haven, Conn.: Yale University Press, 1993).

http://kunsa.hihome.com/general－09.html

Huntington, Samuel P., *The Soldier and the State*(Cambridge: Harvard University Press, 1957).

Janowitz, Morris, *The Professional Soldier*(New York: A Free Press, 1971).

Johnson, Mark, *Moral Imagination*(Chicago: University of Chicago Press, 1993).

Lipman, Mattew, *Thinking in Education,* 2nd ed., (New York: Cambridge University Press, 2002).

McFarland, D. E., *Management and Society*(Englewood Cliffs: Prentice－Hall, 1982).

Sprod, Tim, *Philosophical Discussion in Moral Education: The community of ethical inquiry*(London and New York: Routledge, 2001).

제11장 직업군인의 리더십, 윤리 그리고 교육

윤경호*

1. 머리말

이 글은 국가보위라는 중대한 사명을 가진 직업군인의 필수능력으로서 리더십에 관해 윤리와 교육이란 관점에서 살펴보려는 것이다. 아울러 그 리더십을 위해 직업군인 (장교) 교육의 산실인 사관학교는 어떤 교육철학과 문제를 가지고 있을까 하는 질문을 가지고 쓴 것이다.

1970년대 미국사회의 도덕적 무능력에 대한 가장 극적인 결과는 베트남전에서의 패전이었다. 이 전쟁은 미국사회의 총체적 위기[1]의 근원이 무엇인지 잘 말해주고 있다. 그 당시 미국은 무패의 역사를 자랑하며 풍부한 전쟁 물자를 가지고 있었고, 현대화된 전문지식과 최신의 무기로 무장하여 당시 최강의 군대로 평가받고 있었다. 그런 미군이 아시아의 작은 나라 베트남을 상대로 패전했다는 사실은 미군과 미국사회에 심각한 문제가 있음을 보여주었던 것이다. 가브리엘(R. Gabriel) 교수는 베트남전의 패망의 원인을 미군의 3대 무능, 즉 무능력, 무적응력, 무양심에서 기인된 것이라고 진단하면서, 맥나마라(McNamara) 국방장관의 '기업경영논리'를 바탕으로 한 국방정책을 신랄하게 비판하였다. 그가 분석한 미군 패전의 핵심은 리더십과 윤리의 실패라는 것이다.

대체로 사람들은 군의 바텀라인(Bottom line)을 전승보장(戰勝保障)이라고 생각하고

---

* 해군사관학교 인문학과 교수

1) 60년대 말에서 70년대 초의 미국은 여러 가지 윤리적 문제가 대두되었다. 장기거래, 안락사, 낙태문제와 같은 생명윤리문제, 다국적 기업에 의한 주변국 침탈, 노동착취와 분배불균형과 같은 경제윤리문제, 로마보고서에 나타난 환경오염, 자연파괴와 같은 환경윤리문제, 워터게이트사건으로 주목받은 법과 정치윤리문제, 베트남 패망의 근본적 원인으로 파악되는 군대윤리문제 등이 그것이다. 이 모든 윤리적 문제는 서로 연관된 사회윤리문제로서 기존 윤리학에 대한 재검토와 공동선이나 정의에 관심을 불러일으키게 된다.

이를 위해 수단과 방법을 가리지 않아야 한다고 생각한다. 군인은 전쟁에서 승리함으로써 국민의 생명과 재산을 보호하며, 국토를 수호해야 할 사명을 가지고 있다.[2] 그러므로 전쟁을 준비하며 폭력을 유효하게 준비하고 관리하는 직업군인에게 있어 윤리적인 토의는 무의미하다는 주장이 설득력을 가진다. 즉 '승리를 위해서' 혹은 '군사적인 필요에 의해서' 도덕적 논의나 가치는 무의미한 것이 된다. 사실 전쟁과 같은 극한의 상황에서 도덕적 논의는 허망한 말놀음에 지나지 않거나 이상주의적 착각에 불과할 수 있다.

그래서 효용성을 숭배하는 정신적인 태도는 생사를 가르는 전장 속에서 당연한 것이며, 목적을 위해서 어떠한 수단도 서슴지 않는다는 결과 제일주의와 편의주의 사고가 군에 팽배하게 되었다. 그러나 이러한 논의는 충분히 검증되지 않은 관습적 사고(Conventional thinking)일 뿐이다. 윤리적인 태도와 자세를 가지는 것이 군의 효율적 관리나 운용에 해가 된다는 증거를 찾을 수 없다. 오히려 베트남전의 분석결과에 의하면 전쟁의 패인은 도덕의 실패에 있었다. 그러므로 '윤리는 우리에게 있어 비밀병기이다.'[3]라는 고백은 오히려 당연하다. '리더십은 윤리이다.'라는 명제나 '윤리는 리더십이다.'라는 명제를 검토해 보지 않을 수 없다.

군을 직업으로 삼고 살아가는 것은 참으로 다양하고 특별한 능력을 요구한다. 그것이 군직을 전문직으로 구별하는 이유이다. 그런데 전문성을 강조하는 현대에 있어서 리더십은 다양한 직업적 특성이 요구하는 지식과 함께 인간을 다루고 조직의 목표를 달성하기 위해 필수적인 것으로 평가되고 있다. 리더십이라는 관점에서 직업장교를 양성하는 사관학교는 어떤 철학과 원리에 의해 운용되는가, 그리고 어떤 교육적 문제가 있는가 하는 것을 분석하는 것은 매우 의미 있다 할 것이다.

2. 리더십과 윤리의 상관성

가. 리더십 패러다임의 변화와 윤리

리더십은 인간행동에 관련된 여러 학문 분야에서 가장 활발하게 논의되는 주제이다.

---

2) 국군의 사명 참조.

3) Matthews, Lloyd J., *Parameters of military ethics*(N.Y,: Pergamon‒Brassey's, 1989), introduction.

그러나 리더십에 대한 정의와 접근방법은 학자들의 개인적인 관점과 관심에 따라서 다양하게 진행되었다. 최근의 리더십 연구경향은 전통적 리더십에서 거래적 리더십과 변환적 리더십으로 변화되어 가고 있다. 전통적 리더십은 부하들에게 주어진 목표달성을 위해 업무를 할당하고 동기 부여를 증대시키는 것인 반면에, 1980년대에서는 조직의 내외부적 변화에 대해 능동적으로 대처할 수 있는 새로운 리더십이 주목받았고, 1990년대에 이르러 자기혁신으로 조직의 목표를 달성하는 변혁적 리더십이 발전하였다. 이제 리더십 이론은 리더의 특성, 리더의 행동, 상황, 거래라는 개념을 넘어서 혁신적 사고나 자기계발과 같은 비전과 자기실현을 중시하는 이론으로 발전해 왔다. 요컨대 리더십의 패러다임은 리더가 일방적으로 주도하는 패러다임에서 부하들이 조직에 발전 영감을 불러일으키고 창의와 혁신으로 조직의 목표를 달성하는 패러다임으로 진행되고 있다는 것이다.

리더십을 정의하는 유형과 주요 개념으로서는 ①목표·비전/ 동기유발, ②가치추구, ③솔선수범/모범, ④행동특성, ⑤영향력, ⑥상호작용 등이다. 대체로 리더십 이론은 집단 혹은 조직의 목표를 달성하기 위한 비전제시, 동기유발, 효과창출이라는 측면을 강조하는 경영학적/심리학적 접근과, 리더와 팔로우어의 관계를 통해 가치 창조, 이상실현, 신뢰 형성이라는 측면을 강조하는 가치론적/윤리학적 접근으로 대별할 수 있다. 최근 패러다임 변화의 대세는 개인의 존중, 민주성의 발현, 다양성의 추구, 원칙과 윤리성의 강조라는 방향으로 진행되고 있다.

리더십과는 달리 윤리는 사람이 사회적 관계에 있어서 마땅히 행하거나 지켜야 할 도리(도덕규범의 총체)라고 정의되는바, 정사, 시비, 선악을 분별하여 실천하는 것이고, 옳고 그름을 분별하여 선택하는 것이다. 윤리의 기능을 대체로 살펴보면, 규제(Regulatory)기능, 교육·정보(Informative)기능, 가치－명법(Value－Imper ative)기능, 정향(Orientating)기능, 동기화(Motivational)기능, 의사소통(Communicative)기능 그리고 예측(Anticipatory)기능 등으로 말할 수 있다. 그런데 윤리학은 인류 역사의 발전과 시대적 요구에 따라 '다기능적'이고 '다의적'인 것으로 발전하였다. 더욱이 윤리학은 매우 다른 관점과 논리를 가지고 윤리적 방법과 대안을 제시하곤 했기 때문에 해석적 차원, 규범적 차원, 그리고 실천적 차원, 기초적 차원 및 메타윤리적 차원 등과 같이 강조하는 바에 따라 성격이 달라질 수 있었다. 현대의 윤리학의 중요한 추세는 기존 윤리학의 도덕적 다원주의와 도덕적 회의주의를 비판하고, 가치판단을 포괄적으로 통합하는 인격과 덕을 강조하는 경향을 보이고 있다.

이렇게 리더십과 윤리의 개별적 특성을 놓고 볼 때 리더십은 조직지향이면서 결과

중시하는 특성이 있고, 윤리는 인격중심이면서 동기를 강조하는 특성을 가지고 있다고 말할 수 있다. 그런데 우리가 리더십과 윤리의 관련성의 스펙트럼을 생각해 볼 때 두 끝단을 생각해 볼 수 있다. 동양의 도덕 제일주의에서 주로 강조하는 바처럼 윤리와 도덕적 덕만이 리더십이라고 생각하는 경향을 한 끝단으로 하면, 리더십과 윤리는 전혀 별개의 문제로 보는 서양의 마키아벨리주의를 다른 한 끝단으로 삼을 수 있다. 그런데 현대의 리더십은 '리더십은 윤리이다.'라는 명제나, '윤리는 리더십이다.'라는 명제가 성립하기를 요청하고 있는 것처럼 보인다. 위의 리더십과 윤리의 정의나 기능을 통해서 볼 때에도 이 둘은 매우 다른 성격과 방향을 가진 것이 아니라 오히려 유사한 성격을 가진 것이거나 밀접한 관계를 설정하는 것이 타당해 보인다.

최근 강조되고 있는 윤리적 리더십은 가치와 영향력의 관계에 주목하여, 조직에 있어서 신뢰나 성실의 중요성을 강조하거나 동기화에 필요한 이타주의, 변환적 관계를 구성하는 인격적 요소 등을 강조한다. 또한 모든 조직관계를 구성하는 가치들, 즉 성실성, 자비, 절제와 같은 개인가치, 정직, 신뢰 평등과 같은 관계가치, 자유, 정의와 같은 사회가치를 강조하는 가치론적 리더십 이론이 등장하기도 한다.4) 그래서 행동과 실천 중심의 윤리학이 강조되는 현대 윤리학의 경향과 윤리적 가치를 강조하는 현대 리더십은 공통의 지향점을 발견하고 그 관련성을 모색하고 있다. 미 공군사관학교 와킨 교수는 그의 책『전쟁, 도덕, 그리고 군직』에서 군 리더십의 핵심은 윤리라고 단언한다.5) 다음의 덕과 군인정신에 대한 포괄적 해석을 시도할 때, 우리는 군 리더십의 윤리적 성격을 더욱 확실히 이해할 수 있을 것이다.

나. 군인정신과 리더십

로버트 하인라인의 소설『우주선의 돌격대(Starship Troopers)』에서 한 학생이 "군인과 시민의 차이는 무엇인가" 하는 질문을 받고 교과서에 본 대로 다음과 같이 답한다. "그 둘 간의 차이는 바로 어떤 특성을 가지는가에 달려 있습니다. 군인은 그가 속

---

4) Ciulla, Joanne, *Ethics, the heart of leadership*(Quorum books: westport, Connecticut, 1998), p.23.

5) Wakin. Malham, *War, Morality, and miltary professiona*(Westview press: Boulder, 1981), pp.197－216. 와킨은 국가봉사자로서의 군인의 성격을 정의하고, 명예와 복종의 덕을 중심으로 군 리더십의 핵심으로 윤리를 설명하고 있다. 그는 중요한 윤리적 문제로서 직업군인의 규범적 가치와 자세를 인격과 삶과 연관시켜 리더십을 설명하고 있다.

한 공동체의 안전을 수호하는 데 있는데, 필요하다면 목숨마저도 바쳐서 그의 책임을 다합니다."6) 이 예문에서 제시하는 군인정신은 군인다운 가치나 특성이라는 측면에서 군인정신을 이해할 수 있다. 군인정신은 다양한 의미로 쓰이는데, 군인의 가치관(가치, 태도)으로 사용되기도 하고, 군인의 자질과 특성이라는 의미로 사용되기도 한다. 또한 군인의 윤리 혹은 규범의식이라는 의미로 사용되기도 한다. 그런가 하면 전쟁 수행을 위한 군인의 상무정신을 의미하기도 한다. 정신에 대한 사전적 의미로 보면, 1)사람의 마음가짐이나 정향, 2)사람의 생각, 감정 등을 지배하는 능력 3)물질적인 것을 넘어서는 우주 자연의 근원 등으로 해석할 수 있다.7) 우리의 관심사항을 좁혀서 볼 때, 형이상학적인 해석을 제외하고 보면 결국 마음가짐이나 어떤 통제능력을 말한다. 이런 점에서 군인정신을 직업윤리의 관점에서 설명하는 것은 군인의 구체적인 활동 영역에 따른 해석을 제시한다는 전에서 이익가 있다.

군직을 수행하려면 필연적으로 정신적인 영역을 가지게 되는데, 그것을 군인정신이라 말할 수 있을 것이다. 그는 이 군인정신을 능력(ability), 속성(attributes), 가치태도(attitudes)의 세 가지 영역으로 정의했다.8) 이것을 좀 더 살펴보면, 첫째로 군인정신은 그의 지적 능력, 상상력, 안목의 크기 등과 관련해서 정의하는 경우이다. 이 경우 개개인의 개인별 자질이 부족하여 이런 능력의 차이가 있을 수도 있지만, 그가 속한 조직이나 직업의 특성상 군인으로서 자신의 능력이 계발될 기회가 적거나 필요 없는 경우도 있다. 요컨대 군인이라는 직업의 특성에 요구되는 개인의 능력이라는 측면에서의 접근법이다. 똑똑한, 지적인, 상상력이 풍부한, 상식이 있는 등과 같은 형용사를 말할 때의 해석이다. 둘째로 군인정신의 해석에 대한 또 다른 입장으로 군인들만의 독특한 정신적 특질이라는 것이다. 예를 들면, 민간인들과 달리 군인의 속성으로 절제된, 엄격한, 명확한, 융통성 없는, 인내심 있는 등과 같은 형용사로 표현된다. "군인들은 평화란 문제를 악화시킬 뿐이며 갈등과 전투만이 인간을 최고도로 발전시킨다."라는 말처럼 군인의 전투적 태도를 말할 때처럼 그의 호전적, 전투지향적, 공격적, 전제적 속성 등이 군인정신에 대한 또 다른 해석이다. 셋째는 군인의 가치관 내지 태도라는 해석이다. 군인이 직업인으로서 가져야 할 바람직한 자세나 태도를 말한다. 어떤 사회든지 군인이라는 직업이 가지는 공통성이 있다면 그것은 사회 안의 한 직업으로서 기능한다는 것이고 그런 측면에서 직업관 내지는 윤리관으로 해석되는 군인정신이다. 예를

---

6) Toner, James, *True faith and Allegiance*(Kenturcky: Univ. press of Kenturky, 2000), p.23.

7) 한국어 사전편찬회, 『한국어 대사전』(서울: 1980).

8) Wakin, 앞의 책, p.25.

들면, 책임감, 협동심, 직업규범, 이념적 태도 등이 그것이다.

이렇게 볼 때 리더십은 군직에 필요한 군인정신의 특별한 영역임을 알 수 있다. 전통적으로 리더십은 리더의 특성, 리더의 행동, 상황, 거래, 자기실현 등에 깊은 관심을 보여 왔기 때문이다. 따라서 리더십은 광의의 군인정신으로 능력, 속성, 가치태도로 구성된 정신 영역과 깊이 관련되어 있다고 해석할 수 있다.

다. 군사적 탁월성(Military Excellence)으로서의 리더십

위에서 정의된 군인정신을 좁은 의미에서 보면 단순히 도덕적 덕과 의무로 이해할 수 있다. 그런데 군인정신을 기능적인 의미에서 직업상의 전문능력인 리더십과 같은 것은 내포하고 있는 것으로 보다 포괄적으로 볼 수 있다. 이를 우리는 군사적 탁월성이라는 개념으로 이해할 수 있다. 요컨대 군인정신은 군인이 가져야 할 마음가짐이나 탁월성(덕)을 말한다. 그래서 이런 사전적 의미를 좀 더 구체적으로 정의하려면 군인에 대해 기능적 의미를 찾아보는 것이 타당할 것이다.

희랍 사람들에게 있어 덕(Arete)은 인간이 자기존재의 근본적인 목적인 선을 현실의 제반 여건 아래서 얼마나 훌륭하게 수행하는 핵심 개념이다. 그런데 이런 정신적 능력의 측면을 이해하는 데에는 그리스인들의 사용한 '덕(Arete)'이란 말에 주목할 필요가 있다. 아리스토텔레스는 일찍이 어떤 사물을 이해하려면 그 기능을 살펴봄으로써 가능하다고 말했다. 이런 기능적인 능력의 탁월성을 그는 덕(Arete)이라고 말하고, 선한 것을 행할 수 있는 것 혹은 선한 것을 낳는 것이란 의미라고 했다.

이런 의미에서 군인의 덕은 군인 자신의 사명과 목적인 조국의 평화 및 질서유지, 국토방위, 국제평화 등을 충실하게 이루어 나갈 수 있는 능력이 있는가를 말한다. 이를 위한 군인의 핵심 덕목으로는 현명, 정의, 용기, 절제의 고전적 4주덕을 비롯하여, 희생, 충성과 같은 공직의 덕목을 꼽을 수 있다.9)

그런데 미 국무장관이었던 진 컬크패트릭(Jeane Kirkpatrick)은 "착한 사람이 늘 훌륭한 지도자가 되는 것은 아니다. 그리고 좋은 정부란 늘 착한 사람들에 의해서 이끌

---

9) 군인복무규율에서 명시된 몇 가지 의무로는 충성의 의무, 성실의 의무, 정직의 의무, 품위유지의 의무, 비밀엄수의 의무, 청렴 및 검소의 의무가 있다. 한편 미군에게 요구되는 가치 덕목으로는 용기, 공헌, 경쟁, 의무, 성실, 동정심(관용) 등이 있고, 독일군은 군기, 책임, 신뢰성, 용기, 결단력, 겸손, 전우애, 공정성, 도덕성, 등을, 일본자위대에서는 '자위의 마음과 사명감', 개인의 발전, 책임의 수행, 규율의 엄수, 단결 등을 강조하고 있다.

어지는 것도 아니다."[10]라고 말했다. 요컨대 '착함'이 훌륭한 리더의 필수조건은 되지만 충분조건은 아니라는 것이다. 단순히 '도덕적인 착함'을 넘어서는 어떤 정신적인 우월성 내지 탁월함 같은 것, 즉 우리가 보통 영어의 명사에서 끝이 ~Ship로 끝나는 어떤 정신적인 능력(예를 들어 sportsmanship, gentlemanship, seamanship 등이 있다)이 조직의 리더에게는 필요하다는 말이다.

그것은 단순히 어떤 '착함'을 넘어서서 광의의 정신적 내지 목적적 탁월함(Competence)을 말하기 때문이다. 그리스적인 덕의 개념을 '군사적 탁월성(Military Excellence)'이라는 개념으로 원용하면, 도덕적인 덕(Virtue)과 기능적인 탁월성이(Functional Competence)라는 두 가지를 포괄하는 개념이 된다. "군인이라는 직책은 그 직에 종사하는 사람들에게 일반사람들과는 다른 보다 특별한 것들을 행할 것을 요구한다."라는 말은 바로 이런 군사적인 탁월성은 도덕적인 덕과 조직기능의 능력(Competence)의 통합개념으로 리더십의 본질을 잘 설명하는 것이라 볼 수 있다.

3. 리더십의 윤리적 문제들

가. 직업군인의 본질과 한계

군대의 본질은 전 세계 인간의 역사에 걸쳐 있는 전쟁과 그 전쟁의 이면에 있는 인간 본성의 폭력성에 기인한다. 그리고 군이라는 직업은 인간의 이익과 갈등을 폭력을 사용하여 해결하려는 전쟁에 의해서 생겨났다. 인간은 권력과 부 그리고 안전이라는 것에 이끌리는 이기심과 함께 타고난 두려움과 실패를 극복하기 위해 조직을 요구한다. 클라우제비츠의 말을 빌리면 "모든 전쟁은 인간의 약함을 넘어서고 대항하려는 것이며, 모든 인간은 영웅이 아님을 깨닫고 실패의 두려움을 극복하려고 리더십, 규율, 조직에 의존하려는 것이다." "전쟁은 불확실성이다."라고 말하며, "전쟁에 있어서 행동의 3/4는 불확실성이고, 적은 안개 속에서 움직인다. 더욱이 인간의 본성은 보편적이며 변하지 않는다."[11] 전쟁의 발생과 정의 불가능성, 적의 의도에 대한 불가예측성, 우연과 기회의 필연성은 이런 역할을 적절히 다룰 수 있는 직업적인 군인을 요구하게

---

10) James H. Toner, 앞의 책, p.64.
11) 클라우제비츠, 류제승 역, 『전쟁론』(서울: 책세상, 2001), p.89.

되었다. 인간은 이성과 선, 강함을 가지기도 했지만, 사악함, 나약함, 광기도 가졌기 때문에 군대는 근본적으로 인간의 약함에 의존한다. 인간에 대한 군의 근본적인 자세는 확실히 회의적이며 홉스적이다. 인간에게 군대는 필요악이다.

이군 직업의 존재는 국가에 근거한다. 다시 말하면 국가는 직업군인을 통해 군대를 유지하고 안보에 대한 위협을 거부하려고 군사조직을 유지한다. 그런데 전체 사회에 대한 임무와 이를 수행하는 일은 근본적으로 군 개인의 의지를 집단의 의지에 복속하는 것을 요구한다. 전통적으로 군대조직은 획일성, 전체성이라는 가치를 강조했고, 군 조직의 지도층인 장교단은 조직의 이익을 위해서 그의 개인적 욕망과 이익의 손해를 감수하는 것을 장려해 왔다. 독일군의 경구대로 "자기중심성은 장교의 가장 본질적인 적이다." 이런 집단우선의 가치관에서 개인은 '약함, 평범, 일시적'인 것의 표상이며, 유기적인 전체는 '권력, 선함, 화려함, 영구성'을 대변한다. 이런 집단적인 군대의 성격은 전문직업으로서의 성격을 규정한다. 전문직업은 필요한 전문적인 지식의 대부분을 집단의 축적된 경험에 의존한다. 만약 인간이 자신의 경험에서 이런 기회를 많이 가지지 못한다면 다른 사람의 경험에서 이를 배워야 한다. 그래서 독일 전략가이자 군인인 몰트케와 리델하트는 보편적인 경험으로서의 역사의 중요성과 군교육에 있어서 공동체의 전통을 강조했다.

요컨대 군 직업이 다른 직업과 가장 구분되는 것은 바로 폭력과 죽음의 문제와 밀접하다는 것이다. 즉 군인은 지속적으로 전쟁을 준비하고 적을 죽일 수 있도록 훈련한다. 헌팅톤은 이러한 군직의 본질을 '폭력의 관리'라고 세련되게 표현했지만, 좀 더 거칠게 표현한다면 군인은 '훈련된 살인자'라고 말할 수도 있다. 보스턴 대학 총장이던 존 실버는 다음처럼 말한다. "사실 군인이 국가의 명령에 따라 그의 기술과 지식, 능력, 무기를 사용하여 살인을 할 준비를 하지 않으면 안 된다. 그것이 군인의 핵심적인 과업이다."12) 같은 맥락으로 군인 자신은 늘 죽음을 전제로 해서 생활한다는 것이다. 군인은 전쟁에서 죽기까지 국가수호의 책임을 다해야 하기 때문에 타인의 죽음만큼이나 자신의 죽음의 가능성을 전제로 한다는 것은 군직의 매우 독특한 성격을 말해준다.

헤센이 전쟁의 본질은 가치의 전면적인 부정이라고 말했듯이 전쟁 속에서는 모든 가치를 무화하고 생존과 승리를 위해 전력을 다하게 만드는 관성을 가지고 있다. 전쟁에서 인간은 절망하면서 잔인해지고 파괴적으로 변한다. 죽고 죽이는 전쟁에서 모든 인간의 모든 가치가 존엄은 너무도 쉽게 무의미해진다.

---

12) Toner, 앞의 책, p.23.

나. 마키아벨리즘의 문제

이상적인 정치공동체로 로마 공화국을 생각했던 이탈리아 정치가 마키아벨리는 이 탈리아인들이 따라야 할 것으로 로마 시민의 비르투(Virtu, 덕)를 제시하였다. 그는 "남성의 덕이 운명의 여신을 사로잡는다(*Virtu vince Fortuna*)."라는 생각에 따라 로마 가 자신의 영광과 안정을 성취하고 시민의 자유를 보장받은 것은 시민적 덕(*Virtu*) 때 문이었다고 보았다.

전통적으로 비르투(*virtu*)는 영어의 버츄(virtue)로 해석되는데, 덕, 덕행, 선행, 도덕 적 미점, 미덕이라는 의미이다. 로마의 키케로는 그의 『도덕적 의무론』에서 플라톤의 4 주덕을 따라 지혜, 용기, 인내, 정의라는 주요 덕목과 함께 '자비함', '관대', '정직'을 제시하였다.13) 이린 도덕적 덕목은 이후 중세의 덕 개념의 핵심이 되었다. 그런데 군주 론에서 마키아벨리가 표현하는 덕은 전통적 의미의 도덕적 덕과는 좀 다른 것을 포함 한다. 마키아벨리 시대의 이탈리아어 '비르투'는 '남자'를 의미하는 '비르(vir)'에서 나 왔다. 그래서 근본적으로 마키아벨리에게 있어 비르투는 '용기', '능력', '독창력', '결단 력', '정력' 그리고 '용맹'과 같은 '남자다움'의 의미에 더 가까운 것이었다. 그는 스파 르타 건국자 리쿠르고스를 지도자의 모범으로 생각하여 남성다움의 덕이 군사의 덕을 이루고 있다고 말한다. 그러므로 마키아벨리는 이교도의 덕이 시민의 덕 중심에 있다고 본 것이다. 그는 "절대적으로 국가의 안위에 관련된 문제라면, 그것이 정당하든 부당하 든, 자비롭든 잔인하든 또는 자랑스럽든 수치스럽든 이를 전혀 고려의 대상으로 여기지 않는 것이 모든 시민의 의무가 되어야 하며",14) "만약 한 통치자가 최고의 목표를 달성 한다면, 그는 항상 도덕적인 것이 합리적이지 않다는 것을 깨달을 것이다. …… 즉 현 명한 군주는 자신의 지위를 유지하기 위해 도덕적인 선하지 않은 힘을 획득하여 상황 에 따라 언제 그것을 사용하고 사용하지 말아야 하는지를 이해해야 한다."15)고 말했다.

마키아벨리는 선하고 도덕적인 것으로 간주된다 하더라도 그것이 군주와 국가를 파 멸로 이끈다면 그것아 과연 덕인가 하고 의문을 던지는 것이다. 레오 스트라우스도 마키아벨리의 비르투는 도덕적 선과는 다른 것으로 단지 궁극적인 목적과 결과에 의 해서만 의미를 가진다고 말한다. 그러므로 통치자에게서나 시민에게나 비르투의 공통 적인 징표는 똑같다고 할 수 있는데, "자신의 이해관계보다 공공선을, 자신의 후손보

---

13) 스키너, 신현승 역, 『마키아벨리』(서울: 시공사, 2001), pp.67–68.

14) 위의 책, p.109.

15) 위의 책, p.89.

다 공통의 모국을 앞세울 준비가 되어 있어야" 하는 것이다.16)

이런 남성다운 비르투는 운명의 여신이 변덕으로 인간사회를 파멸로 이끌지 않도록 그녀의 마음을 사로잡는 유일한 힘이다. "운명의 신은 여신이기 때문에 그녀를 정복하려면 난폭하게 다루어야 한다. 운명은 냉정한 생활태도를 지닌 자에게보다도 과감한 사람들에게 더 고분고분한 것 같다."17) 사자와 여우의 덕을 가진 자로서 기백과 위엄을 가진 인간만이 어떤 운명에도 변함없이 헤쳐 나갈 위대한 인간인 것이다. 손자가 정치와 전쟁의 본질이 '기만의 기술'에 기인한다고 했듯이, 마키아벨리는 공적인 덕인 이교도적인 덕을 장려하고 있다.

마키아벨리는 불완전한 세상에 살면서 미덕이란 개인의 완성이란 전혀 관계없고 정치적 연관관계만이 중요하다고 말한다. 그는 정책의 우수성이란 그 자체에 의해서가 아니라 그 정책이 가져다주는 결과에 의해서만 판단해야 한다고 믿는다. 그리고 마키아벨리는 마치 빈 라덴의 위험성을 예상하듯, "힘 있는 모든 예언자는 그 예언을 성취하는 반면, 힘없는 예언자는 실패하고 만다."고 쓰고 있다. 이런 힘에의 의지, 개인의 덕보다는 공공의 질서를 우선하는 그의 목적지향적 정치적 성향은 칭찬과 비난의 대상이 되었다.

그런데 군인의 덕으로서 비르투를 강조하는 것은 군인의 가치정향을 명확히 하고 공화주의적인 운명의 중요성을 정확히 말했지만, 결과우선주의, 폭력지향주의, 전체우선주의를 조장하여 군에 또 다른 문제점을 낳게 했다.18)

다. 충성과 가치갈등의 문제

군대의 기본자세는 항상 주어진 합법적인 명령에 '충실'함으로써 공동체에 충성하는 것이다. 또한 대개 일반국민들은 군대를 애국심의 모범으로 생각하는 경향이 있다. 충성은 사람이 자신의 의지와 실천으로 전력을 다해 무엇인가를 위해 자신을 바치는 것이라고 말할 수 있으므로 '충성은 성실의 명백한 증거'라고 말할 수 있다.19) 그러나

---

16) 위의 책, p.95.

17) 마키아벨리, 백상건 역, 『군주론』(서울: 박영사, 1985), p.206.

18) 베트남전의 미라이 학살사건은 대표적인 결과우선주의, 폭력지향주의에 의거한 전쟁 범죄이다. 그러한 일을 일으킨 당사자 켈리 중위는 전술적인 사고만이 중요한 일이었지, 양민을 학살해서는 안 된다는 도덕적인 양심을 잃어버린 결과였다. 아울러 그 사건을 보고하는 군의 태도는 사건을 무마하거나 군 전체의 이미지를 위해 속이려는 잘못된 보고서를 씀으로써 더 큰 문제를 낳았다.

여기서 우리는 군대가 생각하는 충성과 애국이 어떤 것인지를 살펴보아야 할 것이다. 그의 충성은 국민의 이익인가? 혹은 국가의 정치인인가? 국가의 헌법인가? 아니면 그의 명령계통상의 상관인가?

　미 레이건 정부 시절 니카라과 반군지원 사건과 한국전쟁 당시 맥아더의 항명사건은 군인의 충성이 무엇인가에 대한 생각을 하게 만드는 좋은 예이다. 올리버 노스 해병중령은 실제로 콘트라 반군에 대한 자원지원을 금지한 볼랜드 법안이 통과되기 전까지 국가안전위원회의 포인텍스터와 불법적인 반군지원을 계속하였다. 그의 행동은 청문회를 통해 밝혀지고 불법이 확정되었지만, 그는 그의 행동이 국가의 이익을 위해서 한 행동으로 군인으로는 죄책감이 없다고 말하였다. 더욱이 그는 국가정책을 결정하는 국회의원들의 무책임하고 일관성 없는 행동에 대해 깊은 불신을 표시했다. 이와 유사한 사건으로 한국전쟁 시 맥아더가 트루먼 대통령의 정책에 대해 반대함으로써 결국 군무를 떠나게 되었던 사건을 들 수 있다. 그 당시 맥아더는 국가의 이익에 도움이 되지 않는 정책적 실수를 트루먼이 지시했다고 반발했었다. 이후 맥아더는 군인의 충성은 지휘상의 상관에 앞서 국가의 헌법과 국민에게 있어야 한다고 술회했다.

　군인들은 조직상의 엄격함 때문에 상관에 대한 복종이 중요시된다. 복종은 군인의 중요한 미덕이고 군대의 미덕의 바텀라인(bottom line)으로 인식되고 있다. 그런데 상관은 항상 옳은 것인가? 커밋 조슨이 베트남전의 윤리적 문제를 분석하여 미군의 윤리적 문제점을 말하면서 '과도한 충성주의'를 꼽고 있다는 것은 매우 주목할 만하다.20) "그들의 복종과 충성은 칭찬해야 할 일이지만, 그러한 것이 악한 일이 될 수 있다는 것이다."21) 미 해병대 장군이었던 슈업 장군의 "참모의 본질은 예스맨이 되는 것이 아니라 상관과 다른 정보와 조언을 줄 수 있는 사람이다."22)라는 말은 충성에 대한 의미를 다시 생각하게 만든다.

---

19) Toner, 앞의 책, p.33.

20) 커밋 존슨(K. Johnson) 교수는 보다 구체적으로 다음과 같이 말하고 있다. 베트남전의 실패는 다음과 같은 비윤리적 정신상태에 원인이 있다. 그 첫째는 '윤리적 상대주의'인데, 결과만 좋으면 된다는 사고와 '생각보다 행동을' 요구하게 되는 사려 없는 장교를 배출하게 되었다. 둘째는 상관에게 무조건적으로 아부하는 '과잉충성병'이다. 셋째는 자신의 잘못이나 불리한 정보를 은폐하려는 '과도한 이미지주의'이다. 넷째는 '출세지상주의'인데 출세를 위해서 어떠한 일도 마다하지 않겠다는 것이다. 마지막으로는 '무결점주의'로서 기업이 무결점 제품을 만들어 내듯이 군인을 만들고 평가하기 시작했다.

21) Gabriel, R,, *To serve with honor*(Conneticut: greenwood press, 1982), p.56.

22) 위의 책, p.60.

반면에 1985년 러시아 미 대사관 공관병들의 간첩사건은 충성심이 자기 자신이 되어버린 비겁한 일로 기억된다. 그들은 국가의 기밀을 개인의 이익과 향락을 위해 러시아에 팔아버렸다. 이것은 전형적인 배신행위이며, 공동체를 위한 충성 결여의 현상이다. 전 CIA 분석가이던 조지 카버는 "지금 우리의 문제는 젊은 세대가 한계를 모르게 국가나 공동체 개념이 사라졌다는 것이다. 단순히 우리는 하지 말아야 할 일이 있다는 것을 인정하지 않는다는 것이다."라고 가치결여의 현상을 신랄히 비난한 바 있다.

이런 사례들과 함께 2차 세계대전의 전범들의 재판에서 대부분의 주동자들, 특히 유태인 학살의 핵심인물이던 히틀러가 "자신은 군인으로서 명령에 따랐을 뿐이므로 무죄"라고 주장했던 것은 그의 충성과 책임의 한계가 무엇인지를 명확히 하지 못하는 우를 범하고 있는 좋은 예가 된다. 법정은 "상관의 명령에 대한 무조건적 복종과 충성에 의한 책임면제는 오늘날 존재하지 않는다."고 판결하였다.[23] 충성이 군인의 핵심적 덕목임에도 불구하고 그것은 헌법의 정신에 따르거나, 정부의 의지에 따르거나, 상관의 의도에 따르는가는 각각의 상황에 따라 그들의 양심적인 태도에 달려 있다고 하지 않을 수 없다.

뉘렌베르크 헌장의 핵심은 "개인은 개별국가에 의해 부과되는 국내적 복종의무를 능가하는 국제의무를 갖고 있다. 전쟁법을 위반한 자는 만약 국가가 국제법상의 개별국가의 권능을 넘어서는 행위를 허용했더라도 국가의 권력에 따라 행동했다는 이유로 그 범죄가 면제되지 않는다."고 적시하였다.[24]

4. 사관학교의 리더십 교육의 특성과 교육적 문제

가. 사관학교의 교육철학과 원리

미 해군의 스톡데일 중장은 사관학교 교육을 '용광로'에 비유했는데, 이는 엄청난 열과 압력을 견디어 순수한 금속을 만들어 내는 제련과정으로 다이내믹한 사관학교 교육을 묘사한 것이다. 그러한 제련의 과정으로서의 사관학교 교육은 전문직업주의, 전인교육, 아카데미즘이라는 교육철학을 바탕으로 그 특성을 구성한다.

---

23) Christopher, Paul, *The ethics of war and peace*(N.J.: prentice Hall, 1994), p.156.
24) 위의 책, p.157.

1) 군전문직업주의(Military Professionalism)

전문직업군인을 양성하려는 목적을 가진 사관학교의 설치법(1955. 10. 1.) 제1조는 "육·해·공군의 정규장교가 될 자에게 필요한 교육을 과하기 위하여 육군, 해군, 공군에 각각 사관학교를 둔다."라고 규정하고 있다. 이에 따른 각 군 사관학교의 내규는 "사관생도로 하여금 장차 각 군의 정규장교로서 필요한 지식과 덕성 그리고 체력을 연마시키는 데에 있다."고 학교의 목적을 명시한다. 이는 다른 학교 출신 장교들과 비교해서 전문직업으로서 군인을 선택하고 그것을 목표로 하는 사람들, 즉 사관생도들의 정체성을 제사한다. 사관학교가 특수대학으로 일컬어지는 이유도 바로 이러한 전문성을 기반으로 한 학교라는 의미에서이다. 이것이 바로 사관학교의 교육의 목적적 특성으로서 '직업적 전문성'이다.

이군 직업을 하나의 전문직업으로 체계화하여 고찰한 고전적 이론가는 미국의 정치학자 헌팅톤(S. Huntington)이다. 헌팅톤은 한 직업이 특별하게 전문직업이 될 수 있는 요건으로서 전문성(Expertise), 단체성(corporateness), 책임성(Responsibility)을 제시하였다.[25] 그는 군직이 이런 전문직업의 특성을 잘 나타내는 것으로 정의하면서, 전문직업에 필요한 직업윤리, 정신적 탁월성, 배타적 가치 영역, 전문지식과 기술 등을 포함하는 직업의 배타적 영역을 요청한다. 따라서 군직에 종사하는 것은 어떤 경우에 의무 이상의 희생과 같은 태도는 물론이고 리더십 혹은 군인정신과 같은 직업군인으로서의 특별한 능력이 요구된다.

2) 전인교육

전문직업군인을 육성하는 사관학교는 지덕체 교육을 통한 전인교육을 지향한다. 그래서 사관학교는 단순한 직업인 양성학교를 넘어서 4년제 일반대학의 역할도 가지고 있다. 자유민주주의 사회 안에서 대학의 핵심적 과제는 일반적으로 '전문직업교육'과 '학문적 지식의 발전' 그리고 '지도적 민주시민을 위한 교양교육'이다. 결국 교육적인 면에서 대학의 기본적인 사명은 크게 두 가지로 요약할 수 있는데, 그 하나는 학생들로 하여금 인간다운 인간으로서, 그리고 시민으로서 성장하도록 필요한 교양을 갖추도록 도와주는 일이고, 다른 하나는 그들이 제한된 분야에서의 전문직업적 성장을 도와

---

25) Wakin, 앞의 책, pp.11-24.

주는 일이다. 그런데 이러한 교육의 목적은 지덕체로 요약되는 전인교육을 통해서만 가능하다.

아리스토텔레스에 의하면 덕은 합리적 근거에 의해서 연역되는 이성적 덕과 관습 혹은 습관으로 계승된 에토스, 즉 윤리적 덕으로 대별된다. 이성적 덕은 지식으로 교수되어야 하며, 윤리적 덕은 실천화되어야 한다. 그러므로 전자는 전 교과에 걸쳐서 지적으로 다루어져야 하며, 후자는 특정 훈련, 도덕의 습관화 또는 도덕 개념의 내면화를 위한 특수한 교육으로 이루어져야 한다. 아리스토텔레스에 의하면 덕(아레테)은 원래 인간의 정신이 그 고유한 기능을 다할 수 있는 최선의 상태를 의미한다. 이런 입장에서 교육이란 각종의 도야, 즉 기본교양과목들이 심신의 제반 능력이 원만·완전하게 발전하게 돕는 전인교육이다. 따라서 아리스토텔레스에게 있어서 도덕교육과 인간교육은 동의어가 된다. 아리스토텔레스는 기능의 습득, 직업을 위한 준비교육 따위는 진정한 의미에 있어서 교육이 아니라 할 수 있다.

이러한 교육에서 가장 중요한 것은 문화의 발자취를 압축해서 체험시키는 일이다. 이런 입장에서 나온 교육방법이 실은 페스탈로치, 켈쉔쉬타이너, 나토르프, 쉬프랑거의 생각을 관통하는 노작교육(Arbeitsschule)의 사상이다. 이런 노작교육으로 대변되는 전인교육의 정신은 바로 사관학교의 교육적 핵심원리이다. 요컨대 사관학교는 전인교육을 통해 사관생도들에게 대학의 기본적인 사명인 인간교육과 시민교육에 필요한 교양을 갖추도록 하며, 다른 한편으로 직업군인으로서 필요한 전문성을 노작교육을 통해 갖출 수 있도록 한다고 말할 수 있다.

3) 아카데미즘(Academism)

지덕체의 전인교육은 사관학교의 교육원리인 아카데미즘과 직결된다. 플라톤이 기원전 385년 아테네 북쪽 숲 속에 설립한 아카데미아는 "수학을 모르는 자 이곳을 들어오지 말라."는 경구와 함께 플라톤의 이상과 진리를 설파하는 곳으로 종교적인 비의를 전달하는 철학학파이었다. 플라톤은 그의 스승 소크라테스의 지식론, 즉 참된 지식은 도덕적인 통찰력이라는 명제에 따라 지식이 선한 행동의 필수적인 조건이라는 생각을 바탕으로 선의 이데아를 중심으로 한 이데아론을 설파하였다. 그는 철학적 사유의 기초인 수학적 원리를 바탕으로 세계와 진리와 선에 대한 철학을 가르치려 했던 것이다. 그러므로 아카데미아의 교육정신은 철학을 가르침, 참된 진리를 가르침, 원리와 원칙을 가르침을 목표로 하고 있는 것이다. 더구나 그는 소크라테스가 말한 대로 "덕은 가르칠 수 없다.”는 소크라테스의 명제, 즉 덕이란 정보를 전달하는 방식으로는 교육될 수 없고, 스승의 도움으로 제자가 깨치게 되는 도덕적 통찰력을 교육의 이상으로 생각했다.

사관학교 교육의 정신이 바로 아카데미즘이라면 그 교육이 추구하는 것은 지식, 지혜, 이념과 원리, 원칙 그리고 지속적인 것과 영원성과 관계되어 있는 것이다. 이를 통해 소크라테스가 가르칠 수 없다고 말한 그 덕을 교육할 수 있는 가능성을 가진다. 체육의 영역이 단순히 육체적 운동기능과 체육지식을 가르치는 것을 넘어서 적응력, 체육교수능력, 운동정신(Sportsmanship)의 함양과 같은 것을 추구한다면 그것도 또한 아카데미즘을 추구하는 것이다. 이것이 법학을 가르치는 경우에는 법학에 관한 지식을 넘어서 법의 정신을 가르치는 일이다. 아울러 수학의 경우에는 수학의 정신의 엄밀성이 될 것이고, 예술의 경우에는 아름다움이 무엇인지를 가르치는 일이 된다.

가치지향적이고, 원리중심의 교육인 아카데미즘은 통상 ‘학문적 아카데미(Academic Academy)’와 ‘군사적 아카데미(Military Academy)’로 구분할 수 있다. 위에서 언급된 교육철학을 바탕으로 사관학교는 이런 두 가지 아카데미즘의 이상을 실천한다. 그 구체적인 목적으로 이른바 리더십과 같은 군인정신이요 탁월성을 바로 아카데미를 통해서 가장 효과적으로 교육될 수 있고 믿는 것이다. 그래서 아카데미에 있어서 ‘모든 교사는 윤리교사이다.’라는 명제가 타당하다. 이러한 논리 때문에 사관학교에서 사관학교 출신 장교들로써 학교의 교수진을 구성해서 교육하려 한다. 사관학교 출신들만이 그런 종교적인 비밀스런 의식과도 같은 신성한 정신적 영역을 체득하고 전달할 수 있다고 전제하기 때문이다. 아카데미즘과 전인교육은 상호 동전의 양면과 같아서 지덕체 교육의 역동적 과정 안에서, 즉 배우고 실천하고 실습하는 상호유기적인 교육과정 안에서만 아카데미 교육이 이루어질 수 있다.

나. 교육의 윤리적 문제

1) 교육과 훈련의 문제

교육과 훈련은 군인교육에 필수적인 두 가지 기제이면서 동시에 군에 있어서 교육의 윤리적 문제의 핵심이 되기도 한다. 가브리엘 교수는 미군의 윤리적인 문제를 교육적 측면에서 분석하면서, 미군은 1)확립된 윤리적 목적이나 이상이 없었고, 2)적절한 윤리교육의 부재하여, 이를 가르칠 교수나 방법을 찾을 수 없고, 3)결국 윤리의 문제를 '비윤리적인 방법'으로, 즉 캠페인이나 밀어붙이기식의 군의 논리로 해결하려 했다고 말했다. 여기서 윤리의 문제를 비윤리적인 방법으로 해결하고자 하는 경향이 있다는 분석에 좀 더 주목해 보자. 그의 설명에 의하면 윤리적인 문제에 부딪힐 경우 윤리적인 사고에 익숙해 있지 않고, 적절한 윤리교육을 받지 못한 장교들은 '할 수 있다(Can Do)'라는 군인정신을 너무 과도하게 남용하는 경향이 있다는 것이다.[26] 즉 윤리적 문제를 전투하듯 임전무퇴의 자세로 처리해 나가기 때문에 윤리적 문제도 해결되지 않고, 그 군인정신마저도 퇴색된다고 예리하게 지적하고 있다. 실제로 우리는 윤리적 문제를 윤리적으로 혹은 교육적으로 해결하지 않고 캠페인으로 해결하는 것을 자주 목격한다. 그래서 제기된 문제는 근본적으로 해결되지 않고 덮어지는 것이다.

이런 전투적 자세는 바로 교육과 훈련의 차이를 구분하지 못하는 데 있다. 교육은 대부분이 '인간'이란 관점에서 이루어진다. 교육에 있어서는 인간의 역사나 문화, 인간관계 같은 것들이 중요한 항목이다. 반면에 훈련은 사물을 중심으로 이루어진다. 예를 들어 비행기를 어떻게 모는가, 항해술에는 어떤 기기를 사용해야 되는가, 장비는 어떻게 다루어야 하는지 등의 문제에 집중한다.

이 두 가지의 갈등은 군의 교육철학의 고민을 잘 대변한다. 전투를 수행하듯 교육을 치르고, 전투를 잘하기 위해서만 교육을 한다는 생각이 군에서는 당연시 여긴다. 그러므로 '백 년을 다듬고 정성을 다하는 마음으로 미래를 키운다.'는 교육의 백년대계 정신은 즉각적인 명령수행의 임전태세 앞에서 사실 무의미해지고 만다. 기능주의적 인간관, 전투수행을 위한 교육, 오늘 심어서 내일 거두려는 결과제일주의적 태도는 이런 군교육의 비윤리성을 특징지어 주는 것들이며, 군에서의 윤리와 교육의 발전에 심각한 걸림돌이 되고 있다. 이런 전투적 가치관, 기능주의적 교육관, 수동적(복종적) 인간관은 군직의 윤리적 발전을 저해하는 요소들이다. 군직의 특성상 개인보다는 폭력을 관리하려는 조직의 임무가 우선되고, 창의적 인간보다는 명령계통에 복종하는 수동적 인간을 선호하며, 그런 목표를 위해 결과주의적 경영지식과 전쟁을 위한 지식이 선호된다면, 윤리적 리더십을 계발하는 데 매우 부정적인 영향을 가진다는 것은 명약관화하다.

헌팅톤이 군직의 핵심은 '폭력을 관리'하는 것이라고 정의한 바처럼, 사관학교는 그 폭력성을 다루기 위해서 전쟁을 준비하거나 방비하기 위해서 교육해야 한다. 그런데 이런 폭력은 비합리성, 비윤리성, 인격가치와 문화가치의 전면적인 부정이므로 반교육

---

26) Gabriel, 앞의 책, p.109.

적인 가치를 교육하게 되는 모순을 낳게 된다. 그렇다면 전쟁과 같은 극한 상황 속에서 어떻게 부하를 관리하고 임무를 수행하는가 하는 문제는 전문직업교육으로서 사관학교 교육의 핵심이라고 말할 수 있다.27) 실제로 군에서 부딪힐 어려운 경우를 대비해서 리더십을 발휘하도록 교육되는 것은 사관학교의 교육목표에 필요한 것이며 마땅히 준비해야만 한다. 그래서 사관생도들은 '극한의 상황으로 밀어붙여 자신의 능력을 최대로 발휘하도록 교육되어야 한다.'28) 이러한 의미에서 스톡데일 중장의 '용광로'론은 사관학교 교육의 본질을 잘 말해준다.

그런데 이런 교육목표 아래 사관생도 교육의 논리를 전쟁에만 맞추는 것은 생도들을 폭력에 노출되거나 비이성적인 것에 쉽사리 물들게 만든다. 요컨대 문제의 핵심은 폭력을 관리하도록 교육되는 것이 아니라 폭력을 닮아 가도록 교육되거나 폭력적으로 교육될 수도 있다는 데 있다. 폭력을 다루기 위해서는 전투적으로 교육해도 된다든지, 폭력을 닮아야 그런 일을 할 수 있다고 암암리에 가정하는 경우에 문제는 더 악화된다. 의도되든 의도되지 않든 사관생도들은 폭력에 노출되고 있다. 그들이 일상적으로 경쟁하는 '중대경기'는 상무정신을 배양하기 위한 중요한 프로그램으로 중대 간의 경쟁을 유발하고 전쟁에서 지면 죽음을 각오해야 하는 것만큼 그 경기는 전쟁처럼 치열하다.

그래서 사관학교 교육은 내부적으로 늘 긴장이 치열하다. 전쟁하듯이 교육받고, 생존을 위해서 교육받는 생도들의 일상은 윤리적 허무주의를 배울 가능성을 가지고 있으며, 비상식을 상식처럼 알고 배워 갈 수 있다. 이런 상황 아래 그들에게 정상적인 것과 비정상적인 것의 구분과 경계는 자꾸 모호해진다. 이는 냉철한 판단력과 통찰력을 통해 생사 간에도 권위를 지녀 부하로부터 신뢰와 존경을 가져야 하는 군 리더십을 양성하는 데 치명적인 영향을 끼치는 일이다.

2) 정체성의 문제: 아테네냐 스파르타냐

일찍이 화이트 교수는 미국의 육사 웨스트포인트의 교육적 문제에 대해서 다음과 같이 이야기했다.

---

27) 해군사관학교의 정신적 지표인 옥포훈은 "장차 포연탄우 생사 간에 부하를 지휘할 수 있는가." 하고 묻고 있다.

28) 존 로벨 저, 김성경·김삼곤 역, 『아테네도 스파르타도 아닌가?』(서울: 육군사관학교 출판부, 1996), p.203.

"첫째, 장교와 생도들이 학교의 임무에 혼돈을 느끼고 있고, 부서 간의 충성심과 목적
의식이 상충되고 있다는 사실을 발견하게 되었다. 둘째, 사관학교는 현실을 무시한 채 너
무 자신의 대외적 이미지에 너무 집착하고 있다. 셋째, 사관학교는 중앙집권적 지휘방식
을 정책으로 하고 있어서 민심이탈의 조짐이 있다."29)

이는 단적으로 사관학교의 정체성의 위기를 말하는 것으로, 사관학교가 학교인지
부대인지를 묻는 자기 정체에 대한 갈등을 말하는 것이다. 학교는 가르치고 배우는
교수와 학생이 중심이 되고 진리를 탐구하고 전수하는 일이 임무가 된다. 그러나 부
대는 지휘관을 중심으로 주어진 업무를 성공적으로 수행하는 일이 주된 임무이다. 그
러므로 어떤 성격으로 사관학교를 규정하는가에 따라 사관학교의 중심과 임무가 달라
진다는 것이다.

만약 사관학교를 학교라고 자기정체를 규정한 경우에는 학교의 교육이념에 대한 또
다른 문제가 있다. 즉 사관학교는 대학(University)인가 전문학교(College)인가 아니면
아카데미(Academy)인가 하는 문제에 부딪히게 된다. 사관학교는 원리와 정신을 강조
하는 아카데미즘을 추구해야 하는지, 혹은 보편적 지식을 추구하는 방향으로 나아가야
하는지 아니면, 곧장 직업에 써먹을 수 있는 직업교육을 위한 기술과 실습교육을 위
한 직업교육으로 자기이념을 설정하여야 할지 스스로의 정체성 갈등을 겪게 된다. 이
는 곧 교육 주체들(생도대, 교수부, 지원부) 간의 긴장을 불러일으킨다. 즉 생도대는
상무적인 가치를 존중하고 교수부는 학구적인 가치를 우선시하는 것이다. 즉 생도대는
사관학교의 가장 중요한 목적은 군기를 확립하고 군사훈련을 시키는 것이며 대학수준
의 교육은 부차적이라는 것이다. 반면에 교수들은 그 반대의 입장에 선다. 아울러 교
수요원들은 자신의 정체가 군기를 우선하는 장교신분이 우선인지, 진리탐구와 연구의
자유를 우선하는 교수인지를 고민하게 되며, 생도들은 자신이 진리를 탐구하는 학생인
지 아니면 군인정신에 충일한 예비 장교인 군인인지를 갈등하게 된다.

이는 곧 교육적 권위의 위기로 발전한다. 교사의 권위가 없는 곳에 진정한 교육이
이루어질 수 없다. 특히 그것이 도덕교육의 문제와 관계되는 일이라면 더욱 그러하다.
사관학교가 지향하는 아카데미즘은 교사의 권위가 없이는 그 교육적 이상을 달성하기
가 불가능하다. 이런 교사의 권위와 더불어 교육적 가치가 그 조직의 중심에 있는가
의 여부에 따라서 교육의 권위를 결정한다. 그런데 불행하게도 사관학교는 부대적인
기능과 군인적인 가치가 항상 학교의 기능과 함께하거나 우선시된다. 때문에 계급의

---

29) 위의 책, p.123.

논리와 힘의 논리가 교육의 가치에 앞서서 요구되곤 한다. 진리가 탐구되고 존중되는 것이 아니라 계급으로 강요되고 질서 지어지는 곳에는 교육은 위기를 맞이하게 된다. 결국 이런 환경에서는 리더를 교육하려는 모든 철학적 이상과 교육적 노력은 소크라테스의 고백대로 '덕은 가르칠 수 없는 일'이 되고 만다. 리더십의 윤리적 핵심이 자기희생과 신뢰라고 가정할 때 교육기관의 가치 기준이 힘의 논리에 따르게 되면 올바른 군인정신과 리더십 교육은 매우 어렵게 된다.

4. 맺음말: 교육적 리더십의 요청

리더의 구비요건 혹은 교육 구성요소로 봉상 인격요소(Be), 시식요소(Know), 행동요소(Do)를 말할 수 있는데,[30] 이는 개념적 구분일 뿐이지 실제적인 구별이 쉽지 않기 때문에 각 요소를 명백하게 구분하고 나누기는 매우 어렵다. 즉 앎은 삶과 떨어질 수 없고, 삶은 행동으로 표현되기 때문에 3가지 요소의 다이내믹한 결합에 의해서 드러나는 역동성이 중요하게 된다. 오히려 교육적인 지평에서는 지행일치 혹은 솔선수범과 같은 실천과 통합(Integratedness)이 요청된다.

리더십 교육은 리더십의 본질적 특성상 복합적인 능력이 요구되므로 윤리적 문제를 판단하고 인식하는 지적인 능력, 사태에 직면한 가치를 감지하는 정의적 능력, 파악된 윤리적 문제나 가치를 행동으로 옮길 수 있고 실현하는 의지적 능력을 통합적으로 교육해야 한다. 그런데 군직에서 부딪히는 여러 가지 도덕적 갈등상황에서 문제의 핵심을 정확히 파악하고 선택할 수 있는 능력이나, 어려운 선택을 해야 하고 선택한 가치를 끝까지 실천할 수 있는 능력, 전장 속에서 타인의 생명을 지키고 자신은 생명마저도 희생할 수 있는 군인정신 등은 일시적이고 단편적인 교육 프로그램으로는 달성될 수 없는 것이다. 더욱이 군 리더십이 지향하고 있는 다양하고 포괄적인 능력은 학교의 한두 프로그램이나 프로젝트로 달성될 수도 없다.

그런데 다원주의 사회의 담론적 구조는 가치공유나 가치수용을 어떻게 조화롭게 해나갈 것인가 하는 문제가 된다. 군 리더십 교육에 있어서 문제의 핵심은 군사회의 성격을 규정짓는 본질적 가치를 지키면서 다른 사회의 가치들과 공유하는가 하는 문제에 있다. 즉 모사회로서 한국사회의 보편적 가치 아래 군 고유성을 유지하면서 다른

---

30) 미 육군 리더십 FM에 의한 구분으로 3가지 요소인 Be, Know, Do로 구성되어 있음.

민간 가치들과 수용적으로 조화를 이룰 수 있는가 하는 문제인 것이다. 예를 들어 경영합리화나 행정효율성과 같은 민간 가치는 이미 군조직의 필연적 가치로 받아들여지고 있다는 사실이다. 그런데 위에서 언급한 가브리엘 교수의 분석처럼 그 민간 가치가 군인정신과 어떻게 조화될 수 있는가 하는 문제가 중요해진다. 아울러 개인의 삶의 질을 중시하는 자유주의적 태도를 어떻게 공동체의 가치를 우선하는 군과 조화시킬 수 있는가 하는 문제도 중요하다. 더욱이 군은 조직의 특성상 원래 다원성보다는 단일성을 추구하는 경향이 있고, 개방적이기보다는 폐쇄적인 경향이 있다. 그러므로 세계화를 지향하고, 보편적 가치를 지향하는 시대정신을 어떻게 수용하는가 하는 문제도 시대정신의 수용과 미래의 대비라는 교육의 본질에 있어서 매우 심각한 도전이다.

평시의 군 리더십은 검증받기가 쉽지 않다. 전시는 전쟁의 승패로써 검증받을 수 있지만, 평시는 민간기업의 CEO들처럼 자신의 경영철학과 전략이 각고의 노력으로 기업의 생존경쟁에서 수시로 확인되는 검증방법이 없기 때문이다. 그러므로 군에서의 교육적 리더십은 유연한 자세로 인류의 보편적 가치를 굳건히 신뢰하면서 시대를 정확히 바라보는 안목이 참으로 필요하다. 교육은 그 결과가 눈에 잘 보이지 않을 뿐만 아니라 오랜 시간이 요구되기도 한다. 다르게 말하면 잘못된 교육은 그 결과가 참으로 오래간다는 사실을 일제시대의 잔재를 벗어나지 못하는 우리 사회와 군을 보면서 뼈저리게 확인한다.

사관학교는 군에서의 그 독특한 위치로 해서 군문화가 전수되고 창달되는 상아탑이다. 그러므로 더더욱 사관학교는 사회와 단절되어서는 안 된다. 사회나 다른 조직과 부지런히 대화하고 배우려 할 때, 군직이 요구하는 특별한 가치나 전문성의 방향성을 놓치는 우를 범하지 않을 것이다. 물이 고이면 썩듯이 주변의 세계와 호흡하지 않는 조직은 부패하기 마련이므로, 사관학교는 개방된 자세로 보편적인 가치를 바탕으로 전문성 가르치지 않을 수 없는 것이다. 리더를 양성하려는 특수목적 대학으로서 사관학교는 더욱 개방된 교육체계와 유연한 교육적 리더십이 참으로 필요하다.

참고문헌

[1]

마키아벨리, 백상건 역, 『군주론』(서울: 박영사, 1985).
존 로벨, 김성경·김삼곤 역, 『아테네도 스파르타도 아닌가?』(서울: 육사, 1996).
스키너, 신형승 역, 『마키아벨리』(서울: 시공사, 2001).
카플란, 이재규 역, 『승자학』(서울: 생각의 나무, 2001).
클라우제비츠, 류제승 역, 『전쟁론』(서울: 책세상, 2001).

[2]

Cristopher, Paul, *The Ethics of War and Peace*, NJ: prentice Hall, 1994.
Gabriel, R., *To serve with honor*, Conneticut: Greenwood press. 1982.
Huntington, S. P., *The Soldier and The State*, Cambridge: Harvard Univ. Press, 1957.
Toner, James H., *True Faith and Allegiance*, Kentucky: Univ. Press of Kentucky, 1996.
Toner, James H., *Morals under the gun*, Kentucky: Univ. Press of Kentucky, 2000.
Wakin, M., ed., *War, Morality, and the Military Profession*(Boulder: Westwiew press, 1981).
Military Parameters(AUSA, 1991).

부 록

국가안보 및 군대윤리 관련 주요 법령(안)

1. 대한민국헌법

2. 국군조직법

3. 국가보안법

4. 국가보훈기본법

5. 군형법

6. 군인징계령

7. 군인복무규율

8. 군인복무기본법(안)

* 상기법령(안)은 국방부/법제처 홈페이지 참조.

대한민국헌법

(헌법 제10호 전부개정 1987. 10. 29.)

유구한 역사와 전통에 빛나는 우리 대한국민은 3·1운동으로 건립된 대한민국임시정부의 법통과 불의에 항거한 4·19민주이념을 계승하고, 조국의 민주개혁과 평화적 통일의 사명에 입각하여 정의·인도와 동포애로써 민족의 단결을 공고히 하고, 모든 사회적 폐습과 불의를 타파하며, 자율과 조화를 바탕으로 자유민주적 기본질서를 더욱 확고히 하여 정치·경제·사회·문화의 모든 영역에 있어서 각인의 기회를 균등히 하고, 능력을 최고도로 발휘하게 하며, 자유와 권리에 따르는 책임과 의무를 완수하게 하여, 안으로는 국민생활의 균등한 향상을 기하고 밖으로는 항구적인 세계평화와 인류공영에 이바지함으로써 우리들과 우리들의 자손의 안전과 자유와 행복을 영원히 확보할 것을 다짐하면서 1948년 7월 12일에 제정되고 8차에 걸쳐 개정된 헌법을 이제 국회의 의결을 거쳐 국민투표에 의하여 개정한다.

제1장 총강

제1조 ①대한민국은 민주공화국이다.
②대한민국의 주권은 국민에게 있고, 모든 권력은 국민으로부터 나온다.

제2조 ①대한민국의 국민이 되는 요건은 법률로 정한다.
②국가는 법률이 정하는 바에 의하여 재외국민을 보호할 의무를 진다.

제3조 대한민국의 영토는 한반도와 그 부속도서로 한다.

제4조 대한민국은 통일을 지향하며, 자유민주적 기본질서에 입각한 평화적 통일 정책을 수립하고 이를 추진한다.

제5조 ①대한민국은 국제평화의 유지에 노력하고 침략적 전쟁을 부인한다.
②국군은 국가의 안전보장과 국토방위의 신성한 의무를 수행함을 사명으로 하며, 그 정치적 중립성은 준수된다.

제6조 ①헌법에 의하여 체결·공포된 조약과 일반적으로 승인된 국제법규는 국내법과 같은 효력을 가진다.

②외국인은 국제법과 조약이 정하는 바에 의하여 그 지위가 보장된다.

제7조 ①공무원은 국민 전체에 대한 봉사자이며, 국민에 대하여 책임을 진다.

②공무원의 신분과 정치적 중립성은 법률이 정하는 바에 의하여 보장된다.

제8조 ①정당의 설립은 자유이며, 복수정당제는 보장된다.

②정당은 그 목적·조직과 활동이 민주적이어야 하며, 국민의 정치적 의사형성에 참여하는 데 필요한 조직을 가져야 한다.

③정당은 법률이 정하는 바에 의하여 국가의 보호를 받으며, 국가는 법률이 정하는 바에 의하여 정당운영에 필요한 자금을 보조할 수 있다.

④정당의 목적이나 활동이 민주적 기본질서에 위배될 때에는 정부는 헌법재판소에 그 해산을 제소할 수 있고, 정당은 헌법재판소의 심판에 의하여 해산된다.

제9조 국가는 전통문화의 계승·발전과 민족문화의 창달에 노력하여야 한다.

제2장 국민의 권리와 의무

제10조 모든 국민은 인간으로서의 존엄과 가치를 가지며, 행복을 추구할 권리를 가진다. 국가는 개인이 가지는 불가침의 기본적 인권을 확인하고 이를 보장할 의무를 진다.

제11조 ①모든 국민은 법 앞에 평등하다. 누구든지 성별·종교 또는 사회적 신분에 의하여 정치적·경제적·사회적·문화적 생활의 모든 영역에 있어서 차별을 받지 아니한다.

②사회적 특수계급의 제도는 인정되지 아니하며, 어떠한 형태로도 이를 창설할 수 없다.

③훈장 등의 영전은 이를 받은 자에게만 효력이 있고, 어떠한 특권도 이에 따르지 아니한다.

제12조 ①모든 국민은 신체의 자유를 가진다. 누구든지 법률에 의하지 아니하고는 체포·구속·압수·수색 또는 심문을 받지 아니하며, 법률과 적법한 절차에 의하지 아니하고는 처벌·보안처분 또는 강제노역을 받지 아니한다.

②모든 국민은 고문을 받지 아니하며, 형사상 자기에게 불리한 진술을 강요당하지 아니한다.

③체포·구속·압수 또는 수색을 할 때에는 적법한 절차에 따라 검사의 신청에 의하여 법관이 발부한 영장을 제시하여야 한다. 다만, 현행범인인 경우와 장기 3년 이상의 형에 해당하는 죄를 범하고 도피 또는 증거인멸의 염려가 있을 때에는 사후에 영장을 청구할 수 있다.

④누구든지 체포 또는 구속을 당한 때에는 즉시 변호인의 조력을 받을 권리를 가진다. 다만, 형사피고인이 스스로 변호인을 구할 수 없을 때에는 법률이 정하는 바에 의하여 국가가 변호인을 붙인다.

⑤누구든지 체포 또는 구속의 이유와 변호인의 조력을 받을 권리가 있음을 고지받지 아니하고는 체포 또는 구속을 당하지 아니한다. 체포 또는 구속을 당한 자의 가족 등 법률이 정하는 자에게는 그 이유와 일시·장소가 지체 없이 통지되어야 한다.

⑥누구든지 체포 또는 구속을 당한 때에는 적부의 심사를 법원에 청구할 권리를 가진다.

⑦피고인의 자백이 고문·폭행·협박·구속의 부당한 장기화 또는 기망 기타의 방법에 의하여 자의로 진술된 것이 아니라고 인정될 때 또는 정식재판에 있어서 피고인의 자백이 그에게 불리한 유일한 증거일 때에는 이를 유죄의 증거로 삼거나 이를 이유로 처벌할 수 없다.

제13조 ①모든 국민은 행위 시의 법률에 의하여 범죄를 구성하지 아니하는 행위로 소추되지 아니하며, 동일한 범죄에 대하여 거듭 처벌받지 아니한다.

②모든 국민은 소급입법에 의하여 참정권의 제한을 받거나 재산권을 박탈당하지 아니한다.

③모든 국민은 자기의 행위가 아닌 친족의 행위로 인하여 불이익한 처우를 받지 아니한다.

제14조 모든 국민은 거주·이전의 자유를 가진다.

제15조 모든 국민은 직업선택의 자유를 가진다.

제16조 모든 국민은 주거의 자유를 침해받지 아니한다. 주거에 대한 압수나 수색을 할 때에는 검사의 신청에 의하여 법관이 발부한 영장을 제시하여야 한다.

제17조 모든 국민은 사생활의 비밀과 자유를 침해받지 아니한다.

제18조 모든 국민은 통신의 비밀을 침해받지 아니한다.

제19조 모든 국민은 양심의 자유를 가진다.

제20조 ①모든 국민은 종교의 자유를 가진다.
②국교는 인정되지 아니하며, 종교와 정치는 분리된다.

제21조 ①모든 국민은 언론·출판의 자유와 집회·결사의 자유를 가진다.
②언론·출판에 대한 허가나 검열과 집회·결사에 대한 허가는 인정되지 아니한다.
③통신·방송의 시설기준과 신문의 기능을 보장하기 위하여 필요한 사항은 법률로
정한다.
④언론·출판은 타인의 명예나 권리 또는 공중도덕이나 사회윤리를 침해하여서는
아니 된다. 언론·출판이 타인의 명예나 권리를 침해한 때에는 피해자는 이에 대한 피
해의 배상을 청구할 수 있다.

제22조 ①모든 국민은 학문과 예술의 자유를 가진다.
②저작자·발명가·과학기술자와 예술가의 권리는 법률로써 보호한다.
제23조 ①모든 국민의 재산권은 보장된다. 그 내용과 한계는 법률로 정한다.
②재산권의 행사는 공공복리에 적합하도록 하여야 한다.
③공공필요에 의한 재산권의 수용·사용 또는 제한 및 그에 대한 보상은 법률로써
하되, 정당한 보상을 지급하여야 한다.

제24조 모든 국민은 법률이 정하는 바에 의하여 선거권을 가진다.

제25조 모든 국민은 법률이 정하는 바에 의하여 공무담임권을 가진다.

제26조 ①모든 국민은 법률이 정하는 바에 의하여 국가기관에 문서로 청원할 권리
를 가진다.
②국가는 청원에 대하여 심사할 의무를 진다.

제27조 ①모든 국민은 헌법과 법률이 정한 법관에 의하여 법률에 의한 재판을 받
을 권리를 가진다.
②군인 또는 군무원이 아닌 국민은 대한민국의 영역 안에서는 중대한 군사상 기밀·
초병·초소·유독음식물공급·포로·군용물에 관한 죄 중 법률이 정한 경우와 비상계엄
이 선포된 경우를 제외하고는 군사법원의 재판을 받지 아니한다.

③모든 국민은 신속한 재판을 받을 권리를 가진다. 형사피고인은 상당한 이유가 없는 한 지체 없이 공개재판을 받을 권리를 가진다.

④형사피고인은 유죄의 판결이 확정될 때까지는 무죄로 추정된다.

⑤형사피해자는 법률이 정하는 바에 의하여 당해 사건의 재판절차에서 진술할 수 있다.

제28조 형사피의자 또는 형사피고인으로서 구금되었던 자가 법률이 정하는 불기소처분을 받거나 무죄판결을 받은 때에는 법률이 정하는 바에 의하여 국가에 정당한 보상을 청구할 수 있다.

제29조 ①공무원의 직무상 불법행위로 손해를 받은 국민은 법률이 정하는 바에 의하여 국가 또는 공공단체에 정당한 배상을 청구할 수 있다. 이 경우 공무원 자신의 책임은 면제되지 아니한다.

②군인·군무원·경찰공무원 기타 법률이 정하는 자가 전투·훈련 등 직무집행과 관련하여 받은 손해에 대하여는 법률이 정하는 보상 외에 국가 또는 공공단체에 공무원의 직무상 불법행위로 인한 배상은 청구할 수 없다.

제30조 타인의 범죄행위로 인하여 생명·신체에 대한 피해를 받은 국민은 법률이 정하는 바에 의하여 국가로부터 구조를 받을 수 있다.

제31조 ①모든 국민은 능력에 따라 균등하게 교육을 받을 권리를 가진다.

②모든 국민은 그 보호하는 자녀에게 적어도 초등교육과 법률이 정하는 교육을 받게 할 의무를 진다.

③의무교육은 무상으로 한다.

④교육의 자주성·전문성·정치적 중립성 및 대학의 자율성은 법률이 정하는 바에 의하여 보장된다.

⑤국가는 평생교육을 진흥하여야 한다.

⑥학교교육 및 평생교육을 포함한 교육제도와 그 운영, 교육재정 및 교원의 지위에 관한 기본적인 사항은 법률로 정한다.

제32조 ①모든 국민은 근로의 권리를 가진다. 국가는 사회적·경제적 방법으로 근로자의 고용의 증진과 적정임금의 보장에 노력하여야 하며, 법률이 정하는 바에 의하여 최저임금제를 시행하여야 한다.

②모든 국민은 근로의 의무를 진다. 국가는 근로의 의무의 내용과 조건을 민주주의

원칙에 따라 법률로 정한다.

　③근로조건의 기준은 인간의 존엄성을 보장하도록 법률로 정한다.

　④여자의 근로는 특별한 보호를 받으며, 고용·임금 및 근로조건에 있어서 부당한 차별을 받지 아니한다.

　⑤연소자의 근로는 특별한 보호를 받는다.

　⑥국가유공자·상이군경 및 전몰군경의 유가족은 법률이 정하는 바에 의하여 우선적으로 근로의 기회를 부여받는다.

　제33조 ①근로자는 근로조건의 향상을 위하여 자주적인 단결권·단체교섭권 및 단체행동권을 가진다.

　②공무원인 근로자는 법률이 정하는 자에 한하여 단결권·단체교섭권 및 단체행동권을 가진다.

　③법률이 정하는 주요방위산업체에 종사하는 근로자의 단체행동권은 법률이 정하는 바에 의하여 이를 제한하거나 인정하지 아니할 수 있다.

　제34조 ①모든 국민은 인간다운 생활을 할 권리를 가진다.

　②국가는 사회보장·사회복지의 증진에 노력할 의무를 진다.

　③국가는 여자의 복지와 권익의 향상을 위하여 노력하여야 한다.

　④국가는 노인과 청소년의 복지향상을 위한 정책을 실시할 의무를 진다.

　⑤신체장애자 및 질병·노령 기타의 사유로 생활능력이 없는 국민은 법률이 정하는 바에 의하여 국가의 보호를 받는다.

　⑥국가는 재해를 예방하고 그 위험으로부터 국민을 보호하기 위하여 노력하여야 한다.

　제35조 ①모든 국민은 건강하고 쾌적한 환경에서 생활할 권리를 가지며, 국가와 국민은 환경보전을 위하여 노력하여야 한다.

　②환경권의 내용과 행사에 관하여는 법률로 정한다.

　③국가는 주택개발정책 등을 통하여 모든 국민이 쾌적한 주거생활을 할 수 있도록 노력하여야 한다.

　제36조 ①혼인과 가족생활은 개인의 존엄과 양성의 평등을 기초로 성립되고 유지되어야 하며, 국가는 이를 보장한다.

　②국가는 모성의 보호를 위하여 노력하여야 한다.

　③모든 국민은 보건에 관하여 국가의 보호를 받는다.

제37조 ①국민의 자유와 권리는 헌법에 열거되지 아니한 이유로 경시되지 아니한다.

②국민의 모든 자유와 권리는 국가안전보장·질서유지 또는 공공복리를 위하여 필요한 경우에 한하여 법률로써 제한할 수 있으며, 제한하는 경우에도 자유와 권리의 본질적인 내용을 침해할 수 없다.

제38조 모든 국민은 법률이 정하는 바에 의하여 납세의 의무를 진다.

제39조 ①모든 국민은 법률이 정하는 바에 의하여 국방의 의무를 진다.
②누구든지 병역의무의 이행으로 인하여 불이익한 처우를 받지 아니한다.

제3장 국회

제40조 입법권은 국회에 속한다.

제41조 ①국회는 국민의 보통·평등·직접·비밀선거에 의하여 선출된 국회의원으로 구성한다.
②국회의원의 수는 법률로 정하되, 200인 이상으로 한다.
③국회의원의 선거구와 비례대표제 기타 선거에 관한 사항은 법률로 정한다.

제42조 국회의원의 임기는 4년으로 한다.

제43조 국회의원은 법률이 정하는 직을 겸할 수 없다.

제44조 ①국회의원은 현행범인인 경우를 제외하고는 회기 중 국회의 동의 없이 체포 또는 구금되지 아니한다.
②국회의원이 회기 전에 체포 또는 구금된 때에는 현행범인이 아닌 한 국회의 요구가 있으면 회기 중 석방된다.

제45조 국회의원은 국회에서 직무상 행한 발언과 표결에 관하여 국회 외에서 책임을 지지 아니한다.

제46조 ①국회의원은 청렴의 의무가 있다.
②국회의원은 국가이익을 우선하여 양심에 따라 직무를 행한다.
③국회의원은 그 지위를 남용하여 국가·공공단체 또는 기업체와의 계약이나 그 처

분에 의하여 재산상의 권리·이익 또는 직위를 취득하거나 타인을 위하여 그 취득을 알선할 수 없다.

제47조 ①국회의 정기회는 법률이 정하는 바에 의하여 매년 1회 집회되며, 국회의 임시회는 대통령 또는 국회재적의원 4분의 1 이상의 요구에 의하여 집회된다.
②정기회의 회기는 100일을, 임시회의 회기는 30일을 초과할 수 없다.
③대통령이 임시회의 집회를 요구할 때에는 기간과 집회요구의 이유를 명시하여야 한다.

제48조 국회는 의장 1인과 부의장 2인을 선출한다.

제49조 국회는 헌법 또는 법률에 특별한 규정이 없는 한 재적의원 과반수의 출석과 출석의원 과반수의 찬성으로 의결한다. 가부동수인 때에는 부결된 것으로 본다.

제50조 ①국회의 회의는 공개한다. 다만, 출석의원 과반수의 찬성이 있거나 의장이 국가의 안전보장을 위하여 필요하다고 인정할 때에는 공개하지 아니할 수 있다.
②공개하지 아니한 회의내용의 공표에 관하여는 법률이 정하는 바에 의한다.

제51조 국회에 제출된 법률안 기타의 의안은 회기 중에 의결되지 못한 이유로 폐기되지 아니한다. 다만, 국회의원의 임기가 만료된 때에는 그러하지 아니하다.

제52조 국회의원과 정부는 법률안을 제출할 수 있다.

제53조 ①국회에서 의결된 법률안은 정부에 이송되어 15일 이내에 대통령이 공포한다.
②법률안에 이의가 있을 때에는 대통령은 제1항의 기간 내에 이의서를 부쳐 국회로 환부하고, 그 재의를 요구할 수 있다. 국회의 폐회 중에도 또한 같다.
③대통령은 법률안의 일부에 대하여 또는 법률안을 수정하여 재의를 요구할 수 없다.
④재의의 요구가 있을 때에는 국회는 재의에 부치고, 재적의원 과반수의 출석과 출석의원 3분의 2 이상의 찬성으로 전과 같은 의결을 하면 그 법률안은 법률로서 확정된다.
⑤대통령이 제1항의 기간 내에 공포나 재의의 요구를 하지 아니한 때에도 그 법률안은 법률로서 확정된다.
⑥대통령은 제4항과 제5항의 규정에 의하여 확정된 법률을 지체 없이 공포하여야

한다. 제5항에 의하여 법률이 확정된 후 또는 제4항에 의한 확정법률이 정부에 이송
된 후 5일 이내에 대통령이 공포하지 아니할 때에는 국회의장이 이를 공포한다.

⑦법률은 특별한 규정이 없는 한 공포한 날로부터 20일을 경과함으로써 효력을 발
생한다.

제54조 ①국회는 국가의 예산안을 심의·확정한다.

②정부는 회계연도마다 예산안을 편성하여 회계연도 개시 90일 전까지 국회에 제출
하고, 국회는 회계연도 개시 30일 전까지 이를 의결하여야 한다.

③새로운 회계연도가 개시될 때까지 예산안이 의결되지 못한 때에는 정부는 국회에
서 예산안이 의결될 때까지 다음의 목적을 위한 경비는 전년도 예산에 준하여 집행할
수 있다.

1. 헌법이나 법률에 의하여 설치된 기관 또는 시설의 유지·운영

2. 법률상 지출의무의 이행

3. 이미 예산으로 승인된 사업의 계속

제55조 ①한 회계연도를 넘어 계속하여 지출할 필요가 있을 때에는 정부는 연한을
정하여 계속비로서 국회의 의결을 얻어야 한다.

②예비비는 총액으로 국회의 의결을 얻어야 한다. 예비비의 지출은 차기국회의 승
인을 얻어야 한다.

제56조 정부는 예산에 변경을 가할 필요가 있을 때에는 추가경정예산안을 편성하여
국회에 제출할 수 있다.

제57조 국회는 정부의 동의 없이 정부가 제출한 지출예산 각항의 금액을 증가하거
나 새 비목을 설치할 수 없다.

제58조 국채를 모집하거나 예산 외에 국가의 부담이 될 계약을 체결하려 할 때에는
정부는 미리 국회의 의결을 얻어야 한다.

제59조 조세의 종목과 세율은 법률로 정한다.

제60조 ①국회는 상호원조 또는 안전보장에 관한 조약, 중요한 국제조직에 관한 조
약, 우호통상항해조약, 주권의 제약에 관한 조약, 강화조약, 국가나 국민에게 중대한
재정적 부담을 지우는 조약 또는 입법사항에 관한 조약의 체결·비준에 대한 동의권을
가진다.

②국회는 선전포고, 국군의 외국에의 파견 또는 외국군대의 대한민국 영역 안에서의 주류에 대한 동의권을 가진다.

제61조 ①국회는 국정을 감사하거나 특정한 국정사안에 대하여 조사할 수 있으며, 이에 필요한 서류의 제출 또는 증인의 출석과 증언이나 의견의 진술을 요구할 수 있다.
②국정감사 및 조사에 관한 절차 기타 필요한 사항은 법률로 정한다.

제62조 ①국무총리·국무위원 또는 정부위원은 국회나 그 위원회에 출석하여 국정처리상황을 보고하거나 의견을 진술하고 질문에 응답할 수 있다.
②국회나 그 위원회의 요구가 있을 때에는 국무총리·국무위원 또는 정부위원은 출석·답변하여야 하며, 국무총리 또는 국무위원이 출석요구를 받은 때에는 국무위원 또는 정부위원으로 하여금 출석·답변하게 할 수 있다.

제63조 ①국회는 국무총리 또는 국무위원의 해임을 대통령에게 건의할 수 있다.
②제1항의 해임건의는 국회재적의원 3분의 1 이상의 발의에 의하여 국회재적의원 과반수의 찬성이 있어야 한다.

제64조 ①국회는 법률에 저촉되지 아니하는 범위 안에서 의사와 내부규율에 관한 규칙을 제정할 수 있다.
②국회는 의원의 자격을 심사하며, 의원을 징계할 수 있다.
③의원을 제명하려면 국회재적의원 3분의 2 이상의 찬성이 있어야 한다.
④제2항과 제3항의 처분에 대하여는 법원에 제소할 수 없다.

제65조 ①대통령·국무총리·국무위원·행정각부의 장·헌법재판소 재판관·법관·중앙선거관리위원회 위원·감사원장·감사위원 기타 법률이 정한 공무원이 그 직무집행에 있어서 헌법이나 법률을 위배한 때에는 국회는 탄핵의 소추를 의결할 수 있다.
②제1항의 탄핵소추는 국회재적의원 3분의 1 이상의 발의가 있어야 하며, 그 의결은 국회재적의원 과반수의 찬성이 있어야 한다. 다만, 대통령에 대한 탄핵소추는 국회재적의원 과반수의 발의와 국회재적의원 3분의 2 이상의 찬성이 있어야 한다.
③탄핵소추의 의결을 받은 자는 탄핵심판이 있을 때까지 그 권한행사가 정지된다.
④탄핵결정은 공직으로부터 파면함에 그친다. 그러나 이에 의하여 민사상이나 형사상의 책임이 면제되지는 아니한다.

제4장 정부

제1절 대통령

제66조 ①대통령은 국가의 원수이며, 외국에 대하여 국가를 대표한다.

②대통령은 국가의 독립·영토의 보전·국가의 계속성과 헌법을 수호할 책무를 진다.

③대통령은 조국의 평화적 통일을 위한 성실한 의무를 진다.

④행정권은 대통령을 수반으로 하는 정부에 속한다.

제67조 ①대통령은 국민의 보통·평등·직접·비밀선거에 의하여 선출한다.

②제1항의 선거에 있어서 최고득표자가 2인 이상인 때에는 국회의 재적의원 과반수가 출석한 공개회의에서 다수표를 얻은 자를 당선자로 한다.

③대통령후보자가 1인일 때에는 그 득표수가 선거권자 총수의 3분의 1 이상이 아니면 대통령으로 당선될 수 없다.

④대통령으로 선거될 수 있는 자는 국회의원의 피선거권이 있고 선거일 현재 40세에 달하여야 한다.

⑤대통령의 선거에 관한 사항은 법률로 정한다.

제68조 ①대통령의 임기가 만료되는 때에는 임기만료 70일 내지 40일 전에 후임자를 선거한다.

②대통령이 궐위된 때 또는 대통령 당선자가 사망하거나 판결 기타의 사유로 그 자격을 상실한 때에는 60일 이내에 후임자를 선거한다.

제69조 대통령은 취임에 즈음하여 다음의 선서를 한다. "나는 헌법을 준수하고 국가를 보위하며 조국의 평화적 통일과 국민의 자유와 복리의 증진 및 민족문화의 창달에 노력하여 대통령으로서의 직책을 성실히 수행할 것을 국민 앞에 엄숙히 선서합니다."

제70조 대통령의 임기는 5년으로 하며, 중임할 수 없다.

제71조 대통령이 궐위되거나 사고로 인하여 직무를 수행할 수 없을 때에는 국무총리, 법률이 정한 국무위원의 순서로 그 권한을 대행한다.

제72조 대통령은 필요하다고 인정할 때에는 외교·국방·통일 기타 국가안위에 관한 중요정책을 국민투표에 부칠 수 있다.

제73조 대통령은 조약을 체결·비준하고, 외교사절을 신임·접수 또는 파견하며, 선전포고와 강화를 한다.

제74조 ①대통령은 헌법과 법률이 정하는 바에 의하여 국군을 통수한다.
②국군의 조직과 편성은 법률로 정한다.

제75조 대통령은 법률에서 구체적으로 범위를 정하여 위임받은 사항과 법률을 집행하기 위하여 필요한 사항에 관하여 대통령령을 발할 수 있다.

제76조 ①대통령은 내우·외환·천재·지변 또는 중대한 재정·경제상의 위기에 있어서 국가의 안전보장 또는 공공의 안녕질서를 유지하기 위하여 긴급한 조치가 필요하고 국회의 집회를 기다릴 여유가 없을 때에 한하여 최소한으로 필요한 재정·경제상의 처분을 하거나 이에 관하여 법률의 효력을 가지는 명령을 발할 수 있다.
②대통령은 국가의 안위에 관계되는 중대한 교전상태에 있어서 국가를 보위하기 위하여 긴급한 조치가 필요하고 국회의 집회가 불가능한 때에 한하여 법률의 효력을 가지는 명령을 발할 수 있다.
③대통령은 제1항과 제2항의 처분 또는 명령을 한 때에는 지체 없이 국회에 보고하여 그 승인을 얻어야 한다.
④제3항의 승인을 얻지 못한 때에는 그 처분 또는 명령은 그때부터 효력을 상실한다. 이 경우 그 명령에 의하여 개정 또는 폐지되었던 법률은 그 명령이 승인을 얻지 못한 때부터 당연히 효력을 회복한다.
⑤대통령은 제3항과 제4항의 사유를 지체 없이 공포하여야 한다.

제77조 ①대통령은 전시·사변 또는 이에 준하는 국가비상사태에 있어서 병력으로써 군사상의 필요에 응하거나 공공의 안녕질서를 유지할 필요가 있을 때에는 법률이 정하는 바에 의하여 계엄을 선포할 수 있다.
②계엄은 비상계엄과 경비계엄으로 한다.
③비상계엄이 선포된 때에는 법률이 정하는 바에 의하여 영장제도, 언론·출판·집회·결사의 자유, 정부나 법원의 권한에 관하여 특별한 조치를 할 수 있다.
④계엄을 선포한 때에는 대통령은 지체 없이 국회에 통고하여야 한다.
⑤국회가 재적의원 과반수의 찬성으로 계엄의 해제를 요구한 때에는 대통령은 이를 해제하여야 한다.

제78조 대통령은 헌법과 법률이 정하는 바에 의하여 공무원을 임면한다.

제79조 ①대통령은 법률이 정하는 바에 의하여 사면·감형 또는 복권을 명할 수 있다.

②일반사면을 명하려면 국회의 동의를 얻어야 한다.

③사면·감형 및 복권에 관한 사항은 법률로 정한다.

제80조 대통령은 법률이 정하는 바에 의하여 훈장 기타의 영전을 수여한다.

제81조 대통령은 국회에 출석하여 발언하거나 서한으로 의견을 표시할 수 있다.

제82조 대통령의 국법상 행위는 문서로써 하며, 이 문서에는 국무총리와 관계 국무위원이 부서한다. 군사에 관한 것도 또한 같다.

제83조 대통령은 국무총리·국무위원·행정각부의 장 기타 법률이 정하는 공사의 직을 겸할 수 없다.

제84조 대통령은 내란 또는 외환의 죄를 범한 경우를 제외하고는 재직 중 형사상의 소추를 받지 아니한다.

제85조 전직대통령의 신분과 예우에 관하여는 법률로 정한다.

제2절 행정부

제1관 국무총리와 국무위원

제86조 ①국무총리는 국회의 동의를 얻어 대통령이 임명한다.

②국무총리는 대통령을 보좌하며, 행정에 관하여 대통령의 명을 받아 행정각부를 통할한다.

③군인은 현역을 면한 후가 아니면 국무총리로 임명될 수 없다.

제87조 ①국무위원은 국무총리의 제청으로 대통령이 임명한다.

②국무위원은 국정에 관하여 대통령을 보좌하며, 국무회의의 구성원으로서 국정을 심의한다.

③국무총리는 국무위원의 해임을 대통령에게 건의할 수 있다.

④군인은 현역을 면한 후가 아니면 국무위원으로 임명될 수 없다.

제2관 국무회의

제88조 ①국무회의는 정부의 권한에 속하는 중요한 정책을 심의한다.
②국무회의는 대통령·국무총리와 15인 이상 30인 이하의 국무위원으로 구성한다.
③대통령은 국무회의의 의장이 되고, 국무총리는 부의장이 된다.

제89조 다음 사항은 국무회의의 심의를 거쳐야 한다.
 1. 국정의 기본계획과 정부의 일반정책
 2. 선전·강화 기타 중요한 대외정책
 3. 헌법개정안·국민투표안·조약안·법률안 및 대통령령안
 4. 예산안·결산·국유재산처분의 기본계획·국가의 부담이 될 계약 기타 재정에 관한 중요사항
 5. 대통령의 긴급명령·긴급재정경제처분 및 명령 또는 계엄과 그 해제
 6. 군사에 관한 중요사항
 7. 국회의 임시회 집회의 요구
 8. 영전수여
 9. 사면·감형과 복권
 10. 행정각부간의 권한의 획정
 11. 정부안의 권한의 위임 또는 배정에 관한 기본계획
 12. 국정처리상황의 평가·분석
 13. 행정각부의 중요한 정책의 수립과 조정
 14. 정당해산의 제소
 15. 정부에 제출 또는 회부된 정부의 정책에 관계되는 청원의 심사
 16. 검찰총장·합동참모의장·각 군 참모총장·국립대학교총장·대사 기타 법률이 정한 공무원과 국영기업체관리자의 임명
 17. 기타 대통령·국무총리 또는 국무위원이 제출한 사항

제90조 ①국정의 중요한 사항에 관한 대통령의 자문에 응하기 위하여 국가원로로 구성되는 국가원로자문회의를 둘 수 있다.
②국가원로자문회의의 의장은 직전대통령이 된다. 다만, 직전대통령이 없을 때에는 대통령이 지명한다.
③국가원로자문회의의 조직·직무범위 기타 필요한 사항은 법률로 정한다.

제91조 ①국가안전보장에 관련되는 대외정책·군사정책과 국내정책의 수립에 관하여 국무회의의 심의에 앞서 대통령의 자문에 응하기 위하여 국가안전보장회의를 둔다.
②국가안전보장회의는 대통령이 주재한다.
③국가안전보장회의의 조직·직무범위 기타 필요한 사항은 법률로 정한다.

제92조 ①평화통일정책의 수립에 관한 대통령의 자문에 응하기 위하여 민주평화통일자문회의를 둘 수 있다.
②민주평화통일자문회의의 조직·직무범위 기타 필요한 사항은 법률로 정한다.

제93조 ①국민경제의 발전을 위한 중요정책의 수립에 관하여 대통령의 자문에 응하기 위하여 국민경제자문회의를 둘 수 있다.
②국민경제자문회의의 조직·직무범위 기타 필요한 사항은 법률로 정한다.

제3관 행정각부

제94조 행정각부의 장은 국무위원 중에서 국무총리의 제청으로 대통령이 임명한다.

제95조 국무총리 또는 행정각부의 장은 소관사무에 관하여 법률이나 대통령령의 위임 또는 직권으로 총리령 또는 부령을 발할 수 있다.

제96조 행정각부의 설치·조직과 직무범위는 법률로 정한다.

제4관 감사원

제97조 국가의 세입·세출의 결산, 국가 및 법률이 정한 단체의 회계검사와 행정기관 및 공무원의 직무에 관한 감찰을 하기 위하여 대통령 소속하에 감사원을 둔다.

제98조 ①감사원은 원장을 포함한 5인 이상 11인 이하의 감사위원으로 구성한다.
②원장은 국회의 동의를 얻어 대통령이 임명하고, 그 임기는 4년으로 하며, 1차에 한하여 중임할 수 있다.
③감사위원은 원장의 제청으로 대통령이 임명하고, 그 임기는 4년으로 하며, 1차에 한하여 중임할 수 있다.

제99조 감사원은 세입·세출의 결산을 매년 검사하여 대통령과 차년도 국회에 그 결과를 보고하여야 한다.

제100조 감사원의 조직·직무범위·감사위원의 자격·감사대상공무원의 범위 기타 필요한 사항은 법률로 정한다.

제5장 법원

제101조 ①사법권은 법관으로 구성된 법원에 속한다.
②법원은 최고법원인 대법원과 각급법원으로 조직된다.
③법관의 자격은 법률로 정한다.

제102조 ①대법원에 부를 둘 수 있다.
②대법원에 대법관을 둔다. 다만, 법률이 정하는 바에 의하여 대법관이 아닌 법관을 둘 수 있다.
③대법원과 각급법원의 조직은 법률로 정한다.

제103조 법관은 헌법과 법률에 의하여 그 양심에 따라 독립하여 심판한다.

제104조 ①대법원장은 국회의 동의를 얻어 대통령이 임명한다.
②대법관은 대법원장의 제청으로 국회의 동의를 얻어 대통령이 임명한다.
③대법원장과 대법관이 아닌 법관은 대법관회의의 동의를 얻어 대법원장이 임명한다.

제105조 ①대법원장의 임기는 6년으로 하며, 중임할 수 없다.
②대법관의 임기는 6년으로 하며, 법률이 정하는 바에 의하여 연임할 수 있다.
③대법원장과 대법관이 아닌 법관의 임기는 10년으로 하며, 법률이 정하는 바에 의하여 연임할 수 있다.
④법관의 정년은 법률로 정한다.

제106조 ①법관은 탄핵 또는 금고 이상의 형의 선고에 의하지 아니하고는 파면되지 아니하며, 징계처분에 의하지 아니하고는 정직·감봉 기타 불리한 처분을 받지 아니한다.
②법관이 중대한 심신상의 장해로 직무를 수행할 수 없을 때에는 법률이 정하는 바에 의하여 퇴직하게 할 수 있다.

제107조 ①법률이 헌법에 위반되는 여부가 재판의 전제가 된 경우에는 법원은 헌법재판소에 제청하여 그 심판에 의하여 재판한다.

②명령·규칙 또는 처분이 헌법이나 법률에 위반되는 여부가 재판의 전제가 된 경우에는 대법원은 이를 최종적으로 심사할 권한을 가진다.

③재판의 전심절차로서 행정심판을 할 수 있다. 행정심판의 절차는 법률로 정하되, 사법절차가 준용되어야 한다.

제108조 대법원은 법률에서 저촉되지 아니하는 범위 안에서 소송에 관한 절차, 법원의 내부규율과 사무처리에 관한 규칙을 제정할 수 있다.

제109조 재판의 심리와 판결은 공개한다. 다만, 심리는 국가의 안전보장 또는 안녕질서를 방해하거나 선량한 풍속을 해할 염려가 있을 때에는 법원의 결정으로 공개하지 아니할 수 있다.

제110조 ①군사재판을 관할하기 위하여 특별법원으로서 군사법원을 둘 수 있다.

②군사법원의 상고심은 대법원에서 관할한다.

③군사법원의 조직·권한 및 재판관의 자격은 법률로 정한다.

④비상계엄하의 군사재판은 군인·군무원의 범죄나 군사에 관한 간첩죄의 경우와 초병·초소·유독음식물공급·포로에 관한 죄 중 법률이 정한 경우에 한하여 단심으로 할 수 있다. 다만, 사형을 선고한 경우에는 그러하지 아니하다.

제6장 헌법재판소

제111조 ①헌법재판소는 다음 사항을 관장한다.

1. 법원의 제청에 의한 법률의 위헌여부 심판
2. 탄핵의 심판
3. 정당의 해산 심판
4. 국가기관 상호간, 국가기관과 지방자치단체 간 및 지방자치단체 상호간의 권한쟁의에 관한 심판
5. 법률이 정하는 헌법소원에 관한 심판

②헌법재판소는 법관의 자격을 가진 9인의 재판관으로 구성하며, 재판관은 대통령이 임명한다.

③제2항의 재판관 중 3인은 국회에서 선출하는 자를, 3인은 대법원장이 지명하는 자를 임명한다.

④헌법재판소의 장은 국회의 동의를 얻어 재판관 중에서 대통령이 임명한다.

　제112조 ①헌법재판소 재판관의 임기는 6년으로 하며, 법률이 정하는 바에 의하여 연임할 수 있다.

　②헌법재판소 재판관은 정당에 가입하거나 정치에 관여할 수 없다.

　③헌법재판소 재판관은 탄핵 또는 금고 이상의 형의 선고에 의하지 아니하고는 파면되지 아니한다.

　제113조 ①헌법재판소에서 법률의 위헌결정, 탄핵의 결정, 정당해산의 결정 또는 헌법소원에 관한 인용결정을 할 때에는 재판관 6인 이상의 찬성이 있어야 한다.

　②헌법재판소는 법률에 저촉되지 아니하는 범위 안에서 심판에 관한 절차, 내부규율과 사무처리에 관한 규칙을 제정할 수 있다.

　③헌법재판소의 조직과 운영 기타 필요한 사항은 법률로 정한다.

제7장　선거관리

　제114조 ①선거와 국민투표의 공정한 관리 및 정당에 관한 사무를 처리하기 위하여 선거관리위원회를 둔다.

　②중앙선거관리위원회는 대통령이 임명하는 3인, 국회에서 선출하는 3인과 대법원장이 지명하는 3인의 위원으로 구성한다. 위원장은 위원 중에서 호선한다.

　③위원의 임기는 6년으로 한다.

　④위원은 정당에 가입하거나 정치에 관여할 수 없다.

　⑤위원은 탄핵 또는 금고 이상의 형의 선고에 의하지 아니하고는 파면되지 아니한다.

　⑥중앙선거관리위원회는 법령의 범위 안에서 선거관리·국민투표관리 또는 정당사무에 관한 규칙을 제정할 수 있으며, 법률에 저촉되지 아니하는 범위 안에서 내부규율에 관한 규칙을 제정할 수 있다.

　⑦각급 선거관리위원회의 조직·직무범위 기타 필요한 사항은 법률로 정한다.

　제115조 ①각급 선거관리위원회는 선거인명부의 작성 등 선거사무와 국민투표사무에 관하여 관계 행정기관에 필요한 지시를 할 수 있다.

　②제1항의 지시를 받은 당해 행정기관은 이에 응하여야 한다.

　제116조 ①선거운동은 각급 선거관리위원회의 관리하에 법률이 정하는 범위 안에서 하되, 균등한 기회가 보장되어야 한다.

②선거에 관한 경비는 법률이 정하는 경우를 제외하고는 정당 또는 후보자에게 부담시킬 수 없다.

제8장 지방자치

제117조 ①지방자치단체는 주민의 복리에 관한 사무를 처리하고 재산을 관리하며, 법령의 범위 안에서 자치에 관한 규정을 제정할 수 있다.
②지방자치단체의 종류는 법률로 정한다.

제118조 ①지방자치단체에 의회를 둔다.
②지방의회의 조직·권한·의원선거와 지방자치단체의 장의 선임방법 기타 지방자치단체의 조직과 운영에 관한 사항은 법률로 정한다.

제9장 경제

제119조 ①대한민국의 경제질서는 개인과 기업의 경제상의 자유와 창의를 존중함을 기본으로 한다.
②국가는 균형 있는 국민경제의 성장 및 안정과 적정한 소득의 분배를 유지하고, 시장의 지배와 경제력의 남용을 방지하며, 경제주체간의 조화를 통한 경제의 민주화를 위하여 경제에 관한 규제와 조정을 할 수 있다.

제120조 ①광물 기타 중요한 지하자원·수산자원·수력과 경제상 이용할 수 있는 자연력은 법률이 정하는 바에 의하여 일정한 기간 그 채취·개발 또는 이용을 특허할 수 있다.
②국토와 자원은 국가의 보호를 받으며, 국가는 그 균형 있는 개발과 이용을 위하여 필요한 계획을 수립한다.

제121조 ①국가는 농지에 관하여 경자유전의 원칙이 달성될 수 있도록 노력하여야 하며, 농지의 소작제도는 금지된다.
②농업생산성의 제고와 농지의 합리적인 이용을 위하거나 불가피한 사정으로 발생하는 농지의 임대차와 위탁경영은 법률이 정하는 바에 의하여 인정된다.

제122조 국가는 국민 모두의 생산 및 생활의 기반이 되는 국토의 효율적이고 균형 있는 이용·개발과 보전을 위하여 법률이 정하는 바에 의하여 그에 관한 필요한 제한

과 의무를 과할 수 있다.

제123조 ①국가는 농업 및 어업을 보호·육성하기 위하여 농·어촌종합개발과 그 지원 등 필요한 계획을 수립·시행하여야 한다.
②국가는 지역 간의 균형 있는 발전을 위하여 지역경제를 육성할 의무를 진다.
③국가는 중소기업을 보호·육성하여야 한다.
④국가는 농수산물의 수급균형과 유통구조의 개선에 노력하여 가격안정을 도모함으로써 농·어민의 이익을 보호한다.
⑤국가는 농·어민과 중소기업의 자조조직을 육성하여야 하며, 그 자율적 활동과 발전을 보장한다.

제124조 국가는 건전한 소비행위를 계도하고 생산품의 품질향상을 촉구하기 위한 소비자보호운동을 법률이 정하는 바에 의하여 보장한다.

제125조 국가는 대외무역을 육성하며, 이를 규제·조정할 수 있다.

제126조 국방상 또는 국민경제상 긴절한 필요로 인하여 법률이 정하는 경우를 제외하고는, 사영기업을 국유 또는 공유로 이전하거나 그 경영을 통제 또는 관리할 수 없다.

제127조 ①국가는 과학기술의 혁신과 정보 및 인력의 개발을 통하여 국민경제의 발전에 노력하여야 한다.
②국가는 국가표준제도를 확립한다.
③대통령은 제1항의 목적을 달성하기 위하여 필요한 자문기구를 둘 수 있다.

제10장 헌법개정

제128조 ①헌법개정은 국회재적의원 과반수 또는 대통령의 발의로 제안된다.
②대통령의 임기연장 또는 중임변경을 위한 헌법개정은 그 헌법개정 제안 당시의 대통령에 대하여는 효력이 없다.

제129조 제안된 헌법개정안은 대통령이 20일 이상의 기간 이를 공고하여야 한다.

제130조 ①국회는 헌법개정안이 공고된 날로부터 60일 이내에 의결하여야 하며, 국회의 의결은 재적의원 3분의 2 이상의 찬성을 얻어야 한다.

②헌법개정안은 국회가 의결한 후 30일 이내에 국민투표에 부쳐 국회의원선거권자 과반수의 투표와 투표자 과반수의 찬성을 얻어야 한다.

③헌법개정안이 제2항의 찬성을 얻은 때에는 헌법개정은 확정되며, 대통령은 즉시 이를 공포하여야 한다.

부칙

제1조 이 헌법은 1988년 2월 25일부터 시행한다. 다만, 이 헌법을 시행하기 위하여 필요한 법률의 제정·개정과 이 헌법에 의한 대통령 및 국회의원의 선거 기타 이 헌법 시행에 관한 준비는 이 헌법시행 전에 할 수 있다.

제2조 ①이 헌법에 의한 최초의 대통령선거는 이 헌법시행일 40일 전까지 실시한다.

②이 헌법에 의한 최초의 대통령의 임기는 이 헌법시행일로부터 개시한다.

제3조 ①이 헌법에 의한 최초의 국회의원선거는 이 헌법공포일로부터 6개월 이내에 실시하며, 이 헌법에 의하여 선출된 최초의 국회의원의 임기는 국회의원선거후 이 헌법에 의한 국회의 최초의 집회일로부터 개시한다.

②이 헌법공포 당시의 국회의원의 임기는 제1항에 의한 국회의 최초의 집회일 전일까지로 한다.

제4조 ①이 헌법시행 당시의 공무원과 정부가 임명한 기업체의 임원은 이 헌법에 의하여 임명된 것으로 본다. 다만, 이 헌법에 의하여 선임방법이나 임명권자가 변경된 공무원과 대법원장 및 감사원장은 이 헌법에 의하여 후임자가 선임될 때까지 그 직무를 행하며, 이 경우 전임자인 공무원의 임기는 후임자가 선임되는 전일까지로 한다.

②이 헌법시행 당시의 대법원장과 대법원판사가 아닌 법관은 제1항 단서의 규정에 불구하고 이 헌법에 의하여 임명된 것으로 본다.

③이 헌법 중 공무원의 임기 또는 중임제한에 관한 규정은 이 헌법에 의하여 그 공무원이 최초로 선출 또는 임명된 때로부터 적용한다.

제5조 이 헌법시행 당시의 법령과 조약은 이 헌법에 위배되지 아니하는 한 그 효력을 지속한다.

제6조 이 헌법시행 당시에 이 헌법에 의하여 새로 설치될 기관의 권한에 속하는 직무를 행하고 있는 기관은 이 헌법에 의하여 새로운 기관이 설치될 때까지 존속하며 그 직무를 행한다.

국군조직법

[일부개정 1999. 1. 21. 법률 제5645호]

제1장 총칙

제1조(목적) 이 법은 국방의 의무를 수행하기 위한 국군의 조직과 편성의 대강을 규정함을 목적으로 한다.

제2조(국군의 조직) ①국군은 육군·해군 및 공군(이하 '각 군'이라 한다)으로 조직하며, 해군에 해병대를 둔다.

②각 군의 전투를 주 임무로 하는 작전부대에 대한 작전지휘·감독과 합동 및 연합작전의 수행을 위하여 국방부에 합동참모본부를 둔다.

③군사상 필요할 때에는 대통령령이 정하는 바에 의하여 국방부장관의 지휘·감독하에 합동부대와 기타 필요한 기관을 둘 수 있다.

[전문개정 1990. 8. 1.]

제3조(각 군의 임무 등) ①육군은 지상작전을 주 임무로 하고 이를 위하여 편성·장비되며 필요한 교육·훈련을 한다.

②해군은 해상작전 및 상륙작전을 주 임무로 하고 이를 위하여 편성·장비되며 필요한 교육·훈련을 한다. <개정 1973. 10. 10.>

③삭제<1973. 10. 10.>

④공군은 항공작전을 주 임무로 하고 이를 위하여 편성·장비되며 필요한 교육·훈련을 한다.

제4조(군인의 신분 등) ①'군인'이라 함은 전시와 평시를 막론하고 군에 복무하는 자를 말한다.

②군인의 인사·병역복무 및 신분에 관한 사항은 따로 법률로 정한다.

제5조(군기) ①국군은 군기를 사용한다.

②군기의 종류와 규격 기타 필요한 사항은 대통령령으로 정한다.

[전문개정 1973. 10. 10.]

제2장 군사권한

제6조(대통령의 지위와 권한) 대통령은 헌법·이 법 및 기타 법률이 정하는 바에 의하여 국군을 통수한다. <개정 1963. 12. 16.>

제7조 삭제 <1963. 12. 16.>

제8조(국방부장관의 권한) 국방부장관은 대통령의 명을 받아 군사에 관한 사항을 장리하고 합동참모의장과 각 군 참모총장을 지휘·감독한다.

  [본조신설 1990. 8. 1.]

제9조(합동참모의장의 권한) ①합동참모본부에 합동참모의장을 둔다.

  ②합동참모의장은 군령에 관하여 국방부상관을 보좌하며, 국방부장관의 명을 받아 전투를 주 임무로 하는 각 군의 작전부대를 작전지휘·감독하고, 합동작전의 수행을 위하여 설치된 합동부대를 지휘·감독한다. 다만, 평시 독립전투여단급 이상의 부대이동 등 주요 군사사항은 국방부장관의 사전승인을 얻어야 한다.

  ③제2항의 규정에 의한 전투를 주 임무로 하는 각 군의 작전부대 및 합동부대의 범위와 작전지휘·감독권의 범위는 대통령령으로 정한다.

  [전문개정 1990. 8. 1.]

제10조(각 군 참모총장의 권한 등<개정 1999. 1. 21.>) ①육군에 육군참모총장, 해군에 해군참모총장, 공군에 공군참모총장을 둔다.

  ②각 군 참모총장은 국방부장관의 명을 받아 각각 당해 군을 지휘·감독한다. 다만, 전투를 주 임무로 하는 작전부대에 대한 작전지휘·감독은 이를 제외한다. <개정 1990. 8. 1.>

  ③해병대의 지휘·감독에 관한 해군참모총장의 권한은 그 일부를 법령이 정하는 바에 의하여 제14조제4항의 해병대사령관의 권한으로 할 수 있다. <신설 1999. 1. 21.>

제11조(예하부서의 장의 권한) 각 군의 부대 또는 기관의 장은 편제 또는 작전지휘·감독계통상의 상급부대 또는 상급기관의 장의 명을 받아 그 소속부대 또는 소관기관을 지휘·감독한다. <개정 1973. 10. 10, 1990. 8. 1.>

제3장 합동참모본부 <개정 1975. 12. 31.>

제12조(합동참모본부) ①합동참모본부에 합동참모의장 외에 군을 달리하는 3인 이내의 합동참모차장과 필요한 참모부서를 둔다.

②합동참모차장은 합동참모의장을 보좌하며, 합동참모의장이 사고가 있을 때에는 서열순으로 그 직무를 대행한다.

③합동참모본부의 직제는 대통령령으로 정하되, 각 군의 균형발전과 합동작전수행을 보장할 수 있도록 하여야 한다.

[전문개정 1990. 8. 1.]

제13조(합동참모회의) ①군령에 관하여 국방부장관을 보좌하며, 주요 군사사항 기타 법령이 정하는 사항을 심의하게 하기 위하여 합동참모본부에 합동참모회의를 둔다.

②합동참모회의는 합동참모의장과 각 군 참모총장으로 구성하며, 합동참모의장이 그 의장이 된다. 다만, 해병대등 특정작전부대에 관련된 사항을 심의할 때는 당해 작전사령관을 배석시킬 수 있다.

③합동참모회의는 월 1회 이상 정례화하며 합동참모회의의 운영에 관하여 필요한 사항은 국방부장관이 정한다.

[전문개정 1990. 8. 1.]

제4장 육군·해군·공군

제14조(각 군 본부의 설치 등 <개정 1990. 8. 1.>) ①육군에 육군본부, 해군에 해군본부, 공군에 공군본부를 둔다.

②각 군 본부에 참모총장 외에 참모차장 1인과 필요한 참모부서를 둔다.

③각 군 참모차장은 당해 군 참모총장을 보좌하며 참모총장이 사고가 있을 때에는 그 직무를 대행한다.

④해군예하에 상륙작전을 주 임무로 하는 해병대사령부를 두며, 해병대사령부에 해병대사령관과 필요한 참모부서를 둔다. <신설 1990. 8. 1.>

⑤각 군 본부 및 해병대사령부의 직제와 기타 필요한 사항은 대통령령으로 정한다. <개정 1990. 8. 1.>

[전문개정 1987. 12. 4.]

제15조(각 군 부대 및 기관의 설치) ①각 군의 예속하에 필요한 부대와 기관을 설

치할 수 있다. <개정 1973. 10. 10.>

②제1항의 부대와 기관의 설치에 필요한 사항은 법률 또는 대통령령으로 정한다. 그러나 대통령령으로 정하는 단위 이하의 부대 또는 기관의 설치에 필요한 사항은 국방부장관이 정하되, 국방부장관은 그 권한의 일부를 대통령령이 정하는 바에 따라 각군 참모총장에게 위임할 수 있다. <개정 1973. 10. 10.>

제5장 기타

제16조(군무원) ①국군에 군인 이외에 군무원을 둔다. <개정 1980. 12. 31.>

②제1항의 군무원의 자격·임면·복무 기타 신분에 관한 사항은 따로 법률로 정한다. <개정 1975. 12. 31, 1980. 12. 31.>

제17조(공표의 보류) 이 법에 의하여 제정되는 명령으로서 군기밀상 필요하다고 인정하는 것은 공표하지 아니할 수 있다.

부칙<제1343호, 1963. 5. 20.>
이 법은 공포한 날로부터 시행한다.

부칙<제1574호, 1963. 12. 16.>
이 법은 1962년 12월 26일에 공포된 개정헌법의 시행일부터 시행한다.

부칙<제2624호, 1973. 10. 10.>
①(시행일) 이 법은 공포한 날로부터 시행한다.
②(해병대사령관 등이 행한 행위에 관한 경과조치) 이 법 시행 당시 종전의 국군조직법 또는 다른 법령의 규정에 의하여 해병대사령관 또는 그 소속부대나 기관 또는 그 소속공무원이 행한 행위는 해군참모총장 또는 당해 사무를 관장하는 그 소속부대와 기관 또는 그 소속공무원이 행한 것으로 본다. 해병대사령관 또는 그 소속부대와 기관 또는 그 소속공무원에 대한 행위도 또한 같다.
③(해병대의 군인에 관한 경과조치) 이 법 시행 당시 해병대에 복무하는 군인은 해군에 편입된 것으로 본다.

부칙<제2829호, 1975. 12. 31.>
이 법은 공포한 날로부터 시행한다.

부칙(군무원인사법)<제3342호, 1980. 12. 31.>

①(시행일) 이 법은 공포한 날로부터 시행한다.

②생략

③(다른 법률의 개정) 국군조직법 제12조제3항·제4항 및 동법 제16조, 국방대학원설치법 제6조제1항·제3항·제4항 및 동법 제7조, 사관학교설치법 제5조제1항, 단기사관학교설치법 제5조제1항, 공군기술고등학교설치법 제5조제1항 및 군행형법 제10조제1항제1호 내지 제3호 중 '군속'을 각각 '군무원'으로 한다.

부칙<제3994호, 1987. 12. 4.>

이 법은 공포한 날로부터 시행한다.

부칙<제4249호, 1990. 8. 1.>

이 법은 1990년 10월 1일부터 시행한다.

부칙<제5645호, 1999. 1. 21.>

이 법은 공포한 날부터 시행한다.

국가보안법

[일부개정 1997. 12. 13. 법률 제5454호]

제1장 총칙

제1조(목적 등<개정 1991. 5. 31.>) ①이 법은 국가의 안전을 위태롭게 하는 반국가활동을 규제함으로써 국가의 안전과 국민의 생존 및 자유를 확보함을 목적으로 한다.

②이 법을 해석적용함에 있어서는 제1항의 목적달성을 위하여 필요한 최소한도에 그쳐야 하며, 이를 확대해석하거나 헌법상 보장된 국민의 기본적 인권을 부당하게 제한하는 일이 있어서는 아니 된다. <신설 1991. 5. 31.>

제2조(정의<개정 1991. 5. 31.>) ①이 법에서 '반국가단체'라 함은 정부를 참칭하거나 국가를 변란할 것을 목적으로 하는 국내외의 결사 또는 집단으로서 지휘통솔체제를 갖춘 단체를 말한다. <개정 1991. 5. 31.>

②삭제 <1991. 5. 31.>

제2장 죄와 형

제3조(반국가단체의 구성 등) ①반국가단체를 구성하거나 이에 가입한 자는 다음의 구별에 따라 처벌한다.

1. 수괴의 임무에 종사한 자는 사형 또는 무기징역에 처한다.
2. 간부 기타 지도적 임무에 종사한 자는 사형·무기 또는 5년 이상의 징역에 처한다.
3. 그 이외의 자는 2년 이상의 유기징역에 처한다.

②타인에게 반국가단체에 가입할 것을 권유한 자는 2년 이상의 유기징역에 처한다.

③제1항 및 제2항의 미수범은 처벌한다.

④제1항제1호 및 제2호의 죄를 범할 목적으로 예비 또는 음모한 자는 2년 이상의 유기징역에 처한다.

⑤제1항제3호의 죄를 범할 목적으로 예비 또는 음모한 자는 10년 이하의 징역에 처한다. <개정 1991. 5. 31.>

제4조(목적수행) ①반국가단체의 구성원 또는 그 지령을 받은 자가 그 목적수행을 위한 행위를 한 때에는 다음의 구별에 따라 처벌한다. <개정 1991. 5. 31.>

1. 형법 제92조 내지 제97조·제99조·제250조제2항·제338조 또는 제340조제3항에 규정된 행위를 한 때에는 그 각조에 정한 형에 처한다.

2. 형법 제98조에 규정된 행위를 하거나 국가기밀을 탐지·수집·누설·전달하거나 중개한 때에는 다음의 구별에 따라 처벌한다.

가. 군사상 기밀 또는 국가기밀이 국가안전에 대한 중대한 불이익을 회피하기 위하여 한정된 사람에게만 지득이 허용되고 적국 또는 반국가단체에 비밀로 하여야 할 사실, 물건 또는 지식인 경우에는 사형 또는 무기징역에 처한다.

나. 가목 외의 군사상 기밀 또는 국가기밀의 경우에는 사형·무기 또는 7년 이상의 징역에 처한다.

3. 형법 제115조·제119조제1항·제147조·제148조·제164조 내지 제169조·제177조 내지 제180조·제192조 내지 제195조·제207조·제208조·제210조·제250조제1항·제252조·제253조·제333조 내지 제337조·제339조 또는 제340조제1항 및 제2항에 규정된 행위를 한 때에는 사형·무기 또는 10년 이상의 징역에 처한다.

4. 교통·통신, 국가 또는 공공단체가 사용하는 건조물 기타 중요시설을 파괴하거나 사람을 약취·유인하거나 함선·항공기·자동차·무기 기타 물건을 이동·취거한 때에는 사형·무기 또는 5년 이상의 징역에 처한다.

5. 형법 제214조 내지 제217조·제257조 내지 제259조 또는 제262조에 규정된 행위를 하거나 국가기밀에 속하는 서류 또는 물품을 손괴·은닉·위조·변조한 때에는 3년 이상의 유기징역에 처한다.

6. 제1호 내지 제5호의 행위를 선동·선전하거나 사회질서의 혼란을 조성할 우려가 있는 사항에 관하여 허위사실을 날조하거나 유포한 때에는 2년 이상의 유기징역에 처한다.

②제1항의 미수범은 처벌한다.

③제1항제1호 내지 제4호의 죄를 범할 목적으로 예비 또는 음모한 자는 2년 이상의 유기징역에 처한다.

④제1항제5호 및 제6호의 죄를 범할 목적으로 예비 또는 음모한 자는 10년 이하의 징역에 처한다.

제5조(자진지원·금품수수) ①반국가단체나 그 구성원 또는 그 지령을 받은 자를 지원할 목적으로 자진하여 제4조제1항 각 호에 규정된 행위를 한 자는 제4조제1항의 예에 의하여 처벌한다.

②국가의 존립·안전이나 자유민주적 기본질서를 위태롭게 한다는 정을 알면서 반국가단체의 구성원 또는 그 지령을 받은 자로부터 금품을 수수한 자는 7년 이하의 징역에 처한다. <개정 1991. 5. 31.>

③제1항 및 제2항의 미수범은 처벌한다.

④제1항의 죄를 범할 목적으로 예비 또는 음모한 자는 10년 이하의 징역에 처한다.

⑤삭제 <1991. 5. 31.>

제6조(잠입·탈출) ①국가의 존립·안전이나 자유민주적 기본질서를 위태롭게 한다는 정을 알면서 반국가단체의 지배하에 있는 지역으로부터 잠입하거나 그 지역으로 탈출한 자는 10년 이하의 징역에 처한다. <개정 1991. 5. 31.>

②반국가단체나 그 구성원의 지령을 받거나 받기 위하여 또는 그 목적수행을 협의하거나 협의하기 위하여 잠입하거나 탈출한 자는 사형·무기 또는 5년 이상의 징역에 처한다.

③삭제 <1991. 5. 31.>

④제1항 및 제2항의 미수범은 처벌한다. <개정 1991. 5. 31.>

⑤제1항의 죄를 범할 목적으로 예비 또는 음모한 자는 7년 이하의 징역에 처한다.

⑥제2항의 죄를 범할 목적으로 예비 또는 음모한 자는 2년 이상의 유기징역에 처한다. <개정 1991. 5. 31.>

제7조(찬양·고무 등) ①국가의 존립·안전이나 자유민주적 기본질서를 위태롭게 한다는 정을 알면서 반국가단체나 그 구성원 또는 그 지령을 받은 자의 활동을 찬양·고무·선전 또는 이에 동조하거나 국가변란을 선전·선동한 자는 7년 이하의 징역에 처한다. <개정 1991. 5. 31.>

②삭제 <1991. 5. 31.>

③제1항의 행위를 목적으로 하는 단체를 구성하거나 이에 가입한 자는 1년 이상의 유기징역에 처한다. <개정 1991. 5. 31.>

④제3항에 규정된 단체의 구성원으로서 사회질서의 혼란을 조성할 우려가 있는 사항에 관하여 허위사실을 날조하거나 유포한 자는 2년 이상의 유기징역에 처한다. <개정 1991. 5. 31.>

⑤제1항·제3항 또는 제4항의 행위를 할 목적으로 문서·도화 기타의 표현물을 제작·수입·복사·소지·운반·반포·판매 또는 취득한 자는 그 각항에 정한 형에 처한다. <개정 1991. 5. 31.>

⑥제1항 또는 제3항 내지 제5항의 미수범은 처벌한다. <개정 1991. 5. 31.>

⑦제3항의 죄를 범할 목적으로 예비 또는 음모한 자는 5년 이하의 징역에 처한다. <개정 1991. 5. 31.>

제8조(회합·통신 등) ①국가의 존립·안전이나 자유민주적 기본질서를 위태롭게 한다는 정을 알면서 반국가단체의 구성원 또는 그 지령을 받은 자와 회합·통신 기타의 방법으로 연락을 한 자는 10년 이하의 징역에 처한다. <개정 1991. 5. 31.>
②삭제 <1991. 5. 31.>
③제1항의 미수범은 처벌한다. <개정 1991. 5. 31.>
④삭제 <1991. 5. 31.>

제9조(편의제공) ①이 법 제3조 내지 제8조의 죄를 범하거나 범하려는 자라는 정을 알면서 총포·탄약·화약 기타 무기를 제공한 자는 5년 이상의 유기징역에 처한다. <개정 1991. 5. 31.>
②이 법 제3조 내지 제8조의 죄를 범하거나 범하려는 자라는 정을 알면서 금품 기타 재산상의 이익을 제공하거나 잠복·회합·통신·연락을 위한 장소를 제공하거나 기타의 방법으로 편의를 제공한 자는 10년 이하의 징역에 처한다. 다만, 본범과 친족관계가 있는 때에는 그 형을 감경 또는 면제할 수 있다. <개정 1991. 5. 31.>
③제1항 및 제2항의 미수범은 처벌한다.
④제1항의 죄를 범할 목적으로 예비 또는 음모한 자는 1년 이상의 유기징역에 처한다.
⑤삭제 <1991. 5. 31.>

제10조(불고지) 제3조, 제4조, 제5조제1항·제3항(제1항의 미수범에 한한다)·제4항의 죄를 범한 자라는 정을 알면서 수사기관 또는 정보기관에 고지하지 아니한 자는 5년 이하의 징역 또는 200만 원 이하의 벌금에 처한다. 다만, 본범과 친족관계가 있는 때에는 그 형을 감경 또는 면제한다.
[전문개정 1991. 5. 31.]

제11조(특수직무유기) 범죄수사 또는 정보의 직무에 종사하는 공무원이 이 법의 죄를 범한 자라는 정을 알면서 그 직무를 유기한 때에는 10년 이하의 징역에 처한다. 다만, 본범과 친족관계가 있는 때에는 그 형을 감경 또는 면제할 수 있다.

제12조(무고, 날조) ①타인으로 하여금 형사처분을 받게 할 목적으로 이 법의 죄에 대하여 무고 또는 위증을 하거나 증거를 날조·인멸·은닉한 자는 그 각조에 정한 형

에 처한다.

②범죄수사 또는 정보의 직무에 종사하는 공무원이나 이를 보조하는 자 또는 이를 지휘하는 자가 직권을 남용하여 제1항의 행위를 한 때에도 제1항의 형과 같다. 다만, 그 법정형의 최저가 2년 미만일 때에는 이를 2년으로 한다.

제13조(특수가중) 이 법, 군형법 제13조·제15조 또는 형법 제2편제1장 내란의 죄·제2장 외환의 죄를 범하여 금고 이상의 형의 선고를 받고 그 형의 집행을 종료하지 아니한 자 또는 그 집행을 종료하거나 집행을 받지 아니하기로 확정된 후 5년이 경과하지 아니한 자가 제3조제1항제3호 및 제2항 내지 제5항, 제4조제1항제1호 중 형법 제94조제2항·제97조 및 제99조, 동 항 제5호 및 제6호, 제2항 내지 제4항, 제5조, 제6조제1항 및 제4항 내지 제6항, 제7조 내지 제9조의 죄를 범한 때에는 그 죄에 대한 법정형의 최고를 사형으로 한다.

제14조(자격정지의 병과) 이 법의 죄에 관하여 유기징역형을 선고할 때에는 그 형의 장기 이하의 자격정지를 병과할 수 있다. <개정 1991. 5. 31.>

제15조(몰수·추징) ①이 법의 죄를 범하고 그 보수를 받은 때에는 이를 몰수한다. 다만, 이를 몰수할 수 없을 때에는 그 가액을 추징한다.

②검사는 이 법의 죄를 범한 자에 대하여 소추를 하지 아니할 때에는 압수물의 폐기 또는 국고귀속을 명할 수 있다.

제16조(형의 감면) 다음 각 호의 1에 해당한 때에는 그 형을 감경 또는 면제한다.
1. 이 법의 죄를 범한 후 자수한 때
2. 이 법의 죄를 범한 자가 이 법의 죄를 범한 타인을 고발하거나 타인이 이 법의 죄를 범하는 것을 방해한 때
3. 삭제 <1991. 5. 31.>

제17조(타 법 적용의 배제) 이 법의 죄를 범한 자에 대하여는 노동조합및노동관계조정법 제39조의 규정을 적용하지 아니한다. <개정 1997. 12. 13.>

제3장 특별형사소송규정

제18조(참고인의 구인·유치) ①검사 또는 사법경찰관으로부터 이 법에 정한 죄의 참고인으로 출석을 요구받은 자가 정당한 이유 없이 2회 이상 출석요구에 불응한 때

에는 관할법원판사의 구속영장을 발부받아 구인할 수 있다.

②구속영장에 의하여 참고인을 구인하는 경우에 필요한 때에는 근접한 경찰서 기타 적당한 장소에 임시로 유치할 수 있다.

제19조(구속기간의 연장) ①지방법원판사는 제3조 내지 제10조의 죄로서 사법경찰관이 검사에게 신청하여 검사의 청구가 있는 경우에 수사를 계속함에 상당한 이유가 있다고 인정한 때에는 형사소송법 제202조의 구속기간의 연장을 1차에 한하여 허가할 수 있다.

②지방법원판사는 제1항의 죄로서 검사의 청구에 의하여 수사를 계속함에 상당한 이유가 있다고 인정한 때에는 형사소송법 제203조의 구속기간의 연장을 2차에 한하여 허가할 수 있다.

③제1항 및 제2항의 기간의 연장은 각 10일 이내로 한다.

[90헌마82 1992. 4. 14.

국가보안법(1980. 12. 31. 법률 제3318호, 개정 1991. 5. 31. 법률 제4373호) 제19조 중 제7조 및 제10조의 죄에 관한 구속기간 연장부분은 헌법에 위반된다.]

제20조(공소보류) ①검사는 이 법의 죄를 범한 자에 대하여 형법 제51조의 사항을 참작하여 공소제기를 보류할 수 있다.

②제1항에 의하여 공소보류를 받은 자가 공소의 제기 없이 2년을 경과한 때에는 소추할 수 없다.

③공소보류를 받은 자가 법무부장관이 정한 감시·보도에 관한 규칙에 위반한 때에는 공소보류를 취소할 수 있다.

④제3항에 의하여 공소보류가 취소된 경우에는 형사소송법 제208조의 규정에 불구하고 동일한 범죄사실로 재구속할 수 있다.

제4장 보상과 원호

제21조(상금) ①이 법의 죄를 범한 자를 수사기관 또는 정보기관에 통보하거나 체포한 자에게는 대통령령이 정하는 바에 따라 상금을 지급한다.

②이 법의 죄를 범한 자를 인지하여 체포한 수사기관 또는 정보기관에 종사하는 자에 대하여도 제1항과 같다.

③이 법의 죄를 범한 자를 체포할 때 반항 또는 교전상태하에서 부득이한 사유로 살해하거나 자살하게 한 경우에는 제1항에 준하여 상금을 지급할 수 있다.

제22조(보로금) ①제21조의 경우에 압수물이 있는 때에는 상금을 지급하는 경우에 한하여 그 압수물 가액의 2분의 1에 상당하는 범위 안에서 보로금을 지급할 수 있다.

②반국가단체나 그 구성원 또는 그 지령을 받은 자로부터 금품을 취득하여 수사기관 또는 정보기관에 제공한 자에게는 그 가액의 2분의 1에 상당하는 범위 안에서 보로금을 지급할 수 있다. 반국가단체의 구성원 또는 그 지령을 받은 자가 제공한 때에도 또한 같다.

③보로금의 청구 및 지급에 관하여 필요한 사항은 대통령령으로 정한다.

제23조(보상) 이 법의 죄를 범한 자를 신고 또는 체포하거나 이에 관련하여 상이를 입은 자와 사망한 자의 유족은 대통령령이 정하는 바에 따라 국가유공자등예우및지원에관한법률에 의한 공상군경 또는 순직군경의 유족으로 보아 보상할 수 있다. <개정 1997. 1. 13.>

[전문개정 1991. 5. 31.]

제24조(국가보안유공자 심사위원회) ①이 법에 의한 상금과 보로금의 지급 및 제23조에 의한 보상대상자를 심의·결정하기 위하여 법무부장관소속하에 국가보안유공자 심사위원회(이하 '위원회'라 한다)를 둔다. <개정 1991. 5. 31.>

②위원회는 심의상 필요한 때에는 관계자의 출석을 요구하거나 조사할 수 있으며, 국가기관 기타 공·사단체에 조회하여 필요한 사항의 보고를 요구할 수 있다.

③위원회의 조직과 운영에 관하여 필요한 사항은 대통령령으로 정한다.

제25조(군법 피적용자에 대한 준용규정) 이 법의 죄를 범한 자가 군사법원법 제2조 제1항 각 호의 1에 해당하는 자인 때에는 이 법의 규정 중 판사는 군사법원군판사로, 검사는 군검찰부검찰관으로, 사법경찰관은 군사법경찰관으로 본다. <개정 1987. 12. 4, 1994. 1. 5.>

부칙<제3318호, 1980. 12. 31.>: 하략

국가보훈기본법

[제정 2005. 5. 31. 법률 7572호]

제1장 총칙

제1조(목적) 이 법은 국가보훈(국가보훈)에 관한 기본적인 사항을 정함으로써 국가를 위하여 희생하거나 공헌한 사람의 숭고한 정신을 선양하고 그와 그 유족 또는 가족의 영예로운 삶을 도모하며 나아가 국민의 나라사랑정신 함양에 이바지함을 목적으로 한다.

제2조(기본이념) 대한민국의 오늘은 국가를 위하여 희생하거나 공헌한 분들의 숭고한 정신 위에 이룩된 것이므로 우리와 우리의 후손들이 그 정신을 기억하고 선양하며, 이를 정신적 토대로 삼아 국민통합과 국가발전에 기여하는 것을 국가보훈의 기본이념으로 한다.

제3조(정의) 이 법에서 사용하는 용어의 정의는 다음과 같다.
1. '희생·공헌자'라 함은 다음 각 목의 어느 하나에 해당하는 목적을 위하여 특별히 희생하거나 공헌한 사람으로서 국가보훈관계 법령이 정하는 적용대상 요건에 해당하는 사람을 말한다.
   가. 일제로부터 조국의 자주독립
   나. 국가의 수호 또는 안전보장
   다. 대한민국의 자유민주주의의 발전
   라. 국민의 생명 또는 재산의 보호 등 공무수행
2. '국가보훈대상자'라 함은 희생·공헌자와 그 유족 또는 가족으로서 국가보훈관계 법령의 적용대상자가 되어 예우 및 지원을 받는 사람을 말한다.
3. '국가보훈관계 법령'이라 함은 국가보훈대상자에 대한 예우 및 지원과 관련된 법령을 말한다.

제4조(다른 법률과의 관계) 국가보훈에 관한 다른 법률을 제정 또는 개정하는 경우에는 이 법의 목적과 기본이념에 맞도록 하여야 한다.

제5조(국가와 지방자치단체의 책무) ①국가와 지방자치단체는 희생·공헌자의 공훈과 나라사랑정신을 선양하고, 국가보훈대상자를 예우하는 기반을 조성하는 데 노력하여야 한다.

②국가와 지방자치단체는 제2조의 규정에 의한 기본이념을 구현하기 위하여 필요한 시책을 수립·시행하여야 한다.

③국가와 지방자치단체는 국민 또는 주민의 복지와 관련된 정책을 수립·시행하거나 법령 등을 제정 또는 개정하는 때에는 국가보훈대상자를 우선 배려하는 등 적극적 조치를 취하여야 한다.

④국가와 지방자치단체는 국가보훈사업에 소요되는 재원의 조성에 노력하여야 한다.

제6조(국민의 책무) 모든 국민은 희생·공헌자의 공훈과 나라사랑정신을 존중하고 이를 선양하기 위한 국가와 지방자치단체의 시책에 적극 협력하여야 한다.

제7조(국가보훈대상자의 품위유지책무) 국가보훈대상자는 희생·공헌자의 공훈과 나라사랑정신이 국민의 귀감이 됨을 감안하여 국민들로부터 존경을 받을 수 있도록 품위를 유지하여야 한다.

제2장 국가보훈발전기본계획 및 추진체계

제1절 국가보훈발전기본계획의 수립·시행

제8조(국가보훈발전기본계획의 수립 등) ①국가보훈처장은 관계중앙행정기관의 장과의 협의와 제11조의 규정에 의한 국가보훈위원회의 심의를 거쳐 국가보훈발전기본계획(이하 '기본계획'이라 한다)을 5년마다 수립하여야 한다.

②기본계획에는 다음 각 호의 사항이 포함되어야 한다.

1. 국가보훈발전의 기본목표 및 추진방향
2. 다음 각 목의 사항에 대한 세부추진과제 및 그 추진방법

가. 희생·공헌자의 공훈 및 나라사랑정신의 선양과 국민의 나라사랑정신 함양에 관한 사항

나. 국가보훈대상자에 대한 보상(보상)에 관한 사항

다. 국가보훈대상자에 대한 사회적 예우에 관한 사항

3. 국가보훈 관련 재원의 조달 및 운용에 관한 사항

4. 국가보훈 관련 국제교류·협력에 관한 사항

5. 그 밖에 국가보훈을 위하여 필요하다고 인정하는 사항

③제1항의 규정은 기본계획을 변경하는 경우에 이를 준용한다. 다만, 법령의 개정이나 관계부처의 관련 사업계획의 변경 등 경미한 사항을 변경하는 경우에는 그러하지 아니하다.

④국가보훈처장은 제1항 또는 제3항의 규정에 의하여 기본계획이 수립되거나 변경된 때에는 지체 없이 이를 관계 중앙행정기관의 장에게 통보하여야 한다.

제9조(실천계획의 수립·시행) ①국가보훈처장과 관계중앙행정기관의 장은 기본계획에 따라 연도별 소관 실천계획(이하 '실천계획'이라 한다)을 수립·시행하여야 한다.

②국가보훈처장과 관계중앙행정기관의 장은 제8조제3항의 규정에 의한 기본계획의 변경에 따라 실천계획의 변경이 필요한 경우에는 실천계획을 변경하고 필요한 조치를 하여야 한다.

③실천계획과 관련이 있는 지방자치단체의 장은 실천계획이 내실 있게 시행될 수 있도록 필요한 조치를 하여야 한다.

④관계중앙행정기관의 장과 지방자치단체의 장은 제1항 내지 제3항의 규정에 의하여 수립되거나 변경된 실천계획과 조치결과에 관하여 지체 없이 이를 국가보훈처장에게 통보하여야 한다.

제10조(비용의 보조) 국가는 예산의 범위 안에서 기본계획의 시행에 필요한 비용의 일부를 지방자치단체에 보조할 수 있다.

제2절 국가보훈위원회 등

제11조(국가보훈위원회) 국가보훈에 관한 주요시책을 심의하기 위하여 국무총리 소속하에 국가보훈위원회(이하 '위원회'라 한다)를 둔다.

제12조(위원회의 기능) 위원회는 다음 각 호의 사항을 심의한다.

1. 국가보훈정책의 방향설정에 관한 사항

2. 기본계획의 수립 및 변경에 관한 사항

3. 국가보훈대상자의 신규인정 등 국가보훈 대상의 범위 및 기준 설정에 관한 사항

4. 국가보훈대상자에 대한 보상수준의 결정 등 국가보훈에 관한 중요사항

5. 국가보훈에 관한 중요정책의 조정에 관한 사항

6. 그 밖에 위원장이 국가보훈과 관련하여 위원회의 심의가 필요하다고 인정하는 사항

제13조(위원회의 구성) ①위원회는 위원장 1인과 부위원장 1인을 포함한 25인 이내의 위원으로 구성한다.

②위원장은 국무총리가 되고, 부위원장은 제2호에 해당하는 위원 중에서 대통령이 임명 또는 위촉하는 사람이 되며, 위원은 다음 각 호의 사람으로 한다.

1. 대통령령이 정하는 관계중앙행정기관의 장

2. 국가보훈에 관한 학식과 경험이 풍부한 사람 중에서 대통령이 임명 또는 위촉하는 사람

③위원의 임기는 2년으로 하되, 연임할 수 있다. 다만, 제2항제1호의 규정에 의한 위원의 임기는 그 직위의 재임기간으로 한다.

④위원회를 효율적으로 지원하기 위하여 위원회에 분과위원회와 실무위원회를 둘 수 있다.

⑤위원회·분과위원회 및 실무위원회의 구성과 운영 등에 관하여 필요한 사항은 대통령령으로 정한다.

제14조(위원장의 직무 등) ①위원장은 위원회를 대표하고 위원회의 업무를 총괄한다.

②위원장이 사고 등 부득이한 사유로 직무를 수행할 수 없는 때에는 부위원장이 그 직무를 대행하며, 위원장 및 부위원장이 모두 사고 등 부득이한 사유로 그 직무를 수행할 수 없는 때에는 위원장이 미리 지명한 위원이 그 직무를 대행한다.

③위원장은 회의일시, 장소, 토의내용 및 의결사항 등을 기록한 회의록을 작성·비치하여야 한다.

제15조(조사·연구기관의 설치·운영 등) ①국가는 국가보훈 분야에 관한 조사·연구를 실시할 수 있다.

②국가는 제1항의 규정에 의한 조사·연구를 수행하기 위하여 조사·연구기관을 설치하거나, 연구소·대학 그 밖에 필요하다고 인정하는 관계 전문기관에 조사·연구를 위탁할 수 있다.

제16조(보훈정책 수립을 위한 조사) 국가보훈처장은 국가보훈정책 수립을 위한 자료로 활용하기 위하여 국가보훈대상자의 생활 및 복지 실태, 국민의 보훈의식 등에 관한 조사를 실시할 수 있다.

제17조(관계 기관의 장의 협조) ①국가보훈처장과 관계 중앙행정기관의 장은 기본계획 및 실천계획의 수립·시행을 위하여 필요하다고 인정하는 경우에는 관계 행정기

관·지방자치단체·공공기관 그 밖의 법인 또는 단체의 장(이하 '관계기관의 장'이라
한다)에게 자료의 제출 등 협조를 요청할 수 있다.

②위원회는 제12조의 규정에 따른 직무를 수행하기 위하여 필요하다고 인정하는 경
우에는 관계기관의 장에게 자료의 제출 등 협조를 요청할 수 있다.

③국가보훈처장은 제16조의 규정에 의한 조사를 위하여 필요하다고 인정하는 경우
에는 관계기관의 장에게 자료의 제출 등 협조를 요청할 수 있다.

④관계기관의 장은 제1항 내지 제3항의 규정에 의하여 협조 요청을 받은 때에는
정당한 사유가 없는 한 이에 응하여야 한다.

제3장 예우 및 지원

제18조(예우 및 지원의 원칙) 국가와 지방자치단체는 국가보훈대상자에게 희생과
공헌의 정도에 상응하는 예우 및 지원을 한다.

제19조(예우 및 지원의 실시) ①국가는 국가보훈대상자에 대하여 관계 법령이 정하
는 바에 따라 보상금 등을 지급한다. 이 경우 지급의 수준은 전국가구의 가계 소비지
출액 등을 고려하여 결정하여야 한다.

②국가와 지방자치단체는 국가보훈대상자에 대한 생활안정과 복지향상 등 예우 및
지원을 위하여 필요한 시책을 강구하여야 한다.

제20조(예우 및 지원을 받을 권리) ①국가보훈대상자는 국가보훈관계 법령이 정하
는 바에 따라 예우 및 지원을 받을 권리를 가진다.

②제1항의 규정에 의한 예우 및 지원을 받고자 하는 사람은 국가보훈관계 법령이
정하는 바에 의하여 국가보훈처장에게 등록 또는 지원을 신청하여야 한다.

제21조(권리의 보호) 국가보훈대상자의 예우 및 지원을 받을 권리는 국가보훈관계
법령으로 정하는 경우를 제외하고는 이를 다른 사람에게 양도하거나 담보로 제공할
수 없으며, 다른 사람은 이를 압류할 수 없다.

제4장 보훈문화의 창달

제22조(보훈문화 창달 노력) 국가와 지방자치단체는 희생·공헌자의 공훈과 나라사
랑정신을 기리고 예우하는 보훈문화를 창달하기 위하여 적극 노력하여야 한다.

제23조(공훈선양사업의 추진) ①국가와 지방자치단체는 희생·공헌자의 공훈과 나라사랑정신을 선양하기 위하여 다음 각 호의 사업을 추진하여야 한다.

 1. 추모사업 및 기념사업
 2. 희생·공헌자의 공훈과 나라사랑정신을 선양하기 위한 시설(이하 '공훈선양시설'이라 한다)의 설치·관리
 3. 국민의 나라사랑정신 함양교육
 4. 국가보훈대상자의 위로 및 격려
 5. 그 밖에 희생·공헌자의 공훈과 나라사랑정신을 기리는 사업

②국가와 지방자치단체는 제1항의 규정에 의한 사업을 공공기관·민간단체 등과 공동으로 추진하거나 위탁하여 시행할 수 있다. 이 경우 공공기관·민간단체 등에 대하여 재정적·행정적인 지원을 할 수 있다.

③국가보훈처장은 관계기관의 장에게 제1항제3호의 규정에 따른 교육의 실시를 요청할 수 있다. 이 경우 요청을 받은 관계기관의 장은 적극적으로 협조하여야 한다.

제24조(국민의례 및 의전상의 예우) 국가·지방자치단체 및 각급학교 등은 국경일·기념일 등 중요한 행사를 하는 때에는 순국선열 및 호국영령 등에 대한 묵념을 포함하는 국민의례를 행하며, 행사에 초청된 국가보훈대상자에 대하여는 좌석배치에 있어서 배려를 하는 등 의전상의 예우를 하여야 한다.

제25조(기념일·추모일 지정 등) ①국가와 지방자치단체는 희생·공헌자와 관련된 특정지역·시기·사건 등과 연계하여 기념일 또는 추모일을 지정하고 희생·공헌자를 기리는 각종 관련 행사를 실시할 수 있다.

②국가는 희생·공헌자의 공훈과 나라사랑정신을 선양하고 보훈문화를 창달하기 위하여 매년 6월을 '보훈의 달'로 지정한다.

③국가와 지방자치단체는 희생·공헌자의 공훈과 나라사랑정신을 기리기 위하여 필요하다고 인정하는 때에는 공항·항만·도로·거리·광장·공원·철도역 및 지하철역 등에 대하여 희생·공헌자의 이름 등을 명칭으로 부여할 수 있다.

제26조(공훈선양시설의 건립 등) ①국가와 지방자치단체는 희생·공헌자의 공훈과 나라사랑정신을 기리기 위하여 희생·공헌자와 관련되는 건축물·조형물·사적지나 일정한 구역 등에 대하여 관계 법령이 정하는 바에 따라 공훈선양시설로 지정하여 보존할 수 있다.

②국가와 지방자치단체는 희생·공헌자의 공훈과 나라사랑정신을 기리기 위한 기념관·전시관·조형물의 건립을 위하여 노력하여야 하고, 공공기관 등의 주요 건축물 등

에 희생·공헌자의 흉상 등 상징물을 설치하도록 권장할 수 있다.

③국가와 지방자치단체는 제1항의 규정에 의하여 공훈선양시설로 지정하여 보존하거나 제2항의 규정에 의하여 기념관·전시관·조형물을 건립할 경우 희생·공헌자의 이름 등을 명칭으로 부여할 수 있다.

④국가보훈처장은 민간단체 등이 제2항의 규정에 의한 기념관·전시관·조형물 또는 상징물 등을 건립하거나 설치하는 경우에는 국가보훈관계 법령이 정하는 바에 따라 그 건립에 소요되는 비용의 일부를 보조할 수 있다.

제27조(국립묘지 등에의 안장 등) 국가와 지방자치단체는 희생·공헌자가 사망한 때에는 관계 법령이 정하는 바에 따라 국립묘지 등에 안장 또는 안치할 수 있다.

제28조(국제교류·협력의 강화) 국가는 외국의 정부 및 단체 등과 국가보훈과 관련된 정보교환, 공동조사·연구를 위한 기구설치 및 실시, 행사의 공동개최 등 국제교류·협력의 추진·강화를 위하여 노력하고 필요한 조치를 하여야 한다.

제29조(조사·연구에 관한 지원) 국가와 지방자치단체는 공공기관·연구소·법인·단체 등이 희생·공헌자의 공훈과 나라사랑정신의 선양과 관련된 학술조사·연구를 하는 경우에는 관계 법령이 정하는 바에 따라 이에 필요한 지원을 할 수 있다.

제30조(민간의 참여조성) 국가와 지방자치단체는 희생·공헌자의 공훈과 나라사랑정신의 선양 및 보훈문화의 창달과 관련하여 민간부문이 참여할 수 있는 여건조성을 위하여 노력하여야 한다.

부칙 <제7572호, 2005. 5. 31.>
①(시행일) 이 법은 공포 후 6월이 경과한 날부터 시행한다.
②(등록 등에 관한 경과조치) 이 법 시행 당시 국가보훈관계 법령에 의하여 등록 또는 지원을 신청한 사람은 제20조제2항의 규정에 의하여 등록 또는 지원을 신청한 것으로 본다.

군형법
[일부개정 2006. 1. 2. 법률 제7845호]

제1편 총칙

제1조(피적용자) ①이 법은 대한민국의 영역내외를 불문하고 이 법에 규정된 죄를 범한 대한민국군인에게 적용한다. <개정 1975. 4. 4.>

②전항에서 군인이라 함은 현역에 복무하는 장교, 준사관, 부사관 및 병을 말한다. 다만, 전환복무 중인 병은 제외한다. <개정 1970. 12. 31, 1983. 12. 31, 1999. 2. 5, 2000. 12. 26.>

③다음 각 호의 1에 해당하는 자에게는 군인에 준하여 이 법을 적용한다. <개정 1963. 12. 16, 1970. 12. 31, 1973. 2. 17, 1975. 4. 4, 1981. 4. 17, 1983. 12. 31, 1993. 12. 31, 2000. 12. 26.>

1. 군무원

2. 군적을 가진 군의 학교의 학생·생도와 사관후보생·부사관후보생 및 병역법 제57조의 규정에 의한 군적을 가지는 재영 중인 학생

3. 소집되어 실역에 복무 중인 예비역·보충역 및 제2국민역인 군인

④다음 각 호의 1에 해당하는 죄를 범한 내외국인에 대하여도 제3항과 같다. <개정 1981. 4. 17.>

1. 제13조제2항 및 제3항의 죄

2. 제42조의 죄

3. 제54조 내지 제59조의 죄

4. 제66조 내지 제71조의 죄

5. 제75조제1항제1호의 죄

6. 제77조의 죄

7. 제78조의 죄

8. 제87조 내지 제90조의 죄

9. 제13조제2항 및 제3항의 미수범

10. 제58조의2의 미수범

11. 제59조제1항의 미수범

12. 제66조 내지 제70조와 제71조제1항 및 제2항의 미수범

13. 제87조 내지 제90조의 미수범

⑤제1항 내지 제3항에 규정된 자가 군복무 중이나 재학 또는 재영 중에 이 법에 정한 죄를 범한 때에는 전역·소집해제·퇴직 또는 퇴교나 퇴영 후에도 이 법을 적용한다. <신설 1963. 12. 16.>

제2조(용어의 정의) 이 법에서의 각 용어의 정의는 다음과 같다. <개정 1975. 4. 4, 1981. 4. 17.>

1. 상관이라 함은 명령복종관계에 있는 자간에서 명령권을 가진 자를 말한다. 명령복종관계가 없는 자간에서의 상계급자와 상서열자는 상관에 준한다.

2. 지휘관이라 함은 중대 이상의 단위부대의 장과 함선부대의 장 또는 함정 및 항공기를 지휘하는 자를 말한다.

3. 초병이라 함은 경계를 그 고유의 임무로 하여 수지, 수해 또는 수공에 배치된 자를 말한다.

4. 부대라 함은 군대, 군의 기관 및 학교와 전시 또는 사변 시에 있어서 이에 준하는 특설기관을 말한다.

5. 적전이라 함은 적에 대하여 공격방어의 전투행동을 개시하기 직전과 개시후의 상태 또는 적과 직접대치하여 그 내습을 경계하는 상태를 말한다.

6. 전시라 함은 상대국이나 교전단체에 대하여 선전포고를 하였거나 대적행위를 취한 때로부터 당해 상대국이나 교전단체에 대한 휴전협정이 성립된 때까지의 기간을 말한다.

7. 사변이라 함은 전시에 준하는 동란상태로서 전국 또는 지역별로 계엄이 선포된 기간을 말한다.

제3조(사형집행) 사형은 소속 군 참모총장 또는 군사법원의 관할관이 지정한 장소에서 총살로써 이를 집행한다. <개정 1987. 12. 4.>

제4조(타 법 적용례) 제1조의 규정에 의한 이 법의 피적용자가 범한 죄에 관하여 이 법에 특별한 규정이 없을 때에는 타 법령의 정하는 바에 의한다. <개정 1975. 4. 4.>

<h1 style="text-align:center">제2편 각칙</h1>

<h2 style="text-align:center">제1장 반란의 죄</h2>

제5조(반란) 작당하여 병기를 휴대하고 반란을 한 자는 다음의 구별에 의하여 처벌한다.

1. 수괴는 사형에 처한다.

2. 모의에 참여하거나 지휘하거나 기타 중요한 임무에 종사한 자는 사형, 무기 또는 7년 이상의 징역이나 금고에 처한다. 살상, 파괴 또는 약탈의 행위를 한 자도 또한 같다.

3. 부화뇌동하거나 단순히 폭동에만 관여한 자는 7년 이하의 징역이나 금고에 처한다.

제6조(반란목적의 군용물 탈취) 반란을 목적으로 작당하여 병기, 탄약 기타 군용에 공하는 물건을 탈취한 자는 전조의 예에 의한다.

제7조(미수범) 전 2조의 미수범은 처벌한다.

제8조(예비, 음모, 선동, 선전) ①제5조 또는 제6조의 죄를 범할 목적으로 예비 또는 음모한 자는 5년 이상의 유기징역이나 유기금고에 처한다. 단 그 목적한 죄의 실행에 이르기 전에 자수한 때에는 그 형을 감경 또는 면제한다.

②제5조 또는 제6조의 죄를 범할 것을 선동하거나 선전한 자도 전항의 형과 같다.

제9조(반란불보고) ①반란을 알고도 이를 상관 기타 관계관에게 지체 없이 보고하지 아니한 자는 2년 이하의 징역이나 금고에 처한다.

②전항의 경우에 적을 이롭게 할 목적으로 보고하지 아니한 자는 7년 이하의 징역이나 금고에 처한다.

제10조(동맹국에 대한 행위) 이 장의 규정은 동맹국에 대한 행위에 적용한다. <개정 1975. 4. 4.>

<h2 style="text-align:center">제2장 이적의 죄</h2>

제11조(군대 및 군용시설제공) ①군대요새, 진영 또는 군용에 공하는 함선이나 항공기 기타 장소, 설비 또는 건조물을 적에게 제공한 자는 사형에 처한다.

②병기 또는 탄약 기타 군용에 공하는 물건을 적에게 제공한 자도 전항의 형과 같다.

제12조(군용시설 등 파괴) 적을 위하여 전조에 규정된 군용시설 기타 물건을 파괴하거나 사용할 수 없게 한 자는 사형에 처한다.

제13조(간첩) ①적을 위하여 간첩한 자는 사형에 처하고 적의 간첩을 방조한 자는 사형 또는 무기징역에 처한다.
②군사상의 기밀을 적에게 누설한 자도 전항의 형과 같다.
③다음 각 호의 1에 해당하는 기관 또는 지역 내에서 제1항 및 제2항의 죄를 범한 자에 대하여도 제1항의 형과 같다. <개정 1981. 4. 17, 1983. 12. 31, 2006. 1. 2.>
1. 부대·기지·군항지역 기타 군사시설보호를 위한 법령에 의하여 고시 또는 공고된 지역
2. '방위사업법'에 의하여 지정 또는 위촉된 방위산업체와 연구기관
3. 부대이동지역·부대훈련지역·대간첩작전지역 기타 군의 특수작전을 수행하는 지역
④삭제 <1981. 4. 17.>

제14조(일반이적) 전 3조에 기재한 이외에 다음 각 호의 1에 해당하는 행위를 한 자는 사형, 무기 또는 5년 이상의 징역에 처한다.
1. 적을 위하여 향도하거나 지리를 지시한 자
2. 적에게 강복하게 하기 위하여 지휘관에게 이를 강요한 자
3. 적을 은닉하거나 비호한 자
4. 적을 위하여 통로, 교량, 등대, 표지 기타 교통시설을 손괴하거나 불통하게 하거나 기타의 방법으로 부대 또는 군용에 공하는 함선, 항공기 또는 거량의 왕래를 방해한 자
5. 적을 위하여 암호 또는 신호를 사용하거나 명령, 통보 또는 보고를 사전하거나 전달을 태만히 하거나 또는 허위의 명령, 통보나 보고를 한 자
6. 적을 위하여 부대, 함대, 편대 또는 대원을 해산시키거나 혼란을 일으키게 하거나 또는 그 연락이나 집합을 방해한 자
7. 군용에 공하지 아니하는 병기, 탄약 또는 전투용에 공할 수 있는 물건을 적에게 제공한 자
8. 전 각 호 이외에 대한민국의 군사상 이익을 해하거나 적에게 군사상 이익을 공여한 자

제15조(미수범) 전 4조의 미수범은 처벌한다.

제16조(예비, 음모, 선동, 선전) ①제11조 내지 제14조의 죄를 범할 목적으로 예비 또는 음모한 자는 3년 이상의 유기징역에 처한다. 단 그 목적한 죄의 실행에 이르기 전에 자수한 때에는 그 형을 감경 또는 면제한다.
②제11조 내지 제14조의 죄를 범할 것을 선동하거나 선전한 자도 전항의 형과 같다.

제17조(동맹국에 대한 행위) 이 장의 규정은 동맹국에 대한 행위에 적용한다. <개정 1975. 4. 4.>

제3장 지휘권남용의 죄

제18조(불법전투개시) 지휘관이 정당한 사유 없이 외국에 대하여 전투를 개시한 때에는 사형에 처한다.

제19조(불법전투계속) 지휘관이 휴전 또는 강화의 고지를 받고도 정당한 사유 없이 전투를 계속한 때에는 사형에 처한다.
제20조(불법진퇴) 전시, 사변 또는 계엄지역에 있어서 지휘관이 권한을 남용하여 부득이한 사유 없이 부대, 함선 또는 항공기를 진퇴시킨 때에는 사형, 무기 또는 7년 이상의 징역이나 금고에 처한다.

제21조(미수범) 이 장의 미수범은 처벌한다. <개정 1975. 4. 4.>

제4장 지휘관의 강복과 도피의 죄

제22조(강복) 지휘관이 그 할 바를 다하지 아니하고 적에게 강복하거나 부대, 진영, 요새, 함선 또는 항공기를 적에게 방임한 때에는 사형에 처한다.

제23조(솔대도피) 지휘관이 적전에서 그 할 바를 다하지 아니하고 부대를 인솔하여 도피한 때에는 사형에 처한다.

제24조(직무유기) 지휘관이 정당한 사유 없이 직무수행을 거부하거나 또는 그 직무를 유기한 때에는 다음의 구별에 의하여 처벌한다.
1. 적전의 경우에는 사형에 처한다.

2. 전시, 사변 또는 계엄지역인 경우에는 5년 이상의 유기징역이나 유기금고에 처한다.

3. 기타의 경우에는 3년 이하의 징역이나 금고에 처한다.

제25조(미수범) 제22조 및 제23조의 미수범은 처벌한다.

제26조(예비, 음모) 제22조 또는 제23조의 죄를 범할 목적으로 예비 또는 음모한 자는 3년 이상의 유기징역에 처한다.

제5장 수소이탈의 죄

제27조(지휘관의 수소이탈) 지휘관이 정당한 이유 없이 부대를 인솔하여 수소를 이탈하거나 배치구역에 임하지 아니한 때에는 다음의 구별에 의하여 처벌한다.

1. 적전인 경우에는 사형에 처한다.

2. 전시, 사변 또는 계엄지역인 경우에는 사형·무기 또는 5년 이상의 징역이나 금고에 처한다.

3. 기타의 경우에는 3년 이하의 징역이나 금고에 처한다.

제28조(초병의 수소이탈) 초병이 정당한 이유 없이 수소를 이탈하거나 지정된 시간 내에 수소에 임하지 아니한 때에는 다음의 구별에 의하여 처벌한다. <개정 1963. 12. 16, 1981. 4. 17.>

1. 적전인 경우에는 사형·무기 또는 10년 이상의 징역에 처한다.

2. 전시, 사변 또는 계엄지역인 경우에는 1년 이상의 유기징역에 처한다.

3. 기타의 경우에는 2년 이하의 징역에 처한다.

제29조(미수범) 이 장의 미수범은 처벌한다. <개정 1975. 4. 4.>

제6장 군무이탈의 죄

제30조(군무이탈) ①군무를 기피할 목적으로 부대 또는 직무를 이탈한 자는 다음의 구별에 의하여 처벌한다. <개정 1975. 4. 4, 1994. 1. 5.>

1. 적전인 경우에는 사형·무기 또는 10년 이상의 징역에 처한다.

2. 전시, 사변 또는 계엄지역인 경우에는 5년 이상의 유기징역에 처한다.

3. 기타의 경우에는 2년 이상 10년 이하의 징역에 처한다.

②부대 또는 직무에서 이탈된 자로서 정당한 사유 없이 상당한 기간 내에 복귀하지 아니한 자도 전항의 형과 같다.

제31조(특수군무이탈) 위험 또는 중요한 임무를 회피할 목적으로 배치지 또는 직무를 이탈한 자도 전조의 예에 의한다.

제32조(이탈자비호) 전 2조의 죄를 범한 자를 은닉 또는 비호한 자는 다음의 구별에 의하여 처벌한다.
  1. 전시, 사변 또는 계엄지역인 경우에는 5년 이하의 징역에 처한다.
  2. 기타의 경우에는 3년 이하의 징역에 처한다.

제33조(적진에의 도주) 적에게 도주한 자는 사형에 처한다.

제34조(미수범) 이 장의 미수범은 처벌한다. <개정 1975. 4. 4.>

제7장 군무태만의 죄

제35조(근무태만) 근무를 태만히 하여 다음 각 호의 1에 해당하는 자는 무기 또는 1년 이상의 징역에 처한다.
  1. 지휘관 또는 이에 준하는 장교로서 그 임무를 수행함에 있어서 적과의 교전이 예측되는 경우에 전투준비를 태만히 한 자
  2. 장교로서 부대 또는 병원을 인솔하여 그 임무를 수행함에 있어서 적에 조우하거나 기타 위난에 처하여 정당한 사유 없이 부대 또는 병원을 유기한 자
  3. 직무상 공격하여야 할 적에 대하여 정당한 사유 없이 이를 공격하지 아니하거나 직무상 당면하여야 할 위난으로부터 이탈한 자
  4. 군사기밀의 문서 또는 물건을 보관하는 자로서 위급한 경우에 있어서 부득이한 사유 없이 적에게 이를 방임한 자
  5. 전시, 사변 또는 계엄지역에서 병기, 탄약, 식량, 피복 기타 군용에 공하는 물건을 운반 또는 공급하는 자로서 부득이한 사유 없이 이를 결핍하도록 한 자

제36조(비행군기문란) 비행에 관한 법규 또는 명령을 위반하여 항공기를 조종함으로써 비행군기를 문란하게 한 자는 다음의 구별에 의하여 처벌한다.
  1. 적전인 경우에는 1년 이상의 유기징역이나 유기금고에 처한다.
  2. 전시, 사변 또는 계엄지역인 경우에는 3년 이하의 징역이나 금고에 처한다.

3. 기타의 경우에는 1년 이하의 징역이나 금고에 처한다.

제37조(위계로 인한 항행위험) 사위의 신호를 하거나 기타의 방법으로 군용에 공하는 함선 또는 항공기의 항행에 위험을 발생하게 한 자는 다음의 구별에 의하여 처벌한다.

1. 전시, 사변 또는 계엄지역인 경우에는 사형, 무기 또는 5년 이상의 징역에 처한다.

2. 기타의 경우에는 무기 또는 2년 이상의 징역에 처한다.

제38조(허위의 명령, 통보, 보고) ①군사에 관하여 허위의 명령, 통보 또는 보고를 한 자는 다음의 구별에 의하여 처벌한다.

1. 적전인 경우에는 사형, 무기 또는 5년 이상의 징역에 처한다.

2. 전시, 사변 또는 계엄지역인 경우에는 7년 이하의 징역에 처한다.

3. 기타의 경우에는 1년 이하의 징역에 처한다.

②군사에 관한 명령, 통보 또는 보고를 할 의무가 있는 자가 전항의 죄를 범한 때에는 전항 각 호에 정한 형의 2분의 1까지 가중한다.

제39조(명령 등의 허위전달) 전시, 사변 또는 계엄지역에서 군사에 관한 명령, 통보 또는 보고를 전달하는 자가 이를 허위전달하거나 전달하지 아니한 때에는 전조의 예에 의한다.

제40조(초령위반) ①정당한 사유 없이 소정의 규칙에 의하지 아니하고 초병을 교체시키거나 교체한 자는 다음의 구별에 의하여 처벌한다.

1. 적전인 경우에는 사형, 무기 또는 2년 이상의 징역에 처한다.

2. 전시·사변 또는 계엄지역인 경우에는 5년 이하의 징역에 처한다.

3. 기타의 경우에는 2년 이하의 징역에 처한다.

②초병으로서 동면 또는 음주한 자도 제1항의 형과 같다.

[전문개정 1994. 1. 5.]

제41조(근무기피목적의 사술) ①근무를 기피할 목적으로 신체를 상해한 자는 다음의 구별에 의하여 처벌한다.

1. 적전인 경우에는 사형, 무기 또는 5년 이상의 징역에 처한다.

2. 기타의 경우에는 3년 이하의 징역에 처한다.

②근무를 기피할 목적으로 가병 기타 위계를 한 자는 다음의 구별에 의하여 처벌

한다.

1. 적전인 경우에는 10년 이하의 징역에 처한다.
2. 기타의 경우에는 1년 이하의 징역에 처한다.

제42조(유해음식물공급) ①유독성이 있는 음식물을 군에 공급한 자는 10년 이하의 징역에 처한다.

②전항의 죄를 범하여 사람을 사상에 이르게 한 자는 사형, 무기 또는 5년 이상의 징역에 처한다.

③과실로 인하여 제1항의 죄를 범한 자는 5년 이하의 징역이나 금고에 처한다. <개정 1963. 12. 16.>

④적을 이롭게 하기 위하여 제1항의 죄를 범한 자는 사형, 무기 또는 5년 이상의 징역에 처힌다.

제43조(출병거부) 지휘관이 출병을 요구할 수 있는 권한을 가진 자로부터 그 요구를 받고 상당한 이유 없이 이에 응하지 아니한 때에는 7년 이하의 징역이나 금고에 처한다.

제8장 항명의 죄

제44조(항명) 상관의 정당한 명령에 반항하거나 복종하지 아니한 자는 다음의 구별에 의하여 처벌한다. <개정 1994. 1. 5.>

1. 적전인 경우에는 사형, 무기 또는 10년 이상의 징역에 처한다.
2. 전시, 사변 또는 계엄지역인 경우에는 1년 이상 7년 이하의 징역에 처한다.
3. 기타의 경우에는 3년 이하의 징역에 처한다.

제45조(집단항명) 집단을 이루어 전조의 죄를 범한 자는 다음의 구별에 의하여 처벌한다.

1. 적전인 경우에는 수괴는 사형에 처하고 기타의 자는 사형 또는 무기징역에 처한다.
2. 전시, 사변 또는 계엄지역인 경우에는 수괴는 무기 또는 7년 이상의 징역에 처하고 기타의 자는 1년 이상의 유기징역에 처한다.
3. 기타의 경우에는 수괴는 3년 이상의 유기징역에 처하고 기타의 자는 7년 이하의 징역에 처한다.

제46조(상관의 제지불복종) 폭행을 하는 자가 상관의 제지에 복종하지 아니한 때에는 3년 이하의 징역에 처한다.

제47조(명령위반) 정당한 명령 또는 규칙을 준수할 의무가 있는 자가 이를 위반하거나 준수하지 아니한 때에는 2년 이하의 징역이나 금고에 처한다.

제9장 폭행·협박·상해와 살인의 죄

제48조(상관에 대한 폭행, 협박) 상관에 대하여 폭행 또는 협박을 한 자는 다음의 구별에 의하여 처벌한다.
　1. 적전인 경우에는 1년 이상 10년 이하의 징역에 처한다.
　2. 기타의 경우에는 5년 이하의 징역에 처한다.

제49조(상관에 대한 집단폭행, 협박) 집단을 이루어 전조의 죄를 범한 자는 다음의 구별에 의하여 처벌한다.
　1. 적전인 경우에는 수괴는 무기 또는 10년 이상의 징역에 처하고 기타의 자는 3년 이상의 유기징역에 처한다.
　2. 기타의 경우에는 수괴는 무기 또는 5년 이상의 징역에 처하고 기타의 자는 10년 이하의 징역에 처한다.

제50조(상관에 대한 특수폭행, 협박) 흉기 기타 위험한 물건을 휴대하고 제48조의 죄를 범한 자는 다음의 구별에 의하여 처벌한다.
　1. 적전인 경우에는 사형, 무기 또는 5년 이상의 징역에 처한다.
　2. 기타의 경우에는 무기 또는 2년 이상의 징역에 처한다.

제51조(상관에 대한 집단특수폭행, 협박) 흉기 기타 위험한 물건을 휴대하고 제49조의 죄를 범한 자는 다음의 구별에 의하여 처벌한다.
　1. 적전인 경우에는 수괴는 사형에 처하고 기타의 자는 10년 이상의 징역에 처한다.
　2. 기타의 경우에는 수괴는 무기 또는 무기 또는 10년 이상의 징역에 처하고 기타의 자는 2년 이상 10년 이하의 징역에 처한다.

제52조(상관에 대한 폭행치사상) ①제48조 내지 제51조의 죄를 범하여 상관을 치사한 자는 다음의 구별에 의하여 처벌한다.
　1. 적전인 경우에는 사형·무기 또는 10년 이상의 징역에 처한다.

2. 기타의 경우에는 사형·무기 또는 5년 이상의 징역에 처한다.

②제48조 내지 제51조의 죄를 범하여 상관을 치상한 자는 다음의 구별에 의하여 처벌한다.

1. 적전인 경우에는 무기 또는 3년 이상의 징역에 처한다.

2. 기타의 경우에는 1년 이상의 유기징역에 처한다.

[전문개정 1963. 12. 16.]

제52조의2(상관에 대한 상해) 상관의 신체를 상해한 자는 다음의 구별에 의하여 처벌한다.

1. 적전인 경우에는 무기 또는 3년 이상의 징역에 처한다.

2. 기타의 경우에는 1년 이상의 유기징역에 처한다.

[본조신실 1963. 12. 16.]

제52조의3(상관에 대한 중상해) 제52조제2항 및 전조의 죄를 범하여 상관의 생명에 대한 위험을 발생하게 하거나 불구 또는 불치나 난치의 질병에 이르게 한 자는 다음의 구별에 의하여 처벌한다.

1. 적전인 경우에는 사형·무기 또는 10년 이상의 징역에 처한다.

2. 기타의 경우에는 사형·무기 또는 3년 이상의 징역에 처한다.

[본조신설 1963. 12. 16.]

제52조의4(상관에 대한 상해치사) 제52조의2 및 제52조의3의 죄를 범하여 상관을 치사한 자는 다음의 구별에 의하여 처벌한다.

1. 적전인 경우에는 사형·무기 또는 10년 이상의 징역에 처한다.

2. 기타의 경우에는 사형·무기 또는 5년 이상의 징역에 처한다.

[본조신설 1963. 12. 16.]

제53조(상관살해와 예비, 음모) ①상관을 살해한 자는 사형에 처한다.

②전항의 죄를 범할 목적으로 예비 또는 음모한 자는 1년 이상의 유기징역에 처한다.

[2006헌가13 2007. 11. 29. 군형법(1962. 1. 20. 법률 제1003호로 제정된 것) 제53조제1항은 헌법에 위반된다.]

제54조(초병에 대한 폭행, 협박) 초병에 대하여 폭행 또는 협박을 한 자는 다음의 구별에 의하여 처벌한다.

1. 적전인 경우에는 7년 이하의 징역에 처한다.

2. 기타의 경우에는 3년 이하의 징역에 처한다.

제55조(초병에 대한 집단폭행, 협박) 집단을 이루어 전조의 죄를 범한 자는 다음의 구별에 의하여 처벌한다.

1. 적전인 경우에는 수괴는 5년 이상의 유기징역에 처하고 기타의 자는 1년 이상 10년 이하의 징역에 처한다.

2. 기타의 경우에는 수괴는 2년 이상의 유기징역에 처하고 기타의 자는 5년 이하의 징역에 처한다.

제56조(초병에 대한 특수폭행, 협박) 흉기 기타 위험한 물건을 휴대하고 제54조의 죄를 범한 자는 다음의 구별에 의하여 처벌한다.

1. 적전인 경우에는 사형, 무기 또는 3년 이상의 징역에 처한다.

2. 기타의 경우에는 1년 이상의 유기징역에 처한다.

제57조(초병에 대한 집단특수폭행, 협박) 흉기 기타 위험한 물건을 휴대하고 제55조의 죄를 범한 자는 다음의 구별에 의하여 처벌한다.

1. 적전인 경우에는 수괴는 사형, 무기 또는 10년 이상의 징역에 처하고 기타의 자는 5년 이상의 유기징역에 처한다.

2. 기타의 경우에는 수괴는 10년 이상의 유기징역에 처하고 기타의 자는 10년 이하의 징역에 처한다.

제58조(초병에 대한 폭행치사상) ①제54조 내지 제57조의 죄를 범하여 초병을 치사한 자는 다음의 구별에 의하여 처벌한다.

1. 적전인 경우에는 사형, 무기 또는 5년 이상의 징역에 처한다.

2. 기타의 경우에는 사형, 무기 또는 3년 이상의 징역에 처한다.

②제54조 내지 제57조의 죄를 범하여 초병을 치상한 자는 다음의 구별에 의하여 처벌한다.

1. 적전인 경우에는 무기 또는 3년 이상의 징역에 처한다.

2. 기타의 경우에는 1년 이상의 유기징역에 처한다.

[전문개정 1963. 12. 16.]

제58조의2(초병에 대한 상해) 초병의 신체를 상해한 자는 다음 구별에 의하여 처벌한다.

　1. 적전인 경우에는 무기 또는 3년 이상의 징역에 처한다.

　2. 기타의 경우에는 1년 이상의 유기징역에 처한다.

[본조신설 1963. 12. 16.]

제58조의3(초병에 대한 중상해) 제58조제2항 및 전조의 죄를 범하여 초병의 생명에 대한 위험을 발생하게 하거나 불구 또는 불치나 난치의 질병에 이르게 한 자는 다음의 구별에 의하여 처벌한다.

　1. 적전인 경우에는 무기 또는 5년 이상의 징역에 처한다.

　2. 기타의 경우에는 2년 이상의 유기징역에 처한다.

[본조신설 1963. 12. 16.]

제58조의4(초병에 대한 상해치사) 제58조의2 및 제58조의3의 죄를 범하여 초병을 치사한 자는 다음의 구별에 의하여 처벌한다.

　1. 적전인 경우에는 사형, 무기 또는 5년 이상의 징역에 처한다.

　2. 기타의 경우에는 사형, 무기 또는 3년 이상의 징역에 처한다.

[본조신설 1963. 12. 16.]

제59조(초병살해와 예비음모) ①초병을 살해한 자는 사형 또는 무기징역에 처한다.

②전항의 죄를 범할 목적으로 예비 또는 음모한 자는 1년 이상 10년 이하의 징역에 처한다.

제60조(직무수행 중인 자에 대한 폭행, 협박 등) ①상관 또는 초병 이외의 직무수행 중인 자에 대하여 폭행 또는 협박을 한 자는 다음의 구별에 의하여 처벌한다.

　1. 적전인 경우에는 7년 이하의 징역에 처한다.

　2. 기타의 경우에는 3년 이하의 징역에 처한다.

②흉기 기타 위험한 물건을 휴대하고 전항의 죄를 범한 자는 다음의 구별에 의하여 처벌한다.

　1. 적전인 경우에는 1년 이상 10년 이하의 징역에 처한다.

　2. 기타의 경우에는 5년 이하의 징역에 처한다.

③상관 또는 초병 이외의 직무수행 중인 자에 대하여 폭행을 하여 치사한 자는 다음의 구별에 의하여 처벌한다.

　1. 적전인 경우에는 사형, 무기 또는 5년 이상의 징역에 처한다.

　2. 기타의 경우에는 사형, 무기 또는 3년 이상의 징역에 처한다.

④상관 또는 초병 이외의 직무수행 중인 자에 대하여 폭행을 하여 치상한 자는 다

음의 구별에 의하여 처벌한다.

1. 적전인 경우에는 무기 또는 3년 이상의 징역에 처한다.

2. 기타의 경우에는 1년 이상의 유기징역에 처한다.

⑤집단을 이루어 제1항 내지 제4항의 죄를 범한 때에는 그 죄에 정한 형의 2분의 1까지 가중한다.

[전문개정 1963. 12. 16.]

제60조의2(직무수행 중인 자에 대한 상해) 상관 또는 초병 이외의 직무수행 중인 자의 신체를 상해한 자는 다음의 구별에 의하여 처벌한다.

1. 적전인 경우에는 무기 또는 3년 이상의 징역에 처한다.

2. 기타의 경우에는 1년 이상의 유기징역에 처한다.

[본조신설 1963. 12. 16.]

제60조의3(직무수행 중인 자에 대한 중상해) 제60조제4항 및 전조의 죄를 범하여 상관 또는 초병 이외에 직무수행 중인 자의 생명에 대한 위험을 발생하게 하거나 불구 또는 불치나 난치의 질병에 이르게 한 자는 다음의 구별에 의하여 처벌한다.

1. 적전인 경우에는 무기 또는 5년 이상의 징역에 처한다.

2. 기타의 경우에는 2년 이상의 유기징역에 처한다.

[본조신설 1963. 12. 16.]

제60조의4(직무수행 중인 자에 대한 상해치사) 제60조의2 및 제60조의3의 죄를 범하여 상관 또는 초병 이외의 직무수행 중인 자를 치사한 자는 다음의 구별에 의하여 처벌한다.

1. 적전인 경우에는 사형·무기 또는 3년 이상의 징역에 처한다.

2. 기타의 경우에는 사형·무기 또는 1년 이상의 징역에 처한다.

[본조신설 1963. 12. 16.]

제61조(특수소요) 집단을 이루어 흉기 기타 위험한 물건을 휴대하고 폭행, 협박 또는 손괴의 행위를 한 자는 다음의 구별에 의하여 처벌한다.

1. 수괴는 3년 이상의 유기징역에 처한다.

2. 타인을 지휘하거나 솔선하여 조세한 자는 1년 이상 10년 이하의 징역에 처한다.

3. 부화뇌동한 자는 2년 이하의 징역에 처한다.

제62조(가혹행위) 직권을 남용하여 학대 또는 가혹한 행위를 한 자는 5년 이하의 징역에 처한다. <개정 1963. 12. 16.>

제63조(미수범) 제52조의2·제53조제1항·제58조의2·제59조제1항 및 제60조의2의 미수범은 처벌한다.
[전문개정 1963. 12. 16.]

제10장 모욕의 죄

제64조(상관모욕 등) ①상관을 그 면전에서 모욕한 자는 2년 이하의 징역이나 금고에 처한다.
②문서, 도화 또는 우상을 공시하거나 연설 기타 공연한 방법으로 상관을 모욕한 자는 3년 이하의 징역이나 금고에 처한다.
③공연히 사실을 적시하여 상관의 명예를 훼손한 자는 3년 이하의 징역이나 금고에 처한다. <신설 1963. 12. 16.>
④공연히 허위의 사실을 적시하여 상관의 명예를 훼손한 자는 5년 이하의 징역이나 금고에 처한다. <신설 1963. 12. 16.>

제65조(초병모욕) 초병을 그 면전에서 모욕한 자는 1년 이하의 징역이나 금고에 처한다.

제11장 군용물에 관한 죄

제66조(군용시설 등에의 방화) ①불을 놓아 군의 공장, 함선, 항공기 또는 전투용에 공하는 시설, 기차, 전차, 자동차, 교량을 소훼한 자는 사형, 무기 또는 10년 이상의 징역에 처한다.
②불을 놓아 군용에 공하는 물건을 저장하는 창고를 소훼한 자는 다음의 구별에 의하여 처벌한다.
1. 군용에 공하는 물건이 현존하는 경우에는 사형, 무기 또는 7년 이상의 징역에 처한다.
2. 군용에 공하는 물건이 현존하지 아니하는 경우에는 무기 또는 5년 이상의 징역에 처한다.

제67조(노적군용물에의 방화) 불을 놓아 노적한 병기, 탄약, 차량, 장구, 기재, 식량, 피복 기타 군용에 공하는 물건을 소훼한 자는 다음의 구별에 의하여 처벌한다.

1. 전시, 사변 또는 계엄지역인 경우에는 사형, 무기 또는 7년 이상의 징역에 처한다.
2. 기타의 경우에는 무기 또는 3년 이상의 징역에 처한다.

제68조(폭발물파열) 화약, 기관 기타 폭발성 있는 물건을 파열하게 하여 전2조에 규정된 물건을 손괴한 자도 전2조의 예에 의한다.

제69조(군용시설 등 손괴) 제66조에 규정된 물건 또는 군용에 공하는 철도, 전선 기타의 시설이나 물건을 손괴하거나 기타의 방법으로 그 효용을 해한 자는 무기 또는 2년 이상의 징역에 처한다.

제70조(노획물 훼손) 적으로부터 노획한 물건을 횡령하거나 소훼 또는 손괴한 자는 1년 이상 10년 이하의 징역에 처한다.

제71조(함선, 항공기의 복몰손괴) ①취역 중에 있는 함선을 충돌 또는 좌초시키거나 위험한 곳을 항행하게 하여 함선을 복몰 또는 파괴한 자는 사형, 무기 또는 5년 이상의 징역에 처한다.

②취역 중에 있는 항공기를 추락시키거나 복몰 또는 손괴한 자도 전항의 형과 같다.

③전 2항의 죄를 범하여 사람을 사상에 이르게 한 자는 사형, 무기 또는 10년 이상의 징역에 처한다.

제72조(미수범) 제66조 내지 전조 제1항 및 제2항의 미수범은 처벌한다.

제73조(과실범) ①과실로 인하여 제66조 내지 제71조의 죄를 범한 자는 5년 이하의 징역 또는 300만 원 이하의 벌금에 처한다. <개정 1994. 1. 5.>

②업무상과실 또는 중대한 과실로 인하여 전항의 죄를 범한 자는 7년 이하의 징역 또는 500만 원 이하의 벌금에 처한다. <개정 1994. 1. 5.>

제74조(군용물 분실) 총포·탄약·폭발물·차량·장구·기재·식량·피복 기타 군용에 공하는 물건을 보관할 책임이 있는 자로서 이를 분실한 자는 5년 이하의 징역 또는 300만 원 이하의 벌금에 처한다. <개정 1994. 1. 5.>
[전문개정 1981. 4. 17.]

제75조(군용물 등 범죄에 대한 형의 가중) ①총포·탄약·폭발물·차량·장구·기재·

식량·피복 기타 군용에 공하는 물건 또는 군의 재산상의 이익에 관하여 형법 제2편 제38장 내지 제41장의 죄를 범한 때에는 다음의 구별에 의하여 처벌한다. <개정 1994. 1. 5.>

1. 총포·탄약 또는 폭발물의 경우에는 사형·무기 또는 5년 이상의 징역에 처한다.
2. 제1호 이외의 경우에는 사형·무기 또는 1년 이상의 징역에 처한다.
②제1항제2호의 경우에는 형법에 정한 형과 비교하여 중한 형으로 처벌한다.
③제1항의 죄에 대하여는 50만 원 이하의 벌금을 병과할 수 있다.
[전문개정 1975. 4. 4.]

제76조(예비, 음모) 제66조 내지 제69조와 제71조의 죄를 범할 목적으로 예비 또는 음모한 자는 7년 이하의 징역이나 금고에 처한다. 단, 그 목적한 죄의 실행에 이르기 전에 자수한 때에는 그 형을 감경 또는 면제한다.

제77조(외국의 군용시설 또는 군용물에 대한 행위) 이 장의 규정은 국군과 공동작전에 종사하고 있는 외국군의 군용시설 또는 군용에 공하는 물건에 대한 행위에 적용한다. <개정 1975. 4. 4.>

제12장 위령의 죄

제78조(초소침범) 초병을 기망하여 초소를 통과하거나 초병의 제지에 불응한 자는 다음의 구별에 의하여 처벌한다.
1. 적전인 경우에는 1년 이상 5년 이하의 징역이나 금고에 처한다.
2. 전시, 사변 또는 계엄지역인 경우에는 3년 이하의 징역이나 금고에 처한다.
3. 기타의 경우에는 1년 이하의 징역이나 금고에 처한다.

제79조(무단이탈) 허가 없이 근무장소 또는 지정장소를 일시이탈하거나 지정한 시간 내에 지정한 장소에 도달하지 못한 자는 1년 이하의 징역이나 금고에 처한다.
제80조(군사기밀누설) ①군사상의 기밀을 누설한 자는 10년 이하의 징역이나 금고에 처한다. <개정 1963. 12. 16.>
②업무상과실 또는 중대한 과실로 인하여 전항의 죄를 범한 때에는 3년 이하의 징역이나 금고에 처한다. <신설 1963. 12. 16.>

제81조(암호부정사용) 암호를 허가 없이 발신하거나 수신할 자격이 없는 자에게 수신하게 하거나 또는 자기가 수신한 암호를 전달하지 아니하거나 허위전달한 자는 2년

이상의 유기징역이나 유기금고에 처한다.

제13장 약탈의 죄

제82조(약탈) ①전투지역 또는 점령지역에서 군의 위력 또는 전투의 공포를 이용하여 주민의 재물을 약취한 자는 무기 또는 3년 이상의 징역에 처한다.
②전투지역에서 전사자 또는 전상병자의 의류 기타의 재물을 약취한 자는 1년 이상의 유기징역에 처한다.

제83조(약탈로 인한 치사상) ①전조의 죄를 범하여 사람을 살해하거나 치사한 자는 사형 또는 무기징역에 처한다.
②전조의 죄를 범하여 사람을 상해하거나 치상한 자는 무기 또는 7년 이상의 징역에 처한다.
[전문개정 1963. 12. 16.]

제84조(전지강간) ①전투지역 또는 점령지역에서 부녀를 강간한 자는 사형에 처한다.
②전항의 죄에 대한 공소에는 고소를 요하지 아니한다.

제85조(미수범) 이 장의 미수범은 처벌한다. <개정 1975. 4. 4.>

제14장 포로에 관한 죄

제86조(포로) 적에게 포로가 된 자로서 우군부대 또는 진지로 귀환할 수 있음에도 불구하고 귀환할 적절한 행동을 하지 아니하거나 또는 타 우군포로로 하여금 귀환하지 못하게 한 자는 2년 이하의 징역에 처한다.

제87조(간수자의 포로도주원조) 포로를 간수 또는 호송하는 자가 그 포로를 도주하게 한 때에는 3년 이상의 유기징역에 처한다.

제88조(포로도주원조) ①포로를 도주하게 한 자는 10년 이하의 징역에 처한다.
②포로를 도주시킬 목적으로 포로에게 기구를 공여하거나 기타 그 도주를 용이하게 하는 행위를 한 자는 7년 이하의 징역에 처한다.

제89조(포로탈취) 포로를 탈취한 자는 2년 이상의 유기징역에 처한다.

제90조(도주포로비호) 도주한 포로를 은닉하거나 비호한 자는 5년 이하의 징역에 처한다.

제91조(미수범) 제87조 내지 전조의 미수범은 처벌한다.

제15장 기타의 죄

제92조(추행) 계간 기타 추행을 한 자는 1년 이하의 징역에 처한다.

제93조(부하범죄불진정) 부하가 다수공동하여 죄를 범함을 알고도 그 진정을 위하여 필요한 방법을 다하지 아니한 자는 3년 이하의 징역이나 금고에 처한다.

제94조(정치관여) 정치단체에 가입하거나 연설 또는 분서 기타의 방법으로 성치석 의견을 공표하거나 기타 정치운동을 한 자는 2년 이하의 금고에 처한다.

부칙 <제1003호, 1962. 1. 20.>: 하략

군인징계령

[제정 2007. 8. 22. 대통령령 제20232호]

제1조(목적) 이 영은 '군인사법' 제56조부터 제61조까지의 규정에 따라 군인의 징계에 필요한 사항을 규정하는 것을 목적으로 한다.

제2조(강등 시의 계급) '군인사법'(이하 '법'이라 한다) 제57조제1항제2호의 '당해 계급'에는 임시계급을 포함하지 아니한다.

제3조(이중징계의 금지 등) 동일한 내용의 비행(비행) 사실에 대하여 두 번 징계할 수 없으며, 두 종류 이상의 징계를 병과(병과)하여서는 아니 된다.

제4조(처분의 통보) 법 제58조제1항에 따라 자기 감독하에 있는 다른 부대의 군인을 징계처분한 징계권자는 그 처분을 받은 자의 소속상관에게 통보하여야 한다.

제5조(징계위원회의 구성) ①법 제59조에 따른 징계위원회(이하 '징계위원회'라 한다)는 위원장 1명을 포함하여 3명 이상 7명 이하의 위원으로 구성한다.
②징계위원회의 위원(이하 '위원'이라 한다)은 장교[징계심의대상자가 부사관이나 병(병)인 경우에는 장교 및 그보다 선임인 부사관] 중에서 법 제58조에 따른 징계권자가 임명하고, 징계위원회의 위원장(이하 '위원장'이라 한다)은 위원 중 최상위 서열자로 한다.
③징계위원회가 설치되는 부대 또는 기관에 위원의 자격이 있는 사람의 수가 제1항에 따른 위원 수에 모자라게 된 때에는 다른 부대 또는 기관에 소속한 장교 및 부사관 중에서 임명할 수 있다.

제6조(징계위원회의 운영) ①위원장은 위원회를 소집하고 위원회의 사무를 총괄한다.
②위원장이 부득이한 사유로 직무를 수행할 수 없는 경우에는 차상위(차상위) 서열자인 장교가 그 직무를 대행한다.
③위원장은 징계위원회에 징계사건이 징계의결 요구된 경우에는 개최일시 및 장소를 정하여 위원에게 통지하여야 한다.

④징계위원회의 사무를 처리하기 위하여 간사를 둔다.

⑤간사는 징계위원회가 설치된 부대 또는 기관에 소속된 군인 중에서 위원장이 임명하되, 그 부대 또는 기관에 소속한 군법무관이 있는 경우에는 군법무관 중에서 임명하여야 한다.

제7조(징계의결 요구 등) ①징계권자가 아닌 상관이 하급자의 비행사실을 알았을 때에는 그 하급자의 징계권자에게 비행사실을 통보하여 징계를 요청할 수 있다.

②징계권자는 다음 각 호에 따라 통보받거나 발견한 비행사실이 징계사유에 해당하는지 여부를 조사하여야 한다.

1. 제1항에 따른 통보가 있는 경우
2. 수사기관이나 감사 관련 기관에서 비행사실 등을 통보한 경우
3. 소속 부하 또는 감독을 받는 군인의 비행사실을 발견한 경우

③징계권자는 제1항에 따른 조사 후 그 비행사실이 징계사유에 해당한다고 인정하거나 '감사원법' 제32조에 따라 감사원으로부터 징계 요구가 있는 경우에는 징계위원회에 징계의결을 요구하여야 한다.

④징계의결 전에 징계심의대상자의 소속이 변경된 경우 전(前) 소속 또는 감독 부대나 기관의 장은 혐의사실과 관련 자료를 징계심의대상자의 현(現) 소속 또는 감독 부대나 기관의 장에게 이송하여야 한다.

제8조(징계절차의 중지) ①감사원이나 군검찰, 헌병, 그 밖의 수사기관이 군인의 비행사실에 대한 조사나 수사를 개시하거나 마친 때에는 10일 이내에 그 군인의 소속 또는 감독 부대나 기관의 장에게 그 사실을 통보하여야 한다.

②제1항에 따른 통보가 있는 경우에는 통보를 받은 날부터 징계의결의 요구 그 밖에 징계절차를 진행하여서는 아니 된다. 다만, 수사기관의 조사나 수사의 지연 등 특별한 사유가 있는 경우에는 징계절차를 진행할 수 있다.

제9조(징계심의대상자의 출석) ①징계위원회가 징계심의대상자의 출석을 명할 때에는 출석통지서를 교부하되, 징계위원회 개최일 3일 전에 징계심의대상자에게 도달되도록 하여야 한다. 다만, 부득이한 경우에는 그 기간을 단축할 수 있다.

②징계위원회는 제1항에 따른 출석통지서를 징계심의대상자에게 직접 전달하는 것이 주소불명 그 밖의 사유로 곤란하다고 인정할 때에는 출석통지서를 징계심의대상자의 소속 부대 또는 기관의 장에게 전달하여 징계심의대상자에게 교부하게 할 수 있다. 이 경우 출석통지서를 전달받은 부대 또는 기관의 장은 지체 없이 징계심의대상자에게 이를 교부한 후 그 교부상황을 징계위원회에 통보하여야 한다.

③징계위원회는 징계심의대상자가 징계위원회에 출석하여 진술하거나 서면에 의하여 진술하는 것을 원하지 아니할 경우에는 진술권포기서를 제출하게 하여 기록에 첨부하고 서면심사만으로 징계결정할 수 있다.

④징계위원회는 징계심의대상자가 제3항에 따른 진술권포기서를 제출하지 아니하고, 출석을 할 수 없는 정당한 이유 없이 출석하지 아니한 때에는 진술의 의사가 없는 것으로 보아 그 사실을 구체적으로 밝히고 서면심사에 따라 징계결정할 수 있다.

⑤징계심의대상자가 국외에 체재(체재)하거나 형사사건으로 인한 구속 그 밖의 사유로 징계의결이 요구된 날부터 50일 이내에 출석할 수 없을 때에는 서면진술서를 제출하게 하여 징계결정할 수 있다. 이 경우 서면진술서를 제출하지 아니할 때에는 진술 없이 서면심사에 따라 징계결정할 수 있다.

⑥징계심의대상자가 출석통지서의 수령을 거부한 경우에는 징계위원회에서의 진술권을 포기한 것으로 본다. 다만, 징계심의대상자는 출석통지서의 수령을 거부한 경우에도 징계위원회에 출석하여 진술할 수 있다.

⑦징계심의대상자의 소속 또는 감독 부대나 기관의 장이 제2항 전단에 따라 출석통지서를 교부한 경우 징계심의대상자가 출석통지서의 수령을 거부할 때에는 제2항 후단에 따라 출석통지서 교부상황을 통보할 때에 수령을 거부한 사실을 증명하는 서류를 첨부하여야 한다.

제10조(신문과 진술권 등) ①징계위원회는 출석한 징계심의대상자에게 혐의내용에 관한 신문(신문)을 행하고 필요하다고 인정할 때에는 관계인을 출석하게 하여 신문할 수 있다.

②징계위원회는 징계심의대상자에게 충분한 진술 기회를 부여하여야 하며, 징계심의대상자는 서면이나 구술로 자기에게 이익이 되는 사실을 진술하거나 증거를 제출할 수 있다.

③징계심의대상자는 증인의 신문을 신청할 수 있다. 이 경우 위원회는 그 채택 여부를 결정하여 징계심의대상자에게 통보하여야 한다.

④징계위원회는 업무수행을 위하여 필요한 경우에는 간사에게 사실조사를 하게 하거나 특별한 학식·경험이 있는 자에게 검증이나 감정을 의뢰할 수 있다.

⑤징계위원회는 제4항에 따른 간사의 사실조사에 필요하다고 인정할 때에는 징계심의대상자에게 출석을 명할 수 있다.

제11조(징계심의대상자의 자료 열람 등) ①징계심의대상자는 본인의 진술이 기재된 서류나 자신이 제출한 자료를 열람하거나 복사할 수 있다.

②징계심의대상자는 제1항에 규정된 서류나 자료 외에도 본인의 징계와 관련된 서류나 자료에 대하여 위원장에게 열람이나 복사를 신청할 수 있다. 다만, 위원장은 다음 각 호의 어느 하나에 해당하는 경우에는 열람이나 복사를 허가하지 아니할 수 있다.

1. 기록의 공개로 사건관계인의 명예, 사생활의 비밀, 생명·신체의 안전이나 생활의 평온을 침해할 우려가 있는 경우
2. 기록의 내용이 국가기밀인 경우
3. 기록의 공개로 국가의 안전보장, 선량한 풍속, 그 밖의 공공질서나 공공복리가 침해될 우려가 있는 경우

제12조(위원의 제척·기피) ①위원은 다음 각 호의 어느 하나에 해당하는 경우에는 징계위원회의 심의·의결에 참여할 수 없다.

1. 위원 또는 그 배우자니 배우자이었던 지기 징계심의대상자와 친족관계에 있는 경우
2. 위원이 징계대상 사건에 대하여 감정을 하거나 증언 등을 한 경우
3. 위원이 징계대상 사건에 대하여 대리인으로 관여하고 있거나 관여하였던 경우

②징계심의대상자는 위원에게 심의·의결의 공정을 기대하기 어려운 사정이 있다고 인정하는 경우에는 그 사유를 기재하여 기피신청을 할 수 있다. 이 경우 기피신청을 받은 자는 그 심의·의결에 참여하지 못하고, 위원회는 해당 위원의 기피 여부를 지체 없이 결정하여야 한다.

제13조(징계의 양정) ①징계위원회가 징계사건을 의결함에 있어서는 징계심의대상자의 소행·근무성적·공적(공적)·뉘우치는 정도, 징계요구의 내용, 그 밖의 정상을 참작하여야 한다.

②징계의 양정(양정)에 관한 세부기준은 국방부령으로 정한다.

제14조(징계위원회의 의결) ①징계위원회는 위원장을 포함하여 위원 과반수의 출석과 출석위원 과반수의 찬성으로 의결하되 징계위원회가 4명 이하의 위원으로 구성된 경우에는 3명 이상이 출석하여야 한다.

②징계심의대상자가 부사관이나 병인 경우에는 부사관인 위원 1명 이상이 출석하여 심의·의결에 참여하여야 한다.

③징계위원회의 의결에서 어떤 하나의 의견이 출석위원 과반수에 이르지 못하는 때에는 출석위원 과반수에 이를 때까지 징계심의대상자에게 가장 불리한 의견에 차례로 유리한 의견을 더하여 그중 가장 유리한 의견을 합의된 의견으로 본다.

④징계위원회의 의결은 무기명 투표로 하며, 회의는 공개하지 아니한다.

제15조(비밀누설 금지) 징계위원회의 회의에 참여한 자는 직무상 알게 된 비밀을 누설하여서는 아니 된다.

제16조(징계의결기간) ①징계위원회는 징계권자가 징계의결을 요구한 날부터 30일 이내에 심의·의결하여야 한다. 다만, 부득이한 사유가 있을 때에는 징계위원회의 의결에 따라 30일의 범위에서만 기간을 연장할 수 있다.

②징계의결이 요구된 사건에 대하여 제8조에 따라 징계절차의 진행이 중지된 경우에 그 중지된 기간은 제1항의 징계의결기간에 포함하지 아니한다.

제17조(심의결과의 송부) 징계위원회는 다음 각 호의 사항을 징계의결서에 기재하여 의결일부터 10일 이내에 징계권자에게 송부하여야 한다. 이 경우 출석위원은 징계의결서에 서명하거나 날인하여야 한다.

1. 징계위원회 개최 일시
2. 징계혐의 사실
3. 징계심의대상자 및 증인의 출석 여부
4. 징계심의대상자의 진술
5. 증거의 요지
6. 정상참작의 경우 그 인정 요지
7. 의결방법
8. 의결내용 및 결론

제18조(인권담당군법무관의 적법성 심사) ①징계권자가 법 제59조의2제2항에 따라 병의 인권을 담당하는 군법무관(이하 '인권담당군법무관'이라 한다)에게 적법성심사를 요청할 때에는 적법성심사요청서에 징계의결서와 관련 서류를 첨부하여 제출하여야 한다.

②인권담당군법무관은 징계심의대상자가 요청하거나 적법성심사를 위하여 필요한 경우에는 징계심의대상자를 신문할 수 있다. 이 경우 징계권자는 신문에 필요한 협조를 하여야 한다.

③인권담당군법무관은 적법성심사를 마친 때에는 의견서를 작성하여 징계권자에게 통보하여야 한다.

④제3항에 따른 통보를 받은 징계권자가 인권담당군법무관의 의견과 달리 징계처분을 하고자 하는 경우에는 징계의결서에 그 사유를 명시하여 징계의결서 사본을 인권담당군법무관에게 송부하여야 한다.

⑤법 제59조의2제2항 단서에서 '그 밖에 대통령령이 정하는 긴급한 사유'란 다음 각 호와 같다.

1. 국외 훈련 중인 함정(함정)에 승선한 경우

2. 전시, 사변, 그 밖에 이에 준하는 사태가 발생한 경우

⑥징계권자는 법 제59조의2제2항 단서에 따라 인권담당군법무관의 적법성심사를 거칠 수 없는 경우에는 징계처분을 한 후 인권담당군법무관에게 그 사유가 구체적으로 밝혀져 있는 서면과 징계처분서 및 징계의결서 사본을 송부하여야 한다.

제19조(징계권자의 처분 및 승인요청) ①징계권자는 제17조에 따라 징계위원회로부터 징계의결서를 송부받은 때 또는 제18조제3항에 따라 인권담당군법무관으로부터 의견서를 통보받은 때에는 그날부터 15일 이내에 제2항에 따른 조치를 하고 징계처분을 하여야 한다.

②징계권자가 징계의 감경 또는 유예의 조치를 할 때에는 징계의결서에 그 사유를 명시하여야 하고, 징계위원회의 의결대로 징계처분하고자 할 때에는 그 의결서에 확인의 서명을 하여야 한다.

③제1항에도 불구하고 법 제58조제3항에 따라 승인권자의 승인을 받아야 하는 경우에는 제2항에 따른 조치를 한 날부터 15일 이내에 승인을 요청하여야 하고, 승인을 받은 날부터 15일 이내에 징계처분을 하여야 한다. 다만, 출항한 함정에서 징계를 하고자 하는 경우 등 부득이한 사유로 15일 이내에 승인을 요청하기 어려운 때에는 그 사유가 해소된 날부터 15일 이내에 승인을 요청하여야 한다.

④제3항에 따라 승인을 요청하고자 하는 징계권자는 징계의결서 및 관련서류를 첨부하여 승인권자에게 제출하여야 한다.

제20조(징계감경) ①징계권자는 징계심의대상자가 다음 각 호의 어느 하나에 해당하는 경우에는 징계위원회의 징계결정을 감경할 수 있다. 이 경우 징계의 종류를 한 단계 초과하여 감경할 수 없다.

1. 징계심의대상자가 다음 각 목의 표창을 받은 경우

가. '상훈법'에 따른 훈장·포장

나. '정부표창규정'에 따른 국무총리 이상의 표창

다. 참모총장 이상의 표창(징계심의대상자가 부사관이나 병인 경우에 한한다.)

2. 징계심의대상자의 비행사실이 성실하고 적극적인 업무처리과정에서 과실로 발생한 경우

②제1항에도 불구하고 다음 각 호의 어느 하나에 해당하는 경우에는 징계를 감경할 수 없다.

1. 비행사실이 금품·향응의 수수나 공금의 횡령·유용과 관련되는 경우

2. 제13조제1항에 따라 징계위원회가 의결 시 참작한 사유와 동일한 사유를 적용하고자 하는 경우

제21조(징계유예) ①징계권자는 장교, 준사관 및 부사관에 대한 징계위원회의 근신, 견책의결에 대하여 제20조제1항 각 호의 어느 하나에 해당되는 사유가 있고, 뉘우치는 등의 사정이 현저하여 징계처분을 즉시 집행하지 아니하고도 징계의 효과를 기대할 수 있다고 인정하는 경우에는 징계처분의 집행을 유예(유예)할 수 있다. 이 경우 유예기간은 6개월로 한다.

②징계권자는 제1항에 따라 징계유예를 받은 자가 그 유예기간 중에 다시 징계사유에 해당하는 행위를 한 경우에는 징계유예처분을 취소하여야 한다.

③징계유예를 취소하지 아니하고 징계유예기간이 경과한 때에는 징계위원회의 의결은 그 효력을 잃는다.

④비행사실이 다음 각 호의 어느 하나에 해당하는 경우에는 징계유예처분을 할 수 없다.

1. 비행사실이 금품·향응의 수수, 공금의 횡령·유용에 해당하는 경우
2. 징계권자가 징계위원회의 의결에 대하여 제20조제1항에 따라 이미 감경한 경우

제22조(징계처분의 집행) ①징계권자가 징계처분의 결정을 한 때에는 본인에게 지체 없이 징계처분서를 교부하여야 한다.

②징계권자는 부대나 함정의 영창, 그 밖에 구금시설을 관리하는 책임자에게 영창처분을 집행하도록 하게 할 수 있다. 이 경우 그 책임자는 영창처분을 받은 자를 형사피의자나 형사피고인과 분리하여 수용(수용)하여야 한다.

제23조(징계처분 집행의 연기 및 중지) ①징계권자는 전시·사변이나 징계처분을 받은 자의 질병, 구속, 그 밖의 사유로 인하여 징계처분을 집행할 수 없는 경우에는 그 집행을 연기하거나 중지할 수 있다.

②징계권자는 제1항에 따른 연기 또는 중지사유가 해소된 때에는 즉시 그 징계처분을 집행하여야 한다.

제24조(징계처분의 기간) 징계처분의 기간은 그 처분을 한 날부터 기산한다. 다만, 영창의 경우에는 감금일부터 기산한다.

제25조(심사 또는 재심사 청구) 징계권자가 법 제59조제5항에 따라 심사 또는 재심사를 청구하고자 할 때에는 징계의결서를 송부받은 날부터 15일 이내에 다음 각 호의 사항을 기재한 징계의결심사(재심사)청구서에 사건 관계기록을 첨부하여 해당 징계위

원회에 제출하여야 한다.

1. 심사 또는 재심사청구의 취지
2. 심사 또는 재심사청구의 이유 및 입증방법
3. 징계의결서 사본

제26조(항고의 제기 등) ①징계처분을 받은 자가 법 제60조에 따라 항고를 제기할 때에는 같은 조 제1항부터 제4항까지의 규정에 따른 항고심사권자(이하 '항고심사권자'라 한다)에게 항고서에 징계처분서 사본을 첨부하여 제출하여야 한다. 이 경우 증거서류와 관련 자료를 함께 제출할 수 있다.

②제1항에 따라 항고를 제기한 자(이하 '항고인'이라 한다)는 법 제60조의2에 따른 항고심사위원회(이하 '항고심사위원회'라 한다)의 의결이 있을 때까지 서면으로 항고를 취하할 수 있다.

제27조(항고대리인의 선임 등) 변호사가 항고인의 대리인으로 선임된 때에는 그 위임장을 항고심사위원회에 제출하여야 한다.

제28조(재항고의 금지) 항고심사위원회에서 항고에 대한 의결이 있거나 항고인이 제26조제2항에 따라 항고를 취하한 경우에는 동일한 징계사건에 대하여 다시 항고를 제기할 수 없다.

제29조(항고의 보정) ①항고심사위원회는 항고제기가 부적법하나 보정(補正)할 수 있다고 인정하는 경우에는 상당한 기간을 정하여 보정을 요구하여야 한다. 다만, 보정할 사항이 경미한 경우에는 직권으로 보정할 수 있다.

②제1항에 따른 보정이 있는 경우에는 처음부터 적법하게 항고가 제기된 것으로 본다.

제30조(항고심사위원회의 구성) ①항고심사위원회의 위원은 항고인보다 선임인 장교 중에서 항고심사권자가 임명한다. 다만, 항고심사위원이 군법무관인 경우에는 항고인보다 선임이 아닌 경우에도 위원으로 임명할 수 있다.

②항고심사위원회의 위원장은 위원 중 최상위 서열자로 한다.

제31조(항고심사위원회의 의결) ①항고심사위원회는 항고심사위원 3분의 2 이상의 출석과 출석위원 과반수의 찬성으로 의결하되, 의견이 나뉠 경우에는 출석위원 과반수에 이를 때까지 항고인에게 가장 불리한 의견에 차례로 유리한 의견을 더하여 그중

가장 유리한 의견을 합의된 의견으로 본다.

②항고심사위원회의 의결은 다음과 같이 구분한다.

1. 각하: 항고제기가 부적법하거나 소정의 기간 내에 보정하지 아니한 경우

2. 기각: 항고의 제기가 이유 없다고 인정한 경우

3. 인용: 항고의 제기가 이유 있다고 인정하여 징계처분을 취소·무효확인 또는 변경하는 것으로 의결한 경우

제32조(심사결과의 송부) 항고심사위원회는 다음 각 호의 사항을 항고심사의결서에 기재하여 의결일부터 10일 이내에 항고심사권자에게 송부하여야 한다. 이 경우 출석위원은 항고심사의결서에 서명하거나 날인하여야 한다.

1. 항고심사위원회 개최 일시

2. 징계혐의 사실

3. 항고인 및 증인의 출석 여부

4. 항고인의 진술

5. 증거의 요지

6. 정상참작의 경우 그 인정 요지

7. 의결방법

8. 의결내용 및 결론

제33조(결정의 통고) 항고심사권자는 제32조에 따른 항고심사의결서를 송부받은 때에는 7일 이내에 이에 대한 결정을 하고, 징계권자와 항고인에게 서면으로 통보하여야 한다.

제34조(결정의 시행) 징계권자는 항고심사권자로부터 제33조에 따른 결정을 통보받은 때에는 그 내용에 따라 지체 없이 결정을 시행하여야 한다.

제35조(준용규정) 항고심사위원회에 대하여는 제5조제3항, 제6조, 제9조부터 제13조까지, 제14조제4항, 제15조 및 제16조를 준용하고, 항고심사권자에 대하여는 제20조를 준용한다. 이 경우 '징계위원회'는 '항고심사위원회'로, '위원장'은 '항고심사위원회의 위원장'으로, '징계심의대상자'는 '항고인'으로, '위원'은 '항고심사위원회의 위원'으로, '징계사건'은 '항고사건'으로, '징계의결기간'은 '항고심사위원회의 의결기간'으로, '징계권자'는 '항고심사권자'로, '징계의결'은 '항고심사위원회의 의결'로 본다.

제36조(처분결과의 보고) 징계권자는 이 영에 따라 징계처분을 한 때에는 징계의결

서 원본을 첨부하여 다음 구분에 따라 보고하여야 한다.

　1. 장관급(장관급) 장교에 대한 징계처분: 국방부 장관

　2. 장관급 장교 외의 장교·준사관 및 부사관에 대한 징계처분: 참모총장

　3. 병에 대한 징계처분: 사단장·함대사령관·비행단장 또는 이에 준하는 부대 또는 기관의 장

　부칙<제20232호, 2007. 8. 22.>

　제1조(시행일) 이 영은 공포 후 3개월이 경과한 날부터 시행한다.

　제2조(징계처분에 관한 경과조치) 종전의 규정에 따라 행하여진 징계의결의 요구나 그 밖의 징계절차는 이 영에 따라 행하여진 것으로 본다.

　제3조(징계위원회 등에 관한 경과조치) 이 영 시행 당시 종전의 '군인사법 시행령'에 따라 설치된 징계위원회 및 항고심사위원회는 이 영에 따라 설치된 것으로 본다.

　제4조(다른 법령의 개정) 군인사법 시행령 일부를 다음과 같이 개정한다.

　제61조부터 제98조까지를 각각 삭제한다.

　별지 제1호서식부터 별지 제4호서식까지를 각각 삭제한다.

군인복무규율

대통령령제15954호 일부개정 1998. 12. 31.
대통령령제17178호(군인사법시행령)일부개정 2001. 03. 27.
대통령령 제20282호 일부개정 2007. 09. 20.

제1장 총칙

제1조(목적) 이 영은 군인사법 제47조의2의 규정에 의하여 군인의 복무 기타 병영생활에 관한 기본사항을 규정함을 목적으로 한다. [개정 98. 12. 31.]

제2조(정의) 이 영에서 사용하는 용어의 정의는 다음과 같다. [개정 98. 12. 31.]
1. '병영생활'이라 함은 내무생활·근무·교육훈련 기타 병영을 중심으로 이루어지는 모든 활동을 말한다.
2. '내무생활'이라 함은 영내 거주의무가 있는 군인의 내무실을 중심으로 이루어지는 일상활동을 말한다.
3. '지휘관'이라 함은 중대이상의 단위부대의 장과 함정 또는 항공기를 지휘하는 자를 말한다.
4. '상관'이라 함은 명령복종관계에 있는 자 사이에서 명령권을 가진 자를 말한다.
5. '전쟁법'이라 함은 무력충돌 행위에 관련된 모든 국제법 중에서 대한민국이 당사자로서 가입한 조약과 일반적으로 승인된 국제법규를 말한다.

제3조(적용범위) 이 영은 현역에 복무하는 장교·준사관·부사관·병과 사관생도·사관후보생·부사관후보생 및 소집되어 군에 복무하는 예비역·보충역인 군인에게 적용한다. [2001. 3. 27. 대17158호]

제2장 강령

제4조(강령) 군인의 복무상의 강령은 다음과 같다. [개정 98. 12. 31.]

1. 국군의 이념

국군은 국민의 군대로서 국가를 방위하고 자유민주주의를 수호하며 조국의 통일에 이바지함을 그 이념으로 한다.

2. 국군의 사명

국군은 대한민국의 자유와 독립을 보전하고 국토를 방위하며 국민의 생명과 재산을 보호하고 나아가 국제평화의 유지에 이바지함을 그 사명으로 한다.

3. 군인정신

군인정신은 전쟁의 승패를 좌우하는 필수적인 요소이다. 그러므로 군인은 명예를 존중하고 투철한 충성심, 진정한 용기, 필승의 신념, 임전무퇴의 기상과 죽음을 무릅쓰고 책임을 완수하는 숭고한 애국애족의 정신을 굳게 지녀야 한다.

4. 군기

군기는 군대의 기율이며 생명과 같다. 군기를 세우는 목적은 지휘체계를 확립하고 질서를 유지하며 일정한 방침에 일률적으로 따르게 하여 전투력을 보존·발휘하는 데 있다. 그러므로 군대는 항상 엄정한 군기를 세워야 한다. 군기를 세우는 으뜸은 법규와 명령에 대한 자발적인 준수와 복종이다. 따라서 군인은 정성을 다하여 상관에게 복종하고 법규와 명령을 지키는 습성을 길러야 한다.

5. 사기

군대의 강약은 사기에 좌우된다. 사기는 군복무에 대한 군인의 정신적 자세이며, 사기왕성한 군인은 자진하여 어려움에 임하고 즐거이 그 직책을 수행할 수 있다. 그러므로 군인은 자기 직책에 대한 이해와 자신을 가져야 하며 굳센 정신력과 튼튼한 체력을 길러 죽음에 임하여서도 맡은 바 임무를 완수하겠다는 왕성한 사기를 간직하여야 한다.

6. 단결

전쟁의 승리는 오직 단결된 힘에 의하여 얻을 수 있다. 단결의 요체는 전원이 한마음 한뜻으로 뭉쳐 준법정신, 희생정신, 공사의 명확한 구분과 상호이해를 바탕으로 공동의 목표를 달성하기 위하여 모든 역량을 통합·집중하는 데 있다. 그러므로 모든 부대는 군기가 상징하는 부대의 전통과 명예를 위하여 지휘관을 중심으로 굳게 단결하여야 한다.

7. 교육훈련

교육훈련은 전투력 배양의 필수요소로서 그 목적은 적과 싸워 이길 수 있는 개인 및 부대를 육성하는 데 있다. 그러므로 군인은 투철한 국가관과 확고한 사상무장을 바탕으로 군인정신을 기르고, 직무수행에 필요한 지식과 기술을 익히며 필승의 전기전술을 연마하고 강인한 체력을 단련하며, 부대훈련에 힘써야 한다.

제3장 복무

제1절 복무태도

제5조(입영 및 임관선서) 군인은 입영 또는 임관 시 다음과 같이 선서하여야 한다.
1. 입영선서
(입영계급) ㅇㅇㅇ는 대한민국의 군인으로서 국가와 민족을 위하여 충성을 다하고 법규를 준수하며 상관의 명령에 복종하고 맡은 바 임무를 성실히 수행할 것을 엄숙히 선서합니다.
2. 임관선서
(임관계급) ㅇㅇㅇ는 대한민국의 장교로서 국가와 민족을 위하여 충성을 다하고 헌법과 법규를 준수하며 부여된 직책과 임무를 성실히 수행할 것을 엄숙히 선서합니다.

제6조(충성의 의무) 군인은 국군의 이념과 사명을 자각하여 정치적 중립을 엄정히 지키며 맡은 바 임무를 완수하여 국가와 국민에게 충성을 다하여야 한다.

제7조(성실의 의무) ①군인은 직무에 태만하여서는 아니 되며 직무수행에 있어서 어떠한 위험이나 어려움이 따르더라도 이를 회피함이 없이 성실하게 그 직무를 수행하여야 한다.
②군인은 직책과 계급에 따라 업무의 범위나 내용이 다를지라도 지향하는 목표는 같으므로 서로 도와서 업무를 유기적으로 수행하여야 하며, 항상 창의력과 진취성을 발휘하여야 한다.

제7조의2(국민에 대한 친절의 의무) 군인은 대민업무 수행 시 친절·공정·신속하게 업무를 처리하여야 하고, 작전 및 훈련 중 대민피해를 방지하도록 노력하여야 하며, 피해가 발생한 때에는 법규에 따라 신속히 조치하여야 한다. [본조신설 98. 12. 31.]

제8조(정직의 의무) 군인은 정직하여야 하며, 명령의 하달이나 전달, 보고 및 통보에는 허위·왜곡·과장 또는 은폐가 있어서는 아니 된다. [개정 98. 12. 31.]

제9조(품위유지의 의무) 군인은 군의 위신과 군인으로서의 명예를 손상시키는 행동을 하여서는 아니 되며 항상 용모와 복장을 단정히 하여 품위를 유지하여야 한다.

제10조(비밀엄수의 의무) ①군인은 복무 중뿐만 아니라 전역 후에도 직무상 알게 된 비밀을 엄수하여야 한다.
②군인은 어떠한 경우에도 그가 직무상 알게 된 비밀을 공무외의 목적으로 사용하여서는 아니 된다.

제10조의2(전쟁법 준수의 의무) ①군인은 전쟁법을 준수하여야 한다.
②지휘관은 예하 장병늘에게 전쟁법 순수를 위한 교육을 시킬 책무가 있다. [본소신설 98. 12. 31.]

제11조(청렴 및 검소의 의무) ①군인은 항상 청렴결백하고 검소하게 생활하여야 한다.
②군인은 직무와 관련하여 직접 또는 간접을 불문하고 사례·증여 또는 향응을 주거나 받아서는 아니 된다.
③군인은 직무상의 관계여하를 불문하고 그 소속상관에게 증여하거나 소속부하로부터 증여를 받아서는 아니 된다.

제11조의2(환경보전의 의무) ①군인은 직무수행 시 자연생태계를 보전하고 환경오염을 방지하기 위한 제반 대책을 강구하여야 한다.
②지휘관은 주둔지 시설물의 환경오염물질 배출을 규제·감독하여야 하며, 장병이 환경보전 및 전장정리를 생활화하도록 교육·지도하여야 한다. [본조신설 98. 12. 31.]

제12조(직무유기 및 근무지 이탈 금지) 군인은 직무를 유기하거나 소속상관의 허가 없이 근무지를 이탈하여서는 아니 된다.

제13조(집단행위의 금지) ①군인은 군무 외의 일을 위한 집단행위를 하여서는 아니 된다.
②군인은 국방부장관이 허가하는 경우를 제외하고는 일체의 사회단체에 가입하여서는 아니 된다. 그러나 군무에 영향을 주지 아니하는 순수한 친목단체에의 가입이나 친목활동은 예외로 한다.

제14조(직권남용의 금지) 군인은 어떠한 경우에도 직권을 남용하여서는 아니 된다.

제15조(사적 제재의 금지) ①군인은 어떠한 경우에도 구타·폭언 및 가혹행위 등 사적 제재를 행하여서는 아니 되며, 사적 제재를 일으킬 수 있는 행위를 하여서도 아니 된다. [개정 98. 12. 31.]

②지휘관 및 상관은 병영생활의 지도 또는 군기확립을 구실로 구타·폭언 기타 가혹행위가 발생하지 아니하도록 부하를 지도·감독하여야 한다. [개정 98. 12. 31.]

제16조(영리행위 및 겸직금지) 군인은 군무 외의 영리를 목적으로 하는 업무에 종사하거나 다른 직무를 겸할 수 없다. 그러나 그 직무가 정치적·반사회적 또는 영리적이 아니며 이를 겸직하여도 군무에 지장이 없다고 인정되어 국방부장관이 허가한 것은 예외로 한다.

제16조의2(불온표현물 소지·전파 등의 금지) 군인은 불온유인물·도서·도화 기타 표현물을 제작·복사·소지·운반·전파 또는 취득하여서는 아니 되며, 이를 취득한 때에는 즉시 신고하여야 한다.

[본조신설 98. 12. 31.]

제17조(대외발표 및 활동) ①군인이 국방 및 군사에 관한 사항을 군 외부에 발표하거나, 군을 대표하여 또는 군인의 신분으로 대외활동을 하고자 할 때에는 국방부장관의 허가를 받아야 한다. 그러나 순수한 학술·문화·체육 등의 분야에서 개인적으로 대외활동을 하는 경우로서 일과에 지장이 없는 때에는 예외로 한다.

②국방부장관은 제1항의 규정에 의한 허가권을 각 군 참모총장에게 위임할 수 있다.

제18조(정치적 행위의 제한) 군인은 법률이 정하는 바에 의한 선거권 또는 투표권을 행사하는 외에 다음의 행위를 하여서는 아니 된다.

1. 정당 기타 정치단체에 가입하거나 그 목적을 달성하기 위한 행위
2. 특정 정당이나 정치단체를 지지 또는 반대하는 행위
3. 법률에 의한 공직선거에 있어서 특정의 후보자를 당선하게 하거나, 낙선하게 하기 위한 행위
4. 각종 투표에 있어서 어느 한쪽에 찬성하거나 반대하도록 영향을 주는 행위
5. 기타 정치적 중립성을 해하는 행위

제2절 명령 및 복종

제19조(명령) '명령'이라 함은 상관이 부하에게 발하는 직무상의 지시를 말하며, 발령자의 의도와 수명자의 임무가 명확하고 간결하게 표현되어야 한다.

제20조(명령계통) 명령은 지휘계통에 따라 하달하여야 한다. 그러나 부득이한 경우에는 지휘계통에 따르지 아니하고 하달할 수 있으며, 이 경우 발령자와 수명자는 지체 없이 각각 이를 지휘계통의 중간지휘관에게 알려야 한다.

제21조(명령의 하달) ①명령의 하달은 문서·구술 또는 신호로써 이루어지며 정확·신속하여야 한다.

②발령자는 명령을 해당부하에게 철저히 알릴 책임이 있으며, 수명자는 그 임무를 확인할 의무가 있다.

제22조(발령자의 책임) ①발령자는 건전한 판단과 결심하에 적시 적절한 명령을 내려야 하며, 직무와 관계가 없거나 법규 및 상관의 정당한 명령에 반하는 사항 또는 자기 권한 밖의 사항 등을 명령하여서는 아니 된다.

②발령자는 명령의 하달 및 실행을 감독·확인하여야 한다.

③발령자는 자신이 내린 명령의 실행결과에 대하여 책임을 진다.

제23조(복종 및 실행) ①부하는 상관의 명령에 복종하여야 하며, 명령받은 사항을 신속·정확하게 실행하여야 한다.

②부하는 명령의 실행에 관하여 적시에 보고하여야 한다.

제24조(의견의 건의) ①부하는 군에 유익하거나 정당한 의견이 있는 경우 지휘계통에 따라 단독으로 상관에게 건의할 수 있다. 이 경우 상관이 자기와 의견을 달리하는 결정을 하더라도 항상 상관의 의도를 존중하고 기꺼이 이에 복종하여야 한다.

②상관은 부하의 건의를 경시하거나 소홀히 다루어서는 아니 되며 부하의 의견이 유익하거나 정당하다고 인정될 때에는 이를 받아들여 필요한 조치를 하여야 한다.

제3절 고충처리

제25조(고충처리) ①군인은 부당한 대우를 받거나 현저히 불편 또는 불리한 상태에 있다고 판단하거나 질병 기타 일신상의 사정으로 업무수행이 곤란할 경우에는 이를 지휘계통에 따라 상담 또는 건의하거나, 군인사법 제51조의3 및 동법시행령 제60조의

5의 규정에 의하여 고충심사를 청구할 수 있다. [개정 98. 12. 31.]

②제1항의 건의 등을 받은 상관이 고충의 청취를 기피하거나 조치가 불만족할 경우 이를 차상급 상관에게 건의하거나 말할 수 있다. [개정 98. 12. 31.]

③상관은 부하가 복무에 전념할 수 있도록 부하의 고충을 파악하고 이를 해결하기 위하여 노력하여야 한다.

④군인은 복무와 관련된 고충사항을 진정·집단서명 기타 법령이 정하지 아니한 방법을 통하여 군 외부에 그 해결을 요청하여서는 아니 된다. [신설 98. 12. 31.]

제4절 비상소집

제26조(비상소집) ①'비상소집'이라 함은 비상사태에 대처하기 위하여 군인을 긴급히 소집하는 것을 말한다.

②군인은 비상소집이 발령된 때에는 지체 없이 소속부대에 귀영·집결하여야 한다.

제27조(비상소집의 발령) 비상소집은 다음 각 호의 1에 해당하는 때에 지휘관이 발령한다.
1. 국가비상사태가 발생한 때
2. 작전비상사태가 발생한 때
3. 천재지변, 기타 재난이 발생한 때
4. 기타 지휘관이 필요하다고 인정한 때

제4장 병영생활

제1절 내무생활

제28조(내무생활의 목적) 내무생활의 목적은 군인으로 하여금 내무생활을 통하여 전우애를 기르고 단체생활에 필요한 협동정신과 자율성을 배양하며, 병영생활에서 오는 심신의 피로를 회복하고, 유사시 즉시 임무를 수행할 준비를 갖추는 데 있다.

제29조(내무생활의 의무) ①영내에 거주하여야 하는 군인은 내무생활을 하여야 한다.

②내무생활대상자 및 내무생활에 관하여 필요한 사항은 국방부장관이 정한다. 이 경우 국방부장관은 이를 각 군 참모총장에게 위임할 수 있다.

제2절 종교생활

제30조(종교생활) 종교생활은 군인이 참된 신앙을 통하여 인생관을 확립하고 인격을 도야하며 도덕적인 생활을 하게 하는 데 그 목적이 있다. 따라서 지휘관은 부대의 임무 수행에 지장이 없는 범위 안에서 개인의 종교생활을 보장하여야 한다.

제31조(종교행사의 참여) ①군인은 소속부대장이 정하는 교회·사찰 또는 기타 장소 등에서 종교의식에 참여할 수 있다.

②군종장교가 보직되어 있지 아니하거나 교회 또는 사찰 등이 없는 부대의 군인은 소속부대장의 허가를 받아 인근부대의 교회·사찰 또는 민간의 교회·사찰 등에서 종교의식에 참여할 수 있다.

제32조(종교생활과 복무) 군인은 자기가 믿는 종교의 교리 또는 종교생활을 이유로 임무 수행에 위배되거나 군의 단결을 저해하는 일체의 행위를 하여서는 아니 된다.

제3절 특별근무

제33조(특별근무) ①부대의 인원과 재산을 보호하고 규율과 보안을 유지하며 각종 사고를 예방하고 비상사태에 대비하기 위하여 부대별로 특별근무를 실시한다.

②특별근무는 당직근무·영내위병근무 및 기타 근무로 구분하며, 기타 근무는 불침번근무·위생당직근무 및 군기순찰근무로 구분한다.

③특별근무는 계급과 직책에 따라 공정하게 배정하여야 한다.

제34조(초병의 무기사용) ①초병은 다음 각 호의 1에 해당하는 경우에 한하여 휴대하고 있는 무기를 사용할 수 있다. [개정 98. 12. 31.]

1. 신체·생명 또는 재산을 보호함에 있어서 그 상황이 급박하여 무기를 사용하지 아니하면 보호할 방법이 없을 때

2. 야간에 3회 이상 수하하여도 이에 불응하여 대답이 없거나, 도주하거나, 초병에 접근할 때

3. 폭행을 당하거나 또는 당할 우려가 있는 경우 그 상황이 급박하여 자위상 부득이할 때

②초병은 지휘계통상의 상관의 명령이나 지시 없이 휴대하고 있는 무기나 탄약을 타인에게 넘겨주어서는 아니 된다. [신설 98. 12. 31.]

제4절 건강관리 및 안전

제35조(건강관리) ①군인은 항상 보건위생에 유의하고 심신의 단련에 힘써야 하며 고의 또는 부주의로 건강을 손상시켜서는 아니 된다.
②건강관리에 관하여 필요한 사항은 국방부장관이 정한다.

제36조(안전) ①군인은 제반 사고에 의한 인원과 재산의 손실을 예방하기 위하여 항상 안전에 유의하여야 한다.
②안전에 관하여 필요한 사항은 국방부장관이 정한다.

제5절 통신 및 우편

제37조(통신보안) 군인은 부대의 소재·부대이동·편성 및 군인사 등 군사보안에 저촉되는 일체의 사항을 통신수단을 이용하여 교신하거나 우편물에 기재하여서는 아니 된다.

제38조(서신비밀의 보장) 모든 우편물의 발송과 수신은 신속하고 정확하게 하여야 하며, 서신의 비밀이 보장되어야 한다. [개정 98. 12. 31.]

제5장 휴가

제39조(휴가의 종률 및 시행) ①군인의 휴가는 연가(年暇)·공가(公暇)·청원휴가·특별휴가로 구분한다.
②근무지나 행선지가 먼 거리일 경우 허가권자는 교통편의 등을 고려하여 제39조의2부터 제39조의5까지의 규정에 따른 휴가기간에 실제 필요한 왕복소요일수를 더하여 휴가를 허가할 수 있다.
③장기복무하사 이상 군인의 휴가기간 중의 공휴일은 휴가일수에 산입하지 아니한다. 다만, 휴가일수가 1개월 이상 계속되는 경우에는 그러하지 아니하다.
[전문개정 2007. 9. 20.]
[본조제목개정 2007. 9. 20.]

제39조의2(연 가) ①군인은 연 21일 이내의 연가일수를 갖는다.
②허가권자는 제1항에 따른 연가일수를 1회나 여러 차례로 나누어 허가할 수 있다.
③장기복무하사 이상 군인의 연가는 오전 또는 오후의 반일(半日) 단위로 허가할

수 있으며, 반일 연가 2회는 연가 1일로 계산한다.

④연가의 허가 일수는 다음 산식에 따라 산출한다. 이 경우 15일 이상은 1개월로 계산하고, 15일 미만은 산입하지 아니하며, 산식에 따라 산출된 소수점 이하의 일수는 반올림한다. 연가의 허가 일수 ＝ 실제 복무 개월 수/12월 × 해당 연도 연가일수

⑤다음 각 호의 기간은 제4항에 따른 연가일수 산식에서 실제로 복무한 개월 수에 포함하지 아니한다.

1. 1개월 이상의 교육훈련기간

2. 휴직기간

3. 직업보도교육기간

⑥공무상의 사유로 장기복무하사 이상 군인에 대하여 연가를 허가할 수 없거나 해당 군인이 연가를 활용하지 아니할 경우에는 예산의 범위에서 연가일수에 해당하는 연가보상비를 지급하고 연가를 갈음할 수 있다.

[본조신설 2007. 9. 20.]

제39조의3(공 가) 허가권자는 소속 부하가 다음 각 호의 어느 하나에 해당할 때에는 이에 필요한 기간 동안 공가를 허가하여야 한다. 다만, 제3호에 따른 공가는 30일 이내로 한정하여 허가한다.

1. 국회·법원·검찰 그 밖의 국가기관에 공무가 있을 때

2. 법률의 규정에 따라 투표에 참여할 때

3. 공무상 질병이나 부상으로 직무를 수행할 수 없을 때

4. 외국유학·군사교육 또는 군시설 외에서의 위탁교육을 위한 시험에 응시할 때

5. 올림픽·전국체육대회 등 국가적인 행사에 참가할 때

6. 천재지변·교통차단 그 밖의 사유로 출근이 불가능할 때

[본조신설 2007. 9. 20.]

제39조의4(청원휴가) ①허가권자는 군인의 신청이 있을 때에는 다음 각 호의 구분에 따른 휴가를 허가할 수 있다.

1. 본인이 부상 또는 질병으로 요양이 필요하거나 그 직계가족의 부상 또는 질병 등으로 본인이 간호를 하여야 할 때에는 30일 이내. 다만, 장기복무하사 이상 군인이 '국민건강보험법'에 따른 요양기관에서 요양을 하게 될 때에는 그 요양에 필요한 기간

2. 본인이 혼인할 때에는 7일 이내

3. 배우자가 출산한 때에는 3일 이내

4. 배우자의 사망이나 본인 또는 배우자의 부모가 사망한 때에는 5일 이내

5. 본인 및 배우자의 조부모나 외조부모가 사망한 때에는 2일 이내

6. 자녀나 자녀의 배우자가 사망한 때에는 2일 이내

7. '입양촉진 및 절차에 관한 특례법'에 따라 입양을 실시할 때에는 14일 이내

②허가권자는 임신 중인 여성 군인에 대하여 출산의 전후를 통하여 90일의 출산휴가를 허가하되, 휴가기간은 출산 후에 45일 이상이 되게 하여야 한다.

③허가권자는 임신 중인 군인이 임신 16주 이후 유산('모자보건법' 제14조제1항에 따라 허용되는 경우의 인공임신중절에 의한 유산만을 말한다. 이하 같다) 또는 사산(死産)한 경우에 그 군인의 신청이 있을 때에는 다음 각 호의 기준에 따라 유산 또는 사산 휴가를 주어야 한다.

1. 유산 또는 사산한 군인의 임신기간(이하 '임신기간'이라 한다)이 16주 이상 21주 이내인 경우: 유산 또는 사산한 날부터 30일까지

2. 임신기간이 22주 이상 17주 이내인 경우: 유산 또는 사산한 날부터 60일까지

3. 임신기간이 28주 이상인 경우: 유산 또는 사산한 날부터 90일까지

④허가권자는 여성 군인에 대하여 매 생리기와 임신한 경우 검진을 위하여 매월 1일의 여성보건휴가를 허가할 수 있다. 다만, 생리로 인한 여성보건휴가는 무급으로 한다.

⑤허가권자는 생후 1년 미만의 유아를 가진 여성 군인에 대하여 1일 1시간의 육아시간을 허가할 수 있다.

[본조신설 2007. 9. 20.]

제39조의5(특별휴가) ①허가권자는 훈련·검열 그 밖에 특별한 근무로 피로가 심한 자 또는 20년 이상 근속한 자에 대하여 7일 이내의 범위에서 위로휴가를 허가할 수 있다. 이 경우 20년 이상 근속한 자에 대한 위로휴가는 재직기간 중 1회에 한정한다.

②허가권자는 군인의 모범이 되는 공적이 있는 자에 대하여 10일 이내의 범위에서 포상휴가를 허가할 수 있다. 다만, 대간첩작전유공자 등에 대한 휴가기간은 각 군 참모총장이 별도로 정할 수 있다.

③허가권자는 명예전역 또는 정년전역하는 자에 대하여 3개월 이내의 범위에서 전역 전 휴가(전역전휴가)를 허가할 수 있다.

④허가권자는 전방 경계업무 등으로 1주일에 40시간을 초과하여 근무하는 군인으로서 국방부장관이 정하는 범위에 해당하는 자에 대하여 한 달에 3일 이내의 범위에서 보상휴가를 허가할 수 있다.

⑤허가권자는 풍해·수해·화재 등 재해로 인하여 피해를 입은 군인에 대하여 5일 이내의 범위에서 재해구호휴가를 허가할 수 있다

[본조신설 2007. 9. 20.]

제40조(허가범위·허가권자 및 절차) ①휴가의 허가범위는 그 부대 현재 병력의 5분의 1 이내로 함을 원칙으로 하되, 그 부대상황에 따라 조정할 수 있다.

②허가권자 및 기타 절차에 관하여 필요한 사항은 각 군 참모총장이 정한다.

제41조(국외여행) 군인은 다음의 경우에 허가권자의 승인을 얻어 공무외의 목적으로 국외여행을 할 수 있다.

1. 국외거주 친족의 경조사가 있거나 본인의 질병을 치료하기 위하여 필요한 때
2. 휴가 중 국외여행을 하고자 할 때

제42조(외출·외박·휴가의 제한 및 보류) ①지휘관은 부대임무를 수행함에 있어서 긴급한 경우 부대원의 외출·외박 및 휴가를 제한할 수 있다.

②다음 각 호의 1에 해당하는 자의 외출·외박 또는 휴가는 일시 보류할 수 있다.

1. 환자
2. 형사피의자·피고인 또는 징계혐의자
3. 기타 지휘관이 일시 보류가 필요하다고 인정하는 자

제6장 보칙

제43조(시행규칙) ①이 영 시행에 관하여 필요한 사항은 국방부 및 그 직할부대 또는 직할기관에 근무하는 장병에 대하여는 국방부장관이, 각 군 소속의 장병에 대하여는 각 군 참모총장이 이를 정한다.

②해군의 함상생활 및 이에 준하는 생활에 있어서 이 영을 적용할 수 없는 부분에 한하여는 해군참모총장이 이를 따로 정할 수 있다.

부칙

이 영은 공포한 날부터 시행한다.

부칙 [94. 9. 30.]

이 영은 공포한 날부터 시행한다.

부칙 [96. 3. 16.]

이 영은 공포한 날부터 시행한다. 다만, 제39조제4항의 개정규정은 1996년 1월 1일부터 적용한다.

부칙 [98. 12. 31.]

이 영은 공포한 날부터 시행한다.

부칙

제1조(시행일) 이 영은 2001년 3월 27일부터 시행한다.

제2조 내지 제3조 생략

부칙 [2007. 9. 20. 제20282호]

제1조(시행일) 이 영은 공포한 날부터 시행한다. 다만, 제39조의2제1항부터 제5항까지의 개정규정은 2008년 1월 1일부터 시행한다.

제2조(공무상 질병으로 인한 청원휴가 등에 관한 경과조치) 이 영 시행 당시 공무상 질병, 혼인, 배우자의 사망 등 제39조의3제3호, 제39조의4제1항제2호 및 같은 항 제4호부터 제6호까지에 규정된 사유로 휴가 중인 군인에 대하여는 해당 개정규정에도 불구하고 종전의 규정에 따른 휴가일수를 적용한다.

제3조(부상 등으로 인한 청원휴가에 관한 경과조치) 이 영 시행 당시 종전의 제39조제1항제3호가 목 본문 및 같은 호 라목에 따라 휴가 중인 군인에 대하여는 제39조의4제1항제1호 본문 및 같은 조 제2항의 개정규정을 적용한다.

군인복무기본법(안)

[국방부공고 제2006－79호(2006. 12. 26.)]

제1장 총칙

제1조(목적) 이 법은 복무기간 중 군인이 준수해야 할 의무사항과 보장해야 할 군인의 권리사항을 규정함으로써 국군의 사명을 완수할 수 있는 강한 군대 육성에 기여함을 목적으로 한다.

제2조(용어의 정의) 이 법에서 사용하는 각 용어의 정의는 다음과 같다.
1. '지휘관'이라 함은 중대급 이상의 단위 부대의 장과 함정 또는 항공기를 지휘하는 자를 말한다.
2. '상관'이라 함은 명령복종관계에 있는 자 사이에서 명령권을 가진 자를 말한다.
3. '명령'이라 함은 상관이 직무상 발하는 구체적, 개별적인 지시를 말한다.

제3조(적용범위) ① 이 법은 대한민국의 영역 내·외를 불문하고 대한민국 군인에게 적용한다.
② 전항에서 군인이라 함은 현역에 복무하는 장교, 준사관, 부사관 및 병을 말한다.
③ 다음 각 호의 1에 해당하는 자에게는 군인에 준하여 이 법을 준용한다.
1. 군적을 가진 사관생도·사관후보생·부사관후보생
2. 소집되어 실역에 복무 중인 예비역 및 보충역
④ 이 법의 적용대상자들은 이 법의 적용에 있어서 평등하게 취급되어야 하며 차별되지 아니한다.

제4조(국가의 기본책무) 국가는 군인의 복무여건 개선을 위한 제반 환경과 군인으로서의 임무를 충실히 수행할 수 있도록 기본적 권리 보장의 수준을 향상시킨다.

제5조(다른 법률과의 관계) 군인의 복무에 관하여는 이 법을 다른 법률에 우선하여 적용한다.

<h2 style="text-align:center">제2장 군인복무기본정책</h2>

제6조(군인복무기본정책) ① 국방부장관은 군인의 의무사항, 기본적 권리 보장 및 권리 제한 등에 관한 군인복무기본정책을 수립하여야 한다.

② 제1항의 규정에 의한 군인복무기본정책에는 다음 각 호의 사항이 포함 되어야 한다.

1. 군인복무정책의 기본목표
2. 군인복무정책의 연도별, 과제별 추진계획
3. 군인복무정책과 관련된 재원확보계획
4. 그 밖에 군인복무정책에 필요한 주요사항

③ 국방부장관은 제1항의 규정에 의한 군인복무기본정책의 시행계획을 매 5년 단위로 수립하고 시행하여야 한다.

④ 제1항의 규정에 의한 군인복무기본정책 및 제3항의 규정에 의한 시행 계획의 수립에 관하여 필요한 사항은 대통령령으로 정한다.

제7조(군인복무정책심의위원회) 군인의 의무사항, 기본적 권리 보장 및 권리 제한 등에 관련된 중요 정책사항을 심의하기 위하여 국방부장관 소속하에 군인복무정책심의위원회(이하 '위원회'라 한다)를 둔다.

제8조(위원회의 구성) ① 위원회는 위원장 1인을 포함한 10인 이내의 위원으로 구성한다.

② 위원장은 국방부장관이 되고, 위원은 군인복무정책에 관한 학식과 경험이 풍부한 자와 국방부 소속 공무원 및 장관급 장교 중에서 위원장이 임명한다.

③ 위원회를 지원하기 위하여 국방부 소속 국장급 공무원을 단장으로 하는 실무지원단을 구성하며, 실무지원단의 단장은 위원회의 간사를 겸한다.

④ 위원회와 실무지원단의 구성 및 운영 등에 관하여 필요한 사항은 대통령령으로 정한다.

제9조(위원회의 기능) 위원회는 다음 각 호의 사항을 심의한다.

1. 군인의 의무에 관한 사항
2. 군인의 기본적 권리 보장 및 권리 제한에 관한 사항
3. 군인복무기본정책의 수립에 관한 사항
4. 군인의 기본적 권리 보장 실태 조사에 관한 사항
5. 군인복무정책과 관련한 법령 및 제도의 개선에 관한 사항

6. 그 밖에 군인복무정책과 관련하여 위원장이 제안하는 사항

제3장 군인의 의무

제10조(충성의 의무) 군인은 정치적 중립을 지키며, 맡은 바 임무를 완수하여 국가와 국민에게 충성을 다하여야 한다.

제11조(성실의 의무) 군인은 성실히 그 직무를 수행해야 하며 직무수행 중 요구되는 위험과 책임을 고의로 회피하거나 상관의 허가 없이 직무를 이탈할 수 없다.

제12조(명령복종 및 실행 의무) 부하는 상관의 적법한 명령에 복종하여야 하며 명령받은 사항을 신속·정확하게 실행하여야 한다.

제13조(비밀엄수) ① 군인은 직무수행 중 알게 된 비밀을 직무와 관련된 공무 외의 목적으로 사용할 수 없으며, 공무의 목적이라도 대외공개 또는 일반인에게 제공 시에는 국방부장관의 승인을 득하여야 한다.
② 군복무 중 취득한 비밀은 현역을 면한 후에도 누설하여서는 아니 된다.

제14조(사적 제재의 금지) 군인은 어떠한 경우에도 구타·가혹행위 및 언어폭력 등 기타 사적 제재를 하여서는 아니 된다.

제15조(병 상호간의 관계) 병은 다음 각 호에 해당하는 경우를 제외하고는 다른 병에게 어떠한 명령이나 지시 등을 할 수 없고 간섭할 수 없다.
1. 지휘계통상 상관으로부터 권한을 위임받은 경우
2. 사수, 조장, 조교 등과 같이 편제상 직책을 수행할 경우
3. 기타 법령이나 내규에 의하여 병 상호간에 명령이나 지시를 할 권한이 부여된 경우

제16조(기타 금지 행위) 군인은 다음 각 호의 행위를 하여서는 아니 된다.
1. 언어적·신체적 성희롱, 성추행, 성폭력 등 성 군기 위반행위
2. 병영 내 도박 및 사행성 오락행위
3. 근거 없는 인신공격 혹은 무기명에 의한 인터넷 게시 등을 통한 무고행위

제4장 군인의 기본적 권리 보장과 한계

제17조(기본적 권리의 보장) 군인은 헌법상 권리의 주체이며, 헌법과 법률, 기타 정당한 사유에 의하지 아니하고는 권리를 제한받지 아니한다.

제18조(서신 등의 자유) 모든 군인은 서신, 인터넷 및 통신의 비밀을 침해받지 아니한다. 다만 군인은 부대의 소재·이동·편성 및 군 인사 등 군사보안에 저촉되는 사항을 인터넷, 통신수단을 이용하여 게재 또는 교신하거나 우편물에 기재하여서는 아니된다.

제19조(종교 활동) ① 모든 군인은 종교의 자유를 가진다.
② 지휘관은 부대의 임무 수행에 지장이 없는 범위 안에서 개인의 종교생활을 보장하여야 한다.
③ 군인은 자신의 종교상의 이유로 임무 수행을 거부할 수 없으며, 지휘관이 지정하는 종교시설에서 종교의식을 하는 것을 원칙으로 한다. ④ 지휘관이 지정하는 종교시설 이외의 장소에서 종교의식을 요구 시에는 부대 운영을 고려 지휘관이 승인 여부를 결정한다.

제20조(진료) ① 모든 군인은 전투력을 보존하고, 건강한 심신을 유지하기 위하여 적시에 적절한 진료를 받을 수 있다.
② 군은 의무체계를 선진화하여 장병들의 진료를 적극적으로 보장한다.
제21조(휴가) ① 군인은 매년 휴가를 받을 수 있다. 다만 다음 각 호의 경우에는 지휘관은 이를 제한할 수 있다.
  1. 국가비상사태가 발생한 경우
  2. 작전상황이 발생한 경우
  3. 천재지변 기타 재난이 발생한 경우
  4. 소속대의 야외훈련, 평가, 검열 등이 실시 중이거나 임박한 경우
  5. 피의자, 피고인, 징계혐의자 또는 환자로서 휴가를 받기에 적절하지 않은 경우
② 휴가의 종류와 휴가권자, 기간, 시행방법 등은 대통령령으로 정한다.

제22조(영내대기의 금지) ① 지휘관은 법령에 의하지 아니하고 처벌, 훈계 등을 목적으로 영내거주자가 아닌 군인을 영내에 대기시킬 수 없다.
② 영내거주자의 범위와 업무상 필요시 영내대기를 시킬 수 있는 경우는 국방부장관이 별도로 정한다.

제23조(의견 건의) ① 군인은 규정과 제도 개선 등 군에 유익하거나 임무 수행을 위해 더 좋은 방법이 있는 경우 지휘계통에 따라 상관에게 건의할 수 있으며, 의견 건의를 이유로 어떠한 불이익을 받지 아니한다.

② 건의를 접수한 상관은 건의내용을 검토 후 그 결과를 30일 이내에 건의한 당사자에게 서면, 게시, 구두 등의 방법으로 통보하여야 한다.

제24조(고충처리) ① 군인은 근무여건·인사관리·건강관리·신상관리 등에 관하여 부당한 대우를 받거나, 업무 수행이 곤란할 경우에는 문서·전자문서 또는 구술로 고충의 심사를 청구할 수 있으며 이를 이유로 불이익한 처분이나 대우를 받지 아니한다.

② 제1항의 규정에 의하여 청구된 고충을 심사, 처리하기 위하여 국방부, 각 군 본부 및 장관급 장교가 지휘하는 부대에 군인 고충심사위원회를 둔다.

③ 군인 고충심사위원회는 다음 사항을 심의한다

1. 휴가·진료 등 기본적 권리에 관한 고충사항

2. 구타·가혹행위·언어폭력·성희롱 등 인권 침해사항

3. 복무부적응 병 보직 및 근무지 조정여부

4. 그 밖에 장관급 지휘관이 해소할 필요가 있다고 인정하는 장병 고충사항

④ 군인 고충심사위원회의 심사에 대해 장교·준사관·부사관이 제기한 재심청구는 군인사법 제51조에 의한 중앙 군인사소청심사위원회에서 심사하며, 병이 제기한 재심청구는 차상급 부대의 군인 고충심사위원회에서 심사한다.

⑤ 군인 고충심사위원회의 구성·운영과 심사절차에 관하여 세부 사항은 대통령령으로 정한다.

⑥ 군인은 이 법 및 다른 법령에 의하여 허용된 고충심사기관 이외에는 고충심사 청구를 하여서는 아니 된다.

제25조(기본권 교육) ① 국방부장관은 군인 등을 대상으로 군인의 기본적 권리에 대한 내용, 침해 시 구제절차 등이 포함된 교육을 실시하여야 한다.

② 국방부장관은 제1항에 규정한 교육을 각 군 참모총장에게 위임하여 실시할 수 있다.

제26조(전문상담관) ① 국방부장관은 군인의 기본적 권리와 관련된 상담, 교육 등을 위하여 전문상담관을 운영할 수 있다.

② 전문상담관의 신분, 자격요건, 임무, 보수 등 구체적인 사항은 대통령령으로 정한다.

제27조(복무규정) 군인의 복무에 관하여는 이 법에 규정한 것을 제외하고는 따로 대통령령으로 정한다.

제5장 기본적 권리의 제한

제28조(집단행위의 금지) ① 군인은 다음 각 호에 해당하는 집단행위를 하여서는 아니 된다.
　1. 노동단체의 결성, 단체교섭 및 단체행동
　2. 군무에 영향을 줄 목적의 결사 및 단체행동
　3. 집단을 형성하여 상급자에게 건의 또는 항의하는 행위
　4. 집단으로 훈련을 거부하거나 지시사항을 위반하는 행위
　5. 기타 지휘권을 침해하거나 군의 기강을 문란시키고, 군의 단결을 저해하는 행위
　② 군인은 국방부장관이 허가하는 경우를 제외하고는 일체의 사회단체에 가입하여서는 아니 된다.
　단, 순수한 학술, 문화, 체육, 친목, 종교활동 등을 목적으로 하는 단체는 허가를 받지 않고 가입할 수 있으나 그와 같은 단체가 군인의 의무와 충돌할 염려가 있을 때에는 탈퇴를 명할 수 있다.
　③ 국방부장관은 제2항의 규정에 의한 허가범위를 별도로 정하며, 허가권을 각 군 참모총장에게 위임할 수 있다.

제29조(이동지역 제한) 군인은 비상소집이 발령된 때에는 지체 없이 소속부대에 집결하여야 하며, 이를 위하여 장관급 지휘관은 대통령령이 정하는 바에 따라 소속 부대원의 이동지역을 제한할 수 있다.

제30조(대외발표 및 그 활동의 제한) ① 군인이 국방 및 군사에 관한 사항을 군 외부에 발표하거나, 군을 대표하여 또는 군인의 신분으로 대외활동을 하고자 할 때에는 국방부장관의 허가를 받아야 한다.
　② 그러나 순수한 학술·문화·체육·친목활동 등의 분야에서 개인적으로 대외활동을 하는 경우로서 군무에 지장이 없는 때에는 예외로 하며, 구체적인 사항은 국방부장관이 별도로 정한다.
　③ 국방부장관은 제1항의 규정에 의한 허가권을 각 군 참모총장에게 위임할 수 있다.

제31조(정치적 행위 제한) 군인은 법률이 정하는 바에 의한 선거권 또는 투표권을 행사하는 외에 다음의 행위를 하여서는 아니 된다.

1. 정당·기타 정치단체에 가입하거나 그 목적을 달성하기 위한 행위
2. 특정 정당이나 정치단체를 지지 또는 반대하는 행위
3. 법률에 의한 공직선거에 있어서 특정의 후보를 당선하게 하거나 낙선하게 하기 위한 행위
4. 각종 투표에 있어서 어느 한쪽에 찬성하거나, 반대하도록 영향을 주는 행위
5. 정치적 시위나, 정치적 의견을 언론이나 인터넷 등에 공표하는 행위

제32조(영리행위 및 겸직 금지) ① 군인은 군무 외 영리를 목적으로 하는 업무에 종사하거나 다른 직무를 겸할 수 없다.

② 영리 목적이 아닌 업무에 종사하거나, 다른 직무를 겸할 경우에는 국방부 장관의 허가를 받아야 한다.

③ 영리를 목적으로 하는 업무의 범위 및 겸직 허용 기준은 대통령령으로 정한다.

부칙

제1조(시행일) 이 법은 공포 후 6개월이 경과한 날부터 시행한다.

제2조(다른 법률의 개정) 군인사법 중 다음과 같이 개정한다.

1. 제46조(휴가)를 삭제한다.
2. 제47조(직무수행의 의무)를 삭제한다.
3. 제47조의2(복무규율)를 삭제한다.
4. 제51조의3(고충처리)을 삭제한다.

찾아보기

(ㅈ)

• 저자 •

박균열   경상대학교 사범대학 윤리교육과 교수

박재주   청주교육대학교 윤리교육과 교수

김진만   육군3사관학교 윤리학과 교수

윤영돈   인천대학교 윤리·사회복지학부 교수

윤경호   해군사관학교 인문학과 교수

조흥제   국방대학교 국가안전보장문제연구소 전문연구원

이인재   서울교육대학교 윤리교육과 교수

김대군   경상대학교 사범대학 윤리교육과 교수

국가안보와 군대윤리

• 초판 인쇄	2008년 7월 31일
• 초판 발행	2008년 7월 31일
• 지 은 이	박균열 외
• 펴 낸 이	채종준
• 펴 낸 곳	한국학술정보㈜
	경기도 파주시 교하읍 문발리 513-5
	파주출판문화정보산업단지
	전화 031) 908-3181(대표)·팩스 031) 908-3189
	홈페이지 http://www.kstudy.com
	e-mail(출판사업부) publish@kstudy.com
• 등 록	제일산-115호(2000. 6. 19)
• 가 격	46,000원

ISBN 978-89-534-9828-0 93390 (Paper Book)
       978-89-534-9829-7 98390 (e-Book)